Mehlhorn · Piekarski

Grundriß der Parasitenkunde

W0017329

Heinz Mehlhorn · Gerhard Piekarski

Grundriß der Parasitenkunde

Parasiten des Menschen und der Nutztiere

6., überarbeitete und erweiterte Auflage

Spektrum Akademischer Verlag Heidelberg · Berlin

Piekarski, Gerhard, geb. 1910 in Berlin; naturwiss. Studium und Promotion in Berlin; med. Ergänzungsstudium und Habilitation in Bonn; erhielt 1962 den Ruf auf den Lehrstuhl für med. Parasitologie in Bonn, den er bis zur Emeritierung innehatte; Forschungen an Humanparasiten vorwiegend zu epidemiologischen und diagnostischen Problemen; über 200 Originalarbeiten und 3 Bücher (in mehreren Auflagen) führten zu vielfältiger nationaler und internationaler Anerkennung, u. a. Aaronsonpreis (1962) und Wahl zum Präsidenten der Vereinigung aller nationalen parasitologischen Gesellschaften. Verstorben Oktober 1992.

Mehlhorn, Heinz, geb. 1944 in Aussig/Elbe; naturwiss. Studium in Bonn mit Promotion; Habilitation und Professur für Parasitologie in Düsseldorf; 1983 Ruf an den Lehrstuhl für Spez. Zoologie und Parasitologie der Ruhr Universität Bochum; 1994 erneuter Ruf nach Düsseldorf; Forschungen zum Entwicklungszyklus, zur Ultrastruktur und Chemotherapie von Human- und Tierparasiten (insbesondere Einzeller); über 130 Originalarbeiten und 15 Bücher, in drei Sprachen übersetzt; ausländische Gastprofessuren; Aaronsonpreis des Landes Berlin 1984; 1989–1992 Präsident der Dt. Gesellschaft für Parasitologie; 1991–1995 Präsident der Weltgesellschaft für Protozoologie. Seit 1996 Präsident der UdBio (Union der Deutschen Biologischen Fachgesellschaften).
Adresse: Lehrstuhl für Zoomorphologie, Zellbiologie und Parasitologie, Heinrich-Heine-Universität Düsseldorf, Universitätsstr. 1, D-40225 Düsseldorf.

Die Deutsche Bibliothek – CIP-Einheitsaufnahme

Mehlhorn, Heinz:
Grundriß der Parasitenkunde : Parasiten des Menschen und der Nutztiere / Heinz Mehlhorn ; Gerhard Piekarski. – 6., überarb. und erw. Aufl. – Heidelberg ; Spektrum, Akad. Verl., 2002
ISBN 3 8274 1158 0

Lektorat: Dr. Ulrich G. Moltmann, Jutta Liebau
Produktion: Elke Littmann
Umschlaggestaltung: prepress, Ulm
Gesamtherstellung: Graphischer Großbetrieb Friedrich Pustet, Regensburg

Vorwort zur ersten Auflage

Parasitismus bedeutet Auseinandersetzung zwischen zwei artverschiedenen Organismen, von denen der meist kleinere Partner, der Parasit, auf den anderen als Wirt, als Nahrungsquelle, angewiesen ist. Das Parasit-Wirt-Verhältnis stellt daher **primär ein ökologisches Problem** dar.

Dieses im Prinzip biologische Anliegen erhält bei den Parasiten des Menschen und der Haus- wie auch Nutztiere besondere Bedeutung, weil Parasiten Gesundheit bzw. ökonomischen Nutzen beeinträchtigen. Bei den sog. wohlhabenden Industrienationen sind die Parasiten zwar nicht ausgestorben, aber doch weitgehend reduziert, während sie in den Entwicklungsländern noch in großer Zahl auftreten. Die sozioökonomischen Lebensbedingungen haben nur dort eine Verbesserung erfahren, wo die Weltorganisationen WHO und FAO direkte Hilfe bei Bekämpfungsmaßnahmen von Parasiten leisteten oder die Industrienationen im Rahmen der Entwicklungshilfe für eine Verminderung des Parasitenbefalls sorgten.

Neuerliche Gefahren durch Parasiten entstanden für Nordeuropäer in den letzten 25 Jahren durch die Erweiterung des Tourismus auf Länder tropischer Zonen; **Protozoen, Helminthen** und **Arthropoden** gehören zu solchen «importierten» Parasiten. Leider wird diesen Gruppen in der Ausbildung der Zoologen, Human- und Veterinärmediziner nur relativ wenig Beachtung geschenkt. Betrachtet man aber die Zahl der Parasitenträger auf der Erde – es sind viele Hundert Millionen Menschen und nicht weniger Nutztiere – und die bei ihnen hervorgerufenen Schäden, so wird deutlich, daß Kenntnisse der Parasitenfauna für Biologen, Human- und Tiermediziner, aber auch für breitere Bevölkerungskreise unerläßlich sind.

Auch in der Forschung wurde die Notwendigkeit erkannt, durch Einsatz neuerer Methoden die Kenntnisse von den Parasiten erheblich zu erweitern, wobei besonders die Elektronenmikroskopie ihren Beitrag leistete und Möglichkeiten zur Strukturanalyse schuf, die sich auch als sehr hilfreich bei der Untersuchung der Entwicklungszyklen erwiesen.

Daraus ergab sich für die Konzeption dieses Buches, die Morphologie der Parasiten stärker zu betonen und die vergleichende Betrachtung der Entwicklungswege aller wichtigen **Human-** und **Tierparasi-**

ten in den Vordergrund zu stellen, während klinische Gesichtspunkte nur angedeutet und die Chemotherapie völlig ausgeklammert wurden. Letztere sind zudem dem Praktiker in den zusammenfassenden Werken von Piekarski (1975) und Boch und Supperer (1977) zugänglich. Damit dürfte das vorliegende Buch eine Ergänzung zu anderen Werken bieten. In verschiedenen Kapiteln wurde trotz der gebotenen Kürze versucht, neueste, in ihrer Deutung z. T. noch umstrittene Ergebnisse darzustellen, um auf diese Weise die vordere Front der Forschung anzudeuten und zu eigenen Untersuchungen anzuregen. Wir hoffen, mit dieser Darstellungsweise interessierten Studenten der Zoologie, Human- und Tiermedizin das Verständnis der Parasiten zu erleichtern und die Voraussetzungen für die Lektüre umfangreicher Spezialliteratur zu schaffen. Die nach einzelnen Kapiteln geordneten Übersichtsarbeiten im Literaturverzeichnis vor dem Anhang sollen als Einstiegsmöglichkeiten dienen. Da die englische Literatur z. T. spezifische Begriffe verwendet, fügten wir diese an verschiedenen Stellen in Klammern an. Zur Selbstüberprüfung des Lesers werden als Anhang einige Fragen im «Multiple-choice»-Verfahren gestellt.

Düsseldorf und Bonn, im Juni 1980   H. Mehlhorn, G. Piekarski

Vorwort zur sechsten Auflage

Es ist mir eine große Freude, nach nur drei Jahren eine weitere Auflage unseres Buchs vorlegen zu dürfen, da die fünfte schnell vergriffen war. Dies ermöglicht mir, einige wichtige Ergänzungen vorzunehmen, die durch die schnell fortschreitende parasitologische Forschung notwendig wurden, und so die Facetten dieses weiten, interdisziplinären Gebietes zu aktualisieren. Nach wie vor ist es das Ziel dieses seit dem Erscheinen im Jahre 1981 auf über 500 Seiten angewachsenen Taschenbuches, eine schnelle und fundierte Übersicht über die wichtigen Tier- und Humanparasiten zu bieten, ihre Entwicklungszyklen darzustellen und ihre Überlebensstrategien im Wirt aufzuzeigen, um so leichter die Möglichkeiten einer erfolgreichen Bekämpfung zu erkennen. Daher werden auch die heute verfügbaren Chemotherapeutika vorgestellt und ihre häufig unzureichende bzw. nachlassende Wirkung aufgezeigt. Aus alledem geht hervor, daß der Kampf gegen Parasiten keinesfalls gewonnen ist und daß in den Anstrengungen bei der Bekämpfung weltweit nicht nachgelassen werden darf, wenn die Bedrohungen der Gesundheit des Menschen und seiner «tierischen Lebensgefährten» durch Parasiten nicht überhand nehmen sollen.

Möge die sechste Auflage die gleiche freundliche Aufnahme finden, wie die fünfte vorhergegangene. Der Autor und eine Vielzahl hilfreicher Kollegen danken schon im Voraus für die Anregungen von Lesern, die wie vorhergegangene stets bei neuen Auflagen gerne berücksichtigt werden.

Prof. Dr. Heinz Mehlhorn   Düsseldorf
                                                            August 2001

Danksagung

Die Abfassung eines zuverlässigen Textes ist bei der heute interdisziplinär stark gestreuten Fachliteratur nur noch mit Hilfe von Fachkollegen möglich. Ich bin daher den zahlreichen Kollegen dankbar, die uns/mir Anregungen und Verbesserungsvorschläge machten und so die dargestellten Fakten in ihrer Basis absicherten.

Besonders herzlich bedanken möchte ich mich bei den Kollegen Prof. Dr. A. Haberkorn (Monheim), Prof. Dr. A. O. Heydorn (Berlin), Prof. Dr. G. Schaub (Bochum), Prof. Dr. E. Schein (Berlin), Dr. J. Schmidt (Düsseldorf), Prof. Dr. H. Taraschewski (Karlsruhe) und Dr. V. Walldorf (Düsseldorf) für ihre sorgfältige und kritische Durchsicht von Teilen des Manuskripts.

Einer Reihe weiterer Kollegen bin ich für die bereitwillige Überlassung von einigen Abbildungen zu Dank verpflichtet, tragen diese doch zum besseren Verständnis des komprimierten Textes bei.

Bei der Fertigstellung des Buches unterstützten mich besonders Frau K. Aldenhoven (Textverarbeitung), Herr St. Köhler und Frau H. Horn (neue Fotoarbeiten) und Frau StR B. Mehlhorn (Fahnenkorrektur). Herrn F. Theissen (Essen) und Herrn Dr. V. Walldorf (Düsseldorf) danke ich herzlich für die Erarbeitung neuer Schemata.

Auch möchte ich es nicht versäumen, im Heidelberger Verlagshaus Herrn Dr. Ulrich G. Moltmann (Verlagsbereichsleitung) sowie Frau Jutta Liebau (Projektlektorat) für ihre Bemühungen zu danken, ein möglichst aktuelles, aber auch schönes Buch zu einem insbesonders für Studenten noch akzeptablen Preis erscheinen zu lassen.

Inhalt

I. Das Phänomen Parasitismus

Alle Tiere haben ein gemeinsames Problem: den Nahrungserwerb. Nur wenn sie dieses erfolgreich lösen, können die anderen Lebensfunktionen, die letztlich zur Erhaltung der Art erforderlich sind, ausgeführt werden. Von Pflanzenfressern abgesehen, dient der Kleinere (Schwächere) dem Größeren (Stärkeren = ökol. **Räuber**) als **Beute** zur Ernährung. Eine Chance für kleine Arten lag jedoch darin, sich am Mahl der großen zu beteiligen (**Kommensalismus**) oder diesen an der Oberfläche Nährstoffe direkt zu entziehen (**Ektoparasitismus**). Daraus entwickelte sich die Vorstellung, daß die Parasiten bei entsprechender Prädisposition aus primär freilebenden Arten abzuleiten sind, wobei offenbar mehrere Wege zum Parasitismus geführt haben.

Nach dem heutigen Stand der Artenentwicklung kann grob zwischen **Ektoparasiten** und **Endoparasiten** unterschieden werden, je nachdem, ob sie die äußere Oberfläche oder innere Organsysteme befallen.

Ektoparasiten können ausschließlich **stationär** (z. B. Läuse) oder **temporär** parasitieren (z. B. Stechmücken). Es finden sich aber auch alle Übergänge zwischen beiden Gruppen (z. B. einige Schildzecken, manche Flöhe). Der Weg zum **Endoparasitismus** dürfte wohl von solchen Ektoparasiten (z. B. Krätzmilben; in der Haut minierende Fliegenlarven) als auch von Kommensalen, die in den Darm und andere Körperhöhlungen gelangten, beschritten worden sein, so daß heute faktisch alle Wirbeltierorgane von Parasiten aufgesucht werden. Der **intrazelluläre Parasitismus** stellt eine Sonderform des Endoparasitismus dar und setzt eine entsprechende Prädisposition voraus, u. a. eine geringe Größe des Parasiten.

Parasiten befallen einen oder mehrere Wirte und werden daher als **monoxen** (monözisch = einwirtig) oder **heteroxen** (mehrwirtig) definiert. Dabei kann die «Anpassung» des Parasiten an die Lebens- und Ernährungsweise der jeweiligen Wirte im Verlauf der Evolution in vielen Fällen so eng geworden sein, daß er als **obligat** ein- (monoxen) oder mehrwirtig (di- oder poly-heteroxen) zu bezeichnen ist (s. S. 82, 86). Andere Parasiten haben ein weniger spezifisches Wirtsspektrum; ihr Entwicklungsgang wird dann als **fakultativ** bezeichnet (s. S. 86).

Sucht ein geschlechtlich differenzierter Endoparasit während seiner Lebenszeit verschiedene Arten von Wirten auf, so gilt als **Endwirt** (*engl.* final host; häufig synonym zu «definitive host» gebraucht) der-jenige Wirt, in dem der Parasit zur Geschlechtsreife gelangt (z. B. Mensch für Rinderbandwurm *Taenia saginata*).

Als **Zwischenwirt** («intermediate host») werden dagegen jene Wirte bezeichnet, in denen eine ungeschlechtliche Vermehrung oder aber Reifung des Parasiten ablaufen (z. B. Rind für die Finne des Rinderbandwurms). Die Begriffe **Haupt-** und **Nebenwirt** haben Beziehung zur Bevorzugung bestimmter Wirte. So sind z. B. für Trichinen Schwein und Ratte Hauptwirte, aber der Mensch ist nur Nebenwirt, zumal von diesem aus die Entwicklung nicht weitergeht (Ausnahme Menschenfresser!). Parasiten, die sich wie Ruhramoeben in ihren Wirten (s. S. 60) lediglich ungeschlechtlich vermehren, können allerdings bei dieser Klassifizierung von Wirten nicht eingeordnet werden.

Als **Vektoren** werden Ektoparasiten bezeichnet, die einen Erreger übertragen, der sich im Regelfall in ihnen weiterentwickelt. Ursprünglich wurde angenommen, daß Vektoren lediglich mechanisch übertragen und in ihnen keine Entwicklung stattfindet. Bei der Malaria zeigte sich aber, daß in der Mücke sogar die geschlechtliche Entwicklung abläuft und sie somit zum Endwirt wird. Solche Mücken sind aber z. B. für Filarien Zwischenwirte, da hier lediglich ein Larvenwachstum (L 1–L 3) stattfindet. Bei Spirochaeten oder anderen Bakterien, Rickettsien und Viren finden die Termini Überträger bzw. Vektor für die beteiligten Ektoparasiten (Zecken, Insekten) ebenso Verwendung. Allerdings ist auch hier die Einschränkung zu sehen, daß diese Evertebraten wegen der meist in ihnen stattfindenden Vermehrung der Mikroorganismen als «Wirte» definiert werden können.

Im Entwicklungszyklus von Parasiten tritt meist nur ein **Endwirtstyp** (z. B. Raubtiere) auf, es finden sich aber oft mehrere, dann unterschiedliche Typen von Zwischenwirten (Kleinkrebse, Fische, z. B. bei Trematoden, Fischbandwürmern etc). Bei den Arten der Einzellergattung *Caryospora* gibt es jedoch zwei unterschiedliche Endwirte. So laufen Geschlechtsprozesse mit der Bildung von Oocysten sowohl beim **primären Endwirt** (Schlangen) als auch bei Beutetieren (Nagern) als **sekundärem Endwirt** ab. Werden derartige Stadien von Hunden gefressen, können in deren Haut ebenfalls Oocysten entstehen. Somit liegt eine extreme Wirtsunspezifität vor. Bei einer Reihe von fleischfressenden und insbesondere kannibalischen Arten (d. h. sie fressen Artgenossen) haben sich einige Parasiten etabliert, die diese Wirte gleichzeitig als End- und Zwischenwirte benutzen. So entstehen bei bestimmten *Sarcocystis*-Arten der Eidechsen Gewebecysten in der Muskulatur der Eidechsen neben den geschlechtlichen Stadien im

Darm. Dies gilt ebenso für *Toxoplasma gondii* beim Endwirt Katze wie auch für den Fadenwurm *Trichinella spiralis*, der im gleichen Wirtstier die Männchen und Weibchen (im Darm) und die Larven (in der Muskulatur) entwickelt.

Bei der **Ausbreitung** von Parasiten spielen noch weitere Wirtstypen eine Rolle, die aber nicht im Gegensatz zum End- bzw. zum Zwischenwirt stehen:

1. **Reservoir-Wirt.** Hierbei handelt es sich (aus menschlicher Sicht) um Wirbeltiere, die als weitere Wirte (z. B. Hunde und Nagetiere für Leishmanien des Menschen) dienen und von denen aus Parasiten immer wieder auf den Menschen übertragen werden können. Dagegen hat z. B. die menschliche Malaria, abgesehen von einigen Affenarten, keine Reservoir-Wirte.

2. **Transport-Wirt** (*engl.* paratenic host). Hierbei handelt es sich um Zwischenwirte, in denen keine Parasitenvermehrung stattfindet, sondern nur eine Reifung zum Infektionsstadium hin. Sie fungieren häufig auch als «**Stapelwirt**», d. h. in ihnen reichern sich die Entwicklungsstadien der Parasiten an, garantieren so die geographische Verbreitung ausreichender Infektionen bei Endwirten und führen oft zu massivem Befall.

3. **Fehl-Wirt.** Gerät ein Parasit in einen Wirt, aus dem er sich unter natürlichen Umständen nicht mehr befreien kann oder in dem er sich nicht weiterentwickelt, so gilt dieser als Fehlwirt. Es können dabei zwei Varianten unterschieden werden:

a) Der Mensch dient einigen wirtsunspezifischen Parasiten als «echter Zwischenwirt» (z. B. *Toxoplasma, Echinococcus*); eine Weiterentwicklung im Endwirt (Katze bzw. Hund) wird jedoch durch die im Normfall aus ethischen Gründen unterbleibende Übertragung verhindert.

b) Mensch oder Tier werden von bestimmten, sehr wirtsspezifischen Parasiten nicht als Endwirte akzeptiert, sondern dienen lediglich als zeitweilige Wirte bis zum Absterben (z. B. Spargana der Fischbandwürmer; Larven des Hundespulwurms *Toxocara*; Badedermatitis durch Cercarien von Schistosomen der Wasservögel).

Wirtsspezifität. Die eben dargestellten Wirtstypen leiten sich letztlich aus der unterschiedlichen Adaption der Parasiten an bestimmte Wirtstiere bzw. -gruppen her. Dabei kann die «Anpassung» einer Parasiten-Art sowohl beim End- wie beim Zwischenwirt

a) sehr **eng** sein, so daß nur eine einzige Wirtstierart befallen wird (z. B. *Eimeria*-Arten; der adulte Schweinebandwurm beim Mensch),

b) sehr **locker** sein, so daß viele Wirte akzeptiert werden (z. B. *Cryptosporidium*-Arten, viele Trematoden; blutsaugende Ektoparasiten),

c) beim Zwischenwirt **breit gefächert**, beim Endwirt dagegen sehr eng sein; so ist z. B. bei *Toxoplasma gondii* zwar das geschlechtliche Stadium eng an Feliden (Endwirt) gebunden, die Gewebecysten treten aber bei allen Säugetieren und vielen Vögeln (Zwischenwirte) auf. Bei den menschlichen Malaria-Erregern liegen die Verhältnisse bezüglich der Wirte umgekehrt: der Mensch ist als Zwischenwirt sehr spezifisch, die Zahl der Vektoren (*Anopheles*-Arten als Endwirte) groß.

Selbst Arten gleicher Gattung können alternativ zu den drei Gruppen gehören, so daß ein Zusammenwirken von genetischen, physiologischen und ökologisch manifestierten Faktoren ausschlaggebend für die beobachteten unterschiedlichen Wirtsspezifitäten sein dürfte. Aus diesem variablen Verhalten resultieren u. a. die zum Teil heute in steigendem Maße beobachteten Schwierigkeiten bei der Taxonomie einzelner Parasitenarten.

Ontogenetische Entwicklung der Parasiten. Die Entwicklung der parasitären Arten kann auf zwei verschiedenen Wegen verlaufen:

a) **direkt** (d. h. ohne Vermehrung!), über verschiedene, dem adulten Parasiten mehr oder minder ähnliche Larven (**Metamorphose**, z. B. bei Insekten, Nematoden),

b) **indirekt**, unter Einschaltung von Vermehrungsprozessen (z. B. bei Coccidien, digenen Trematoden), die verschiedene Generationen aufeinander folgen lassen. Dieser Generationswechsel kann wiederum **obligat** (z. B. *Sarcocystis*, digene Trematoden) oder **fakultativ** (z. B. *Strongyloides*) ablaufen.

Generationswechsel. Bei vielen Protozoen tritt ein **primärer Generationswechsel** auf, da es hier durch Zellteilung zu einer Individuenvermehrung kommt, während diese bei Metazoen lediglich zu Wachstum führt. Erst durch Abschnürungsvorgänge entsteht eine neue, mehrzellige Generation (**sekundärer Generationswechsel**). Typische Generationswechsel von parasitischen Protozoen liegen z. B. bei den Coccidien vor und umfassen den Wechsel zwischen einer geschlechtlichen Generation und einer oder zweier ungeschlechtlicher Generationen (s. S. 83).

Beim sekundären Generationswechsel der Metazoa kann zwischen zwei Typen unterschieden werden:

a) **Metagenese:** Hier erfolgt ein Wechsel zwischen einer (oder mehreren) ungeschlechtlichen und einer geschlechtlichen Generation (z. B. *Echinococcus*).

b) **Heterogonie:** Dieser Begriff schließt den Wechsel zwischen einer eingeschlechtlichen (weiblichen, parthenogenetischen) und einer zweigeschlechtlichen Generation ein (z. B. *Strongyloides stercoralis*).

Da zu den Geschlechts- und Chromosomenverhältnissen bei Parasiten nur wenige Untersuchungen vorliegen, ist häufig die Einordnung in eine der beiden Generationswechseltypen problematisch (z. B. bei Trematoden). Hinzu kommt, daß die Larven einiger Parasiten geschlechtsreif werden können (**Neotenie**) und so die Begriffsgrenzen weiter verwischt werden (z. B. Monogenea). In diesem Zusammenhang wird auch häufig der Begriff **Polyembryonie** verwendet.

Die parasitischen Würmer können getrenntgeschlechtlich oder Zwitter sein, wobei fast immer die Spermien zuerst reifen (= **Protandrie**). Meist sind die Zwitter bemüht, durch Kopulation mit anderen Individuen gleicher Art ohne Selbstbefruchtung auszukommen; sie bleibt aber z. B. bei den oft solitären großen *Taenia*-Bandwürmern die einzige Möglichkeit.

Entwicklungszeit. Die Larvalentwicklung bei den Ektoparasiten verläuft stets temperaturabhängig, während bei Endoparasiten die Abwehrreaktionen des Wirts begrenzenden Einfluß haben. Für die Entwicklungszeit zum Adulten läßt sich ebenfalls keine Regel aufstellen; bis zur Erlangung der Geschlechtsreife können wenige Tage bis einige Monate benötigt werden. Die Zeit zwischen der Infektion eines Wirts und dem ersten Auftreten von nachweisbaren Stadien bzw. dem Ausscheiden von Eiern wird als **Präpatenz** definiert; der Zeitraum vom Beginn der Ausscheidung (oder des Auftretens von Larven) bis zum letzten Ausscheidungstermin gilt als **Patenz**. Die Patenz kann sich von wenigen Tagen (z. B. bei Coccidien) auf Jahre (z. B. bei großen Bandwürmern, Filarien) erstrecken. Der Zeitraum zwischen Infektion und dem Auftreten der ersten Krankheitserscheinungen wird als **Inkubationszeit** bezeichnet.

Adaptationen. Ektoparasiten haben spezielle Mundwerkzeuge und Verdauungssysteme entwickelt, mit denen sie die von ihren Wirten gewonnene Nahrung verwerten (u. a. mit Hilfe von Endosymbionten). Endoparasiten haben demgegenüber noch weitere Probleme zu lösen; sie mußten u. a.
a) geeignete Invasionsmechanismen entwickeln,
b) sich im Wirt verankern und ausreichend Nahrung aufnehmen,
c) abwehrenden Wirtsreaktionen begegnen,
d) die Nachkommenschaft schützen und so plazieren, daß eine Übertragung auf andere Wirte möglich ist.

a) **Invasionsmechanismen**
Der Befall eines Wirts durch einen Endoparasiten kann **passiv** durch orale Aufnahme von Dauerstadien (z. B. Eier, Cysten, Gewebecysten) oder mittels einer «**Injektion**» durch Ektoparasiten bei

deren Blutmahlzeit erfolgen mit Hilfe von Mundwerkzeugen und/oder zum Teil sehr großen Drüsen (z. B. bei Miracidien, Nematodenlarven).

b) Verankerung und Nahrungsaufnahme

Zur Verankerung in den verschiedensten Geweben besitzen viele Parasiten Halteapparate; so haben z. B. Haken, Dornen, Saugnäpfe, sog. Nachschieber oder Cuticulafalten bei den verschiedenen Gattungen diese Wirkung. Die Nahrungsaufnahme erfolgt im Regelfall über ein Darmsystem, aber bei allen Endoparasiten besteht die Tendenz und zum Teil die Notwendigkeit (z. B. bei den darmlosen Kratzern und Bandwürmern), die Nahrung über die Oberfläche aufzunehmen.

c) Schutz vor Wirtsreaktionen (Immunevasion)

Der Endoparasit muß sich besonders im Wirbeltierwirt vor dessen Verdauungs- bzw. Abwehrreaktionen schützen und unangreifbar für Enzyme werden, sofern er im Darmsystem des Wirts parasitiert. Einige Parasiten schützen sich durch aufgelagerte Mukopolysaccharide, die in ihrer Gesamtheit als «**surface coat**» bezeichnet werden. Diese primär für Trypanosomen beschriebene Schicht hat allgemeinere Bedeutung erlangt, da ähnliche Bildungen bei vielen Wirbeltierparasiten beobachtet wurden. Charakteristikum dieses «surface coat» ist die Fähigkeit, seine antigenen Eigenschaften ständig zu ändern (s. S. 37). So bleiben Parasiten, die in Organen bzw. im Blut leben, unerkannt (**Eklipse**) von den **spezifischen** (z. B. Antikörper = Immunglobuline u. a.; **IgE, IgG, IgM**) wie auch **unspezifischen** (z. B. phagozytierende und lysierende Zellen) **Abwehrsystemen** des Wirts (vgl. S. 128, 276).

Als besondere Schutzmaßnahme haben somit viele Parasiten die **molekulare Mimikry**, d. h. die Gewinnung von Wirtssubstanzen bzw. Synthese von wirtsspezifischen Stoffen und deren Einbau in Oberflächenschichten, erfunden (z. B. Schistosomen, *Fasciola,* Filarien). Andere Arten **maskieren** sich, indem die Parasitenantigene von Antikörpern des Wirts bedeckt erscheinen (z. B. *Fasciola*). Wieder andere Parasitenarten unterbinden die Bildung oder reduzieren die Gesamtmenge von MHC-(*engl.* major histocompatibility complex)Antigenen, so daß sie nicht vom T-Lymphocyten-System erkannt werden können. Schließlich siedeln sich einige Parasitenstadien in Organsystemen mit geringer Immunaktivität an (z. B. Cysticercen mancher Bandwürmer im Gehirn). Dieses Phänomen gezielter Organsuche beim Entweichen vor der Immunabwehr wird auch als **Sequestration** bezeichnet. Die oben beschriebenen Methoden zum Schutz vor dem Immunsystem reichen vielen Parasiten nicht aus. Sie haben – häufig zusätzliche – Verfahren entwickelt, durch die sie das Immunsystem des Wirts teilweise oder ganz ausschalten, also zur **Immunsuppression** beim Wirt führen. Dies kann zum einen durch **Immunblockade** erfolgen, wobei von den Parasiten im Überschuß produzierte lösliche Antigene die Antikörper des Wirts binden und somit von der Parasitenoberfläche ablenken. Zum anderen werden von einigen Parasiten (z. B. Trypanosomen) die B-Lymphocyten des Wirts zu so starker Antikörperproduktion stimuliert, daß sich das ganze System schließlich erschöpft. Auch scheiden bestimmte Parasiten Substanzen ab, die Antikörper und/oder immunkompetente Zellen inhibieren. Ist das Immunsystem erst einmal geschwächt, können sog. opportunistische Erreger (s. S. 71) zu einer **Überschwemmung** des Wirts führen, da das in langen Jahren der Koentwicklung von Wirt und Parasit etablierte Gleichgewicht zu Gunsten des Parasiten verschoben wird.

Nematoden und Insektenlarven schützen sich durch ihre derbe **Cuticula,** die zudem noch gehäutet werden kann und somit ebenfalls eine gewisse Maskierung garantiert. Andere Parasiten überdauern intrazellulär alle Wirtsattacken, wobei offenbar die Abkapselungsversuche des Wirts (**Gewebecysten**) zunächst zum Vorteil des Parasiten ausschlagen (z. B. *Sarcocystis; Trichinella; Onchocerca*). Die Beeinflussung des Wirts durch den Parasiten kann dabei so weit gehen, daß dieser bestimmte Steuerungsprozesse übernimmt. Anders wären die Umstrukturierung der Wirtszellen und ihrer Kerne durch Trichinen, Toxoplasmen und *Sarcocystis*-Arten zu Gewebecysten nicht zu erklären. Auch können Teilungsprozesse von Lymphocyten, z. B. durch *Theileria*-Arten, neu stimuliert werden.

Eine für Parasiten oft gestellte Frage zielt auf die Grundlage der **Wirtsspezifität.** Warum entwickelt sich ein Parasit nur im Hund und nicht auch im Menschen oder umgekehrt? Dazu können stoffwechselphysiologische Erkenntnisse gewisse Hinweise liefern. So hat sich z. B. ergeben, daß parasitische Würmer – von einigen Ausnahmen abgesehen – die Fähigkeit verloren haben, Lipidkomplexe **de novo** zu synthetisieren. Die Abhängigkeit dieser Parasiten von den Wirtslipiden, die sie von ihm erhalten können, bestimmen vielleicht die Wirtsspezifität. Man kann annehmen, daß eine besondere Spezies sich eng an die Erreichbarkeit dieser Lipide angepaßt hat, ohne die der Parasit in einem Wirt nicht überleben kann. Hier liegt vielleicht die Erklärung für das Fehlen bestimmter Gruppen von Würmern in manchen Wirten.

Dieses Problem ist weniger bedeutsam bei Kohlenhydraten und Proteinen, die von relativ einfachen Molekülen nicht-spezifischer Natur aufgebaut werden können.

d) «**Brutfürsorge**»

Der Endoparasit muß, um die Arterhaltung sicherzustellen, die Nachkommenschaft vor den Abwehrreaktionen des Wirts bzw. im Freien schützen. Dies geschieht durch starke Hüllen bzw. dicke Eikapseln. Auch ist es notwendig, die Nachkommenschaft in Körperbereichen des Wirts so anzusiedeln, daß sie sicher zu anderen Wirten gelangt. So werden z. B. die Eier von Schistosomen in Nähe des Darms bzw. der Blase abgesetzt; Malaria-Gamonten und Mikrofilarien wandern (evtl. zyklisch) in die peripheren Blutgefäße des Wirts, und Trematoden der Gattung *Paragonimus* legen ihre Eier in Lungenalveolen ab. Generell ist zu beobachten, daß häufig enorme Mengen von Eiern bzw. Larven produziert werden, von denen zumindest einige auf jeden Fall ihren nächsten Wirt erreichen sollten. Eine andere Möglichkeit, eine große Nachkommenschaft zu erzielen, ist die Einschaltung einer ungeschlechtlichen Vermehrung, die eine parasitäre Überschwemmung eines Wirtes zur Folge hat (z. B. Schizogonie bei den Coccidien; Cercarienbildung bei Trematoden). Auf diese Weise wird erreicht, daß ein neuer Wirt befallen werden kann.

Pathogenität

Parasiten schaden ihren Wirten auf verschiedene Weise; sie können:

a) Zellen und Organe mechanisch zerstören (z. B. *Plasmodium, Onchocerca, Ancylostoma*),
b) Gewebe zu Vermehrungsprozessen stimulieren und im Extremfall maligne Wucherungen induzieren (z. B. Leberegel),
c) als Nahrungskonkurrenten wichtige Stoffgruppen entziehen (z. B. *Diphyllobothrium*, Blutegel),
d) durch Stoffwechselprodukte Vergiftungen (Intoxikationen) herbeiführen (z. B. *Trypanosoma cruzi*, Malaria-Erreger, Zecken),
e) Anlaß für bakterielle Sekundärinfektionen sein, die größere Schäden als der Parasit selbst hervorrufen (z. B. *Entamoeba; Ascaris*-larven in der Lunge),
f) als Ektoparasiten andere Erreger (z. B. Protozoen, Würmer, aber auch Bakterien und Viren) übertragen.

Die pathogene Wirkung eines Parasiten kann auf verschiedene Wirte sehr unterschiedlich sein; dies hängt u. a. auch von seinem **Virulenzgrad** ab. Generell ist es im Interesse eines jeden Parasiten, den Wirt nicht zu sehr zu beeinträchtigen oder dessen Tod herbeizuführen, da ihm damit die Grundlage entzogen würde. So rufen besonders «angepaßte» Parasiten (in evolutionistischem Sinne alte Formen) nur geringe pathogene Erscheinungen bei ihren Wirten hervor, und beide können auch jahrelang (oft 20 Jahre) miteinander auskom-

men (z. B. Bandwürmer; bestimmte Filarien). Es liegt aber im Wesen
von Parasiten, daß sie von der Substanz des Wirtes zehren, was nicht
immer zu offensichtlichen Schäden führen muß. **Erkrankungen** infolge von Parasiten verlaufen oft zunächst **akut** und später infolge
sich entwickelnder Abwehr **chronisch,** oder es kommt zu symptom-
loser, latenter Infektion. Grob kann auch bei Parasiten zwischen
Zoonosen und **Anthroponosen** unterschieden werden. Als **Zoonose**
werden Erkrankungen bezeichnet, die durch dieselben Parasitenarten
sowohl beim Menschen als auch beim Wirbeltier hervorgerufen werden können (z. B. Toxoplasmose, Trichinose). Dabei ist die vorwie-
gende Richtung der Infektion, die in den beiden Unterbegriffen An-
thropozoonose bzw. Zooanthroponose ausgedrückt werden soll,
eigentlich unerheblich, da vom Einzelfall abhängig. Als echte **Anthroponosen** gelten dagegen Erkrankungen, die von Erregern verursacht werden, die ausnahmslos von Mensch zu Mensch übertragen
sind (z. B. *Enterobius vermicularis*). Eine Sonderform der Zoonosen
stellen im weiteren die von Arthropoden übertragenen Erreger und
die daraus resultierenden Erkrankungen dar. Dabei kann wiederum
zwischen **direkter,** mechanischer (ohne Vermehrung, z. B. einige
Trypanosoma-Arten) und **zyklischer Übertragung** (Metazoonose mit
Weiterentwicklung bzw. Vermehrung, z. B. Malaria, Filariosen) unterschieden werden.

Die im Wirbeltier auftretenden wechselseitigen, sehr komplexen
Wirt-Parasit-Beziehungen und Kombinationsmöglichkeiten können
hier nicht alle dargestellt werden. Erwähnt sei aber, daß jeder Parasit
den Charakter eines **Antigens** hat, auf das der Wirt z. B. mit der Bildung von Antikörpern antwortet. Hierbei handelt es sich um normale
biologische Reaktionen, die primär keinen pathologischen Charakter
haben, denn auf artfremde Eiweißkörper (z. B. Serum) reagiert der
Organismus in gleicher Weise. Da viele Parasiten sich nicht in Ausscheidungen der Wirte nachweisen lassen (z. B. bei intrazellulärer
Lage), bietet die Bildung der Antikörper eine willkommene Möglichkeit, die Anwesenheit des Parasiten (Antigen) durch eine entsprechende **Seroreaktion** festzustellen. Die dafür entwickelten Verfahren
sind bisher vorwiegend in der Human- und Veterinärmedizin verwendet worden, gehören heute aber zum allgemeinen Wissensgut des
Parasitologen.

Das Grundprinzip der Reaktionen besteht in der Tatsache, daß sich
die im Blut von Wirbeltieren auftretenden **Antikörper (Immunserum)**
mit dem spezifischen **Antigen** (Parasit) verbinden. Es gilt, diesen Vorgang sichtbar zu machen. Dazu gibt es **direkte** und **indirekte Methoden.** Die **direkte** besteht z. B. darin, daß das Antigen (z. B. eine Schi-

stosomencercarie) mit dem frischen Immunserum (z. B. von einer
Schistosoma-infizierten Maus) zusammengebracht wird. Das Ergebnis besteht in der Bildung eines Präzipitats um die Cercarie, das sich
wie eine künstliche Haut an der ganzen Cercarienoberfläche bildet.
Diese als Cercarienhüllenreaktion bezeichnete Methode zum Nachweis von *Schistosoma*-Antikörpern wird auch in der Humanmedizin
verwendet.

Die **indirekten Methoden** bedienen sich eines Vermittlers, der das
Ergebnis der Antigen-Antikörper-Reaktion makroskopisch oder wieder mikroskopisch abzulesen erlaubt. Die einfachste Methode besteht
in der Bindung des Antigens an Kunststoffpartikel von geringer
Größe, die in Anwesenheit des spezifischen Antikörpers agglutinieren
(**indirekte Latex-Agglutination**, ILAT): ein Ergebnis, das sich durch
die Zusammenballung der Plastikkügelchen in kleinen Röhrchen ab-
lesen läßt. Im positiven Falle bildet sich am Grunde des Röhrchens
eine knopfartige Agglutination der Kunststoffpartikelchen; im negativen Falle bleiben diese diffus verteilt.

Als klassische indirekte Methode darf die **Komplementbindungsreaktion** (KBR) angesehen werden. Diese bedient sich eines Verfahrens,
bei dem das sog. hämolytische System als Indikator verwendet wird.
Werden z. B. Hammelblutkörperchen (Antigen) einem Kaninchen
injiziert, so bildet sich ein hämolysierender Antikörper, der in Anwesenheit eines dritten Faktors, des Komplements, einem unspezifischen
Serumanteil, im spezifischen Immunserum Erythrocyten zur Hämolyse bringt. Das gleiche Prinzip gilt unter Verwendung eines gelösten
Antigens für jedes andere Antigen-Antikörper-System. Bringt man
Antigen und Antikörper eines Parasiten in entsprechenden Mengen
mit einer adäquaten Menge Komplement zusammen, so verbindet
sich Antigen und Antikörper. Setzt man diesem System das oben beschriebene hämolytische System hinzu, ohne zusätzliches Komplement, dann wird im Falle der Anwesenheit des kompletten ersten
Antigen-Antikörper-Systems das hämolytische System nicht zur
Reaktion kommen; das Komplement wurde vom ersten Antigen-
Antikörper-System «verbraucht». Die Reaktion, die makroskopisch
abgelesen werden kann, fiel positiv (keine Hämolyse!) im Sinne der
ersten Antigen-Antikörper-Reaktion, z. B. bei Amöbiasis, aus.

Eine weitere indirekte Methode liegt in dem sog. **indirekten Immu-
nofluoreszenztest** (IIFT) vor. Sie besteht darin, daß das Antigen mit
dem Antikörper im Serum des Menschen zusammengebracht wird.
Eine positive Bindung läßt sich dadurch sichtbar machen, daß nun ein
Anti-Menschserum, mit Fluoreszein-Isothiocyanat gekoppelt, auf die
Antigen-Antikörper-Bindung gebracht wird. Dieser Farbstoff fluores-

ziert im ultravioleten Licht gelbgrün. Tritt nun nach Durchführung dieser Reaktion eine deutliche gelbgrüne Färbung an dem Antigen-Antikörper-Komplex auf, so ist die Reaktion als positiv zu bewerten. Bleibt sie aus, und nimmt der Parasit die rötliche Gegenfärbung an, ist die Reaktion negativ ausgefallen.

Der **indirekte Hämagglutinationstest (IHAT)** verwendet ebenfalls einen Vermittler, um eine Antigen-Antikörper-Reaktion sichtbar werden zu lassen. Als Träger des «gelösten» Antigens werden Säugetier-Erythrocyten verwendet, die nach einer «Fixierung» durch Glutaraldehyd oder Tannin aufnahmefähig werden. Diese Erythrocyten haben somit gleichsam die Eigenschaften der Parasiten und agglutinieren in Anwesenheit des zugehörigen spezifischen Antikörpers. Der IHAT, der in kleinen Reagenzröhrchen oder Mikro-Titer-Platten durchgeführt wird, ist positiv, wenn sich die Erythrocyten **gleichmäßig** auf dem Boden **vernetzen**. Im negativen Falle liegen die Erythrocyten **knopfartig** auf der Unterlage.

Indirekte Verfahren sind der **Radioimmunoassay (RIA)** und der **Enzyme-Linked Immuno Sorbent Assay (ELISA)**, die in bezug auf die Empfindlichkeit die vorher erwähnten Verfahren häufig übertreffen und noch geringste Mengen von Antigen/Antikörpern erfassen.

Beim RIA wird einer der beiden Reaktionspartner mit einem Radioisotopen, beim ELISA mit den Enzymen Peroxidase oder alkalische Phosphatase gekoppelt. Wegen des geringeren technischen und finanziellen Aufwands hat der ELISA Eingang in die Routine-Diagnostik gefunden, während der RIA Spezialuntersuchungen vorbehalten bleibt.

Beim ELISA wird das Antigen an einen Träger (Polystyrol) gekoppelt. Daraufhin wird das auf Antikörper zu prüfende Serum zugesetzt. Das Sorbens (Polystyrol) führt durch Auswaschen zur Trennung des freien, vom Immunkomplex gebundenen Enzyms, das daraufhin (mit einem Farbindikator versetzt) photometrisch bestimmt wird.

Die **immunbiologischen Methoden** stellen wichtige Verfahren dar, um auch einen **latenten Parasitenbefall** zu erkennen. Die Spezifität der Ergebnisse hängt von der Reinheit der Reagenzien ab, die bei gelösten Antigenen häufig nicht befriedigt. Hinzu kommt, daß insbesondere Helminthen sehr komplex sind; daher gibt es häufig nur **Gruppen-reaktionen** und keine artspezifischen Ergebnisse (d. h. nur für Trematoden oder Cestoden oder Nematoden). Die derzeitige Forschung versucht, diese Mängel durch Reinigung der Antigene zu beseitigen. Weit spezifischer, aber für den Routinegebrauch meist zu kompliziert, sind **molekularbiologische Techniken**. So reicht z. B. bei der sog. PCR (*engl.* polymerase chain reaction) extrem wenig antigenes Material

(DNA) aus, um dennoch einen exakten Nachweis zu führen (u. a. Gottstein et al. 1991, Wooden et al. 1993).

In zahlreichen Wirt-Parasit-Beziehungen kommt es zur Ausbildung von spezifischen **Antikörpern**, die zu einer mehr oder minder starken **Immunisierung** führen. Bei dieser «**erworbenen Resistenz**» (acquired immunization) handelt es sich um eine auf der Antikörperproduktion beruhenden Widerstandsfähigkeit eines infizierten Organismus gegen einen weiteren Befall mit der gleichen Erregerart (**Superinfektion**), solange die Erstinfektion besteht. Diese **Infektionsimmunität**, die früher auch als Prämunität bzw. Prämunition bezeichnet wurde, ist für die Mehrzahl der Parasitosen die charakteristische Form der Immunität, die bei (allerdings wenigen) Arten einen Neubefall durch die gleiche Parasitenart generell verhindern kann (z. B. bei *Theileria parva*) oder doch zumindest milder verlaufen läßt (z. B. Schistosomen). Dieser Vorgang darf nicht verwechselt werden mit der **ererbten Resistenz**, die bestimmte Wirte gegen bestimmte Erreger unempfänglich macht oder aber einzelne Stämme einer Parasitenart unempfindlich gegen Insektizide oder Chemotherapeutika werden läßt. Insbesondere letztere Erscheinungsform der Resistenz gewinnt in jüngster Zeit eine immer größere Bedeutung, z. B. bei der Therapie der Malaria oder bei der Bekämpfung von Nahrungsschädlingen. Da alle diese Reaktionen auf die komplexe Problematik der **Immunologie** und des Stoffwechsels zurückzuführen sind, sei hier auf weiterführende Literatur verwiesen (u. a. Schmid et al. 1993, Kuby 1994, Kaufmann 1996).

II. Parasiten des Menschen und der Nutztiere

Die hier ausgewählten human- wie tiermedizinisch und aus biologischer Sicht wichtigen Parasitenarten sind im wesentlichen auf einige wenige Gruppen des Tierreichs konzentriert.

PROTISTEN/ = Einzeller sowie reduzierte Formen der unter-
PROTOZOEN schiedlichsten Verwandtschaft;

HELMINTHEN = Würmer, die zu den Stämmen Plathelminthes (Plattwürmer), Nemathelminthes (syn. Aschelminthes, dt. Fadenwürmer), Acanthocephala (Kratzer), Annelida (Ringelwürmer) und Pentastomida (Zungenwürmer) gehören und von wenigen Millimetern bis zu 30 m lang werden können;

ARTHROPODEN = Gliederfüßer mit den wichtigsten Untergruppen **Chelicerata** (Spinnentiere), **Insecta** (syn. Hexapoda, Insekten) und **Crustacea** (Krebse). Alle diese Gruppen, die durch derbe Außenskelette gekennzeichnet sind, können entweder unmittelbar zu Schäden bzw. Beinträchtigungen führen oder aber beim Blutsaugen andere Erreger übertragen.

Die Baupläne und physiologischen Besonderheiten der heutigen Parasiten reflektieren nicht immer ihre evolutionistischen verwandtschaftlichen Beziehungen, sondern sind häufig lediglich Anpassungen an ähnliche Lebensbedingungen. Neuere Methoden – etwa der molekularbiologische Vergleich der 18 sRNA – wurden erst in wenigen Gruppen (und dort nicht flächendeckend) eingesetzt und führten zudem im Vergleich mit anderen Methoden zu widersprüchlichen Ergebnissen. So existieren in allen Gruppen unterschiedliche Systeme, die zumindest beim Anfänger bzw. bei nomenklatorisch Ungeübten schnell und nachhaltig zu Verwirrung führen müssen. Daher wurden auch in dieser Auflage **lehr- und erlernbare Systeme** verwendet und die Möglichkeit einer anderen Ein- bzw. Zuordnung der verschiedenen Parasitengruppen nur angedeutet. Kennt man nämlich erst einmal die einzelnen Arten und ihre unmittelbare Verwandtschaft näher, so kann man sich später leichter an einer Diskussion zu ihrer Umgruppierung beteiligen. Somit stellt die nachfolgende Systemübersicht der ausgewählten Parasitengruppen eher eine **Reihung** in ihrer Besprechung dar und muß nicht Ausdruck einer Verwandtschaft sein. Dies gilt vor allem für die Protozoen, deren Verwandtschaftsbeziehungen besonders strittig diskutiert werden. Um das Wiederfinden von wichtigen Arten zu erleichtern, wird in diesen Gruppen vorerst das letzte breit akzeptierte System einer Nomenklaturkommission (Levine et al. 1980) weiterverwendet, auch wenn es bereits eine Reihe von ernst zu nehmenden Versuchen gibt, sowohl den «Überbau» des Systems (s. S. 18) als auch die innere Gliederung des Arten- und Gattungsgefüges zu revidieren (z. B. durch die in 2000/2001 gegründeten «Nomenclature Committees» für die diversen Parasitengruppen).

Somit ergibt sich folgende Übersicht (Reihenfolge der Besprechung). Eine Teilsystematik mit modernen Bezügen wurde zudem noch jedem Kapitel vorangestellt sowie durch verwandte Organismen aus anderen Systemen ergänzt:

Reich: **ANIMALIA** (Tiere)
    Unterreich: **PROTOZOA/PROTISTA** (*Einzeller*)
        Stamm: SARCOMASTIGOPHORA – *einige parasitische Arten*
        Stamm: OPALOZOA – *kommensalisch/parasitisch*
        Stamm: SPOROZOA/APICOMPLEXA – *parasitisch*
        Stamm: MICROSPORA – *parasitisch*
        Stamm: MYXOZOA – *parasitisch*
        Stamm: ASCETOSPORA – *parasitisch*
        Stamm: CILIOPHORA/CILIATA – *einige parasitische Arten*

    Übergangsgruppe: **MESOZOA** – *parasitisch, evtl. dedifferenzierte Helminthen*
    Unterreich: **METAZOA** (*echte Vielzeller*)
        Stamm: PLATHELMINTHES (*Plattwürmer*)
            Klasse: Turbellaria (*Strudelwürmer*) – *freilebend*
            Klasse: Trematodes (*Saugwürmer*) – *parasitisch*
            Klasse: Cestodes (*Bandwürmer*) – *parasitisch*
        Stamm: NEMATHELMINTHES/ASCHELMINTHES (*Faden-/Schlauchwürmer*)
            Unterstamm: Nematodes (*Fadenwürmer*) – *einige parasitische Arten*
        Stamm: ACANTHOCEPHALA (*Kratzer/Hakenwürmer*) – *parasitisch*
        Stamm: PENTASTOMIDA (*Zungenwürmer*) – *parasitisch*

Stamm: ANNELIDA (*Ringelwürmer*)
    Klasse: Polychaeta (*Vielborster*) – *freilebend*
    Klasse: Clitellata (*Gürtelwürmer*) – *einige Arten der Hirudinea (Egel) parasitisch*
Stamm: ARTHROPODA (Gliederfüßer) – *einige parasitische Arten*
    Unterstamm: Chelicerata (*Spinnentiere*) – *Gifttiere, einige Gruppen (Zecken, Milben) parasitisch*
    Unterstamm: Branchiata (*Kiemenatmer*) – *einige Arten der Crustacea (Krebse) parasitisch*
    Unterstamm: Tracheata (*Tracheenatmer*)
      Klasse: Insecta (*Kerbtiere*) – *einige Arten parasitisch*
        Ordnung: Anoplura (*Saugläuse*) – *parasitisch*
        Ordnung: Rhynchota (*Wanzen*) – *einige Arten parasitisch*
        Ordnung: Diptera (*Fliegen, Mücken*) – *einige Arten parasitisch*
        Ordnung: Aphaniptera (*Flöhe*) – *parasitisch*

A. PROTOZOA/PROTISTEN

Das Wissen um die Entstehung der Lebewesen auf dieser Erde und um ihre verwandtschaftlichen Beziehungen hat sich in den letzten Jahren durch den Einsatz verschiedener genetisch-molekularbiologischer Methoden um Dimensionen erweitert, die vor Jahren noch undenkbar waren. Dennoch bleiben viele Fragen weitgehend offen, und die heute aufgestellten Systeme sind prinzipiell mit ähnlichen Fehlern behaftet wie die älteren. Sicher ist nur, daß bei den niederen Gruppen die Grenze zwischen Tier- und Pflanzenwelt (systematisch: Reiche Animalia, Plantae) aufgehoben wurde und die alten Namen Animalicula (= kleine Tiere, Van Leeuwenhoek 1676), Archaezoa (= ursprüngliche Tiere, Petry 1852), Protozoa (Ur-, Vortiere, Goldfuß 1818), Protoctista (erste Tiere, Hogg 1861) oder auch Protista (= «Zellinge», Haeckel 1866) eigentlich nicht mehr auf die heutigen Verhältnisse zu übertragen sind. Am ehesten könnte noch der Begriff **Protista** die Ansprüche erfüllen, denn er schließt die klassischen Protozoen, einzellige autotrophe Organismen und auch einzellige Pilze ein. Allerdings wären hier wieder einige mehrzellige Gruppen, wie z.b. die Myxozoa, ausgeschlossen, die einige Autoren dann als durch ihren Parasitismus dedifferenzierte echte Vielzeller (Metazoa) – etwa aus der Gruppe der Nesselkapseln besitzenden Hohltiere (Coelenterata, Cnidaria) – einstufen.

Obwohl der Ursprung des ersten Eukaryoten (= Zelle mit echtem Zellkern) natürlich ein Geheimnis ist und vermutlich auch bleiben wird, geht man davon aus, daß dieser Prozeß durch Fusion verschiedener Prokaryoten geschehen ist. So sollen nacheinander die vorher als eigene Lebewesen existierenden Strukturen Kern, Mitochondrien, Peroxisomen, Hydrogenosomen in andere eingedrungen und in dauerhafter Symbiose verblieben sein. Danach erfolgten die unterschiedlichsten Anpassungen, so daß heute viele Strukturen als konvergent eingestuft werden müssen und eben nicht Ausdruck einer tatsächlichen Verwandtschaft sind. Die Abb. 1 stellt ein nach Bardele (1997) modifiziertes, aber auf modernen Methoden basierendes Modell der sog. Eukaryoten-Domäne dar, die zusammen mit den beiden **Domänen** der Archaebakterien (Archaea) und Eubacteria (Bacteria) die heutigen Lebewesen ausmachen sollen. Die Stellung der einzelnen, auf Abb. 1 durch Fettdruck hervorgehobenen parasitischen «Einzel-

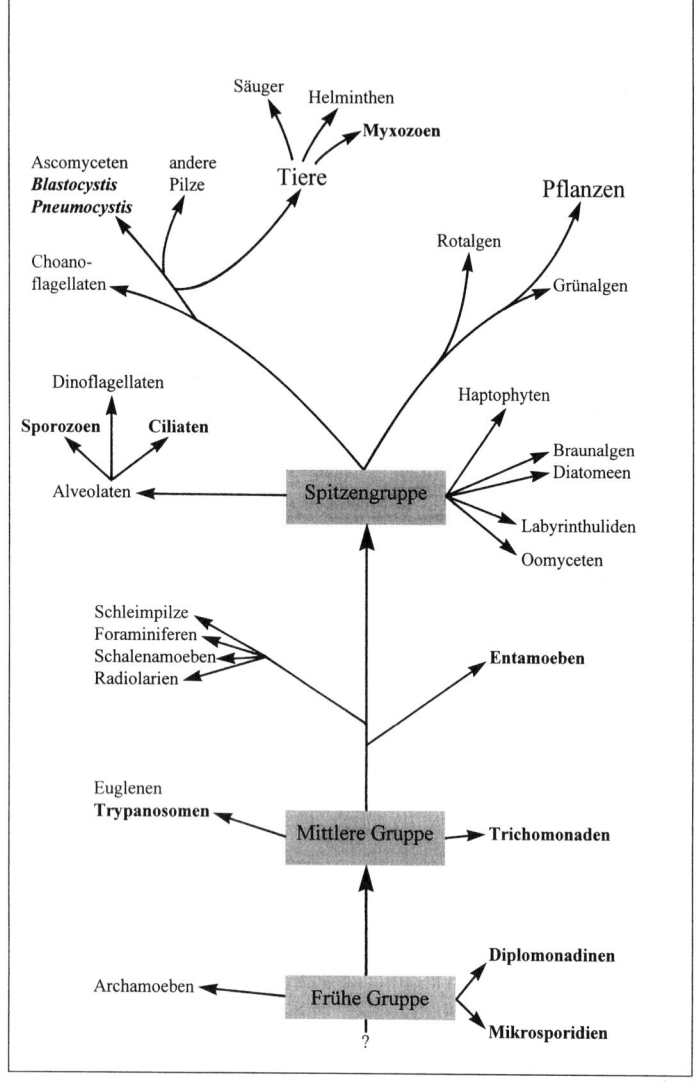

lergruppen» zeigt, daß das von Levine und seiner Nomenklaturkommission 1980 vorgelegte Protozoensystem eigentlich obsolet ist und nicht mehr die heute bekannten Verwandtschaftsgrade reflektiert. Zieht man aber die Vorschläge von Margulis und Fester (1991), Cavalier-Smith (1993), Corliss (1994), Sogin (1994), Sidall et al. (1995) oder Hausmann und Hülsmann (1996) heran, so wird schnell klar, daß sich all das noch nicht eignet, in einem Grundriß der Parasitenkunde aufgenommen zu werden. In einem solchen Werk müssen die human- und tiermedizinisch wichtigen Parasiten wiederfindbar sein und sollten sich nicht hinter (möglicherweise bald wechselnden) Gruppenbegriffen verbergen. Daher wird hier **bewußt** das alte System beibehalten und zum Maßstab einer **Reihenfolge** bei der Besprechung genommen. Die in Abb. 2 dargestellten Arten vermitteln einen Eindruck von der Größenordnung der verschiedenen Einzellergruppen (5–12) in Relation zu anderen Erregergruppen.

Bei den **Protozoen** (= Urtiere, Vortiere) handelt es sich um Lebewesen, die alle Lebensfunktionen – Nahrungsaufnahme, Stoffwechsel, Exkretion, Reproduktion, Reizbarkeit, Motilität etc. – in **einer Zelle** vereinigen. Die Protozoen sind Eukaryoten, die artspezifisch einen, zwei oder relativ wenige Kerne besitzen. Zwar kann **Polyploidie** auftreten, jedoch ist Vielkernigkeit auf wenige Phasen des Entwicklungszyklus beschränkt. Die Zellbegrenzung stellt stets eine Zellmembran dar. Diese wie auch die zahlreichen Zellorganellen (Endoplasmatisches Reticulum, Mitochondrien, Golgiapparate, Vakuolen, Ribosomen, Basalapparate, Centriolen, Axonemen, Flagellen, Cilien, Lysosomen, Mikrotubuli, Filamente etc.) können bei den einzelnen Protozoengruppen in unterschiedlichster Weise auftreten. Ihre Anordnung und Spezialisierung dient zur Diagnose insbesondere der parasitischen Formen, die in den folgenden **Kapiteln (1–10)** dargestellt sind. Die meist sehr schnelle Teilungsrate der Protozoen führt bei parasitischen Formen häufig zur **Überschwemmung** von Wirten und damit einhergehend zu **bedeutsamen Erkrankungen**.

Die parasitischen Protozoen haben viele Strategien entwickelt, um im Freien zu überleben (z. B. Cystenbildungen bei oralen Infektionsrouten) und/oder auf einen neuen Wirt übertragbar zu sein (z. B. Anpassung im Stoffwechsel und in der Körperform an einen blutsaugenden Ektoparasiten). Hierbei sind bei einigen Arten extrem starke

Abb. 1: Verwandtschaftliche Beziehungen innerhalb der systematischen Domäne Eukaryota. Die parasitären Gruppen (hier vorwiegend Protozoa) sind durch **Fettdruck** hervorgehoben. Nach Bardele (1997).

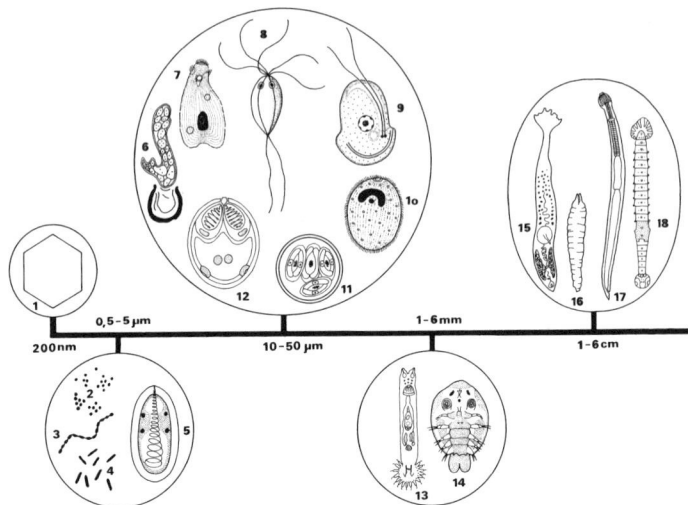

Abb. 2: Größenvergleich von Erregern (entlang eines Zahlenstrahls – 1 mm = 1000 µm, 1 µm = 1000 nm). 1 = *Lymphocystis*-Virus (150 – 300 nm); 2 = Bakterien: Kokken in Haufen bzw. Trauben (Staphylococcen); 3 = Bakterien in Ketten (Streptococcen); 4 = Bakterien-Stäbchen (z.b. *Enterobacteriaceae*); 5 = Spore der Mikrosporidien; 6 = *Ichthyophonus*-Stadien (Pilze); 7 = *Chilodonella*; 8 = *Hexamita*; 9 = *Ichthyobodo* (freies Stadium); 10 = *Ichthyophthirius*-Trophozoit; 11 = *Eimeria*-Oocyste; 12 = *Myxozoa*-Spore; 13 = *Gyrodactylus* (Monogenea); 14 = *Argulus* (Karpfenlaus); 15 = *Caryophyllaeus* (niederer Bandwurm); 16 = Fischbandwurm-Plerocercoid (= Larve); 17 = *Camallanus* (adulter Fräskopfwurm, Nematode); 18 = *Piscicola* (Blutegel).

Spezialisierungen (**Wirtsspezifitäten**) entstanden; ein Überleben dieser Formen ist nur durch massenhafte Produktion von Nachkommen zu garantieren. Aus der Vielzahl der in der Natur verwirklichten Wirt-Parasiten-Verhältnisse werden im folgenden einige typische protozoäre Parasiten des Menschen und der Tiere (unter Vernachlässigung der Pflanzen als Wirte) ausgewählt und in den Grundzügen dargestellt.

1. Flagellaten – Geißeltiere

Die Gruppe der vorwiegend heterotrophen Geißeltiere (Zooflagellata, Zoomastigophora) schließt eine große Anzahl parasitischer Arten ein, die ihre Wirte in nahezu allen Tierstämmen finden. Die für den Menschen teils in medizinischer, teils in wirtschaftlicher Hinsicht bedeutsamen Parasiten gehören zu den Ordnungen **Kinetoplastida, Diplomonadida** und **Trichomonadida**. Die beiden letzten Gruppen leben im Darm bzw. im Urogenitalsystem der Wirte, während die Kinetoplastida als sog. «Haemoflagellata» vorwiegend im Blut, in der Lymphe oder in extraintestinalen Geweben auftreten und daher auf besondere Übertragungsmechanismen angewiesen sind. Da die Vertreter der Diplo- und Trichomonadida alle Übergänge vom **Kommensalismus** zum Parasitismus demonstrieren und damit zum Teil eine ursprüngliche Stufe des Parasitismus repräsentieren, soll diese Flagellatengruppe an den Anfang unserer Betrachtungen gestellt werden.

System: PROTOZOA (EINZELLER)
1. Stamm: SARCOMASTIGOPHORA
   1. Unterstamm: Mastigophora (Flagellata)
      1. Klasse: Phytomastigophorea
      2. Klasse: Zoomastigophorea
         Ord. Kinetoplastida: *meist parasitisch*
         Ord. Proteromonadida: *meist parasitisch*
         Ord. Retortamonadida: *parasitisch*
         Ord. Diplomonadida: *meist parasitisch*
         Ord. Oxymonadida: *parasitisch*
         Ord. Trichomonadida: *meist parasitisch*
         Ord. Hypermastigida: *parasitisch – symbiontisch*

1.1. Ordnung: Diplomonadida

Innerhalb der Ordnung der Diplomonadida, deren Vertreter meist weniger als 20 µm messen, treten neben den Enteromonadina Arten auf, die alle Organelltypen mindestens zweifach besitzen (Diplomonadina). Die Entstehung dieser Lebensform läßt sich mit einer unterbliebenen Zellteilung nach Reduplikation der Organellen erklären, wie das beim «einfachen» Flagellat *Enteromonas* in Kulturen geschehen kann.

Tab. 1: Wichtige Gattungen der Diplomonadida

Gattungen/Arten	Größe μm	Wirt
Enteromonadina		
Enteromonas hominis	4–10	**Mensch**
E. intestinalis	8	Kaninchen
Diplomonadina		
Trepomonas sp.	12	Fische
Hexamita (= Octomitus) spp.	6–12	Vögel
Spironucleus (Hexamita) muris	10	Maus
Octomitus intestinalis	9	Maus
Giardia lamblia (= Lamblia intestinalis)	10–20	**Mensch**
G. duodenalis[1]	22	Kaninchen
G. bovis	11–19	Rind
G. caprae	12–17	Schaf, Ziege
G. canis	11–17	Hund

[1] Vermutlich identisch mit Stämmen von *G. lamblia.*

Die Vertreter der Diplomonadida leben im Darm ihrer Wirte. Es treten stets begeißelte (vegetative) Formen auf, die sich durch Zweiteilung vermehren und die meist an den Mikrovilli des Epithels verankert sind, wobei je nach Art unterschiedliche Darmabschnitte bevorzugt werden können. Dabei phagocytieren sie auf der Darmlumenseite Darminhalt; die aufgenommenen Carbohydrate werden als Glykogen gespeichert und anaerob zu Ethanol, Acetat und CO_2 abgebaut. *Giardia*-Arten besitzen weder Mitochondrien noch Peroxisomen. Da sie wie Trichomonaden und Amoeben bei Vorhandensein von O_2 aktiv atmen, werden sie auch als **aerotolerante Anaerobier** bezeichnet (bei prinzipiell gleichen, aber in Mengen unterschiedlichen Endprodukten). Die Übertragung von einem Wirt zum andern erfolgt durch **Cysten** (Abb. 3b), die mit den Fäzes ausgeschieden werden. Die Wand der Cyste wird von der Oberfläche des Parasiten durch einen **Exocytose**-Vorgang abgeschieden und enthält stabilisierende, chitinöse, filamentöse Elemente. Innerhalb der Cysten kommt es häufig schon zu Kernteilungen, während die Zellteilung erst nach Auflösung der Cystenwand im neuen Wirt erfolgt.

Die lichtmikroskopische Untersuchung der Diplomonadida blieb wegen ihrer geringen Größe unbefriedigend; mit Hilfe der Elektro-

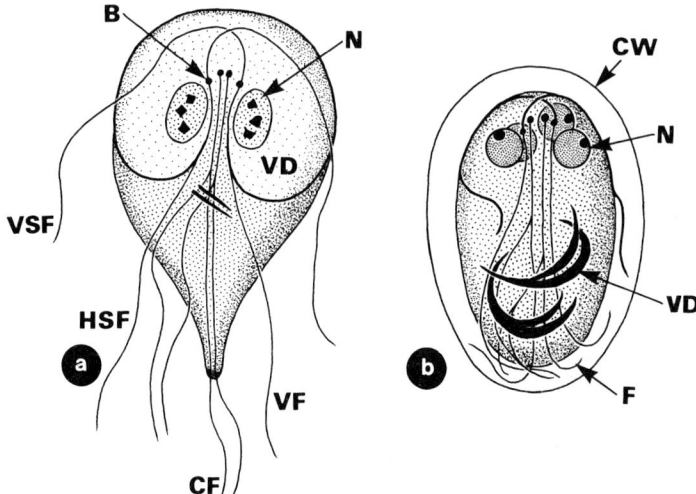

Abb. 3: *Giardia lamblia*. Schem. Darstellungen des Trophozoiten von ventral (a) und der Vierkerncyste aus den Fäzes (b).
B = Basalapparat; CF = caudales Geißelpaar; F = Flagellen (werden in der Cyste abgebaut); HSF = hinteres, seitl. Geißelpaar; N = Nucleus, Kern; VD = ventraler Discus; VF = ventrale Geißeln; VSF = vordere, seitl. Geißeln (× 3000).

nenmikroskopie wurden besonders für die Gattung *Giardia* (syn. *Lamblia*) Charakteristika von taxonomischem Wert gewonnen (Abb. 3–6). Von diesen seien besonders die saugnapfartige ventrale Scheibe (ventraler Diskus, Abb. 4) und die Anordnung der 4 Geißelpaare erwähnt. Die **Pathogenität** für den Menschen ist nicht bei allen Stämmen dieser weltweit verbreiteten Art zweifelsfrei erwiesen; andere Arten führen jedoch bei ihren Wirtstieren zu Diarrhöen. Neuere Untersuchungen zeigten, daß bis zu 17 % der jungen Hunde befallen waren und entsprechende Symptome wie der Mensch aufwiesen. Da ein gemeinsamer Serotyp der Giardien bei Hund, Mensch und Katze existiert, ist hier mit erhöhter Infektionsgefahr für den Menschen zu rechnen. In manchen Ländern (z. B. Kanada, Australien) gefährden zudem Giardien das Trinkwasser. Bei immunsupprimierten Personen (z. B. AIDS) können sie sich als **Opportunisten** (s. S. 71) enorm stark vermehren. Zur **Chemotherapie** werden beim **Menschen** Metronidazol, beim Hund Bendazole bzw. die Kombination von Febantel und Praziquantel eingesetzt. Allerdings zeigte sich, daß die Stämme von *G. lamblia* sehr heterogen sind, was ihre Isoenzyme, Chromosomen,

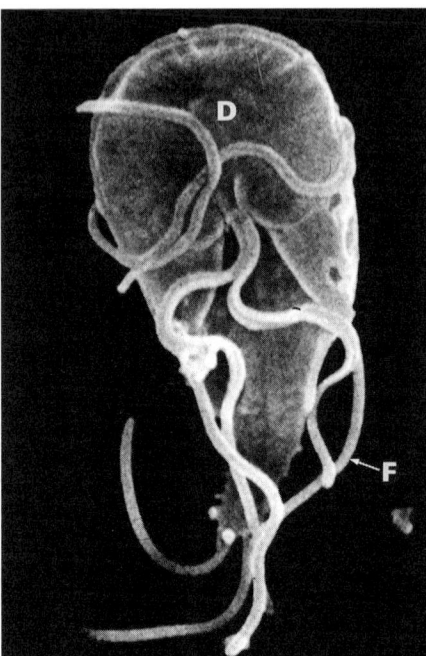

Abb. 4: Rasterelektronen-mikroskopische Aufnahme der Ventralseite eines Trophozoiten von *Giardia lamblia*. D = ventraler Diskus; F = Flagellum. × 4000.

ihren Genbestand und vor allem ihre variablen Oberflächenproteine (*engl.* variant-specific surface proteins – **VSP**) betrifft. Letztere gehören bei den Giardien zu einer Gruppe von cystein-reichen Proteinen, variieren diese aber im Gegensatz zu den Trypanosomen nicht zyklisch. Die verschiedenen VSPs unterscheiden sich zwar in ihrer Empfindlichkeit gegenüber Wirtsproteasen, dennoch ist ihre gesamte Bedeutung noch nicht abzuschätzen. Es bestehen allerdings deutliche Hinweise dafür, daß die VSPs mit dem Wirt um Zink konkurrieren und dadurch verringerte Enzymaktivität und Malabsorption herbeiführen. Die paarigen, meist ovoiden, mit elektronenlichtem Inneren (Abb. 3) erscheinenden **Kerne** enthalten gleich viel DNA und sind gleichermaßen transkriptionsaktiv. Es wird davon ausgegangen, daß etwa 8–50 Chromosomen vorhanden sind und **Polyploidie** vorliegt. Die Chromosomen selbst werden in neun Klassen von 0,7–4 Megabasen Größe eingeteilt.

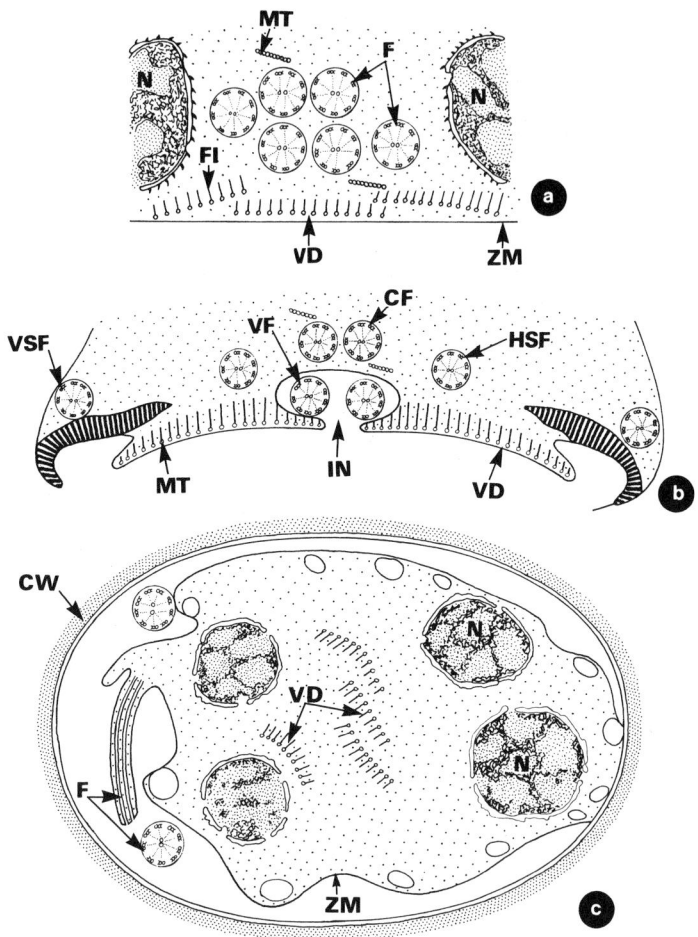

Abb. 5: *Giardia lamblia,* schematische Darstellung von Schnittbildern.
a) Querschnitt durch die caudale Kernregion des Trophozoiten;
b) Querschnitt durch die Region der ventralen Invagination;
c) 4-Kern-Cyste.
CF = caudales Geißelpaar; CW = Cystenwand; F = Geißeln; FI = Filament;
HSF = hinteres, seitl. Geißelpaar; IN = ventrale Invagination; KR = kristalloider
Randbereich; MT = Mikrotubuli; N = Nucleus; V = Vakuole; VD = ventraler Diskus; VF = ventrale Geißeln; VSF = vordere seitl. Geißeln; ZM = Zellmembran.

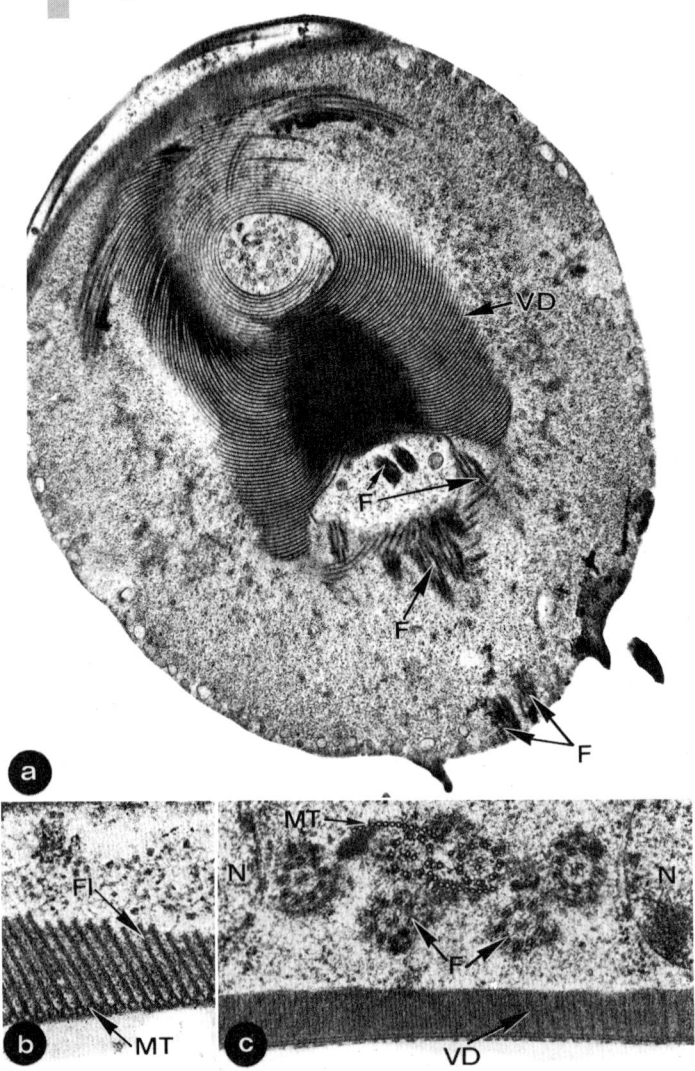

Abb. 6: *Giardia lamblia.* TEM-Aufnahmen (Brugerolle, Clermont-Fd.).
a) Tangentialschnitt entlang der ventralen Oberfläche. × 8000
b) Vergrößerung des ventralen Discus (Ausschnitt). × 32 000
c) Querschnitt im Bereich der Kerne (N); 6 der 8 Geißeln sind getroffen.
   × 18 000
Abk. wie in Abb. 4 und 5.

1.2. Ordnung: Trichomonadida

Die Trichomonadida sind weltweit verbreitet und durch eine Reihe von Strukturen ausgezeichnet, die zwar schon im Lichtmikroskop erkannt, aber erst durch elektronenmikroskopische Untersuchungen charakterisiert wurden.

Tab. 2: Wichtige Gattungen der Trichomonadida

Familie/Art	Größe (μm)	Wirt und Gewebe	pathogen
Monocercomonadidae			
Monocercus ruminantium	12–14	Wiederkäuer; Rumen	–
Histomonas meleagridis	8–20	Hühnervögel; Caecum, Leber	+
Dientamoeba fragilis	6–12	**Mensch;** Colon, Caecum	?
Trichomonadidae			
Trichomonas vaginalis	10–25	**Mensch;** Urogenitalsystem	+
T. hominis	5–20	**Mensch;** Darm	–
T. tenax	5–16	**Mensch;** Mund	–
T. gallinae	6–18	Hühnervögel; Kopfdarm	+
Tetratrichomonas ovis	6–9	Schafe; Rumen, Caecum	–
Tritrichomonas foetus	10–20	Rinder; Urogenitalsystem	+
T. suis	8–16	Schweine; Dünndarm	–
T. equi	11	Pferde; Caecum, Colon	+
Pentatrichomonas hominis	8–20	**Mensch;** Dünndarm	–
P. gallinarum	5–8	Vögel; Caecum	+

Kern, Nucleus. Der Kern der Trichomonaden ist von einer typischen doppelten Kernmembran umgeben (Abb. 7). Er liegt in unmittelbarer Nähe des apikalen Pols unterhalb der Geißeln und schmiegt sich in die Mikrotubulireihe des Axostyls ein. Die Anzahl der Chromosomen und die Ploidie sind nach wie vor nur ungenügend bekannt, weil die Chromosomen bei der Kernteilung nicht kondensieren. Aus den verschiedensten experimentellen Ansätzen zieht man die Schlüsse, daß die Trophozoiten der Trichomonaden die meiste Zeit ihres Lebens haploid sind und je nach Art 3–12 Chromosomen besitzen (z. B. *Pentatrichomonas hominis* und *Trichomonas vaginalis* – 5; *Trichomonas tenax* – 3). Andere Autoren (z.B. Yuh und Shaio) zeigen im gleichen Jahr (1997), daß zumindest axenisch gezogene *T. vaginalis*-Trophozoiten diploid sind und dann 12 Chromosomen besitzen. Die Teilung des Kerns erfolgt durch die sog. **Cryptopleuromitose**, bei der sich die Teilungsspindel außerhalb der sich nicht auflösenden Kernmembran befindet. Zunächst verdoppeln sich die Geißeln, dann erfolgt die Kernteilung. Die Kerne und die zugehörigen Geißelsets wandern an verschiedene Zellpole, bevor es zur Zellteilung kommt.

Geißeln. Mit Ausnahme der Gattung *Histomonas* (1 freie Geißel) und *Dientamoeba* (keine Geißeln) weisen die in der Tabelle 2 zusammengestellten Gattungen der Trichomonadida 4–6 Geißeln auf, von denen eine als Schleppgeißel (*engl.* recurrent flagellum) ausgebildet ist und entlang einer undulierenden Membran verläuft (Abb. 7; 8). Die Anzahl der freien Geißeln am apikalen Zellpol dient als taxonomisches Merkmal zur Unterscheidung von Gattungen (Beispiele: *Trichomonas vaginalis* = 4 freie + Schleppgeißel; *Pentatrichomonas* = 5 freie + Schleppgeißel). Es können jedoch innerhalb einer Art aus unbekannten Gründen auch Abweichungen von der charakteristischen Anzahl der freien Geißeln auftreten. Die Basalapparate, deren Reduplizierung der Teilung des Zellkerns vorausgeht, sind stets mit besonderen Fortsätzen versehen, die der Verankerung dienen (Abb. 7; 8).

Abb. 7: *Trichomonas vaginalis.* a–c TEM-Aufnahmen von Brugerolle, Clermont-Fd.; d SEM-Aufnahme von Warton und Honigberg, Amherst, USA.
a) Vergrößerung des Axostyls, das aus einer Reihe von Mikrotubuli besteht. × 25 000
b) Vergrößerung der Costa (längs). × 2800
c) Längsschnitt durch den Parasiten. × 10 000
d) Habitus. × 260
Abk. wie in Abb. 8.

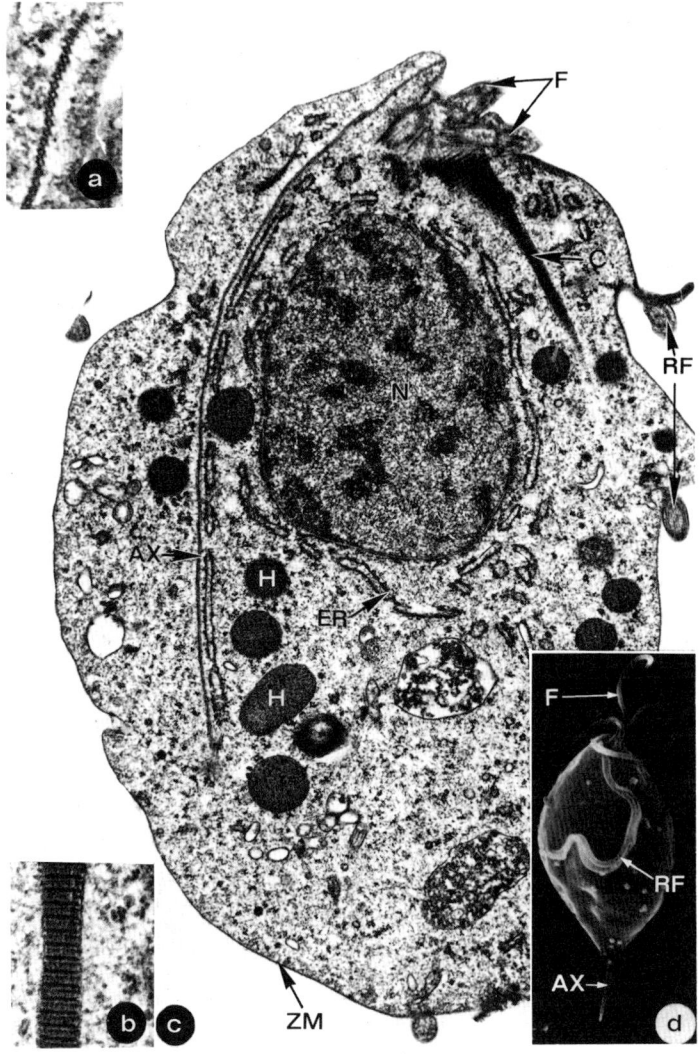

Cytoskelett. Als Zellbegrenzung ist eine einfache Membran vorhanden. Im Cytoplasma findet sich eine Reihe von stabilisierenden Elementen: **Axostyl, Pelta** sowie filamentöse Bündel, die als **Costa** und **Parabasalstränge** bezeichnet werden (Abb. 7; 8). Das Axostyl und die Pelta, die bei *Trichomonas vaginalis* je aus einer Reihe miteinander verbundener Mikrotubuli bestehen, bilden eine Art Rinne, in der der Kern bzw. die Basalapparate liegen (Abb. 8 b, c). Die Costa, die nur bei Arten mit einer undulierenden Membran auftritt, erscheint als quergestreifte Faser und ist an den Basalapparaten der zweiten freien und der Schleppgeißel inseriert. Sie dient offenbar der Stabilisierung der undulierenden Membran. Die sog. Parabasalstränge sind ebenfalls quergestreifte filamentöse Elemente, die je ein Golgi-Apparat zu «stützen» scheint (Abb. 8 c). Diese wurden im übrigen schon im Lichtmikroskop sichtbar und deskriptiv als Parabasalkörper bezeichnet.

Undulierende Membran. Die Schleppgeißel erscheint im Lichtmikroskop mit einer typischen undulierenden Membran, die sich bei *T. vaginalis* nur über zwei Drittel der Zelle, bei anderen Arten aber über die gesamte Oberfläche erstreckt (Abb. 7 d; 8 c). Innerhalb der Trichomonadida werden verschiedene Formen der undulierenden Membran ausgebildet. So ist bei *T. vaginalis* eine Oberflächenfalte vorhanden, die mäanderförmig von der Geißel umgeben ist, während bei anderen Arten die Geißel durch eingelagerte Strukturen bandförmig verbreitert wird (Abb. 7 c).

Ernährung. Die gesamte Gruppe besitzt keine Cytostome, die Zelloberfläche ist aber zu Phagocytose in beträchtlichem Ausmaße befähigt. Die in den Körperhöhlen lebenden Arten ernähren sich in besonderem Maße von Bakterien, deren Wachstum vom jeweiligen Milieu abhängt. So tritt z. B. *T. vaginalis* nach starker Vermehrung

---

Abb. 8: *Trichomonas vaginalis.* Schem. Darstellung nach Ergebnissen von Brugerolle, Clermont-Fd.
a) Erscheinungsbild im LM (nach Giemsa-Färbung);
b) Räumliche Darstellung des Axostyls;
c) Zellorganellen am apikalen Pol.
1–4 = Basalapparate der freien Geißeln; AX = Axostyl; B = Basalapparate; C = Costa; ER = Endoplasmatisches Reticulum; F = Flagellum, Geißel; Fl = Fibrillen; GO = Golgiapparat; H = Hydrogenosom; MT = Mikrotubuli; N = Nucleus; NM = Kernmembran; PE = Pelta; PS = Parabasalstränge; RF = Schleppgeißel; UM = Undulierende Membran; ZM = Zellmembran.

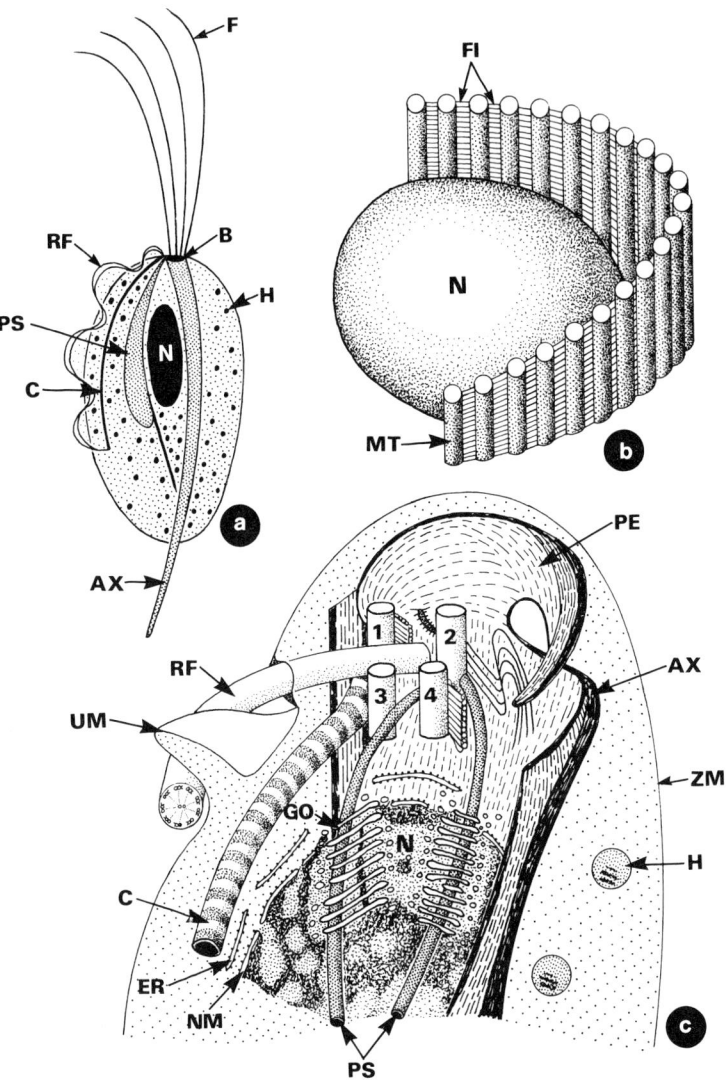

bestimmter Bakterien der Scheidenflora (oft durch Milieuänderung infolge der «Anti-Baby-Pille») besonders gehäuft auf. *T. vaginalis* und *Tritrichomonas foetus* lassen sich aber auch gut axenisch (= Medium enthält keine Futterorganismen) in der In-vitro-Kultur halten.

Hydrogenosomen. Die Trichomonadida besitzen keine typischen Mitochondrien. Es treten aber bis 1 μm große, von zwei Membranen begrenzte, elektronendicht erscheinende Körper auf, die je nach Lage in der Zelle als Costal-Körper, Axostyl-Körper, Microbodies oder dunkle Körper bezeichnet wurden (Abb. 7c; 8c). Trichomonaden bauen als aerotolerante (atmen bei O_2-Anwesenheit) **Anaerobier** gespeicherte Karbohydrate über die **Glykolyse** ab. Dabei findet zunächst im Cytosol der Abbau von Glucose zu Pyruvat statt, das dann in die Hydrogenosomen transportiert wird, dort oxidativ zu Acetyl-CoA decarboxyliert wird. Dieser Prozeß wird durch Pyruvat:Ferredoxin-Oxidoreduktase gesteuert. Als Endprodukte des Pyruvatabbaus entstehen dann im Inneren der Hydrogenosomen ATP, Acetat, Malat und Wasserstoff, die dann durch die beiden dicht aneinanderliegenden Membranen ins Cytoplasma gelangen. Neuere Untersuchungen zeigten, daß die Proteine der Hydrogenosomen an freien Polyribosomen synthetisiert werden und dann erst ins Innere der Organelle gelangen. Zur **Entstehung** der Hydrogenosomen wird angenommen, daß sie sich aus einer Vorform (Endosymbiont?) entwickelt haben, wobei die Evolution unter aeroben Bedingungen zu Mitochondrien und unter anaeroben Verhältnissen zu Hydrogenosomen verlief. *Trichomonas vaginalis* besitzt zudem keine Peroxisomen, so daß auch kein H_2O_2, das bei einigen Enzymreaktionen entsteht, abgebaut werden kann.

Übertragung. Die Vermehrung erfolgt innerhalb des Wirts durch Zweiteilung. Die daraus hervorgehenden Stadien sind aber außerhalb des Wirts besonders anfällig gegen Austrocknung. Bei diesem Vorgang runden sie sich ab und erscheinen wie Cysten, eine schützende Wand fehlt jedoch, so daß sie zugrunde gehen. Bei einigen Arten der Trichomonadida werden auch echte Cysten gebildet, die allerdings bei allen pathogenen Arten fehlen. Diese sind somit auf eine direkte Übertragung, z. B. bei *T. vaginalis* durch Geschlechtsverkehr, angewiesen. Die Arten selbst sind nicht wirtsspezifisch und lassen sich gut in anderen Wirten halten, so z. B. *T. vaginalis* in der Leibeshöhle von Mäusen.

Pathogenität. Zweifelsfrei ist, daß eine Reihe von Arten erhebliche Schäden direkt oder indirekt herbeiführen kann. Dabei ist allerdings noch nicht ganz geklärt, ob die **Krankheitserscheinungen** von begleitenden bakteriellen Infektionen vorbereitet werden oder inwieweit der häufig parallel anwachsende Pilzbefall (*Candida*-Gruppe) dafür verantwortlich ist. Fest steht, daß die regelmäßig erfolgende Anheftung von Trichomonaden an die Epithelien ihrer Wirte zu Läsionen führt, die dann Eintrittspforten für andere Erreger darstellen (z. B. das Einwachsen von Pilzhyphen ermöglichen).Wichtige Arten sind:

- *T. vaginalis* kann beim Menschen zu **Kolpitis, Prostatitis** und **Urethritis** führen (**Chemotherapie** durch Imidazole, u. a. Metronidazol).
- *T. gallinae* kann nach Besiedelung extraintestinaler Gewebe den Tod von Vögeln bewirken und so große wirtschaftliche Schäden herbeiführen.
- *Tritrichomonas foetus* kann bei graviden Kühen durch lokale Zerstörung der Placenta Aborte auslösen (ist als Erreger der sog. **Deckseuche** nach dem Tierseuchengesetz meldepflichtig!).
- *Histomonas meleagridis* wird auf Hühner auch die durch Eier des Nematoden *Heterakis gallinarum* übertragen und ist nur bei geringer Nahrungszufuhr der Wirte und in Gegenwart bestimmter Bakterien pathogen. Dieser Einzeller führt dann zur häufig letal verlaufenden «**Schwarzkopf Enterohepatitis**» vieler Hühnervögel.
- *Dientamoeba fragilis* soll nach einigen Beobachtungen zusätzlich in Eiern des Madenwurms *Enterobius vermicularis* übertragen werden können (s. S. 320).

1.3. Ordnung: Kinetoplastida

Die **Kinetoplastida** erhielten ihren Namen auf Grund ihres sog. **Kinetoplasten***, der wegen seines DNS-Gehaltes Feulgen-positiv reagiert (Abb. 9). Elektronenmikroskopische Untersuchungen zeigten, daß es sich hierbei um einen bestimmten Abschnitt des langgestreckten Mitochondrions handelt (Abb. 10; 11), der stets in unmittelbarer Nähe des Basalapparates der Geißel(n) liegt.

System:
1. Uord. Bodonina (mit zwei Geißeln)
    Fam. Bodonidae
    Fam. Cryptobiidae (Fisch-, Schneckenparasiten)

---

* Dieses Organell, bei dem erstmals extranucleäre DNA nachgewiesen werden konnte, wurde 1917 von Alexeieff als Kinetoplast bezeichnet; andere Autoren führten mehr deskriptive Namen ein wie «Mikronucleus», «parabasal body», «Centrosom», «Kinetosom» und «Blepharoplast», die zum Teil noch heute in der Sekundärliteratur anzutreffen sind, aber falsch verwendet werden.

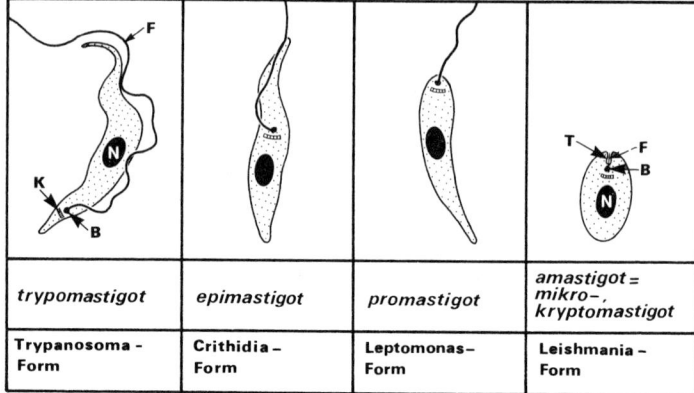

trypomastigot	epimastigot	promastigot	amastigot = mikro-, kryptomastigot
Trypanosoma - Form	**Crithidia - Form**	**Leptomonas- Form**	**Leishmania - Form**

Abb. 9: Neue und alte (unten) Terminologie der Trypanosomen (wichtige Stadien). B = Basalapparat; F = Geißel; K = Kinetoplast; N = Nucleus, Kern; T = Geißeltasche.

2. Uord. Trypanosomatina (mit einer Geißel)
   Fam. Trypanosomatidae
         Gattung *Herpetomonas*
         Gattung *Leptomonas*
         Gattung *Crithidia*
         Gattung *Blastocrithidia*
         Gattung *Phytomonas*
         Gattung *Leishmania*
         Gattung *Trypanosoma*
            A. Stercoraria (übertragungsfähige Stadien in den Fäzes),
            B. Salivaria (übertragungsfähige Stadien in/an den Mund-
               werkzeugen, z. T. in Speicheldrüsen der Vektoren).

Trypanosomatidae

Zur Familie der Trypanosomatidae gehören einige für den Menschen sehr bedeutsame Parasiten, während zu den Bodoniden neben
zahlreichen freilebenden Formen auch wichtige Fischparasiten (u. a.
Cryptobia, Trypanoplasma) zuzuordnen sind, deren Biologie in Spe-
zialarbeiten dargestellt ist.
   Besonderes Merkmal der Trypanosomatidae ist ein Gestaltwandel
im Verlauf des Entwicklungszyklus, der sich bei den heteroxenen
Arten fast immer über zwei Wirtstypen (z. B. Wirbeltier, Insekten-
vektor) erstreckt, während bei monoxenen Arten meistens nur ein
Evertebrat (Insekt) als Wirt eingeschaltet ist. Bei dieser Formverände-
rung können unterschiedlich strukturierte Stadien mit verschiedenem

Geißelansatz aufeinanderfolgen (**Polymorphismus**) oder gleichartig begeißelte Stadien schlank (*engl.* slender) oder gedrungen (*engl.* stout, stumpy) erscheinen (**Pleomorphismus**).

In der älteren Literatur erhielten die polymorphen Stadien Namen, die Gattungsnamen entlehnt waren (Abb. 9). Diese Kennzeichnung führte zu Mißverständnissen, da z. B. Entwicklungsstadien der Gattung *Trypanosoma* als sog. *Leishmania-*, *Leptomonas-*, *Crithidia-* oder *Trypanosoma*-Formen auftreten konnten. Seit 1966 hat sich nach einem Vorschlag von Hoare und Wallace allgemein durchgesetzt, die polymorphen Stadien nach dem Ansatz der Begeißelung als **krypto-** oder **amastigot** (= Leishmaniaform), **epimastigot** (= Crithidiaform), **promastigot** (= Leptomonasform) bzw. **trypomastigot** (= Trypanosomaform) zu bezeichnen (Abb. 9). Im Entwicklungszyklus der einzelnen Spezies folgen bei heteroxenen Arten oft bestimmte Stadien obligat aufeinander, die nach dem Wirtswechsel jeweils kontinuierlich während ablaufender Zweiteilungen ineinander übergehen. Von Vektoren übertragen werden jedoch nur bestimmte Stadien der heteroxenen Arten, nur diese können sich im Wirbellosen- bzw. Wirbeltierwirt weiterentwickeln, während andere zugrunde gehen, weil sie z. B. notwendige Veränderungen am Mitochondrion noch nicht vollzogen haben (s. S. 50). Die In-vitro-Kultur aller Entwicklungsstadien ist heute möglich.

Cytologie. Alle Stadien der Trypanosomatidae sind nach einem gemeinsamen Bauprinzip gestaltet (Abb. 10–13). Sie werden von einer einfachen Zellmembran begrenzt, unter der spiralig angeordnete Mikrotubuli ein stabiles Cytoskelett bilden. Bei Blutstadien befindet sich außen auf der Zellmembran eine etwa 10–15 nm dicke Schicht, die als «**surface coat**» bzw. «**Glykokalyx**» bezeichnet wird und eindeutig Schutz vor Antikörpern und Komplement des Wirts bietet (Abb. 11). Diese Schicht besteht bei afrikanischen *Trypanosoma*-Arten aus jeweils einem Typ von Glykoproteinen, die wegen ihres häufigen Wechsels nach Zellteilungen auch *engl.* als «**variant surface glycoprotein**» (**VSG**) bezeichnet werden und von denen jedes Molekül etwa 500 Aminosäuren enthält. Das Genom (s. S. 46) jener Trypanosomen (*T. brucei*-Gruppe, *T. congolense, T. evansi, T. equiperdum*), bei denen diese **Antigenvarianz** bisher nachgewiesen wurde, enthält mehr als 1000 derartige VSG-Gene. Diese sind auf allen der sehr heterogenen *Trypanosoma*-Chromosomen (s. S. 46) lokalisiert und machen nahezu 10% der parasitären, nukleären DNA aus. Von ihnen wird allerdings stets nur eines exprimiert. Der Aktivitätswechsel eines Gens erfolgt, meist nach Zellteilungen, nur bei wenigen Individuen (exakte Steuermechanismen unbekannt), bewirkt so die Produktion eines anderen

Surface coats und führt so zum Überleben dieser Individuen im Wirt. Der Einbau von neuen «**VSG-Proteinen**» in die Oberfläche findet offenbar innerhalb der Geißeltasche über eine Art Exocytose statt. In dieser Geißel erfolgt auch die Nahrungsaufnahme durch Endocytose. Dabei werden pro Minute bis zu 5% der eigenen, mit Wirtsanti-

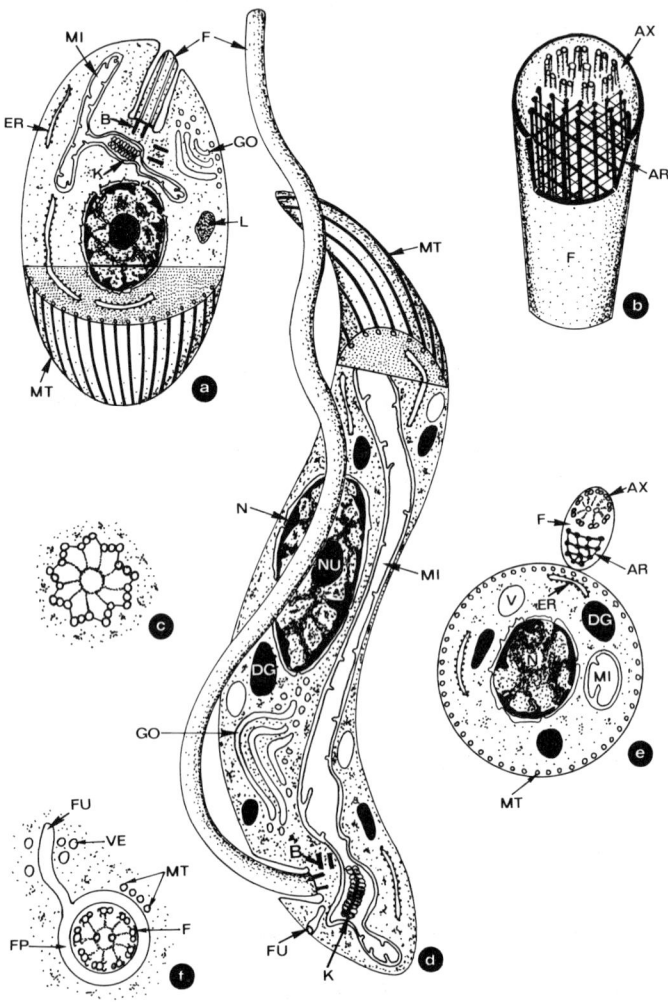

körpern beladenen Zelloberfläche mitaufgenommen. Auf diese Weise wird die Wirkung der Antikörper des Wirts weitgehend unterlaufen. Eine **Vakzinierung** scheint bei diesen Arten wegen dieser spontanen und vielfältigen **Antigenvarianz** aussichtslos. Sobald die Blutstromstadien afrikanischer Arten beim Saugakt in den Mitteldarm der Tsetsefliege gelangt sind, gestalten sie sich zu den sog. prozyklischen Stadien um und scheiden ihre **VSG-Hülle** ab. Sie ersetzen diese durch ein anderes Glykoprotein, das aber nicht variiert und als **Procyclin** bzw. PARP (= *engl.* procyclic acidic repetitive protein) bezeichnet wird. Dieses besteht aus 400–500 Aminosäureresten, die wie die VSGs mit einem **GPI-Anker** (= Glykosylphosphatidylinositol) in der Zellmembran verankert sind. Die metazyklischen Stadien in der Speicheldrüse exprimieren dann wieder die VSGs und werden so für Wirbeltiere infektionsfähig.

Geißel. Alle Stadien besitzen nur eine Geißel, allerdings von unterschiedlicher Länge. Elektronenmikroskopische Untersuchungen zeigen, daß dies auch für die sog. amastigoten Formen zutrifft, aber hier ragt die Geißel nicht über die Zelloberfläche hinaus. Dies führte zur Bezeichnung als mikro- bzw. kryptomastigot (Abb. 9). Die Geißel beginnt stets in einer mehr oder minder langen Geißeltasche und ist mit einem typischen Basalapparat im Plasma verankert (Abb. 10; 11). Bei Bodoniden findet sich als Rudiment eine zweite Geißel, häufig mit einem weiteren Basalapparat. Die Geißeln der meisten Trypanosomatiden (Ausnahmen z. B. *Crithidia oncopelti, Blastocrithidia culicis, Herpetomonas roitmani*) sind durch einen Achsenstab (*engl.* paraxial rod) gekennzeichnet, der aus einem regelmäßigen Netzwerk von Filamenten besteht und entlang des **Axonems** (= das typische

---

Abb. 10: *Trypanosoma.* Schemat. Darstellung der Feinstrukturen (s. Abb. 11).
a) A- bzw. kryptomastigotes Stadium längs;
b) Geißel räumlich;
c) Basalapparat quer;
d) Trypomastigotes Stadium längs;
e) Trypomastigotes Stadium quer;
f) Geißeltasche quer.
AR = Achsenstab; AX = Axonem; B = Basalapparat; DG = Dichter Einschluß, Glykosom (Ort der Wandlung von Glucose in 3-Phosphoglycerat); ER = Endoplasmatisches Reticulum; F = Geißel; FP = Geißeltasche; FU = Fingerförmiger Kanal; GO = Golgiapparat; K = Kinetoplast; L = Lipid; MI = Mitochondrion; MT = Mikrotubuli; N = Nucleus; NU = Nucleolus; PM = Peritrophische Membran(en); SCO = Surface coat, Glykocalyx; UM = Zellmembran; V = Vakuole; VE = Vesikel.

$9 \times 2 + 2$ Mikrotubulisystem) verläuft (Abb. 10 b). Die Geißel wird nicht nur zur Bewegung, sondern auch zur Verankerung im wirbellosen Wirt verwendet. So finden sich hemidesmosomenartige Struk-

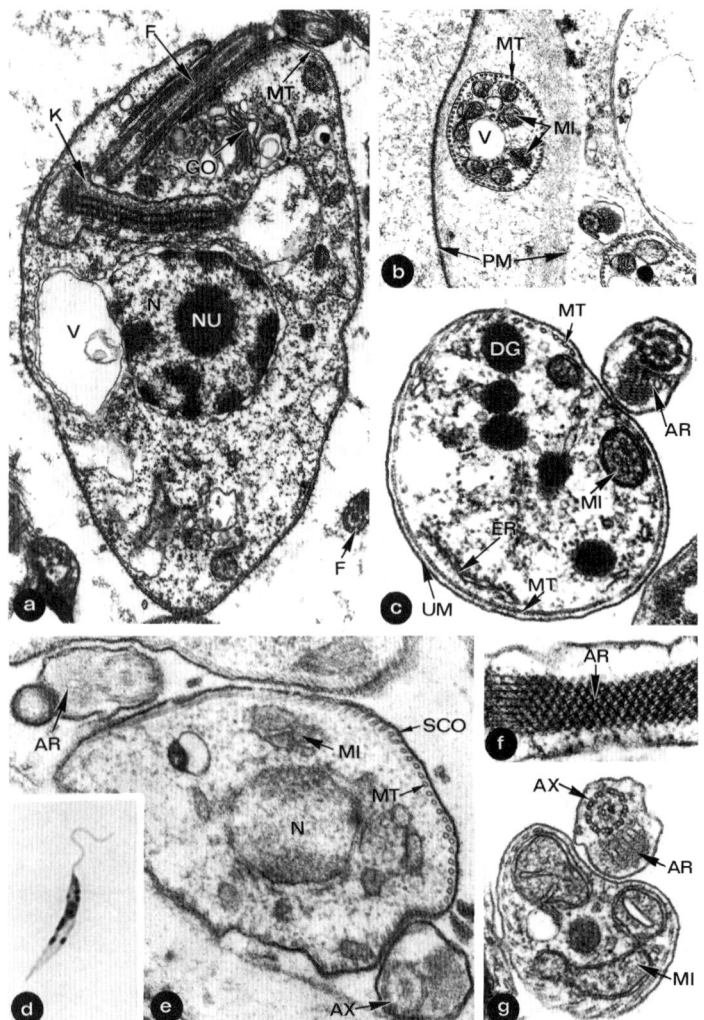

Tab. 3: Übersicht über wichtige Gattungen der Trypanosomatidae und ihre Entwicklungsstadien (Erscheinungsformen)

Gattung	Formen ausschließlich im Evertebraten	Formen im Everte- + Pflanzebraten		Formen im Everte- + Vertebraten	
Herpetomonas	a-, pro-, epi-, opisthomastigot	–	–	–	–
Leptomonas	a-, promastigot	–	–	–	–
Crithidia	a-, pro- (choano-), epimastigot(?)	–	–	–	–
Blastocrithidia	epi-, sphaeromastigot	–	–	–	–
Phytomonas	–	a-, pro-,	pro-mastigot	–	–
Leishmania	–	–	–	pro-	amastigot
Trypanosoma	–	–	–	epi-, trypo-	a-, trypomastigot

Abb. 11: Morphologie der Trypanosomatidae (TEM; d = LM).

a) Epimastigote von *T. cruzi*; längs. × 20 000

b) Stadium von *T. congolense* beim Passieren der peritrophischen Membran der Tsetse-Fliege. × 6000

c) Trypomastigote von *T. cruzi*; quer. × 16 000

d) Promastigote von *Leishmania donovani* (LM). × 1000

e) Darstellung des surface coats bei einer Trypomastigoten von *T. cruzi* mit der Thièry-Methode. × 18 000

f) Ausschnitt des Achsenstabs der Geißel, vergl. 10 b. × 26 000

g) Epimastigote von *Blastocrithidia triatomae*; quer. × 16 000; Abk. s. Abb. 10.

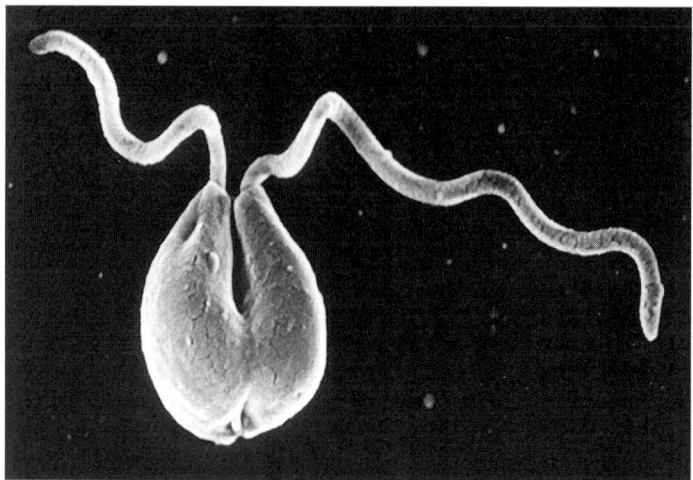

Abb. 12: SEM-Aufnahme von Promastigoten von *Leishmania major* in Teilung. × 5000

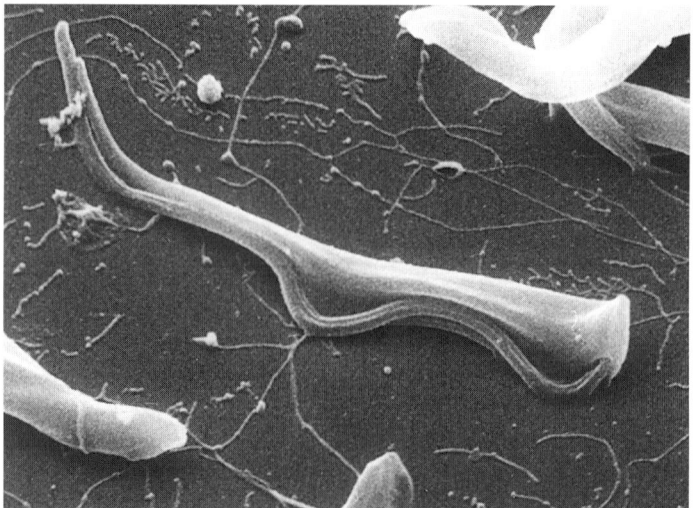

Abb. 13: SEM-Aufnahme (Dr. U. Frevert, New York) einer Trypomastigoten von *Trypanosoma brucei* nach Abscheiden eines fädigen Surface coats. Die Geißel zeigt keine undulierende Membran. × 5000

turen zwischen Geißeln von benachbarten Trypanosomen sowie zum Haften an inneren Oberflächen der Wirte.

Undulierende Membran. Trypo- und zum Teil auch epimastigote Formen erscheinen bei lichtmikroskopischer Beobachtung mit einer undulierenden Membran. Sie stellt aber keine echte Oberflächenvorwölbung dar, sondern, wie das Elektronenmikroskop zeigt, haftet die Geißel nur an einigen wenigen Stellen an der Zelloberfläche, ist sonst aber frei (Abb. 10 d, e; 13). Allerdings ist die Haftung (mit Hilfe von Desmosomen) so stark, daß bei Bewegung des Flagellaten dessen Oberfläche abgehoben werden kann, so daß der Eindruck einer dünnen (= undulierenden = wellenförmigen) Membran entstehen kann.

Kinetoplast. Als Kinetoplast wird ein erweiterter, hier cristaeloser Abschnitt des Mitochondrions bezeichnet. In ihm liegen DNA-Fibrillen in arttypischer Ausprägung und Anordnung. Diese Fibrillen werden je nach ihrer Länge *engl.* als **Maxicircles** bzw. **Minicircles** bezeichnet. Neben der Bildung bestimmter Atmungskettenproteine (Maxicircles) steuert deren DNA die Bildung der sog. guide-RNA (Minicircles) und somit die Produktion der für Maxicircles wichtigen mRNA. Durch Mutationen wie auch durch bestimmte Wirkstoffe (Acridine, Phenanthrene, Diamidine) geht der Kinetoplast scheinbar verloren (daher werden solche Stadien auch als **akinetoplastisch** bezeichnet). Elektronenmikroskopische Studien haben aber deutlich gemacht, daß die Mitochondrionerweiterung als Struktur erhalten bleibt, jedoch den DNA-Anteil verliert, was auch zur Bezeichnung **dyskinetoplastisch** führte. Diese Formen sind zwar im Wirbeltierblut lebensfähig, aber nicht zum Formwechsel im Überträger (Vektor) befähigt (keine Atmungskettenproteine).

Ernährung. Die Kinetoplastida ernähren sich von den meist im Überfluß vorhandenen Stoffen der parasitierten Körperhöhlen (Darm, Blutgefäße). Die Nahrungsaufnahme erfolgt durch Endocytose an der Zellmembran des Geißelsäckchens, sei es durch ein Cytostom oder in Form von **Phago-** oder **Pinocytose** unmittelbar an der Membran. Die aufgenommenen Moleküle bzw. Partikel werden in Nahrungsvakuolen hydrolysiert. Blutformen haben meist einen **glykolytischen**, die Formen in Insekten und in der Kultur einen **oxydativen** Stoffwechsel (Aminosäuren wie Prolin sind allerdings Hauptnährstoff). Die Blutformen der meisten Arten bauen Zucker bis zur Brenztraubensäute (Pyruvat) ab, die sie dann ausscheiden. Dabei verbrauchen sie in einer Stunde etwa 50–100% ihres Trockengewichts an Glucose. Polysaccharide werden im Zellinnern nicht gespeichert, so daß sie ständig auf Nahrungszufuhr angewiesen sind. *T. cruzi* macht eine Ausnahme: Es überlebt (durch Reservefette?) einige Tage

Tab. 4: Wichtige Arten der Gattung *Trypanosoma*

Arten	Länge (µm)	Vertebraten-Wirt	Krankheit
T. brucei brucei	25–42*	Equiden, Schweine, Nager, Wiederkäuer	Naganaseuche
T. brucei gambiense	16–31*	**Mensch,** Affen, Hund, Schwein, Antilopen	Schlafkrankheit (weniger akut)
T. brucei rhodesiense	20–30*	**Mensch,** (Ratten leicht infizierbar)	Schlafkrankheit (akute Form)
T. congolense	9–18	Wiederkäuer, Raubtiere	Nagana
T. simiae	12–24	Schaf, Ziege, Affen	tödlich kaum akut
T. vivax	20–27	Wiederkäuer, Equiden	Souma
T. evansi	18–34	Equiden, Wiederkäuer, Hunde	Surra
T. equinum	20–30	Equiden, Rinder, Wasserschweine	Mal de Caderas, Lähme
T. equiperdum	18–28	Equiden	Beschälseuche, Dourine
T. cruzi	16–20	**Mensch,** Haus-, Wildtiere	Chagaskrankheit
*T. rangeli***	25–32	Ratten, **Mensch**	**apathogen**
T. theileri	25–120	Rinder	apathogen
T. melophagium	25–70	Schafe	apathogen
T. lewisi	24–35	Ratten	apathogen

(Salivaria: *T. brucei brucei* bis *T. equiperdum*; Stercoraria: *T. cruzi* bis *T. lewisi*)

* Die gedrungenen Blutformen erreichen als Maximalwert etwa 10 µm

Fortsetzung Tab. 4

Symptome	Verbreitung	Überträger	Über-tragungsart
Fieber, Meningo-encephalitis, Lähmungen	trop. Afrika	*Glossina*-Arten	Stich
Schwellung der Nackenlymphdr., Ödeme, Meningo-encephalitis	Westafrika	*Glossina*-Arten *G. palpalis* *G. tachinoides*	Stich
Fieber, Schlaf-sucht, s. o.	Ostafrika	*Glossina*-Arten *G. morsitans*	Stich
Fieber, Tobsucht u. Anämie	Kongo, Zululand	*Glossina*-Arten	Stich
Fieber, Tobsucht u. Anämie	Ostafrika	*Glossina*-Arten	Stich
wird chronisch, heilt selbst ab	trop. Afrika	*Glossina*-Arten	Stich
Fieber, Ödeme, Blutarmut	Indien, Afrika Sibirien, China Australien, Süd-, Mittelam.	*Tabanus*- u. *Stomoxys*-Arten	mechanisch beim Stich ohne Ent-wicklung im Überträger
Fieber, Blutarmut	Süd-, Mittelam.	*Tabanus*-Arten	
Genit. Schwel-lung, Lähmung	Mittelmeerreg., Indien, China, Java, Amerika	–	mechanisch beim Geschl.-Akt
Ödem, Myocardi-tis, ZNS-Befall	Südamerika	Wanzen: *Triato-ma, Rhodnius*	Kot
–	Südamerika	Wanzen: *Rhod-nius*	Stich; Kot fraglich
–	kosmopolitisch	Tabaniden	Kot
–	kosmopolitisch	Schaflausfliege	Kot
–	kosmopolitisch	Rattenflöhe	Kot

weniger!   ** Dem Übertragungsmodus nach zu den Salivaria gehörig.

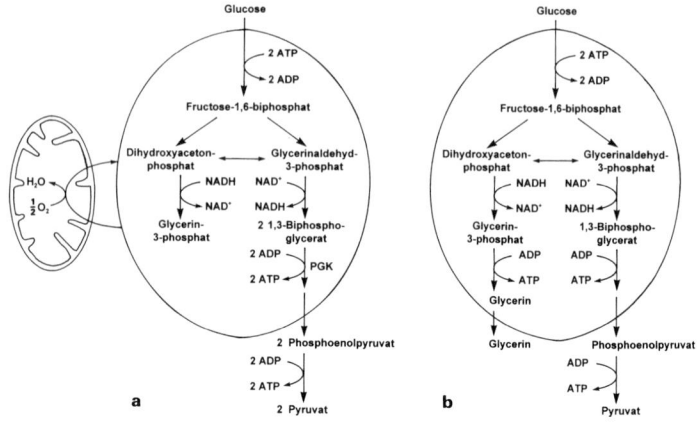

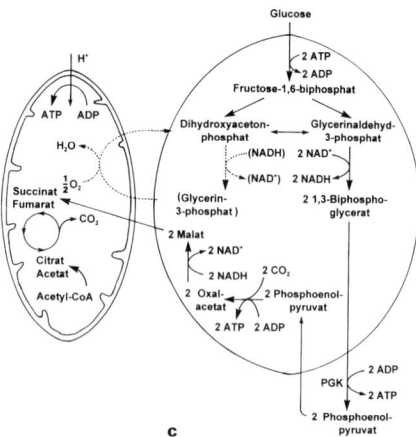

Abb. 14: Schematische Darstellung der Prozesse im Inneren von Mitochondrien und Glykosomen (nach Clayton, Heidelberg).
a) Aerobe Vorgänge in Blutstromformen;
b) anaerobe Vorgänge dort;
c) Vorgänge in prozyklischen Trypanosomen.

in Kultur auch ohne ständige Glucosezufuhr, zumal die Blutstadien alle Elemente der Atmungskette aufweisen und es die in den sog. **Reservosomen** gespeicherten Proteine unter Nahrungsstreß energetisch zu nutzen weiß. Die **Zuckerzufuhr** erfolgt durch die Zellmembran hindurch mit Hilfe der sog. erleichterten Diffusion (gebahnter Transport). Der Abbau des Zuckers findet dann in sog. **Glykosomen** statt. Diese meist in größerer Zahl auftretenden Organellen messen z. B. bei afrikanischen Trypanosomen etwa 0,25 μm im Durchmesser, erscheinen elektronendicht, sind membranbegrenzt und schließen alle für die Glykolyse wichtigen Enzyme ein (Abb. 14). Peroxisomen fehlen dagegen allen Trypanosomen. Die zum Aufbau ihrer DNA und RNA notwendigen Purine nehmen die Trypanosomen mit ihrer Nahrung vom Wirt auf.

Entwicklung. Wie aus den Tabellen 4 und 5 hervorgeht, gibt es innerhalb der Trypanosomatidae erhebliche Unterschiede hinsichtlich ihrer Pathogenität für den Wirbeltierwirt, was auf der unterschiedlichen Wirkung sog. Kinine beruht. Nach dieser Hypothese werden toxische Substanzen bei der Zerstörung der Parasiten im Blut frei und wirken unmittelbar auf die Wandungen der Blutgefäße. In einigen Fällen führt das plötzliche Freiwerden von größeren Mengen solcher Schadstoffe zu einer Kettenreaktion, die schockartig Syndrome nach sich zieht. Die Schädigung der Wirte durch den Parasiten beruht hier also nicht auf der Nahrungskonkurrenz (wie bei einigen Wurmarten), sondern auf der Produktion toxischer Substanzen bzw. auf der Zerstörung von Zellen (bei *T. cruzi*). Die wirtschaftlich bzw. medizinisch bedeutsamen *Trypanosoma*-Arten wirken allerdings auf ihre Wirte (Überträger) aus dem Insektenreich kaum oder gar nicht schädigend, so daß auch bei starkem Befall eine ungehemmte Erreger-Verbreitung infolge ungestörter Flugleistung des Insekts erfolgen kann.

Die **Vermehrung** erfolgt stets durch Längsteilung, wobei der Basalapparat und der Kinetoplast vor der Kernteilung verdoppelt werden. **Geschlechtliche Vorgänge** wurden neuerdings bei verschiedenen Arten, detailliert bei der *T. brucei*-Gruppe, bei der ja auch die Antigenvarianz auftritt (s. S. 50), nachgewiesen. Es zeigte sich, daß diese Trypanosomen einen diploiden Zyklus durchlaufen, lediglich einige der epimastigoten Stadien im Darmsystem der Tsetse-Fliege sind **haploid**. Eine vorhergehende **Meiose** und die nachfolgende Fusion von vollständigen Stadien oder zumindest Kernen sind daher sehr wahrscheinlich. Die **Chromosomen** der Trypanosomen kondensieren nicht. Mit Hilfe der «pulsed field gradient gel electrophoresis» konnte jedoch gezeigt werden, daß die Chromosomen (zumindest bei den afrikanischen Arten) außerordentlich zahlreich, aber auch heterogen sind. Mit dieser Methode wurden nachgewiesen:

1) Etwa 100 **Minichromosomen** (30–150 Kilobasen, Kb)
2) Etwa 5–7 **Kleinchromosomen** (200–700 Kb)
3) Mindestens 3, evtl. 5 **mittlere Chromosomen** (2000 Kb)
4) Teile von **Großchromosomen.**

Die **Karyotypen** sind jedoch schon bei den Stämmen der gleichen Art *(T. brucei)* äußerst unterschiedlich, insbesondere bei den Minichromosomen, was sicherlich auch seinen Ausdruck bei der **Antigenvarianz** findet.

Die meisten Arten leben ausschließlich extrazellulär, jedoch vermehren sich die amastigoten Stadien intrazellulär (Abb. 15–17). Dabei liegen bei *T. cruzi* die jeweiligen Stadien unmittelbar im Wirtscytoplasma; in Vakuolen von Makrophagen eingeschlossene Stadien werden dagegen verdaut.

Verbreitung. Die Verbreitung dieser Parasitengruppe erfordert meist aktive Überträger (**Vektoren**; s. S. 431), in denen bei einigen Arten (Tab. 4, 5) eine ganz bestimmte, zyklische Entwicklung ablaufen muß (= obligater Entwicklungsgang). Bei anderen Arten bleibt es bei einer rein mechanischen Übertragung, wie dies auch bei den hochpathogenen zyklischen Formen, z. B. durch Blutübertragungen, möglich ist. Fernerhin gelingt es, viele Arten in Kultur zu halten bzw. tiefgefroren in flüssigem Stickstoff (–196 °C) aufzubewahren, was für experimentelle Zwecke von Wert ist.

Trypanosoma brucei-Gruppe

Unter der *T. brucei*-Gruppe (u. a. Erreger der **Schlafkrankheit**) versteht man einige morphologisch nicht unterscheidbare Arten, die sich aber biologisch verschieden verhalten. Die Art *T. b. brucei* ist für einige Großsäuger pathogen (**Naganaseuche**); die Arten *T. b. gambiense* (westafrikanische Form) und *T. b. rhodesiense* (ostafrikanische Form) führen beim Menschen zur sog. **Schlafkrankheit**. Alle drei Arten werden neuerdings als genetische Varianten angesehen. Wegen fehlender morphologischer Unterscheidungsmerkmale dienen zur Artdifferenzierung biochemische Methoden mit Hilfe der Enzymelektrophorese, sog. **Zymodeme** sowie Lektine. Diese Befunde sind artspezifisch, z. T. sogar stammspezifisch, so daß z. T. virulente von avirulenten Stämmen unterscheidbar sind. Die Übertragung erfolgt bei der Blutmahlzeit von Fliegen der Gattung *Glossina* (Tsetse-Fliegen) beim Stich mit dem Speichel. Daher werden diese Trypanosomen in die Gruppe der **Salivaria** eingeordnet (Tab. 4).

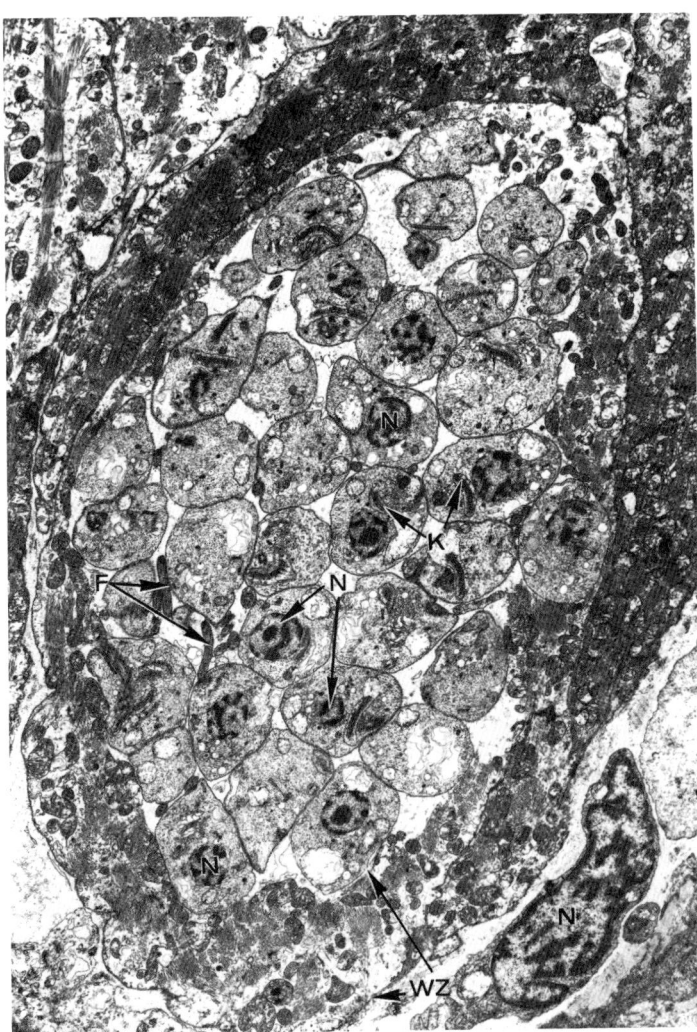

Abb. 15: *Trypanosoma cruzi.* TEM-Aufnahme einer «Pseudocyste» in der Muskulatur einer experimentell infizierten Maus. Im Cytoplasma der Wirtszelle (WZ) liegen neben Amastigoten zahlreiche epimastigote Übergangsformen. Eine Wandbildung von seiten des Wirts fehlt völlig. × 4000.
F = Geißel; K = Kinetoplast; N = Kern, Nucleus; WZ = Wirtszelle; Muskelfaser.

In Abb. 16 ist der Entwicklungszyklus der Erreger der menschlichen Schlafkrankheit schematisch dargestellt. Bei der Transformation der Blutform zur Insektenform sind drei besonders wichtige Veränderungen zu beobachten:

Abb. 16: Entwicklungszyklus von *Trypanosoma brucei gambiense* und *T. b. rhodesiense* (**VSG-Surface coat** als Oberflächen-Striche dargestellt).

1. **Schlanke, trypomastigote** Blutform. Diese diploiden Stadien dringen später auch in die Cerebrospinalflüssigkeit ein.
   1.1. Nach einigen Autoren (Soltys, Woo, 1968; Ormerod, Venkatesan, 1971) treten 48 h nach Infektion des Menschen a- bzw. mikromastigote Formen in der Chorioidea auf.
   1.2. Umwandlung über «sphäromastigote Formen» zu schlanken Blutformen.
2. Intermediäre Form mit einem Mitochondrion mit einigen Cristae. Hier erfolgt eine intensive Vermehrung durch Längsteilung der Parasiten.
3. **Gedrungene, trypomastigote Blutformen** mit zahlreichen Cristae im Mitochondrion. Nur dieses Stadium entwickelt sich in der Tsetse-Fliege weiter.
4. Trypomastigotes Stadium ohne «surface coat» im Kropf der Fliege. Dieser Aufenthalt (mind. 1 h) ist obligat, da hier das Mitochondrion umstrukturiert wird. Als sog. **prozyklische** (noch trypomastigote) Form mit Procyclin-surface coat teilt sich dieses Stadium für etwa 10 Tage im Mitteldarm und wandert dann auf noch nicht ganz geklärtem Weg (vermutlich vorwiegend) durchs Darmepithel bzw. durch Aufsteigen innerhalb der Speicheldrüsengänge in das Innere der Speicheldrüse. Der Kinetoplast und die Geißel sind bei dieser prozyklischen Form dichter an den Zellkern herangerückt.
5. Transformation zur **epimastigoten** Form während ständiger Längsteilungen im Inneren der Speicheldrüse.
6. Epimastigote Form mit einem Mitochondrion, das ein aktives Cytochrom-System aufweist. Nach neueren Untersuchungen findet hier auch die Reduktion zu haploiden Stadien statt. Danach erfolgt – in welcher Weise auch immer – die Fusion zu diploiden Stadien.
7. **Metazyklische** = infektionsfähige **trypomastigote** Form in der Speicheldrüse. Dieses Stadium besitzt wieder einen VSG-surface coat, und das Mitochondrion wird in der Ausdehnung reduziert. DNA-Messungen zeigen, daß diese sich in der Speicheldrüse nicht teilenden Stadien diploid sind und dies auch im Wirbeltierwirt bleiben. Auch die weiteren Stadien des Zyklus sind diploid. Für die gesamte Entwicklung werden temperaturabhängig etwa 25-50 Tage benötigt. Die Tsetsefliegen bleiben lebenslang (etwa 3 Monate) übertragungsfähig und können bis zu 50 000 metazyklische Stadien beim Stich injizieren – etwa 500 reichen allerdings bereits für eine sichere Infektion aus.

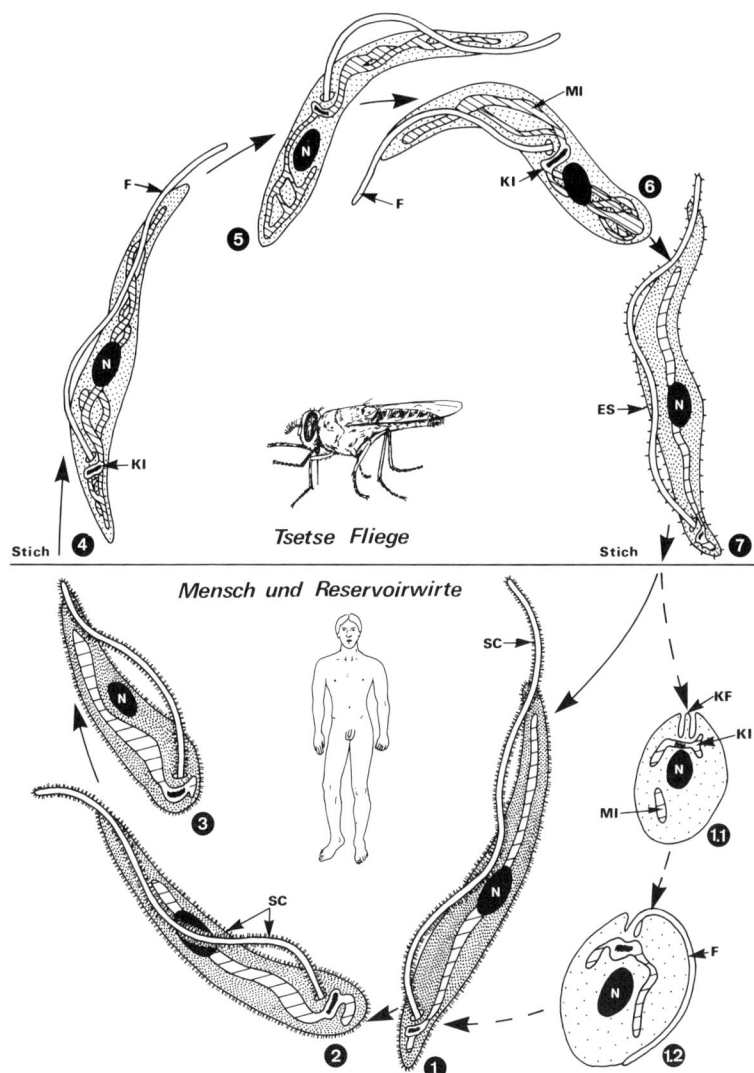

Tsetse Fliege

Mensch und Reservoirwirte

ES = Entstehender, bei Übertragung voll ausgebildeter VSG-SC; F = Geißel;
KF = Kurzflagellum; KI = Kinetoplast; MI = Mitochondrion; N = Nucleus, Kern;
SC = Surface coat.

1. Schlanke trypomastigote, bis 40 µm lange Blutformen (anaerob mit Glykolyse) wandeln sich in gedrungene, sich nicht mehr teilende Trypomastigote von etwa 15–25 × 3,5 µm Größe.
2. Veränderungen des Mitochondrions.
   Das Mitochondrion der schlanken Form hat kaum Cristae; es ist offenbar nicht in der Lage, Energie mit Hilfe des Citronensäurezyklus und der Atmungskette zu gewinnen. Das Mitochondrion der gedrungenen Form (*engl.* stumpy) weist solche Cristae und eine gewisse Enzymaktivität auf: die **oxydative Decarboxylierung**, aber noch nicht die Atmungskette. Nur diese Formen haben in der Fliege Überlebenschancen, aber auch nur, wenn sie in den Kropf gelangen und dort mindestens 1 Stunde verweilen. Dabei erfolgt ein weiterer Veränderungsschritt beim Mitochondrion; es wird größer und zeigt jetzt **Succinatdehydrogenase-Aktivität**. Die Trypanosomen schalten hier von Glucose auf **Prolin** zur Energiegewinnung um. Im Mitteldarm findet nach ca. 48 h die Transformation ihren Abschluß, wobei dann das antimycin- und cyanid-sensitive Cytochrom-System im Mitochondrion tätig wird und eine kontinuierliche Atmungskette in Aktion tritt.
3. Der bei Blutformen vorhandene «surface coat» verschwindet bei den Stadien in der Fliege und wird durch eine **Procyclin**-haltige Schicht ersetzt. Der **VSG**-Schild aber wird erst wieder bei den metacyclischen trypomastigoten Stadien in Speicheldrüsen neu aufgebaut. Nur diese Stadien sind im Wirbeltier überlebensfähig. Wegen des offenbar schwierigen Weges der Parasiten in der Tsetse-Fliege sind unter natürlichen Bedingungen nur etwa 0,1–0,4% infiziert und somit Überträger der Erreger der Schlafkrankheit des Menschen. Entgegen früheren Auffassungen wandern die Trypanosomen z. T. **durch** die **peritrophische Membran** (Abb. 11 b) und das Mitteldarmepithel in das Hämocoel; von dort aus erfolgt der Befall der Speicheldrüse.

Krankheitsverlauf der Trypanosomiasis. Einstich → Primärläsion (evtl. Furunkel) → unregelmäßiges Fieber mit Adenitis und Ödemen → nach etwa drei Monaten Eindringen in die Spinalflüssigkeit → Krankheitsbild einer Meningoenzephalitis mit den namengebenden Schlaferscheinungen → bei *T. b. rhodesiense* Tod des Patienten schon nach 6–9 Monaten, bei *T. b. gambiense* weniger heftiger Verlauf → Tod nach 2–6 Jahren ohne Behandlung. Reservoirwirte (z. B. Antilopen, Schweine) sind vor allem bei *T. b. rhodesiense* von Bedeutung. Somit unterscheiden sich diese beiden Unterarten sowohl in ihrer Pathogenität als auch in ihrer Anpassungsfähigkeit an die Überträger und Wirte. Im Verlauf der Infektion eines Endwirts entstehen mehrere aufeinanderfolgende Populationen von trypomastigoten Stadien mit unterschiedlichem «**surface coat**» aus Glykoproteinen (= Antigenvariation). So töten die spezifischen Antikörper des Wirtes zwar immer die meisten Trypanosomen einer Population, aber ein geringer Prozentsatz hat während der ständigen Zweiteilungen seinen «surface coat» verändert, überlebt daher und bleibt weiterhin teilungsfähig; dies wiederholt sich. Aus diesem Grund gelingt es im Regelfall keinem Wirt, Trypanosomen vollständig zu eliminieren. Auch eine Reinfektion dieses Wirtes mit Trypanosomen ist stets möglich, da diese einen anderen «surface coat» (= «andere Antigenstruktur») aufweisen. Eine **Immunität** gegen Trypanosomen bildet sich daher niemals aus, allerdings gibt es bei einigen Wirten **chronische** Infektionen. Zudem setzen Trypanosomen die Immunabwehr gegen andere Antigene herab und tragen somit zur sog. Immunsuppression bei. Eine **chemotherapeutische Bekämpfung** der Blutstadien der Trypanosomen ist möglich (Suramin, Pentamidin), während bei eingetretenem cerebralen Befall Medikamente (Suramin, Melaminylderivate oder Nitrofurazon) nur noch bedingt Wirkung zeigen. Tryparsamid (Eflornithin) dagegen wirkt – zumindest bei der westafrikanischen Form der Schlafkrankheit – auch noch bei Befall des Gehirns.

Trypanosoma cruzi

T. cruzi wird durch die infektiösen Fäzes blutsaugender Wanzen (s. S. 414) übertragen und daher in die Gruppe der **Stercoraria** eingeordnet. Die in Südamerika beim Menschen auftretende Krankheit wurde nach ihrem Entdecker, dem Brasilianer Dr. Carlos Chagas, als **Chagas-Krankheit** bezeichnet. Pathogenetische Bedeutung kommt vorwiegend den cystenartigen Nestern (= **Pseudocysten**) von Parasiten in Zellen (besonders der Herzmuskulatur) zu (Abb. 15; 17). Die Parasiten liegen dabei in großer Anzahl, durch ständige Zweiteilungen hervorgegangen, unmittelbar zwischen den Sarkomeren der Muskelzellen und zerstören diese. Beim aktiven Eindringen in eine Wirtszelle erfolgt zunächst das Anheften an die Sialinsäure (z.B. Neuraminsäure) und Lektine der Wirtszellmembran mit Hilfe von entsprechenden Rezeptoren. Membranständige Enzyme des Parasiten (Trans-Sialidase, Penetrine) bewirken den Einschluß in eine Vakuole (Phagosom) und danach die Lyse der Vakuolenwand, so daß die Parasiten frei im Cytosol zu liegen kommen. (Das Fehlen von Sialidasen bei Blutstromformen afrikanischer Trypanosomen könnte deren Unfähigkeit bzw. geringe Neigung zur Zellpenetration erklären.) Der Zerfall zahlreicher Muskelfasern im Herzen führt in etwa 10–20 Jahren zum plötzlichen Reißen bestimmter Faserbündel und somit evtl. zum Herztod chronisch erkrankter Personen. Nach Schätzungen leiden 12–15 Millionen Menschen an dieser Krankheit, und etwa 30–40 Millionen sind davon bedroht, zumal *T. cruzi* zahlreiche Haus- und Wildtiere als **Reservoir-Wirte** hat. Eine medikamentöse Behand-

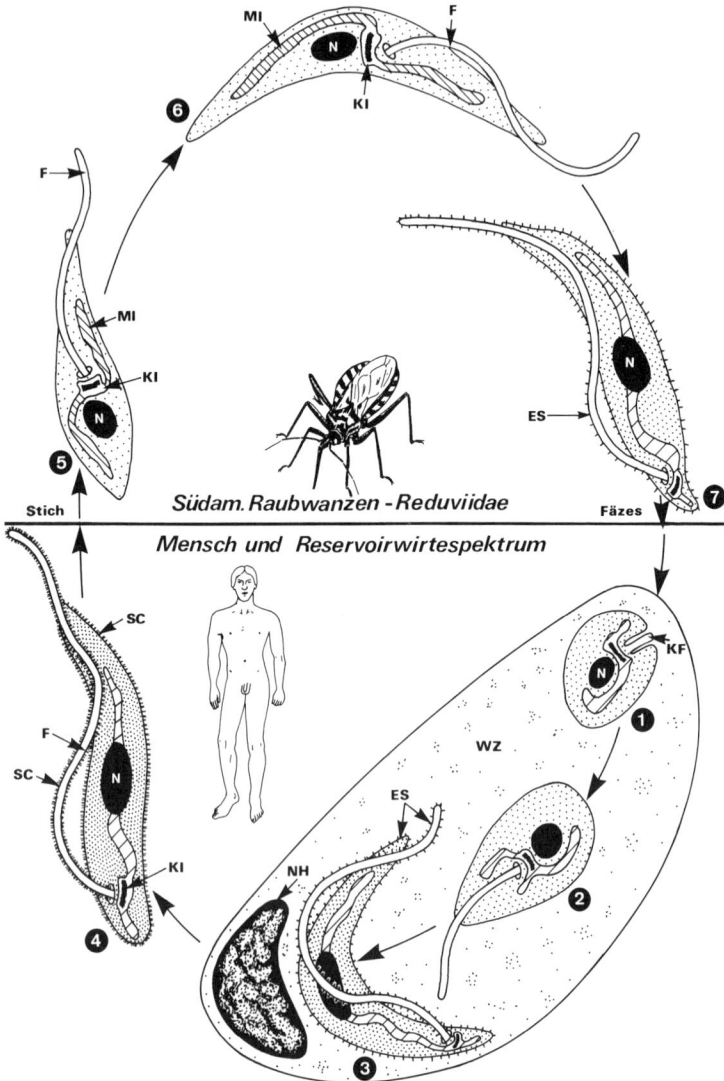

Südam. Raubwanzen - Reduviidae

Mensch und Reservoirwirtespektrum

ES = Entstehender SC; F = Geißel; K = Kinetoplast; KF = Kurzflagellum; MI = Mitochondrion; N = Nucleus; NH = Kern der Wirtszelle; SC = Surface coat; WZ = Wirtszelle.

lung ist möglich (Nifurtimox = Lampit®). Die Wirkung in der chronischen, Jahre andauernden Phase ist allerdings begrenzt, da die morphologischen Schäden bereits eingetreten sind.

Gattung *Leishmania*

Die Leishmanien (1903 von Leishman und Donovan entdeckt) gehören wie die Erreger der Schlafkrankheit und der Chagas-Krankheit zur Gruppe der Kinetoplastida (wegen des DNA-haltigen **Kinetoplasten** = färbbarer Abschnitt des Mitochondrions). Die Infektion des Menschen und anderer Wirte (Tab. 5) erfolgt (in sandig-trockenen Gebieten) durch den Stich weiblicher Sandmücken der Gattungen *Phlebotomus, Lutzomyia* u. a. (s. S. 424). Hierbei wird mit promastigoten Stadien (10–12 µm) kontaminierter Darminhalt in die Stichwunde erbrochen (Abb. 12; 18; 19 b). Die promastigoten Stadien werden im Hautbereich von Makrophagen aufgenommen und wandeln sich intrazellulär in ovoide a- bzw. mikromastigote Stadien von etwa 2–4 µm Durchmesser um. Ihre nur im Elektronenmikroskop sichtbare Geißel liegt in einer tiefen Geißeltasche (Abb. 19 c, d) und überragt niemals die Oberfläche. Durch ständige Zweiteilungen, die meist ohne Lyse im Inneren von «Verdauungsvakuolen = Phagolysosomen» der Wirtszelle erfolgen, kommt es schließlich zur Bildung von zahlreichen Parasiten (bis 200!), zur Zerstörung der Wirtszelle (Abb. 19 a) und zum Befall benachbarter Zellen (Abb. 18), wo sich der Vorgang wiederholt. Morphologisch sind die verschiedenen *Leishmania*-Arten

---

Abb. 17: Entwicklungszyklus von *Trypanosoma cruzi.*

1. **A-** bzw. **mikromastigotes** Stadium direkt im Cytoplasma von verschiedenen Wirtszellen, z. B. RES-Zellen, Herzmuskel. Diese Stadien vermehren sich durch Zweiteilung so stark, daß cystenartige «Nester» entstehen (sog. Pseudocysten).
2.–3. Transformation zur trypomastigoten Form, die einen Surface coat besitzt (via epimastigote Stadien).
4. **Trypomastigote** Form im Blut nach Aufreißen der Wirtszelle. Dieses Stadium wird von den Raubwanzen beim Stich aufgenommen.
5. Nach Stich kontinuierliche Umwandlung zur epimastigoten Form während häufiger Längsteilungen im Mitteldarm der Raubwanze.
6. **Epimastigote**, teilungsaktive Form im Enddarm der Wanze.
7. **Metazyklische** = übertragungsbereite, **trypomastigote** Form aus dem Rektum der Wanze. Dieses sich nicht mehr teilende Stadium vollzieht eine Veränderung im Aufbau seines surface coats, der in allen Stadien zwar gleich dünn, aber chemisch anders strukturiert ist. Nach Abgabe in Kottropfen der Wanze dringt es durch den Stichkanal oder direkt über Schleimhäute in den Wirbeltierwirt ein.

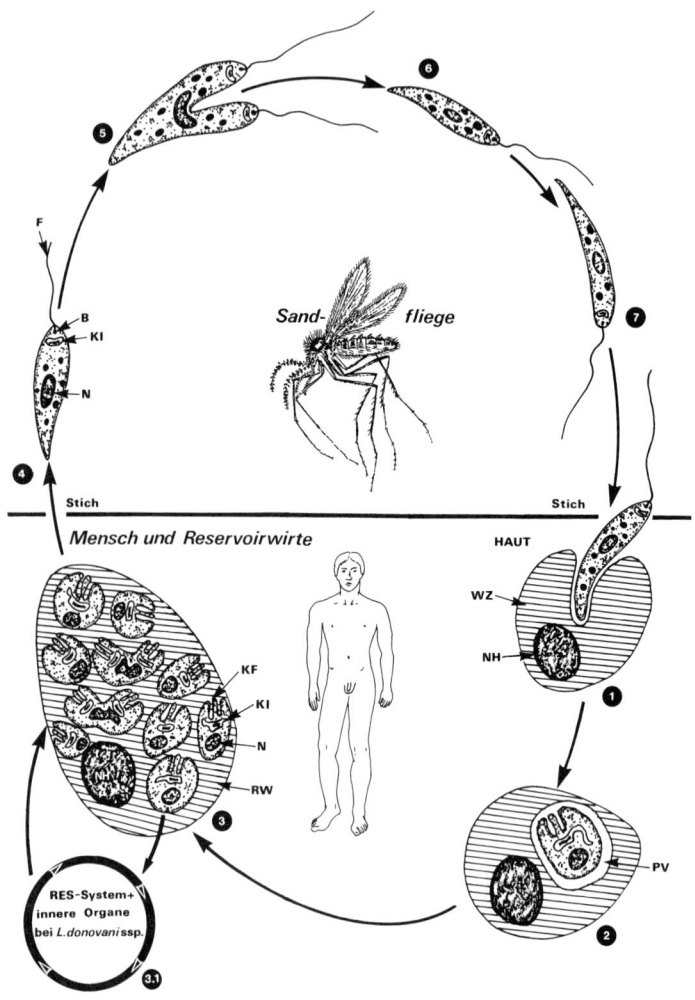

Abb. 18: Lebenszyklus der *Leishmania*-Arten.

1. **Promastigotes Stadium** wird nach dem Stich von einem Makrophagen im Hautbereich aufgenommen, meist mit der Geißel voran.

2. Umwandlung zu einer **mikromastigoten Form** (im Wirtscytoplasma, in Vakuolen; sog. Phagosomen) binnen 24 h.

im Menschen nicht zu unterscheiden (Tab. 5), jedoch dringen Erreger der *L. donovani*-Gruppe (Tab. 5) auf dem Blutweg auch in Zellen des **reticulo-endothelialen Systems** (**RES**) u. a. der Leber, Milz, des Knochenmarks, der Lymphknoten und des Darmes ein. Prinzipiell zeigen die Stadien der Leishmanien den gleichen Zellorganellbestand wie die Trypanosomen (vgl. Abb. 11a). So finden sich neben dem Golgi-Apparat (in der Nähe der Geißeltasche) und Lysosomen auch die für Trypanosomen typischen Glykosomen (vgl. Abb. 19). Die **Kineto-plasten-DNA** besteht aus 25-50 Maxicircles von etwa 30 Kb und 5000–10000 Minicircles von etwa 2 Kb.

Die *Leishmania*-Arten besitzen nach neueren Untersuchungen im haploiden Satz 16–24 Chromosomen von 150 Kb bis 2 Mb Größe. Im Gegensatz zu Trypanosomen des *T. brucei*-Typs fehlen hier aber die dort typischen Minichromosomen. Darauf mag auch zurückzuführen sein, daß keine **Antigenvarianz** bei *Leishmania*-Arten auftritt, die in ihren amastigoten Stadien Glykolipide (sog. Glycosylphosphatidyli-nositole = **GIPL**) als hauptsächliche Glycocalyxschicht (neben wirts-eigenen Glykosphingolipiden) ausbilden, während die Promastigoten dort vorwiegend artspezifische (Typen 1–3) Lipophosphoglycane (**LPG**) und nur wenig GIPL zeigen. Nach neueren Untersuchungen

---

3. Vermehrung durch Zweiteilung. Die Wirtszelle wird stark gedehnt und platzt schließlich; vorher liegen die Parasiten häufig direkt in den Resten des Wirtszellcytoplasmas.
   3.1. Bei Arten des *L.donovani*-Komplexes befallen mikromastigote Stadien auch das RES innerer Organe.
4. Mit dem Stich aufgenommene mikromastigote Formen wandeln sich im Darm der Sandmücke zu promastigoten, die sich an die Darmwand mit der Geißel anheften.
5. Vermehrung durch Längsteilung.
6.–7. Differenzierung zum schließlich infektiösen Stadium. Die Reifung zu Infektionsstadien und die Vermehrung findet vor allem nach Aufreißen der als «Sack» ausgebildeten peritrophischen Membran statt. Die Parasiten heften sich dann an der Darmwand des Insekts mit Hilfe ihrer Geißel fest, gelangen so in den Vorderdarm und von dort aus beim nächsten Stich wieder in einen neuen Wirt. Allerdings haben sich zuvor auch hier sog. **metazyklische Formen** (von 5–8 µm Länge) gebildet. Die gesamte Entwicklung in der Mücke dauert meist nur fünf Tage.

Alle Stadien besitzen einen dünnen **Surface coat**, der sich allerdings in den beiden Wirten in seinem Aufbau unterscheidet.

B = Basalapparat; F = Flagellum; KI = Kinetoplast; KF = Kurzflagellum; N = Nucleus; NH = Nucleus der Wirtszelle; PV = Parasitophore Vakuole; RW = Reste des Wirtszellcytoplasmas; WZ = Wirtszelle.

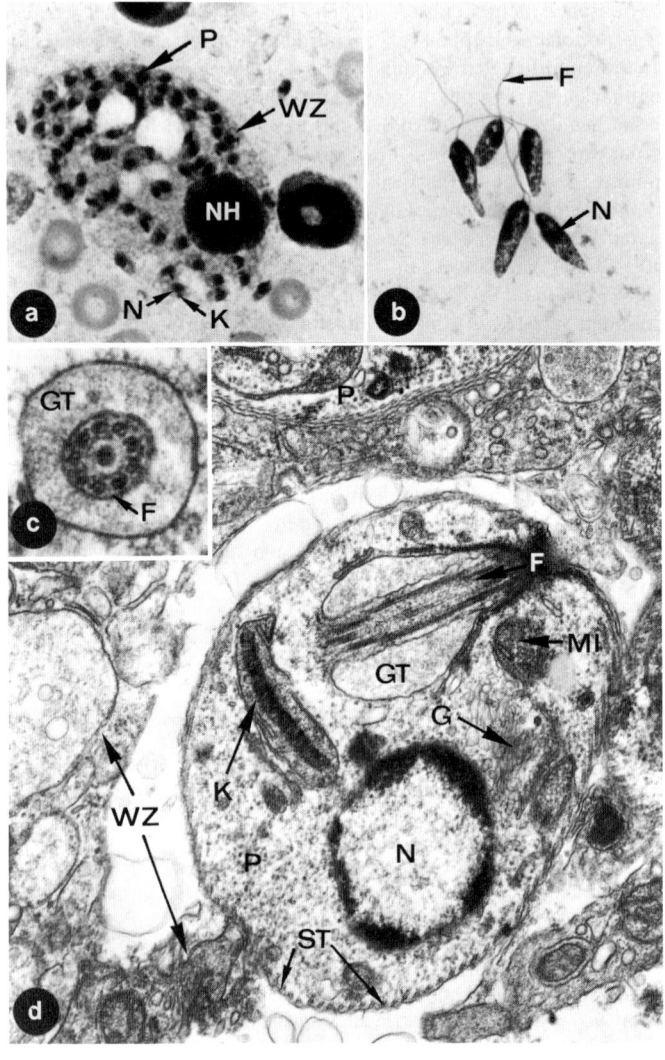

F = Flagellum; G = Golgi-Apparat; GT = Geißeltasche; K = Kinetoplast; MI = Mitochondrion; N = Nucleus; NH = Nucleus der Wirtszelle; P = Parasit; ST = Subpellikuläre Mikrotubuli; WZ = Wirtszelle.

(Kreutzer et al., 1993) treten auch bei Leishmanien geschlechtliche Prozesse auf. So sollen Fusionen von intrazellulären amastigoten Stadien zu 4 n-Stadien führen, die bei einer nachfolgenden meiotischen Teilung wiederum auf 2 n reduziert werden, so daß offenbar im wesentlichen diploide Stadien im Zyklus vorliegen. Auch zeigten Videoaufnahmen von promastigoten Stadien von *L. tropica,* daß diese offenbar in vitro befähigt sind, Fusionen durchzuführen.

Je nach befallenem Organ (Tab. 5) wird zwischen **Hautleishmaniasis** und **viszeraler Leishmaniasis** unterschieden:

1. Hautleishmaniasis, Schleimhautleishmaniasis

Nach Inkubationszeiten von wenigen Wochen bis hin zu Monaten (selten auch 1–2 Jahren) entstehen an den Stichstellen kleine Papeln und/oder Knötchen, denen artspezifisch mehr oder minder große Läsionen und Ulcerationen der parasitierten und benachbarten Hautbereiche folgen können. Bakterielle Sekundärinfektionen komplizieren häufig den Krankheitsverlauf. Bei Infektionen mit Erregern der *L. tropica*-Gruppe treten spontane Heilungen mit nachfolgender lebenslanger Immunität auf, während dies bei Infektionen mit Erregern der *L. braziliensis*-Gruppe nicht beobachtet wurde. Morphologisch lassen sich keine Artunterschiede feststellen, jedoch bestehen bestimmte Präferenzen beim Befall bestimmter Hautbereiche (was möglicherweise auf ein unterschiedliches Stichverhalten der Vektoren zurückzuführen ist). **Chemotherapie** ist möglich (s. u., sowie Metronidazol, Pentamidine). Die überstandene Infektion bietet darüber hinaus weitgehende **Immunität.** Neuerdings häufen sich allerdings die Anzeichen dafür, daß nach einem Hautbefall auch eine Eingeweideleishmaniasis eintreten kann (s. u.).

Abb. 19: *Leishmania donovani* a, b LM-Aufnahmen; c, d TEM-Aufnahmen.
a) Ausstrich-Präparat; ein Monocyt enthält zahlreiche a- bzw. mikromastigote Stadien. × 1500
b) **Promastigote Stadien** aus dem Darm der übertragenden *Phlebotomus*-Mücken. × 1200
c) Querschnitt durch eine Geißeltasche (GT). × 70 000
d) Schnitt durch ein intrazelluläres, als «**amastigot**» erscheinendes Stadium in einer Milz-Zelle. Deutlich tritt die Geißeltasche mit der Geißel (F) hervor, die jedoch nicht die Oberfläche überragt. × 40 000

Tab. 5: Wichtige *Leishmania*-Arten des Menschen

	Art	Krankheit	Geographische Verbreitung	Erregerreservoir
Hautleishmaniasis	*L. tropica minor*	«Trockene» Hautleishmaniasis	Mittlerer Osten, auch Mittelmeergebiet, Asien	Nagetiere, Hunde
	L. tropica major	«Feuchte» Hautleishmaniasis, Orientbeule, Aleppobeule	Mittlerer Osten, auch Mittelmeergebiet, Asien	Nagetiere, Hunde
	L. aethiopica	Diffuse Hautleishmaniasis	Äthiopien, Kenia	Klippschliefer
	L. braziliensis braziliensis	Espundia, Schleimhaut-leishmaniasis	Mexiko → Brasilien	Nagetiere, Gürteltiere
	L. braziliensis peruviana	Uta (wie Orientbeule)	Peru	Hunde
	L. mexicana mexicana	Chiclero-Geschwür	Mittelamerika	Nagetiere
	L. mexicana amazonensis	Diffuse Hautleishmaniasis	Amazonasgebiet	Nagetiere
	L. mexicana pifanoi	Diffuse Hautleishmaniasis	Venezuela	Nagetiere
Viszerale Leishmaniasis	*L. donovani donovani*	Kala Azar, Dum-Dum-Fieber, viszerale Leishmaniasis	Vorderer Orient, Mittelmeergebiet, Afrika, Indien, Südamerika, ehem. UdSSR	Hunde, Füchse
	L. donovani infantum	Viszerale Leishmaniasis	Mittelmeergebiet	Hunde
	L. donovani chagasi	Viszerale Leishmaniasis	Südamerika	Hunde

2. Viszerale Leishmaniasis (Kala-Azar, Dum-Dum-Fieber)

Bei dieser Erkrankungsform setzen nach einer variablen Inkubationszeit von 2–18 Wochen oft Fieber (ohne Schüttelfrost, bis zu 6 wöchiger Dauer) von 39–40 °C mit zwei Maxima binnen 24 h ein. Infolge des Befalls der Milz und Leber kommt es zu einer Hepatosplenomegalie. Äußerlich können schwärzliche Hauptpigmentierungen hervortreten (Kala Azar = *ind.* schwarze Krankheit). Unbehandelt führt die viszerale Leishmaniasis über eine chronische Phase von $^1/_2$ bis 3 Jahren häufig zum Tode, während Gaben von Antimonpräparaten, Amphotericin B und/oder Diamidine Heilung bringen.

Bei allen humanpathogenen *Leishmania*-Arten sind neben dem Menschen zahlreiche **Reservoir-Wirte** (= Erregerreservoire) bekannt (Tab. 5); bei der viszeralen Form der Leishmaniasis sind dies vorwiegend Hunde, bei der kutanen Form Nagetiere. **Hunde** zeigen bei Befall mit *L. donovani* sowohl Haut- (Schuppen an Ohrmuscheln, Nasenrücken, Lidrändern) als auch Eingeweidesymptome (Milz- und Leberschwellungen, vergrößerte Lymphknoten). Dazu kommen Abmagerung, Anämie, lokomotorische Störungen, Hinken und Stimmverlust. Die **chronische Erkrankung** führt im allgemeinen zum Tode.

Die **Inkubationszeit** beträgt mehrere Wochen, seltener auch ein Jahr. Die **Diagnose** erfolgt durch direkten Erregernachweis im Sternal- oder Hautlymphknotenpunktat.

Als **Chemotherapie** (ohne vollständige Erregervernichtung) dienen Allopurinol (über Monate/Jahre) in Kombination mit Megluminantimonat oder Pentamidin bzw. Stilbamidin.

2. Amoeben

Amoeben sind durch den Besitz von Scheinfüßchen (= **Pseudopo-dien**) gekennzeichnet, die spontan an der Zelloberfläche entstehen und sowohl der Fortbewegung als auch der Nahrungsaufnahme durch Umfließen der Nahrungspartikel dienen. Pseudopodien werden entweder in mehrere Richtungen gleichzeitig (z. B. *Amoeba* sp.) oder nur in Einzahl (z. B. bei der *Limax*-Gruppe) ausgebildet, so daß es zu einer «raupenkettenartigen» Bewegungsweise des Zellplasmas kommt. Bei einigen Gattungen, so z. B. *Naegleria,* treten sowohl amoeboide, d. h. Pseudopodien bildende Stadien, als auch begeißelte Formen auf (Abb. 22 d, e). Daher wurden früher die Rhizopoda im System mit den Flagellata zu den Sarcomastigophora zusammengefaßt. Heute gelten die Entamoeben als eigene, aber sehr basale Gruppe (s. Abb. 1).

Die meisten Rhizopodenarten sind freilebend und finden sich in fast allen Biotopen, die ausreichend Feuchtigkeit garantieren, weil die vegetativen Stadien nur von einer einfachen Zellmembran begrenzt und so nicht vor Austrocknung geschützt sind. Durch exocytotisches Abscheiden von Materialien können sie auch Cystenwände aufbauen und so ungünstige Umweltbedingungen überdauern. Die Vermehrung erfolgt durch sich häufig wiederholende Zweiteilungen.

System: PROTOZOA (EINZELLER)
1. Stamm: SARCOMASTIGOPHORA
    Unterstamm: Sarcodina (Rhizopoda)
    Klasse: Lobosea
    Ordnung: Amoebida
        Familie: Entamoebidae
        Gattung: *Endolimax*
        Gattung: *Jodamoeba (Pseudolimax)*
        Gattung: *Entamoeba*
        Familie: Hartmanellidae
            Gattung: *Acanthamoeba*
            Gattung: *Hartmanella*
        Familie: Amoebidae
            Gattung: *Amoeba*
            Gattung: *Chaos*
    Ordnung: Schizopyrenida
        Familie: Vahlkampfiidae
            Gattung: *Naegleria*
            Gattung: *Vahlkampfia*

A. Ruhramoeben

Unter den Vertretern der Gattung *Entamoeba* sind wenigstens zwei Arten *(E. histolytica, E. invadens)* pathogen und vermögen in die Gewebe des Wirts einzudringen und sich dort von Körperzellen (z. B. Erythrozyten) zu ernähren (Tab. 6); andere Arten sind Kommensalen. *Entamoeba histolytica* kann dagegen außer einer Darmerkrankung («**Amoebenruhr**») auch noch lebensbedrohliche Abszesse u. a. in Leber, Lunge und Gehirn herbeiführen. Letzteres erfolgt allerdings nur bei etwa 10% der etwa 500 Millionen mit Amoeben befallenen Menschen.

Der Formwechsel dieses in warmen Ländern stark verbreiteten Einzellers ist in Abb. 20 dargestellt. **Die Übertragung** von Mensch zu Mensch beginnt stets durch orale Aufnahme von Cysten aus den Fäzes von Amoebenträgern, was meist durch verunreinigte (= kontaminierte) Nahrung, auch Wasser, geschieht. Dabei wirken vielfach auch Fliegen passiv als mechanische Überträger mit. Aus der vierkernigen Cyste entstehen schließlich 8 kleine (= **Minuta-Form**) Amoeben, die sich als Kommensalen vom Darminhalt ernähren. Unter noch nicht genauer definierbaren Voraussetzungen wird die Minuta-Form zur haematophagen **Magna-Form**. Diese ist in der Lage, in das Darmgewebe und über das Blutgefäßsystem in Leber, Lunge und Gehirn einzudringen. Die Läsionen des Darmgewebes rufen unter Mitwirkung bestimmter Bakteriengruppen kolikartige Diarrhöen hervor. Die Abszesse in den extraintestinalen Ansiedlungen könne ohne Behandlung zum Todes des Menschen führen. Die für *Entamoeba histolytica* typischen hyalinen ektoplasmatischen Pseudopodien brechen meist plötzlich bruchsackartig vor, eine Bewegungsart, die bei keiner anderen Darmamoebe in gleicher Weise auftritt (Abb. 21; 22 c). Charakteristisch für die Entamoeben ist die Struktur des Zellkerns, der ringförmig erscheint und einen punktförmigen, zentral gelegenen Nucleolus besitzt (Abb. 22 b). *E. histolytica* besitzt weder Mitochondrien noch Peroxisomen; der Abbau der im Zelleib gespeicherten Kohlenhydrate (bis 30% der Trockenmasse!) erfolgt, wie bei anderen aerotoleranten Anaerobiern, durch den Prozeß der Gärung, wobei Ethanol und CO_2 (1 : 1) entstehen.

Bei **extraintestinaler Ansiedlung**, z. B. bei einer Lokalisation in der Leber, läßt sich der Amoebennachweis auch serologisch mit Hilfe der Komplementbindungsreaktion und des Indirekten Immunfluoreszenztestes (IIFT) durchführen. Dabei können Kulturamoeben als Antigene dienen, da die *in-vitro*-Züchtung der Ruhramoebe keine besonderen Schwierigkeiten bereitet.

Molekularbiologische Untersuchungen (Lit. c. f. Tannich, 1993) deuten darauf hin, daß sich hinter *E. histolytica* zwei Arten verbergen, was schon 1925 von Brumpt vermutet wurde, als er die

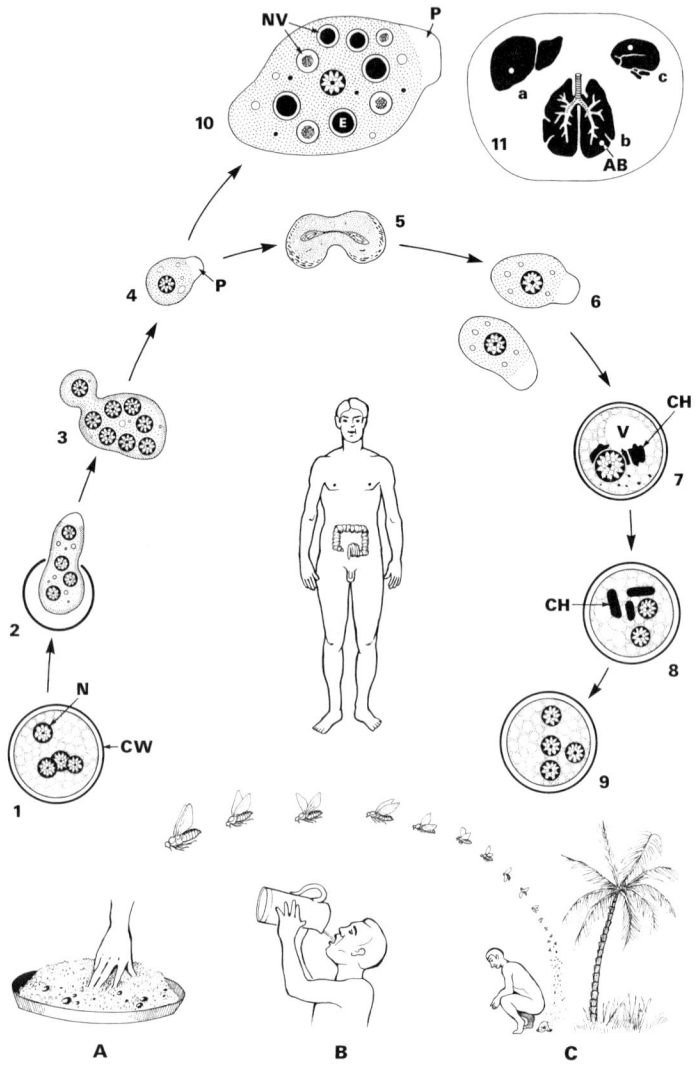

pathogene Art *E. dysenteriae* von der nichtpathogenen Art *E. dispar* abgrenzte. Die invasiven Formen unterscheiden sich u. a. in ihrer ribosomalen RNS und im Zymodem-Muster von den nichtpathogenen. Allerdings berichteten einige Arbeitsgruppen (u. a. Mirelman) die Überführbarkeit von nichtpathogenen Formen in pathogene oder verwiesen darauf, daß sich auch pathogene Stadien im Darm ohne Invasion der Wand für längere Zeit aufhalten und vermehren können. Möglicherweise sind daher noch weitere Auslöser beteiligt, wenn bestimmte Stadien in die Darmwand vordringen. Die Messungen von Mackenstedt et al. (1990), daß Gewebestadien das 2- bis 8fache der DNS von Darmlumenformen aufweisen, deuten in diese Richtung. Invasive Formen haben jedoch stets folgende Eigenschaften:

1. Sie weisen ein System zur **Adhärenz** an Colonschleim bzw. Wirtszellen auf. Im Regelfall besitzen solche Amoeben ein Oberflächenlektin, das an Galaktose bzw. N-Acetyl-Galaktosamin anbindet, was in den Membranen faktisch aller Humanzellen auftritt.
2. Sie sind in der Lage, **Cytolyse** (Zellzerstörung) bei faktisch allen Zellen (außer bei roten Blutkörperchen) zu betreiben, indem sie durch Exocytose ein Polypeptid (sog. Amoebapore) ausscheiden, das an der Wirtszellmembran bindet, dort Ionenkanäle bildet und so letztlich die Zerstörung dieser Zelle bewirkt, was der Amoebe dann den Weg ins Gewebe freimacht. Dieses Polypeptid hat sowohl eine cytotoxische als auch eine antibakterielle Wirkung und gleicht in seinem Bau dem bei menschlichen Lymphocyten beschriebenen Granulysin. Durch ihre diesbezügliche lytische Wirkung bei Makrophagen und cytotoxischen T-Zellen führt *E. histolytica* letztlich zur Immunsuppression (Immunmodulation).

Abb. 20: Vermehrungsprozesse und Übertragungsmöglichkeiten (A–C) bei *Entamoeba histolytica*.
1. Vierkern-Cyste wird oral aufgenommen.
2. Im Darm schlüpft die Amoebe (besitzt hyaline Pseudopodien; meist eins).
3. Kernvermehrung und Teilung in 8 Amoeben.
4.–6. Kleine (= **Minuta**) Formen vermehren sich durch Zweiteilung.
7. Einkernige Cyste mit Chromidialkörpern (CH).
8. Zweikernige Cyste.
9. In den Fäzes abgesetzte 4-Kern-Cyste.
10. Minuta-Formen entwickeln sich zu **Magna**-Formen, wenn sie ins Gewebe eindringen.
11. In Leber (a), Lunge (b) und Gehirn (c) entstehen durch bakterielle Sekundärinfektion Abszesse (AB), die Eiter und Magna-Formen enthalten.
AB = Abszeß; CH = Chromidialkörper; CW = Cystenwand; E = Erythrocyt; P = Ektoplasma; N = Nucleus; NV = Nahrungsvakuole; V = Vakuole.

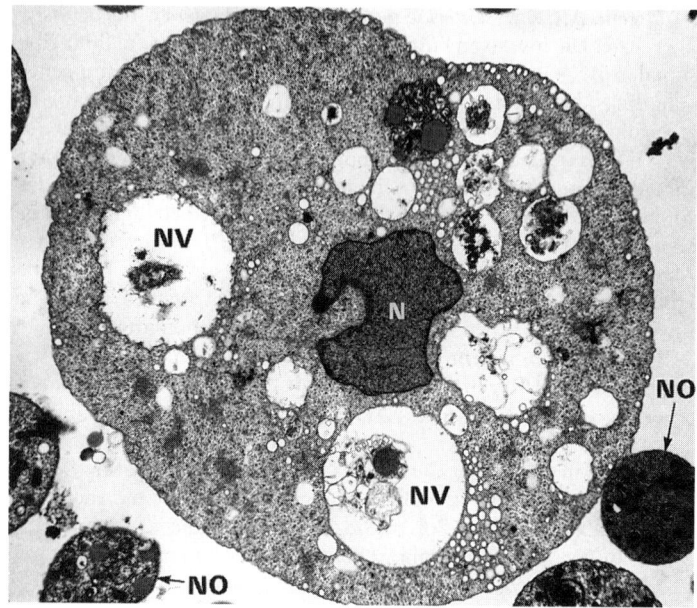

Abb. 21: TEM-Aufnahme einer *E. histolytica*-Amoebe aus der in vitro-Kultur.
N = Zellkern; NO = Nahrungsorganismus; NV = Nahrungsvakuole. × 3500

Abb. 22: Lichtmikroskopische Aufnahme verschiedener humanpathogener
Protozoen bzw. verwandter Organismen.
a) *Giardia lamblia;* Stuhlaustrich. × 2000
b) *Entamoeba coli;* Cyste in Fäzes. × 2000
c) *E. histolytica;* Minuta-Form in frischem Stuhl. × 2000
d) *Naegleria fowleri;* Amoeben-Form aus dem Liquor cerebrospinalis. × 1000
e) *N. fowleri;* begeißelte freilebende Form. x 1500
f) *Acanthamoeba castellanii;* Amoebe mit Filopodien. × 1000
g) *Naegleria fowleri;* Amoebe mit Geißeln, Übergangsstadium zu Abb. e.
× 2000
h–i) *Blastocystis hominis* (auf S. 69). × 500
j–o) *Pneumocystis carinii* (auf S. 70). × 2500
AM = Amoeboides Stadium; BP = Bruchsackpseudopodium; CI = Cilien;
CV = Zentrale Vakuole; CW = Cystenwand; EK = Ektoplasma; EN = Endo-
plasma; F = Flagellum; FP = Filopodium; N = Nucleus; NU = Nucleolus; NV =
Nahrungsvakuole; P = Peripheres Cytoplasma mit den Kernen; VS = Vegetatives Stadium.

3. Sie sind befähigt, **Proteolyse** (Gewebeauflösung) zu bewirken, indem sie Proteasen (z. B. Cysteinproteasen) bilden und ausscheiden.

Somit kann heute als gesichert gelten, daß es sich bei den gewebepenetrierenden Formen um *E. histolytica* handelt, während die Mehrzahl der Darmlumenformen zur Art *E. dispar* gehört.

Die **Chemotherapie** sowohl der Darmformen als auch der Stadien in extraintestinalen Abszessen ist durch den Einsatz von Diloxanid-

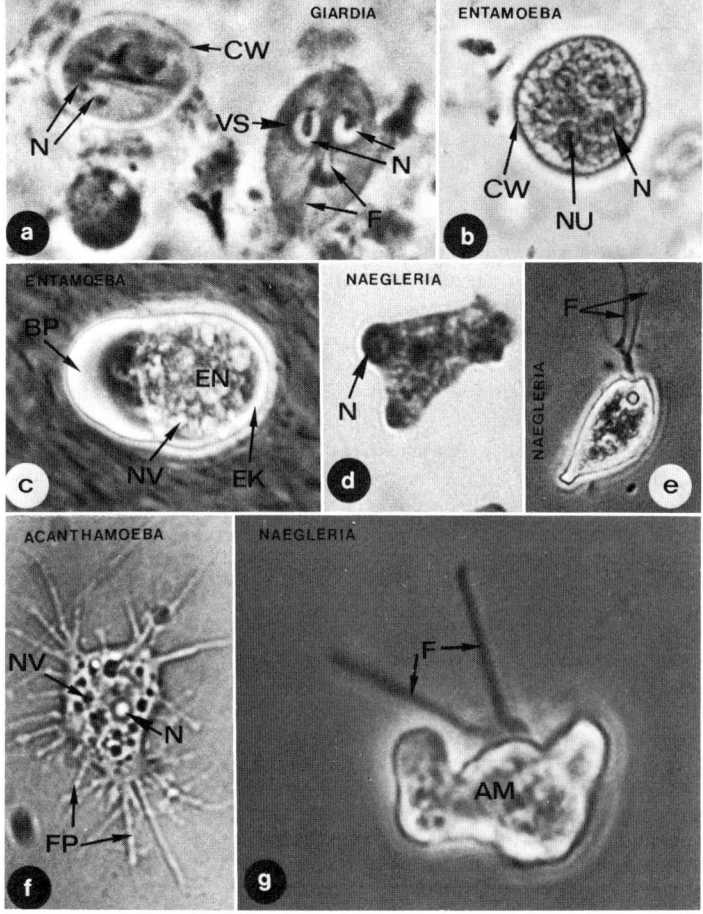

Furoat bzw. Metronidazol und Paromomycin befriedigend gelöst, so daß heute die Problematik einer **Amoebiasis** nur noch auf der z. T. schwierigen Diagnose beruht.

B. Freilebende Amoeben

In den letzten Jahren (seit 1962) wurden in zunehmender Zahl Fälle bekannt, bei denen freilebende «**Wasseramoeben**» der Gattungen *Naegleria* und *Acanthamoeba* (einige Arten werden z. T. wohl fälschlicherweise in die Gattung *Hartmanella* eingeordnet) in der Lage waren, zum **fakultativen Parasitismus** überzugehen und bei Mensch und Labortieren schwerste gesundheitliche Schäden hervorzurufen. Im wesentlichen wurden folgende Erreger nachgewiesen:

1. *Naegleria*-**Arten** (u. a. *N. fowleri, N. australensis*) treten im Liquor cerebrospinalis infizierter Menschen als kleine Amoeben (20 µm × 7 µm) mit bläschenförmigem Kern (großer Nucleolus) und mit relativ großen hyalinen Pseudopodien auf (Abb. 22 d). Im freien Wasser bzw. in erwärmten Plattenkulturen werden auch etwa 10–16 µm große einkernige **Cysten** (= Dauerstadien) sowie zweifach **begeißelte Formen** ausgebildet (Abb. 22 e, g). Letztere nehmen keine Nahrung auf und teilen sich nicht; amoeboide Stadien werden als infektionsfähig angesehen, wobei die Infektion beim Baden in kontaminierten Gewässern über die Nase erfolgt; offenbar wandern dann diese Stadien über die Riechnerven *(Nervus olfactorius)* ins Gehirn ein. Ein derartiger Fall führt nach einer Inkubationszeit von 1–9 Tagen zur bisher meist letalen «**Primären Amoeben-Meningoencephalitis** (PAME)». Bei frühzeitigem Erkennen und **Therapie** mit Amphotericin B bestehen jedoch gewisse Heilungsaussichten.

2. *Acanthamoeba*-**Arten** (u. a. *A. castellanii*) sind mit einem Durchmesser von etwa 25–40 µm relativ groß. Aus dem Liquor cerebrospinalis isolierte Amoeben entwickeln zahlreiche feine, gelegentlich gegabelte Pseudopodien (Abb. 22 f). Im Liquor wie auch im Freien treten zudem **Cysten** von 8–30 µm Durchmesser auf, deren Innenwand meist polygonal erscheint. Begeißelte Formen fehlen hier, so daß die **Infektion des Menschen** offenbar von amoeboiden Stadien ausgeht. Eintrittspforten scheinen dabei häufig das Atmungssystem, das Urogenitalsystem sowie allgemein die Haut zu sein. Im Gegensatz zu den Naeglerien, die vorwiegend gesunde Jugendliche befallen, scheinen die Acanthamoeben vorwiegend auf chronisch erkrankte Personen oder auf Patienten mit **Immunsuppression** anzusprechen. So können diese **opportunistischen Erreger** bei **AIDS**-Patienten zum Tode durch Hirnschäden führen. Zwar führt ein Befall mit Acanth-

Tab. 6: Wichtige Amoebenarten (nach verschiedenen Autoren)

Art	Größe μm	Wirt/Gewebe	häufigste Anzahl von Kernen in Cysten[3]	patho-gen
Entamoeba coli	20–45	**Mensch**/Colon	8	–
E. hartmanni	5–10	**Mensch**/Colon	4	–
E. histolytica				
Minuta-Form	10–18	**Mensch**/Colon	4	?
Magna-Form	20–40	Abzesse/intra- und extraintestinale	–	+
E. dispar	10–18	**Mensch**/Colon	4	?
E. polecki[1]	10–20	**Mensch**/Schwein Colon	1	–
E. gingivalis	10–20	**Mensch**/Mund	fehlen	–
E. gallinarum	9–25	Hühnervögel/Caecum	8	–
E. invadens	9–38	Reptilien/Colon	4	+
E. bovis	5–20	Rinder/Magen	1	–
E. suis[1]	5–25	Schweine/Colon	1	–
Endolimax nana	6–15	**Mensch**/Colon	4	–
Jodamoeba[2] *bütschlii*	8–20	**Mensch**, Schwein/ Colon	1	–
Naegleria gruberi	22	**Mensch**/ZNS	1	+
N. fowleri	20	**Mensch**/ZNS	1	+
Acanthamoeba sp.	40	**Mensch**/ZNS	1	+
Balamuthia mandrillaris	30	**Mensch**/ZNS Affe/ZNS	1	+

[1] Manche Autoren halten diese beiden letzten Arten für synonym.
[2] syn. *Pseudolimax*
[3] sofern vorhanden

amoeben im Regelfall zu einem eher chronischen Krankheitsverlauf, jedoch wurden nach **Inkubationszeiten** von meist mehr als 10 Tagen auch akute Symptome wie Meningoencephalitis, Entzündungen innerer Organe, Granulombildungen, Diarrhöen, Keratitis u. a. beobachtet.

In jüngster Zeit zeigte sich auch eine starke *Acanthamoeba*-Zunahme auf der Hornhaut von Kontaktlinsenträgern.

3. *Balamuthia mandrillaris.* Die langgestreckten Trophozoiten dieser einkernigen, meist unregelmäßig gestalteten Amoebe werden

12 bis 60 µm lang (im Mittel etwa 30 µm). Ihre kugeligen, meist ebenfalls einkernigen Cysten werden von einer dreischichtigen Wand begrenzt und messen 6–30 µm im Durchmesser. Diese Amoeben wurden
als Erreger einer granulomatösen Amoebenencephalitis (G. A. E.)
beim Menschen und bei einer Reihe von Tieren nachgewiesen. Die
Infektion scheint über die Nase zu erfolgen – zumindest im Tier-
experiment erwies sich dieser Weg als erfolgreich. Im Gegensatz zu
Acanthamoeben und Naeglerien wächst *B. mandrillaris* nicht auf
bakterienbedeckten Agarplatten, wohl aber konnte eine Vermehrung
auf einer Vielzahl von Säugerzellen festgestellt werden, die dabei
allerdings zerstört wurden.

3. *Blastocystis hominis*

B. hominis (und ähnlich aussehende Arten der Haustiere) werden bei Routineuntersuchungen der Fäzes weltweit häufig in großer Anzahl angetroffen. Es handelt sich hierbei um 5–150 µm große, kugelige, selten cystische, mehrkernige Organismen, die im Innern eine große sphärische, zentrale (selten randständige) Vakuole aufweisen (Abb. 22 h, i). Die Vermehrung erfolgt über eine Art Sprossung. Die **Übertragungswege** (nach Tierversuchen vermutlich oral) sind nicht völlig geklärt. Lange Zeit galt(en) diese Art(en) als kommensalischer Pilz, bis einige Autorengruppen Hinweise auf eine vermeintliche Protozoennatur sammelten. Jüngste Arbeiten zur Feinstruktur dieser *Blastocystis*-Formen von seiten der Arbeitsgruppen Yoshida und Mehlhorn deuten mehr auf eine Zugehörigkeit zu den Pilzen. Allerdings zeigten Analysen der ribosomalen RNS, daß diese Organismen weder unmittelbar den Protozoen noch den Pilzen zuzuordnen sind. Die kritische Betrachtung aller biologischen und morphologischen Merkmale der *Blastocystis*-Arten veranlaßten Jiang und He (1993), einen eigenen Protozoenunterstamm (Blastocysta) vorzuschlagen. Unabhängig von der systematischen Zugehörigkeit dieser Arten, haben sie in letzter Zeit Beachtung gefunden, da sie offenbar **fakultativ** pathogen werden können und daher als **opportunistische Erreger** (s. S. 71) gelten müssen. So traten sie insbesondere bei immunkompromitierten Personen (z. B. **AIDS**-Patienten) in Millionenzahl in extrem starken (bis 10 l pro Tag) diarrhöischen Stühlen auf. Der Beweis, daß sie die Auslöser der Diarrhöe waren, fehlt allerdings noch.

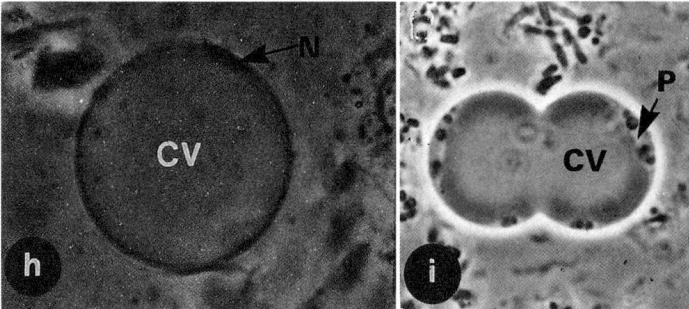

Abb. 22 h, i: *Blastocystis hominis.* Lichtmikroskopische Aufnahmen eines Trophozoiten (h) und eines Teilungsstadiums. × 500
CV = Zentrale Vakuole; N = Nucleus; P = Peripheres Cytoplasma mit den Kernen.

4. *Pneumocystis* spp.

Die Art *Pneumocystis carinii* tritt weltweit asymptomatisch in der Lunge einer Vielzahl von gesunden Wirten auf und findet sich insbesondere bei Nagern (im wesentlichen als kleine Cysten von 2–8 µm und sog. Trophozoiten; Abb. 22 j–o). Nach Frenkel (1976) sollen die beim gesunden Menschen auftretenden Erreger zu einer anderen Art *(P. jiroveci)* gehören, die schnell zu **Immunität** führt und nicht mit Serum infizierter Ratten reagiert. Die Hypothese mehrerer *Pneumocystis*-Arten oder zumindest -Rassen wird durch molekularbiologische Untersuchungen an Cysten aus Ratten und aus erkrankten Menschen unterstrichen. Die Untersuchungen von Stringer et al. (1997) zeigten, daß sich die *P. carinii*-Stadien in den verschiedensten Wirten nicht nur auf Gen-Niveau voneinander unterscheiden, sondern daß auch unterschiedliche Formen im gleichen Wirt existieren können. Dies macht die Nomenklatur natürlich besonders schwierig, zumal es keine morphologischen Unterschiede gibt. Somit behilft man sich heute mit Beschreibungen wie *P. carinii* formae speciales *hominis* bzw. *P. carinii* plus den latinisierten Artnamen des Wirts. Auch die systematische Ansiedlung dieses Erregerkreises ist trotz mannigfacher Untersuchungen noch nicht endgültig geklärt (vgl. Abb. 1), denn ver-

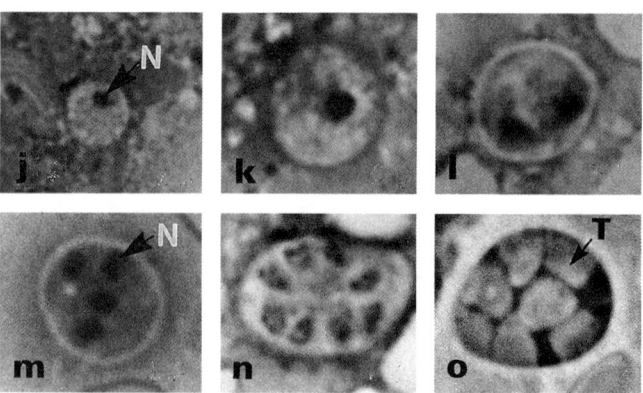

Abb. 22 j–o: *Pneumocystis carinii.* Lichtmikroskopische Aufnahmen von Trophozoiten (j) und 1, 2, 4, 8-kernigen Cystenstadien (k–o). × 2500. Aufnahmen: Prof. Dr. Yoshida (Kyoto).
N = Nucleus; T = Tochterzelle = Intracystischer Körper.

gleichende Untersuchungen der ribosomalen RNS von *Pneumocystis*, von Pilzen und von Protozoen weisen auf die Verwandtschaft von *P. carinii* zu Pilzen (sog. Ascomyceten) hin, während die Feinstruktur und die Physiologie aller Stadien eher für Protozoen sprechen. Möglicherweise handelt es sich somit hierbei um einen sehr alten, im Laufe der Zeit nur wenig veränderten Erreger (e. g. eine Art Quastenflosser unter den Einzellern) oder um eine an die parasitische Lebensweise angepaßte Art.

Bei Immunsuppression des Wirtes (z. B. **AIDS**-Patienten) kommt es zu einer explosionsartigen Vermehrung dieser **opportunistischen Erreger*** (Abb. 23) auf der respiratorischen Oberfläche, was unbehandelt via Pneumonie zum Tode führt (meist bevor das AIDS-Syndrom auftritt). Obwohl der **Infektionsweg** noch nicht geklärt ist, dürfte die Tröpfcheninfektion (Inhalation) im Vordergrund stehen. Eine **Chemotherapie** dieser Erreger der Erkrankung beim Menschen ist heute möglich und erfolgt durch die Verabreichung von Trimethoprim und Sulfamethoxazole. Diese Kombination oder die Gabe von aerolisiertem Pentamidin eignen sich auch zur **Prophylaxe** und haben die Befallsraten bei Risikogruppen stark gesenkt. Immerhin ist *P. carinii* die Todesursache bei 30% der AIDS-Patienten Europas und Amerikas.

---

* **Opportunistisch** werden parasitäre Erreger genannt, die (wie fakultativ pathogen) gleichsam im Wartestand auf eine für sie günstige Gelegenheit verharren, um sich dann als pathogen zu erweisen und sich extrem stark zu vermehren. Dies tritt besonders häufig bei chemotherapiebedingter (z. B. nach Verabreichung von Cortison) oder erworbener Immunsuppression, z. B. durch HI-Viren (= human immunodeficiency virus) auf, die das vielgestaltige **AIDS**-Krankheitsbild (acquired immune deficiency syndrome) auslösen können. In solchermaßen immunkompromittierten Wirten entwickeln sich **opportunistische Erreger** durch **Autoinvasion** explosionsartig. Innerhalb der Parasiten sind das im wesentlichen *Pneumocystis* spp. (s. S. 70), *Toxoplasma gondii* (s. S. 89), *Isospora belli* (s. S. 84), neuerdings *Cyclospora* sp. (s. S. 84), *Cryptosporidium* spp. (s. S. 85), *Entamoeba histolytica* (s. S. 61), *Acanthamoeba* spp. (s. S. 66), *Naegleria*-Arten (s. S. 66), *Balantidium coli* (s. S. 164), *Giardia lamblia* (s. S. 23), *Blastocystis hominis* (s. S. 69), Mikrosporidien (z. B. *Nosema* sp., *Encephalitozoon* spp.; s. S. 153; *Enterocytozoon bieneusi*), *Strongyloides stercoralis* (s. S. 325) und *Sarcoptes scabiei* (s. S. 400). So sind derartige Parasitosen in Europa und in der USA die häufigsten Todesursachen bei AIDS-Patienten, während in Afrika virale bzw. bakterielle Infektionen im Vordergrund stehen.

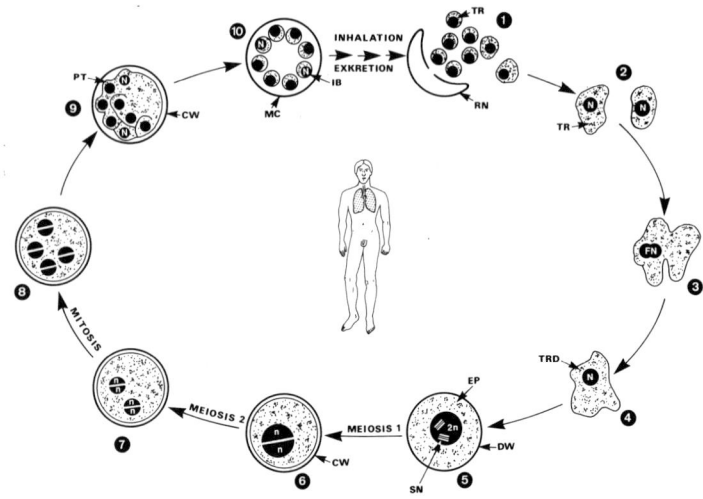

Abb. 23: Pneumocystis carinii nach Ergebnissen von Yoshida (Kyoto).

1. Die Wirte (Nager und immunkompromittierte Menschen) inhalieren Cysten, die von anderen Wirten (oral, nasal) ausgeschieden wurden. Nach dem Aufbrechen der Cystenwand schlüpfen 8 haploide **Trophozoiten** und setzen sich auf der Oberfläche der Lungenalveolen fest.

2.–4. Jeweils zwei derartige Trophozoiten verschmelzen zu einer diploiden **Zygote** (= diploider Trophozoit). Binäre Teilungen sind möglich.

5. Die Zygote umgibt sich mit einer Cystenwand.

6.–8. Bildung von 8 Kernen (DNA-Messungen deuten allerdings nur auf eine Einschritt-Meiose.

9. Bildung von 8 **intracystischen Körpern** (= junge Trophozoiten).

10. **Reife Cyste** mit 8 intracystischen Körpern. Dieses Stadium kann aus der Lunge via Schleim nach außen gelangen, aber auch im gleichen Wirt wieder die Trophozoiten entlassen **(1)**. Diese **Autoinfektion** ergibt bei immunsuppressiven Personen (z. B. bei **AIDS**, nach Cortisongaben) enorme Parasitenmengen, die bei den Betroffenen via bakterielle Pneumonie ohne Behandlung zum Tod führen.

CW = Cystenwand; DW = sich entwickelndes Cystenstadium; EP = Frühes Cystenstadium; FN = Fusion der Nuclei; IB = Intracystischer Körper; MC = Reife Cyste; N = Nucleus; PT = Protrusion, vorwölbender TR; RN = Reste der Cystenwand; SN = Synaptonemaler Komplex; TR = Trophozoit (haploid); TRD = Trophozoit (diploid).

5. Opalinata

Hierbei handelt es sich um oft bis zu 1 mm lange Endokommensalen/Endoparasiten des Darm- und Kloakenbereichs von Fischen und Amphibien, die durch eine Vielzahl gleichmäßig langer, in Reihen stehender Flagellen und durch eine schräg verlaufende, ungeschlechtliche Querteilung ausgezeichnet sind. Wegen ihrer gleichmäßigen, an Cilien erinnernden Begeißelung wurden die Opalinen, die je nach Art zwei- bis vierkernig sind, unterschiedlich systematisch eingeordnet. Mal als Protociliaten, mal als Teil der Sarcomastigophora. Aktuell gibt es mehrere Vorschläge (s. de Puytorac et al., 1987; Cavalier-Smith, 1993), die Opalinen als einen eigenen Stamm – Opalinata bzw. Opalozoa – zu betrachten. Es treten die Arten der Gattungen *Protoopalina* und *Zelleria* bei Fischen auf, während die abgeflachte Art *Opalina ranarum* die Kloake von Fröschen besiedelt. Neben der typischen Querteilung erfolgt eine weitere Vermehrung bei den Arten von Anuren über einen geschlechtlichen Prozeß, so daß ein **Generationswechsel** zu verzeichnen ist, der zudem auf die Anurenlarven und Adulten verteilt ist. Da die Pathogenität der Opalinen als gering einzustufen ist, wird auf weiterführende Literatur verwiesen (Lit. c. f. Mehlhorn, Ruthmann, 1992, und Hausmann, Hülsmann, 1997).

6. Sporozoen

Die Sporozoen sind durch die zur Infektion führenden «Sporen» (**Oocyste, Sporocyste**) und durch einen charakteristischen **Generationswechsel** zwischen geschlechtlichen und ungeschlechtlichen Formen gekennzeichnet; sie wurden schon von Leuckart (1879) als eigene systematische Einheit erkannt. Elektronenmikroskopische Untersuchungen zeigten, daß zudem bestimmte strukturelle Besonderheiten eine klare Abgrenzung der Sporozoen von den übrigen Protozoen ermöglichen (Abb. 24–30), obwohl sie neuerdings von einigen Autoren wegen der beiden inneren Membranen ihrer dreischichtigen Pellikula mit den Ciliaten und Dinoflagellaten (vgl. Abb. 1) gemeinsam in die neugeschaffene Gruppe **Alveolata** eingeordnet werden. Die biologischen Daten bleiben aber dabei weitgehend unberücksichtigt. Neuere Untersuchungen auf diesem Gebiet führten aber dazu, daß auch dem Konzept Leuckarts neue Gattungen eingefügt und andere ausgegliedert wurden. So enthält das heute breit akzeptierte System nur noch die **Gregarinen** und **Coccidien;** beide Gruppen schließen zahlreiche Arten ein, von denen allerdings nur die der Coccidien eine medizinische oder wirtschaftliche Bedeutung für den Menschen erlangt haben. Die Klasse Perkinsea ist hier mit absoluter Sicherheit falsch plaziert. Diese Parasiten von Austern gehören zur Gruppe der Flagellaten (Algen?).

System: PROTOZOA (EINZELLER)
Stamm: SPOROZOA (Apicomplexa)*
    1. Klasse: Perkinsea (heute als Dinoflagellaten erkannt)
    2. Klasse: Sporozoea
        1. Unterklasse: Gregarinia
            Gattung: *Monocystis*
            Gattung: *Gregarina*
        2. Unterklasse: Coccidia
            1. Ord.: Protococcida (Eucoccida) – ohne Schizogonie
            2. Ord.: Eucoccida (Schizococcida) – mit Schizogonie
                1. Uord.: Eimeriina
                    Gattung: *Eimeria*
                    Gattung: *Isospora*

---

* Hierbei handelt es sich um einen Auszug; die übergreifende Systematisierung ist noch umstritten; nur wichtige Gattungen sind genannt.

Gattung: *Cystoisospora*
Gattung: *Toxoplasma*
Gattung: *Sarcocystis*
Gattung: *Besnoitia*
Gattung: *Frenkelia* (syn. *Sarcocystis*)
Gattung: *Hammondia* (syn. *Neospora, Toxoplasma*)
Gattung: *Globidium*
Gattung: *Cryptosporidium* (vermutlich Gregarinen)[1]
Gattung: *Caryospora*
Gattung: *Cyclospora*
2. Uord.: Haemosporina
A. Haemosporidea
Gattung: *Plasmodium*
Gattung: *Leucocytozoon*
Gattung: *Haemoproteus*
B. Piroplasmea
Gattung: *Babesia*
Gattung: *Theileria*
3. Uord.: Adeleina
Gattung: *Karyolysus*
Gattung: *Haemogregarina*
Gattung: *Hepatozoon*
Anhang:
Gattung: *Klossia*
Gattung: *Adelina*

6.1. Gregarinen

Bei den Gregarinen handelt es sich um meist extrazelluläre Körperhöhlenbewohner von Evertebraten und niederen Chordaten. Sie können bis zu 10 mm lang werden. Etwas kleiner, aber sehr zahlreich sind die Vertreter der Gattungen *Monocystis* (in den Samenblasen von Regenwürmern) und *Gregarina* (im Darm von vielen Käfern, besonders in Larven vom Mehlkäfer *Tenebrio*). Die Gregarinen leben, von Ausnahmen abgesehen, in ihren Wirten als extrazelluläre Kommensalen. Einige Arten dringen aber mit dem Vorderende (Epimerit) in Wirtszellen ein. Die Gruppe der sog. Neo- bzw. Schizogregarinen (z. B. *Mattesia dispora* in Mehlmotten) lebt und vermehrt sich völlig intrazellulär.

---

1 Nach neueren, molekularbiologischen Untersuchungen mehren sich die Hinweise, daß die Arten der Gattung *Cryptosporidium*, deren Effekte als opportunistische Erreger (S. 71) die zweithäufigste Todesursache bei AIDS-Patienten in Europa darstellen, zu den Gregarinen und nicht zu den Coccidien gehören. Die Entwicklungsstadien sitzen in den Mikrovilli der Epithelzellen der befallenen Wirte (Abb. 26). Insbesondere die Art *C. parvum*, von der es mehrere Genotypen gibt, ist von großer Bedeutung (s. S. 86).

6.2 Coccidien

A. Ultrastruktur der motilen Stadien. Die beweglichen Stadien der Coccidien (und zum Teil auch die der Gregarinen) sind durch eine Reihe von Feinstrukturen charakterisiert, die in dieser Ausprägung bei **keiner** anderen Einzellergruppe auftreten – auch nicht bei den neuerdings angeblich so nah verwandten (!) anderen Alveolata (s. Abb. 1). So sind es insbesondere die Strukturen am vorderen Zellpol der beweglichen und daher penetrationsfähigen Merozoiten, Sporozoiten bzw. verschiedenen Cystenmerozoiten, die erstmals in den Jahren um 1970 auf breiter Basis (bei über 50 Arten) von der Arbeitsgruppe Scholtyseck, Mehlhorn, Piekarski, Hammond nachgewiesen, vermessen und als gleichwertig dargestellt wurden, die Levine (1980) dazu bewegten, aus dem guten alten Stamm **Sporozoa** die **Apicomplexa** werden zu lassen.

Pellikula. Die Zellbegrenzung der Sporozoiten und Merozoiten aller Sporozoen besteht aus einer dreischichtigen Pellikula. Die äußere Membran bedeckt die gesamte Oberfläche, während die beiden inneren aus eng aneinanderliegenden Lakunen des ER bestehen und am vorderen und hinteren Zellpol Öffnungen aussparen, deren Ränder zu Polringen verdickt sind (Abb. 27, 30).

Subpellikuläre Mikrotubuli. Am vorderen Polring ist eine Anzahl von sog. subpellikulären Mikrotubuli von etwa 18–24 nm Durchmesser verankert, die in leichten Windungen bis zu $^2/_3$ der Gesamtlänge des Parasiten erreichen und zur Stabilisierung der Pellikula dienen (Abb. 27 a; 27 d; 30 a; 30 d). Die Anzahl der subpellikulären Mikrotubuli ist artspezifisch, so weisen die Toxoplasmen und Sarkosporidien jeweils 22, die Eimerien je nach Art 24–32, Plasmodien 18–20, Haemogregarinen und die Kineten der Piroplasmen 70 und mehr auf.

Cytostom. Die Nahrungsaufnahme bei den beweglichen wie auch nichtbeweglichen Stadien (z. B. Schizonten, Gamonten) erfolgt durch Cytostome, die aus einer Unterbrechung des inneren Membrankomplexes und einer Einsenkung der äußeren bestehen (Abb. 27 g; 30 e). Hier erfolgt dann die Endocytose von Wirtscytoplasma. Bei Mero- und Sporozoiten ist meist nur ein Cytostom, das auch als **Mikropore** bezeichnet wird, vorhanden.

Conoid. Am vorderen Zellpol der Mero- und Sporozoiten der Eimeriiden (aber nicht bei den Gattungen *Plasmodium*, *Theileria*, *Babesia* – also nicht bei den Blutparasiten) befindet sich ein conusförmiges Hohlorganell, das aus Mikrotubuli aufgebaut ist und wegen seiner Form als Conoid bezeichnet wird (Abb. 27 b; 27 f; 30 a). Dieses Organell kann, durch Ca^{++} gesteuert – also offenbar aktinabhängig –, vorgeschoben werden, so daß dann die Zelle mit einem «Nippel» erscheint, der bei der Invasion der Wirtszelle behilflich ist.

Rhoptrien. Am Vorderende der Mero- oder Sporozoiten liegen mindestens zwei (*Eimeria*, *Plasmodium*), manchmal mehr (*Toxoplasma*, *Sarcocystis*) keulenförmige Organellen, deren Ausführgänge durchs Conoid zur äußeren Zellmembran ziehen. Während des Invasionsprozesses in Wirtszellen entlassen sie Stoffe, die enzymatisch wirken und die die Wirtszellmembranen bzw. deren periphere Strukturproteine destabilisieren. Daher erscheinen die Rhoptrien nach dem Penetrationsvorgang teilweise leer (Abb. 28 a; 43). Ihre Inhaltsstoffe (mehr als 20 Proteine: Rhop 1–20) sollen auch dazu führen, daß die Membranen der parasitophoren Vakuolen bei Babesien und Theilerien nach der Penetration wieder aufgelöst werden.

Dense bodies. Etwa auf Höhe der Hinterenden der Rhoptrien liegen bei penetrierenden Stadien kugelige Körper, die sog. Dense bodies von etwa 0,2 µm Durchmesser (Abb. 27 d; 28 a). Diese bzw. deren Inhaltsstoffe werden nach dem Penetrationsprozeß vom Parasiten in die ihn umgebende parasitophore Vakuole abgegeben und dienen offenbar der Abwehr von wirtseigenen Verdauungsenzymen. Die Dense bodies erscheinen dann teilweise leer. Mittlerweile wurden mehr als 6 Proteine (GRA 1-6) charakterisiert.

Mikronemen. Am Vorderende der Sporo- und Merozoiten findet sich zudem noch eine Vielzahl von kleinen, ovoiden, elektronendichten Organellen von etwa 0,05 µm Länge, die früher für Anschnitte von Fäden gehalten und daher als Mikronemen bezeichnet wurden (Abb. 27 f; 28 a; 34; 38; 42; 43). In diesen Mikronemen wurden Proteine nachgewiesen, die eine wichtige Rolle bei der Adhäsion der Parasiten an der Wirtszellmembran spielen. So fanden sich in ihnen u. a. das sog. «circumsporozoite-like» protein (ein Vakzine-Kandidat) und erythrocytenbindende Proteine. Offenbar werden die Inhaltsstoffe der Mikronemen am ER in Kernnähe gebildet, zum davor gelegenen Golgi-Apparat transportiert und dort apikal als Promikronemen abgegeben. Ultrastrukturelle Aufnahmen weisen auf eine Exocytose der Mikronemen z. B. im Bereich des Cytostoms, aber auch an anderen Stellen der Pellikula hin (vgl. Abb. 28 a; Pfeile).

Kern. Der ovoide Nukleus der beweglichen Stadien liegt im allgemeinen zentral und weist einen typischen Nukleolus von beträchtlicher Größe auf (Abb. 27 d; 27 f; 28; 38; 42; 43; 45; 47). Die Kernbegrenzung besteht stets aus zwei Membranen, die typische Kernporen enthalten und die sich bei den regelmäßigen Zweiteilungsprozessen **auch nicht** auflösen. Während dieser Teilungen, die unter

Bildung einer intranukleären Spindel und in Gegenwart von je zwei extranukleären, über beiden Spindelpolen gelagerten Centriolen vom $9 \times 3 + 0$-Muster ablaufen, kondensieren die Chromosomen nicht, so daß bis heute nur wenige Hinweise auf die exakte Chromosomenzahl vorhanden sind. Man geht heute davon aus, daß der Entwicklungszyklus bis auf die Phase nach der Gametenverschmelzung **haploid** verläuft und z. B. die Arten der Gattungen *Eimeria* und *Plasmodium* in diesem Zustand 14 Chromosomen aufweisen, während der haploide Satz bei *T. gondii* 11 beträgt.

Golgi-Apparat. Unmittelbar vor dem Kern liegt ein typischer Golgi-Apparat (Abb. 27 f; 28), der die organelltypischen Synthese- bzw. Transportfunktionen übernimmt.

Mitochondrion. Das mitochondriale System der beweglichen Stadien der Coccidien besteht aus einem großen, verzweigten Mitochondrion vom tubulären Typ (Abb. 27 f; 28; 30 c). Es ist bei allen Entwicklungsstadien in dauerhafter Funktion.

Dickwandiger Vesikel. Dieses auch als «double-walled organelle» oder Golgi-Adjunkt bezeichnete Organell kommt faktisch in allen beweglichen Stadien der Coccidien vor (s. Scholtyseck, Mehlhorn 1970). Nach neueren Untersuchungen (Hackstein et al. 1995) stellt es offenbar das nach Kern und Mitochondrion dritte Genom in der Zelle dar. Es handelt sich um eine Reminiszenz eines alten Chloroplasten aus grauer Vorzeit. Bei *Plasmodium*-Arten erwies sich das Genom dieses Organells als ringförmig und besaß eine Größe von 35 Kb, während das der Mitochondrien 6 Kb erreichte. Bestimmte, für Chloroplasten charakteristische Gene sind noch heute in diesem Organell aktiv das auch **Apicoplast** genannt wird.

Reservestoffe. Als Reservestoffe werden bei den Mero- und Sporozoiten zwei Arten von Grana gebildet, mit Hilfe deren diese Stadien für Jahre überleben können. So finden sich kleine, elektronenlichte, etwa 0,1 μm große Amylopektingrana in allen Zelltypen (Abb. 27 f; 30 c); Cystenmerozoiten (= Bradyzoiten, Wartestadien) von *Toxoplasma gondii* weisen z. B. mehr derartige Grana auf als die sich schnell teilenden Tachyzoiten. Sporozoiten schließen darüber hinaus noch ovoide, sog. refraktile Körper von beachtlicher Größe (2–3 μm Durchmesser) ein. Diese Organellen, die kristallin angeordnetes Protein enthalten, können in Ein- oder Zweizahl auftreten und liegen vor bzw. hinter dem Kern (Abb. 27 c).

Endoplasmatisches Reticulum. In allen Stadien ist das ER in der rauhen und glatten Version vorhanden und z.T. auch an der Bildung von inneren Kompartimenten (z.B. auch bei der als Endodyogenie bezeichneten inneren Zweiteilung) beteiligt (Abb. 30 c).

B. Ultrastrukturen der geschlechtlichen Stadien

Perforatorium. Die männlichen Gameten der Coccidien weisen am Vorderende ein elektronendichtes, verdicktes, zugespitztes Ende auf, mit dessen Hilfe sie in den weiblichen Gameten eindringen können (Abb. 31 c).

Geißeln. Die Mikrogameten besitzen artspezifisch zwei bis drei freie Flagellen = Geißeln (mit typischem 9 × 2 + 2-Mikrotubulimuster), die am Perforatorium inseriert sind und beim Eindringen in den weiblichen Gameten mit in dessen Cytoplasma hineingenommen werden (Abb. 31 c). Daneben verlaufen noch 4–6 einzelne Mikrotubuli entlang des Kerns; sie repräsentieren offenbar die Reste einer Schleppgeißel.

Kern. Der Kern des männlichen Gameten erscheint langgestreckt und ist vollständig elektronendicht, während der des weiblichen Gameten kugelig ist und einen ebenfalls kugeligen Nukleolus besitzt (Abb. 31 c; 33 d).

Mitochondrien. Das einzelne große Mitochondrion des Mikrogameten weist Invaginationen vom Sacculustyp auf, während die weiblichen Gameten (= Makrogameten) viele kleine Mitochondrien vom tubulären Typ enthalten.

Begrenzung. Die männlichen Gameten werden ausschließlich von einer einfachen Zellmembran begrenzt, während die weiblichen Stadien artspezifisch ein bis drei Membranen aufweisen können (z. B. *Eimeria* – eine; *Toxoplasma gondii* – zwei). Besonderes Charakteristikum der weiblichen Gameten sind sog. **intravakuoläre Schläuche**, die im Querschnitt kreisrund erscheinen und eine tangentiale Streifung aufweisen. Sie haben Durchmesser von etwa 60 nm und ziehen von der Oberfläche der Gameten zur Membran der parasitophoren Vakuole (Abb. 33 g, h).

Hüllbildungskörper. Die weiblichen Gameten der Coccidien besitzen sog. Hüllbildungskörper, die nach der Befruchtung durch Verschmelzung die Oocystenwand ausbilden. Bei der Gattung *Eimeria* sind stets zwei Typen vorhanden, so daß die Wand der Oocyste auch typisch zweischichtig erscheint (Abb. 31 e), bei Toxoplasmen bzw. anderen Coccidien findet sich nur ein Typ von Hüllbildungskörpern.

C. Penetration und parasitophore Vakuole. Die aus motilen Mero- und Sporozoiten der Coccidien hervorgehenden Stadien (Schizont, Gamont) haben eine ausschließlich intrazelluläre Lage, sieht man von oberflächlichen Anheftungen bei *Epieimeria* in Fischen bzw. bei Cryptosporidien in ihren verschiedenen Wirten ab (Abb. 24; 25; 34 c; 42; 43). Beim Eindringprozeß, der passiv durch Phagocytose von Makrophagen erfolgen kann oder aktiv auf zwei Wegen (Abb. 43) vollzogen wird, entsteht zunächst immer eine parasitophore Vakuole. In dieser Vakuole bleiben die Stadien mancher Parasiten während ihrer weiteren Entwicklung liegen (z. B. *Toxoplasma gondii*, *Eimeria*-Arten, *Plasmodium*-Arten), wohingegen es den Theilerien und Babesien (Piroplasmen) gelingt, die sie zunächst umgebende parasitophore Vakuolenmembran später aufzulösen, so daß sie dann direkt im Cytoplasma ihrer Wirtszellen liegen (Abb. 45–48). Untersuchungen der Zellinvasion durch Sporozoiten von *T. gondii* zeigten einen etwas abgewandelten Prozeß im Vergleich zur sonst typischen Penetration (Abb. 43). Es kam zu folgenden Phasen:

1. Penetration/Eindellung der Wirtszellmembran ohne Moving junction,
2. Auflösung der Wirtszellmembran und Bildung einer neuen, proteinarmen Membran: Entstehung der sog. parasitophoren Vakuole 1 (PV1),
3. Ruhelage der Sporozoiten für 24 h in der PV1,
4. Nach 24 h Aktivierung neuer Bewegungen seitens des Sporozoiten,
5. Eindringen ins Wirtscytoplasma unter Einschnürung des Zellkörpers (mit Moving junction) an der Membran der PV1 und Bildung einer PV2. Während dieser Prozesse kommt es zur Ausschüttung der Inhaltsstoffe der Organellen des apikalen Pols. In der PV2 erfolgt dann die Reproduktion durch Endodyogenie binnen 24 Stunden (Abb. 32 A).

D. Entwicklung. Die Coccidien entwickeln sich **intrazellulär** mit Ausnahme der Protococcidien (z. B. *Eucoccidium* in *Dinophilus*). Ihr Generationswechsel weist drei Phasen auf (Abb. 24): Auf eine ungeschlechtliche, oft zu zu hohen Befallsraten führende Vermehrungsphase, die **Schizogonie** (= Zerfallsteilung), folgt die geschlechtliche (**Gamogonie**; Abb. 24). Diese verläuft stets als **Oogamie**, d. h., lediglich der Kern des männlichen Vorstadiums (Mikrogamont) teilt sich noch mehrmals; es werden daher mehrere Mikrogameten ausgebildet, während das weibliche Vorstadium zur relativ großen Eizelle (Makrogamet) heranreift. Aus der befruchteten Eizelle (Zygote) entstehen in einer weiteren ungeschlechtlichen Vermehrung (**Sporogonie**) schließlich bewegliche, für den nächsten Wirt infektiöse Stadien (Sporozoiten). Bei den durch Fäzes übertragenen Arten, z. B. *Eimeria*, *Isospora*, *Toxoplasma* (Tab. 7) sind die Sporozoiten stets in resistenten Dauerstadien, **Oocysten** bzw. **Sporocysten**, eingeschlossen und können im Freien außerhalb des Wirts lange, z. T. mehr als 1 Jahr überleben und so die Infektion weitergeben. Bei den Haemosporidien (z. B. Malaria-Erreger) und den Piroplasmen (Babesien, Theilerien) werden dagegen die infektiösen Stadien niemals frei, sondern befinden sich in den Speicheldrüsen der Vektoren Mücken bzw. Zecken (Abb. 39; 46; 48).

Tab. 7: Wichtige *Eimeria, Isospora-* und *Cystoisospora*-Arten

Art	Wirt/Darm-abschnitt	Oocystengröße µm	Präpatenz (Tage)	Patho-genität
Eimeria bovis	Rind/hinterer	23–34 × 17–23	18–21	+
E. zürnii	Dünndarm	16–20 × 15–18	16–19	+
E. ellipsoidalis	Dünndarm	18–26 × 13–18	8–10	+
E. leuckarti	Pferd/Dünn-darm	71–88 × 49–63	33	–
E. suis	Schwein/Dünndarm	13–20 × 11–15	10	+
E. scabra	Schwein/Dünndarm	25–45 × 17–28	8–9	+
E. arloingi	Schaf/Krypten	25–33 × 16–21	20	+
E. ninakohlya-kimovae	Schaf/Krypten des Darms	16–28 × 14–23	11–17	+
E. tenella	Huhn/Caecum	23 × 19	6	+
E. maxima	Huhn/Dünn-darm	30 × 20	5	+
E. necatrix	Huhn/Dünn-darm	22 × 17	6	+
E. stiedai	Kaninchen/Gallengänge	26–40 × 16–25	16	+
E. iroquoina	Fische/Darm	8–10 × 11–14	16	+
Cystoisospora[1] *felis*	Katze/Dünn-darm	30–53 × 23–37	6–17	–
C. rivolta	Katze/Duo-denum	22–30 × 21–27	5	–
C. ohioensis	Hund/Dünn-darm	19–27 × 18–23	6	–
C. canis	Hund/Dünn-darm	36–44 × 29–36	9–11	–
Isospora[2] *suis*	Schwein/Dünndarm	17–22 × 17–19	5	+
I. belli	**Mensch/**Dünndarm	20–33 × 10–19	9–10	+

[1] Mit Wartestadien (Sporozoiten) in einem Zwischenwirt
[2] Ohne Zwischenwirte

6.2.1. Homoxener, monoxener (= einwirtiger) Entwicklungs-zyklus

Als wichtigste und artenreichste Gruppe ist hier die Gattung *Eimeria* zu nennen (mehr als 800 Arten). Eimerien parasitieren bei Vertretern aller Vertebratenklassen und gelten als sehr wirtsspezifisch, d. h., eine *Eimeria*-Art der Hühner läßt sich z. B. nicht auf Nager übertragen. Zu den Eimerien gehören auch wirtschaftlich sehr bedeutsame Arten (Tab. 7), die eine als **Coccidiose** bekannte Krankheit (z. B. bei Hühnervögeln und Kaninchen) hervorrufen. Diese Parasiten führen zu großen Verlusten bei den vom Menschen gehaltenen Nutztieren, insbesondere in dicht besetzten Hühnerbatterien oder Fischteichen.

Der typische Entwicklungsgang der *Eimeria*-Arten ist in Abb. 24 dargestellt. Die Infektion erfolgt stets durch orale Aufnahme von Oocysten, die 4 Sporocysten mit je 2 Sporozoiten enthalten. Im Darm des Wirts werden die Sporozoiten frei und dringen in die Darm-epithelzellen ein. Dort werden sie in eine sog. **parasitophore Vakuole** eingeschlossen und beginnen mit der Nahrungsaufnahme durch Ultracytostome (auch als **Mikroporen** bezeichnet). Nachdem eine gewisse Größe erreicht worden ist, werden diese intrazellulären Stadien zu Schizonten. Der Kern teilt sich mehrfach durch Zweiteilungen, so daß die Schizonten schließlich viele, meist an der Peripherie angeordnete Kerne aufweisen (Abb. 32 B). Die letzte Kernteilung ist dann unmittelbar mit der Tochterzellbildung gekoppelt. Über den beiden Schenkeln eines sich V-förmig teilenden Kerns wächst nämlich je eine konusförmige Tochterzellanlage. Nachdem die Tochterzellen, sog.

Abb. 24: Schem. Darstellung des Entwicklungszyklus der Eimerien am Beispiel der *Eimeria*-Arten des Haushuhns.
1. Sporozoit (orale Aufnahme in Oocysten).
2.–4. Schizonten bilden bewegliche Merozoiten in Epithelzellen des Darms (Prozeß kann sich mehrfach wiederholen, arttypisch).
5. Merozoit, der sich zu einem Gamonten umwandelt.
6.1 Weiblicher (= Makro-)Gamont.
6.2 Männlicher (= Mikro-)Gamont (bildet Mikrogameten).
7.1 Befruchtungsfähiger Makrogamet.
7.2 Fertiler, begeißelter Mikrogamet.
8. Zygote.
9. Wand der Zygote = Oocystenhülle wird durch Verschmelzen der beiden Typen von Hüllbildungskörper gebildet.
10. Unsporulierte Oocyste (= Zygotocyste), mit den Fäzes abgesetzt.
11.–12. Sporulation im Freien = Bildung der 4 Sporocysten mit je zwei Sporozoiten. Eine sporulierte Oocyste ist wieder infektiös.

Merozoiten, sich vom Restkörper des Schizonten gelöst haben, dringen sie aktiv in andere Wirtszellen ein und können wieder zu Schizonten heranwachsen. Die Anzahl der aufeinanderfolgenden Schizontengenerationen ist spezifisch. Die Anzahl der Merozoiten, die von einem Schizonten gebildet werden, ändert sich häufig bei jeder Generation. So wurden Schizonten von Eimerien des Schafes und des

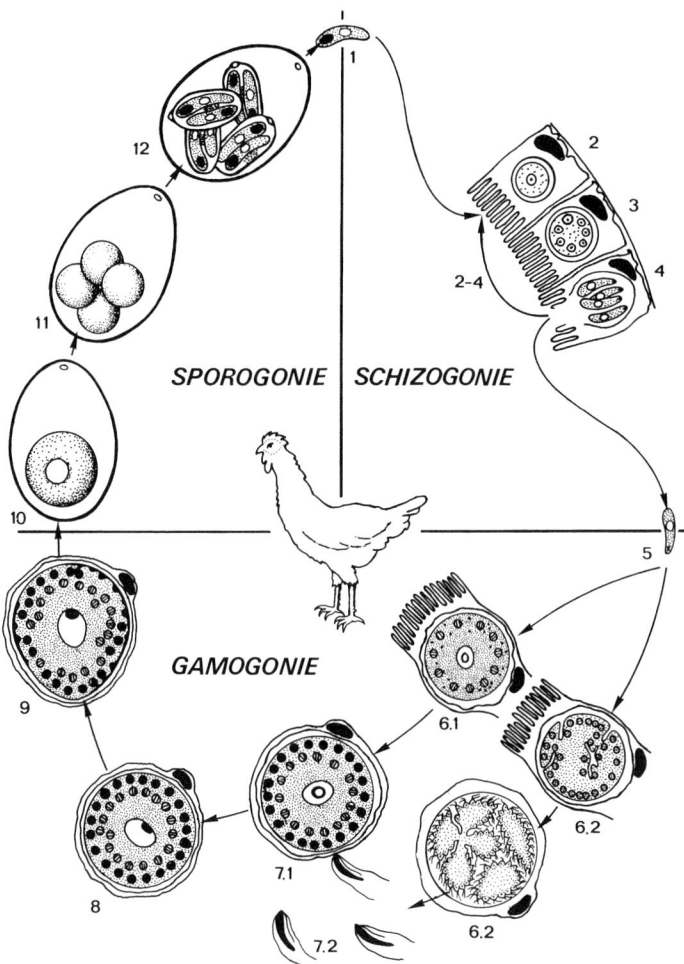

SPOROGONIE | SCHIZOGONIE

GAMOGONIE

Rindes fälschlich als besondere Parasiten angesehen und als **Globidien** (Abb. 34 a) bezeichnet, da sie Tausende von Merozoiten bilden und so mit bloßem Auge sichtbar werden. Nach Abschluß der Schizogonie differenziert sich ein Merozoit zum **Mikro-** oder **Makrogamont**, die beide wiederum in einer parasitophoren Vakuole heranwachsen (Abb. 24). Aus dem Mikrogamonten entstehen zahlreiche begeißelte männliche Gameten. Nachdem ein Mikrogamet dann den Makrogameten befruchtet hat, wird vom Zygotenplasma durch zwei Typen von Hüllbildungskörpern eine zweischichtige Wand abgeschieden (Abb. 31 e; 33 d). Diese Wand wird nicht ganz zutreffend als Oocystenwand bezeichnet, da in älteren Untersuchungen die Meinung vertreten wurde, schon das «Ei» würde sich encystieren. Nach dem gegenwärtigen Kenntnisstand wäre es eigentlich nur erlaubt, von Zygotocyste zu sprechen. Nachdem die «**Oocysten**» (= «Zygotocysten») mit den Fäzes abgesetzt sind, entstehen in ihrem Innern bei der Gattung *Eimeria* 4 Sporocysten mit je 2 Sporozoiten, bei der Gattung *Isospora* 2 Sporocysten mit je 4 Sporozoiten (Abb. 34). Die Oocystenwand ist sehr stabil und kann z. B. mehrere Monate eine Lagerung in 2%igem Kaliumbichromat oder schwacher Formalinlösung überdauern. **Typische Krankheitssymptome** sind bei den Wirten u. a. heftige Diarrhöen, die bei einigen Arten zu starken Gewichtsverlusten, in Kombination mit bakteriellen Infektionen sogar zum Tode führen können (**Coccidiose**). Beim Menschen tritt *I. belli* meist nur latent auf, bei **AIDS**-Patienten dagegen kommt es nicht nur zu enormen Diarrhöen, sondern auch zu einer Überschwemmung des gesamten Körpers (Dissemination, extraintestinale Isosporiasis). Als **opportunistischer Erreger** tritt beim immunsuppressiven Menschen in der letzten Zeit häufiger *Cyclospora cayetanensis* auf. Bei dieser Art und ihren Verwandten, die ihre Hauptwirte offenbar in Insektivoren, Nagern, Reptilien und auch in Tausendfüßlern haben, enthalten die etwa 10 µm großen, kugeligen Oocysten zwei Sporocysten mit je zwei Sporozoiten von etwa $8,5 \times 1,5$ µm Größe. Diese Oocysten wurden zunächst für cyanobakterienartige Gebilde gehalten und folglich als CLB abgekürzt. Die **Infektion** kann über kontaminiertes Trinkwasser erfolgen und zu massiven Durchfällen bei AIDS-Patienten führen. Zur **Chemotherapie** wird bei den typischen Coccidien des Menschen Sulfadoxin mit Pyrimethamin vorgeschlagen. Bei *Cyclospora* und *Cryptosporidium* gibt es dagegen noch keine eindeutig wirksamen Medikamente. Bei Tiercoccidiosen erfolgt meist nur die prophylaktische Gabe von sog. Coccidiostatica, die täglich dem Futter beigemischt werden und durch ihre stete Präsenz nur geringe Parasitenmengen zur Entwicklung kommen lassen, was zwar zur **Immunisierung** der älteren Tiere beiträgt, aber auch zur schnellen Ausbildung von arzneimittelresistenten Stämmen führt. Mit der Substanz Toltrazuril (Baycox®) ist aber neuerdings auch die direkte Therapie bei akuten Fällen der Coccidiose bei Tieren möglich.

Eine Sonderform des **einwirtigen Entwicklungszyklus** liegt bei den Arten der Gattung *Cryptosporidium* vor (Abb. 25). Bisher wurden nur relativ wenige Arten beschrieben: *C. parvum* bei Wiederkäuern, *C. muris* bei Nagern, *C. baileyi* beim Geflügel, *C. crotali* bzw. *C. serpentis* bei Reptilien, *C. wrairi* bei Meerschweinchen, *C. nasorum* bei Fischen. Insbesondere bei *C. parvum* ist die Wirtsspezifität extrem niedrig, so daß neben Kälbern auch viele andere Tiere (Schweine, Hunde, Katzen, Pferde, Affen) befallen werden. *C. parvum* und möglicherweise auch andere Arten können auch auf Menschen übertragen werden, die einen Defekt des Immunsystems aufweisen, z. B. auf Patienten, die an **AIDS** (= Acquired Immune Deficiency Syndrome) (s. Fußnote S. 71) leiden. Die **Infektion** mit diesen offenbar weltweit verbreiteten Erregern erfolgt durch die orale Aufnahme von **Oocysten** aus diarrhöischem Tierkot (u. a. Kälber, daher besondere Gefährdung von Bauern, Metzgern etc.). Die Sporozoiten werden im Darmlumen (Ileum) frei und heften sich außen an die Mikrovilli, ohne jedoch in die Zellen einzudringen (Abb. 26). Nach Vermehrung durch Bildung von Schizonten und Merozoiten treten in gleicher Weise festgeheftete Gamonten auf. Nach der Befruchtung entsteht aus jeder Zygote eine ovoide Oocyste (5×4 µm), deren Cytoplasma im frischen Stuhl 1–4 Kerne enthält. Nach den vorliegenden Ergebnissen scheint es **zweierlei Oocystenformen** zu geben (Abb. 25):

a) Eine, die ihre 4 Sporozoiten erst im Freien ausbildet, und

b) eine, deren Sporozoiten bereits im Darm des gleichen Wirtes wieder frei werden und so zu einem Massenbefall führen.

Da die Oocyste durch Wandumbau zur Sporocyste wird, alle Parasitenstadien niemals wirklich intrazellulär liegen und die üblichen Coccidiostatica (wie auch Amoebozide) nicht ansprechen, bleibt abzuwarten, ob die Cryptosporidien sich als Coccidien oder Gregarinen erweisen, auch wenn der Feinbau ihrer Sporocystenwand sehr dem Aufbau der Sporocystenwand von *Sarcocystis*-Arten gleicht.

Als Symptome einer Cryptosporidiose treten für 3–12 Tage starke abdominale Krämpfe und heftige, wäßrige Diarrhöen auf, die etwa vom 4. Tag p.i. an (= Präpatenz) Millionen von Oocysten enthalten. Diese Diarrhöen führten insbesondere bei an AIDS erkrankten Menschen nachweislich unmittelbar zum Tode, während gesunde Wirte überleben und etwa für 2 Wochen (Patenz) Oocysten ausscheiden. Wichtig ist die **symptomatische Therapie** des Elektrolytverlusts.

Wegen des mehrfach in den USA aufgetretenen epidemieartigen Ausbruchs (infolge kotkontaminierter Flächen in Trinkwasser-Schutzzonen) von Erkrankungen auch bei Immungesunden gilt es, die bestehende Trinkwasserqualität und die entsprechenden Untersuchungsmethoden in Deutschland hochzuhalten, denn die geringe Größe der *Cryptosporidium*-Oocysten erlaubt deren Eintrag ins Grundwasser und so die oberflächliche Verbreitung.

6.2.2. Heteroxener Entwicklungsgang

Bei den heteroxenen Coccidienarten kann der Entwicklungszyklus einen **fakultativen** oder einen **obligaten** Wirtswechsel einschließen.

a) Fakultativer Wirtswechsel

Cystoisospora-Arten

Die einfachste Form eines solchen Wirtswechsels findet man bei

---

Abb. 25: Lebenszyklus von Arten der Gattung *Cryptosporidium* (nach Göbel und TEM-Untersuchungen verschiedener Autoren). Die Artbestimmung ist wegen der Wirtsunspezifität verwirrend. *C. parvum* und *C. muris* sollen eine Vielzahl von Säugern befallen. Wichtig ist, daß immunkompromittierte Personen (z. B. bei **AIDS**) an diesen **opportunistischen Erregern** (starke **Autoinvasion**) sterben können.

1. Orale Aufnahme von **Sporocysten**, die durch Wandumwandlung aus der Oocyste hervorgegangen sind und 4 Sporozoiten enthalten.

2.–8. Die **Sporozoiten** heften sich an der Darmzelloberfläche fest und bilden nach Wachstum in einer spezifischen inneren Vakuole je einen Schizonten **(4)** mit 8 Merozoiten **(8)** aus. Diese Merozoiten können sich wiederum an nichtinfizierten Darmzellen festheften und eine neue Schizogonie einleiten **(2–8)**.

9.–12. **Gamogonie:** Bildung von Makro- **(10, 11)** und 16 Mikrogameten **(9.1, 9.2)**; die Zygote bildet eine Wand aus und wird so zur Oocyste **(12)**.

13.–16. Sporogonie: Bildung von Sporocysten. Die Entwicklung kann auf zwei Wegen verlaufen **(13, 15)**. **Endoautoinvasion:** Die Oocyste bildet sich noch im Darm zur Sporocyste um, die dann evtl. **(14)** die Sporozoiten freisetzt und somit eine neue Schizogonie **(2–8)** im gleichen Wirt einleitet. Dies führt bei immunsuppressiven Wirten zur Überschwemmung des Darmes mit Parasiten. Solche Sporocysten können natürlich auch ausgeschieden werden **(13.1, 16)**.

15., 16. Die Oocysten **(12)** können auch unsporuliert ausgeschieden werden und sich erst im Freien zur infektiösen Sporocyste umbilden.

AZ = Anheftungszone, HC = Wirtszelle, MA = Makrogamont, MI = Mikrogamont, MG = Mikrogamet, N = Nucleus, NH = Nucleus der Wirtszelle, OW = Oocystenwand, RB = Restkörper, S = Schizont, SP = Sporozoit, SW = Sporocystenwand, V = Innere Vakuole.

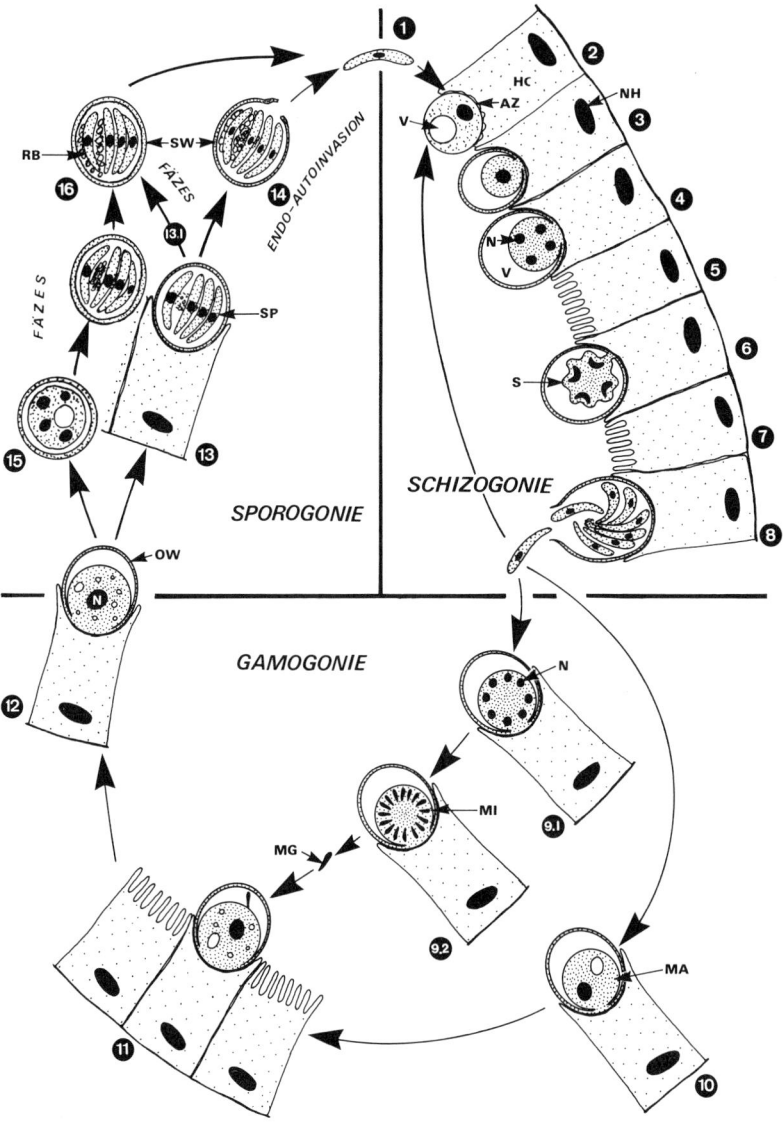

SPOROGONIE

SCHIZOGONIE

GAMOGONIE

ENDO-AUTOINVASION

FÄZES

FÄZES

FÄZES

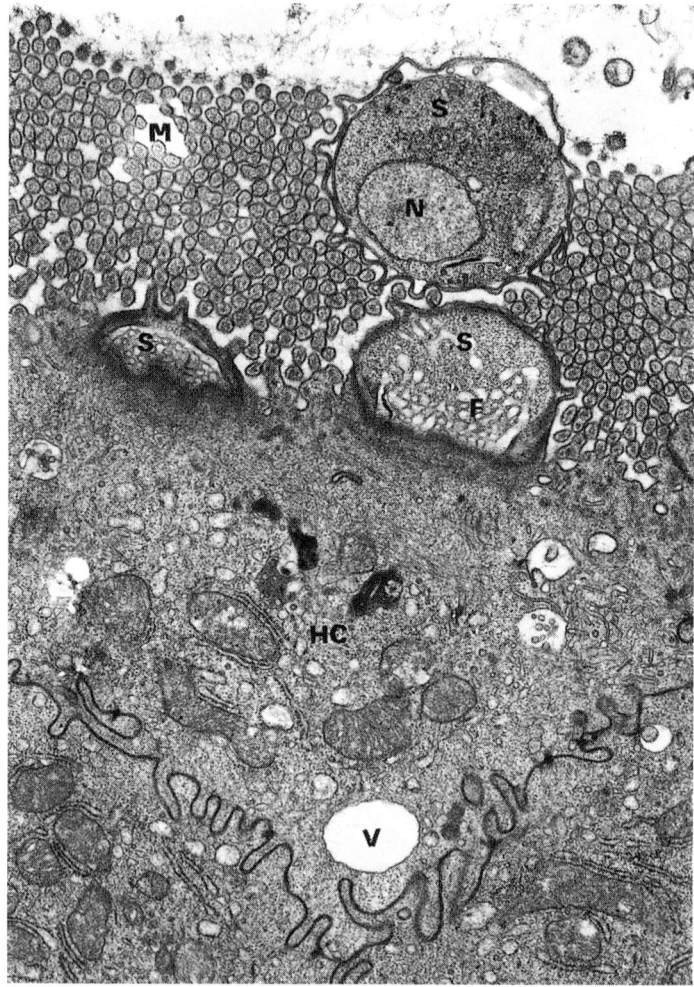

Abb. 26: TEM-Aufnahme von drei jungen Schizonten (S) von *Cryptosporidium parvum*, die im Mikrovillisaum (M) einer Mäusedarmepithelzelle angeheftet sind. Die Wirtszelle (HC) zeigt infolge des massiven Befalls bereits Anzeichen von Degeneration (Vakuolisierung). F = Feederorganelle; N = Nucleus; V = Vakuolen. × 6000

den *Cystoisospora*-Arten. So verläuft z. B. bei *C. felis, C. rivolta, C. canis* und *C. ohioensis* der normale «3-Phasen-Zyklus» (**Schizogonie, Gamogonie, Sporogonie**) im Darmepithel der spezifischen Wirte von Katze bzw. Hund. Daneben können sich aber auch noch unspezifische Wirte (z. B. Nager) durch Oocysten infizieren. Die Sporozoiten dringen dann u. a. in Lymphzellen ein, bleiben in parasitophoren Vakuolen liegen und bewahren (ohne weitere Entwicklung) ihre Infektiosität, bis dieser «**Transportwirt**» von einem spezifischen Endwirt gefressen wird (Abb. 37.1).

Toxoplasma gondii

Bei der Art *Toxoplasma gondii* wird der unspezifische Wirt zum **Zwischenwirt**, bei dem es zur ungeschlechtlichen Vermehrung und zur Bildung von Gewebecysten kommt. **Endwirte** für *T. gondii* sind ausschließlich Katzen, in denen die 3 Phasen des Coccidienzyklus bis zur Ausscheidung von Oocysten ablaufen. Die Oocysten können nach der Sporulation im Freien dann weitere Katzen infizieren oder aber auch zahlreiche Zwischenwirte (Abb. 29), von denen z. B. die Maus als natürlichste Beute der Katze für die Verbreitung der Parasiten besonders wichtig ist. In den Zwischenwirten erfolgt in der akuten Phase zunächst eine starke ungeschlechtliche Vermehrung, besonders in Zellen des lymphatischen Systems. Dabei entstehen in der Zelle des Parasiten durch Endodyogenie zwei Tochterindividuen (Abb. 28; 32 A; 34 d); auf diese Weise wird die parasitophore Vakuole der parasitierten Wirtszelle nach und nach völlig ausgefüllt; sie wurde daher auch als **Pseudocyste** bezeichnet. Im weiteren Verlauf der Infektion bilden sich dann intrazellulär im Gewebe **Cysten** aus, besonders im Gehirn und in der Muskulatur der Zwischenwirte. Hierbei wird die Wand der parasitophoren Vakuole verdickt, und im Innern entstehen durch wiederholte Endodyogenie-Schritte zahlreiche sichelförmige Parasiten. Diese sog. **Cystenmerozoiten** (auch als Zoiten, Cystozoiten oder Bradyzoiten bezeichnet) sind Wartestadien. Gelangt nämlich diese Gewebecyste in den Darm der Katze – dies geschieht stets nach Aufnahme von infiziertem rohem Fleisch –, beginnt dort ein neuer Entwicklungszyklus, wobei diese sichelförmigen Stadien frei werden und intrazellulär zu je einem Schizonten heranwachsen (Abb. 29).

Die Besonderheit von *Toxoplasma gondii* besteht jedoch darin, daß diese Gewebecysten auch für andere Zwischenwirte (z. B. Säugetiere, viele Vogelarten) infektiös sind, dort die akute Phase einleiten und schließlich auch zur Bildung von Gewebecysten führen. So kann sich auch der Mensch sowohl durch Oocysten von der Katze als auch durch Gewebecysten beim Genuß von rohem Schweinefleisch infizieren. Von besonderer medizinischer Bedeutung ist dabei, daß *T. gondii* intrauterin (diaplazentar) auf den Foetus übertreten kann (= *congenitale Toxoplasmose*). Eine Schädigung des Foetus (u. a. Hydrocephalus, Chorioretinitis, Verkalkungen im Gehirn etc.; **Säuglingstoxoplasmose**) tritt jedoch nur ein, wenn sich die Mutter während der

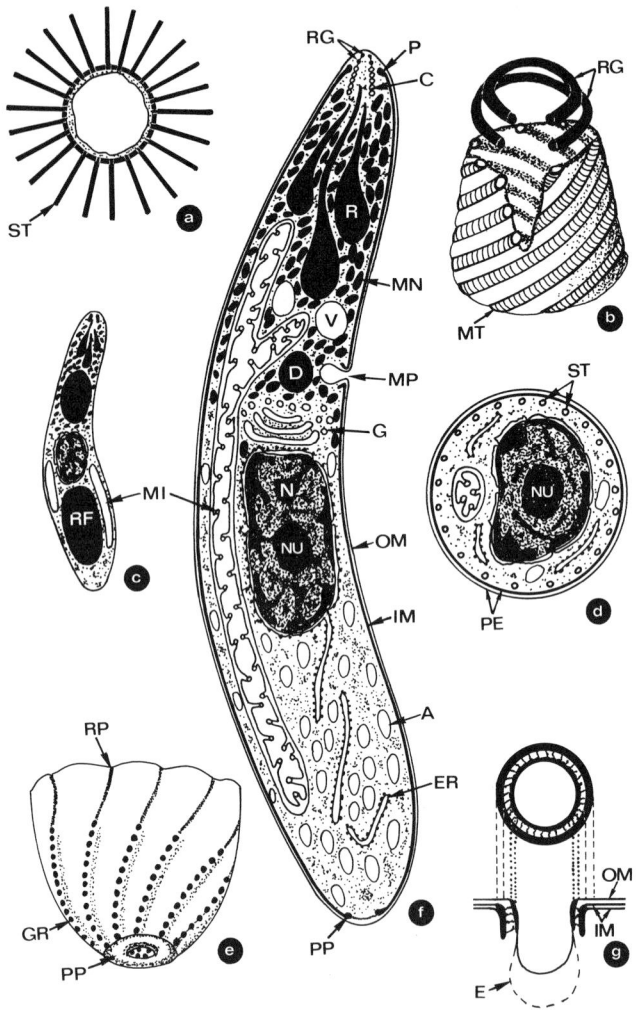

Schwangerschaft, insbesondere im letzten Drittel, erstmalig infiziert. Allerdings beträgt die geschätzte Anzahl der in Deutschland mit einer Schädigung geborenen Kinder immerhin etwa 1500, so daß eine regelmäßige Vorsorgeuntersuchung von Schwangeren zu fordern ist. Mütter, die bereits vor der Konzeption einmal infiziert waren, sind weitgehend immun und brauchen keine congenitale Infektion des Foetus zu befürchten. Die **Erwachsenen-Toxoplasmose** manifestiert sich vorwiegend als Lymphknoten-Erkrankung, während andere Organe (Herz, Leber, Milz) nur selten nachweisbar geschädigt werden. Diese verschiedenartigen Übertragungsmöglichkeiten (= fakultativer Zyklus) haben bewirkt, daß *T. gondii* ungewöhnlich weit verbreitet ist, so daß viele Schlachttiere und auch viele Menschen in nahezu allen Breitengraden infiziert sind. Die Häufigkeit der Infektionen nimmt mit dem Lebensalter zu und erreicht schließlich 70–80% bei alten Menschen.

Molekularbiologische Untersuchungen zeigten, daß die Oberflächen von Tachyzoiten (sich schnell teilende Stadien in Makrophagen) mit anderem, die Zellpenetration erleichterndem Material (durch die Aktivität des tachyzoitenspezifischen Gens SAG1) bedeckt sind als die Bradyzoiten (= Cystenstadien). Bei Auftreten/Anwesenheit bestimmter äußerer Streßfaktoren, z. B. der Interferon-γ (IFN-γ)-abhängigen Bildung von Stickoxid (NO), werden offenbar Promotoren aktiv, die die Aktivität bestimmter bradyzoitenspezifischer Gene in Gang setzen und so zur Gewebezystenbildung bzw. zu deren Stabilisierung führen. Fallen die äußeren Streßfaktoren weg – z. B. bei AIDS-

---

Abb. 27: Schem. Darstellung der Feinstruktur von Merozoiten und Sporozoiten der Eimeriidae.
a) Aufsicht auf den Polringkomplex;
b Räumliche Darstellung des Conoids;
c) Sporozoit mit refraktilen Körpern, verkleinert, 10–15 µm lang;
d) Querschnitt durch einen Merozoiten;
e) Hinterer Zellpol;
f) Merozoit längs, artspezifisch 3–30 µm lang;
g) Rekonstruktion der Mikropore.
A = Polysaccharid; C = Conoid; D = Dense bodies; E = Erweiterung der Mikropore; ER = Endopl. Reticulum; G = Golgiapp.; GR = Rillen am hinteren Pol; IM = Innerer Pelliculakomplex; IN = Invagination; MI = Mitochondrion; MN = Mikronemen; MP = Mikropore; MT = Mikrotubuli; N = Kern; NU = Nucleolus; OM = Äußere Membran der Pellicula; P = Polringsystem; PE = Pellicula; PP = Hinterer Polring; R = Rhoptrie; RF = Refraktile Körper; RG = Conoidale Ringe; RP = Rippen; ST = Subpelliculäre Mikrotubuli; V = Vakuole.

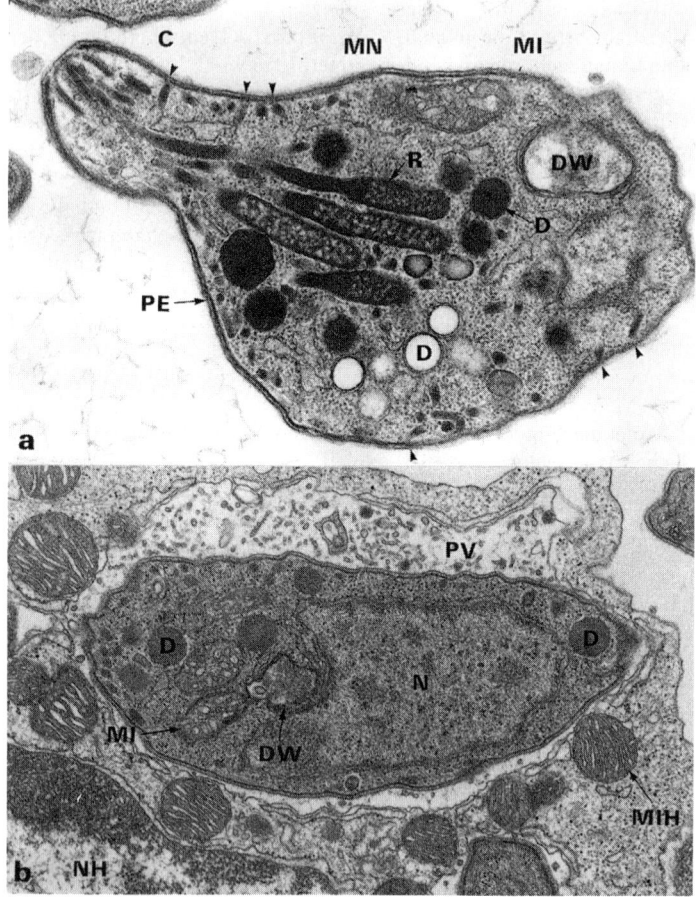

Abb. 28: TEM-Aufnahme von Schnitten durch penetrierende Stadien von Coccidien (hier Tachyzoiten von *Toxoplasma gondii*). **A** Apikaler Pol mit den typischen Organellen. Die Rhoptrien (R) und Dense bodies (D) sind teilweise entleert, einige der Mikronemen (MN) haben Kontakt zur Pellikula (PE) aufgenommen (Pfeile). × 25000. **B** Schnitt durch den zentralen Bereich des im Zellinneren angelangten Parasiten. Bemerkenswert ist, daß die parasitophore Vakuole (PV) dicht mit Material angefüllt ist. × 14000
C = Conoid; D = Dense bodies; DW = Dickwandiger Vesikel, Apicoplast (= enthält 3. Genom); MI = Mitochondrion; MIH = Mitochondrion der WZ; MN = Mikronemen; N = Kern; NH = Wirtszellkern; PE = Pellikula; PV = Parasitophore Vakuole; R = Rhoptrien; WZ = Wirtszellcytoplasma.

Patienten mit Verringerung des IFN-γ Bestands – kommt es leicht zur Stadienkonversion (Bradyzoiten zu Tachyzoiten) und einer starken Reproduktion im Gehirn, was zur serologisch – wegen der fehlenden Antikörperbildung – unbemerkten **zerebralen Toxoplasmose** (mit der Zerstörung großer Hirnbereiche) bei AIDS-Patienten führt. (Immerhin ist diese nach der Pneumocystose und Cryptosporidiose die dritthäufigste Todesursache bei AIDS-Patienten in Mitteleuropa.)

b) Obligater Wirtswechsel

Beim obligaten Wirtswechsel schließt der Entwicklungszyklus des Parasiten einen zwingend notwendigen Wirtswechsel ein. Die jeweilige Parasitenart kann dabei streng wirtsspezifisch sein, d. h., eventuell nur eine Art oder nur ein ganz geringes Spektrum unmittelbar verwandter Tiere sind als zweiter Wirt geeignet. Diese Wirtsspezifität kann allerdings selbst innerhalb einer einzigen Parasitengattung unterschiedlich sein, so daß sich dieses Kriterium hier nicht für eine weitere Untergliederung eignet. Nach gegenwärtigem Wissensstand liegt ein obligater Entwicklungszyklus bei einigen Gewebecysten bildenden Arten (*Sarcocystis, Hammondia,* Abb. 37), aber auch bei den von Arthropoden übertragenen Haemosporidien, Piroplasmen und Adeleiden vor.

Sarkosporidien

Sarkosporidien wurden seit der ersten Entdeckung durch Miescher (1843) in der Muskulatur von Mäusen auch bei Reptilien, Vögeln und nahezu allen anderen Säugetieren unter Einschluß des Menschen, der Affen und der Wale beschrieben. Jedoch Entwicklungsweg und Zuordnung innerhalb des Systems wurden erst 1972 nach systematischer Forschung erkannt.

Wegweisend war dabei die feinstrukturelle Identität der Cystenstadien mit typischen Coccidienmerozoiten. Es zeigte sich, daß die Arten der Gattung *Sarcocystis* einen **Wirtswechsel** zwischen zwei Wirbeltieren durchführen, die notwendigerweise im Verhältnis «**Raubtier-Beute**» zueinander stehen (Abb. 35; 36). Dabei verläuft nur die Schizogonie im «Beutetier», einem «Gras- oder Allesfresser»; dieser wird somit zum **Zwischenwirt** (s. S. 2). Die Gamogonie und Sporogonie finden dann in Tieren statt, die rohes Fleisch der erwähnten Beutetiergruppe aufnehmen. Da bei diesen «Fleischfressern» (nicht nur Carnivoren im engeren Sinn) die sexuelle Entwicklung stattfindet, sind sie als **Endwirt** definiert.

Am Beispiel von *Sarcocystis suihominis* soll der Entwicklungszyklus näher erläutert werden. Die Zwischenwirte (hier Schweine) infizieren sich durch orale Aufnahme von Sporocysten, die von den Endwirten (hier Mensch) mit den Fäzes abgesetzt werden (Abb. 35). Etwa vom sechsten Tag p. i. treten Schizonten in Zellen des Endothels der Leber und später auch in anderen Organen (besonders in Niere und Hirn) auf. Die Schizonten liegen unmittelbar im Cytoplasma und unterscheiden sich von den *Eimeria*-Schizonten (Abb. 32 B). *Sarcocystis*-Schizonten bewahren ihre dreischichtige Pellicula und entwickeln einen Riesen-Zellkern, der offenbar polypoloid ist und durch gleichzeitige Teilung in 50–90 Merozoiten zerfällt (Abb. 32 C). Diese dringen ihrerseits in andere Endothelzellen ein und wachsen zu einer zweiten Schizontengeneration heran. Während dieser Phase können die Zwischenwirte erheblich erkranken oder sogar sterben, wenn sie mit einer für sie pathogenen und virulenten *Sarcocystis*-Art infiziert sind (Tab. 8).

Vom 20. Tag nach der Infektion (p. i.) an dringen die Merozoiten

---

Abb. 29: Entwicklungszyklus und Übertragungswege von *Toxoplasma gondii*. Der typische Coccidienzyklus läuft im Darmepithel von Feliden ab, die sich durch **Oocysten** (2), «Pseudocysten» und **Gewebecysten** (6, 11) infizieren. 1–11 Infektionswege bei Zwischenwirten.

1.–2. Oocysten werden unsporuliert (1) mit den Fäzes ausgeschieden; im Freien (2) erfolgt dann die Bildung von zwei Sporocysten zu je vier Sporozoiten.

3. Nach oraler Aufnahme von Oocysten werden die Sporozoiten im Darm freigesetzt und verlassen den Darm des ZW.

4. Sporozoiten dringen in eine Vielzahl von Zellen ein. In einer parasitophoren Vakuole setzt eine starke Vermehrung durch fortlaufende Endodyogenien ein, so daß sog. **«Pseudocysten»** entstehen. Akute Phase der Erkrankung!

5.–6. **Gewebecystenbildung.** Nach einiger Zeit kommt es zur Bildung von sog. Gewebecysten, besonders in Gehirn- und Muskelzellen des ZW. Nach Endodyogenie enthalten diese Gewebecysten (6) schließlich zahlreiche Cystenmereozoiten, die übertragungsfähig sind (Wartestadien!). Sie entwickeln sich entweder zu einem Schizonten, wenn sie oral von der Katze (mit Fleisch des ZW) aufgenommen werden (6.1) oder vermehren sich erneut über Pseudocysten, falls sie (ebenfalls mit Fleisch des ZW) von anderen Fleischfressern verzehrt werden 87).

8.–10. Im Fleischfresser erfolgt nach oraler Aufnahme von «Pseudo»- oder Gewebecysten im Fleisch der Zwischenwirte 1 die Bildung von **Gewebecysten**, die ihrerseits wiederum für Katzen (11) infektiös sind.

Bei vielen Zwischenwirten kann zusätzlich noch eine **diaplazentare Übertragung** erfolgen (bei 5.1, 9.1), sofern eine Erstinfektion vorliegt.

EN = Endodyogenie; HC = Wirtszelle; HN = Nucleus der Wirtszelle; OC = Oocyste; PC = Primäre Cystenwand; PV = Parasitophore Vakuole; RB = Restkörper; SP = Sporozoit; SPC = Sporocyste.

der zweiten Generation in Muskelfasern (bei einigen Arten auch noch in Zellen des Gehirns) ein und bilden dort die **Gewebecysten**. Sie werden zunächst in eine parasitophore Vakuole eingeschlossen, deren Membran auf der Innenseite durch osmiophiles Material zur

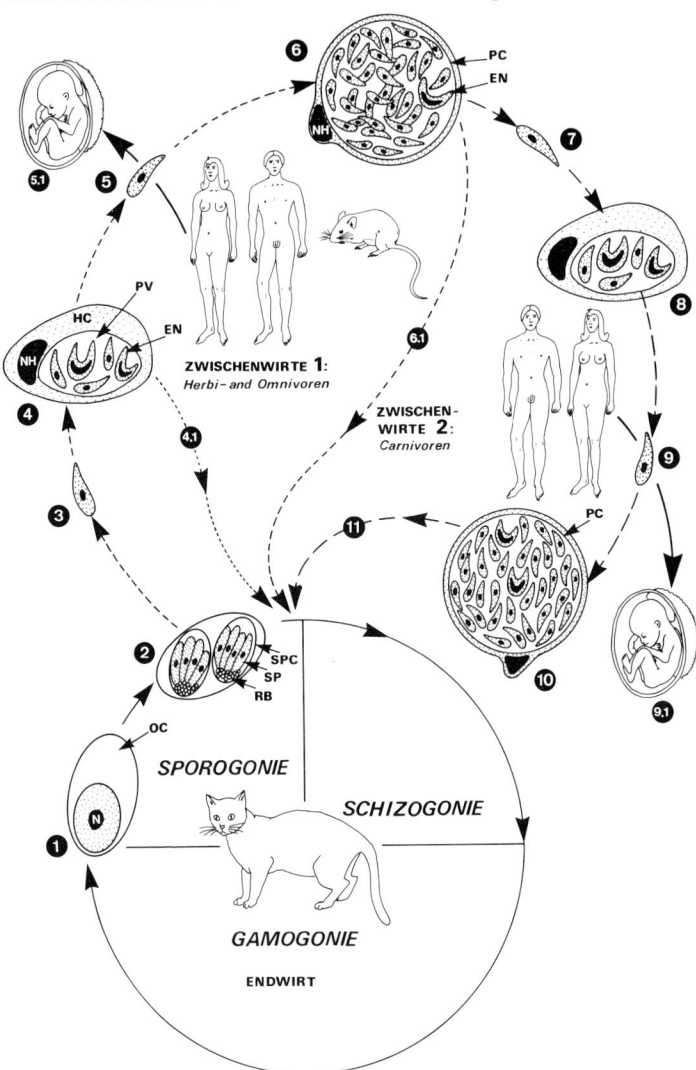

20–100 nm dicken Primärhülle verstärkt wird (Abb. 35; 37; 38). Innerhalb dieser Vakuole rundet sich der eingedrungene Merozoit ab und wird als **Metrocyt** (= Mutterzelle) bezeichnet, der sofort mit der spezifischen Reproduktion in Form von **Endodyogenie** beginnt (Abb. 32 A; 37). Etwa einen Monat nach der Infektion sind die jungen Cysten dann mit zahlreichen Metrocyten gefüllt, erweisen sich aber zu diesem Zeitpunkt als noch nicht infektionsfähig. Während fortgesetzter Endodyogenien nehmen die dabei entstehenden beiden Tochterzellen immer mehr die Gestalt der bananenförmigen Cystenmerozoiten an (Abb. 30 b). Etwa zwei Monate nach der Infektion enthalten die Cysten vorwiegend diese Cystenmerozoiten und sind dann infektionsfähig. Bei einigen *Sarcocystis*-Arten bleiben die teilungsfähigen Metrocyten in großer Anzahl sehr lange erhalten (vorwiegend an der Peripherie), so daß dann makroskopisch erkennbare Cysten (bis zu 4 cm Länge) entstehen. Aber auch diese sehr großen Gebilde liegen noch in ihrer Wirtszelle, die dann bis auf einen schmalen Saum gedehnt ist (Abb. 38 d). In jedem Falle ist die **Primärhülle** (= Primäre Zystenwand) die unmittelbare Begrenzung zum Wirtszellcytoplasma.

Die Primärhülle kann je nach *Sarcocystis*-Art durch die unterschiedlichsten Vorstülpungen ausgezeichnet sein (Abb. 35–38). Der Parasit selbst beeinflußt die Art der Ausbildung, wie aus dem Auftreten von unterschiedlichen Cystenformen in der Muskulatur eines von verschiedenen Parasiten befallenen Zwischenwirtes hervorgeht (z. B. *S. ovicanis* und *S. ovifelis* beim Schaf). Innerhalb dieser Vorstülpungen können Tubuli, Mikrotubuli, Filamente und unterschiedlich große Grana ausgebildet werden. Die Funktion dieser Strukturen ist noch unbekannt, besonders inwieweit sie die Nahrungsaufnahme der Cysten unterstützen. Nährstoffe gelangen durch Vesikelbildung an unverdickten Stellen der Primärhülle ins Cysteninnere zu den einzelnen Parasiten, die offenbar ihren Stoffwechsel stark reduzieren, so-

Abb. 30: Feinstruktur der Merozoiten der Eimeriidae.
a) TEM-Aufnahme des vorderen Pols nach Negativ-Staining, zeigt die Mikrotubuli des Conoids und die am Polring verankerten subpelliculären Mikrotubuli. × 60 000
b) SEM-Aufnahme eines Cystenmerozoiten von *S. ovifelis*. × 11 000
c) TEM-Aufnahme eines Querschnitts durch einen Merozoiten. × 33 000
d) TEM-Vergrößerung der Pellicula. × 70 000
e) TEM-Negativ-Staining; Darstellung der Mikropore in Aufsicht. × 50 000
A = Polysaccharid; C = Conoid; ER = Endopl. Reticulum; MI = Mitrochondrion; MP = Mikropore; P = Polringsystem; PE = Pellicula; ST = Subpelliculäre Mikrotubuli.

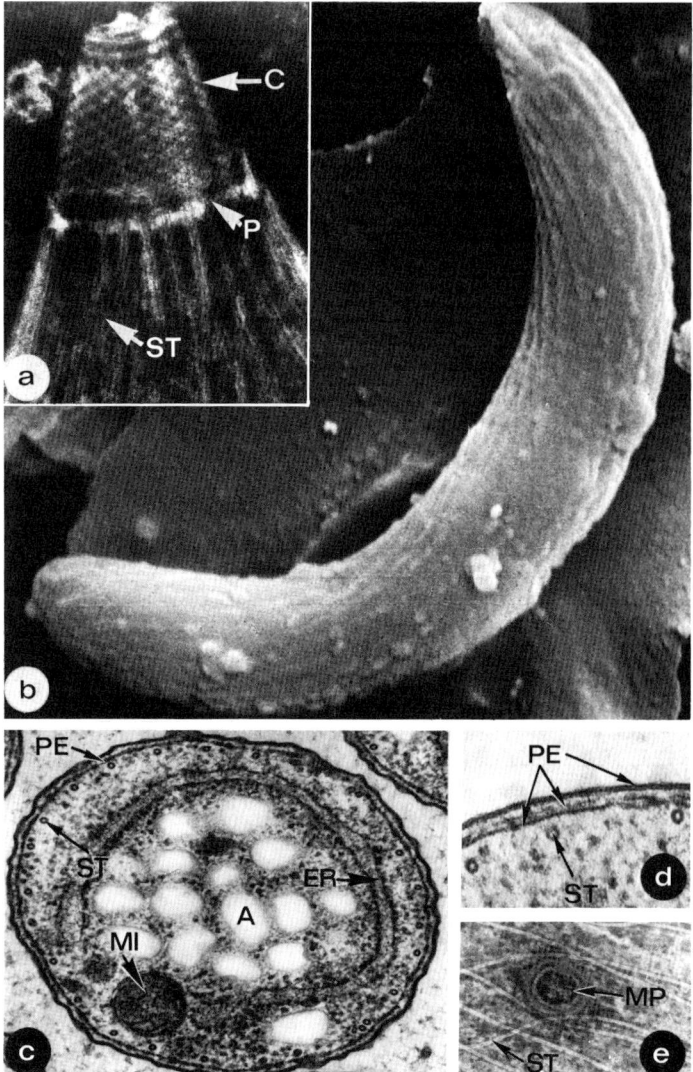

bald die bananenförmigen Cystenmerozoiten einmal ausgebildet sind. Unterhalb der Primärhülle liegt stets eine granuläre Grundsubstanz, die durch Septen kammerartige, die Parasiten umschließende Räume bildet (Abb. 38 d). Die Gewebecysten bleiben länger als ein Jahr für den Endwirt infektiös, führen aber im Zwischenwirt meist zu keiner Wirtsreaktion. Bei einigen Arten, so z. B. bei *Sarcocystis ovifelis (S. tenella)* des Schafs, wird die parasitierte Muskelfaser noch von einer bindegewebigen Sekundärhülle abgeschirmt.

Sobald der Endwirt rohes, cystenhaltiges Gewebe des Zwischenwirts oral aufnimmt, werden im Darm die Cystenmerozoiten frei und dringen in Zellen der Lamina propria ein (Abb. 35; 36). Bei einer großen Anzahl von Parasiten kann es – wie im Fall von *Sarcocystis suihominis* beim Menschen – zu Störungen der Darmperistaltik führen, was sich dann in heftigen Diarrhöen mit hohem Wasserverlust bis hin zum Kollaps äußert. Nach dem Eindringen in die Wirtszellen wachsen die Cystenmerozoiten innerhalb von 14 Stunden zu Mikro- oder Makrogamonten heran. Die männlichen und weiblichen Gameten verschmelzen unmittelbar danach. Schon 24 Stunden nach Aufnahme von rohem Fleisch sind bereits die Oocystenwände aller Parasiten ausgebildet. Noch innerhalb der Darmzelle erfolgt dann – im Gegensatz etwa zu Eimerien und *Toxoplasma* – die Sporulation, d. h. hier die Bildung von 2 Sporocysten mit je 4 Sporozoiten. Etwa vom 5.–11. Tag p. i. (artabhängig) werden die ersten Dauerstadien ausgeschieden. Da die Oocystenwand bei den *Sarcocystis*-Arten sehr dünn ist, reißt sie häufig und entläßt noch im Darm die Sporocysten.

Abb. 31: Schem. Darstellung verschiedener Stadien der Coccidien.
a) Sporulierte Oocyste vom *Isospora*-Typ (zwei Sporocysten mit je vier Sporozoiten); bei *Cystoisospora, Toxoplasma, Sarcocystis* etc.
b) präformierte Bruchstelle in der Sporocystenwand, z. B. *Sarcocystis*;
c) Mikrogamet, längs;
d) *Eimeria*-Oocyste, sporuliert (4 Sporocysten mit je zwei Sporozoiten);
e) Ausschnitt aus der Peripherie einer Zygote, die mit der Bildung der Oocystenwand beginnt.
A = Polysaccharid; AS = Äußere Schicht der Sporocyste; AW = Äußere Wand der Oocyste; F = Geißel; HB I, HB II = Hüllbildungskörpertypen; IS = innere Schicht der Sporocystenwand; IW = innere Oocystenwand; MI = Mitochondrion; MK = Mikropylenkappe; N = Nucleus; OW = Oocystenwand; PF = Perforatorium; PK = Polkörperchen; RF = Schleppgeißel; RK = Refraktiler Körper; RO = Restkörper der Oocyste; RS = Restkörper der Sporocyste; S = Sporocyste; SP = Sporozoit; ST = Stieda-Körper; SST = Substieda-Körper; ZM = Zellmembran.

Ein Endwirt scheidet dann meist für mehr als 6 Wochen solche Dauer-stadien aus. *Sarcocystis*-Arten haben also – im Gegensatz zu anderen Coccidien – eine extrem lange **Patenz**.

Ursprünglich wurde angenommen, daß jede Zwischenwirtsart von nur einer *Sarcocystis*-Art befallen wird und die verschieden gestalte-

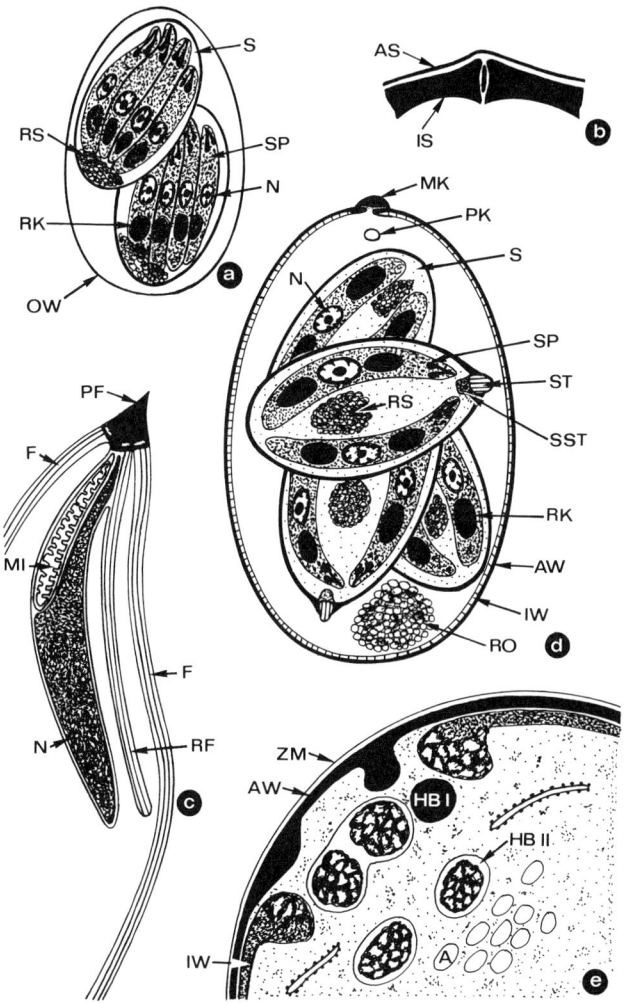

ten Cysten in einem Wirt unterschiedlich alte Entwicklungsstadien darstellen. Übertragungsexperimente ergaben aber, daß im gleichen Zwischen- und/oder Endwirt mehrere *Sarcocystis*-Arten parasitieren können. Sie sind so wirtsspezifisch, daß sie sich nur auf nahe verwandte Wirtstierarten oder in Zellkulturen von diesen Arten übertragen lassen. Daher wurden die neu definierten *Sarcocystis*-Arten der wichtigsten Haustiere und des Menschen nach ihren beiden Hauptwirten benannt (Abb. 36; Tab. 8; Mehlhorn und Heydorn 1978).

In Übertragungsexperimenten wurde bewiesen, daß einige morphologisch und biologisch unterschiedliche *Sarcocystis*-Arten sowohl den **gleichen End-** wie auch **Zwischenwirt** haben können. So entwickeln sich *S. ovicanis* und *S. arieticanis* jeweils in Hund und Schaf, während *S. capracanis* und *S. hircicanis* als Wirte Hund und Ziege verwenden (Tab. 8; nach Ergebnissen von Heydorn, Berlin). Bei omnivoren Eidechsen (z. B. *Gallotia galloti*) können einzelne Individuen sowohl End- als auch Zwischenwirt für *Sarcocystis*-Arten (z. B. *S. galloti*) sein, da im Darm die geschlechtliche Entwicklung abläuft und in der Muskulatur die asexuelle Gewebecystenbildung stattfindet.

Die wirtschaftliche Bedeutung der Sarkosporidien liegt vorwiegend in ihrer pathogenen Wirkung auf den Zwischenwirt, bei dem während der Schizogonie-Phase hohes Fieber und starke innere Blutungen auftreten, die z. B. bei *S. suihominis* und *S. ovicanis* selbst bei geringer Dosierung tödlich verlaufen können. Selbst schwache Infektionen führen bei Schlachttieren zu verminderten Wachstumsraten, so daß dann bis zur Schlachtreife länger gefüttert werden muß. Daher führen die Sarkosporidien zu nicht unerheblichen wirtschaftlichen Verlusten.

Auch in humanmedizinischer Hinsicht verdienen die Sarkosporidien Beachtung, da der Mensch sowohl **End-** als auch **Zwischenwirt**

Abb. 32: Schematische Darstellung der verschiedenen Formen der Tochterzellbildung bei Coccidien.

A. **Endodyogenie.** Im Innern einer Mutterzelle werden zwei Tochterzellen gebildet; z. B. in Gewebecysten von *Toxoplasma* und *Sarcocystis*.

B. **Typische Schizogonie.** Mehrkernige Schizonten (Meronten) bilden während der letzten Kernteilung je zwei Tochterindividuen über einem Kern; z. B. bei *Eimeria-, Plasmodium-* und *Theileria*-Schizonten.

C. **Endopolygenie.** An der Peripherie eines offenbar polyploiden Kerns entstehen über gegenüberliegenden Spindelpolen gleichzeitig viele Tochterzellen; z. B. bei Schizonten von *Sarcocystis,* Sporonten von *Plasmodium* und *Theileria.*

N = Kern; PN = Polyploider Riesenkern; TZA = Tochterzellanlage.

von verschiedenen *Sarcocystis*-Arten sein kann. Wird der Mensch zum Endwirt, treten die erwähnten Diarrhöen innerhalb von 4–48 Stunden auf. Als Zwischenwirt bildet er in allen Muskeln Gewebecysten aus, die als *Sarcocystis lindemanni* bereits 1863 erkannt

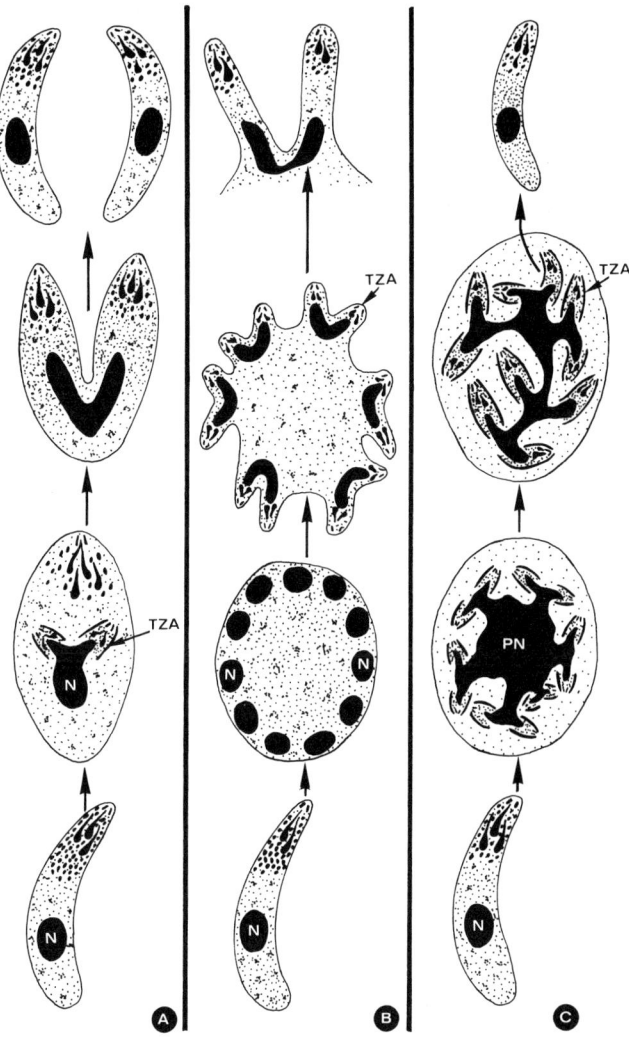

Tab. 8: *Toxoplasma gondii* und wichtige *Sarcocystis*-Arten

Art alter Name	Art neuer Name	Zwischen-wirt	Endwirt	alter Name für die Stadien im Endwirt	Patho-geni-tät
S. hirsuta	*Sarcocystis bovihominis*	Rind	**Mensch**	*Isospora Hominis*	–
	S. bovicanis	Rind	Hund	*I. bigemina*	+
	S. bovifelis	Rind	Katze	*I. bigemina*	–
S. miescheri-ana	*S. suihominis*	Schwein	**Mensch**	*I. hominis*	+
	S. suicanis	Schwein	Hund	*I. bigemina*	+
S. tenella	*S. ovicanis*	Schaf	Hund	*I. bigemina*	+
	S. ovifelis	Schaf	Katze	*I. bigemina*	–
	S. arieticanis	Schaf	Hund	*I. bigemina*	+
S. moulei	*S. capracanis*	Ziege	Hund	*I. bigemina*	+
	S. hircicanis	Ziege	Hund	*I. bigemina*	–
S. bertrami	*S. equicanis*	Pferd	Hund	*I. bigemina*	–
S. muris	*S. muris*	Maus	Katze	*I. bigemina*	+
S. cuniculi	*S. cuniculi*	Kanin-chen	Katze	*I. bigemina*	–
S. sp.	*S. dispersa*	Maus	Eule	*I. sp.*	–
S. sp.	*S. neurona*	u.a. Nager, Pferde	Oppos-sum	*I. sp.*	–
S. sp.	*S. podarcico-lubris*	Eidechse	Schlange	*I. sp.*	–
S. lindemanni? *S. nesbitti*	– –		**Mensch** Affen	? ?	? ?	? ?
Toxoplasma gondii	*Toxoplasma gondii*	**Mensch** + viele Tierarten	Katze	*Isospora rivolta*	+

und beschrieben wurden.[1] Der Entwicklungsgang dieser Art(en), so auch der Endwirt, ist aber noch unbekannt; ebenso liegen noch keine Untersuchungen zur Pathogenität dieser Gewebecysten vor. Vasculitis und Myositis werden jedoch in ursächlichen Zusammenhang mit diesen Cysten gebracht. Eine **Chemotherapie** ist bei Zwischenwirt mit Halofuginon oder Toltrazuril möglich.

Weitere Gewebecysten bildende Gattungen

Gattung *Frenkelia:* Bei *F. clethrionomybuteonis* erfolgt der Wirtswechsel obligat zwischen dem Bussard als Endwirt und verschiedenen Mäusearten, die als Zwischenwirte dünnwandige Cysten (meist im Gehirn) aufweisen (Abb. 37). Diese und andere hier eingeordneten Arten (Endwirte: Raubvögel, Zwischenwirte: Nager mit Gewebezysten im Gehirn) gehören auf Grund von feinstrukturellen und molekularbiologischen Kriterien eindeutig zur Gattung *Sarcocystis.*

Gattung *Hammondia:* Beschrieben wurden *H. hammondi* (Endwirt: Katze; Zwischenwirt: Maus) und *H. heydorni* (EW: Hund; ZW: Wiederkäuer, Nager). Als Charakteristikum diente u.a. der angeblich obligat heteroxene Zyklus. *H. hammondi* stellt aber offenbar lediglich einen Stamm/eine Unterart von *Toxoplasma gondii* dar. *H. heydorni* ist synonym mit *Isospora heydorni* und *Neospora caninum* (s. S. 106). Eine Pathogenität für adulte End- und Zwischenwirte ist nicht gegeben.

Gattung *Caryospora:* Der typische Coccidienzyklus (Schizo-, Gamo-, Sporogonie) findet im Darm des Endwirtstyps 1 (z. B. der Klapperschlange bei *C. bigenetica*) statt. Dieser Endwirt setzt mit den Fäzes unsporulierte, ovoide Oocysten von etwa 15 µm Durchmesser ab, in denen im Freien eine Sporocyste mit 8 Sporozoiten entsteht. Nehmen Tiere vom Endwirtstyp 2 (Nager, Hunde) derartige Stadien oral auf, kommt es in ihrer Haut zur Wiederholung von Schizo-, Gamo- und Sporogonie. Noch in der Haut treten innerhalb der Sporocysten gereifte Sporozoiten aus, dringen in Hautzellen ein und werden zusammen mit diesen vom Wirtsgewebe in sog. **Caryocysten**

---

1 Einige Autoren (Beaver et al. 1979) halten die als *S. lindemanni* beschriebenen Cysten für verirrte Stadien von Affen-Sarkosporidien **oder** für falsch diagnostizierte *Toxoplasma-gondii*-Muskel-Cysten. Dies mag sicher für viele Fälle gelten. Solange jedoch die Zyklen der zahlreichen in Primaten angetroffenen **eindeutigen** *Sarcocystis*-Cysten noch nicht aufgeklärt sind, bleibt die Frage der Existenz von *S. lindemanni* als eigenständige Art offen.

eingeschlossen (Abb. 49). Die hautständigen Oocysten bzw. die Caryocysten sind nun wiederum für andere Wirte infektiös. Die Übertragung kann beim Fressen, beim Lecken derartiger Hautpartien oder beim einfachen Hautkontakt erfolgen (Abb. 50). Somit weisen diese *Caryospora*-Arten verschiedene Endwirtstypen und keinen **reinen Zwischenwirt** auf. Die Krankheit kann – insbesondere beim Hund – schwer verlaufen und infolge genereller Immunsuppression zum Tode führen.

Gattung *Besnoitia:* Besondere Bedeutung haben in Afrika die großen, in Bindegewebszellen eingelagerten Cysten von *Besnoitia besnoiti*; sie bewirken das Krankheitsbild der sogenannten Elefantenhaut bei Rindern. Endwirte sind noch unbekannt, eine **Übertragung** durch Hautkontakt ist möglich. Endwirte für weniger bedeutende Arten (*B. jellisoni* bei Mäusen) sollen Feliden sein. Viele Details dieser Zyklen sind allerdings noch weitgehend ungeklärt (Abb. 34 a; 37).

Gattung *Globidium:* Hierbei handelt es sich um bis zu 1 mm große **Cysten**, die in parasitophoren Vakuolen von Zellen des Aboma-

---

Abb. 33: Makrogameten-Oocysten von Coccidien.

a–c) *Cystoisospora felis.*[1] LM-Aufnahme von Oocysten aus dem Kot von Katzen. Nach der Sporulation sind schließlich zwei Sporocysten mit je 4 Sporozoiten vorhanden. a) × 1000, b) × 1200, c) × 1000

d) *Eimeria maxima.* TEM-Aufnahme eines Makrogameten in einer Hühnerdarmzelle am 5. Tag p. i. × 2300

e) *Eimeria brunetti.* LM-Aufnahme einer sporulierten Oocyste aus den Fäzes eines Hühnchens (4 Sporocysten mit je 2 Sporozoiten). × 1000

f) Sporocyste von *Sarcocystis suihominis* aus den Fäzes eines Menschen. × 1600

g–h) Intravakuoläre Schläuche (Ernährung?) eines Makrogameten von *E. maxima* quer (g) und tangential (h), TEM-Aufnahmen, beide × 12 000

i) Sporulierende Oocyste von *Sarcocystis ovifelis;* Quetschpräparat der Lamina propria des Katzendarms, LM. × 800

HB I, HB II = Hüllbildungskörpertypen; IT = Tubuli; MI = Mitochondrion; N = Nucleus; NU = Nucleolus; OW = Oocystenwand; PK = Polkörperchen; PV = Parasitophore Vakuole; R = Restkörper der Sporocyste; S = Sporocyste; SP = Sporozoit; ST = Stieda-Körper; SW = Sporocystenwand.

---

1 Die Gattung *Cyclospora*, die bei Arthropoden, Maulwürfen, Schlangen und neuerdings bei AIDS-Infizierten auftritt, weist 2 Sporocysten mit je zwei Sporozoiten auf.

sums (= Labmagen) und oberen Duodenums von Wiederkäuern angetroffen werden und Tausende von Cystenmerozoiten enthalten (Abb. 34 b; 37). Die elektronenmikroskopische Untersuchung erbrachte den sicheren Nachweis von mehreren Arten. Einige dieser

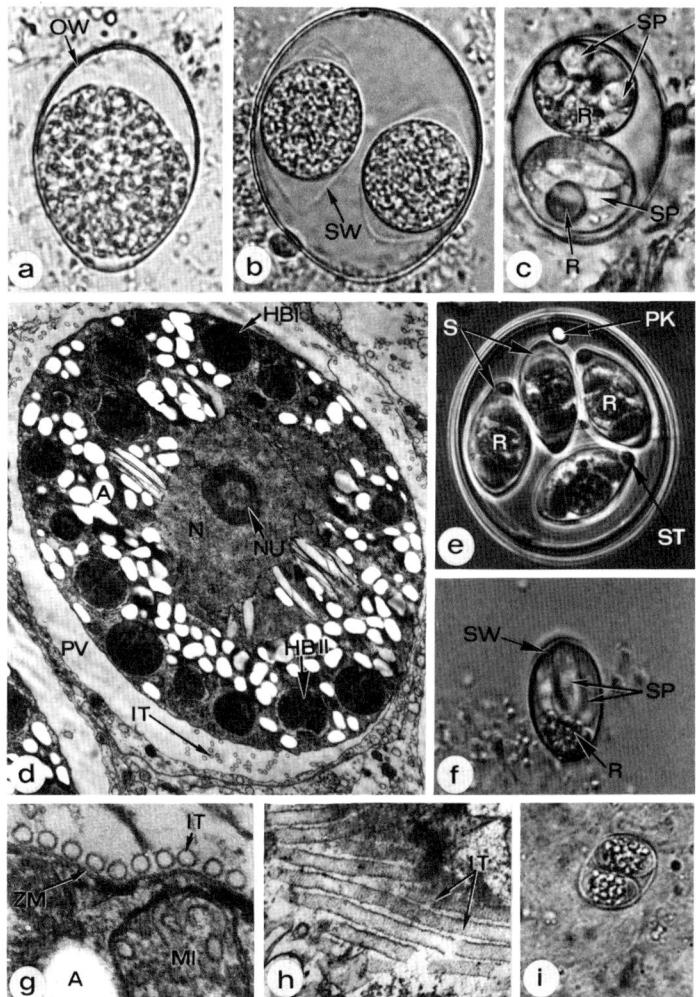

Globidien dürften Schizonten von *Eimeria*-Arten darstellen. Andere aber sollten zu einem noch unbekannten zweiwirtigen Entwicklungs-zyklus gehören, wie aus ersten Übertragungs- und Zellkulturversu-chen eindeutig hervorgeht.

Gattung *Neospora*: *N. caninum* wurde 1988 beschrieben, als Pa-rasiten im Gehirn von abortierten Foeten von Hunden und Rindern beobachtet wurden. Es zeigte sich aber, daß *N. caninum* identisch ist mit *Hammondia* (syn. *Isospora*) *heydorni*. Der Hund erwies sich als Endwirt. Er scheidet kugelige, unsporulierte Oozysten von etwa 9–11 µm Durchmesser aus. In einem breiten Spektrum von Zwi-schenwirten (Wiederkäuer, viele Nager) sind im Gehirn und in der Muskulatur Tachyzoiten vorhanden, die bei oraler Aufnahme durch Hunde zur Aussscheidung von Oocysten führen. Bei adulten Zwi-schen- und Endwirten ist der Parasit apathogen. Inwieweit er für die beobachteten Aborte u.a. von Rinderfoeten **kausal** verantwortlich ist, bleibt vorerst ungeklärt, ebenso wie die Existenz von echten Gewebe-zysten (die beschriebenen gleichen denen von *Toxoplasma gondii*). **Therapie:** Toltrazuril, Ponazuril.

Haemosporidien

Die Haemosporidien mit ihrem **heteroxenen Generationswechsel** schließen nur Gattungen ein, denen neben einer Reihe morphologi-scher Merkmale (Abb. 39; 41–43) die intrazelluläre Lebensweise in Blutkörperchen und die Übertragung durch Arthropoden auf Wirbel-

---

Abb. 34: Gewebecystenbildende Coccidien.
a, b, d LM-Aufnahme; c TEM-Aufnahme.
a) Peripherie einer *Globidium*-Cyste mit keiner oder nur einer geringen SCW aus dem Abomasum eines Schafes. × 300
b) *Besnoitia* sp., Cyste aus dem Auge einer Ziege. Die sekundäre Cystenwand (SCW) ist extrem dick. × 300
c, d) *Toxoplasma gondii*-Stadien vermehren sich u. a. in Makrophagen von Mäusen. Lichtmikrosk. erscheinen die Makrophagen somit als **Pseudocy-sten**. Die Parasiten (auch als Tachyzoiten bezeichnet) liegen in sog. parasi-tophoren Vakuolen (PV). c) × 5000 d) × 500
C = Conoid; CM = Cystenmerozoiten; Ep = Extrazellulärer Parasit; ER = En-doplasmatisches Retikulum; IP = Intrazellulärer Parasit; MIH = Mitochondrion der Wirtszelle; MN = Mikronemen; N = Nucleus; NH = Nucleus der Wirtszelle; PV = Parasitophore Vakuole; R = Rhoptrie; SCW = Sekundäre Cystenwand; WZ = Wirtszelle.

tiere gemeinsam ist. Aus medizinischer Sicht am wichtigsten ist dabei die Gattung *Plasmodium* (Tab. 9); einige Arten sind Erreger der als **Malaria** bezeichneten Krankheit vor allem beim Menschen und bei Primaten. Es können aber auch viele andere Wirbeltiere von spezifischen Arten der Gattung *Plasmodium* infiziert werden (Säuger, Vögel, Reptilien, Amphibien); allerdings sind die dadurch hervorgerufenen Krankheitserscheinungen bei diesen Tieren meist relativ unbedeutend.

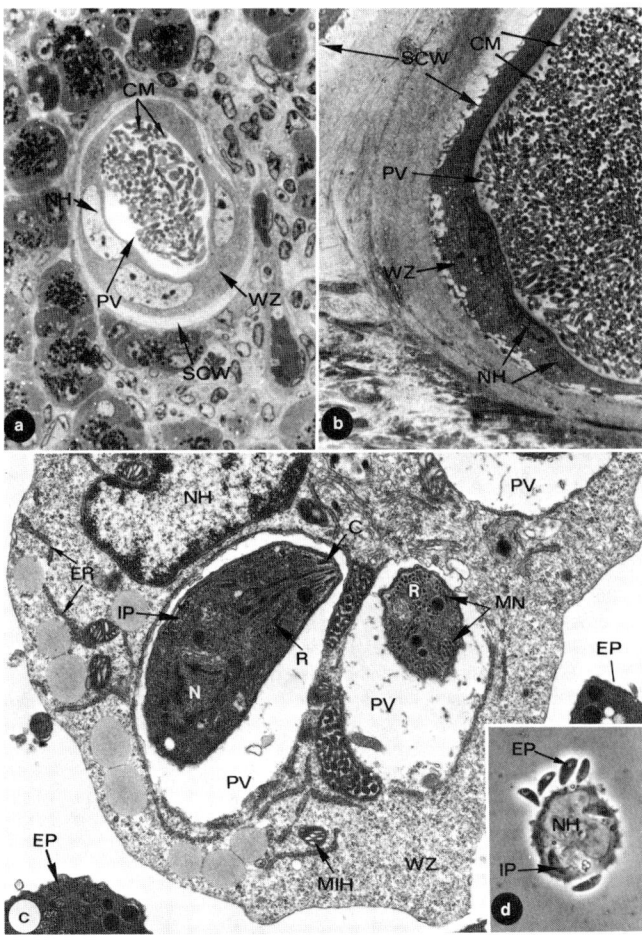

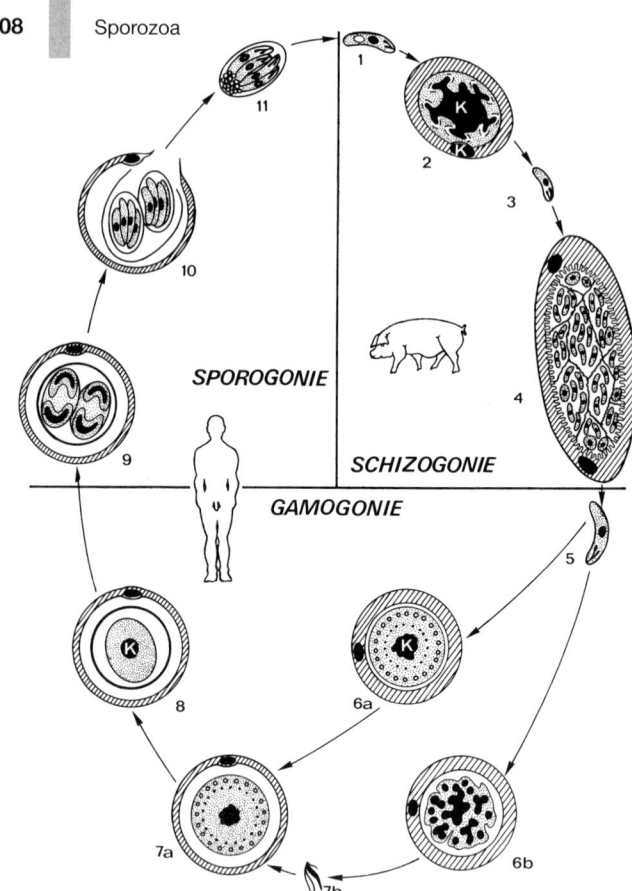

Abb. 35: Lebenszyklus von *Sarcocystis suihominis*.
1. Sporozoit (wird oral in Sporocysten aufgenommen).
2. Zwei Generationen von Schizonten bilden durch Endopolygenie zahlreiche (je 50–90) Merozoiten in Endothelzellen der Gefäße.
3. Merozoit, 4. Cystenbildung in spez. Zellen (bes. Muskel und Gehirn); Wartestadien!! 5. Im Darm freigesetzter Cystenmerozoit nach Verzehr einer infizierten Muskelfaser durch den Endwirt.
6a. Makrogamont in der Lamina propria des Darmes.
6b. Mikrogamont. 7a. Makrogamet. 7b. Begeißelter Mikrogamet.
8. Zygote (noch in der Wirtszelle).
9.–11. Sporulation (findet noch in der Lamina propria des Darmes statt).
11. Infektionsfähige Sporocyste mit vier Sporozoiten.
Zeitverlauf: 1.–3. etwa 20 Tage; 4. nach etwa 50–60 Tagen p. i., infektionsfähig für Jahre; 5.–11. etwa 6–9 Tage. K = Kern, Nucleus.

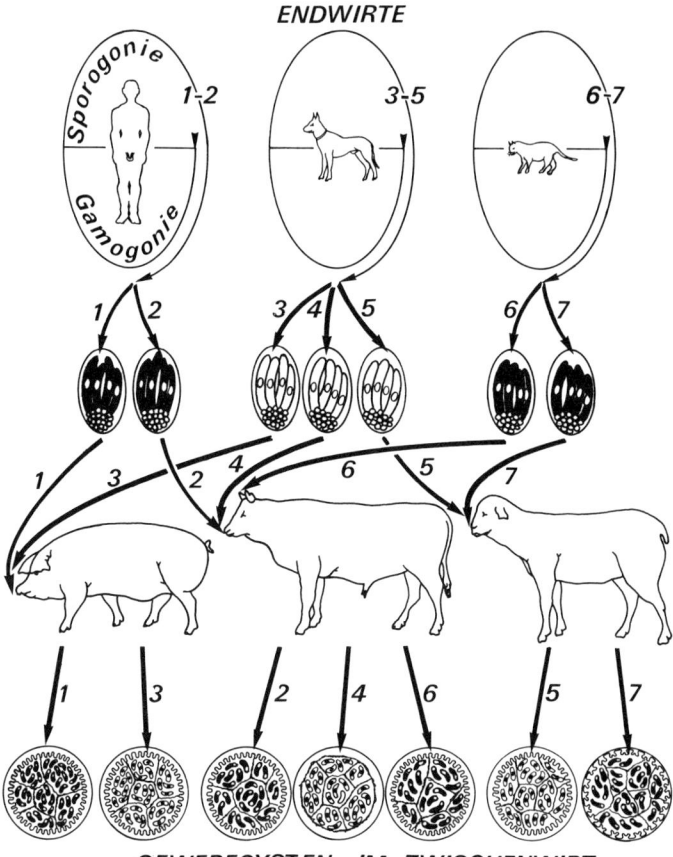

ENDWIRTE

GEWEBECYSTEN IM ZWISCHENWIRT

Abb. 36: Schem. Darstellung der Entwicklungswege der Sarkosporidien des Menschen und seiner wichtigsten Haustiere (nach Mehlhorn und Heydorn 1978).

Schwein, Rind und Schaf sind Zwischenwirte (s. Abb. 35); die Endwirte infizieren sich durch orale Aufnahme von Gewebecysten in der Muskulatur der Zwischenwirte.

1. *S. suihominis;* 2. *S. bovihominis;* 3. *S. suicanis;* 4. *S. bovicanis;* 5. *S. ovicanis;* 6. *S. bovifelis;* 7. *S. ovifelis.*

Die Erreger der Malaria des Menschen, die schon im Altertum beschrieben und ohne Kenntnis des Entwicklungszyklus in Zusammenhang mit der Luft über Sümpfen (*mala aria* = schlechte Luft; oder *franz.* paludisme) gebracht wurde, werden ausnahmslos von Mücken der Gattung *Anopheles* (s. S. 420) übertragen. Der Entwicklungszyklus ist unter natürlichen Bedingungen streng **wirtsspezifisch** (= obligat), wobei abgesehen von einigen Affenarten kein tierisches **Erregerreservoir** besteht.

Der Entwicklungsgang dieser Parasiten, die als Merozoiten in Erythrozyten selten über 2 μm Länge erreichen, verläuft in den drei für Sporozoen typischen Phasen: Schizogonie, Gamogonie und Sporogonie (Abb. 39). Die weibliche Mücke injiziert bei der Blutmahlzeit mit dem Speichel meist nur etwa 20 Sporozoiten, die über die Blutbahn in $^1/_2$ min (!) in Leberzellen eindringen und dort intrazellulär zu einem Schizonten (bis 1 mm Ø) heranwachsen. Dieser Schizont bildet z. B. bei *Plasmodium falciparum* bis 40 000 Merozoiten, die nach 6–9 Tagen (artspezifische Präpatenz) Erythrocyten befallen. Bei *P. vivax* und *P. ovale* überleben in Leberzellen einige eingedrungene Sporozoiten bzw. produzierte Merozoiten der ersten Generation als sog. Dormozoiten (Hypnozoiten), vermehren sich erst nach Jahren und führen so zu neuen Malaria-Anfällen (**Rezidive**, *engl.* relapse). Ähnliche neue Anfälle wurden auch bei *P. malariae* (noch nach 30 Jahren) beschrieben, sollen dort aber auf eine bestehende geringe, dann neu aufflammende Erythrocytenparasitämie zurückzuführen sein (*engl.* recrudescence).

Mit dem Übergang der Merozoiten aus dem Leberparenchym in die Blutzellen endet die sog. **prae-** oder **exoerythrocytäre** Phase (Abb. 39). In den Erythrozyten wachsen die Merozoiten zu Schizon-

---

Abb. 37: Schematische Darstellung der verschiedenen Gewebecystentypen bei verschiedenen Gattungen (nach Mehlhorn und Frenkel).
1. Ausgangsform: Parasitophore Vakuole
2.1, 2.2 Veränderte parasitophore Vakuole
3.1, 3.2 Übergangsformen
4.1–4.3 Cysten mit innerer Kammerung
5. Cysten ohne innere Kammerung
AR = Abgeschnitten aus zeichentechnischen Gründen; CH = Hohlraum; CY = Cytomere; EN = Endodyogenie; GS = Grundsubstanz; HC = Wirtszelle; LM = Begrenzungsmembran der PV; MC = Metrocyt; ME = Cystenmerozoit, Bradyzoit; NH = Nucleus der Wirtszelle; PCW = Primäre Cystenwand; PV = Parasitophore Vakuole; SCW = Sekundäre Cystenwand; SE = Septum; SP = Sporozoit; UL = Unterlegtes Material.

ten heran, die je nach Art eine spezifische Anzahl von Merozoiten ausbilden. Bei diesem Prozeß zerfallen die Erythrocyten und Reste des abgebauten Hämoglobins, das sog. **Pigment**, werden frei.

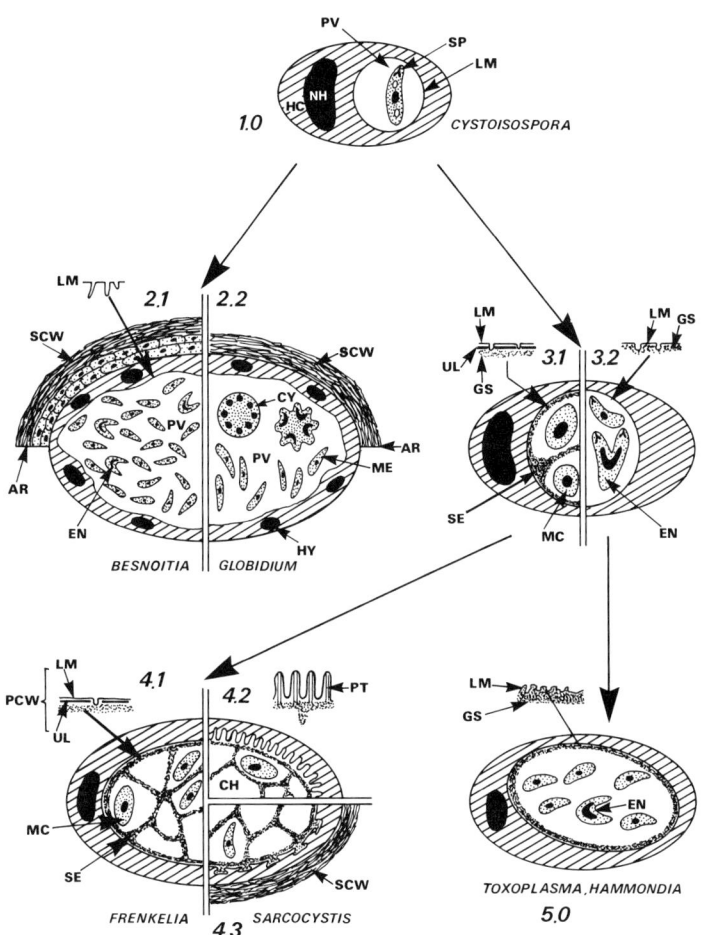

Die für die Malaria typischen rhythmischen Fieberanfälle (**Wechselfieber**) entstehen noch nicht unmittelbar nach dem ersten Auftreten von Merozoiten im Blut. Vielmehr kommt es meist erst nach einigen

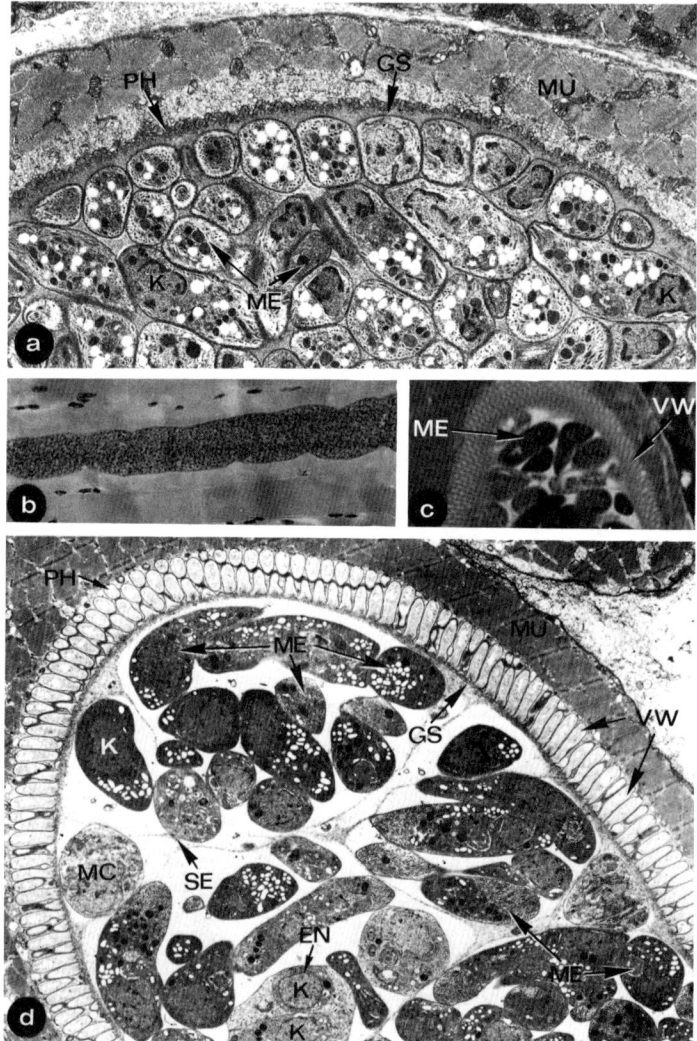

Tagen zu einer Synchronisierung der Parasitenvermehrung und des jeweiligen Zerfalls aller parasitierten Erythrocyten.

Die Fieberanfälle treten je nach Art nach unterschiedlichen Zeiten auf. Bei der **Malaria tertiana** (*P. vivax*, *P. ovale*) mit einem erythrozytären Schizogoniezyklus von 48 h wechselt ein fieberfreier Tag mit einem Fieber-Tag. Bei der antiken römischen Zählweise, die auch den ersten Fiebertag berücksichtigt, ergibt sich der Name Dritt-Tag-Fieber oder Malaria tertiana. Entsprechendes gilt beim Erreger der **Malaria quartana** (*P. malariae*), wo zwei fieberfreie Tage auf einen Tag mit Fieber folgen. Bei der sog. **Malaria tropica** (*P. falciparum*) können neben regelmäßigen Fieberschüben (48-h-Zyklus) auch ständige, unregelmäßige, aber hohe Fieber (**Continua**) auftreten, die gerade bei dieser lebensgefährlichen Erkrankung die klinische Diagnose erschweren und zu eventueller Fehlbehandlung führen. Ähnliches gilt für **Mischinfektionen** mit verschiedenen *Plasmodium*-Arten (unregelmäßige Fieber) und die sog. **algide Malaria**, bei der keinerlei Fieber auftreten, aber die dennoch einen tödlichen Verlauf nehmen kann. Die Gründe hierfür sowie das Phänomen der **primären Latenz** mit Ausbruch der ersten Krankheitssymptome viele Monate nach Infektion mit *P. vivax* (z. B. bei türkischen Kindern, die sich in den Sommerferien in der Türkei infizieren und erst im Frühjahr hier oft untypisch erkranken) sind noch ungeklärt, komplizieren aber die Diagnose. Die Fieber selbst gehören zum Selbstschutzmechanismus des Wirts. Sie werden letztlich durch Toxine der Parasiten (z. B. durch MSA1 = Merozoite surface antigen) ausgelöst. Diese Antigene führen zur Bildung des Tumornekrosefaktors α (= Fieberauslöser) und Interleukin I durch Makrophagen, was wiederum die Stimulation der Phagocytose (seitens Makrophagen, eosinophiler Granulocyten) bewirkt und zudem zur Bereitstellung von cytotoxisch wirkenden O_2- bzw. NO-Intermediaten bei Makrophagen führt. Die wichtigsten morphologischen Unterschiede der Malariaerreger sind in Abb. 41 dargestellt.

Abb. 38: Morphologie der Gewebecysten von Coccidien.

a) Dünnwandiger Cystentyp (hier *Hammondia hammondi;* aber auch bei *Toxoplasma, Frenkelia* und einigen *Sarcocystis*-Arten), TEM. x 4000

b, c) Dünnwandiger (b) und dickwandiger (c) Typ, LM. aus der Muskulatur eines Rhesusaffen (b) bzw. des Schafes (c). b x 140, c x 1000

d) *S. ovicanis.* Typ einer dickwandigen Cyste, TEM-Aufnahme. x 3000

EN = Stadium in der Endodyogenie; GS = Grundsubstanz; K = Kern; MC = Metrozyt; ME = Merozoit; MU = Muskelzelle; PH = Primärhülle; SE = Septum; VW = Palisadenartige Vorwölbungen der Primärhülle.

Nach dem Befall der Erythrocyten durch die Merozoiten differenzieren sich frühestens vom 5. Tage an, meist am 10.–12. Tag, einige Merozoiten zu männlichen oder weiblichen Gamonten (Abb. 39). Diese entwickeln sich aber erst in der Mücke weiter. Schon wenige Minuten nach der Aufnahme durch die Mücke (**obligater Wirtswechsel**) beginnt im Mückendarm die Bildung der Gameten. Der weibliche Gamontenkern teilt sich bei diesem Vorgang nicht, während aus dem männlichen Gamonten 4–8 fadenförmige Gameten entstehen (Abb. 39), die dann je einen Makrogameten befruchten. Aus der ovoiden Zygote entsteht ein längliches Stadium (**Ookinet**),

---

Abb. 39: Schematische Darstellung des Lebenszyklus von *Plasmodium falciparum,* dem Erreger der Malaria tropica

1   Die Weibchen von *Anopheles*-Arten injizieren beim Stich in Blutgefäße **Sporozoiten**, die in 30 Sekunden in Leberparenchymzellen (2) eindringen.

2, 3   Eine **exoerythrocytäre Schizogonie** führt zur Bildung von Tausenden von **Merozoiten**, die beim Platzen der Wirtszelle frei werden und in den Blutstrom gelangen.

4–6   Eingedrungene Merozoiten wachsen in roten Blutkörperchen zu Schizonten (5) heran, die Merozoiten produzierten, die ihrerseits wieder zyklisch neue Erythrocyten befallen. Die Erythrocyten, die Schizonten enthalten, führen zu **Thromben** in Blutkapillaren (z.B. des Gehirns) und verstopfen diese. Frei werdende Toxine/Antigene führen zu typischen Fieberreaktionen.

7, 8   Einige Merozoiten wandeln sich (aus noch unbekannten Gründen) zu männlichen bzw. weiblichen, bananenförmigen **Gamonten** (a, b) um und werden beim nächsten Saugakt von einer Mücke aufgenommen.

9   Im Mückendarm (die peritrophe Membran – vgl. Abb. 159 – ist weggelassen) entstehen aus jedem Makrogamonten ein Makrogamet und aus jedem Mikrogamonten 4-8 langgestreckte Mikrogameten.

10–12   Nach der Fusion der Gameten zu einer kugeligen Zygote bildet sich diese zu einem keulenförmigen **Ookineten** (= besser Zygotokineten) um. Dieser dringt durch die Darmepithelzellen, siedelt sich außen auf der Darmseite (unter der Basallamina) an und beginnt meiotische Kernteilungen (in einer dünnwandigen **Oocyste**).

13–16   Nach weiteren Kernteilungen entstehen schließlich viele fadenartige **Sporozoiten** (15), die über die Leibeshöhle (nach Platzen der Oocyste) in die Speicheldrüse gelangen. Dort sezernieren sie auf ihrer Oberfläche einen **Surface coat**, der sie überleben läßt, wenn sie wieder in einen Menschen (1) gelangen.

E = Erythrocyt; H = Haut, Epidermis; N = Nucleus, Zellkern; NH = Nucleus der Wirtszelle; PV = Parasitophore Vakuole; R = Reste der Erythrocyten.

der eine typische Pellikula aufweist, somit auch beweglich ist und durch die peritrophische Membran hindurch in die Epithelzellen des Mückendarmes eindringt. Nach der Passage durch das Cytoplasma der Epithelzellen siedelt sich der Ookinet zwischen den Epithelzellen und der Basalmembran an. Nach einer Meiose wird der Kern offenbar durch Endomitosen polyploid, denn nach dem Auftreten zahlreicher Spindeln zerfällt er simultan in mehrere Tochterkerne. Da dieses Stadium von einer dünnen, hier von den Wirtszellen abgeschiedenen

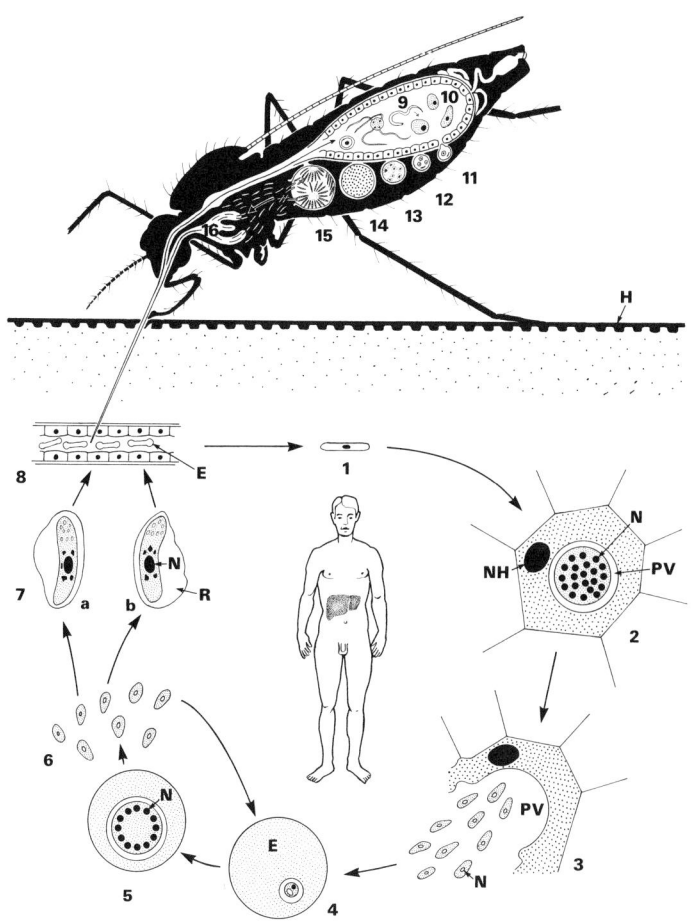

Tab. 9: Die wichtigsten Malaria-Erreger

Arten	Fieberschübe in Abständen von	Wirbeltier-Wirt	Überträger-mücken	Morta-lität
Plasmodium falciparum	48 h + unregelmäßig	**Mensch**	*Anopheles* sp.	+
P. vivax	48 h	**Mensch**	*Anopheles* sp.	–
P. ovale	48 h	**Mensch**	*Anopheles* sp.	+/–
P. malariae	72 h	**Mensch** + höhere Affen	*Anopheles* sp.	+/–
P. knowlesi	24 h	Asiatische Affen + **Mensch**	*Anopheles* sp.	–/+
P. coatneyi	48 h	Asiatische Affen + **Mensch**	*Anopheles* sp.	–/+
P. cynomolgi	48 h	Asiatische Affen + **Mensch**	*Anopheles* sp.	–
P. simium	48 h	Neuweltaffen + **Mensch**	*Anopheles* sp.	–
P. gallinaceum	unregelmäßig	Hühnervögel	*Aedes* sp., *Culex* sp.	+
P. cathemerium	24/48 h	Spatzen, Kanarienvögel	*Aedes* sp., *Culex* sp., *Anopheles* sp.	+
P. berghei berghei	24 h	Nager	*Anopheles dureni*	–

+ häufig
– selten oder nicht vorhanden

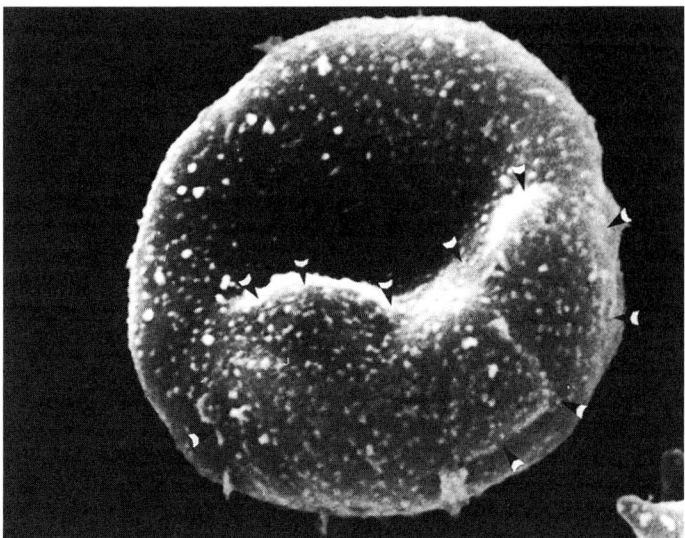

Abb. 40 A: SEM-Aufnahme eines roten Blutkörperchens, das einen Schizonten von *Plasmodium falciparum* enthält (Grenze s. Pfeile). Auf der Oberfläche dieses befallenen Erythrozyten erscheinen zahlreiche «knobs» als weiße Pusteln. × 7000

Schicht umgeben wird, wurde es in Anlehnung an die Darmcoccidien als **Oocyste** bezeichnet. Im Innern dieser Oocyste entstehen dann zahlreiche Sporozoiten, die nach dem Aufplatzen die Hülle über die Hämolymphe in die Speicheldrüse gelangen. Mit der Übertragung der Sporozoiten beim Saugakt der *Anopheles*-Mücke auf den Menschen schließt sich der Entwicklungszyklus der Malaria-Erreger. Nach neueren Untersuchungen verläuft dieser Zyklus in der haploiden Phase. Lediglich die Zygote ist diploid. Da das chromosomale Material in keiner Phase kondensiert vorliegt, wurde die **Chromosomenanzahl** mit Hilfe der PFGE (*engl.* pulsed field gel electrophorese) ermittelt. Es ergaben sich für alle bisher untersuchten *Plasmodium*-Arten 14 Chromosomen im haploiden Satz. Diese 14 Chromosomen sind unterschiedlich groß, so erreichen die kleinsten (Chromosom 1) nur 0,5 Megabasen, die größten 3,5 Megabasen (Chromosom 14). Auch können homologe Chromosomen bei unterschiedlichen Klonen einer Art (z. B. *P. falciparum*) Größenunterschiede aufweisen, die auf Chromosomenbrüche u. ä. beim «Crossing over» während der Meiose zurückzuführen sind, wobei letztere unmittelbar nach der Zygoten-

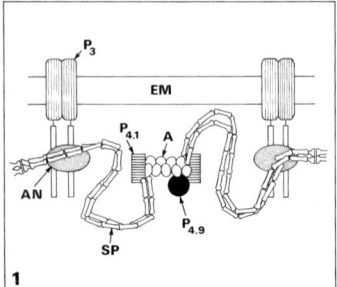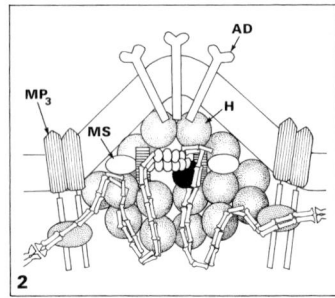

Abb. 40 B: Schematische Darstellung der vermuteten Verhältnisse im peripheren Bereich von parasitenfreien (1) und *Plasmodium*-parasitierten roten Blutkörperchen (2), nach Angaben von Foley und Tilley (USA). Als wesentliche Komponenten erscheinen in den «knobs» (2) Adhäsionsproteine (AD) und die Verfestigung der Oberflächenstrukturproteine, so daß die Oberfläche unflexibel wird.

A = Aktin; AD = Adhäsionsproteine (z. B. Sequestrin); AN = Ankyrin; EM = Erythrocytenmembran; H = HRP-1-Protein (= knob-Protein); MP_3 = Modifiziertes Protein-3; MS = MESA (= **m**ature parasite **e**rythrocyte **s**urface **a**ntigen); P_3, $P_{4.1}$; $P_{4.9}$ = Proteine (Banden); SP = Spektrin-Dimere.

bildung stattfindet. Mittlerweile wurde auch eine ganze Reihe von Genen für wichtige Lebensfunktionen auf bestimmten Chromosomen lokalisiert (z. B. liegt das Gen für das Oberflächenprotein des Sporozoiten auf dem 3. Chromosom, das für Dihydrofolatreduktase auf dem 4., die für Hitzeschock-Proteine auf dem 7. bzw. 8. Chromosom).

Zusätzlich zu den oben genannten, im haploiden Zustand vorhandenen 14 Chromosomen besitzt *P. falciparum* wie alle bisher untersuchten Coccidien noch zwei **extranukleäre Genome:** ein ringförmiges von 35 Kilobasen Größe im Cytoplasma (im Inneren des doppelwandigen Vesikels – s. Abb. 28; 42) sowie eins im Mitochondrion von 6 Kb. Die Genomgröße ist allerdings beachtlich. So erreicht *P. falciparum* 3.8×10^5 Kilobasen (Kb) und ist somit nur 8mal kleiner als das vom Menschen. Die Ausbildung von verschiedenen Geschlechtszellen (+, – bzw. männlich, weiblich) erfolgt **nicht** durch **Geschlechtschromosomen** oder Geschlechtsgene, die etwa während der Meiose getrennt würden, sondern ist das Ergebnis der Exprimierung verschiedener Gene in genetisch identischen Zellen (zu Beginn der Gametenbildung).

Cytologie. Ultrastrukturelle Gemeinsamkeiten mit den übrigen

Coccidien bestehen in: Pellicula, Polringen, subpelliculären Mikrotubuli, Rhoptrien und Mikronemen etc. Es fehlen hier im Unterschied zu den Eimeriiden aber stets das Conoid und auch die sonst Polysaccharide enthaltenden Reservestoffgrana (Abb. 42; 43). Der Ablauf der Merozoiten- bzw. Sporozoitenbildung beider Gruppen scheint dagegen identisch zu sein (Abb. 32; 39). Beim Eindringen der Merozoiten in die Erythrocyten dellen sie die Erythrocytenmembran lediglich ein und liegen schließlich im Innern in einer dicht abschließenden Vakuole, deren Membran somit die Erythrocytenmembran darstellt (Abb. 42; 43). Beim Penetrationsprozeß, der stets mit dem Vorderende voraus erfolgt, wird auch bei den Malariaerregern die von anderen Coccidien her bekannte «**moving junction**» = ein Versteifungsring an der Eintrittsstelle – ausgebildet. Für den Zell-zu-Zell-Kontakt (= **Adhäsion**) und die Penetration selbst werden Proteine und Proteasen von innen über Vesikel bzw. von den Rhoptrien nach außen auf die Parasitenoberfläche transportiert. Diese Systeme sind sehr spezifisch. Möglicherweise liegt auch hierin begründet, daß die einzelnen *Plasmodium*-Arten bevorzugt unterschiedlich alte rote Blutkörperchen (RBK) befallen (*P. vivax*, *P. ovale*: junge RBK = Reticulocyten; *P. malariae*: alte RBK; *P. falciparum*: alle Typen von RBK, daher sind hier hohe Parasitämien [50%] möglich, während *P. vivax* und *P. ovale* meist nur 2–5% befallene RBK erreichen). Beim Eindringen und danach werden parasitäre Proteine in die jeweiligen Membranen der befallenen RBK eingebaut und wirken somit als Antigen. So findet sich ein 110-kD-Protein der Rhoptrien in der äußeren Membran der Erythrocyten und auch in der Membran der parasitophoren Vakuole. Letztere enthält zusätzlich noch Proteine aus parasitären Organellen wie Mikronemen und den *engl.* dense bodies, die in die parasitophore Vakuole eingeschleust werden. Charakteristische Veränderungen treten auch in befallenen Erythrocyten auf. Die Spaltraumbildungen und Vesikulation sind bereits im Lichtmikroskop sichtbar und dienen zur Artdiagnose (z. B. Maurers Spalten, Schüffnersche Tüpfelung). In jüngster Zeit wurde entdeckt, daß die erythrocytären Stadien von *P. falciparum* die Wirtszelle zur Bildung von sog. «**knobs**» veranlassen (Abb. 40; 42). Es handelt sich um Erhebungen der Erythrocytenoberfläche, die durch innen an der Membran angelagertes antigenes Material entstehen. Diese «knobs» und die innen entstandenen Versteifungen des Cytoskeletts setzen die Flexibilität der roten Blutkörperchen herab (Abb. 40 b) und führen in Verbindung mit einer Reihe äußerlich aufgelagerter Substanzen (z. B. Adhäsine) zur Verklumpung von befallenen und nichtbefallenen Blutkörperchen (Rosettenbildung) sowie zur Adhäsion an die Wände der Kapillaren.

Diese Prozesse begünstigen die Bildung von **Thromben** und führen daher zur Blockade der betroffenen feinen Blutgefäße. So kommt es, daß das Gehirn und andere Organe nicht ausreichend mit Blut versorgt werden. Folglich fallen die Patienten schnell ins Koma und sterben rasch an der sog. **zerebralen Malaria.** Für das Blutbild bewirken die zahlreichen Thromben, daß bei Malaria tropica keine Schizonten im peripheren Blut auftauchen und dort auch die Gesamtzahl der Parasiten gering bleibt.

Ernährung. Die einzelnen Stadien nehmen über z. T. sehr große Cytostome Plasma ihrer Wirtszellen auf. In den vom Cytostom abgeschnürten Vakuolen findet dann die Verdauung statt, bei der nacheinander verschiedene Enzyme erst im sauren, dann im alkalischen Bereich in Aktion treten. Glucose scheint das bevorzugte Carbohydrat zu sein, das zu Laktat (80% bei *P. falciparum*), Acetat und Formiat abgebaut wird, während nahezu der gesamte Aminosäurebedarf offenbar durch das Hämoglobin des Wirts gedeckt wird. Als unverwertbarer Stoffwechsel-Rest erscheint bei allen *Plasmodium*-Arten das auch im Lichtmikroskop sichtbare kristalline Pigment, das beim Zerfall der Erythrocyten freigesetzt wird und dann die Fieberanfälle mit induziert (sowie in viele Organe eingelagert wird, Abb. 42, 44). Peroxisomen fehlen *Plasmodium*-Arten, so daß entstandenes H_2O_2 nicht abgebaut werden kann.

Vorkommen. Abgesehen von der Nager- und Vogelmalaria, die zu bedeutenden wirtschaftlichen Verlusten in Hühneraufzuchten führen kann, scheint sich die Verbreitung der Gattung *Plasmodium* hauptsächlich auf Hominiden als Wirte zu erstrecken.

Der Mensch ist nicht gleichermaßen für alle Malaria-Erreger empfänglich, sondern einige in der Evolution entwickelte rassentypischen Erbfaktoren bedingen bedeutende Einschränkungen. So sind in Westafrika reinerbige Personen mit fehlenden beiden (Fy[a], Fy[b]) Duffyglykoproteinen (Genotyp Fy/Fy; Phänotyp Fy [a – b –]) auf der Mem-

Abb. 41: Intraerythrocytäre Parasiten. a–g, i = LM-Aufnahmen; h = TEM-Aufnahme.
a) *Babesia microti*, Nagerblut. Diese Art kann bei Befall des Menschen mit *Plasmodium falciparum* verwechselt werden. × 500
b) *Theileria annulata*; Erreger des Mittelmeerküstenfiebers. × 500
c) *Babesia canis*, Hundeblut. × 900
d) *Hepatozoon aegypti*, Schlangenblut. Diese Art kann als Beispiel für Haemogregarinen gelten. × 1000

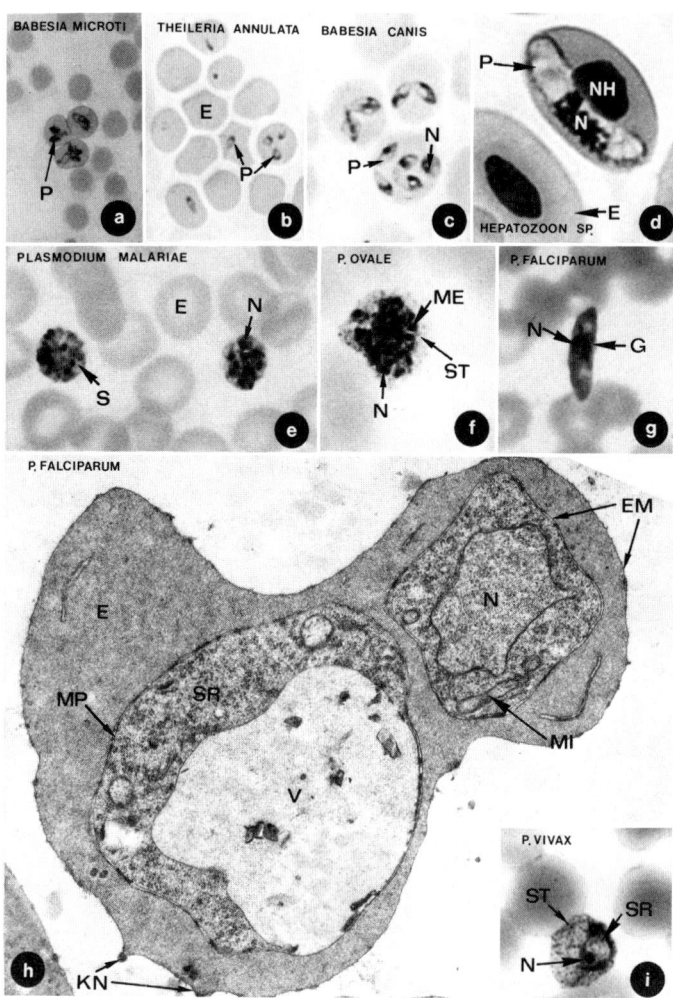

e–i Entwicklungsstadien von *Plasmodium*-Arten im Blut des Menschen.
e) × 900, f) × 900, g) × 900, h) × 25 000, i) × 1100
E = Erythrocyt; EM = Membran des Erythrocyten; G = Gamont; KN = «Knob-like» Vorwölbungen der EM; ME = Merozoit; MI = Mitochondrion; MP = Membran des Parasiten; N = Nucleus; NH = Nucleus der Wirtszelle; P = Parasit; S = Schizont; SR = Siegelringstadium; ST = Schüffnersche Tüpfelung; V = Vakuole.

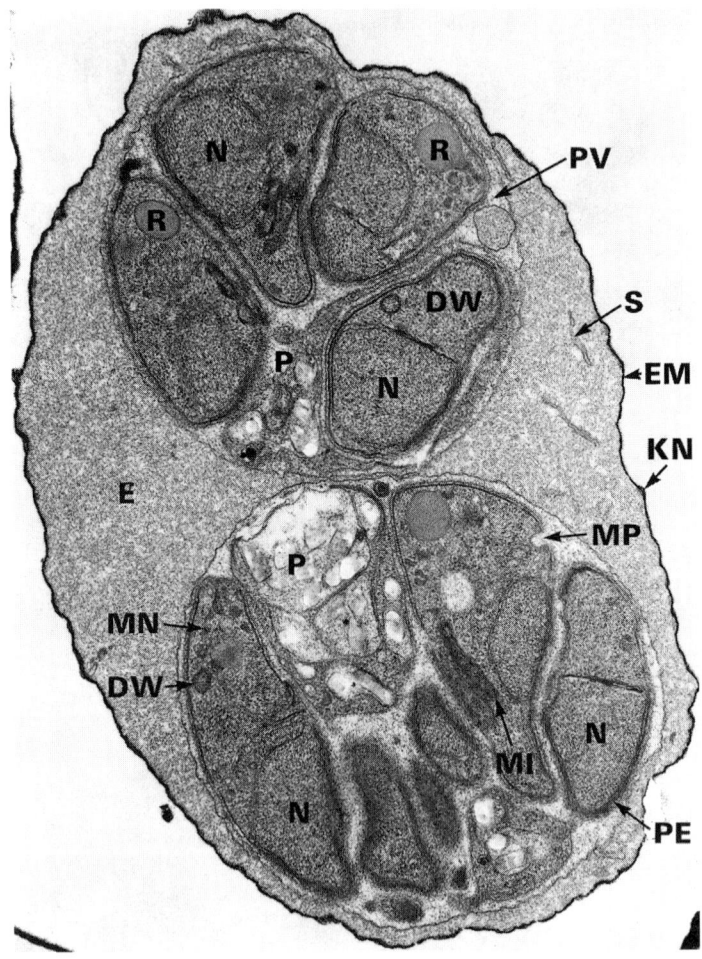

Abb. 42: TEM-Aufnahme eines roten Blutkörperchens des Menschen, das mit zwei Schizonten von *Plasmodium falciparum* befallen ist. × 19 000
DW = Doppelwandiges Organell; neuer Name: Apicoplast – s. S. 78); E = Erythrocyt; EM = Erythrocytenmembran; KN = Knob, Vorwölbung; ME = Merozoit; MI = Mitochondrion; MN = Mikronemen; MP = Mikropore; N = Nukleus; P = Pigment; PE = Pellikula des ME; PV = Parasitophore Vakuole; R = Rhoptrie; S = Spalträume (clefts).

bran der Wirtszellen (Reticulocyten) **immun** gegen *P. vivax*, können jedoch von *P. ovale* oder *P. falciparum* befallen werden. Europäer, Araber und Asiaten besitzen meist mindestens einen der Duffy-Faktoren. Heterozygote Mischlinge (Fy [a – b +] oder Fy [a + b –]) sind gefährdet, da dort die *P. vivax*-Merozoiten in die Wirtszellen eindringen können. Die **Sichelzellenanämie** (Hb-S) schützt die überlebenden heterozygoten Träger dieser Erbkrankheit (die homozygoten sterben bereits als Kinder an Anämie) vor dem Befall mit *P. falciparum*. Ähnliches gilt für die Formen der **Thalassämie**, wo zwar Erythrocyten befallen werden, aber wegen der gestörten Hämoglobinverdauung die Parasitenvermehrungsrate stark herabgesetzt wird. Auch der durch ein einzelnes Gen bedingte **Glukose-6-Phosphatdehydrogenase-Mangel** schützt etwa 100 Millionen Menschen vor dem Befall mit *P. falciparum*.

In die **Verwandtschaft** der Malaria-Erreger gehören Parasiten der Gattungen *Leucocytozoon* und *Haemoproteus*, bei denen die Schizogonie ausschließlich extraerythrozytär abläuft und lediglich Gamonten in Erythrocyten anzutreffen sind. Diese Erreger sind weltweit verbreitet und können zu großen Verlusten bei **Vogelzuchten** führen.

Chemotherapie der Malaria

Sowohl die **prophylaktische** als auch die **kurative Behandlung** der Malaria gelingt in den meisten Fällen mit Chloroquin (Abb. 44). Dabei wird jedoch nicht die Infektion verhindert, sondern nur die erythrocytäre Entwicklungsphase (= Schizogonie) unterbunden (und damit die schädlichen Fieberanfälle!).

In den letzten Jahren haben sich insbesondere in Asien, Süd- und Mittelamerika, West- und Ostafrika **Chloroquin-resistente Stämme** von *P. falciparum* verstärkt ausgebreitet, die neue Medikamente erforderlich machen. **Mefloquin** (Lariam®) wirkt zwar gegen chloroquinresistente Stämme, aber es gibt bereits Erreger, die gegen diese Substanz resistent sind. **Artemisinin** (Qinghaosu) und **Halofantrine** (Halfan®) sind geeignet, arzneimittelresistente Stämme von *P. falciparum* zu bekämpfen. Allerdings fehlt noch immer ein gut verträgliches, lange wirksames, kausales Prophylaktikum, das die Infektion (d. h. die Weiterentwicklung der von der Mücke injizierten Sporozoiten im Menschen) rasch und sicher verhindert. Da sich zudem Resistenzen schnell entwickeln, empfiehlt es sich, stets vor einem Reiseantritt in entsprechende Länder den aktuellen Stand der Vorbeugung bei Tropeninstituten oder parasitologischen Einrichtungen zu erfragen.

Die seit den 70er Jahren laufenden Versuche zur Findung einer
Vakzine (= **Impfstoff**) gegen die Malaria basieren auf der Tatsache,
daß Personen, die eine Malaria durchlaufen haben, für längere Zeit
immun bleiben, bei ständiger Exposition dem Erreger gegenüber (=
ständiges «boostern») sogar zeitlebens geschützt sind. Im Zyklus der
Malaria-Erreger treten eine Reihe unterschiedlicher Antigene auf, die
einen Körper zur Produktion von Antikörpern veranlassen können:

1. Oberflächenantigene bei Sporozoiten (z. B. *engl.* circumsporozoite
   protein – CSP);
2. Oberflächenantigene bei Merozoiten.
3. Lösliche Antigene, die beim Platzen von befallenen Wirtszellen
   oder abgetöteten Parasiten freigesetzt werden.
4. Oberflächenantigene, die in der Membran von befallenen Wirtszellen von Seiten des Parasiten eingelagert wurden.

Die bisherige Suche nach möglichst weit verbreiteten Antigenen
wurde von der Tatsache gestört, daß auch *Plasmodium*-Arten in dieser Beziehung zu gengesteuerter **Varianz** befähigt sind, wenn auch
nicht im hohen Ausmaß der Trypanosomen (s. S. 50). Alle klinischen
Tests ergaben daher bisher einen noch unzureichenden Schutz. Große
Hoffnung wurde auf einen synthetischen Impfstoff (SPf66) gesetzt,
den der Kolumbianer Patarroyo 1993 entwickelt hatte. Nach anfäng-
lichem Schutz bei 40% der Probanden in Südamerika blieben nur

---

Abb. 43: Schematische Darstellung der Penetration von Blutparasiten. **A-D: Malaria-Merozoiten**. Nach einer Adhäsion an der Oberfläche erfolgt der aktive, orientierte Eintritt (Vorderende voraus). Beim Penetrationsvorgang wer-
den die Organellen des vorderen Zellpols entleert, und es entsteht eine eng-
anliegende parasitophore Vakuole (PV). Während dieses Vorgangs wird der
Parasit von einer aus Proteinen bestehenden, ringförmigen «moving junction»
(MJ) eingeschnürt. **C** Am Ende des Vorgangs schließt sich der Erythrocyt hinter dem Eindringling, so daß dann die äußere Erythrocytenmembran gleichzeitig die Membran der parasitophoren Vakuole stellt. **E, F *Theileria-/Babe-
sia*-Merozoiten.** Der Parasit nimmt mit seinen Oberflächenliganden Kontakt
mit den Rezeptoren der Wirtszelloberfläche auf und «sinkt» dann ins Innere
von Lymphozyten bzw. Erythrocyten ein (ohne polare Orientierung und ohne
Bildung einer moving junction).
DB = Dense bodies; DV = Doppelwandiger Vesikel (enthält 3. Genom); E =
Erythrocyt; EP = Entstehende PV; G = Golgi-Apparat; LI = Ligand; MI = Mitochondrion; MJ = Moving junction; MN = Mikronemen; N = Nukleus, Zellkern;
PO = Polringsystem; PV = Parasitophore Vakuole; RH = Rhoptrie; RZ = Re-
zeptor; SC = Surface coat auf der Pellikula der Merozoiten; Z = Zellmembran
des Erythrocyten.

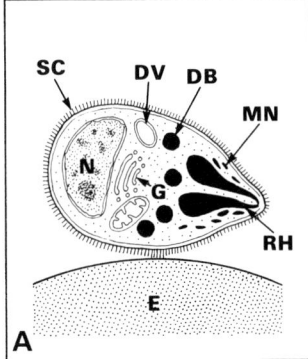

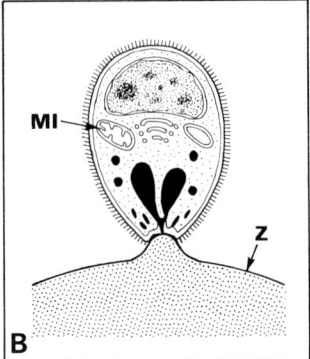

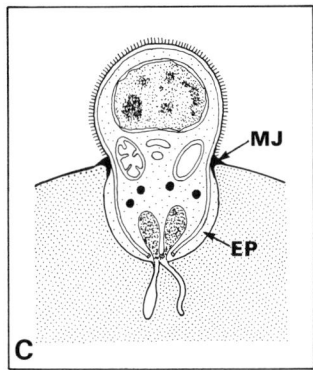

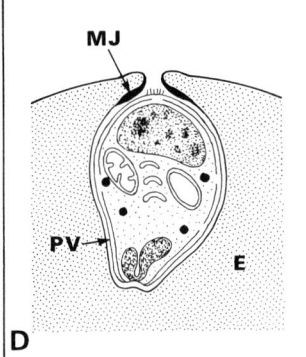

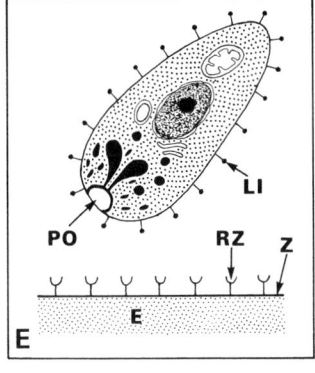

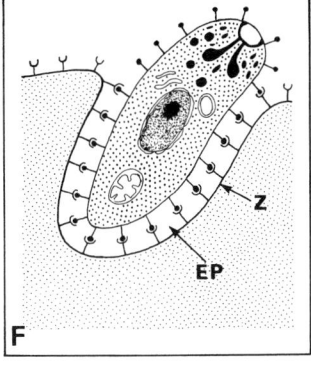

Wirkungsweise von Antiprotozoenmitteln

Wirkmechanismus	Präparat/Substanz	Parasiten/Gattung
Störung der Polymerisierung von Mikrotubuli	Me-, Albendazol	*Giardia*
Hemmung der Proteinsynthese	Antibiotika	*Giardia* *Toxoplasma* *Cryptosporidium*
Störung des DNA Stoffwechsels	Metronidazol Imidazole Sulfonamide und Verwandte	*Giardia* *Trichomonas* *Entamoeba* *Balantidium* *Darmcoccidien (z. B.* *Eimeria)*
Schädigung der Atmungskette bzw. des Elektronentransports	Primaquin Atovaquone	*Plasmodium*
Störung der Membranpermeabilität	Polyether (z. B. Monensin)	*Eimeria* *Toxoplasma*
Störung des Hämoglobinabbaus	Chinin, Chloroquin, Mefloquin, Halofantrin	*Plasmodium*
Reaktion mit Haem-Eisen	Artemisinin	*Plasmodium*

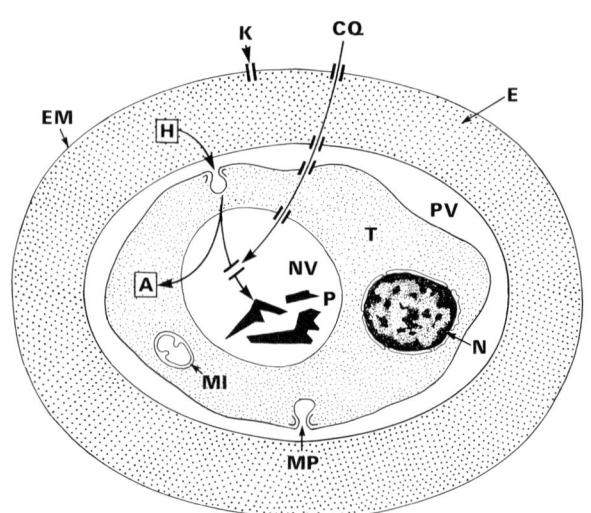

Chemotherapeutika gegen Protozoonosen

Arten/Gattungen	Substanzen
Giardia, Trichomonas, Entamoeba	Metronidazol
Trypanosoma brucei-Gruppe	Suramin, Pentamidin, Melarsoprol
Trypanosoma cruzi	Nifurtimox, Benznidazol
Eimeria-Arten	Toltrazuril, Diclazuril; Polyether-Antibiotika wirken prophylaktisch.
Toxoplasma gondii	Pyrimethamin plus Sulfonamide
Plasmodium-Arten[1]	Chloroquin, Mefloquin, Chinin, Artemisinin
Babesia-Arten	Diminazen, Imidocarb
Theileria-Arten	Parvaquone, Halofuginone
Cryptosporidium-Arten	unbekannt
Ichthyophthirius multifiliis	Malachitgrün in Flocken, Toltrazuril
Balantidium coli	Metronidazol
Mikrosporidien	Albendazol, Toltrazuril, Fumagillin

1 Abhängig vom Land bzw. Status der Resistenzbildung

noch Raten von unter 10% in Afrika und Asien, so daß heute verstärkt an einem «Cocktail» verschiedener immunogener Substanzen gearbeitet wird.

Abb. 44: Schematische Darstellung der Wirkweise von Chloroquin (CQ). Diese Substanz gelangt durch bestimmte Ionenkanäle (K) ins Innere der Nahrungsvakuole (NV) des Trophozoiten. Dort blockiert sie die sog. Hämpolymerase und somit den Abbau / die Entgiftung des Häms, das bei der Verdauung von Hämoglobin (H) abgespalten wird. Der «Globinabbau» führt dagegen zur Freisetzung von Aminosäuren (A), die ins Cytoplasma des Parasiten transportiert werden.
E = Erythrocyt; EM = Erythrocytenmembran; MI = Mitochondrion; MP = Mikropore, Cytostom; N = Nucleus, Zellkern; P = Hämreste = Pigment; PV = Parasitophore Vakuole.

Immunevasion bei Protozoen[1]

Arten	Mechanismen
Afrikanische *Trypanosoma brucei*-Gruppe	Ausbildung eines variabelen Surface coats (VSGs), Immunsuppression durch Veranlassung einer Überschußproduktion von Antikörpern und deren Erschöpfung.
Trypanosoma cruzi	Sequestrierung durch intrazelluläre Vermehrung, Komplementinhibierung.
Leishmania-Arten	Intrazelluläre Entwicklung, Inaktivierung der Reaktionen der Makrophagen und des Komplements.
Giardia lamblia, *Trichomonas vaginalis*	Variierung des Surface coats, Bildung und Ausscheidung von löslichen Antigenen, die Antikörper binden.
Entamoeba histolytica	Antikörper des Wirts werden durch Oberflächensekrete gesammelt (capping) und abgeschieden (shedding) bzw. internalisiert (Endocytose).
Eimeria-Arten	Intrazelluläre Entwicklung, Ausscheidung von variablen Oberflächenproteinen durch Organelle des Apikalkomplexes.
Toxoplasma gondii	Sequestrierung durch Bildung von intrazellulären Gewebecysten im ZNS; Ausbildung variabler Oberflächenproteine; immunmodulierende Maßnahmen.
Plasmodium falciparum	Sequestrierung durch Adhäsion befallener Zellen an Kapillarwände, intrazelluläre Entwicklung, Antigenvariation, Immunmodulation.
Babesia-, *Theileria*-Arten	Intracytoplasmatische Entwicklung; Ausbildung repetitiver Antigene auf der Oberfläche.
Ichthyophthirius multifiliis	Bildung einer Schleimschicht um den Trophozoiten.
Mikrosporidien	Intrazelluläre Entwicklung, Ausbildung dicker Sporenwände; Wirt kapselt die befallenen Bereiche durch Bindegewebe zu sog. Xenomen ab.

1 Es wurden nur wichtige Phänomene im Wirbeltierwirt aufgelistet, andere Mechanismen existieren zusätzlich.

Geschichte der Chinin-Entdeckung

1600: Entdeckung des bitteren Wirkstoffs in der Rinde des sog. Kina-Kina-Baumes (indianisch: gute Rinde, wiss. Name der Gattung *Cinchona*).

1633: Erste Berichte über erfolgreiche Behandlung der Malaria in Südamerika, die dorthin mit Sklaven aus Afrika «importiert» worden war. Einführung des Chinins in Europa unter dem Namen Jesuiten- bzw. Gräfinnenpulver (nach der Legende, daß die Frau des Vizekönigs von Peru als erste Weiße von der Malaria geheilt worden sei).

1700: Raubbau dieser Bäume in Südamerika und Kulturanbau der Bäume in Indonesien (Chininmonopol der Holländer).

1820: Pelletier und Cavaton klären die Struktur des Alkaloids Chinin auf.

1867: Binz weist die chininbedingte Zerstörung der Malaria-Erreger nach.

1880: Deutschland importiert 28 000 kg Chinarinde pro Jahr.

1929: Rabe (Bayer) synthetisiert das Chinin. Durch zu häufige bzw. unterdosige Anwendung treten weltweit nach und nach Resistenzen gegen Chinin auf.

1998: Die chininresistenten Stämme der *Plasmodium*-Arten sind weitgehend verschwunden. Chinin wird in der Notfallbehandlung der Malaria als Mittel der Wahl eingesetzt.

Piroplasmen

Piroplasmen parasitieren vorwiegend in Blutkörperchen von Wiederkäuern. Neuere licht- und elektronenmikroskopische Untersuchungen von Schein und Mehlhorn (1975–2001) haben geklärt, daß die Piroplasmen in Anbetracht ihres Lebenszyklus und ihrer Feinstruktur in unmittelbarer Nähe der Haemosporidien gestellt werden müssen, wobei sie offenbar die ökologische Nische der Malaria bei Wiederkäuern, die ja dort nicht auftritt, besetzt haben.

Zwei Gattungen sind von besonderer wirtschaftlicher Bedeutung: *Babesia* und *Theileria*. Beiden ist gemeinsam, daß sie von Zecken übertragen werden. Ihre erythrocytären Stadien ernähren sich vom Cytoplasma, bilden aber dabei **kein Pigment** (das gleiche gilt übrigens bei Haemosporidien auch für *Leucocytozoon*). Im Krankheitsverlauf tritt stets hohes, allerdings arrhythmisches Fieber auf.

A. *Theileria*-Arten

Bei der Gattung *Theileria* liegt, wie bei *Plasmodium* auch, ein obligater, heteroxener Entwicklungszyklus vor.

Beim Saugakt von Nymphen oder adulten Zecken (Tab. 10) werden Sporozoiten auf den Wirbeltierwirt übertragen (Abb. 46). Diese befallen zunächst die Lymphozyten und wachsen unmittelbar im Wirtszellcytoplasma zu je einem **Schizonten** (= Kochsche Kugel) heran. Dabei wurden **Mikro-** oder **Makroschizonten** unterschieden. TEM Untersuchungen wiesen jedoch nach, daß der Mikroschizont (= Phase der Merozoitenbildung) lediglich ein späteres Stadium der Makroschizonten (= Phase der Kernteilungen) darstellt. Die Merozoiten ihrerseits können wiederum in Lymphocyten eindringen oder sie befallen die Erythrocyten, wo sie einige wenige Zweiteilungen durchführen (Abb. 46). Nach dem Eindringen sind sie zunächst von der Erythrozytenmembran umhüllt, später dann frei im Plasma anzutreffen. Einige der meist sehr kleinen nieren- oder kommaförmigen Merozoiten (0,5–1 µm lang) bilden sich zu ovoiden Formen um. Nur diese ovoiden Stadien können sich im Darm einer saugenden Zeckenlarve oder Nymphe weiterentwickeln. Im Darm der Zecken entwickeln sich aus einem Teil dieser ovoiden Stadien **strahlenförmige Körper**, offenbar die Mikrogamonten, während andere ovoid bleiben und als Makrogamonten angesehen werden. Aus den Mikrogamonten entstehen durch zweifache Kernteilungen vier funktionale Mikrogameten, die vermutlich vom 5. Tag an nach der Beendigung des Saugakts der Zecken (post repletionem = nach dem Abfall) die Makrogameten befruchten; die Syngamie wurde eindeutig in vitro und durch DNS-Messungen nachgewiesen. Jedenfalls unterscheiden sich von diesem Zeitpunkt an die beobachteten ovoiden Stadien eindeutig in ihrem Feinbau von den aus den Erythrocyten freigesetzten. Bei allen *Theileria*-Arten entsteht aus diesem unbeweglichen Stadium (Zygote), das jetzt im Inneren der großen phagozytierenden Darm-

---

Abb. 45: Morphologie der Piroplasmen.

a) *Theileria annulata*. Mikro- und Makroschizont in einem Rinderlymphocyten. TEM-Aufnahme. × 12 000

b) *T. annulata*. Makroschizont im Ausstrich (Lymphknoten), Giemsa, LM. × 2000

c) *T. parva*. Mikro- und Makroschizont (= Kochsche Kugel) im Ausstrich, Giemsa, LM. × 2000

d) *T. annulata*. Erythrocytärer Merozoit mit Ernährungsorganell (MP). TEM-Aufnahme. × 40 000

E = Erythrocyt; K = Kern; LY = Lymphocyt; ME = Merozoit; MP = Mikropore; SCK = Schizont während der Kernvermehrung (Makroschizont); SCM = Schizont während der Merozoitenbildung = Mikroschizont; WK = Wirtszellkern.

epithelzellen der Zecken liegt, ein motiles Stadium (Abb. 47 e). Dieses gleicht in seinem Feinbau sehr den Ookineten der Malaria-Erreger und wurde daher mit dem neutralen Terminus «**Kinet**» belegt. Diese Kineten verlassen dann das Darmepithel (der Zeitpunkt ist artspezi-

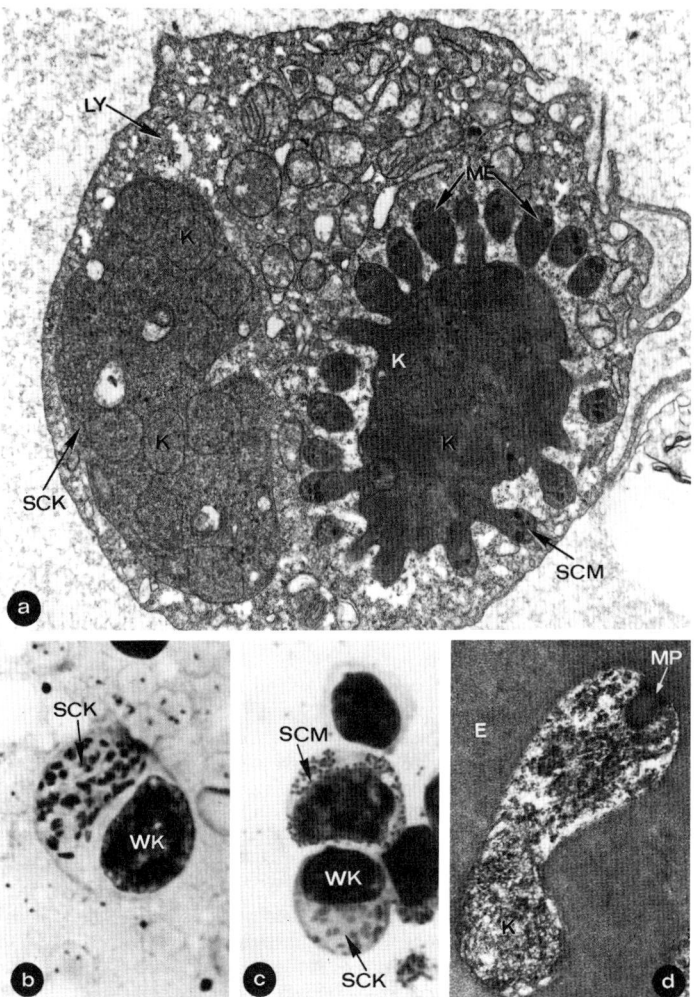

fisch) und dringen über die Hämolymphe in die Speicheldrüsenzellen der Zecken ein. Nur dort findet eine weitere ungeschlechtliche Vermehrung statt. Dabei entstehen sehr große **Cytomeren** in den befallenen Alveolen. Von den Cytomeren schnüren sich meist nach der Häutung der Zecken infektiöse Stadien ab (weit über 100 000 pro Zelle), die mit 0,5–1 µm Länge sehr klein sind, mit dem Speichel übertragen und als **Sporozoiten** bezeichnet werden. Die einzelnen Stadien dieses drei-phasigen Entwicklungszyklus sind in Abb. 45 und 47 dargestellt. Untersuchungen der DNS und Messungen haben ergeben, daß bei Theilerien 4 Chromosomen im haploiden Satz vorhanden sind und daß der Zyklus weitgehend haplo-homophasisch verläuft (d. h. die meisten Stadien des Zyklus sind haploid), wobei die Meiose artspezifisch, aber stets zweischrittig ist und postzygotisch stattfindet.

Die wichtigsten Theilerien der Rinder sind *T. parva* (Erreger des **Ostküsten-Fiebers** in Afrika) und *T. annulata* (**Mittelmeerküsten-Fieber**) (Tab. 10). Charakteristisch ist für die beiden Krankheiten eine starke Hyperplasie des lymphatischen Systems, da die Parasiten die Lymphocyten zu Teilungen veranlassen. Die akute Phase beginnt nach einer Inkubationszeit von 5–7 Tagen und hält bei hohem Fieber

---

Abb. 46: Lebenszyklus von *Theileria*-Arten.
1. Sporozoit wird beim Zeckenstich injiziert.
2.–3. Bildung von Schizonten und Merozoiten in Lymphocyten.
4.–5. Merozoiten dringen in Erythrocyten ein und vermehren sich dort durch Zweiteilung.
6. Abrundung der Merozoiten zu ovoiden Stadien (Gamonten).
7.–8. Gamonten nach Saugakt im Zeckendarm.
9. Makrogamet.
  8.–8.4 c Bildung von Mikrogameten.
10. Zygote (Syngamie in vitro und per DNA-Messung nachgewiesen).
11.–12. Bildung eines Kineten aus jeder Zygote.
13. Kineten verlassen den Zeckendarm. 13 a. *T. annulata, T. ovis, T. mutans, T. velifera*; 13 b. *T. parva*; hier kann der Kern des Kineten schon mit Teilungen beginnen (= Kinet ist oft mehrkernig).
14. Eindringen der Kineten in Zellen der Speicheldrüsen und Umwandlung zu vielkernigen Plasmodien (nach Häutung der Zecke).
15. Bildung von zahlreichen Sporozoiten und Übergang beim nächsten Saugakt auf den nächsten Wirt.
AV = Speicheldrüsenalveole; BI = Binäre Teilung; E = Erythrocyt; IV = Innere Vakuole; JS = Junger Sporont; KB = Kochscher Körper (= Schizont); N = Nucleus; NH = Nucleus der Wirtszelle; SP = Sporozoit; SPO = Sporoblast; TH = Dorn, Strahlenspitze bei Mikrogamonten und -gameten.

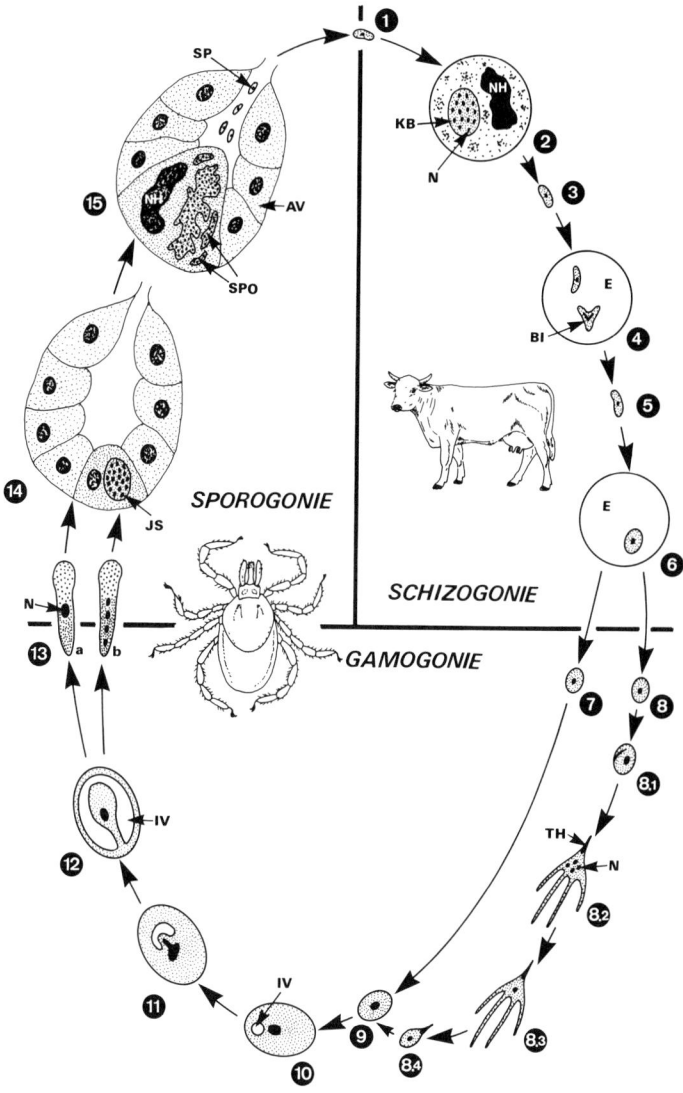

SPOROGONIE

SCHIZOGONIE

GAMOGONIE

10–23 Tage an, wobei bei *T. parva*-Infektionen die Tiere in einem
hohen Prozentsatz (bis 96%) sterben; *T. annulata*-Infektionen verlaufen dagegen milder. Die überlebenden Tiere sind aber für den Rest
ihres Lebens immunisiert. Für beide Theileriose-Formen bestehen nur
unbefriedigende Möglichkeiten der **Chemotherapie** (s. S. 127; es
kommt z. T. zu großen Nebenwirkungen). Daher wurde die Suche
nach **Impfstoffen** (Vakzinen) intensiviert. Im Fall von *T. annulata* werden heute lebende, abgeschwächte Stadien aus kultivierten Lymphocyten injiziert (= aktive Impfung). Ein ähnliches Verfahren kommt
bei *T. parva* zur Anwendung, wo einer Injektion von lebenden Parasiten (Sporozoiten) die Behandlung mit Oxytetracyclin folgt und so die
Tiere lebenslang immunisiert werden. Beide Impfverfahren haben den
Nachteil, daß im Freiland Zecken die im Blut der immunisierten Tiere
in geringer Zahl überlebenden Parasiten aufsaugen und verbreiten
können und zudem der Immunschutz lediglich stammspezifisch
bleibt. Bei *T. parva*-Sporozoiten wurde ein 67 kD (p 67) in der Ober-
flächenmembran festgestellt, das – sofern es von spezifischen Antikörpern bedeckt wird – zur Eliminierung der Sporozoiten beiträgt.
Das Gen für dieses Protein liegt in einer einzigen Kopie in der Mitte
des Chromosoms 3 und konnte auch in *E. coli* exprimiert werden. Da
dieses Gen bei zahlreichen Stämmen von *T. parva* nachgewiesen
wurde, gilt dieses System z. Zt. als das vielversprechendste im Hinblick auf die Entwicklung eines rekombinanten Impfstoffs. Bis diese
Möglichkeiten zur Verfügung stehen, muß weiterhin die Bekämpfung
der Zecken (durch Aufbringen von Akariziden auf die Haut von Rindern) als einzig sichere Methode durchgeführt werden.

Abb. 47: Morphologie der Piroplasmen.
a) *Babesia bigemina* (3–5 µm); erythrocytärer Merozoit;
b) *Theileria* sp. (1–2 µm); Mero- und Sporozoit (Speichel, Lymphe);
c) *Theileria* sp. (1–1,5 µm); erythrocytärer Merozoit;
d) *Theileria* sp. (5–10 µm); Strahlenkörper-Mikrogamont aus Zeckendarm;
e) *Theileria* sp. und *Babesia* sp. (bis 20 µm); Kinet;
f–i) Ausstrichbilder, f) *B. bigemina* g) *B. bovis* h) *B. divergens* i) *Theileria*-Mero-
    zoit und Gamont.
DW = Doppelwandiges Organell; ER = Endoplasm. Reticulum; ES = Elektronendichte Spitze; FO = Geißelartiger Fortsatz; LA = Labyrinth. Struktur; MI =
Mitochondrion; MN = Mikronemen; MP = Mikropore; MT = Mikrotubuli; N =
Kern; NV = Nahrungsvakuole; P = Polring; PE = Pellicula; PP = Hinterer Polring; SB = Körper mit Mikronemen; UL = Unterlagertes Material; V = Vakuole;
ZM = Zellmembran.

B. *Babesia*-Arten

Bei den Arten der Gattung *Babesia* erfolgt die Infektion des Wirbeltierwirts wie bei der Gattung *Theileria* durch Sporozoiten aus dem Zeckenspeichel (Abb. 48). Mit Ausnahme von Arten wie und *B. mic-*

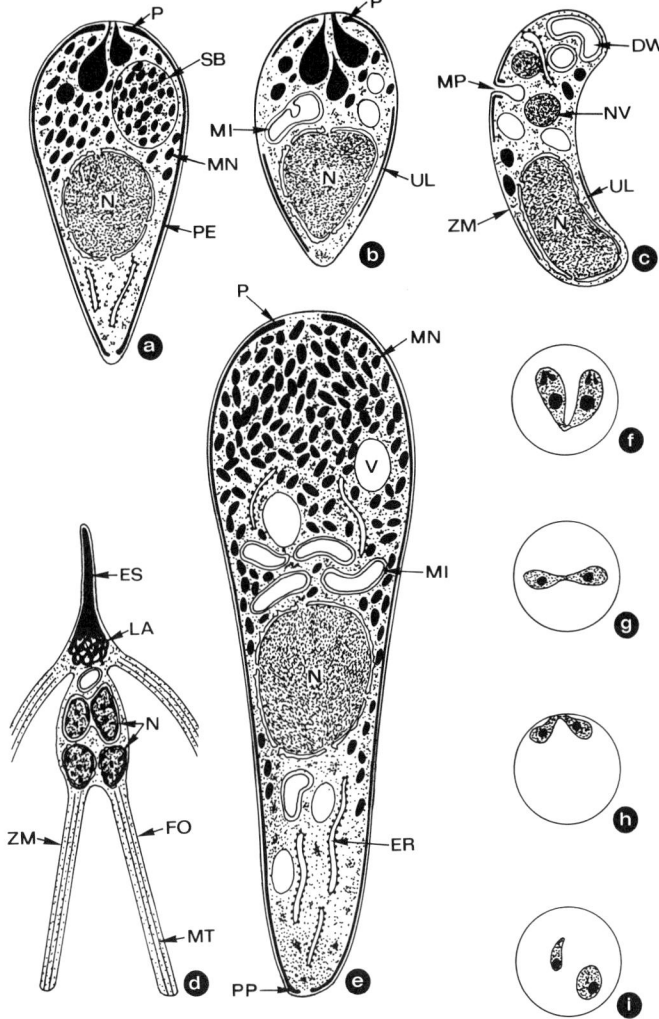

Tab. 10: Wichtige Arten der Piroplasmen

Art	Wirbeltierwirt	Zecke[1]
Theileria parva	Rinder	*Rhipicephalus* sp.
T. annulata	Rinder	*Hyalomma* sp.
T. lawrenci	Rinder	*Rhipicephalus* sp.
T. mutans	Rinder	*Amblyomma* sp.
T. ovis	Ziege, Schafe	*Rhipicephalus* sp., *Haemaphysalis* sp.
T. hirci	Ziege, Schafe	*Hyalomma* sp., *Rhipicephalus* sp.
T. equi[2]	Pferde	*Dermacentor* sp., *Hyalomma* sp., *Rhipicephalus* sp.
Babesia bigemina	Rinder	*Boopilus* sp.
B. major	Rinder	*Haemaphysalis* sp.
B. bovis	Rinder **Mensch**	*Boophilus* sp., *Ixodes ricinus*
B. divergens	Rinder, **Mensch**	*Ixodes ricinus*
B. ovis	Schafe	*Rhipicephalus* sp.
B. canis	Hunde	*Rhipicephalus* sp., *Haemaphysalis* sp., *Dermacentor* sp.
B. microti	Nager, **Mensch**	*Ixodes* sp.

[1] Es können evtl. weitere Zeckenarten übertragen.
[2] Früher: *Babesia equi*

roti, die sich auch in geringem Umfang in Lymphocyten reproduzieren, befallen *Babesia*-Sporozoiten allerdings nur die Erythrocyten und vermehren sich dort sehr stark durch Zweiteilung, wobei im Erythrocyten-Blutausstrich charakteristische Parasitenbilder entstehen

Fortsetzung Tab. 10

pathogen	Krankheit	Verbreitung
+	Ostküstenfieber	Ost-, Zentralafrika
+	Mittelmeerküstenfieber	Mittelmeerraum; GUS
+	«Corridor disease»	Afrika
–	Pseudoküstenfieber	Afrika
–	milde Theileriose	weltweit
+	bösartige Theileriose	Afrika; Südosteuropa
+	Babesiose	weltweit
+	Texasfieber	weltweit
–/+	Babesiose	Europa, Nordafrika, Südamerika
+	seuchenhafte Hämoglobinurie	weltweit
+	Weiderot	Europa
–/+	Babesiose	weltweit
+	Babesiose	Europa
+	Babesiose	weltweit

(Abb. 47 f–h). Aus ovoiden Stadien entwickeln sich im Zeckendarm nach dem Saugakt sog. Strahlenkörper, die als Iso- bzw. Anisogameten miteinander verschmelzen. Aus der Zygote entstehen Kineten, die sich aber im Gegensatz zur Gattung *Theileria* nicht nur in der Speicheldrüse, sondern auch in anderen Organen vermehren können.

Dabei dringen sie auch in die Eier ein und eröffnen so einen weiteren Übertragungsweg (= transovarielle Übertragung). Dies gilt wiederum nicht für einzelne Arten, die wegen dieser und anderer Besonderheiten im Zyklus von einigen Autoren nicht als echte Babesien betrachtet werden und in eine eigene Gattung überführt werden müßten. Da durch die Reproduktion in anderen Organen stets Kineten vorhanden sind, die nach einem Saugakt in die Speicheldrüse eindringen können, bleiben echte *Babesia*-Arten lebenslang in der Zecke erhalten. Die Übertragungsmöglichkeit von Babesien auf einen Wirbeltierwirt hängt von der Art und vom Typ des Entwicklungszyklus (ein-, zwei-, dreiwirtig, Tab. 16) der Zecken ab (s. S. 374).

Von besonderer wirtschaftlicher Bedeutung ist *B. bigemina* (Tab. 10), der Erreger des sog. Rind-Rot-Wasser- oder **Texas-Fiebers** (in Texas ausgerottet!) mit einer Mortalitätsrate bis zu 50%. Etwa 8–19 Tage nach der Infektion treten bei den Rindern als äußere Symptome Ikterus (Gelbsucht) und Blutharnen (Hämoglobinurie) auf, da die Leber es nicht mehr schafft, das gesamte, durch die zerstörten Erythrozyten freigesetzte Hämoglobin abzubauen.

Abb. 48: Lebenszyklus von *Babesia canis* und anderen *Babesia*-Arten.
1. Sporozoit im Zeckenspeichel.
2.–5. Bildung von Merozoiten durch Zweiteilung in Erythrocyten des Wirbeltiers.
    5.1 Intraerythrocytärer Merozoit.
    5.2 Merozoiten gehen im Zeckendarm zugrunde.
6. Intraerythrozytärer, abgerundeter Gamont.
7. Gamonten bilden strahlenartige Fortsätze.
8. Ausdifferenzierter Strahlenkörper (aus ihm gehen direkt «weibliche» und durch Teilungen «männliche» Gameten hervor).
9. Verschmelzung von Isogameten, die den Strahlenkörpern (6) gleichen.
10.–14. Aus der Zygote entsteht in einem Prozeß, der dem der *Theileria*-Arten gleicht (Abb. 46.9), ein Kinet.
15.–18a. In verschiedenen Organen entstehen aus jedem Kineten zahlreiche weitere von gleichem Aussehen. Über das Ovar werden auch die Eier und somit die nächste Zeckengeneration (= **transovarielle Übertragung**) befallen.
19–21. Dringt ein Kinet in eine Zelle der Speicheldrüsenalveolen ein, so entwickeln sich auf ungeschlechtlichem Wege zahlreiche Sporozoiten.
CY = Cytomeren; DE = Gamont in der Entwicklung; DK = Kinet in der Entwicklung; E = Erythrocyt; ES = Entwickelnder Sporont; GP = Großes Plasmodium; HC = Wirtszelle; IV = Innere Vakuole; JS = Junger Sporont; N = Nucleus; NH = Nucleus der Wirtszelle; NP = Polyploider Nucleus; R = Strahlenkörper; SP = Sporozoit; TH = Dorn, Spitze der Gamonten, Gameten.

Bei entsprechend **frühzeitiger Diagnose** besteht bei den Babesiosen der Tiere eine befriedigende **Chemotherapie** (Diamidine-Derivate). In einigen Fällen wurden *Babesia*-**Infektionen** auch beim **Menschen** beobachtet, die oft tödlich verliefen. Meist handelte es sich um «ent-

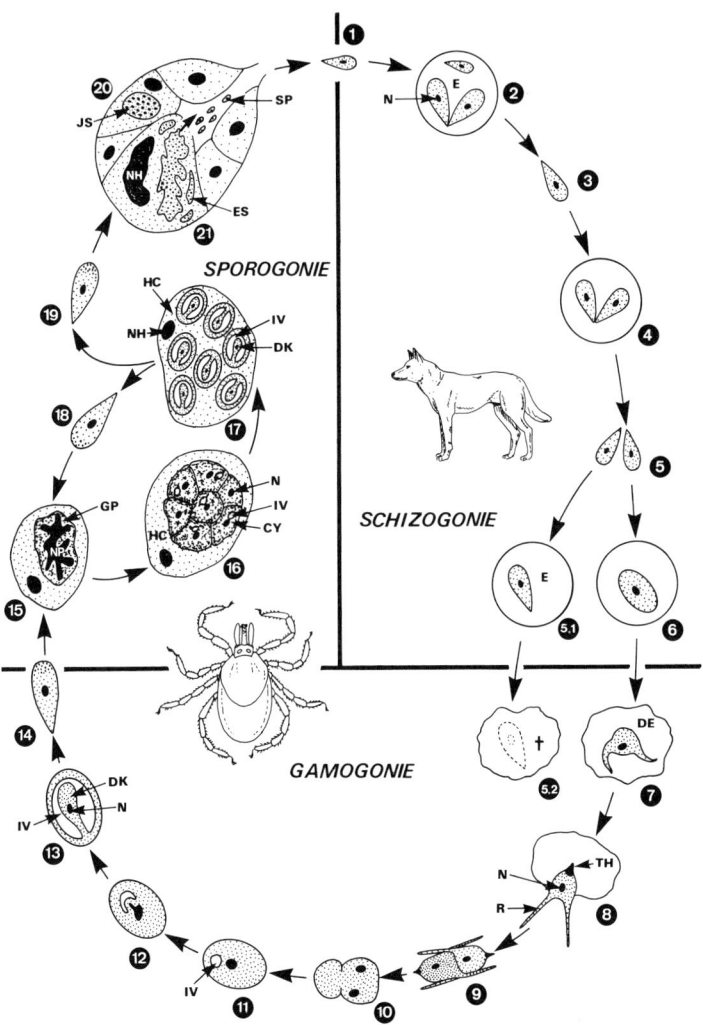

milzte» Personen, die via Zeckenstich mit *B. divergens* bzw. *B. bovis* (der Rinder) infiziert worden waren. In jüngster Zeit häufen sich auch Berichte, daß nicht nur immunkompromittierte Personen (z. B. bei **AIDS**, s. S. 71) durch diese beiden Arten sowie eine weitere Art (*B. microti*), die bei Nagern weltweit auftritt und von *Ixodes*-Zecken übertragen wird, schwer erkranken können. Insbesondere die Stadien der Nagerbabesie *B. microti* können mit den relativ kleinen Siegelringstadien von *Plasmodium falciparum* verwechselt (Abb. 41) und dann falsch mit Malariaziden behandelt werden. Jedoch erlauben zwei Besonderheiten der Babesien eine eindeutige Differentialdiagnose zu den **Malaria**-Erregern:

a) Vielkernige Schizonten werden bei der Gattung *Babesia* niemals im Erythrocyten ausgebildet.

b) Babesien hinterlassen beim Platzen der Erythrozyten und dem damit verbundenen Freisetzen der Merozoiten **kein Pigment**, das für die Malaria-Erreger typisch ist, obwohl es bei jungen Trophozoiten (Siegelringstadien) auch nur schwer zu erkennen ist (geringe Menge).

c) *Babesia*-Arten des Menschen reagieren weder auf Antimalaria-Mittel noch auf Babesiazide (z. B. der Rinder: Diminazene, Imidocarb; s. S. 127).

Nach ersten Ergebnissen weisen Babesien nach 4 Chromosomen im haploiden Stadium auf. Allerdings variieren die bisher untersuchten Arten im Ploidiegrad der Gamonten. Stets haploid sind dagegen die Merozoiten in den roten Blutkörperchen und in den Speicheldrüsen der Zecken. Die bisher bei *B. canis* nachgewiesene Meiose findet in zwei Schritten in der Zygote bei der Kinetenbildung statt. Bei Babesien (*B. canis*) gibt es zur Zeit (2001) eine einzige Vakzine (Pirodog®) auf der Basis von Exoantigenen aus der Zellkultur. Weitere Versuche zu rekombinanten Vakzinen laufen und erscheinen vielversprechend, da die Variabilität von Oberflächenproteinen hier relativ gering ist.

C. Vergleich

Die Gattungen *Babesia* und *Theileria* unterscheiden sich somit in folgenden Punkten:

1. die Gattung *Babesia* weist erheblich größere Blutstadien auf als die Theilerien.

2. *Babesia*-Arten vermehren sich im Wirbeltierwirt nur in den Erythrocyten. (Ausnahme *B. microti*; ob es sich um eine echte Babesie handelt, ist ungeklärt.)

3. Echte *Babesia*-Arten können in der Zecke auch auf die Eier und

somit auf die Nachkommenschaft übertreten (= transovarielle Übertragung).

4. Eine einmalige *Babesia*-Infektion bleibt bei allen Entwicklungsstadien der Zecke (Larve, Nymphe, Adulte) bestehen, während sich die Zecken bei einer *Theileria*-Infektion beim jeweils folgenden Saugakt von der Infektion reinigen. Das liegt daran, daß alle *Theileria*-Kineten sich lediglich in den Alveolen der Speicheldrüsen, die vor jedem Saugakt neu gebildet werden, weiterentwickeln können. *Babesia*-Kineten dagegen können auch in andere Gewebe der Zecken eindringen und dort eine Reproduktion einleiten. Die dadurch entstandenen Stadien besiedeln dann ihrerseits wiederum die Speicheldrüsenalveolen, sobald diese wieder regeneriert sind.

6.2.3. Heteroxener Entwicklungszyklus mit zwei Endwirten

Der Lebenszyklus der **Caryospora-Arten** wurde erst Ende der 80er Jahre entdeckt. Als Besonderheit trat hier zutage, daß zwei Endwirttypen zu einem extrem fakultativen Zyklus vereint sind (Abb. 49). Schlangen sind der **Wirtstyp 1**, und hier waren seit langem die typischen *Caryospora*-Oocysten bekannt, die eine einzige Sporocyste mit je 8 Sporozoiten ausbilden (Abb. 50 a) und eine Größe von etwa 15 x 20 μm erreichen. Diese Oocysten sind für Schlangen wiederum infektiös, und der Zyklus wiederholt sich. Übertragungsversuche auf andere Wirte zeigten aber, daß es weitere Endwirte gibt (**Typ 2**; z. B. Nager, aber auch Hunde), die ebenfalls Oocysten und Sporocysten ausbilden – allerdings nicht im Darm, sondern in der Haut (Abb. 49). Schlüpfen die Sporozoiten noch in der Haut aus der Sporo- bzw. Oocyste, so dringen sie in Wirtszellen ein und werden dort in eine parasitophore Vakuole eingeschlossen (Abb. 49-2.6). Die befallene Wirtszelle wird durch Wirtsmaterial mit einer Hülle umgeben und so zu einer sog. **Caryocyste**. Frißt eine Schlange Oocysten und/oder Caryocysten, so wiederholt sich dort der Zyklus im Darm. Eine weitere Übertragungsmöglichkeit besteht durch Hautkontakt eines Endwirts 2 mit einem anderen Tier gleicher Art. Bei diesem neuen Endwirt wiederholt sich dann binnen 10 Tagen die Entwicklung in der Haut (Abb. 49-2.1–2.5; 50 b). Ein Befall mit *Caryospora*-Arten führt bei Warmblütern stets zur **Immunsuppression** und nachfolgend oft zu einer Überschwemmung mit parasitären Stadien. In extremen Fällen stirbt auch der Wirt – Gefahr z. B. in Zwingern mit wertvollen Hunden. Eine Infektion in der Haut kann für Monate bestehen bleiben (= lange Patenz) und so für eine langanhaltende Infektionsgefahr sorgen. Eine **Chemotherapie** ist noch unbekannt.

6.3. Adeleidea

Die Gruppe der Adeleiden umfaßt durchaus unterschiedliche Parasiten, was ihre Übertragung und ihren Entwicklungsgang (monoxen oder heteroxen) anbetrifft. Daher ist über ihre verwandtschaftliche Beziehung vermutlich noch nicht endgültig entschieden, obwohl ihnen gemeinsam ist, daß sich bereits Gamonten aneinanderlagern. So parasitieren die Gattungen *Adelina* und *Klossia* stets nur bei einem einzigen Wirtstyp (Wurm, Käfer bzw. Schnecke), während *Karyolysus* (bei Eidechsen und Milben, s. S. 392), *Haemogregarina* (u. a. bei Amphibien, Fischen und blutsaugenden Egeln, s. S. 362) und *Hepatozoon* (Abb. 41 d; u. a. bei Reptilien und blutsaugenden Stechmücken, s. S. 420) jeweils einen Vertebratenwirt und einen Vektor als Wirt benötigen. In diesem Überträger findet jeweils die Gamo- und Sporogonie statt, so daß er als Endwirt anzusprechen ist, wie z. B. bei der Malaria die Mücke. Da bei den zuletzt erwähnten Gattungen ebenfalls Blutkörperchen der Wirbeltierwirte befallen werden und zudem auch morphologische Übereinstimmungen zu den Haemosporidien bestehen, scheint eine systematische Zusammenfassung möglich. Nach neuesten Untersuchungen sind Haemogregarinen als wichtige

---

Abb. 49: *Caryospora bigenetica*. Schem. Darstellung des Lebenszyklus (nach Ergebnissen von C. Sunderman, USA).

A. Endwirtstyp 1 (Klapperschlange)

1. Die sporulierte Oocyste enthält eine Sporocyste mit 8 Sporozoiten.

2.–5. Nach oraler Aufnahme entstehen in Darmepithelzellen 2 Generationen von Schizonten.

6. Weiblicher Gamont/später Gamet.

7. Männlicher Gamont bildet viele Gameten aus.

8.–9. Nach der Befruchtung entsteht eine dickwandige Oocyste, die mit den Fäzes freigesetzt wird und im Freien sporuliert (dabei schrumpft die Oocystenwand.

B. Endwirtstyp 2 (Mäuse, Baumwollratten, Hunde)

1–2.4 Wiederholung des unter **A 1–8** beschriebenen Zyklus – im Hautbereich.

2.5 Die Sporulation von Oocysten kann noch im Hautbereich erfolgen.

2.6 Freigesetzte Sporozoiten dringen in Wirtszellen ein und werden dort eingeschlossen. Diese Gebilde werden als **Caryocysten** bezeichnet. Sie sind bei oraler Aufnahme für beide Individuen der Endwirtstypen infektiös. Gleichzeitig können sie beim Hautkontakt innerhalb des Spektrums der Endwirte 2 verbreitet werden.

FI = Filamentöses Material um die befallene Wirtszelle (= Caryocyste); OW = Oocystenwand; PV = Parasitophore Vakuole; S = Sporozoit; W = Oocystenwand kurz nach dem Absetzen; WK = Wirtszellkern; WZ = Wirtszelle.

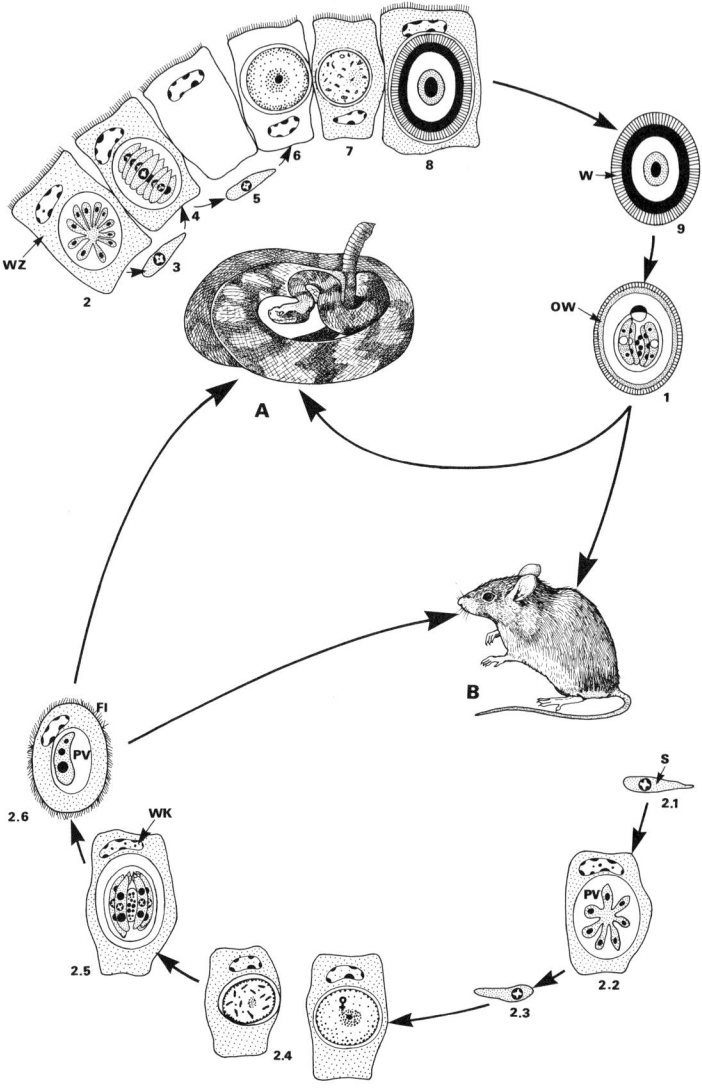

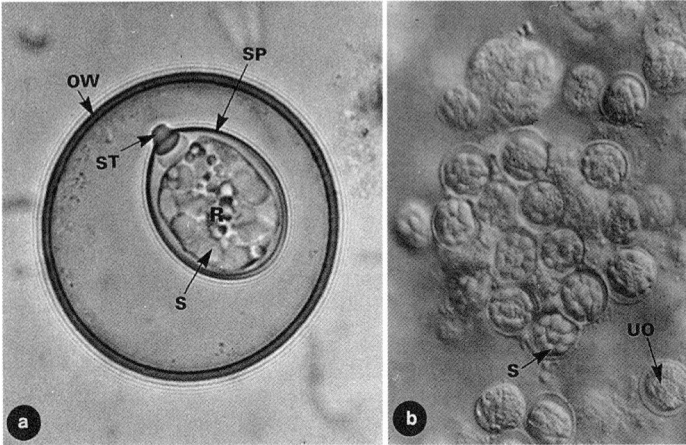

Abb. 50: Lichtmikroskopische Aufnahmen.
a) *Caryospora najadae*, sporulierte Oocysten aus den Fäzes der Schlange
  Naja sp. (Kobra). Aufnahme: Prof. R. Matuschka, Berlin. × 2000
b) *Caryospora bigenetica*, sporulierte und unsporulierte Oocysten in der Haut
  von Endwirten 2. Aufnahme: Prof. C. Sundermann, USA. × 500
OW = Oocystenwand; R = Restkörper; S = Sporozoit; SP = Sporocyste; ST =
Stieda-Körper; UO = unsporulierte Oocyste.

Krankheitserreger bei Fischen von wirtschaftlicher Bedeutung, besonders bei künstlicher Aufzucht in höheren Wassertemperaturen (u. a. in
Kühlwasserbecken von Kernkraftwerken). **Übertragung** s. S. 362 ff.

Lage von einzelligen Parasiten im Vertebratenwirt

Gattungen/Art	extra-zellulär	an Zellen angeheftet	intrazellulär: direkt im Cytoplasma	intrazellulär: in parasito-phorer Vakuole
Giardia	+	+		
Trichomonas	+	+		
Leishmania				+
Trypanosoma-brucei-Gruppe	+			
Trypanosoma cruzi	+		+	
Entamoeba histo-lytica	+			
Naegleria, Acanth-amoeba	+			
Monocystis, Gregarina	+			
Eimeria, Isospora				+
Toxoplasma				+
Cryptosporidium		+		
Plasmodium-Arten				+
*Babesia-, Theileria-*Arten			+	
Hepatozoon, Haemogregarina	+			+
Mikrosporidien			+	einige Arten
Myxozoa	+			
Trichodina		+		
Balantidium coli	+			
Ichthyophthirius	+			

7. Microspora

Die Microspora besitzen als übertragungsfähige Stadien einzellige **Sporen**, die je einen einzigen tubulären (hohlen) **Polfaden** oder zumindest ein Rudiment davon aufweisen und stets **obligat intrazellulär** parasitieren (Abb. 51; 53 a–d). Diese Sporen werden mit den Fäzes abgesetzt und können dann vom nächsten Wirt oral aufgenommen werden. Im Darm oder über noch unbekanntem Wege in andere Organe verdriftet, wird bei Kontakt mit einer Wirtszelle der lange Polfaden (polar filament) ausgestülpt (Abb. 52; 53). Durch dessen Hohlraum gelangt das gesamte Sporoplasma in die zwar lokal perforierte, aber intakte Wirtszelle. Unmittelbar im Cytoplasma (also ungestört von Lysosomen) wachsen die mitochondrienlosen Mikrosporidien dann zum **Meront** (**Schizont**) heran. Bei einigen Arten ist die Verschmelzung von zwei autogam entstandenen Kernen beschrieben, was einem einfachen sexuellen Prozeß entspricht. Eindeutige geschlechtliche Prozesse mit Meiose wurden dagegen in einigen Mikrosporidien von Insekten (z. B. Gatt. *Amblyospora, Edhazardia, Culicospora, Thelohania*) nachgewiesen, die einen Ploidiewechsel und zudem oft noch einen Wirtswechsel über Copepoden und zwei Generationen der jeweiligen Insektenlarven vollziehen (Abb. 54). So entstehen zunächst in Moskitolarven zweikernige Sporonten, die über eine Meiose acht

---

Abb. 51: Mikrosporidien, a, b Lichtmikroskopische Aufnahmen; c, d Transmissionselektronenmikroskopische Aufnahmen.
a) Infektiöse Spore von *Nosema* sp. × 2000
b) Zahlreiche Sporen von *Nosema* sp. in einer Wirtszelle der Schlupfwespe (*Pimpla* sp.). × 1000
c) Längsschnitt durch eine *Glugea anomala* Spore, die sich noch im Wirtszytoplasma befindet. Die äußere Cystenschicht (Exospore) ist artifiziell angeschwollen. × 25 000
d) Entwicklungsstadien von *Nosema* sp. in einer Darmzelle von *Pimpla* sp. Die meist zweikernigen Plasmodien liegen direkt im Cytoplasma. × 5000
IW = Innere Cystenwand (Endospore); L = Lipid; N = Nucleus; O = Äußere Cystenwand (Exospore), ist artifiziell angeschwollen; PL = Plasmodium; PO = Polaroplast; PP = Polar plug (Umstülpstelle, Austrittsstelle); SP = Sporoplasma (Amoeboidkeim); TQ = Tubulus quer; TU = Tubulus (Polfaden); WZ = Wirtszelle.

haploide Sporen (**Octosporen**) in einem sporophoren Vesikel ausbilden. Bei einigen Arten findet diese spezielle Sporenbildung nur in männlichen, in anderen Arten in allen Mücken-Larven statt. In den Adulten entstehen aus den Sporen über eine weitere Vermehrungsphase anders aussehende, diploide Sporen, die auch in die Insekteneier übergehen und so die nächste Generation infizieren (z. B. *Amblyospora*, Abb. 54 c). Die Octosporen aus Insektenlarven, die dann

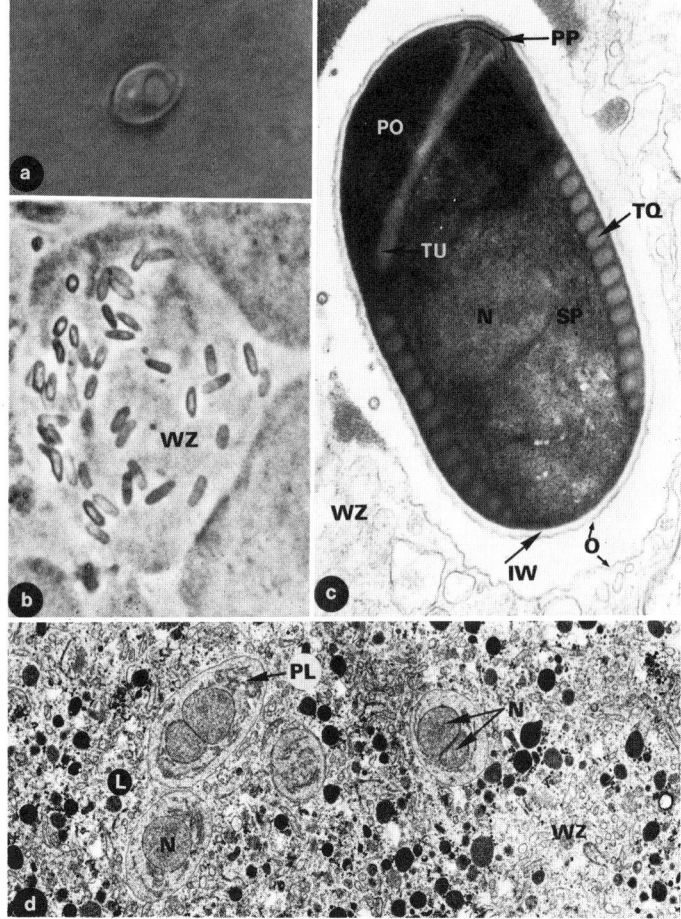

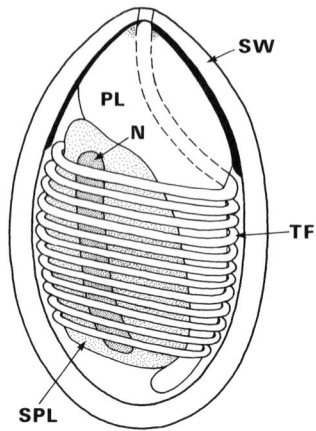

Abb. 52: Schematische Darstellung einer Spore von *Thelohania californica* aus der Mücke *Culex tarsalis*. N = Nukleus, Zellkern; PL = Polaroplast; SPL = Sporoplasma; SW = Sporocystenwand; TF = Tubulärer Polfaden.

häufig sterben, sind für Copepoden infektiös. Die dort entstehenden neuen Sporen sind danach wieder auf Mücken-Larven übertragbar, wenn diese befallene Copepoden fressen. Bereits die heranwachsenden Meronten können ihre Wirtszelle und deren Kerne zu Riesenwachstum (bis mehrere mm Länge) stimulieren (**Xenombildung**). Die Ausgangsmeronten sind artspezifisch ein- (*Encephalitozoon, Glugea,* s. u.) oder zweikernig (*Nosema, Ichthyosporidium* s. u.) und reproduzieren sich durch simultane Zwei- oder Vielfachteilung bzw. durch Plasmatomie (**Merogonie**). Bei den meisten Arten erfolgt dies direkt im Cytoplasma, bei *Encephalitozoon* sp. in einer sekundär entstandenen parasitophoren Vakuole. Ausgehend von artspezifisch ein- bzw. zweikernigen Meronten wird die **Sporogonie** eingeleitet. Dabei lagert sich auf der Zelloberfläche dieser nunmehrigen **Sporonten** eine elektronendichte Schicht ab, die im Verlauf der Sporulation zur äußeren Schalenschicht (**Exospore**) wird. In einigen Fällen teilen sich die Sporonten direkt durch Zweiteilung in die **Sporoblasten** (*Encephalitozoon* sp.), in anderen Fällen treten vielkernige Plasmodien auf (Abb. 54). Dieser Ablauf ist sehr streng artspezifisch determiniert. Bei der Gruppe der Pansporoblastina (s. u.) finden die letzten Schritte der Sporenbildung in einer für mehrere Sporen gemeinsamen Hülle (= sporophoren Vakuole) statt, während dies bei den Apansporoblastina unterbleibt und die Entwicklung direkt im Cytoplasma erfolgt. Diese Entwicklungen (**Merogonie, Sporogonie**) können bei einigen Arten dimorph verlaufen, so daß dann äußerlich jeweils verschiedene Meronten bzw. Sporonten nebeneinander auftreten. Allerdings ist deren Bedeutung unbekannt. Der äußeren Sporenwand (**Exospore**)

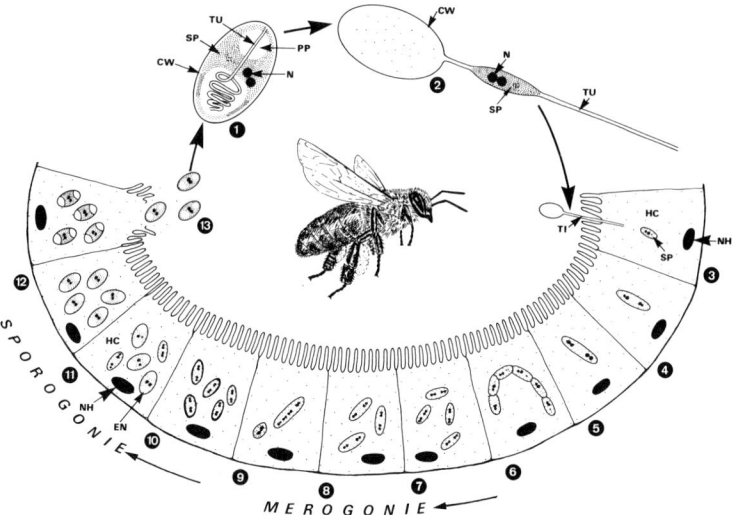

Abb. 53: *Nosema apis.* Schematische Darstellung des Lebenszyklus.

1. Infektiöse **Sporen** werden mit Fäzes abgesetzt oder nach dem Tod der Biene frei. Charakteristisch ist das Auftreten von **zwei**, dicht aneinandergelagerten **Kernen** (*engl.* diplokaryotic) im Sporoplasma.

2.–3. Nach oraler Aufnahme durch den neuen Wirt wird der hohle **Polfaden** ausgestülpt und in eine Wirtszelle injiziert. Durch den Schlauch wandert das Sporoplasma in das Cytoplasma der Wirtszelle ein.

4.–9. **Merogonie.** Durch wiederholte Kernteilungen entstehen 4–8 kernige Plasmodien, die immer wieder in zweikernige Bereiche zerfallen (Überschwemmungsvermehrung).

10.–13. **Sporogonie.** Die Wand um 2–4 kernige Plasmodien verdickt sich. Die 4kernigen vollziehen noch eine Plasmateilung. Die schließlich entstandenen zweikernigen Plasmodien wandeln sich zur Spore um. Dabei wird die Wand verdickt und ein tubulärer Polfaden entsteht, der im Innern aufgerollt wird. Nach Platzen der Wirtszelle werden zahlreiche Cysten frei. Durch Zerstörung der Darmzellen kommt es zur sog. *Nosema*-Ruhr, die letztlich ein Austrocknen und den Tod der Bienen bewirkt. In Verbindung mit der *Varroa jacobsoni*-Milbe ist *N. apis* eine große Bedrohung für die Bienenvölker.

CW = Cystenwand; EN = Enzystierung; HC = Wirtszelle; N = Nucleus; NH = Nucleus der Wirtszelle; PP = Polaroplast; SP = Sporoplasma; TI = Injizierter Tubulus; TU = Tubulus (Polfaden).

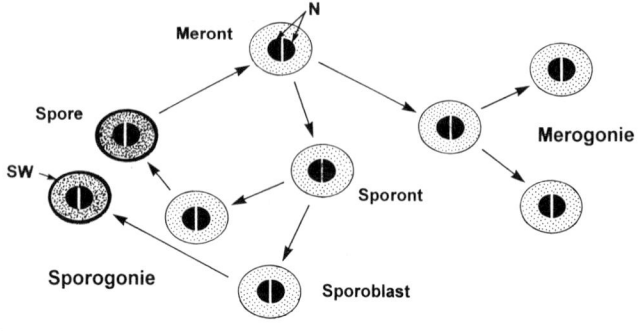

A: Nosema-Typ

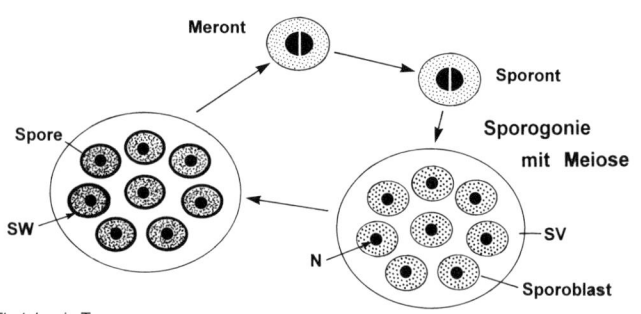

B: Thelohania-Typ

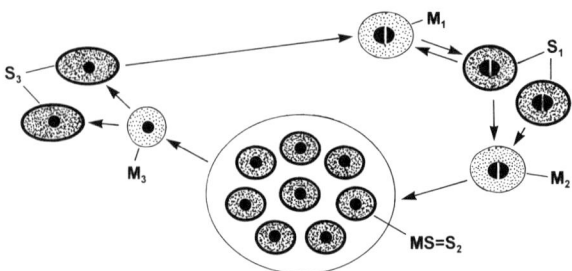

C: Amblyospora-Typ

wird in der Endphase der Sporenbildung auf der Innenseite eine weitere Schicht (**Endospore**) aufgelagert. Die Größe der infektionsfähigen Sporen variiert artspezifisch von 2,5 × 1,5 μm (*Encephalitozoon cuniculi* bei Säugern) bis 20 × 6 μm (*Mrazekia piscicola* beim Fisch *Gadus merlangus*). Die Sporenschale reagiert gram-positiv und enthält bei vielen Arten **Chitin**. Das Vorhandensein dieser Substanz und einige andere Besonderheiten nahmen manche Autoren zum Anlaß, die Mikrosporidien in die Gruppe der Pilze einzuordnen. Die phylogenetische Betrachtung auf Grund von DNA- und RNA-Untersuchungen setzt die Mikrosporidien an die Basis der Eukaryota (Abb.1). Diese Sicht wird durch das Fehlen von Mitochondrien und eines Golgi-Apparates untermauert.

Die gesamte Entwicklung ist – insbesondere bei Kaltblütern bzw. Wechselwarmen – temperaturabhängig, benötigt aber mindestens 4–7 Tage. Eine **Chemotherapie** bleibt wegen der Dauerstadien stets problematisch. Bei einigen Arten wurde jedoch gezeigt, daß Fumagillin, Albendazol und Toltrazuril die Plasmodien zerstören, s. S. 127.

System: PROTOZOA
    Stamm: MICROSPORA
      Klasse: Microsporea
        Ordnung: Microsporida
          Unterord.: Pansporoblastina
            Gattung: *Pleistophora*
            Gattung: *Thelohania*
            Gattung: *Glugea*
            Gattung: *Heterospora*
          Unterord.: Apansporoblastina
            Gattung: *Nosema*

Abb. 54: Schematische Darstellung verschiedener Typen von Lebenszyklen bei Mikrosporidien (nach Baker et al. 1997). Ausgangspunkt der Infektion ist immer die **Spore**, aus der im neuen Wirt ein Meront hervorgeht. **A:** *Nosema-* **Typ**: alle Stadien des Zyklus sind doppelkernig, aus jedem Sporont gehen zwei Sporen hervor. **B:** *Thelohania*-**Typ**: die Stadien der Merogonie sind doppelkernig. In der Sporogonie gehen aus einem Sporont (unter Meiose) 8 Sporen hervor, die in einer sporophoren Vakuole (SV) liegen. **C:** *Amblyospora-* **Typ**: Hier kommt es zunächst zu einer *Nosema*-artigen Entwicklung im Wirt 1 (z. B. Insekt), dann zu einer transovariellen Übertragung auf die Tochterindividuen, wo eine *Thelohania*-artige Entwicklung stattfindet. Im Zwischenwirt führen dann Meiosporen zu einkernigen Sporen (3). M = Merontentypen; MS = Meiospore; N = Kern; S = Sporentypen; SV = Sporophore Vakuole; SW = Sporenwand.

Gattung: *Encephalitozoon*
Gattung: *Ichthyosporidium*
Gattung: *Enterocytozoon*
Gattung: *Septata*
Gattung: *Mrazekia*

Die oben aufgelisteten Gattungen sind von besonderer wirtschaftlicher oder medizinischer Bedeutung. *Nosema apis* und *N. bombycis* können bei Befall von Bienen bzw. Seidenspinnern ganze Völker bzw. Populationen ausrotten, da diese Tiere auf engem Raum leben und so sehr kurze Übertragungswege bieten.

Die infektionsfähigen **Sporen** von *N. apis*, deren Wand **Chitin** enthält, messen $4–8 \times 2–4\,\mu m$ (Abb. 51 a; 53); ihr schlauchförmiger Polfaden erreicht etwa $200–450\,\mu m$ Länge, wenn er im Ventriculus oder Mitteldarm der Bienen ausgestülpt wird und die peritrophische Membran perforiert. Das Schlüpfen und Eindringen des zweikernigen Sporoplasmas ($0,8–4\,\mu m$ groß) in die Epithelzellen des Darmes erfolgt relativ schnell (etwa 30 min.). Nach einer Wachstumsphase im Cytoplasma der Wirtszelle beginnen die Vermehrungsteilungen. Über meist zweikernige Stadien (selten auch Tetraden) entstehen schließlich wieder zahlreiche Sporen mit einem zweikernigen **Sporoplasma**; nach dem Zerreißen der Wirtszellen gelangen die Sporen mit den Fäzes ins Freie. Für den gesamten Entwicklungsprozeß werden temperaturabhängig etwa 4–7 Tage benötigt (= **Präpatenz**). Infizierte Bienen haben häufig Dysenterie, sind daher stark geschwächt und sterben in großer Zahl. Obwohl bei Königinnen meist die Ovarien nicht befallen werden, kommt es zu deren Degeneration, so daß infolge dieser **parasitären Sterilisation** ganze Bienenstöcke aussterben. Ähnliche Folgen hat ein Befall anderer *Nosema*-Arten für ihre Wirte (u. a. *Drosophila*-Zuchten).

Die Arten der Gattungen *Glugea* (Abb. 51 c), *Pleistophora*, *Loma*, *Ichthyosporidium* und *Mrazekia* parasitieren bei zahlreichen Fischarten und führen ebenfalls zu hohen wirtschaftlichen Verlusten. Die befallenen Zellen (artspezifisch Muskel, Unterhaut oder Darm) hypertrophieren sehr stark und erscheinen z. T. als erbsengroße, weißliche **Cysten** (**Xenome**), in denen aus jedem Trophozoiten zwei Sporen hervorgehen. Starker Befall führt häufig zu monströsen Veränderungen und oft zum Tode der Fische. Da im weiteren eine große Fülle von Arten besteht und interessante morphologische und biologische Zusammenhänge in den letzten Jahren beschrieben wurden, wird auf Spezialliteratur verwiesen (Canning, Lom 1986).

Schon seit Jahren wurde der Befall von immunkompromittierten Menschen mit der bei Hasen, Kaninchen und Nagern weitverbreiteten, sehr wirtsunspezifischen Art *Encephalitozoon cuniculi* berichtet. Stets traten tödlich verlaufende Entzündungen auf, die auf dem direkten Auftreten der Erreger in verschiedenen Organen beruhten.

Eine weitere Art der Gattung *Encephalitozoon* (*E. hellem*) parasitiert in Zellen der Cornea, der Nase, Niere und Lunge des Menschen. Die Nachweise von Arten weiterer Gattungen als bedeutende opportunistische Krankheitserreger bei immungeschwächten Personen häufen sich seit 1985:

- *Enterocytozoon bieneusi* macht z. Zt. 40% aller Mikrosporidienfunde aus und führt infolge des Darmbefalls zu schweren Diarrhöen. Die Erreger, deren Sporen nur 1,5 × 0,8 mm messen und durch 4–7 Windungen des Polfadens ausgezeichnet sind, liegen innerhalb der Darmepithelzellen stets direkt im Cytoplasma, und zwar dicht am Nukleus. Sie zerstören schließlich die befallene Zelle.
- *Encephalitozoon intestinalis* (alter Name *Septata intestinalis*) befällt ebenfalls den Darmtrakt und bedingt entsprechende schwere Diarrhöen.
- *Trachipleistophora hominis* wurde in den unterschiedlichsten Zellen (Nase, Auge, Herz, Hirn) befallener Personen angetroffen; diese Art führt zudem häufig zu Myositis. Die Sporen messen 4 × 2,4 µm und der Polfaden weist elf Windungen auf.
- *Nosema connori*, Sporen von 4 × 2 µm Größe und 10–12 Polfadenwindungen finden sich in Zellen von Magen, Niere, Leber, Herz, Lunge.
- *Vittaforma corneae* (alter Name *Nosema corneum*) tritt in der Hornhaut auf und führt zu beträchtlichen Schäden (Keratitis).

Neuerdings wurden derartige Mikrosporidien auch bei immungesunden Menschen, die von Tropenaufenthalten persistierende Diarrhöen mitgebracht hatten, nachgewiesen.

Mit Verfeinerung der Diagnosetechnik dürften auf diesem Gebiet weitere Nachweise zu erwarten sein, zumal oft gleichzeitiger Befall mit dem opportunistischer Erreger *Pneumocystis carinii* auftritt und letzterer immerhin Todesursache für 30% der AIDS-Patienten ist. Eine **Chemotherapie** der Mikrosporidiosen des Menschen ist noch unbekannt. Albendazol erwies sich jedoch in vitro als sehr wirksam.

Mikrosporidienarten sind allerdings nicht auf Vertebraten bzw. Nutzinsekten allein beschränkt. So finden sich viele Arten als **Hyperparasiten** bei Cercarien, adulten Trematoden (u. a. Schistosomen), Cestoden, Nematoden und Acanthocephalen. Daneben treten sie auch bei vielen freilebenden Evertebraten auf. Diese ubiquitäre Verbreitung und ihre z. T. enorme Pathogenität für einige Insektenarten brachten einige Forschergruppen auf die Idee, sie zur biologischen Schädlingsbekämpfung einzusetzen (z. B. bei der Bekämpfung der Malaria-Mücken: Gatt. *Anopheles*) etwa durch Versprühen von *Nosema*-Sporen.

8. Myxozoa

Als **Myxozoa** sind eine Reihe ausschließlich parasitisch lebender Arten zusammengefaßt. Diese werden durch **Sporen** übertragen, die aus vielzelligen Vorstufen hervorgehen, eine bis **6 Polkapseln** aufweisen und oft mehrere Schalen ausbilden können. Die Polkapseln können auf beide Pole verteilt (*Myxidium*) oder auf einen Pol beschränkt sein (Abb. 55; 59). Die im Darm der Wirte freiwerdenden Polfäden dienen zur Verankerung. Danach öffnet sich die Schale(n), das Sporoplasma tritt aus und dringt in andere Gewebe ein, wo schließlich wieder viele Sporen entstehen, die zum Teil erst nach dem Tod des Wirts freiwerden, oder z. B. direkt von einem Raubfisch aufgenommen werden müssen. Die **Entwicklung** (s. Abb. 56) erfolgt bei den meisten Arten in **Interzellularräumen** (z. B. Knorpel und anderes Bindegewebe), jedoch ist auch ein **intrazellulärer Parasitismus** nicht so selten wie ursprünglich angenommen. So vermehren sich z. B. die meisten Arten der Ordnung Multivalvulida (*Kudoa, Unicapsula*) in Myocyten, wo sich auch einige Stadien von *Myxobolus cyprini* entwickeln. Die 1350 Arten der Myxospora treten vorwiegend bei Fischen auf und können dort zu enormen wirtschaftlichen Verlusten führen, z. B. als Erreger der Schwimmblasenentzündung (**SBE**) der Karpfen, der Nierenkrankheit (**PKD**) und der Drehkrankheit bei Salmoniden.

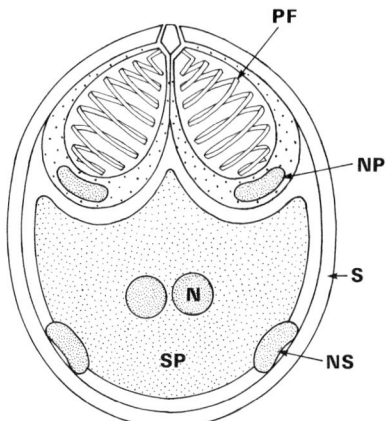

Abb. 55: Schematische Darstellung einer Spore der Gattung *Myxobolus*. N = Kern, Nucleus; NP = Kern der Polkapsel; NS = Kern der Schalenhälfte; PF = Polfaden; S = Schalenwand; SP = Sporoplasma.

Der Lebenszyklus der Vertreter der Klasse Myxosporea ist komplex und in vielen Einzelheiten noch unbekannt. So wird in Abb. 56 der Versuch unternommen, die bekannten, gesicherten Daten darzustellen.

Dieses Schema geht von zwei Prämissen aus:

1. Die Übertragung erfolgt durch die Sporen direkt.
2. Das ausschlüpfende Sporoplasma wandert direkt an den Ort seiner späteren Entwicklung.

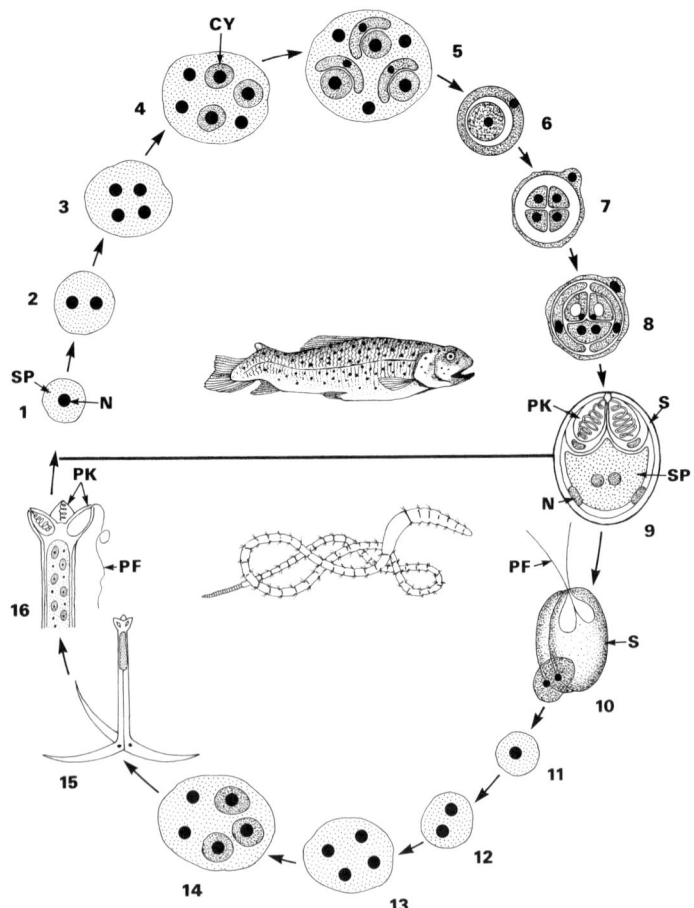

Für beide Postulate wurden jedoch bereits Ausnahmen bei einzelnen Arten (z. B. *Myxobolus cerebralis, Sphaerospora renicola* s. o.) festgestellt. So führt *M. cerebralis* einen obligaten Wirtswechsel über Tubificiden durch. Die dort auftretenden Stadien sind unter dem Gattungsnamen *Triactinomyxon* bereits seit längerem bekannt (Abb. 57); sie allein sollen für Salmoniden infektiös sein. Bei *S. renicola* finden sich mehrere extrasporogonische Vermehrungsstadien in der Schwimmblasenwand der Karpfen, die sich in ähnlicher Weise auch bei den Erregern der Nierenschwellungen (**PKD**) bei Salmoniden ausbilden und so zu einer Überschwemmung der betroffenen Gewebe führen. Aus den jeweiligen sekundären bzw. tertiären Teilungsstadien können sich dann wieder Sporen entwickeln und so die Parasiten verbreiten.

Bemerkenswert bei den **Myxozoa** ist, daß sie im Sporenstadium eigentlich **Vielzeller** sind und somit bei strenger Auslegung nicht zu den Protozoa gerechnet werden dürften (Abb. 55). Einige Autoren halten folgerichtig die Myxozoa auch für echte Metazoen, die aufgrund ihres Parasitismus wieder eine Dedifferenzierung erfahren haben (Abb. 1). Als Verwandte glaubt man die Cnidaria aus dem Stamm der

---

Abb. 56: Schematische Darstellung des Lebenszyklus des Forellenparasiten *Myxobolus* (syn. *Myxosoma*) *cerebralis*.

1–3   Die **Forelle** hat einen Oligochaeten (**Tubifex** sp.) gefressen, der sog. *Triactinomyxon*-Stadien enthielt (vgl. Abb. 57). Ein Sporoplasma (SP) kriecht aus und gelangt z.B. ins Knorpelgewebe, und der Kern des SP (N) teilt sich mehrfach.

4   Durch Membranbildung entstehen im Trophozoiten einkernige Bereiche = Cytomeren (CY)-Zellen.

5–9   Je zwei Cytomeren lagern sich aneinander und differenzieren sich, wobei eine zur Hüllzelle (6) wird. Durch Teilungen entsteht schließlich die vielzellige, zweiklappige Spore (9).

10, 11   Stirbt der Fisch, oder wird die Spore auf anderem Wege frei, so wird sie von Destruenten (hier *Tubifex*) gefressen. Im Darm klappen die Schalenhälften auf und entlassen das zweikernige Sporoplasma (SP), das in die Wand des Darms vordringt. Die Kerne des SP verschmelzen.

12–14   Kernteilungen führen zur Bildung eines multinukleären Plasmodiums, in dem später ebenfalls Cytomeren (14) entstehen.

15–16   Innerhalb der Plasmodien entstehen die *Triactinomyxon*-Stadien (15), die am stumpfen Pol drei Polkapseln aufweisen und dort schließlich über ein Plasmodium mehrere einkernige Amoeboidkeime = Sporoplasmen bilden.

CY = Cytomere; N = Nucleus, Zellkern; PF = Polfaden; PK = Polkapsel; S = Schalenklappe; SP = Sporoplasma.

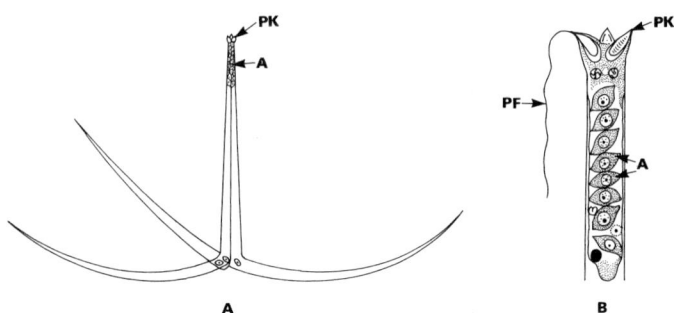

Abb. 57: Schem. Darstellung der Spore von *Triactinomyxon ignotum* (A) mit einer Vergrößerung des Polkapselbereichs (B). Lebenszyklus s. Abb. 56.
A = Amoeboidkeime; PF = Polfaden (solide, ausgeschleudert); PK = Polkapsel.

Coelenterata (Hohltiere) ausgemacht zu haben, weil diese ebenfalls ausschleuderbare Polfäden (sog. Cniden) aufweisen (vgl. S. 18).

System: PROTOZOA
Stamm: MYXOZOA
Klasse: Myxosporea
   Ordnung: Bivalvulida
      Unterordnung: Bipolarina
         Gattung: *Myxidium*
         Gattung: *Sphaeromyxa*

Abb. 58: Myxozoa, a–c Lichtmikroskopische Aufnahmen, d TEM-Aufnahmen
a) Sporen von *Henneguya* sp. (gefärbt) aus dem Diskusfisch. Diese Art weist 2 Polkapseln und ein langes Schalenfilament auf. × 1500
b) Sporen von *Myxobolus* sp. (Phasenkontrast) in Seitenlage, so daß eine Polkapsel nur undeutlich erscheint. × 2000
c) *Myxobolus* (= *Myxosoma*) sp. Cysten im Kiemenknorpel der Forelle enthalten bereits zahlreiche Sporen. × 250
d) *Myxobolus* sp. aus der Brachse. Schnitt durch einen **Pansporoblasten,** der interzellulär liegt. Nur eine Polkapselanlage befindet sich in der Schnittebene. (Vergl. Abb. 56). × 20 000
A = Amoeboidkeim (Sporoplasma); AE = Amoeboidkeim in der Entwicklung; CA 1,2 = Capsulogene Zellen (Polkapselbildner); CY = Cyste; KI = Kiemenspange; KS = Knorpelspange; L = Lipid; N = Nucleus; NS = Nucleus des Amoeboidkeims; PE = Pericyte; PEN = Polkapselanlage; PF = Polfaden; PK = Polkapsel; S = Sporen; VG = Valvulogene Zellen (= Schalenbildner).

Unterordnung: Eurysporina (= Unipolariina)
   Gattung: *Ceratomyxa*
   Gattung: *Chloromyxa*
   Gattung: *Sphaerospora*
Unterordnung: Platysporina (= Unipolariina)
   Gattung: *Myxosoma*
   Gattung: *Myxobolus*

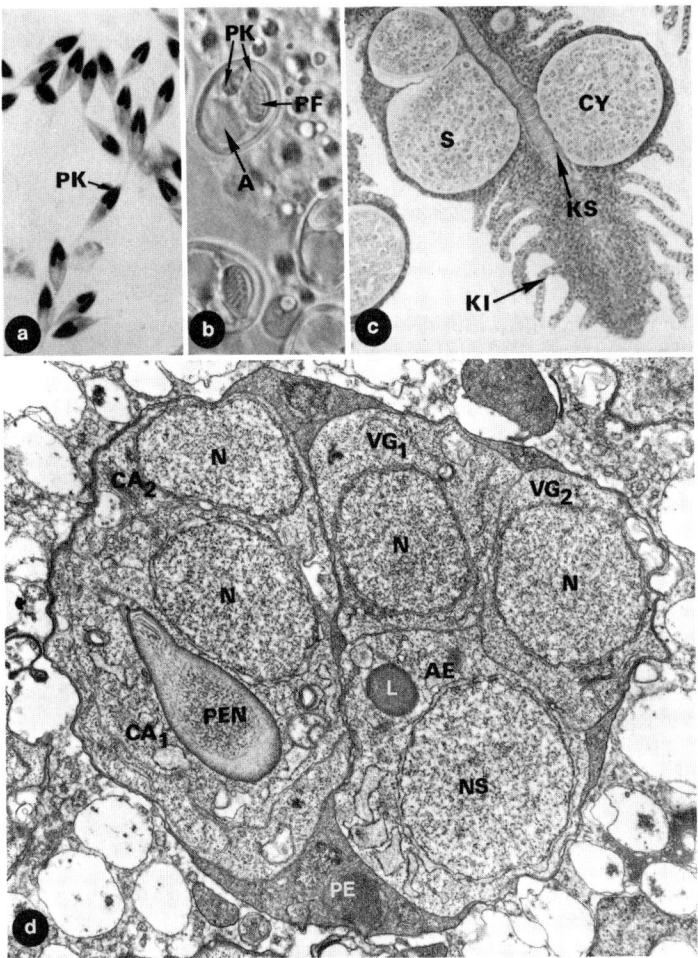

Gattung: *Henneguya*
Gattung: *Thelohanellus*
Unterordnung: Multivalvulida
  Gattung: *Kudoa*
  Gattung: *Hexacapsula*
  Gattung: *Unicapsula*
Klasse: Actinosporea
  Ordnung: Actinomyxida
    Gattung: *Triactinomyxon*

Die **Sporen** von *Myxobolus cerebralis* (Abb. 55; 56; 58 c) sind ovoid mit einer maximalen Länge von etwa 8–10 µm; ihre zweiklappige Schale (Abb. 55) besteht aus sklerotisierten Proteinen, denen außen eine Schicht von Mucopolysacchariden aufgelagert ist. Das Sporoplasma enthält zwei Kerne und im Gegensatz zu den Microspora typische Mitochondrien, Golgi-Apparat, ER, Vakuolen etc. Zwei Polkapseln finden sich am vorderen Pol (= Uord. **Unipolariina**). Nachdem ein Fisch derartige Sporen aufgenommen hat, öffnet sich in dessen Darm die Sporenschale; das freigesetzte Sporoplasma wandert in kurzer Zeit durch die Darmwand in knorpelige Zonen des Kopfes und der Gräten ein. Auf dem Wege dorthin sind die beiden (haploiden?) Kerne miteinander verschmolzen, was offenbar einer Autogamie entspricht. Im Knorpelgewebe wächst in etwa 4 Monaten unter gleichzeitigen Kernteilungen ein vielkerniger Trophozoit (= Plasmodium) von mehr als 1 mm Durchmesser heran, der sich durch Aufnahme der Knorpelgrundsubstanz ernährt (Abb. 56). Während der Kernteilungen entstehen zwei Kerntypen: ein generativer und ein somatischer. (Letzterer scheint zu degenerieren; in einigen neueren Arbeiten werden diese allerdings für Kerne einer syncytialen Wirtszelle gehalten.) Im weiteren Verlauf der Entwicklung umgeben sich die generativen Kerne jeweils mit etwas Cytoplasma, das abgeschnürt wird (Cytomerenbildung). So entstehen innerhalb des Trophozoiten zahlreiche, einkernige Zellen, die als **Sporoblasten** bezeichnet werden und aus denen jeweils zwei Sporen hervorgehen. (Sie werden daher auch als **Pansporoblasten** bezeichnet, weil sich mehr als eine Spore – bei anderen Arten sind es viele – aus ihnen entwickeln.) Die eigentliche Sporenbildung (etwa 8 Monate p. i.) verläuft dabei wie in Abb. 56 dargestellt.

Die so gebildeten Sporen sind nach einer Reifungsphase von etwa 4 Monaten infektionsfähig; sie bleiben es für etwa 3–5 Jahre, werden nach dem Tod der Wirte frei oder tauchen in den Fäzes von Raubfischen unbeschadet wieder auf. Die im weiteren erwähnten Arten haben einen ähnlichen Entwicklungszyklus.

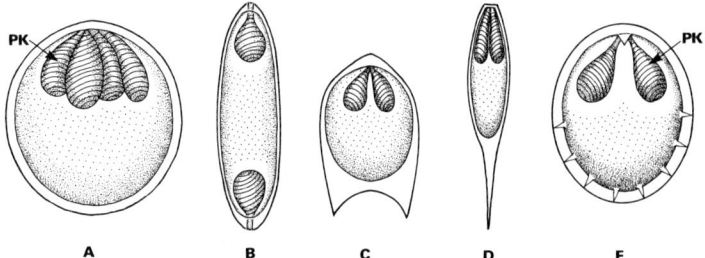

Abb. 59: Schem. Darstellung verschiedener Myxozoa-Sporen. A. *Chloromyxum* sp., B. *Myxidium* sp., C. *Hoferellus cyprini*, D. *Henneguya psorospermica*, E. *Myxobolus pfeifferi* (nach Reichenow).
PK = Polkapsel.

Andere *Myxobolus*-Arten weisen Sporen (Abb. 58 b; 59 E) von etwa 12 × 8 µm Größe auf (einzelne Arten erreichen auch 25 µm) und enthalten am zugespitzten Ende zwei Polkapseln von etwa 4 × 3 µm Größe. Die Sporen entstehen innerhalb von bis zu 5 mm großen Cysten in verschiedenen Organen (artspezifisch). Insbesondere *M. pfeifferi* kann enorme tumorartige Veränderungen hervorrufen. Andere Arten sitzen in den Kiemen und führen durch Beeinträchtigung der Atmung zum Tod der Fische.

Henneguya-Arten besitzen ebenfalls zwei Polkapseln an einem Sporenpol (= Unipolariina); sie sind durch je einen langen, fadenförmigen Fortsatz an den beiden Schalenklappen gekennzeichnet und erreichen daher bis zu 60 µm Länge (Abb. 58 a). Sie bilden etwa 1 mm große, von Bindegewebe umschlossene Cysten (diese enthalten zunächst das Plasmodium, später die Sporen) in den Augen, in den Flossen und den Kiemen zahlreicher Süßwasserfische.

Sphaerospora- und *Chloromyxum*-Arten parasitieren (bei 20–100% Durchseuchung!) im Darmsystem, in den Nierentubuli oder Kiemen von verschiedenen Zuchtfischen. Im Gegensatz zu anderen Myxosporea bilden jedoch die *Sphaerospora*-Arten keine Plasmodien oder Cysten in den Geweben ihrer Wirte, sondern ihre Pansporoblasten liegen frei im Lumen der Nierenkanäle oder im Interstitium der Kiemen.

Sporen von *Thelohanellus nikolskii* und verwandten Arten besitzen im Gegensatz zu den oben erwähnten Formen nur eine einzelne Polkapsel. Sie entstehen in 1–2 mm großen Cysten an den Schwanzflossen von Karpfen.

Als Vertreter der Unterordnung **Bipolarina** seien die Arten der

Gattung *Myxidium* erwähnt (Abb. 59 B). Die Sporen dieser Arten haben je eine Polkapsel an den Polen; sie erreichen eine Größe von etwa 20 µm × 10–13 µm und entwickeln sich aus **Pansporoblasten** (Abb. 58 d) in allen Hohlorganen und verschiedenen Geweben zahlreicher Nutzfische (aber auch bei Amphibien). Im Prinzip ähnelt ihr Entwicklungszyklus dem von *Myxobolus*-Arten. Trotz häufig beobachteten Massenbefalls wurde bisher nur bei einigen Arten, die z. B. die Nieren von Lachsen zerstören, über gravierende Schäden berichtet. Da auch bei dieser Gruppe das System und die Wertung morphologischer und biologischer Fakten noch umstritten ist, wird auf zusammenfassende Literatur verwiesen. Eine **Chemotherapie** ist neuerdings mit Toltrazuril (im Wasserbad) und dem Antibiotikum Fumagillin (im Futter) möglich.

9. Ascetospora

Beim Stamm Ascetospora handelt es sich um intrazelluläre Parasiten von Turbellarien, Anneliden, Mollusken, Krebsen und anderen Evertebraten. Die mehrzelligen Sporen der Vertreter der beiden Klassen **Haplorea** und **Paramyxea** besitzen weder Polkapseln noch irgendwie geartete Polfäden. Corliss (1994) unterscheidet Paramyxidea, Marteiliidea und Haplosporidea, die die Gattungen *Haplosporidium* (z. B. bei Mollusken, Decapoden), *Urosporidium* (z. B. als Hyperparasit in Cercarien), *Paramyxa* (bei Polychaeten), *Marteilia* (z. B. bei Austern) oder *Bonamia* (ebenfalls bei Austern) enthalten. Das Sporoplasma kriecht je nach Familie durch vorgeformte Poren (Opercula) oder nach Platzen der Schale aus. Zwar sind die Arten der Ascetospora häufig sehr pathogen für ihre jeweiligen Wirte, so daß man auch an ihren Einsatz bei der biologischen Bekämpfung von Mollusken oder etwa von Parasiten der Auster denkt, aber dennoch ist ihre unmittelbare Bedeutung für den Menschen gering, so daß hier auf Spezialliteratur verwiesen werden muß (Anderson et al., 1993).

10. Ciliaten

System: PROTOZOA
Stamm: CILIOPHORA (Auszug)
  Klasse: Kinetofragminophorea
    Ordnung: Trichostomatida
      Gattung: *Balantidium*
      Gattung: *Apiosoma*
    Ordnung: Cyrtophorida
      Gattung: *Chilodonella*
  Klasse: Oligohymenophorea
    Ordnung: Hymenostomatida
      Gattung: *Ichthyophthirius*
      Gattung: *Cryptocaryon*
    Ordnung: Peritrichida
      Gattung: *Trichodina*
      Gattung: *Epistylis*
      Gattung: *Carchesium*

Die Ciliaten, die in sehr großer Artenzahl auftreten, sind durch den (zumindest in der Entwicklung nachzuweisenden) Besitz von Wimpern (Cilien) als Bewegungsorganelle und durch einen **Kerndimorphismus** (Mikro- und Makronukleus) ausgezeichnet. In dieser Gruppe, deren Systematik sehr kompliziert ist, gibt es eine sehr große Anzahl von Kommensalen und Epizoen, bei denen offenbar Übergänge zum Parasitismus bestehen. Bei Arten der Gattungen *Carchesium, Epistylis, Glossatella* und *Apiosoma* (Abb. 63), die häufig auf Kiemen von Fischen angetroffen werden, ist allerdings nicht eindeutig geklärt, ob sie eine schädigende Wirkung auf den Wirt haben. Für den Menschen hat lediglich eine Spezies als Parasit Bedeutung erlangt: *Balantidium coli* (60–150 µm lang). Sie lebt als Kommensale im Dickdarm, z. B. von Schweinen. *B. coli* vermehrt sich vegetativ durch Querteilung und wird durch Cysten in den Fäzes übertragen (Abb. 60 a–d). Bestimmte Berufsgruppen wie Metzger und Landwirte gelten als besonders gefährdet, bei ihnen können die Parasiten in die Darmwand vordringen. Die pathogenetischen Auswirkungen von *B. coli* beruhen (ähnlich wie bei *Entamoeba histolytica*) nicht auf der unmittelbaren Zerstörung von Wirtszellen, sondern auf Sekundärinfektionen mit bestimmten Bakterien, was hier ebenfalls zu ruhrartigen Durchfällen führt, insbesondere bei immunsupprimierten Perso-

BALANTIDIUM BALANTIDIUM

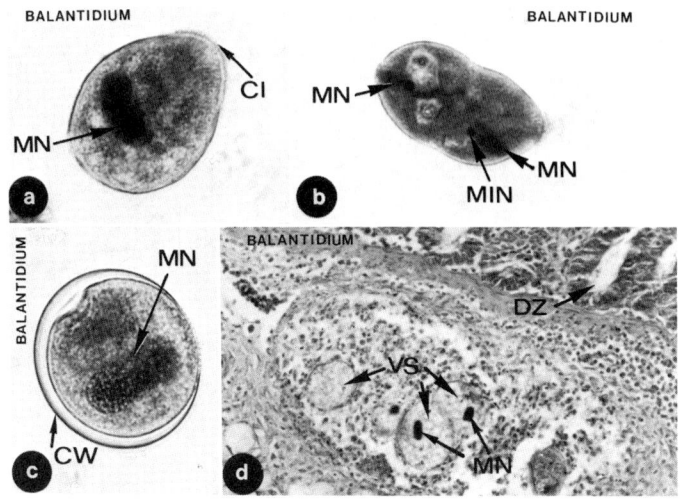

Abb. 60: Lichtmikroskopische Aufnahmen.
a–d) *Balantidium coli*. a = veg. Stadium, b = in Teilung, c = Cyste aus Fäzes,
d = veg. Stadien, die in die Darmwand vorgedrungen sind. a, c) × 500,
b) × 400, d) × 250
CI = Cilien; CW = Cystenwand; DZ = Darmzotte; MIN = Mikronucleus; MN =
Makronucleus; VS = Vegetatives Stadium.

nen (z. B. bei **AIDS**). Eine **Chemotherapie** bei Balantidose ist mit
Metronidazol und anderen Nitroimidazolen möglich.

Andere Ciliaten rufen als Parasiten von Fischen große Schäden hervor, wenn eine günstige Wassertemperatur und ein dichter Besatz der
Zuchtteiche eine Massenvermehrung ermöglichen. So befällt *Chilodonella cyprinis* die Kiemen und die Epidermis, die dadurch trüb-
weiß erscheinen. Hutartig aussehende *Trichodina*-Arten, die sich
drehend vorwärts bewegen, befallen und zerstören die Kiemen
(Abb. 63 b). *Ichthyophthirius multifiliis* (Abb. 61; 62) dringt in die
Epidermis zahlreicher Süßwasser-Fische (auch wertvoller Aquarienfi-
sche!) ein und verleiht den Tieren ein weißgepunktetes Aussehen. Bei
Salzwasserfischen tritt häufig die ebenfalls sehr pathogene Art *Cryptocaryon irritans* auf, die Krankheit wird ebenfalls als Weiße-Pünkt-
chen-Krankheit bzw. «Grieskornkrankheit» bezeichnet. Wegen der
Schnelligkeit der Entwicklung – die Schwärmer werden binnen zweier
Tage infektionsfähig – und der geringen Wirtsspezifität kommt die-

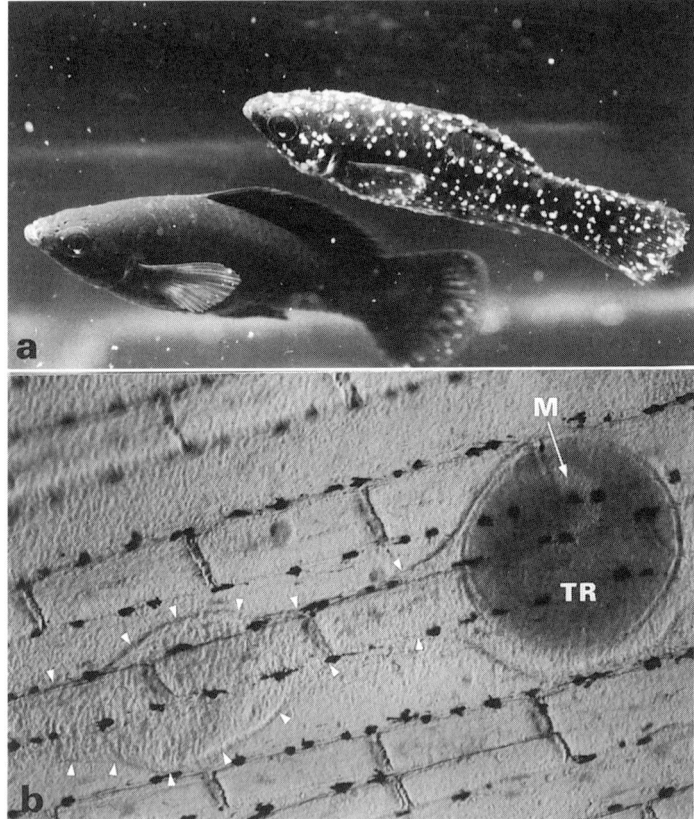

Abb. 61: Aufnahmen von Trophozoiten von *I. multifiliis* in Fischen
A. Black Mollies mit zahlreichen, weiß durchscheinenden Trophozoiten in der Haut. × 1,0
B. Lichtmikroskopische Aufnahmen eines in seinem Freßgang (Pfeile) liegenden, durchscheinenden Trophozoiten (TR) mit nierenförmigem Makronukleus (M). × 100

sem weltweit verbreiteten parasitischen Ciliaten große Bedeutung zu. Eine **Chemotherapie** ist heute mit Toltrazuril als Badebehandlung oder aber mit malachitgrünhaltigem Medizinalfutter möglich, muß aber in regelmäßigen Abständen wiederholt werden (bis zum Erlöschen der Infektionspotenz der am Grunde der Gewässer bzw. Aquarien liegenden Cysten).

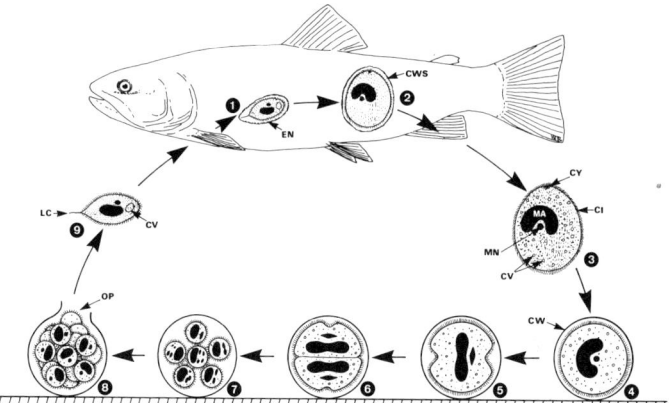

Abb. 62: *Ichthyophthirius multifiliis.* Schematische Darstellung des Lebens-zyklus. (Ähnliches gilt für die Salzwasserform *Cryptocaryon.*)

1. Der Schwärmer (Theront) dringt in die Haut eines Süßwasserfisches ein und wird enzystiert.

2. Wachstum (Trophozoit-Stadium) bis zu 1 mm Größe; diese Entwicklung dauert etwa 5–7 Tage.

3. Trophozoit verläßt nach Platzen der Hautpustel den Fisch und sinkt zu Boden.

4.–9. Nach der Enzystierung am Boden (4) innerhalb einer Stunde beginnt der Trophozoit mit wiederholten Zweiteilungen in einer primär gekammerten Cyste, bis etwa 1024 der 30–50 µm langen Schwärmer gebildet sind. Diese Entwicklungs-/Teilungsprozesse sind temperaturabhängig, können bereits nach 9 h abgeschlossen sein, aber auch drei Tage erfordern – bei 18 °C dauert es etwa 18–24 h. Die Schwärmer besitzen im Gegensatz zu den Trophozoiten nur eine kontraktile Vakuole, aber ein langes terminales Cilium (9). Nach Platzen der Cyste schwimmen die Schwärmer umher und müssen sich binnen eines Tages an einen Fisch heften, um zu überleben.

CI = Cilium; CV = Kontraktile Vakuole; CW = Cystenwand; CWS = Cystenwand in der Haut; CY = Cytostom; EN = Encystierter Schwärmer; LC = Langes, terminales Cilium; MA = Makronucleus; MN = Mikronucleus; OP = Öffnung der Cystenwand; SW = Schwärmer.

▶

Abb. 63: Licht- (c) und SEM-Aufnahmen von ciliären Kiemenparasiten bei Fischen.

a) *Apiosoma amoebea*; festsitzende Form mit apikalem Cilienkranz. × 100

b, c) *Trichodina* sp.; frei bewegliche Trophozoiten befestigen sich zeitweise mit einem verstärkten Halteapparat auf den Kiemen. b. × 300 c. × 900 (c = Aufnahme Prof. Dr. K. Hausmann, Berlin).

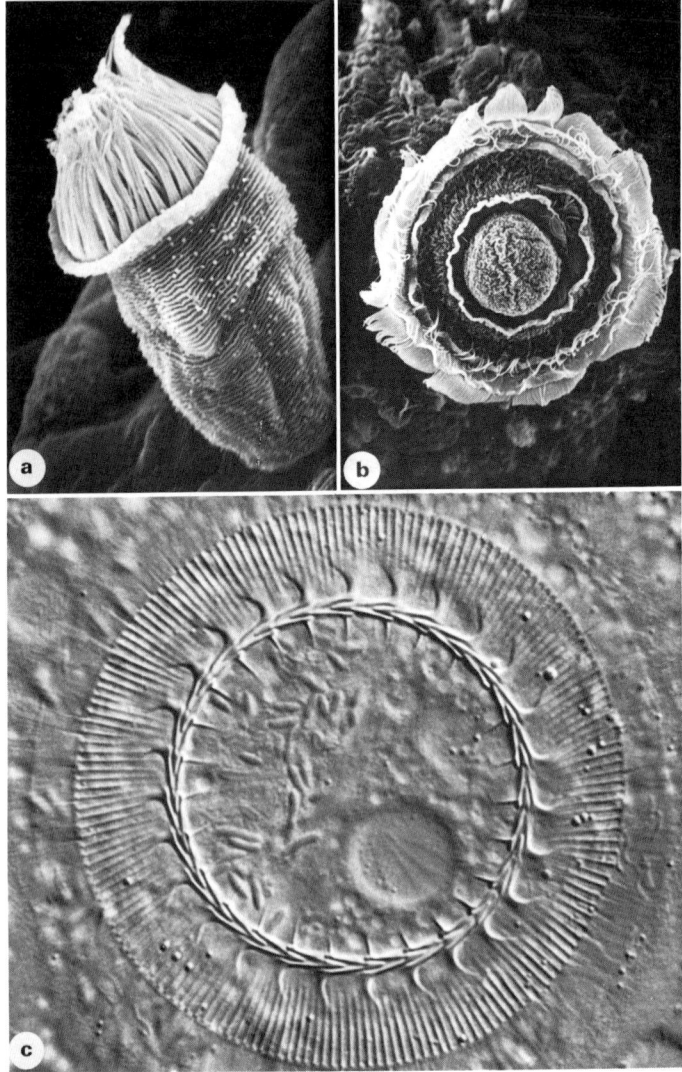

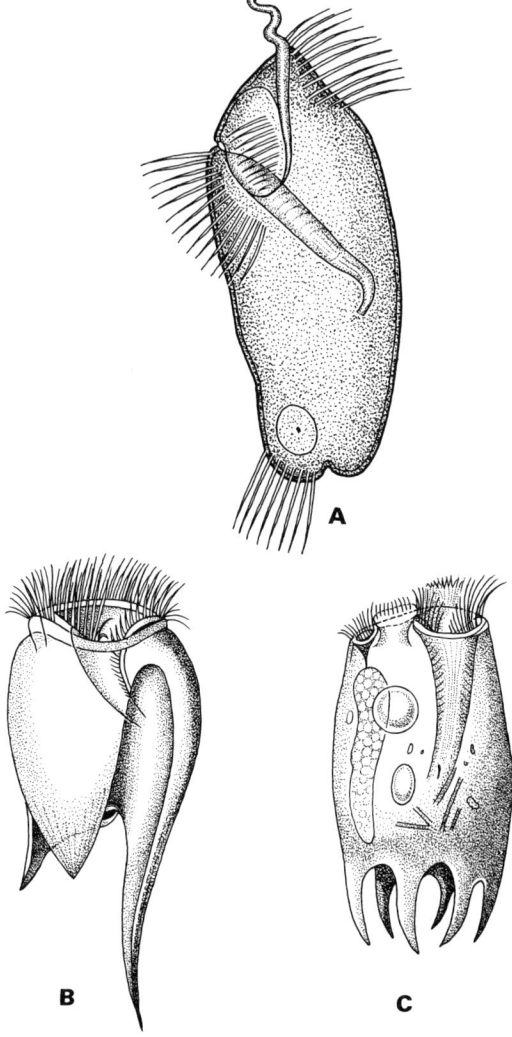

Abb. 64: Schem. Darstellung von Ciliaten im Darmtrakt von Huftieren. Diesen Formen kommt große Bedeutung bei der Verdauung zu; sie werden aber oft fälschlicherweise für Parasiten gehalten.
A. *Blepharocorys* sp., **B.** *Entodinium caudatum,* **C.** *Diplodinium denticulatum* (nach Reichenow).

Als Geschlechtsprozeß tritt bei den Ciliaten die sog. **Konjugation** auf. Während dieses Vorgangs, der mit der Aneinanderlegung von zwei Individuen beginnt, kommt es zum Austausch von je einem **Wanderkern**. Dieser ist wie der zurückbleibende stationäre Kern durch Teilungen aus dem **Mikronucleus** hervorgegangen, während sich der **Makronucleus** des Ciliaten zu Beginn der Konjugation auflöst. Nach Verschmelzung des Wanderkerns mit dem stationären Kern des Partners wird die Plasmabrücke zwischen den beiden Individuen wieder aufgelöst und diese trennen sich voneinander. In ihrem Innern entstehen durch Kernteilung wieder der typische Mikro- und Makronucleus.

Die **Vermehrung** der Ciliaten erfolgt durch **Querteilung**, wobei Mikro- und Makronukleus durchgeschnürt werden. Die Geschwindigkeit dieser asexuellen Reproduktion ist abhängig vom Ernährungszustand der jeweiligen Stadien und – bei freilebenden Formen – von der Außentemperatur. Da man relativ leicht einzelne Ciliaten isolieren kann und die Nachkommen dann wegen der wiederholten asexuellen Querteilungen erbgleich sind, wurden solche «Klone» (etwa der Gattung *Tetrahymena*) für die Erforschung der Grundlagen von genetischen Prozessen vielfach eingesetzt, so daß sie für den Menschen hierdurch und wegen ihrer Präsenz in der Nahrungskette sowie ihrer ökologischen Einnischung eine viel größere Bedeutung besitzen, als auf Grund der relativ wenigen parasitischen Arten zunächst vermutet wurde.

11. Mesozoa

Die Mesozoa leben als **Parasiten** in den **Exkretionssystemen** von Tintenfischen und anderen marinen Evertebraten. Ihr Bauplan ist so einfach, daß diese Gruppe als Übergangsform zwischen Einzellern (Protozoa) und Vielzellern (Metazoa) angesehen wird. Andere Autoren halten jedoch diese Parasiten für modifizierte echte Metazoa (etwa aus der Gruppe acoeler Turbellarien), die aufgrund ihrer parasitischen Lebensweise eine extreme Gewebereduktion vollzogen haben. Ein Teil der Mesozoen wird auch als Larvenstadien echter Metazoen interpretiert, die offenbar auf diesem Entwicklungsstadium geschlechtsreif geworden sind (**Neotenie**). Da diese Parasiten für den Menschen oder seine Haus- und Nutztiere keine wesentliche Rolle spielen und sowohl ihre Entwicklung als auch Morphologie erst bei wenigen Arten genauer untersucht ist, muß hier auf Spezialliteratur verwiesen werden.

B. HELMINTHES

Die in den folgenden Kapiteln 12–16 dargestellten Parasitengruppen werden generell als **Helminthen** = Würmer zusammengefaßt, obwohl sie außer einem mehr oder minder wurmförmigen Aussehen kaum Gemeinsamkeiten im Bauplan oder etwa in der Reaktion auf Chemotherapeutika haben. Sie unterscheiden sich jedoch von den **Protozoen** (Kapitel 1–10) durch die bei den meisten Arten fehlende unmittelbare Vermehrung im **Endwirt**. So entwickeln sich in der Regel nur soviele adulte Parasiten im Endwirt, wie Larven in ihn gelangen. Eine starke Vermehrung kann dagegen in **Zwischenwirten** stattfinden (z. B. Trematoden; s. S. 176).

Große Fortschritte wurden in den letzten Jahren in der **medikamentösen Behandlung** der Wurmkrankheiten gemacht, so daß heute einige gut verträgliche und dazu noch gut wirksame Präparate vorliegen, die in den jeweiligen Abschnitten vorgestellt werden. Allerdings treten immer mehr **Resistenzen** der Parasiten gegen Chemotherapeutika in Erscheinung, so daß unbedingt auf einen sachgerechten Einsatz (Zeiten, Dosierung etc.) geachtet werden muß. Auch darf die Suche nach neuen Substanzklassen, gegen die dann noch keine Resistenzen bestehen können, nicht vernachlässigt werden, damit Alternativen zumindest zum vorübergehenden Einsatz verfügbar sind, zumal beobachtet wurde, daß Resistenzen in Parasitenpopulationen nach einiger Zeit auch wieder verschwinden können.

12. Plattwürmer, Plathelminthes

Die dem Stamm der Plathelminthes zugeordneten Formen weisen als gemeinsame Baumerkmale eine Tendenz zur dorso-ventralen Abflachung auf (= Plattwürmer). Dadurch werden besonders bei den darmlosen Arten, die sich über die Oberfläche durch Resorption ernähren, die Nahrungstransportwege kurz. Die **primäre Leibeshöhle** (i. e. der Raum zwischen Ento- und Ektoderm) ist hier mit unterschiedlichen Zelltypen angefüllt, die als Parenchymzellen zusammengefaßt werden. Daher wurden auch diese «**acoelomatischen Würmer**» den sog. **Parenchymia** zugeordnet. Der Darm endet, sofern vorhanden, stets ohne After und ist dabei häufig noch verzweigt, was wiederum zu kurzen Transportwegen führt. Alle hier eingeordneten Formen werden von je einem spezifischen **Tegument** umgeben (Abb. 74), das bei früheren lichtmikroskopischen Untersuchungen für eine **Cuticula** gehalten wurde. Bei den Turbellarien und bei freischwimmenden Larven von Arten der beiden anderen Klassen weist die zelluläre Epidermis außerdem noch Cilien auf. Die Larven werfen jedoch im Laufe der Entwicklung diese bewimperte Epidermis ab und bilden eine syncytiale, kernlose neue Schicht (= **Neodermis**, Tegument), die ihrerseits wiederum spezifische Ausdifferenzierungen erfährt (vergl. die Verhältnisse bei Saugwürmern und Bandwürmern, Abb. 87 i). Stets befinden sich jedoch unter dem Tegument ringförmige, längs- und dorsoventral verlaufende Muskelfasern, mit deren Hilfe sie sich in der unterschiedlichsten Art und Weise bewegen können. Als Exkretionsorgane dienen Protonephridien, auch als **Cyrtocyten** bezeichnet (Abb. 71; 72). Das Nervensystem besteht bei den parasitischen Formen aus Längssträngen, die besonders im apikalen Pol der Tiere Ganglienkonzentrationen und Kommissuren aufweisen. Eigentliche Lichtsinnesorgane sind bei den adulten endoparasitischen Formen nicht (mehr) vorhanden. Bis auf wenige Ausnahmen sind die Plattwürmer **Zwitter**; die artspezifische Struktur des Geschlechtssystems wird auch zur Taxonomie herangezogen.

Der Entwicklungsgang verläuft bei den freilebenden Plathelminthen (z. B. Turbellarien) direkt*, während bei den Parasiten in die-

---

* Direkt bedeutet hier **ohne Wirtswechsel**, es können jedoch durchaus Larvenstadien auftreten (Zoolog. Terminologie: direkt = ohne Larven; indirekt = mit Larven).

sem Tierstamm (z. B. sog. Egel, Bandwürmer) Wirtswechsel auftreten können. Bestimmte Saugwürmer (sog. Digenea) weisen zudem noch einen typischen namensgebenden **Generationswechsel** auf, der in unterschiedlicher Weise abläuft. Da die Turbellarien nur wenige und zudem noch human- bzw. veterinärmedizinisch unbedeutende parasitische Formen enthalten, werden diese hier ausgeklammert.

In den meisten tier- oder humanmedizinisch ausgerichteten Lehrbüchern findet sich folgendes System, das aber in keiner Weise die phylogenetischen Verwandtschaftsbeziehungen reflektiert, wie aus modernen elektronenmikroskopischen und molekularbiologischen Untersuchungen hervorgeht.

System: Stamm: PLATHELMINTHES
1. Klasse: Turbellaria – Strudelwürmer – meist freilebende Arten
2. Klasse: Trematoda – Saugwürmer – ausschließlich parasitische Arten
   1. Unterklasse: Aspidobothrea (Aspidogastrea)
   2. Unterklasse: Monogenea
   3. Unterklasse: Digenea
3. Klasse: Cestoda – Bandwürmer – ausschließlich parasitische Arten
   1. Unterklasse: Cestodaria
   2. Unterklasse: Eucestoda
Basierend auf den Systematisierungsmethoden von Hennig (1950) und Ax (1984) legte Ehlers (1985) ein anderes Verwandtschaftsdiagramm der rezenten Plathelminthen vor, das in Auszügen – die parasitischen Formen betreffend – nachfolgend dargestellt ist. Ehlers hält dabei allerdings die Zuordnung von Teilgruppen zu systematisch-hierarchischen Begriffen wie Gattung, Familie, Ordnung, Klasse etc. für «überflüssig» und aus Gründen der «Nichtvergleichbarkeit» mit den Verhältnissen bei anderen Tierstämmen für «unangebracht». Die entsprechende Ranghöhe wird durch entsprechendes Einrücken im Schriftsatz angedeutet.

System: Stamm: Plathelminthes (nach Ehlers 1985; in Auszügen)
  Catenulida
  Euplathelminthes
    u. a.:
    Polycladida (einige «Turbellarien»)
    Neoophora (Ovarien sind hier in «Ei- und Dotterbereiche» getrennt)
      u. a.:
      Neodermata (Tiere werfen larvale, zelluläre, bewimperte Epidermis ab und ersetzen sie durch ein syncytiales Tegument = **Neodermis**)
      Trematoda (Tiere mit Saugnäpfen, ohne Haken)
      Aspidobothrii
      Digenea
      Cercomeromorphae (Tiere besitzen als Larven und/oder Adulte Haken)

Monogenea
Cestoda
Gyrocotylidae
Nephroposticophora
Amphilinidea
Cestoidea
Caryophyllidea
Eucestoda

Hoberg et al. (1997) bestätigen in etwa das Ehlers'sche System, indem sie aus molekularbiologischen Untersuchungen entsprechende Schlüsse zur verwandtschaftlichen Stellung und zur Phylogenie der Ordnungen der Eucestoda ziehen. Sie sehen bei den Eucestoda eine Monophylie verwirklicht, setzen aber z. B. die Gyrocotylidea neben die Caryophyllidea an die Basis das Stammbaums, wobei die Caryophyllidea eine Schwestergruppe zu den «echten» Eucestoda darstellen. Dennoch handelt es sich bei diesem System in vielen Details noch um Hypothesen, die sich nicht eignen, schon jetzt in einem «Grundriß» umgesetzt zu werden.

12.1. Trematodes – Saugwürmer

Die Klasse der Trematoden enthält ausschließlich Parasiten, die sich mittels Halteapparaten an inneren und äußeren Oberflächen ihrer Wirte verankern. Neben Besonderheiten im Entwicklungszyklus wurden diese Verankerungssysteme auch zur systematischen Gliederung der Trematoden verwendet. Zu den Trematoden werden nach dem alten System im wesentlichen folgende Gruppen gerechnet (Abb. 65; 68):
1. **Aspidobothrea**
2. **Monogenea**
3. **Digenea**
Nach dem modernen System von Ehlers (s. o.) gehören hierhin allerdings nur die
1. **Aspidobothrii**
2. **Digenea**
Da jedoch auch dieses System noch weiterer Klärung bedarf, werden die einzelnen Taxa hier wegen der Vergleichbarkeit zu human- und tiermedizinischen Lehrbüchern hintereinander abgehandelt, da es doch im wesentlichen um die darin eingeschlossenen Arten und ihre Bedeutung für den Menschen oder seine Haustiere geht.

12.1.1. Aspidobothrea

Die relativ wenigen Arten dieser Gruppe sind ausgezeichnet durch einen extrem großen Halteapparat (**Opisthaptor** oder Baers disc), der fast die gesamte Ventralseite bedeckt und der keine Haken enthält (Abb. 65 A). Die Aspidobothrea sind fast ausschließlich Endoparasiten von wechselwarmen (poikilothermen) Wasserbewohnern, werden aber auch als Ektoparasiten (Ektokommensalen?) an Muscheln, Schnecken und Crustaceen angetroffen. Die Entwicklung der Aspidobothrea erfolgt direkt ohne Generationswechsel; bei einigen Arten kann aber die Larvenentwicklung auf mehrere Wirte verteilt sein (Tab. 11). Wegen ihrer geringen Bedeutung als Krankheitserreger wird hier von einer weiteren Darstellung abgesehen.

12.1.2. Monogenea

Die meisten Monogenea sind Ektoparasiten auf Haut und Kiemen von wechselwarmen Wasservertebraten wie Fischen, Reptilien und Amphibien. Ausnahmen sind einige endoparasitische Arten, die in der Harnblase oder in der Speiseröhre des gleichen Wirtspektrums parasitieren (Tab. 11). Zur Verankerung am Wirt besitzen sie häufig ein bis drei vordere, die Mundöffnung umgebende Saugnäpfe (= **Prohaptor**) und stets einen großen hinteren Halteapparat, den sogenannten **Opisthaptor**. Je nach Bau dieses Opisthaptors unterscheidet man zwischen **Mono-Opisthocotylea** und **Poly-Opisthocotylea**. Bei der ersten Gruppe besteht der Opisthaptor aus einem großen ungegliederten Saugnapf, der innen mit ein bis drei Paaren großer Haken und zwölf bis sechzehn randständigen Häkchen bewehrt sein kann (Abb. 65 B). Bei den Poly-Opisthocotylea dagegen ist der Opisthaptor aus einer Reihe kleiner Saugnäpfe zusammengesetzt (Abb. 65 C), wobei zusätzlich auch noch Haken ausgebildet sein können. Die Existenz derartiger Haken am Hinterende der adulten Monogenea wurde von Ehlers (1985) als ursprüngliches Merkmal wie die Larvalhaken der Bandwürmer angesehen, so daß er beide Gruppen zu den Cercomeromorphae zusammenfaßte. Die **Ontogenese** verläuft stets direkt (*Name:* Monogenea), bezieht nur einen Wirt ein und enthält nur eine Vermehrungsphase im Zyklus. Die **Eier** vieler Monogenea sind gedeckelt, andere besitzen offenbar zur Anheftung dienende Polfäden (Abb. 66; 67). Aus den Eiern schlüpft eine mit Cilien und Augenflecken versehene Larve = **Oncomiracidium** (Abb. 66; 67). Dieses Stadium weist bereits den Opisthaptor mit seinen spezifischen Ausbildungen auf.

Binnen 24 h heftet es sich an einem geeigneten Wirt fest. Dies wird

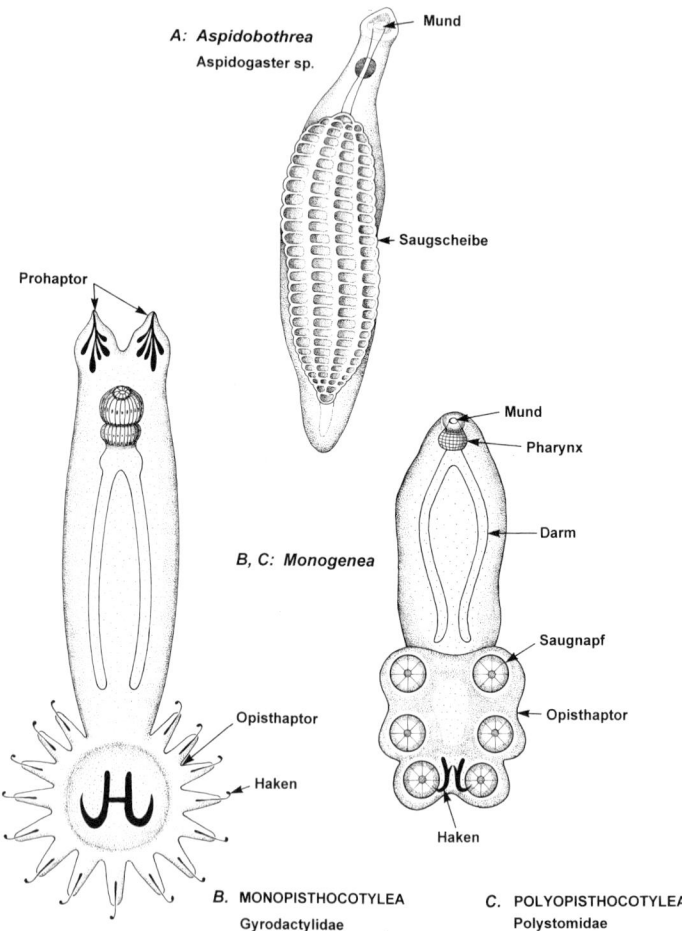

A: Aspidobothrea
Aspidogaster sp.

Mund

Saugscheibe

Prohaptor

B, C: Monogenea

Mund

Pharynx

Darm

Saugnapf

Opisthaptor

Opisthaptor

Haken

Haken

B. MONOPISTHOCOTYLEA
Gyrodactylidae

C. POLYOPISTHOCOTYLEA
Polystomidae

Abb. 65: Schematische Darstellung der Formen von Aspidobothrea **(A)** und Monogenea **(B, C)**. *Aspidogaster* mißt etwa 3 mm, *Gyrodactylus* 1 mm und *Polystomum* etwa 5–10 mm.

dadurch erleichtert, daß in vielen Fällen die Eiablage der Adulten auf die Entwicklung der Wirte abgestimmt ist.

Bei einigen Monogenea-Arten treten entwicklungsbiologisch sehr interessante Prozesse auf (s. unten).

System:
2. Unterklasse: Monogenea

Tab. 11: Wichtige Arten der Aspidobothrea und Monogenea

Art	Wirte		Anheftungsort	
Aspidobothrea				
Aspidogaster	Muscheln	(*Unio* sp.)	erwachsen:	Perikard
conchicola	Reptilien	(*Amyda* sp.)	erwachsen:	Darm
3 mm	Fische	(*Leuciscus* sp.)	erwachsen:	Darm
	Gastropoda	(*Viviparus* sp.)	erwachsen:	Bauchhöhle
Lophotaspis sp.	Schildkröten	(*Thalassochelys* sp.)	erwachsen:	Oesophagus
5 mm	Schnecken	(*Fasciolaria* sp.)	juvenil:	Pallial-komplex
	Auster	(*Ostrea* sp.)	juvenil:	Perikard
Monogenea				
Monopisthocotylea				
Dactylogyrus vastator	Karpfen	(*Cyprinus* sp.)	Kiemen	
Pseudodac-tylogyrus anguillae	Aale	(*Anguilla anguilla*)	Kiemen	
Entobdella hippoglossi	Heilbutt	(*Hippoglossus* sp.)	Haut	
Gyro-dactylus sp.	Goldfisch	(*Carassius* sp.)	Haut, Kiemen	
Polyopisthocotylea				
*Polystomum** *integerrimum*	Frosch	(*Rana* sp.)	Harnblase	
Diplozoon paradoxum	Fische	(Cyprinidae)	Kiemen	
Discocotyle sagittata	Forelle	(*Salmo* sp.)	Kiemen	

* häufig auch *Polystoma*

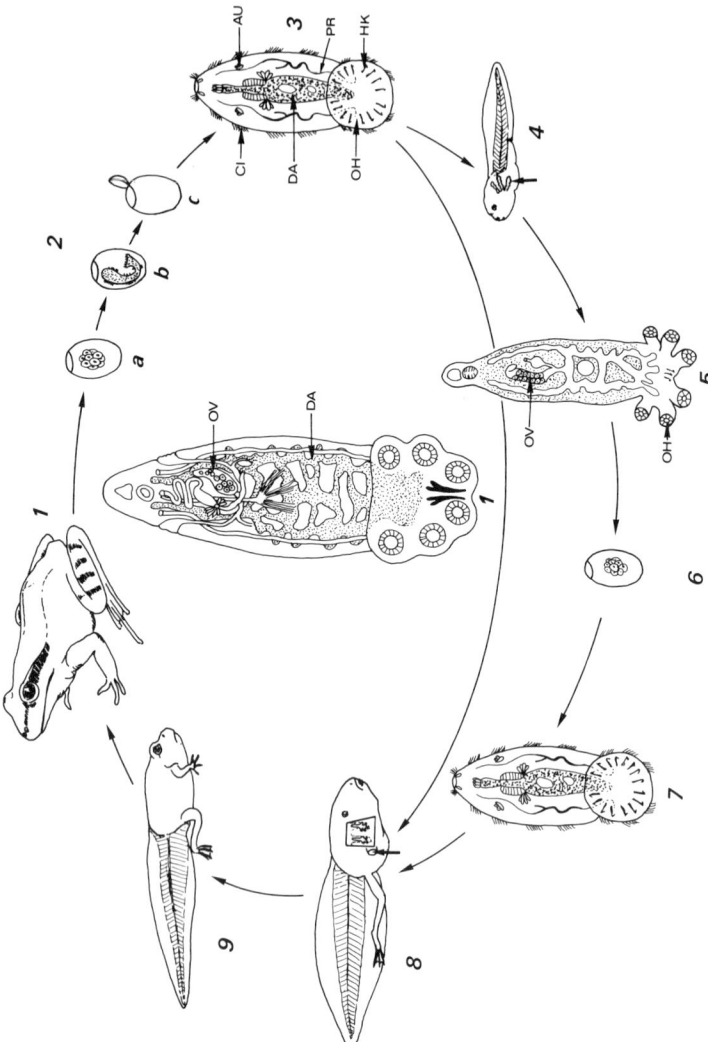

Abb. 66: Schematische Darstellung des Lebenszyklus von *Polystomum inte-gerrimum*.
1. Adulter Wurm in der Harnblase geschlechtsreifer Frösche.
2. Nach Absetzen der Eier im Frühjahr entwickelt sich in ihnen eine **Oncomi-racidium**-Larve, die das Ei verläßt und im Wasser umherschwimmt (a–c).

1. Überordnung: **Mono-Opisthocotylea**. Opisthaptor erscheint als Einheit; genito-intestinaler Kanal abwesend; Eier meist mit polaren Fäden; viele Ordnungen.
Familien: Gyrodactylidae, Dactylogyridae, Monocotylidae, Udonellidae u. a.

Gyrodactylus-Arten, Nordmann, 1832 (Fam. Gyrodactylidae). Die nur etwa 1 mm langen Vertreter der Gattung *Gyrodactylus* (z. B. *G. elegans*) sind oft sehr wirtsspezifisch (Tab. 11), wandern auf der Fischhaut, verkriechen sich häufig in den Nasenlöchern und sind im Gegensatz zu den anderen Monogenea **vivipar**: eine Larve wird abgesetzt; sie enthält bereits wieder eine Larve, diese eine 3. und die 3. eine 4. Diese sog. **Polyembryonie** macht Schwierigkeiten bei der Interpretation, zumal bei der Kopulation die Spermien wahllos percutan injiziert werden und mehr zufällig zum Ootyp gelangen. Bei dieser Wanderung könnten die in die jeweilige Larve eingeschachtelten Tochterindividuen Ergebnis eines Befruchtungsvorganges sein. Allerdings deuten die Untersuchungen von Harris (1984) darauf hin, daß es sich bei den ineinandergeschachtelten «Embryonen» nicht um Produkte von geschlechtlichen Vorgängen handelt, sondern offenbar um diploide (2n = 12) undifferenzierte omnipotente Zellen (**Stammzellen**). Fest steht, daß nach der Geburt der Larve diese heranwächst und zunächst wieder die in ihr enthaltene Larve absetzt. Sobald der Uterus leer ist, gelangt eine Eizelle in den Ootyp, wird dort befruchtet und nistet sich zur Entwicklung in den Uterus ein. Somit existiert also bei *G. elegans* ein Wechsel zwischen einer vegetativen Vermehrung (Heranwachsen der «Tochter- und Enkelembryonen») und einer geschlechtlichen Fortpflanzung (Entstehung eines echten Embryos aus je einer Ei- und Samenzelle. Hierbei handelt es sich also um einen be-

---

3. Morphologie des Oncomiracidiums, das zwei Entwicklungswege (4–7) bzw. (8–9) einschlagen kann.
4. Oncomiracidium an **äußeren Kiemen** einer Kaulquappe (Pfeil).
5. Dieses Oncomiracidium wächst zu einer Zwergform heran (angeblich **neotene Form**).
6. Wenige Eier werden in kurzer Zeit produziert.
7. Aus ihnen schlüpft ebenfalls ein Oncomiracidium.
8. Gelangen Oncomiracidien (3, 7) an **innere Kiemen**, so wandern die juvenilen Polystomen nach der Metamorphose der Kaulquappe zum Frosch über den Darmtrakt via Kloake in die Harnblase ein, wo sie nach 2–3 Jahren zum gleichen Zeitpunkt wie der Frosch geschlechtsreif werden.
AU = Augenfleck; CI = Cilien; DA = Darm; HK = Haken; OH = Opisthaptor; OV = Ovar; PR = Protonephridien.

sonderen Generationswechsel, der am ehesten dem Typ der sog. **Metagenese** entspricht.

2. Überordnung: **Poly-Opisthocotylea.** Opisthaptor komplex aus verschiedenen Bestandteilen zusammengesetzt; genito-intestinaler Kanal vorhanden; Eier meist mit Polfäden; viele Ordnungen.
Familien: Polystomatidae, Diclidophoridae, Hexastomatidae, Diplozoidae, u. a.

Polystomum integerrimum Fröhlich, 1791; Rudolphi, 1808 (Fam. Polystomatidae); 10 mm lang (Abb. 68 a); stellt innerhalb der Monogenea einen Sonderfall dar, denn dieser Parasit lebt vorwiegend **endoparasitisch** in der Harnblase von Fröschen. Die generative Aktivität des Parasiten ist mit der seines Wirtes synchronisiert, offenbar durch dessen Sexualhormone gesteuert. Die Synchronisation ist notwendig, da der Frosch sich nur zum Ablaichen länger ins Wasser zurückzieht und nur dort die Chance für die Nachkommen der Polystomen besteht, einen geeigneten Wirt (s. unten) zu finden.

Im Frühjahr werden die **gedeckelten Eier** während der Laichzeit der Frösche von den adulten Polystomen abgesetzt und gelangen so ins Wasser (Abb. 66.2). Nach etwa 4–6 Wochen schlüpfen aus ihnen die schwimmfähigen Larven, die sog. **Oncomiracidien** (Abb. 66.3). Etwa zur gleichen Zeit sind ausreichend Kaulquappen geschlüpft; bei weiter entwickelten Kaulquappen werden die inneren Kiemen befallen. Während der Metamorphose im Sommer bilden die Kaulquappen die Kiemen zurück, und die Parasiten geraten in den Rachen, lassen sich abschlucken und befallen von der Kloake aus die Harnblasen (Abb. 66.8).

Die Entwicklung zur Geschlechtsreife der Parasiten dauert 3 Jahre, die auch der Frosch bis zu seiner Geschlechtsreife benötigt. Verläßt der Frosch das Wasser wieder, so endet auch das Absetzen der *Polystomum*-Eier; erst in der neuen Laichperiode des Frosches setzt die neue Produktion von Eiern des Parasiten wieder ein. Meist erfolgt zuvor die gegenseitige Begattung zweier *Polystomum*-Individuen; ist jedoch nur ein Individuum in einer Harnblase, so kann dieses auch Selbstbefruchtung durchführen und Eier absetzen. Die gesamte Lebensdauer eines Parasiten ist an die des Wirts geknüpft und umfaßt etwa 5–6 Jahre.

Neben diesem **regulären Entwicklungszyklus** kann auch noch ein stark verkürzter auftreten, wenn ein Oncomiracidium auf eine äußere Kieme einer Kaulquappe gelangt (Abb. 66.4). Dort entwickelt sich das **Oncomiracidium** binnen 3–4 Wochen zu einem **Zwergadulten** von nur 2–3 mm Länge, das nach Befruchtung nur wenige Eier pro-

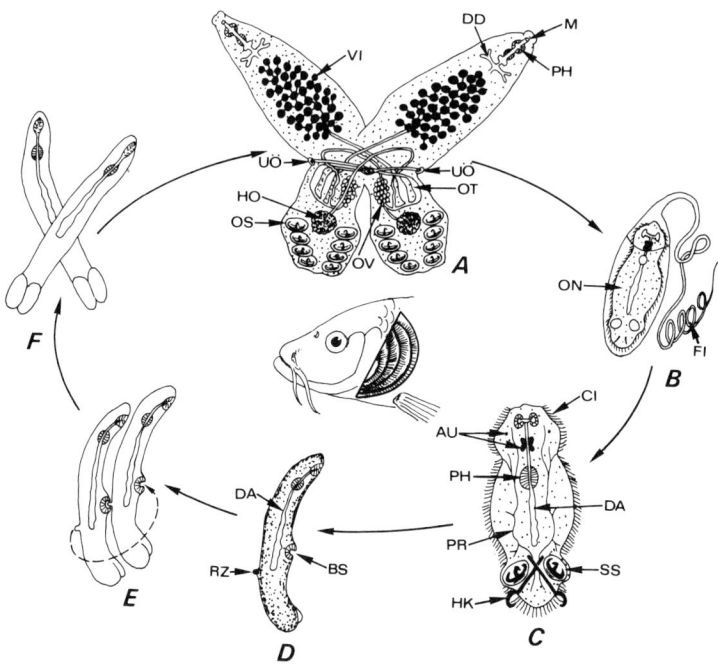

Abb. 67: Schematische Darstellung des Lebenszyklus von *Diplozoon parado-xum*.

A. Adulte auf Kiemen von Fischen (Kiemendeckel entfernt).

B. Ei mit Larve.

C. Aus dem **Ei** schlüpft eine **Oncomiracidium**-Larve.

D. Nach Ansiedelung auf den Kiemen eines Wirtes wandelt sich die Oncomi-racidium-Larve in eine **Diporpa**-Larve um.

E. Vereinigung zweier Diporpa.

F. Nach der Vereinigung wird begonnen, Blut zu saugen, und die Ge-schlechtsreife tritt ein. Die Vereinigung bleibt stetig; die Geschlechts-systeme sind so miteinander verbunden, daß der Samenleiter des einen Tieres jeweils mit der Vagina des anderen verschmilzt. Die Eier gelangen im Frühjahr über die jeweiligen Uterusöffnungen ins Freie.

AU = Augen; BS = Bauchsaugnapf; CI = Cilien; DA = Darm; DD = Darmdiver-tikel (abgeschnitten); FI = Filament (Schalenfaden); HK = Haken; HO = Hoden; M = Mund; ON = Oncomiracidium; OT = Ootyp; OS = Opisthaptor mit Saug-scheiben; OV = Ovarium; PH = Pharynx; PR = Protonephridium; RZ = Rücken-zapfen; SS = Saugscheibe; UÖ = Uterusöffnung; VI = Vitellarium (Dotterstock).

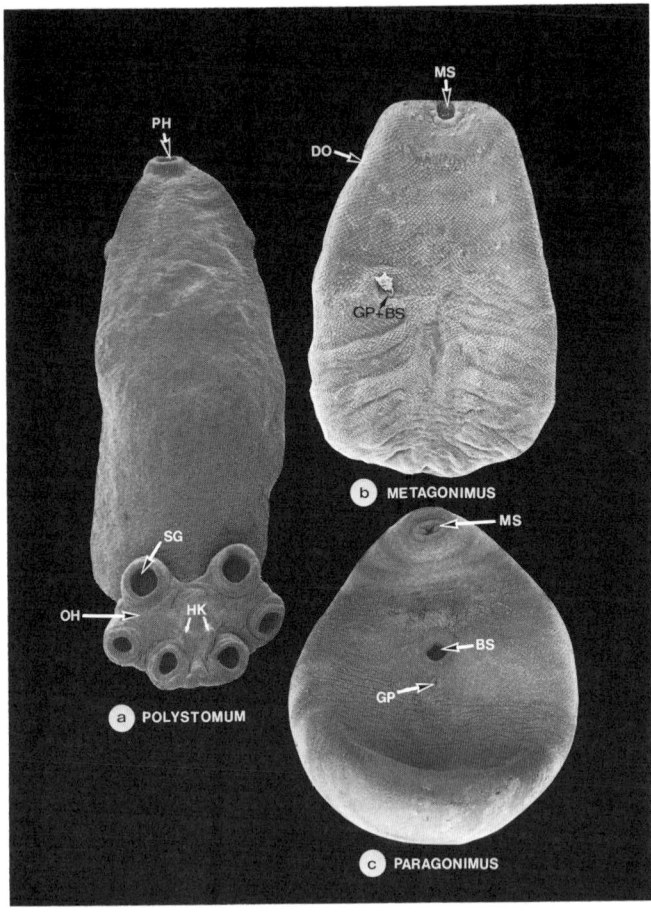

Abb. 68: SEM-Aufnahmen von monogenen (a) und digenen (b, c) Trematoden.
a) *Polystomum integerrimum*. × 10
b) *Metagonimus yokogawai*. × 200
c) *Paragonimus westermani*. × 10
Lebenszyklen s. Abb. 66 und 67.
BS = Bauchsaugnapf; DO = Dorn der Oberfläche; GP = Genitalporus; HK = Haken; MS = Mundsaugnapf; OH = Opisthaptor; PH = Prohaptor; SG = Saugnapf.

duziert (Abb. 66.5). Diese gelangen ins Wasser, und die aus ihnen schlüpfenden Oncomiracidien treffen dann auf Kaulquappen mit inneren Kiemen, auf denen dann die typische Entwicklung verläuft. Stellt dieser **alternative Entwicklungszyklus** für die weltweit verbreitete Art *P. integerrimum* eher die Ausnahme dar, so ist es für die amerikanische Art *P. nearcticum* die Regel.

Diplozoon paradoxum Nordmann, 1832; (Fam. Diplozoidae); wird bis 4 mm als **Doppeltier** groß; sehr häufiger Parasit der Kiemen karpfenartiger Fische.

Durch eine bleibende Verschmelzung von zwei Einzeltieren nach der Kopulation stellen diese Parasiten auf einzigartige Weise eine **Fremdbefruchtung** sicher (Abb. 67). Erst im Frühjahr werden Spermien und Eizellen gebildet und dann aus der jeweiligen Uterusöffnung entlassen. Etwa 10 Tage nach dem Absetzen schlüpfen aus den mit einem langen Haftfaden versehenen Eiern (Abb. 67 B) die Oncomiracidium-Larven (Abb. 67 C), die 2 große Haken im Opisthaptor aufweisen.

Nachdem sich die Larven auf den Kiemen neuer Wirte festgesetzt haben, formen sie sich unter Verlust ihrer Cilien zu einem weiteren Larvenstadium um: **Diporpa** (Abb. 67 D). Sie besitzt einen kleinen Bauchsaugnapf und einen Rückenzapfen. Trifft diese Larve eine andere, so verschmelzen beide miteinander, indem jeweils der Bauchsaugnapf den Rückenzapfen des anderen umschließt (Abb. 67 E, F). Durch Auflösung der begrenzenden Oberflächengewebe kommt es zu einem festen Über-Kreuz-Verwachsen. Erst jetzt beginnt das Doppeltierchen mit der Aufnahme von Kiemenblut, dem Wachstum und schließlich mit der Entwicklung der Gonaden. Diese verbinden sich so miteinander, daß der Samenleiter = Vas deferens der Tiere jeweils in die Vagina des Partners mündet. In diesem Zustand verbleiben die Tiere zeitlebens (d. h. etwa 5 Jahre) und leiten jeweils im Frühjahr eine neue Eiproduktion ein. Weitere Arten s. Tabelle 11. Die Monogenea können bei Farmhaltung von Fischen in dichtgefüllten Becken zu existenzbedrohlichen wirtschaftlichen Problemen führen. So bedroht z. B. der Aalparasit *Pseudodactylogyrus anguillae* in Verbindung mit dem Schwimmblasennematoden *Anguillicola crassus* (s. S. 341) die Aalaufzucht. Eine **Chemotherapie** ist neuerdings durch Praziquantel (im Futter) bzw. Toltrazuril (als Tauchbad) möglich (beide Substanzen wirken aber nur gegen Monogeneen).

12.1.3. Digenea

Die Bezeichnung Digenea (= zwei Generationen) erfolgte wegen ihres typischen, einen **Generations- und Wirtswechsel** einschließenden Entwicklungszyklus (s. S. 224). Da bei den jeweiligen Arten eine überaus große Formenvielfalt vorhanden ist, wird zur Systematisierung auf Ebene der Unterordnungen die akademisch anmutende Frage nach der Genese der Exkretionsblase herangezogen. Zur Diagnose von adulten Formen werden in der Praxis allerdings vorwiegend Bau und Anordnung der fast stets vorhandenen beiden Saugnäpfe verwendet, von denen der erste den Mund umgibt; so werden folgende adulte Egelformen unterschieden (Abb. 70):

1. **Gasterostome** Formen: Der Darm ist unverzweigt, sackartig und beginnt **nicht** apikal.
2. **Monostome** Formen: Ein Saugnapf ist reduziert, und zwar meist der Bauchsaugnapf.
3. **Distome** Formen: Der Bauchsaugnapf liegt variabel, aber artspezifisch ventral zwischen vorderem und hinterem Pol.
4. **Amphistome** Formen: Der zweite Saugnapf liegt am hinteren Pol.
5. **Echinostome** Formen: Der Mundsaugnapf ist durch einen Kragen mit Haken bewehrt.
6. **Holostome** Formen: Sie besitzen außer den beiden Saugnäpfen noch ein zusätzliches, sog. tribozytisches Halteorgan.

Alle diese Formen sind Zwitter; einzig getrenntgeschlechtlich sind:

7. **Schistosomen** als eigener Formen- und Artenkreis. Das geschlechtsreife, blattförmige Männchen umschließt das drehrunde Weibchen (Abb. 84). Da die Ränder des Männchens verhakt werden können, entsteht der sog. **Canalis gynaecophorus** (Abb. 84). Diese «meist lebenslang beibehaltene Paarung» führte zur Bezeichnung **Pärchenegel**.

Abb. 69: Schematische Darstellung des Bauplans distomer Digenea.
a) Darm- und Exkretionssystem (vergl. Abb. 71 a, b);
b) gedeckeltes Ei;
c) Geschlechtssysteme.
ÄL = Äußere Lipoproteinschicht; BS = Bauchsaugnapf; CB = Cirrusbeutel; CI = Cirrus; D = Darm; DR = «Prostata»-Drüse; DZ = Dotterzelle; EI = Ei; EX = Exkretionsblase; GD = Gemeinsamer Dottergang; GÖ = Geschlechtsöffnung; IL = Innere Lipoproteinschicht; HO = Hoden; LK = Laurerscher Kanal; MD = Mehlisscher Drüsenkomplex; MS = Mundsaugnapf; OP = Bruchstelle des Operculums; OT = Ootyp; OV = Ovar; PH = Pharynx; RS = Receptaculum seminis; TZ = Terminalzelle; UT = Uterus; VD = Vas deferens; VE = Vas efferens; VI = Vitellarium-Dotterstock; W = Sklerotisierte Wand; Z = Zygote.

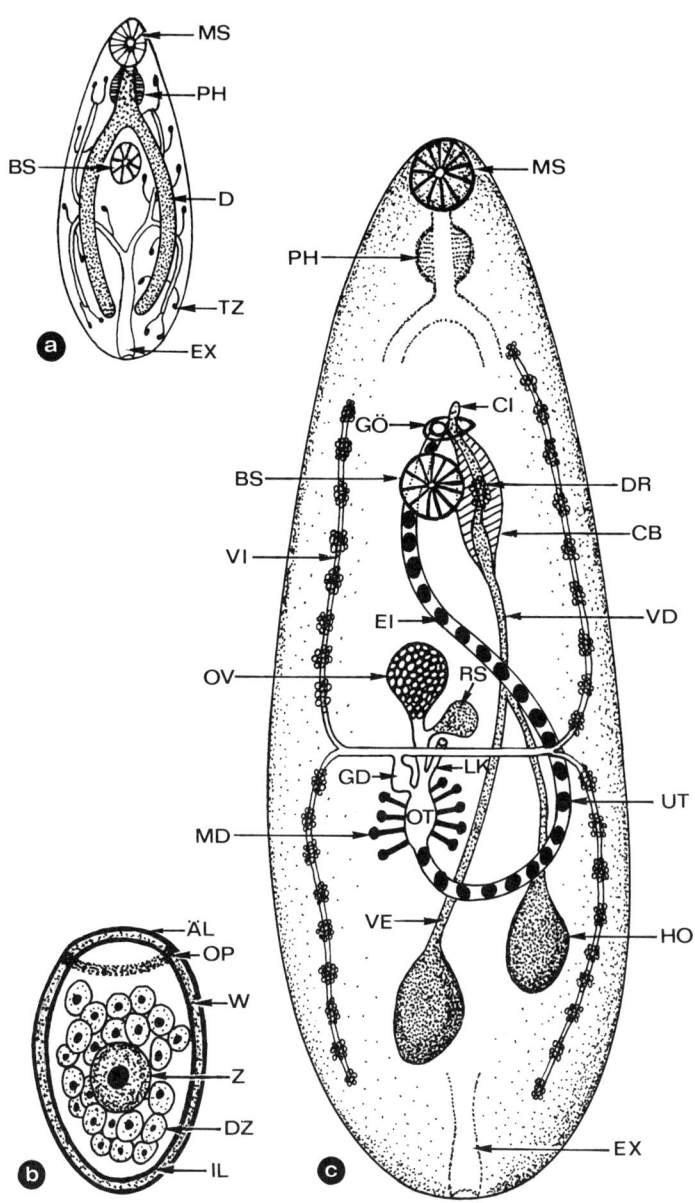

Viele distome Egel, insbesondere die Schistosomen, sind als Parasiten des Menschen und der Haustiere von großer gesundheitlicher und ökonomischer Bedeutung; ihrer Morphologie und Entwicklung wird daher zunehmend in der Öffentlichkeit Aufmerksamkeit geschenkt.

System:
Unterklasse: Digenea
    1. Überordnung: Anepitheliocystidia (Embryonale Exkretionsblase bleibt erhalten)
        Ordnung: Strigeata (Cercarien mit Gabelschwanz; Miracidien mit 2 Paar Protonephridien)
            Familie: Strigeidae,
                    Diplostomatidae
                    Schistosomatidae,
                    Spirorchidae,
                    Cyclocoeliidae,
                    Bucephalidae u. a.
        Ordnung: Echinostomata (Cercarien mit einfachem Schwanz; Miracidien mit einem Paar Protonephridien)
            Familie: Fasciolidae,
                    Gastrodiscidae,
                    Paramphistomatidae u. a.
    2. Überordnung: Epitheliocystidia (Exkretionsblase wird von mesodermalen Zellen neu gebildet; Cercarienschwanz ist ungegabelt)
        Ordnung: Plagiorchiata (Cercarienschwanz oft ohne Exkretionsgefäße, manchmal mit oralem Stilett)
            Familie: Dicrocoeliidae,
                    Plagiorchiidae,
                    Prosthogonimidae,
                    Troglotrematidae u. a.
        Ordnung: Opisthorchiata (Cercarien stets mit Exkretionskanälen im Schwanz; kein orales Stilett)
            Familie: Opisthorchiidae,
                    Heterophyidae u. a.

a) Morphologie der adulten distomen Trematoden
Die Struktur der Körperoberfläche, der Darm, das Exkretionssystem und die Organe des Genitalbereichs dieser dorso-ventral abgeplatteten Würmer treten schon bei geringer mikroskopischer Vergrößerung deutlich hervor.

Oberfläche. Diese Egel werden von einem **Tegument** umschlossen, in das ventral die beiden Saugnäpfe eingelassen sind, deren Lage zwar innerhalb einer Art bzw. Gattung festgelegt ist, aber von Familie zu Familie (s. o.) stark variieren kann. Das Scanning-Elektronenmikroskop macht deutlich, daß dieses Tegument sowohl dorsal wie auch

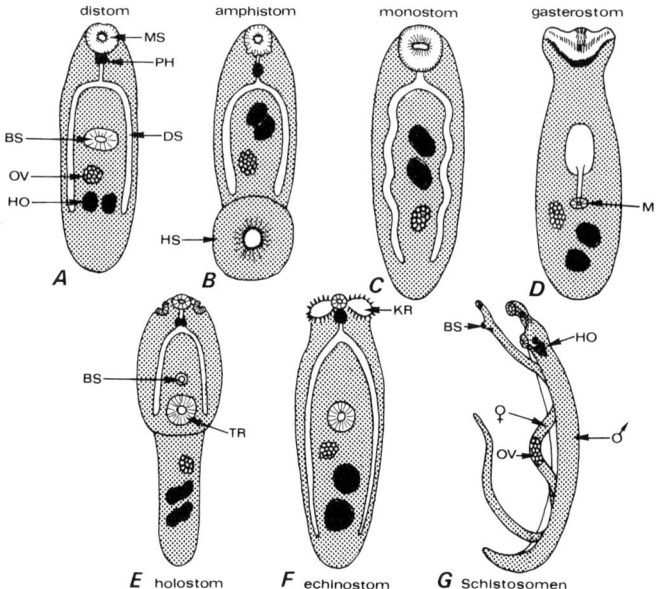

Abb. 70: Schematische Darstellung einiger Typen adulter digener Trematoden.
(Die Lage der Geschlechtsorgane ist nur angedeutet.)
A. Distomer Typ.
B. Amphistomer Typ.
C. Monostomer Typ.
D. Gasterostomer Typ.
E. Holostomer Typ.
F. Echinostomer Typ.
G. Schistosomen (Darm aus zeichentechn. Gründen weggelassen).
BS = Bauchsaugnapf; DS = Darmschenkel; HO = Hoden; HS = Hinterer Saug-
napf; KR = Kragen; M = Mund; MS = Mundsaugnapf; OV = Ovar; PH =
Pharynx; TR = Tribocytisches Halteorgan.

ventral eine Vielzahl von kleinen Dornen enthalten kann. Ein weitverzweigtes artspezifisches Kanälchensystem erweitert die Oberfläche
beträchtlich (Abb. 73; 74). Bei Schnitten durch das etwa 5–10 μm
dicke Tegument (bei *Fasciola hepatica* 20–25 μm) wird deutlich, daß
es sich hier um eine syncytiale Schicht handelt (d. h. die lateralen Zellgrenzen sind verschwunden). Zellkerne treten im Syncytium nicht in
Erscheinung, wohl aber in Aussackungen, die durch schmale Ausläufer mit der syncytialen Schicht verbunden sind. Daher sprach man in

älteren lichtmikroskopischen Untersuchungen von einem sog. «**ver-
senktes Epithel**». Elektronenmikroskopische Analysen der Entstehung des Teguments während der Ontogenese zeigten aber, daß die
ursprünglichen, kernhaltigen Epithelzellen der Larvalstadien abgeworfen und durch eine neue syncytiale Epidermis (**Neodermis**) (ohne
Kerne) ersetzt werden, wobei parenchymatische Zellen Kontakt zur
syncytialen Schicht aufnehmen und so den Eindruck von «Aussackungen» erwecken (s. Becker et al., 1980; Hockley, 1973). Dabei
ziehen diese Ausläufer durch die Schichten der Ring- und Längsmuskulatur sowie durch die zum Teil sehr starke Basalmembran hindurch.

Die syncytiale Schicht, die die Nahrung in großem Umfang resor-
biert, wirkt wegen zahlreicher Mitochondrien und vieler polysaccha-
rid-haltiger Organellen stark elektronendicht. Das Tegument wird –
besonders im Bereich der Saugnäpfe und der Geschlechtsöffnung –
von Cilien tragenden Sinneszellen durchbrochen, die mit den längsverlaufenden Nervensträngen verbunden sind. Auf der Außenseite des
Teguments befindet sich eine Schicht aus Mucopolysacchariden, die
als *engl.* «**surface coat**» bezeichnet wird und zum Schutz gegen die
Abwehr des Wirts dient; da die chemische Zusammensetzung des
«surface coat» wirtsspezifisch ist, liegt hier eine **makromolekulare
Mimikry** des Parasiten vor. Typische Mikrovilli wurden an der Oberfläche des Teguments nicht beobachtet, wohl aber das schon erwähnte Falten- bzw. Kanälchensystem, das die Parasitenoberfläche
erheblich vergrößert.

Darm. Das Darmsystem besteht aus einem unpaaren vorderen Abschnitt mit dem stark muskulösen Pharynx und zwei blind endenden
Ästen, die häufig fast bis zum Hinterende des Wurms ziehen
(Abb. 69). Diese Darmschenkel können (z. B. im Falle von *Fasciola
hepatica*) noch durch seitliche Divertikel erweitert sein. Auf der Innenseite dieses Darms wird durch eine besondere Lamellierung und

---

Abb. 71: Schematische Darstellung des Exkretionssystems bei Plathelminthen.
a, b) Beispiele für «Flammenzellformeln» nach Faust (1919) bei *Dicrocoelium
dendriticum* (a = adult; b = Miracidium).
c–e) Terminal- und Kanalzelle im Längs- (c) und Querschnitt; Rekonstruktion
nach eigenen Ergebnissen bei *S. mansoni, Taenia taeniaeformis* und
Vampirolepis sp.
B = Basallamina, C = Cilien (schem.); K = Exkretionskanal; MI = Mitochondrion; N = Kern, Nucleus; R_i, R_a = innere und äußere Reusenstäbe; TZ = Terminalzelle.

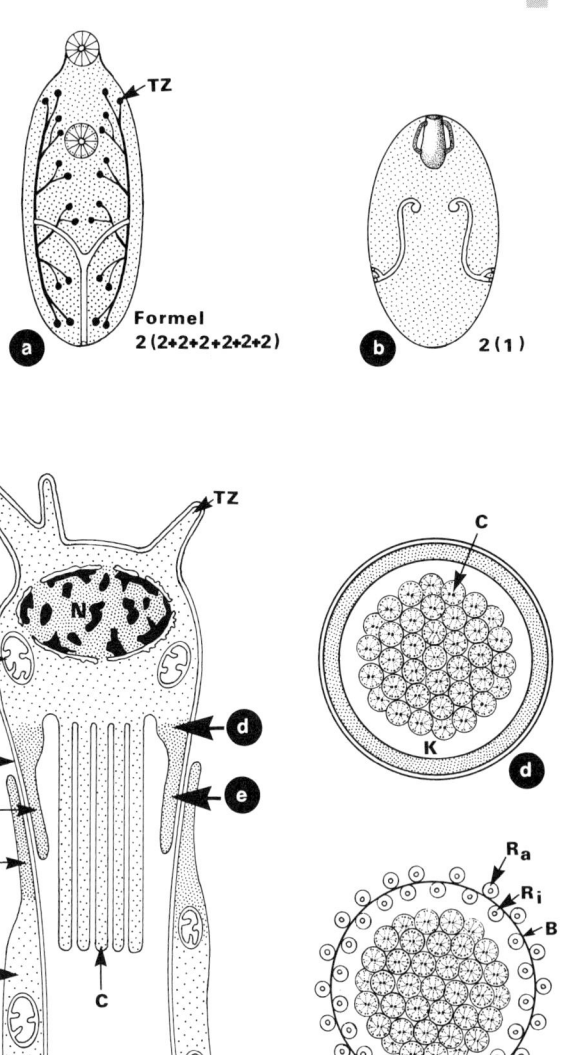

Formel
2 (2+2+2+2+2)

a

2 (1)

b

TZ

N

MI

B

R$_i$

R$_a$

KZ

C

K

d

e

c

C

K

d

R$_a$

R$_i$

B

K

e

durch Ausbildung von typischen Mikrovilli eine erhebliche Oberflächenvergrößerung erzielt. Dadurch dürfte die Resorption der extrazellulär verdauten Nahrung, die aus Blut, Schleim, Gewebe oder der Kombination hieraus besteht, wesentlich verbessert werden.

Exkretionssystem. Bei den distomen Digeneen liegt eine artspezifische Anzahl von Protonephridien (sog. **Cyrtocyten**) vor, deren Terminalzellen ins Parenchym hineinragen (Abb. 71; 72). Die Anordnung dieser Terminalzellen ist ebenfalls artspezifisch und wird seit Faust (1919) in Formeln ausgedrückt und zur Systematisierung herangezogen. So hat z. B. *Dicrocoelium dendriticum* (= kleiner Leberegel) die Formel 2 [2 + 2 + 2 + 2 + 2 + 2] = 24 (Abb. 71 a). Die Terminalzellen sitzen jeweils einem Reusenapparat auf, in dem eine sog. Wimpernflamme aus mehreren Cilien schlägt. Sie sorgt im Kanälchen für einen Unterdruck, wodurch eine Ultrafiltration durch die Basalmembran bewirkt wird (Abb. 71; 72). Die Ableitung des Filtrats erfolgt über ein Tubulussystem, das aus mehreren Zellen besteht und schließlich über eine schon lichtmikroskopisch sichtbare Blase am Hinterende des adulten Wurms ausmündet (Abb. 69). Bei anderen Stadien des Entwicklungszyklus (Miracidium, Sporocyste, Redie, Cercarie, Abb. 83) treten weitere, aber auch artspezifische Muster und evtl. andere Ausmündungsorte in Erscheinung. Die Genese der Endblase dient, wie auf S. 188 erwähnt, als Hauptmerkmal für die Unterscheidung der Unterordnungen der Digenea. Physiologische Untersuchungen zur Funktion dieses Exkretionssystems, das auch osmotisch regulierend wirkt, sind allerdings noch spärlich (Kümmel, 1994).

Nervensystem. Das Nervensystem der Monogenea und Digenea weist zum ersten Mal im Tierreich eine gewisse Cephalisation auf, und zwar treten zwei, durch je eine dorsale und ventrale Kommissur verbundene Cerebralganglien im vorderen Körperdrittel auf. Von diesen Ganglien ziehen je zwei Nervenstränge – jeweils dorsal und ventral – nach vorn und hinten. Durch Kommissuren in artspezifischer Anzahl entsteht so ein räumliches Gitterwerk von Nervensträngen. Hierbei ist stets eine besonders starke Vernetzung um die Saugnäpfe und um das Geschlechtssystem festzustellen. Die Nervenzellen selbst

---

Abb. 72: *Rodentolepis* (syn. *Hymenolepis*) *nana.* Querschnitte durch eine Terminalzelle des Exkretionssystems (Cyrtocyte) von Plathelminthen. TEM
a) Übergang Terminal- zu Kanalzelle. x 30 000
b) Oberer Bereich der Kanalzelle (vergl. Abb. 71 c–e). x 30 000
AR = Äußerer Reusenstab; BL = Basallamina; C = Cilium; IR = Innerer Reusenstab; KZ = Kanalzelle; LU = Lumen.

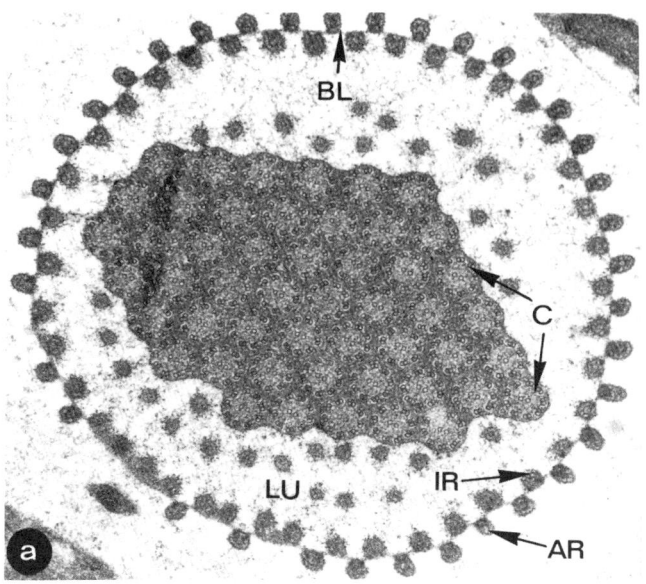

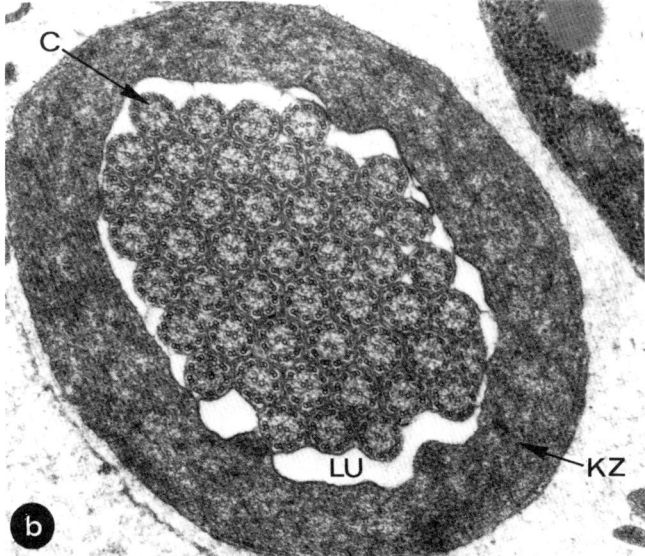

sind ungescheidet und können mono-, di- oder multipolar gestaltet sein. Acetylcholin, biogene Amine und Neuropeptide wurden sowohl im peripheren als auch zentralen Bereich des Nervensystems festgestellt. Dabei ergab sich bei der Bewegungssteuerung, daß Serotonin der wesentliche erregende Neurotransmitter ist und Acetylcholin als Bewegungsinhibitor fungiert (vergl. Gustafsson, 1998).

Geschlechtssystem. Die hier behandelten distomen Trematoden sind protandrische Zwitter, d. h. die männlichen Geschlechtsprodukte reifen vor den weiblichen Zellen. Bei diesen Hermaphroditen ist auch schon daher **Fremdbefruchtung** eher die Regel, aber Selbstbefruchtung ist möglich und führt bei einzeln liegenden Tieren auch zu einer fertilen Nachkommenschaft. Vertreter einiger Arten (z. B. *Philophthalmus* spp., Augenwürmer) benötigen allerdings Kontakt zu einem Partner, sonst erreichen sie nicht die Geschlechtsreife. Selbst wenn keine Eigen- oder Fremdbefruchtung erfolgt, können einige Arten (z. B. *Paragonimus* spp., *Schistosoma* spp.) entwicklungsfähige Eier ablegen. Diese enthalten dann nur den **haploiden** Satz (n = 8) der Chromosomen, was allerdings völlig ausreicht, um den weiteren Entwicklungsgang zu vollziehen und geschlechtsreife, haploide Adulte im Endwirt entstehen zu lassen. Diese Art der eingeschlechtlichen Vermehrung wird auch als **Parthenogenese** beschrieben und tritt auch innerhalb der Nematoden (Abb. 129) und Arthropoden in Erscheinung. Die **Chromosomenzahl** variiert bei den einzelnen Gattungen, z. T. auch bei verwandten Arten. Im diploiden Satz besitzt z. B. *Dicrocoelium dendriticum* 20 Chromosomen, *Fasciola hepatica* 12, *Fasciola gigantica* 16, *Paragonimus kellicotti* 16, *Paragonimus westermani* 22. Letztere Art kann aber auch im haploiden (n = 11) oder triploiden (3n = 33) Zustand auftreten und ist dabei voll fertil. Da sich die triploide Form stets **parthenogenetisch** vermehrt, wird angenommen, daß sie durch interspezifische **Hybridisierung** zwischen einer diploiden *P. westermani*-Form und einer unbekannten Art entstanden ist und jetzt als eigene Art gelten muß, für die der Name *P. pulmonalis* ein Synonym sein müßte. Manche Monogenea liegen deutlich unter den oben genannten Chromosomenzahlen (z. B. *Diplozoon paradoxum* – 8; *Gyrodactylus elegans* – 8 (12).

Männliche Organe. Meist sind paarige, gestalt- und lagespezifische Hoden ausgebildet, die mit je einem Vas efferens zum Vorderende ziehen. Die beiden Vasa efferentia vereinigen sich zum Vas deferens, das in den Cirrusbeutel mündet. Dieser Cirrusbeutel öffnet sich seinerseits in die mit dem weiblichen System gemeinsame Geschlechtsöffnung, die meist unmittelbar vor dem Bauchsaugnapf liegt (Abb. 73). Im Cirrusbeutel erweitert sich das Vas deferens zu einem Samenspeicher. Außerdem produzieren hier einzellige Drüsen Sekrete, die die begeißelten Spermien zu Bewegungen anregen. Bei einer Kopulation werden dann die Spermien durch einen vorstülpbaren Cirrus («Penis») in die Öffnung des weiblichen Geschlechtssystems des Partners injiziert; sie gelangen via Uterus in einen Samenspeicher (das sog. Receptaculum seminis). Selbstbefruchtung wurde auch beobachtet, dürfte aber nicht die Regel sein (s. o.).

Die **Spermatogenese** verläuft für alle bisher untersuchten Digenea* über die folgenden Teilungsstadien: Spermatogonien I–III, Spermatocyten I (Rosettenstadium) und II. Unterschiede bei den Arten bestehen in der Größe der Teilungsprodukte. Die **Spermien** der bisher elektronenmikroskopisch untersuchten Digenea sind fadenartig und in voller Länge von zwei Axonemen durchzogen (Abb. 79 a, b; 80). Die Schistosomen (Abb. 79 c, d) haben anders gebaute Spermien. Kern und Mitochondrion, die bei Wirbeltierspermien den «Kopf» bilden, erstrecken sich bei den meisten Trematoden zwischen den Axonemen. Unter der begrenzenden Zellmembran liegen – offenbar als stabilisierende Elemente – Mikrotubuli. Die höchsten Zahlen – sie variieren je nach Schnittebene – liegen bei 45 für *D. dendriticum*, 40 für *P. westermani* und 27 für *Opisthorchis*-Arten. Anstelle der typischen $9 \times 2 + 2$ Mikrotubuli-Struktur weisen die Spermien der Digenea (wie die Cestoden, Abb. 90 d) nur ein zentrales Element im Axonem auf, das zudem noch solide zu sein scheint (Abb. 79 a). Die Länge der fadenartigen Spermien variiert artspezifisch von 40–4000 µm! *F. hepatica* erreicht 400 µm und *D. dendriticum* 300 µm. Akrosomen fehlen offenbar völlig.

Weibliche Organe. Das weibliche Geschlechtssystem besteht aus dem Ovar, einem «Eibildungsabschnitt» und dem ausleitenden Uterus (Abb. 69). Die Stätte der «Eibildung» wird seit Gönnert (1962) als **Oogenotop** bezeichnet (Abb. 69 c) und umfaßt folgende Anteile:
1. unpaares **Ovar** (Germarium) mit Ovidukt,
2. **Receptaculum seminis,**
3. zwei **Dotterstöcke** (Vitellarien) mit je einem Vitellodukt,
4. **Ootyp,**
5. sog. **Mehlissche Drüsen.**

Bei einigen Arten kann noch ein sogenannter Laurerscher Kanal vom Oogenotop zur Körperoberfläche ziehen. Da auch Kopulationen mit Hilfe dieses Kanals beobachtet wurden, hält man ihn für homo-

---

* Diese Ergebnisse wurden von unserer Gruppe bei *Clonorchis sinensis, Dicrocoelium dendriticum, Opisthorchis viverrini* und *Paragonimus westermani* überprüft.

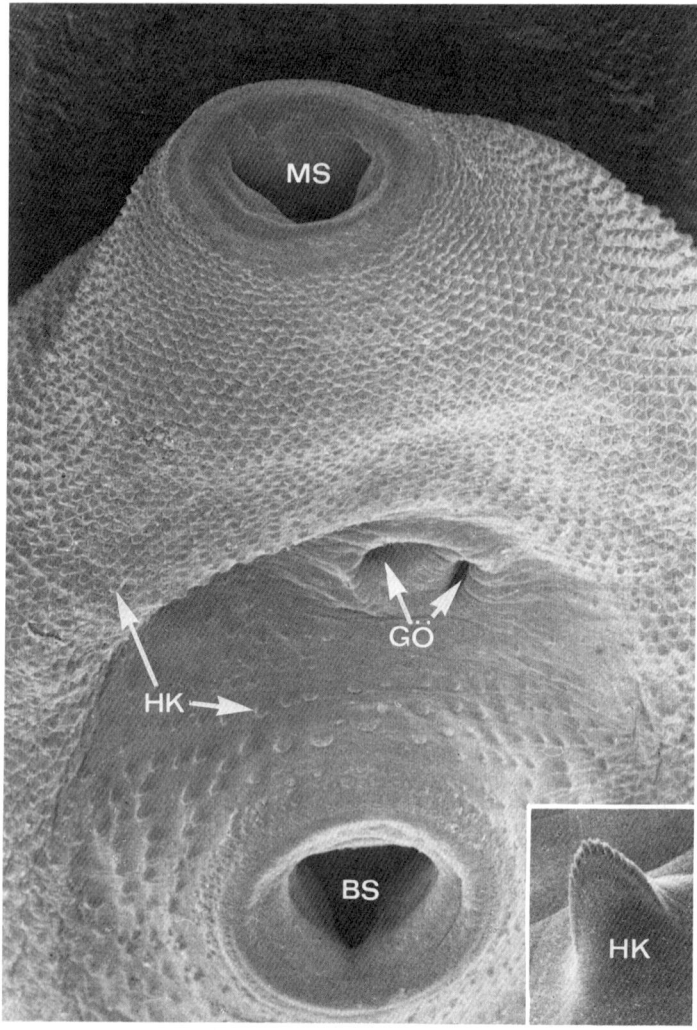

Abb. 73: *Fasciola hepatica.* Vorderer Pol des großen Leberegels. SEM-Aufnahme. × 50; Inset: Vergrößerung eines Häkchens. × 400
BS = Bauchsaugnapf; GÖ = Geschlechtsöffnungen; HK = Häkchen im Tegument (enthalten Actin); MS = Mundsaugnapf.

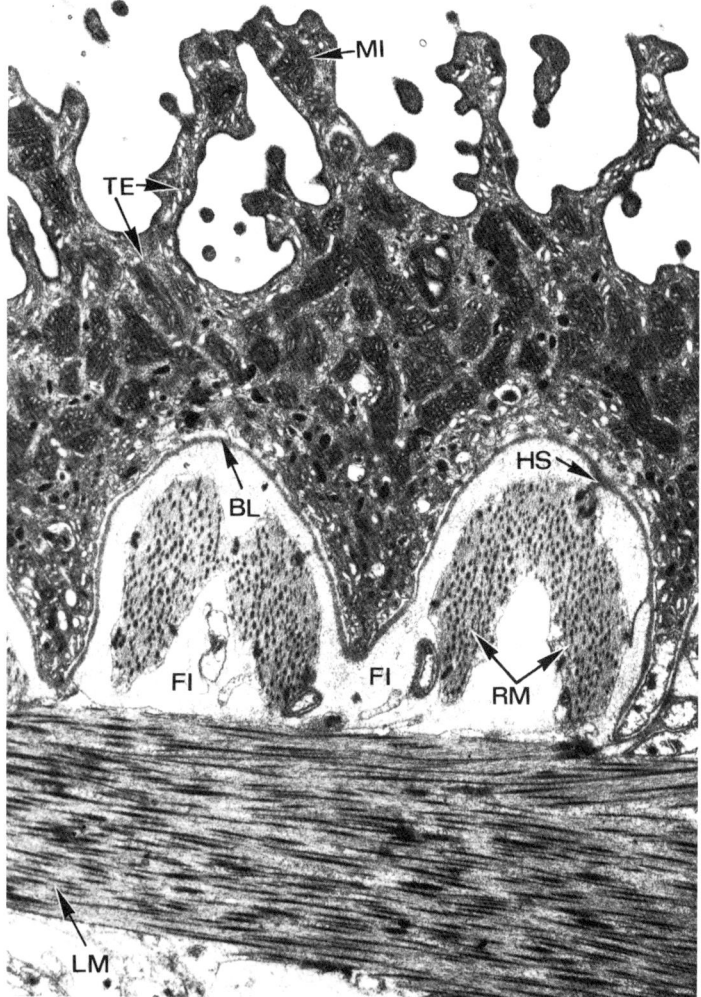

Abb. 74: *Dicrocoelium dendriticum*. Schnitt durch das Tegument eines längsgeschnittenen kleinen Leberegels. TEM-Aufnahme. Durch die Auffaltung wird die Oberfläche stark vergrößert. × 20 000
BL = Basallamina; FI = Filamentöse Zone; HS = Haftstelle; LM = Längsmuskulatur; MI = Mitochondrion; RM = Ringmuskel; TE = Tegument.

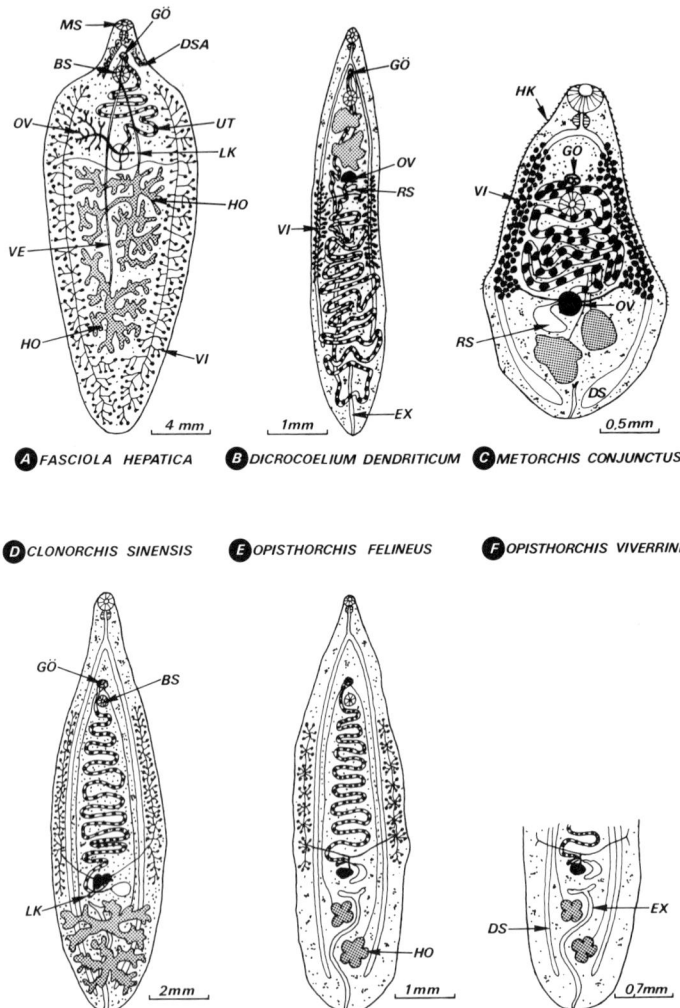

Abb. 75: Schematische Darstellung der Leberegel des Menschen.
BS = Bauchsaugnapf; DSA = Darmschenkel (zeichentechn. abgeschnitten);
DS = Darmschenkel; EX = Exkretionskanal; GÖ = Genitalöffnung; HK =
Haken des Teguments; HO = Hoden; LK = Laurerscher Kanal; MS = Mund-
saugnapf; OV = Ovar; RS = Receptaculum seminis; UT = Uterus; VE = Vas
efferens; VI = Dotterstock (Vitellarium).

log der Vagina, wie sie bei den Monogenea und bei den Cestoda ausgebildet ist. Der Vorgang der «Eibildung» – beim großen Leberegel (*Fasciola hepatica*) und auch bei *Schistosoma mansoni* von Gönnert (1955, 1962) besonders intensiv untersucht – läßt sich prinzipiell auf andere Arten übertragen. Durch einen Sphinkter reguliert, verläßt jeweils nur eine einzige Eizelle das Ovar via Ovidukt. Diese Eizelle gleitet an der Mündung des Dottergangs (unpaarer Abschnitt nach Vereinigung der Vitellodukte) vorbei. Hier werden, wiederum mit Hilfe eines Sphinkters, Dotterzellen abgegeben (bei *F. hepatica* je dreißig), die von den Cilien des Eidottergangs in Richtung Ootyp bewegt werden. In diesem elliptischen Hohlraum entsteht so das endgültige «Ei» (Abb. 76).

(Dieser Terminus stammt aus der älteren Literatur, als man die im Kot diagnostizierten Stadien (= Wurmeier) für eingekapselte, allerdings befruchtete Eizellen hielt, aber noch nichts über ihre Mehrzelligkeit bekannt war. Dieser Komplex wird von Siewing auch als Kokon beschrieben.)

Im Ootyp erhält dieses Ei seine typische Form und ist wegen der umgebenden Dotterzellen somit als ekto- bzw. exolecithal zu bezeichnen. Der Ootyp besitzt ein kubisches Epithel, das sich während dieses Vorgangs abplattet und sich somit gleichsam zu einer «Gußform» schließt. Eizelle und Dotterzellen erscheinen hier schon in einer gemeinsamen, sehr dünnen Hülle. Es wird angenommen, daß diese Hülle von den Dotterzellen abgeschieden wurde, und zwar als Reaktion auf die Absonderung von Sekreten der sog. Mehlisschen Drüsen. Dieses System besteht aus größeren peripheren Zellen, deren Sekret die Schalenbildung der Dotterzellen initiiert, und innen gelegene kleinere Zellen, die offenbar für das Gleiten der Eier sorgen; ihre Sekrete sollen auch zur Stimulation der Spermien dienen. Die im «Ei» mehr oder minder zentral gelegene Eizelle wird jeweils beim Passieren des Receptaculum seminis befruchtet. Dieses Receptaculum seminis ist bei *Fasciola hepatica* nur als sackartige Ausweitung des oberen Uterus ausgebildet, der durch eine ventilartige Klappe vom Ootyp getrennt ist. Dadurch wird ein Rückfluß der Eier verhindert. Im Uterus setzt die endgültige Ausbildung der Schale ein. Das Material hierfür wird von den Dotterzellen durch Exocytose als «**Schalentröpfchen**» abgeschieden. Die Hülle ist zunächst farblos, wird aber im Verlauf der Wanderung im Uterus bräunlich und sehr hart. Bei der Schalensubstanz handelt es sich nach neueren Untersuchungen um **chinon-gegerbte Proteine**, die bei Wirbellosen weit verbreitet sind und als Gerüstsubstanzen Verwendung finden, da sie eine große Festigkeit erreichen. Dieser Befund wird durch den Nachweis von Vorstufen des

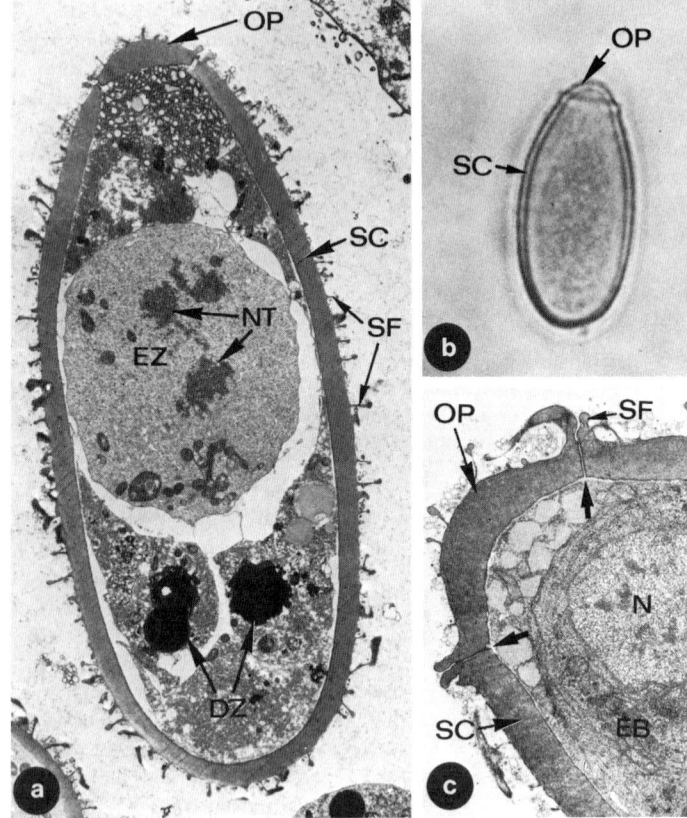

Abb. 76: Eier von *Clonorchis sinensis*. a, c TEM-Aufnahmen; b LM-Aufnahme.
a) Längsschnitt. × 5000
b) Totalansicht. × 1000
c) Vergrößerung des Deckels des Eies = Operculums. Die Schalenfortsätze
    (SF) bilden einen Ringwulst um den Spalt in der Schale (Pfeile). × 12 000
DZ = Dotterzelle; EB = Embryo; EZ = Befruchtete Eizelle; N = Nucleus; NT =
Nucleus in Teilung; OP = Operculum; SC = Schale; SF = Schalenfortsatz.

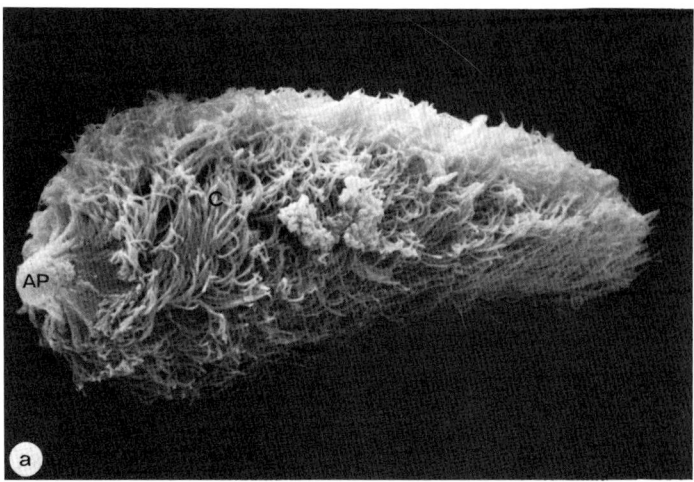

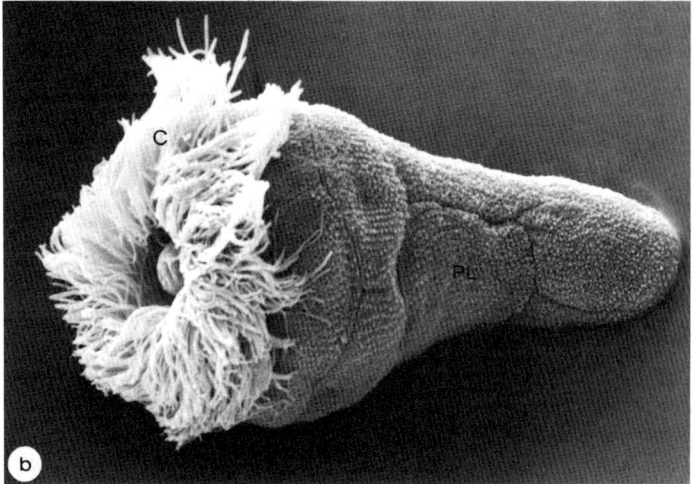

Abb. 77: *Fasciola hepatica*. Miracidien des großen Leberegels. SEM-Aufnahme (Dr. Køie, Kopenhagen).
a) Alle Cilien sind vorhanden, die apikale Papille ist vorgestreckt;
b) Cilien wurden experimentell zur Darstellung der Zellgrenzen des Teguments am hinteren Zellkörper entfernt. a) × 600 b) × 700
AP = Apikale Papille; C = Cilien; PL = Plattenförmige Epidermiszelle.

Sklerotins (Phenole, Phenolasen, Proteine) in den Schalentröpfchen der Dotterzellen unterstützt.

Die Eier vieler Digenea sind gedeckelt, eine Ausnahme machen z. B. die Schistosomen. Beim Schlüpfen der Larven öffnet sich der Deckel, oder die Eischale reißt bei ungedeckelten Eiern auf. Die Präformierung des Deckels wird von der Eizelle (z. B. bei *Fasciola*) selbst angelegt, indem sie Pseudopodien aussendet. An deren Rand wird die Bruchstelle während der Schalenbildung präformiert. Schon im Uterus setzt die Furchung bis hin zur Bildung von vollständigen Larven ein. Diese Eier (= **Embryophoren**) sind aber nicht prinzipiell gegen Austrocknung geschützt und müssen bei den meisten Arten zur weiteren Entwicklung ins Wasser gelangen (Ausnahme z. B. *Dicrocoelium dendriticum*).

b) Morphologie der adulten Pärchenegel (Familie Schistosomatidae)

Die adulten Schistosomen sind getrenntgeschlechtlich und leben im Blutgefäßsystem von Warmblütern (Tab. 12). Nach neueren Untersuchungen (Platt, Brooks, 1997) gehen die etwa 100 getrenntgeschlechtlichen Arten der Schistosomatidae aus ursprünglich zwittrigen Ahnen hervor, aus denen sich auch die etwa 10 000 Arten (in etwa 100 Familien untergliedert) der zwittrigen Digenea entwickelt haben. Das Weibchen der Schistosomen erlangt erst die Geschlechtsreife, wenn die Paarbildung stattgefunden hat, während bei rein männlichen Infektionen die solitären Männchen dennoch Spermien produzieren. Im Normalfall schließt das blattförmige Männchen das drehrunde Weibchen in seinen sog. «**Canalis gynaecophorus**» ein und sucht dann die für die jeweilige Art typischen Abschnitte der Gefäßsysteme (Venen des Darms bzw. Urogenitalsystems) auf, wo dann die Eiablage in artspezifischer Anzahl (täglich 20–300 und mehr) erfolgt.

Oberfläche. In beiden Geschlechtern liegen die Saugnäpfe viel dichter beieinander als bei den meisten distomen Trematoden (Abb. 78; 84) und sind innen mit Häkchen und Sinnespapillen versehen. Die Saugnäpfe der schlankeren, im Querschnitt drehrunden Weibchen sind erheblich kleiner als die der Männchen. Unmittelbar hinter dem Bauchsaugnapf liegt die Geschlechtsöffnung, während sie sich bei den anderen Gattungen zwischen beiden Saugnäpfen befindet (Abb. 69; 78). Besonders bemerkenswert sind beim Männchen die zahlreichen oberflächlichen Papillen bzw. Noppen. Diese sind zudem bei einigen Arten mit aktinhaltigen Häkchen bewehrt und treten an den seitlichen Rändern in geringerer Anzahl auf. Dort allerdings befinden sich auch Reihen größerer Haken. Sie ermöglichen es dem Männchen –

offenbar in Verbindung mit den Papillen –, seine seitlichen Ränder
wie mit einem Klettverschluß zum erwähnten Canalis gynaecophorus zu schließen und so eine Röhre für das Weibchen zu schaffen
(Abb. 84). Dieser mechanische Verschluß wird allem Anschein nach
ohne Energie (Muskelbeanspruchung) beibehalten. Das Tegument der
Pärchenegel ist dem der anderen Trematoden sehr ähnlich, aber mit
4–5 µm Dicke erheblich dünner als bei vielen anderen Digenea,
während der **Surface coat** – offenbar wegen der Lebensweise im Blut
– dichter und dicker erscheint; dies liegt daran, daß hier zusätzlich
membranöse Anteile wie eine zweite Membran das Tegument außen
überdecken (**Membranocalyx**). Vom Parasiten werden dabei in diese
Schutzschicht Produkte des Wirts eingebaut (z. B. MHC-Komplexan-
teile, Erythrocytenoberflächenantigene (= Glykolipide), Immunglobuline, Glykoproteine etc.), so daß sich der Wurm als Wirtsbestandteil
«ausgibt», sich somit maskiert und daher vom Immunsystem nicht erkannt wird. Hinzu kommt, daß der Surface coat ständig durch den
Einbau von Vesikeln erneuert wird. Auf diese Weise gelingt es dem
adulten Wurm, daß er lange (20 Jahre) im Blut des Wirts überleben
kann. Menschen in Endemiegebieten können aber nach mehrfachem
Befall durch Cercarien durchaus gegen erneuten Cercarienbefall resistent werden, obwohl in ihnen adulte Würmer leben und nicht
attackiert werden. Das Tegument kleidet auch den Oesophagus und
den Uterus aus (Hockley, 1973). Bemerkenswert ist, daß an der Oberfläche ein durch Einfaltungen weitverzweigtes Kanalsystem entsteht
(Abb. 78).

Darm. Der Darm ist bei den Pärchenegeln wie bei allen Trematoden* blind geschlossen und besitzt **keinen** (muskulösen) **Pharynx**.
Nach einem kurzen unpaaren Abschnitt gabelt sich der Darm und bildet zwei Stränge aus (Abb. 78). Diese vereinigen sich jedoch wieder,
beim Männchen unmittelbar hinter den Hoden, beim Weibchen erst
hinter dem Ovar; beim Weibchen sind somit die paarigen Stränge erheblich länger. Nach der Vereinigung der Schenkel zieht der Darm im
Regelfall unpaar bis nahe zum Hinterende des Tieres; seitliche Verzweigungen fehlen (Abb. 78).

Exkretionssystem. Das Exkretionssystem ist ähnlich gebaut wie bei
den schon beschriebenen distomen Digenea (s. S. 192), d. h., es besteht aus einer arttypischen Anzahl von Protonephridien (= Cyrtocyten).

---

* Lediglich *Opecoelus sphaericus* besitzt einen After (Ozaki, W. 1928: Jap.
J. Zool. 2, 5–33). Möglicherweise dient der bei einigen Arten beschriebene
zweite Darmeingang auch als After.

Tab. 12: Wichtige Digenea

Familie/Art	Endwirte/Gewebe	Wurm-länge (mm)	Eigröße (µm)	1. Zwischenwirt* (Schnecken)	2. Zwischen-wirt**	Präpatenz im Endwirt (Wochen)
Fam. Diplostomatidae						
Alaria canis	Hund, Fuchs; Dünndarm	3–4	70 × 130	*Helisoma* sp.	Kaul-quappen***	5
Fam. Schistosomatidae						
Schistosoma mansoni	**Mensch**, Labortiere; Leber und Darmvenen	6–10♂ 7–14♀	50 × 150	*Biomphalarina* sp.	–	5–7
S. haematobium	**Mensch**, Affen; Venen des Urogenitalsystems	20♀ 10–15♂	50 × 150	*Bulinus* sp. *Physopsis* sp.	–	10–12
S. japonicum	**Mensch**, Haustiere; Leber und Darmvenen	12–20♂ 28♀	55 × 90	*Oncomelania* sp.	–	3–10
S. intercalatum	**Mensch**, Nager, Huftiere; Venen des Darms	11–15♂ 13–24♀	60 × 160	*Bulinus* sp.	–	5–7
Fam. Echinostomatidae						
Echinostoma ilocanum, E. lindoensis	**Mensch**, Hund; Dünndarm	2,5–6,5	65 × 95	*Gyraulus* sp. *Hippeutis* sp.	Schnecken (*Pila*), Muscheln (*Corbicula*)	?
E. revolutum	Vögel, Säuger; Rectum, Caecum	10–22	65 × 110	*Helisoma* sp.	Kaulquappen; Schnecken (*Physa* sp.)	3

Fam. Fasciolidae						
Fasciola hepatica	Wiederkäuer, **Mensch;** Gallengänge	20–30	70 × 140	*Lynnaea* sp.	an Wasser-pflanzen	8–13
F. gigantica	Wiederkäuer; Gallengänge	25–75	90 × 140	*Lynnaea* sp.	Wasser-pflanzen	9–13
Fasciolopsis buski	**Mensch**, Schwein; Dünndarm	30–75	80 × 135	*Segnentina* sp. *Hippeutis* sp. *Planorbis* sp.	Wasserpflan-zen + deren Früchte	9–13
Fam. Paramphistomatidae						
Paramphistomum microbothrium	Wiederkäuer; Pansen	3–12	70 × 160	*Bulinus* sp. *Stagnicola* sp.	Wasser-pflanzen	13–15
P. cervi	Wiederkäuer; Pansen	5–12	85 × 140	*Bulinus* sp. *Planorbis* sp.	Wasser-pflanzen	9–16
Watsonius watsoni	**Mensch;** Dünndarm	8–10	75 × 125	*Bulinus* sp. *Stagnicola* sp.	Wasser-pflanzen	?
Fam. Dicrocoeliidae						
Dicrocoelium dendriticum	Schafe, Rinder, Hund, **Mensch;** Gallengänge	6–10	25 × 40	*Helicella* sp. *Zebrina* sp.	Ameisen	6–10
Fam. Prosthogonimidae						
Prosthogonimus pellucidus	Huhn, Ente, Gans; Kloake, Eileiter	8–12	15 × 25	*Bithynia* sp.	Libellen: Adulte + Larve	1–3

Fortsetzung Tab. 12:

Familie/Art	Endwirte/Gewebe	Wurmlänge (mm)	Eigröße (μm)	1. Zwischenwirt* (Schnecken)	2. Zwischenwirt**	Präpatenz im Endwirt (Wochen)
Fam. Troglotrematidae						
Paragonimus westermani	**Mensch, Raubtiere;** Lunge	7–12	60 × 90	*Semisulcospira* sp. *Brolia* sp. *Hua* sp. *Thiara* sp.	Krabben, *Eriocheir* sp.; Schwein = Transportwirt	8–12
P. kellicotti	**Mensch, Raubtiere;** Lunge	9–16	55 × 85	*Pomatiopsis* sp.	Krabben	22–24
Nanophyetus salmincola	Hund, Fuchs; Dünndarm	1–2,5	45 × 80	*Oxytrema* sp.	Fische	1–15
Fam. Opisthorchiidae						
Opisthorchis (= *Clonorchis*) *sinensis*	**Mensch,** fischfressende Säuger; Gallengänge	10–25	15 × 30	*Parafossarulus* sp. *Semisulcospira* sp. *Bulinus* sp.	Fische (Cypriniden, Salmoniden)	2–2,5
O. felineus (= *O. tenuicollis*)	fischfressende Säuger; Gallengänge	7–12	11 × 30	*Bithynia* sp.	Fische (Cypriniden, Salmoniden)	2–3
Metorchis conjunctus	Hund, Katze, **Mensch;** Gallenblase	1–6,5	15 × 25	*Amnicola* sp.	Fische (*Catostomus*)	4–5

Fam. Heterophyidae					
Metagonimus yokogawai	fischfressende Säuger, **Mensch**; Dünndarm	1–2	16 × 28	*Semisulcospira* sp.	Süßwasserfische	1–2
Heterophyes heterophyes	fischfressende Säuger, **Mensch**; Dünndarm	1–2	14 × 24	*Pirenella* sp. *Cerithidia* sp.	u. a. Brackwasserfische	1–2

* Beim 1. Zwischenwirt können unter Umständen noch zahlreiche andere Gastropodenarten aus dem gleichen Biotop befallen werden.

** Weder in den echten 2. Zwischenwirten noch in den Cysten an Wasserpflanzen kommt es zu einer Vermehrung, wohl aber zu einer Differenzierung der Organe der Metacercarien.

*** Hier parasitieren sog. Mesocercarien; als 3. Zwischenwirte dienen dann Schlangen bzw. Ratten (enthalten dann Metacercarien), die vom Endwirt verzehrt werden.

Nervensystem. Das Nervensystem entspricht im Aufbau dem Grundprinzip der digenen Trematoden (s. S. 192). Da aber sowohl die Saugnäpfe als auch das Geschlechtssystem im apikalen Wurmbereich liegen, ist die generelle Tendenz zur Cephalisation hier besonders stark.

Geschlechtssystem: Die Schistosomen sind getrenntgeschlechtlich (diözisch); das jeweilige Geschlecht wird genetisch durch **Geschlechtschromosomen** determiniert; so enthält das befruchtete Ei (im diploiden Zustand) 16 Chromosomen, unter denen ein Paar im männlichen Geschlecht als ZZ, im weiblichen als ZW charakterisiert ist (wobei das Z-Chromosom das größte ist und W zu den kleinsten Chromosomen zählt). Somit ist hier das weibliche Geschlecht heterogametisch und das männliche homogametisch. Es sind aber auch die anderen Entwicklungsstadien (Miracidien, Sporocysten, Cercarien) bereits geschlechtlich determiniert, was im übrigen auch durch Infektionen (von Schnecken) mit einzelnen Miracidien und den daraus hervorgehenden Cercarien belegt ist. Davon abweichend besitzen die Gattungen *Schistosomatium* 14, *Heterobilharzia* 20 und *Trichobilharzia* 18 Chromosomen (2 n). Bei *Schistosomatium* spp. kommt es bei eingeschlechtlichen Infektionen regelmäßig zur **Parthenogenese**, d. h. die Weibchen setzen unbefruchtete, haploide Eier ab, aus denen allerdings nach dem Zyklus nur Weibchen hervorgehen (haploide Männchen sterben vor dem Erreichen der Geschlechtsreife). Bei *Schistosoma mansoni*, wo nur experimentell die Produktion von haploiden

---

Abb. 78: Schematische Darstellung der Morphologie von Schistosomen.
A)   *S. mansoni*, Vorderende des Männchens.
B, C) Hodenformen (B = *S. haematobium*, C = *S. japonicum*).
D–F) Eiformen (D = *S. intercalatum, S. haematobium*; E = *S. japonicum*, F = *S. mansoni*.
G)   Darstellung des weibl. Systems von *S. mansoni* (sog. Oogenotop) nach Gönnert (1955).
H–J) Lage des Geschlechtssystems bei Weibchen von *S. mansoni* (H), *S. japonicum* (I) und *S. haematobium*. Der Darm, der einen längeren Bereich mit zwei Schenkeln (= Schlinge) als das Männchen (Abb. A) ausbildet, wurde aus zeichentechnischen Gründen weggelassen.
B = Bauchsaugnapf; D = Dorn am Ei; DA = Darm; DI = Divertikel des Vitellariums; DS = Darmschenkel; DZ = Dotterzelle; E = Eizelle; ED = Eidottergang; EI = Ei (= zusammengesetzt aus Zygote und DZ); G = Geschlechtsöffnung; H = Hodenbläschen (Anzahl ist artspezifisch); M = Mundsaugnapf; MD = Mehlisscher Drüsenkomplex; O = Ovar; OD = Ovidukt; OT = Ootyp; RS = Receptaculum seminis; SP = Sphinkter; UT = Uterus; VD = Vitellodukt.

Eiern herbeigeführt werden kann, entstehen allerdings dann auch haploide Männchen und Weibchen. Werden solche haploiden Männchen mit haploiden oder diploiden Weibchen gepaart, so ergibt das wieder «normale» diploide Eier, die sich je nach Chromosomensatz zu Männchen oder Weibchen entwickeln.

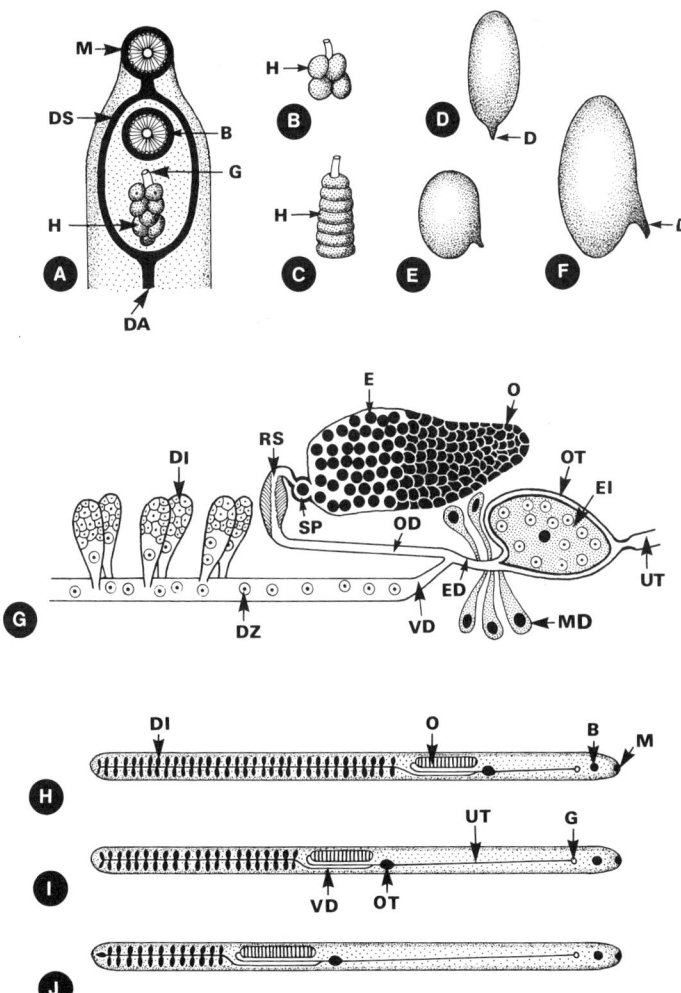

Männliches Geschlechtssystem. Die Zahl und Anordnung der Hoden ist bei den für den Menschen wichtigen Arten offenbar nicht absolut festgelegt (meist **vier** bei *Schistosoma haematobium* und *S. intercalatum* (2–7), **sieben** bei *S. japonicum* und **acht** bei *S. mansoni*). Sie münden mit je einem kurzen Vas efferens in das Vas deferens (Abb. 78 a–c). Das Vas deferens schwillt zu einer Samenblase an und mündet über einen nicht muskulösen Cirrusbeutel hinter dem Bauchsaugnapf (= Acetabulum) ventral an der Oberfläche. Die **Spermien** der Schistosomen unterscheiden sich von denen vieler anderer digener Trematoden (Abb. 79; 80). Sie besitzen eine kopfartige Verbreiterung, die den sehr elektronendichten Kern enthält (Abb. 79 c, d). An der Kernbasis, wo auch das Mitochondrium liegt, entspringt aus einem Basalapparat **ein** Axonem (2 bei anderen Digenea!), das in einen fadenförmigen Schwanzteil zieht (Abb. 79 c). Das **Axonem** enthält 0, 1 oder 2 zentrale Mikrotubuli (andere Digenea und Cestoden besitzen nur ein solides Element!); gelegentlich allerdings treten auch Axoneme ohne zentrale Mikrotubuli auf. Wie die Spermien der übrigen Digenea und Cestoden liegen auch bei den Schistosomen zahlreiche Mikrotubuli unterhalb der begrenzenden Zellmembran (Abb. 79). Je nach Schnittebene können diese zwischen 25 (Axonemenbereich) und 115 (Kernzone) variieren (Abb. 79 d).

Weibliches Geschlechtssystem. Im wesentlichen besteht das weibliche Geschlechtssystem aus den gleichen Elementen wie das der distomen Trematoden (s. S. 194), jedoch weichen sie in Struktur und Anordnung erheblich davon ab (Abb. 78 e). Ein **Laurerscher Kanal** wird niemals ausgebildet. Anstelle paariger Dotterstöcke (**Vitellarien**) ist ein sehr langer Dottergang vorhanden, in den zahlreiche, stets paarig angeordnete Divertikel einmünden (Abb. 78 e). Die Form des Ootyps variiert bei den vier für den Menschen besonders pathogenen Arten so entscheidend, daß dies nach TEM-Befunden sicher für die jeweils unterschiedliche artspezifische Form der «Eier» quasi als Prägeform verantwortlich ist (Abb. 78 d; 84 a, c, d). Alle Eier – sie werden vom Weibchen niemals vollständig embryoniert abgesetzt, reifen allerdings häufig noch im Wirt heran – sind durch besondere «**Stacheln**» gekennzeichnet und haben kein Operculum (Deckel). So besitzen die Eier von *Schistosoma haematobium* und *S. intercalatum* einen Endstachel, während bei *S. mansoni* der relativ große Stachel seitwärts liegt, er aber bei *S. japonicum* rudimentär bleibt. Im übrigen erfolgt die Eibildung in der schon für andere distome Digeneen beschriebenen Weise. Auch die Lage des Ovars und des Ootyps im Wurm ist bei den erwähnten *Schistosoma*-Arten des Menschen artverschieden; bei *S. japonicum* liegt es zentral, bei *S. mansoni* vor und bei *S. haemato-*

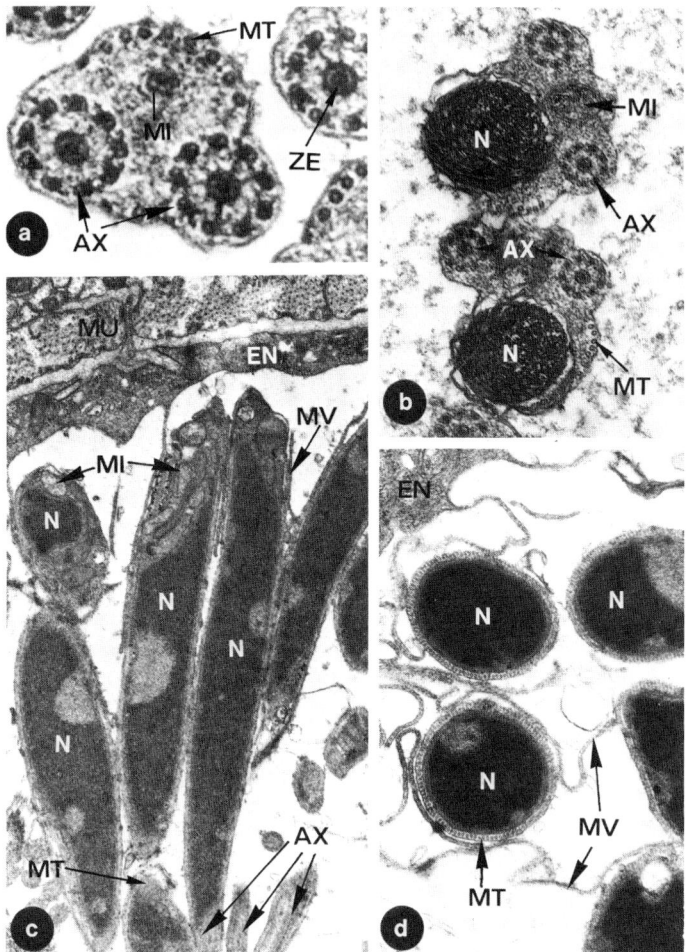

Abb. 79: TEM-Aufnahmen von Spermien der Digenea im Querschnitt (a, b, d) und Längsschnitt (c).

a, b) *Clonorchis sinensis.* × 60 000 × 22 000

c, d) *Schistosoma mansoni.* × 10 000 × 20 000

AX = Axonem der Geißel; EN = Endothel des Vas deferens; MI = Mitochondrion; MT = Mikrotubulus; MU = Muskelschicht des Vas deferens; MV = Mikrovilli des Vas deferens; N = Nucleus; ZE = Zentralelement.

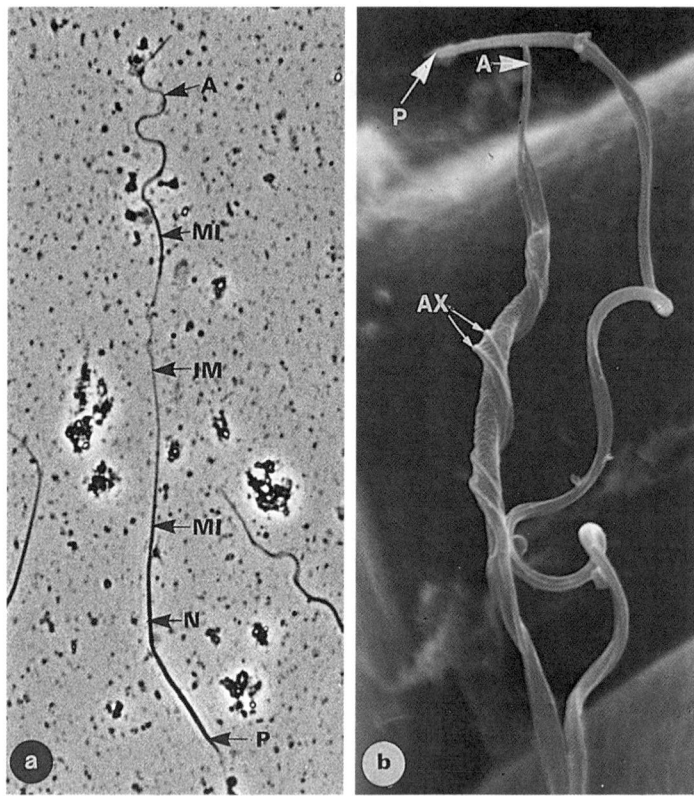

Abb. 80: *Paragonimus ohirai* (Ratten-Lungenegel). Licht- (a) und rasterelektro-nenmikroskopische Aufnahme (b) von Spermien. Die etwa 220 μm langen Spermien sind fadenförmig. Zwei Zonen mit je einem langen Mitochondrion (MI) werden durch einen intermediären (IM) Bereich getrennt. Der Nucleusbe-reich (N) liegt hinten. Das gesamte Spermium wird von zwei Axonemen (AX) durchzogen. Aufnahmen: Dr. Osaki, Japan.

A = Vorderer Pol; AX = Axonem; IM = Intermediärer (mitochondrienloser) Be-reich; MI = Zonen mit Mitochondrien; N = Nukleärer Bereich; P = Hinterer Pol. a) × 650, b) × 8800

bium wie auch *S. intercalatum* hinter der Mitte, so daß unterschiedlich lange Dotterstöcke (= Vitellarien) auftreten (Abb. 78 f).

c) Entwicklungszyklus der digenen Trematoden

Charakteristisches Merkmal der digenen Trematoden ist der Generationswechsel, der mit einem obligaten Wirtswechsel verbunden ist.
Dabei treten sehr mannigfaltige Formen sowie eine Vielfalt von Übertragungsmöglichkeiten auf. **Endwirte** sind stets Wirbeltiere; entsprechend der Definition (s. S. 1) gelangen in ihnen die Würmer zur Geschlechtsreife (Tab. 12; Abb. 82). Als **erste Zwischenwirte** dienen
überwiegend Mollusken (meist Gastropoden = Schnecken); es werden
aber auch noch **zweite** oder sogar **dritte** Zwischenwirte in den Zyklus
eingeschaltet (Tab. 12). In letzteren erfolgt dann aber keine Entwicklung im Sinne einer Vermehrung, sondern nur ein Reifen zur Infektiosität. Solche Wirte sind somit Träger der infektiösen Stadien, die
sich in ihnen oft stark anreichern. Auch Pflanzen können diese Trä-
gerfunktion erfüllen (Abb. 81; 82).

Die Definition dieses bei den Digenea auftretenden Generations-
wechsels als **Metagenese** (= Wechsel von ungeschlechtlich und geschlechtlich sich vermehrenden Formen) oder **Heterogonie** (= Wechsel
von sich ein- und zweigeschlechtlich fortpflanzenden Formen) ist
umstritten. Die Gründe hierfür werden in einem eigenen Kapitel
(s. S. 224) näher erläutert.

Eine zusammenfassende Darstellung des Entwicklungsgangs der
Digenea wird dadurch erschwert, daß es keine einheitliche Entwicklung gibt, sondern nur eine Reihe von Variationen, die selbst innerhalb von Familien noch stark modifiziert sein können. Im wesentlichen lassen sich die vier Möglichkeiten eines Entwicklungszyklus bei
den Digenea aufzeigen, die in Abb. 81 zusammengestellt wurden.
Die Zyklen der Digenea unterscheiden sich in der Kombination der
einzelnen Entwicklungsstadien, wobei Eier, Miracidien, Sporocysten
und Cercarien stets auftreten, während Tochtersporocysten, Redien,
Tochterredien und Metacercarien nur bei einigen Arten erscheinen
(Abb. 82).

Ei. Die Eier verlassen die Endwirte – je nach Aufenthaltsort der
adulten Würmer – mit den Ausscheidungen über Fäzes, Urin, Sputum
(Tab. 12). Diese Eier sind bei einigen Arten bereits vollständig embryoniert (*Trichobilharzia* sp.; *Spirorchis* sp.; *Schistosoma* sp.; *Dicrocoelium* sp.; *Opisthorchis* sp. (= *Clonorchis* sp.)), bei anderen jedoch
noch nicht (*Echinostoma* sp.; *Paragonimus* sp.; *Fasciola* sp.; *Fasciolopsis* sp.). In diesem Fall setzt die Entwicklung zum Miracidium im
Ei erst ein, wenn dieses günstige Umweltbedingungen (Wasser, hoher

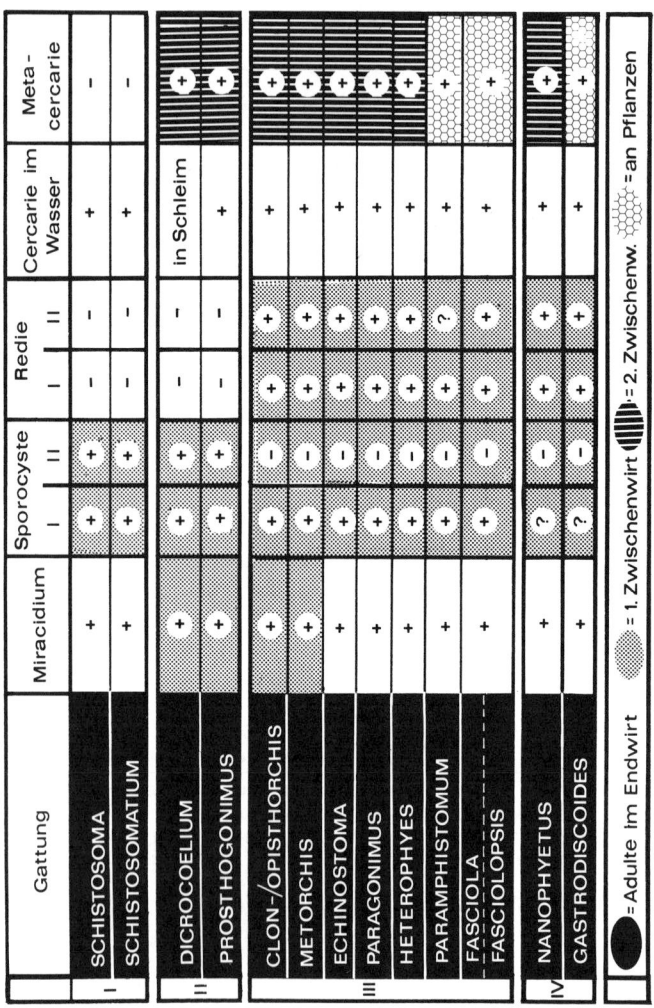

Abb. 81: Schematische Darstellung der Entwicklungszyklen wichtiger digener Trematoden in 4 Typenklassen (I–IV).

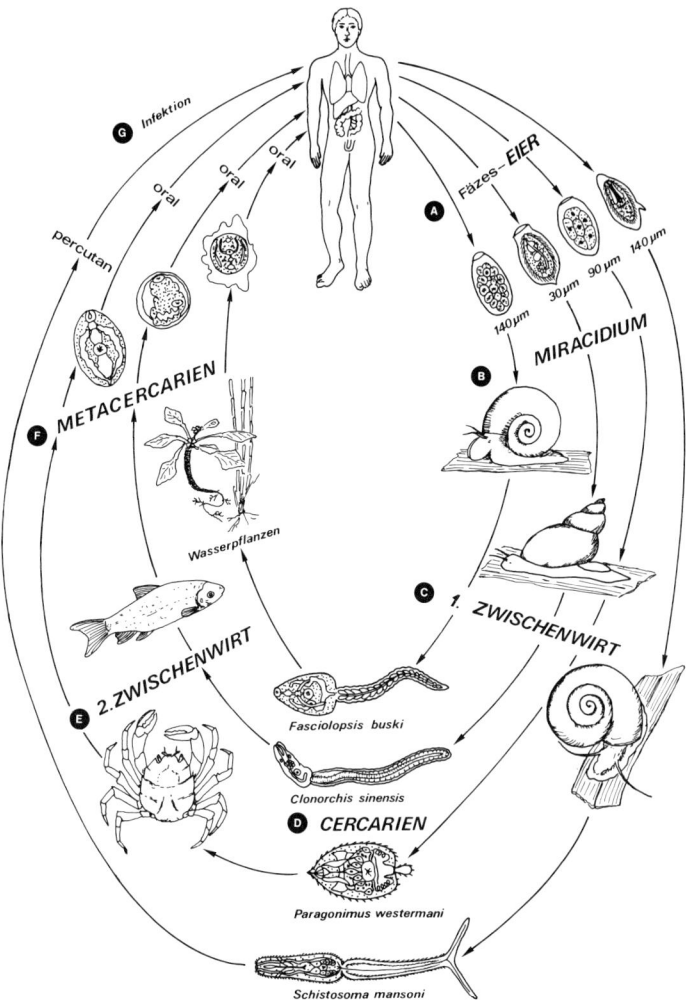

Abb. 82: Schematische Darstellung des Lebenszyklus wichtiger Digenea. Vergl. Abb. 81 und Tab. 12.

Sauerstoffpartialdruck, optimale Temperatur von etwa 20–30 °C) vorfindet. Bei den meisten Arten besitzen die Eier einen Deckel (= **Operculum**), der beim Schlüpfen abgesprengt werden kann, während bei den Schistosomen z. B. ein solcher Deckel nicht auftritt, sondern die Eihülle aufreißt (Abb. 76; 84 c).

Miracidium. Die meist etwa eigroße Miracidium-Larve schlüpft bei den meisten Arten im Wasser aus der Eihülle, wobei Licht und Temperaturhöhe offenbar einen entscheidenden Einfluß ausüben und dadurch z. T. die geographische Verbreitung begrenzen. Bei anderen Arten, wie z. B. *Opisthorchis* (= *Clonorchis*) *sinensis* oder *Metorchis conjunctus* (Abb. 76), gelangt das Ei zwar auch ins Wasser, aber hier muß es vom Zwischenwirt *per os* aufgenommen werden, bevor die Larve schlüpft. Bei Arten wie *Dicrocoelium dendriticum* schlüpft das Miracidium ebenfalls erst im Darm des Zwischenwirts, einer Landschnecke, die das larvenhaltige Ei oral aufnimmt (Tab. 12; Abb. 81). Offenbar wirken in beiden Fällen Darmenzyme dieser Zwischenwirte beim Schlüpfvorgang mit.

Die Oberfläche der Miracidien ist durch eine artspezifische Anzahl von epidermalen «Platten» (= Zellen) charakterisiert (Abb. 76 b). Sie weisen zahlreiche Cilien auf, mit deren Hilfe sich die Larven im Wasser fortbewegen können (Abb. 76 a). Unterhalb dieser zellulären Epidermis liegt eine Ring- und eine Längsmuskulatur. Die Größe der Miracidien schwankt je nach Größe der Eier von etwa 30 µm bei *Opisthorchis* bis 200 µm bei *Fasciola hepatica* und *Schistosoma intercalatum*; somit sind manche schon makroskopisch sichtbar. Bei aller morphologischen Variation ist den Miracidien der verschiedenen Arten jedoch gemeinsam:

1. eine apikale, vorstülpbare Papille;
2. ein apikales Drüsensystem, das auf der Papille mündet und in eine unpaare Apikaldrüse und ein Paar «Penetrationsdrüsen» untergliedert wird.
   Beim Eindringen in das Gewebe des Zwischenwirts setzt die Apikaldrüse histolytische Enzyme frei, während die beiden anderen Systeme durch muköse Sekrete die Verankerung im Wirtsgewebe herbeiführen (daher werden diese z. T. auch als «adhäsive Drüse» bezeichnet).
3. Sinnesorgane, die als Augenflecken und/oder laterale Sinnespapillen auftreten können und bei der Orientierung im Biotop und bei der Wirtsfindung eine entscheidende Rolle spielen, wobei makromolekulare Glykokonjugate der Schneckenoberfläche als Attraktantien dienen;
4. ein Protonephridialsystem mit artspezifischen Ausmündungsorten;

5. ein großes Apikalganglion mit Ausläufern in alle Regionen;
6. eine Anzahl locker im hinteren Parenchymbereich liegender Zellen, aus denen sich die nächste Generation (**Tochtersporocyste** bzw. **Redie**) differenziert. Diese Zellen werden auch als Keimballen (*engl.* germ cells) angesprochen, ihre Deutung als geschlechtliche bzw. ungeschlechtliche Stadien bleibt vorerst umstritten (s. S. 224); vermutlich handelt es sich um omnipotente, undifferenzierte Zellen (sog. Stammzellen), aus denen sich alle übrigen Zellen des Individuums differenzieren können. In einigen Arten ist schon die nächste Generation in Form einer kleinen Redie in diesen Miracidien enthalten (z. B. bei *Stichorchis subtriquetrus*, einem Egel des Biberdarms, der als Zwischenwirt u. a. die amphibische Schnecke *Fossaria parva* verwendet);
7. das Fehlen eines typischen Darms.

Die freibeweglichen Miracidien (ca. 2 mm/sec) suchen offenbar auf chemotaktischem (chemokinetischem) Wege in weniger als 25 Stunden nach dem Schlüpfen ihre Wirtsschnecken auf. Auch beim Auftreten von Augenflecken erscheint das Licht hier nur von untergeordneter Bedeutung. Beim Einbohren in die Epidermis des Zwischenwirts werden die Cilien bei vielen Arten abgestreift*; erst im Innern der Wirte erfolgt dann die Umstrukturierung und die Differenzierung des Miracidiums zur Sporocyste. Bei wenigen Arten (z. B. *Parorchis acanthus*) entsteht allerdings im Innern des Miracidiums gleich eine Redie.

Sporocyste. Das Miracidium wächst meist zur Sporocyste I, der sog. **Muttersporocyste**, heran, und zwar häufig in unmittelbarer Nähe der Invasionsstelle. Bei den ausgewachsenen Sporocysten (Abb. 83 b) handelt es sich um sackartige, wurstförmige oder ovoide Gebilde, die bei den meisten Arten unverzweigt sind. Sie sind von einem syncytialen Tegument umschlossen, das dem der adulten Formen relativ ähnlich ist, allerdings keine Haken enthält. Darunter liegen Ring- und Längsmuskelzüge. Ein Darm ist nicht vorhanden; somit müssen die für das beträchtliche Wachstum und die enorme Reproduktion notwendigen Nährstoffe durch das Tegument aufgenommen werden. Die Exkretion erfolgt über ein schon beschriebenes Protonephridiensystem. Im Innern der Sporocysten beginnen die schon im Miracidium vorhandenen sog. Keimballen mit der Teilung.

---

* Bei Schistosomen dringt das gesamte Miracidium ein; bei *Dasymetra* sp. (Endwirt: Schlangen) gelangen lediglich die Keimballen in den Zwischenwirt, während bei Cyclocoeliden (Endwirte: Vögel) die bereits in den Miracidien enthaltenen Primär-Redien eindringen.

Aus ihnen entstehen bei einigen Arten (z. B. *Schistosoma* sp.; *Dicro-coelium dendriticum*) morphologisch sehr ähnliche Stadien, die **Tochtersporocysten**, die durch Aufplatzen der Muttersporocysten frei werden, sich aktiv im Wirt fortbewegen können und zur Weiterent-

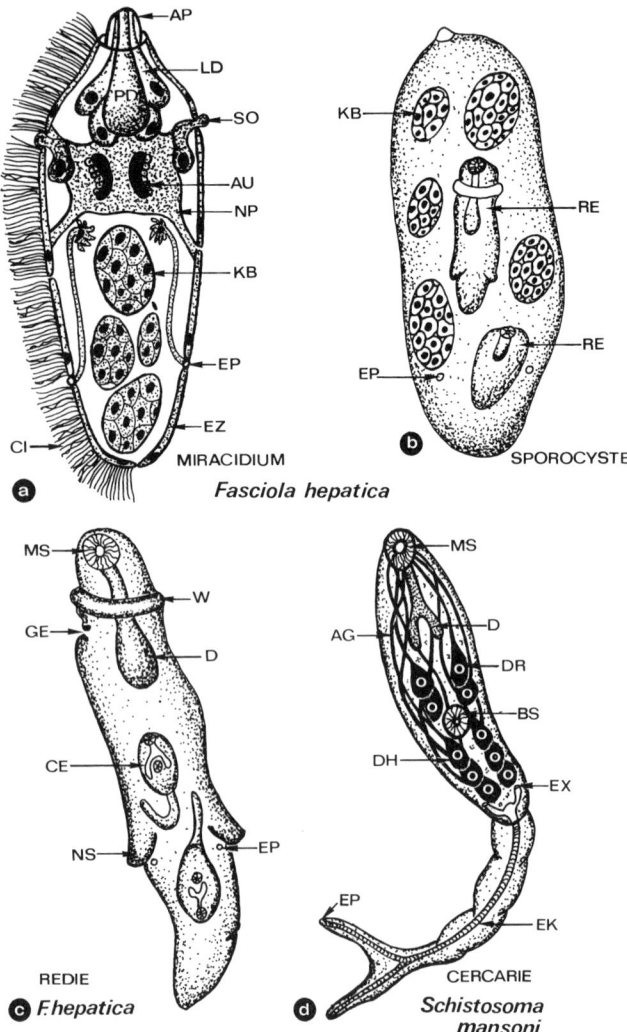

a MIRACIDIUM

b SPOROCYSTE

Fasciola hepatica

c *F. hepatica* REDIE

d ***Schistosoma mansoni*** CERCARIE

wicklung häufig die Mitteldarmdrüse (= Hepatopankreas) aufsuchen. In den Tochtersporocysten entsteht dann die nächste Generation. Bei anderen Arten entwickeln sich aus den Keimballen der Muttersporocyste sogenannte Redien (z.B. *Fasciola hepatica*; Abb. 81; 82; 83 c).

Redie. Die Redien* besitzen einen kurzen, stabförmigen Darm, der wie bei Adulten einen muskulösen Pharynx aufweist (Abb. 83 c). Die Oberfläche, die wiederum aus einem syncytialen **Tegument** besteht, bildet zwei nahe dem Hinterende liegende Vorwölbungen (*engl. ambulatory buds*). Bei einigen Arten werden zusätzlich zwei vordere derartige Vorwölbungen gebildet. Diese dienen offenbar als Widerlager bei der Fortbewegung in der Schnecke, wo meist das Hepatopankreas (= Mitteldarmdrüse) aufgesucht wird. Die syncytiale Oberfläche ist bei den meisten Arten von einer sogenannten Geburtsöffnung durchbrochen, die mit dem Innenraum der Redie in Verbindung steht. In diesem entsteht wiederum aus Keimballen, die schon im Miracidium vorhanden waren, die nächste Generation. Dabei kann es sich um ähnlich gestaltete Tochterredien handeln oder um «geschwänzte» Formen, die sog. Cercarien (Abb. 83 d). Die Tochterredien bilden dann ihrerseits wiederum aus Keimballen – aber dann eben eine Generation später – die Cercarien. Bei einigen Arten kann die Cercarienproduktion auch nach 3, 4, 5 etc. Rediengenerationen erfolgen. Nur so ist es verständlich, daß nach der Infektion mit einem Miracidium bis zu 100 000 Cercarien aus einer Schnecke austreten.

Abb. 83: Schem. Darstellung von Entwicklungsstadien der digenen Trematoden.
a) Miracidium, b) Sporocyste, c) Redie, d) Cercarie.
AG = Ausführgang; AP = Apikalpapille; AU = Augenfleck; BS = Bauchsaugnapf; CE = Cercarie; CI = Cilium; D = Darm; DH = Drüse hinter dem Saugnapf; DR = Drüse vor dem Saugnapf; EK = Exkretionskanal; EP = Exkretionsporus; EX = Exkretionssystem, aus zeichentechn. Gründen unterbrochen; EZ = Epithelzelle; GE = Geburtsöffnung; KB = Keimballen; LD = Laterale Drüse; MS = Mundsaugnapf; NP = Nervenplexus; NS = Nachschieber; PD = «Penetrationsdrüse»; RE = Redie; SO = Seitenorgan; W = Kragenwulst.

---

* Diese Stadien wurden nach dem italienischen Arzt Francesco Redi benannt, der 1668 erstmals *Fasciola hepatica* abbildete, die «Eiproduktion» nachwies und damit die Hypothese der «Urzeugung» dieses Parasiten widerlegte.

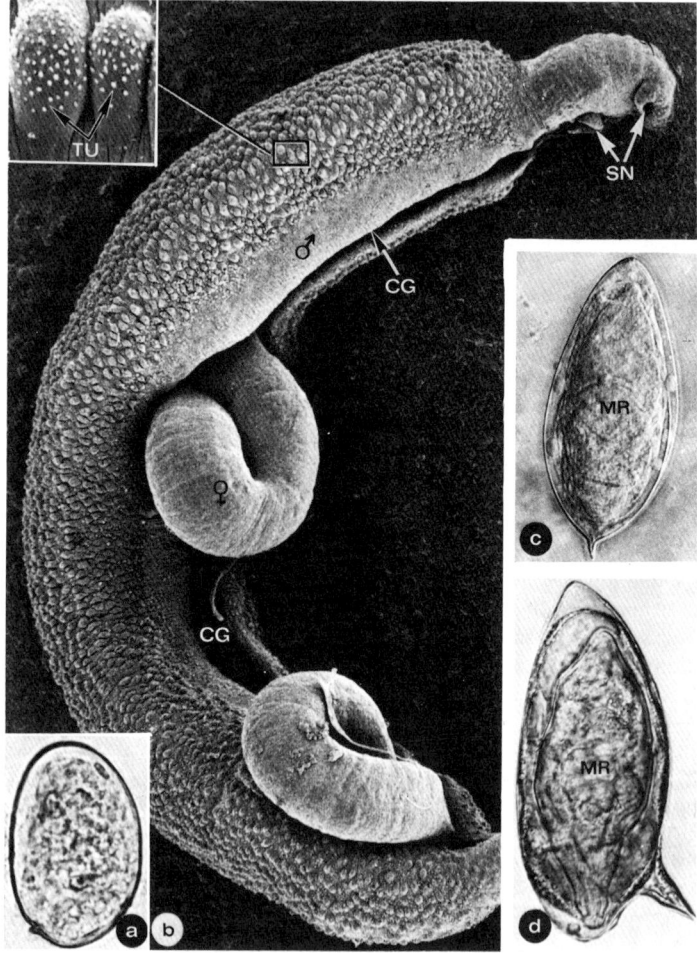

Abb. 84: Mikroskopische Aufnahmen von Schistosomen.
a) Ei von *S. japonicum*, LM. × 250
b) Pärchen von *S. mansoni*, SEM. × 60
c) Ei von *S. haematobium*, LM. × 260
d) Ei von *S. mansoni*, LM. × 300
Inset: Vergrößerung der bulbusartigen Tuberkel des Teguments eines Männchens von *S. mansoni*. × 900
CG = Canalis gynaecophorus; MR = Miracidium im Ei; SN = Saugnäpfe; TU = Tuberkel = Hauterhebungen mit Haken.

Cercarien. Die Cercarien verlassen aktiv ihre Bildungsstätte und gelangen auf den verschiedensten Wegen aus dem ersten Zwischenwirt (= Schnecken), wobei eine licht- und temperaturabhängige Periodizität vorhanden sein kann. Im Regelfall gelangen die Cercarien dann ins Wasser, wo sie sich eine Zeitlang (maximal 24 h) fortbewegen.

Je nach Art
– suchen sie sich aktiv einen neuen Wirt (End- oder Zwischenwirt; Tab. 12) und dringen aktiv percutan in wenigen Sekunden (10–30) in ihn ein (Abb. 82; 85 a) **oder**
– encystieren sich an Wasserpflanzen und warten auf die orale Aufnahme durch den Endwirt (Tab. 12; Abb. 81; 82).

Die Cercarien einiger Arten, wie z. B. von *Dicrocoelium dendriticum*, werden allerdings zunächst von der als erster Zwischenwirt fungierenden Landschnecke in Schleimballen abgesetzt, um dann vom 2. Zwischenwirt (Ameise) oral aufgenommen zu werden (s. S. 229).

Die Cercarien treten in großer Formenvielfalt und variabler Größe (bei *Schistosoma*-Arten wird eine Länge von etwa 0,5 mm erreicht – Abb. 79 a) auf. Daher mangelt es auch nicht an Versuchen, sie zu typisieren und in verschiedene Gruppen einzuordnen (s. Dawes, 1968), was zu einer verwirrenden Namensvielfalt geführt hat, weil die zugehörigen Endwirte zunächst unbekannt waren. Gemeinsam ist jedoch den meisten Formen, daß sie aus einem vorderen «**Kopfteil**» (*engl.* body) und einem **Schwanzabschnitt** (*engl.* tail) bestehen, der bei einigen Gattungen (z. B. *Schistosoma*; *Alaria*) gegabelt ist (Abb. 85 a) und stets beim Eindringen in den End- oder 2. Zwischenwirt abgeworfen wird oder bei anderen Gattungen (z. B. *Paragonimus*) rudimentär sein kann. Der Kopfteil der Cercarie enthält schon die meisten Organe des späteren adulten Tieres (Abb. 83 d): zwei Saugnäpfe, Darm, Genitalanlagen, Protonephridialsystem. Die Ausmündungen des Protonephridialsystems liegen dabei entweder am Ende des «Kopfes» oder im Schwanz (bei den Schistosomen an den Gabelspitzen; Abb. 83 d). Der Mundsaugnapf kann mit einem stilettartigen Dorn bewehrt sein (**Xiphidiocercarien** von *Dicrocoelium* und *Paragonimus*), mit Haken umgeben (**echinostome Cercarien**) oder unbewehrt sein (**Gymnocephalus** von *Fasciola*; **distome Cercarien**). Zusätzlich münden Drüsen am apikalen Pol, deren Sekrete für das aktive Verlassen des ersten Zwischenwirts und für das Anheften beim Eindringen in den zweiten Zwischenwirt (z. B. *Clonorchis* = *Opisthorchis* sp.) oder Endwirt (z. B. *Schistosoma* sp.) wichtig sind (Abb. 83 d). In den Sekreten wurden die hierzu notwendige Hyaluronidase und Kollagenase nachgewiesen. Bei Cercarien, die sich an

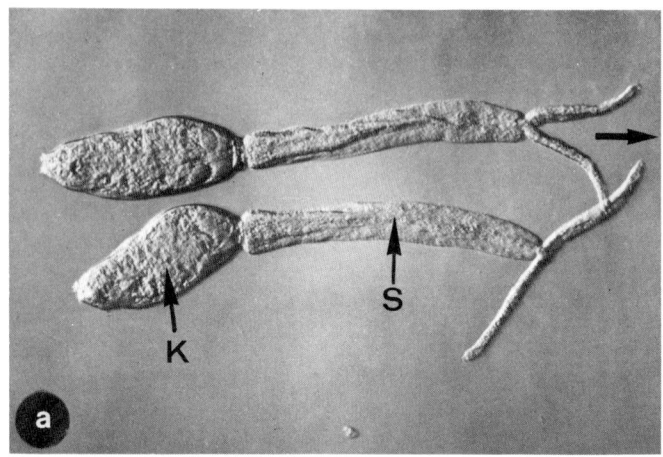

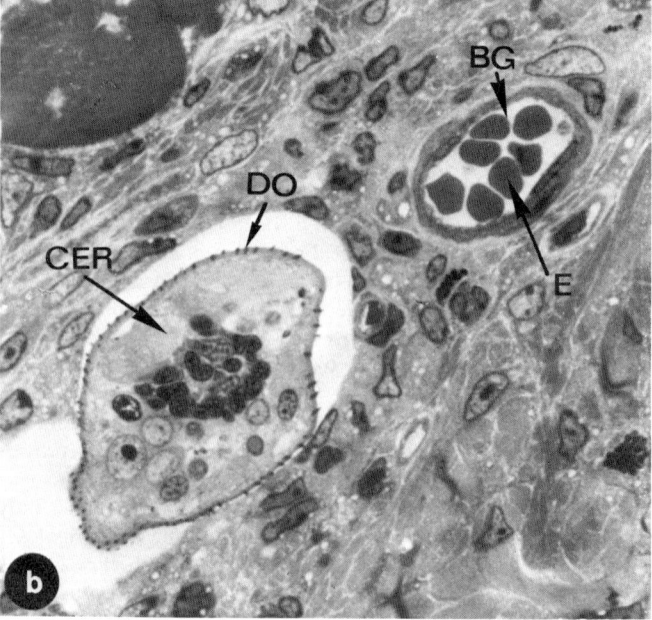

Pflanzen encystieren, bilden andere Drüsen die Cystenhülle (z. B. *Fasciola hepatica*). Auch können bei einigen Arten die Cercarien mit Augenflecken oder einfachen Linsenaugen ausgestattet sein (z. B. ocellate Cercarien von *Opisthorchis sinensis*), die aber bei den endoparasitischen Stadien (Adulte, Sporocysten, Redien) der jeweiligen Art fehlen.

Cercarien (z. B. *Schistosoma* spp.), die direkt in den Endwirt eindringen, entwickeln sich dort in bestimmten Geweben in unterschiedlichen Zeiträumen zu geschlechtsreifen Würmern: *S. mansoni* (in Gegenwart des andersgeschlechtlichen Partners) in etwa 35–42 Tagen, *Schistosomatium douthitti* (bei Nagern) beide Geschlechter – auch getrennt voneinander – schon in 10–12 Tagen (s. auch Präpatenz S. 204).

Cercarien, die in einen zweiten Zwischenwirt (Tab. 12) eindringen, werden dort – von wenigen Ausnahmen abgesehen (z. B. *Alaria*) – zur sog. **Metacercarie**. Dieses Stadium vermehrt sich nicht mehr und ist somit als larvale Form zu betrachten. Es wird von einer Cystenhülle eingeschlossen, die teils vom Wirt und teils vom Parasiten gebildet wird. Die zur Reifung notwendige Aufenthaltsdauer der Parasiten im zweiten Zwischenwirt (s. Dönges, 1969) hängt davon ab, ob die Metacercarie im Zwischenwirt noch wächst oder nicht. So benötigt *Echinostoma revolutum* ohne Wachstum bis zum invasionsfähigen Zustand nur 6–8 Tage (im Froschherzen), *Opisthorchis sinensis* dagegen mit einer notwendigen Wachstumsphase 23 Tage (im Fisch), *Paragonimus kellicotti* 35 Tage oder *P. westermani* 42–106 Tage (je nach Jahreszeit und Zustand des Krebs-Zwischenwirts). Solche wachsenden Metacercarien können sich dabei je nach Art schon zu Beginn oder erst am Ende der Wachstumsphase einkapseln. Während dieser Zeit erfolgt die Differenzierung der Geschlechtsorgane und die Umstrukturierung der Epidermis zum Tegument (= Neodermis), wobei außen eine zusätzliche Schicht aus Mucopolysacchariden («**surface coat**») ausgebildet wird, die zum Schutz gegen Wirtsenzyme und/oder Antikörper im Endwirt dient.

Abb. 85: *Schistosoma mansoni.* LM-Aufnahmen.
a) Cercarien im Wasser; *Pfeil* deutet in die Schwimmrichtung. × 250
b) Querschnitt durch ein Schistosomulum (= Kopf einer eingedrungenen Cercarie) in der Haut eines Endwirts. Auf dem Blutweg gelangt dieses Stadium via Lunge und Herz in die Pfortader. × 1000
BG = Blutgefäß; CER = Cercarienkopf quer; DO = Dorne im Tegument; E = Erythrocyt; K = Kopf; S = Schwanz.

Erst nach dieser Phase der Differenzierung ist die Metacercarie für den Endwirt infektiös. In dessen Magen- und Darmsystem wird die Cystenwand verdaut und die Metacercarie schließlich im Dünndarm freigesetzt. Diese wandert dann in das jeweils bevorzugte Organ ein und wächst dort zum geschlechtsreifen Wurm heran, der nach der Kopulation mit der Eiablage beginnt (s. **Präpatenz** = Dauer vom Zeitpunkt der Infektion bis zur Eiablage; Tab. 12). Metacercarien, die sich wie die von *Fasciola hepatica* an Pflanzen encystieren, benötigen nur relativ kurze Zeiten bis zur Reifung vor der oralen Aufnahme durch den Endwirt. So genügen meist wenige Stunden bis maximal 5 Tage, um infektionsfähig zu werden.

d) Zur Definition des Generationswechsels der Digenea

Der Entwicklungszyklus der Digenea umfaßt – wie im vorhergegangenen Abschnitt dargestellt – in den meisten Fällen vier oder fünf «Generationen», in denen eine Vermehrung stattfindet (**Adulte**, ein oder zwei **Sporocysten**, dazu evtl. ein oder zwei **Redien**). Dazwischen sind noch zwei **larvale** Formen (**Miracidium, Cercarien**) eingeschaltet, die die Aufgabe der örtlichen Verbreitung haben und je einen anderen Wirt befallen. Das Miracidium wächst nach der Wirtsfindung zur Sporocyste heran und die Cercarien (eventuell via Reifungsstadium = **Metacercarie**) zum neuen adulten Wurm. Dieser Entwicklungsgang ist obligat mit einem Wirtswechsel verbunden, wobei ein bis drei Zwischenwirte und ein bestimmter Endwirt-Typus (Fleisch-, Fisch- oder Pflanzenfresser) eingeschlossen werden.

Die Wirtsspezifität ist nicht besonders hoch; ein Austausch von Zwischen- und Endwirt ist jedoch nicht möglich. Wie aus Tab. 12 ersichtlich ist, können jeweils mehrere Tiere der gleichen Ernährungsweise als Zwischen- bzw. Endwirt befallen werden. Die Anzahl der Wirtstierarten wird meist noch durch eine ganze Reihe von Versuchstieren erweitert. Allerdings lassen das Verhalten, die Physiologie und die Morphologie der jeweiligen Wirte nur den Befall und die Entwicklung bestimmter Arten zu. So können sich z. B. Schistosomen des Menschen in bestimmten Labortieren (z. B. Affen, Mäuse, Ratten, Hamster) entwickeln, aber nicht Vogel-Schistosomen im Menschen; Cercarien können hier zwar eindringen, aber sie reifen nicht heran, sondern sterben schließlich ab (s. **Bade-Dermatitis** S. 228). Ähnliche Phänomene lassen sich auch für die Empfänglichkeit bestimmter Zwischenwirte aufzeigen.

Schon seit dem 18. Jahrhundert ist bekannt, daß in den Stadien im ersten Zwischenwirt eine Vermehrung stattfindet. Die Frage, ob dies eine eingeschlechtliche (**parthenogenetische**), vom Adulten übernommene Keimzelle oder eine ungeschlechtliche Vermehrung aus undifferenzierten Zellhaufen darstellt, ist bis heute nicht völlig geklärt. Zwar wurde bei einer Art (*Philophthalmus megalurus*), deren Adulte im Konjunktival-Sack von Vögeln leben, nachgewiesen, daß die Bildung der Redien und Cercarien als diploide Parthenogenese verläuft und mit Sicherheit keine Polyembryonie darstellt, bei der definitionsgemäß im neotenen Embryo bereits die nächste, aus befruchteten Eizellen hervorgehende, Generation enthalten ist (vergl. Monogenea S. 177; Khalil, Cable, 1969). Es bleibt jedoch fraglich, inwieweit diese an *P. megalurus* erzielten Ergebnisse, die den Generationswechsel als **Heterogonie** belegen, sich auf andere Trematoden übertragen lassen. Die Keimballen aller bisher daraufhin untersuchten digenen Trematodenarten erwiesen sich nämlich als Anhäufungen von undifferenzierten, diploiden Zellen. Ihre Feinstruktur ist zudem identisch mit der jener omnipotenten, undifferenzierten Stammzellen, die bei Plathelminthen für alle Wachstumsprozesse verantwortlich sind; meiotische Prozesse wurden zudem nicht beobachtet. Somit verläuft bei diesen digenen Trematoden der Entwicklungszyklus als **Metagenese** ab, bei der hier ein Wechsel zwischen einer geschlechtlichen und mehreren, sich ungeschlechtlich vermehrenden Generationen erfolgt. Solange aber nicht völlig ausgeschlossen ist, daß sich nicht doch eine einzige Eizelle im «Keimballen» verbirgt, müssen Zweifel bleiben.

Gesichert erscheint jedoch, daß im Zyklus der digenen Trematoden mehrere Generationen, d. h. vermehrungsfähige Stadien, aufeinanderfolgen (Adulte, Sporocysten und/oder Redien) und daß lediglich Miracidien und Cercarien als Larven definiert werden können (vergl. dazu auch Dawes, 1968 und Wright, 1971).

Zur stammesgeschichtlichen Entstehung (= **Phylogenie**) der unterschiedlichen Lebenszyklen der Digenea wurden ebenfalls zahlreiche Hypothesen entwickelt (s. Pearson, 1969; Ehlers, 1985). Dabei wird im allgemeinen davon ausgegangen, daß die rezenten, in 2–3 Wirten parasitierenden Arten ursprünglich einwirtig waren, lediglich im heutigen 1. Zwischenwirt von der «Planula-artigen» Miracidium-Larve zum Adulten heranwuchsen und danach wie die rezenten Turbellarien frei im Wasser lebten. In diesen hypothetischen Entwicklungsgang, der somit nur ein **Metamorphose** vom Miracidium zum Adulten umfaßte, wurden dann – auf diversen, hypothetischen Wegen – mehrere Wirte und durch Vermehrungsvorgänge auch mehrere Generationen einbezogen und so die gegenwärtige große Vielfalt der Entwicklungszyklen erreicht.

e) Die Digenea als Krankheitserreger

Die adulten digenen Trematoden leben in fast allen Organen der Endwirte, z. B. im Blut, in den Gallengängen, im Darm oder in der Lunge. Dementsprechend treten primär Krankheitserscheinungen an diesen Organen auf, die sich aber auch auf andere, nur sekundär betroffene Organsysteme ausweiten können (z. B. ZNS). Es werden vorwiegend folgende Schäden beobachtet:

a) allgemeine Schäden durch toxische Stoffwechselprodukte oder Nahrungsentzug;

b) spezielle Schäden des betroffenen Organs durch wandernde Adulte oder durch Schistosomen-Eier, die das Gewebe durchdringen müssen, um in die Lumina des Darms oder der Blase und von dort ins Freie zu gelangen. Dazu werden im übrigen Proteasen durch die Eihülle hindurch abgeschieden.

Im Hinblick auf die befallenen Organsysteme werden vier Erkrankungstypen unterschieden: **Darm-, Blasen-, Leber-** und **Lungenerkrankungen**.

1. Schistosomiasis*, Schistosomose**

Die Schistosomiasis ist primär eine Darm- und Blasenerkrankung. Sie gehört zu den medizinisch wichtigsten Krankheiten und wird nach ihrem Entdecker Bilharz (1852) auch als Bilharziose bezeichnet. Mit Praziquantel steht heute ein überaus befriedigendes **Chemotherapeuticum** zur Verfügung (s. S. 261).

Die Schistosomiasis des Menschen wird im wesentlichen von fünf Arten hervorgerufen (Tab. 12; Abb. 82; 84):

a) *Schistosoma haematobium*: Erreger der **Bilharziose** des Blasen- bzw. Urogenitalsystems; es können schwere Blasenwand- und Nierenschäden auftreten; endemisch in Afrika, vorderer Orient;

b) *S. mansoni*: Erreger der Darm- und Leber-Bilharziose; primär en-

---

* Erkrankungen des Menschen mit Endungen auf -asis, -itis kennzeichnen akuten Verlauf, während die Endung -osis auf **chronischen** Zustand hinweisen soll. Daher sind bei vielen Krankheiten unterschiedliche Endungen gebräuchlich. In der Folge finden die Bezeichnungen der CIOMS (c/o WHO) Verwendung.

** Die World Association for the Advancement of Veterinary Parasitology (WAAVP) hat in besonderen Richtlinien (SNOAPAD) andere Namen für die parasitären Krankheiten festgesetzt. Diese werden hier als zweiter Name zum besseren Verständnis hinzugefügt.

demisch in Afrika; wurde vermutlich als Folge des Sklavenhandels in Südamerika eingeschleppt;

c) *S. japonicum*: Erreger der asiatischen Darm-Bilharziose (Katayama-Krankheit) in Ostasien; dieser Art steht *S. mekongi*, die im Gebiet des Mekong in Laos und Kambodscha auftritt, sehr nahe, was die Form der Eier betrifft, sie sind mit $30–55 \times 50–65$ µm deutlich kleiner als die von *S. japonicum*. Das Krankheitsbild ist ebenfalls eine Darmbilharziose. Zwischenwirtsschnecken sind *Lithoglyphopsis*-Arten. Hunde stellen das natürliche Erregerreservoir dar.

d) *S. intercalatum* führt zu einer benignen Darm-Bilharziose in West- und Zentral-Afrika; die Eier sind mit einem Endstachel versehen.

Zwei weitere Arten, die vorwiegend bei Wiederkäuern auftreten, sollen allerdings auch den Menschen infizieren, führen aber selten zu hochpathogenen Erscheinungen (*Schistosoma mattheei* und *S. bovis*).

Von Schistosomen sind nach Angaben der WHO z. Zt. mindestens 200 Millionen Menschen in den endemischen Gebieten der Tropen und Subtropen befallen. Da eine **Infektion** (= Eindringen der Cercarien in die Haut) selbst bei kurzem Kontakt mit verseuchtem Wasser (Baden, selbst Spritzwasser!) erfolgen kann, tritt die Bilharziose auch vermehrt bei europäischen Touristen auf, die diese warmen Länder besuchen.

Nach einer Anpassungsphase in der Haut und einer Wachstumsphase in der Lunge und anschließend im Pfortadersystem halten sich die geschlechtsreifen Pärchen (Abb. 78) als Blutparasiten vorwiegend in den Mesenterialvenen des Darmes (*S. mansoni; S. intercalatum; S. japonicum*) bzw. in den Gefäßen nahe der Blasenwand und des Urogenitalsystems (*S. haematobium*) auf. Die von den Weibchen abgesetzten, typischen, mit Stacheln versehenen Eier (Abb. 78 a, c, d) gelangen dabei aktiv je nach Art entweder in den Darm oder die Blase des Menschen und sind dann in den Fäzes bzw. im Urin nachweisbar. Die damit einhergehende Zerstörung der Gefäßwände in den befallenen Geweben führt zu **Blutungen** und schweren Entzündungen. Eier, die nicht in das Darm- bzw. Blasenlumen gelangen, werden eingekapselt (sog. **Granulome**). Stete Gewebsreizung (Würmer leben bis zu 25 Jahren!) erzeugt nicht selten maligne Tumoren. Bei *S. mansoni* tritt relativ häufig **Leberfibrose** auf, die durch massenhaft dorthin transportierte Eier und Toxine verursacht wird. Massive Infektionen können, besonders bei Infektion mit *S. japonicum*, zum Tode führen; bei Kindern und Jugendlichen kommt es stets zu Entwicklungsstörungen. **Bei Haustieren** wie Rind und Schaf parasitieren *S. bovis, S. mattheei*,

S. nasale bzw. *S. spindale*. Sie rufen ähnliche Symptome hervor wie die verwandten Arten bei Menschen und führen zu einem entsprechenden Krankheitsverlauf. Zwar haben diese Arten in Asien bzw. Afrika häufig nur eine lokale Verbreitung, können aber dennoch zu hohen wirtschaftlichen Einbußen führen.

Cercarien- oder Bade-Dermatitis. Bei einigen Arten der Schistosomatidae, z. B. der Gattungen *Ornithobilharzia, Trichobilharzia, Bilharziella*, die normalerweise Wasservögel als Endwirte befallen und sich nur dort zum adulten Parasiten entwickeln können, dringen die Cercarien auch in die Haut von Menschen ein (z. B. bei Badenden, Fischern, etc.). Diese Cercarien sterben aber im Unterhautbindegewebe ab und können insbesondere bei sensibilisierten Personen eine schmerzhafte **Dermatitis** hervorrufen. Ähnliche Dermatitiden können für 36 h auch bei Infektionen mit primär humanpathogenen Arten (s. o.) auftreten, wenn deren Cercarien in Personen eindringen, die schon einen Schistosomenbefall und somit spezifische Antikörper aufweisen (= sensibilisiert sind).

2. Erkrankungen durch Darmegel

Die wirtschaftliche und medizinische Bedeutung einer Darmegel-Infektion (Tab. 12) ist relativ gering. Lediglich bei einem **Massenbefall** treten Schäden auf, die sich u. a. in **unspezifischen Symptomen**, wie heftige Durchfälle, allgemeiner Kräfteverfall, Abmagerung, anämische Erscheinungen äußern. Allerdings kann auch Massenbefall mit *Fasciolopsis buski, Prosthogonimus pellucidus, Echinostoma revolutum* zum Tode der jeweiligen Wirte, Mensch bzw. Hühnervögel, führen. **Der Mensch infiziert** sich mit Metacercarien, die entweder an Früchten von Wasserpflanzen haften (z. B. an der Wassernuß = engl. chestnut = *Trapa natans* bei *Fasciolopsis buski, Gastrodiscoides hominis*) oder durch Metacercarien in roh genossenen Muscheln oder Schnecken (*Echinostoma*-Gruppe) bzw. rohem Fisch (*Heterophyes heterophyes; Metagonimus* sp.; Abb. 82).

3. Erkrankungen durch Lungenegel

Trematoden der Gattung *Paragonimus* haben heute mehr als 20 Millionen Menschen befallen und sind in die verschiedenen Organe vorgedrungen, wobei allerdings die **Lunge** besonders häufig betroffen ist. Bisher wurden 48 Arten beschrieben, die eine klare geographische Verteilung aufweisen (z.B. *P. westermani* und *P. miyazaki* in Asien; *P. mexicanus* in Süd- und Mittelamerika; *P. africanus* und *P. uterobilateralis* in Afrika). **Die Infektionen** erfolgen durch orale Aufnahme von Metacercarien in roh genossener Muskulatur bestimmter Krabben

(Brachyura = Kurzschwanzkrebse, decapode Crustaceen). Vom Dünndarm des Endwirts wandern die meisten der dort geschlüpften Metacercarien via Zwerchfell in die Lunge, wo sie zum geschlechtsreifen Wurm heranwachsen und schließlich Eier absetzen, die via Sputum oder Sputum → Darm mit den Fäzes ins Freie gelangen. Beim Menschen sind selten über zehn geschlechtsreife Egel – **oft paarweise!** – nachzuweisen, die allerdings bis zu 20 Jahren lebensfähig sind. Als **Krankheitssymptome** treten chronischer Husten und blutiges Sputum auf (Hämoptyse). In andere Organe (z. B. ZNS) «verirrte» Egel oder ihre Eier führen dort zu entzündlichen Prozessen (Abb. 68 c).

4. Erkrankungen durch Leberegel

Die Gruppe der digenen Trematoden, die im Leberparenchym oder in den Gallengängen ihrer Wirte leben, erlangt besonders beim Massenbefall von Rindern und Schafen eine große wirtschaftliche wie auch tiermedizinische Bedeutung.

a) **Fascioliasis, Fasziolose:** *Fasciola hepatica*, der große Leberegel, ist weit verbreitet; er findet sich relativ selten beim Menschen, ruft bei Wiederkäuern als Endwirten (hier auch Hauptwirte!) nur selten Todesfälle hervor, führt aber stets zu stark verminderter Milch-, Fleisch- und Wollproduktion. **Die Infektion** erfolgt durch orale Aufnahme von Metacercarien, die an Wasserpflanzen (z. B. Gräser, Kresse am Rande von Tümpeln etc.) haften (Abb. 81); dieses Verhalten erklärt, warum der Mensch nur relativ selten infiziert ist. Die Metacercarien durchbohren nach dem Schlüpfen aus der Hülle die Wand des Duodenums und befinden sich bereits nach 24 Stunden in der Bauchhöhle des Endwirts; von dort dringen sie durch die Leberkapsel in die Leber ein. Nach einer Wanderung im Leberparenchym von 6–8 Wochen siedeln sie sich in den Gallengängen an, wo sie geschlechtsreif werden. Das **klinische Bild** geht mit Fieber und massiver Abmagerung in der akuten Phase (= Zerstörung des Leberparenchyms durch heranwachsende Egel) einher, während beim chronischen Verlauf (beim Rind die Regel) Ikterus, Anämie und typische Verkalkung der Gallengänge besonders hervortreten, was auf den Dauerreiz durch die Adulten zurückzuführen ist, die im übrigen bis zu 11 Jahren lebensfähig sind.

b) **Dicrocoeliasis, Dicrocoeliose:** Der kleine Leberegel, *Dicrocoelium dendriticum* ist weltweit verbreitet und hat neben Rindern seine bevorzugten Endwirte in Schaf und Kaninchen, also Weidegängern auf Trockenrasen. Dieses Biotop erfordert einen besonderen Entwicklungsgang, der Landschnecken als ersten und Ameisen (!) als zweiten Zwischenwirt einschließt. Die Ameisen fressen die von den Schnecken in Schleimballen ausgeschiedenen Cercarien; diese reifen in der Leibeshöhle der Ameisen zu den Metacercarien heran. Eine Cercarie befällt stets das Unterschlundganglion und verändert als sog. Hirnwurm das Verhalten der Ameise dahingehend, daß sie abends nicht in ihren Staat zurückkehrt, sondern sich an Grashalmen fest-beißt und so von weidenden Tieren frühmorgens leicht aufgenommen wird. *Dicrocoelium*-Infektionen sind daher bei Menschen sehr selten. Nachdem die Metacercarien im Duodenum freigeworden sind, wan-dern sie via Ductus choledochus in die Leber (= obere) Gallengänge ein und beginnen nach ca. 8–9 Wochen (**Präpatenz**) mit der Eiablage.

Die **Symptome** einer *Dicrocoelium*-Infektion sind sehr unspezi-fisch. Geringe Infektionen werden meist erst bei Schlachtungen be-merkt, so daß dann die gesamte Leber verworfen werden muß. Diese Maßnahmen führen, da in manchen Gebieten bis zu 50% der Rinder und bis zu 30% der Schafe befallen sind, zu erheblichen wirtschaftli-chen Verlusten.

c) **Opisthorchiasis, Opisthorchiose.** *Opisthorchis (= Clonorchis) sinensis, O. viverrini* und *O. felineus (O. tenuicollis)* haben als Parasi-ten von «Fischfressern» wie Hund, Katze und Mensch große Bedeu-tung. So sind (nach Schätzungen der WHO) im asiatischen Raum etwa 20 Millionen Menschen von *O. sinensis* befallen; durch den Tourismus und Gastarbeiter bedingt, werden aber jährlich zahlreiche Fälle in Europa bekannt. Die **Infektion** erfolgt dabei stets durch orale Aufnahme von Metacercarien mit rohem Süßwasserfisch. Die Meta-cercarien gelangen nach dem Freiwerden im Duodenum via Ductus choledochus in die oberen Gallengänge und beginnen nach Erreichen der Geschlechtsreife (meist etwa 2–3 Wochen Präpatenz) mit der Eiablage. Besonderes Charakteristikum dieser Gruppe ist, daß die adulten Würmer nahezu durchsichtig sind. Der Befall mit zahlreichen Egeln verursacht eine katarrhalische Entzündung der Gallenwege und eine Hyperplasie des Gallengangepithels, verbunden mit Wucherun-gen, aus denen später Karzinome entstehen können. Häufig wird durch direkte Leberschädigung auch **Leberzirrhose** induziert. Somit kommt dieser Egelgruppe sowohl große veterinär- als auch human-medizinische Bedeutung zu (Abb. 81).

12.2. Bandwürmer

Die Systematik der stets darmlosen, extrem abgeflachten Cestoden ist im einzelnen sehr umstritten (Ehlers 1985, Hoberg et al. 1997). Die meisten Systeme akzeptieren jedoch zwei Gruppen, die sich durch die Anzahl der larvalen Haken unterscheiden. Die wirtschaftlich und medizinisch unbedeutenden **Cestodaria** besitzen 10 Haken und werden daher als **decacanth** bezeichnet, während die Larven der **Euce-stoda** nur 6 Haken aufweisen (**hexacanth**). Im weiteren handelt es sich bei den Cestodaria um ungegliederte, zwittrige Individuen ohne Scolex, zu denen einige Gruppen der Monogenea wegen morphologischer Übereinstimmungen eingeordnet wurden (s. S. 177).

Traditionelles System (Auszug):
Stamm: Plathelminthes
  Klasse: Cestoda (Auszug)
    1. Unterklasse Cestodaria: (decacanthe Larven, zehn Haken)
      Ordnung: Amphilinidea
      Ordnung: Gyrocotylidea
    2. Unterklasse Eucestoda: (hexacanthe Larven, sechs Haken)
      u. a. Ordnung: Caryophyllidea
      Ordnung: Pseudophyllidea
        Familie: Diphyllobothridae
      Ordnung: Proteocephalea
      Ordnung: Cyclophyllidea
        Familie: Dioecocestidae
        Familie: Hymenolepididae
        Familie: Taeniidae
        Familie: Mesocestoididae
        Familie: Dilepididae
        Familie: Davaineidae
        Familie: Anoplocephalidae
        Familie: Dipylididae

Phylogenetisches System (Auszug):
Stamm: Plathelminthes
      Cercomeromorphae
        Monogenea
        Cestoda (= Bandwürmer im weiteren Sinn)
          Gyrocotylidae
          Nephroposticophora
            Amphilinidea
            Cestoidea (Bandwürmer im engeren Sinn)
              Caryophyllidea
              Eucestoda
              (Familien etwa wie oben)

Vergleichende molekularbiologische Untersuchungen (Mariaux 1998) zeigten, daß die Hypothesen von Ehlers (1985) und Hoberg et al. (1997) in die richtige Richtung weisen.

12.2.1. Morphologie der Cestoden

Die Eucestoda weisen – abgesehen von den Caryophyllidea, die als geschlechtsreife Larven (**Neotenie, Progenesis**) von Pseudophylliden interpretiert werden, aber möglicherweise auch eine urtümliche Gruppe darstellen – die typische Gliederung in
Scolex (= Kopf),
Proliferationszone (= Sprossungszone) und
Strobila (= Gliederkette) auf (Abb. 86; 87).
Die Strobila ihrerseits besteht je nach Art aus wenigen (3–5) bis zu 4000 Proglottiden (Abb. 87; 89; 93 a).

Kopf. In Relation zum ganzen Wurm, der – je nach Spezies – bis mehrere Meter lang werden kann, ist der Scolex sehr klein und bleibt oft unter einem Millimeter in der Länge. Der Scolex der Eucestoda ist mit den mannigfaltigen Haltevorrichtungen ausgestattet, deren Aufbau und Anordnung zur systematischen Gliederung Verwendung finden. Diese Strukturen ermöglichen eine Verankerung des Wurms an der Darmwand der Endwirte:

a) **Bothrien** (**Sauggruben**). Sie treten paarweise bei den Pseudophyllidea auf. Hierbei handelt es sich um längliche Gruben mit relativ schwacher Muskulatur (Abb. 88 b, c).

b) **Acetabula** (**Saugnäpfe**). Die Cyclophyllidea besitzen vier Saugnäpfe, die konzentrisch, lateral und symmetrisch angeordnet sind (Abb. 86; 88 e, g). Sie weisen eine besonders kräftige Muskulatur auf und gleichen im Aufbau den Saugnäpfen der Digenea. Bei den Proteocephala kommt noch bei einigen wenigen Arten ein fünfter Saugnapf hinzu, der terminal am Scolex liegt.

c) **Rostrum** (**Rostellum**). Bei den Cyclophyllidea kann der Scolex mit einem vorstülpbaren Abschnitt versehen sein (Abb. 86). Dieses Rostrum ist bei manchen Arten mit einem spezifischen Hakenkranz bewehrt (z. B. bei *Taenia solium, T. pisiformis, Dipylidium caninum; Rodentolepis nana, Echinococcus* sp., *Multiceps multiceps*) oder der Hakenkranz fehlt (z. B. *T. saginata, Hymenolepis diminuta, Mesocestoides lineatus*; Abb. 86).

Die Scolices anderer hier nicht erfaßter Arten weisen die mannigfaltigsten Formenvariationen auf, die alle funktionell das Problem der Verankerung im Wirt lösen.

Sprossungszone. In dieser oft nur wenige Millimeter langen Differenzierungszone entstehen die Anlagen für die Proglottiden; hier beginnt die Strobila. Der Differenzierungsprozeß jedoch bedarf noch der cytologischen Untersuchung, da über die dort offenbar stattfindende starke mitotische Zellteilung bisher kaum Daten vorliegen.

Abb. 86: *Taenia taeniaeformis*. SEM-Aufnahme des Scolex dieses Bandwurms aus dem Darm der Katze. × 100
HK = Hakenkranz; SG = Saugnapf; SP = Sprossungszone.

Neuere Untersuchungen zeigten, daß in dieser Zone die sog. undifferenzierten Stammzellen besonders gehäuft auftreten und sich durch Teilungen vermehren. Ihre Präsenz in anderen Wurmabschnitten deutet allerdings eindeutig darauf hin, daß es auch dort noch zu Wachstumsprozessen kommt. Behandlungsversuche mit dem Anthelminthikum Praziquantel ergaben, daß diese Sprossungszone besonders sensibel ist, denn nur hier tritt eine morphologisch erkennbare Schädigung des Parasiten auf (s. Mehlhorn et al. 1979–82).

Gliederkette. Die Eucestoda bilden **Proglottiden** in unterschiedlicher Zahl und Form aus (Abb. 88 a, d, f; 94 a), die sich bei vielen Arten zur Spezies-Differenzierung verwenden lassen. So hat der Hundebandwurm *Echinococcus granulosus* meist nur drei, *Diphyllobothrium latum* dagegen bis zu viertausend Proglottiden. Die Segmentierung des Bandwurms in völlig eigenständige Proglottiden ist eine optische Täuschung infolge einer Faltung der Oberfläche bei Aufsicht (Abb. 87; 94). Zwischen den als Proglottiden erscheinenden Abschnitten, die mindestens einen Satz männlicher und weiblicher Geschlechtsorgane sowie je eine Querverbindung des Exkretionssystems aufweisen, werden jedoch keine Trennwände eingezogen. Erst beim Freisetzen der distalen Proglottiden schnürt sich das Tegument irisblendenartig ein (z. B. *Echinococcus*), oder es erfolgt ein Abriß entlang des quer verlaufenden Exkretionskanals (z. B. *Hymenolepis*; Mehlhorn et al., 1981). Für beide Vorgänge sind die starken Ring- und Transversalmuskelzüge verantwortlich, während die von vorn

Abb. 87: Schematische Darstellung der Organisation von Eucestoden.
a) Strobila;
b) vorderer Pol;
c) Längsschnitt durch «reife Proglottiden»;
d) Aufsicht auf eine Proglottide;
e) Querschnitt durch eine Proglottide;
f–h) Uterus reifer Proglottiden;
    f) *Taenia solium* g) *T. saginata* h) *Diphyllobothrium latum*;
i) Schnitt durch das Tegument;
D = Dotterstock; DE = Dorsale Exkretionskanäle; DM = Dorsoventrale Muskulatur; EQ = Querverbindung der ventralen Exkretionskanäle; EX = Exkretionskanal; FI = Filamentöse Schicht; H = Hodenbläschen; K = Hakenkranz; LM = Längsmuskel; MT = Mikrotrichen; N = Nerv; OT = Ootyp; OV = Ovar; P = Proglottide; PA = Geschlechtspapille; PZ = Parenchymzelle mit Verbindung zum Tegument; R = Rostrum; RM = Ringmuskel; S = Scolex; SN = Saugnapf; SP = Sprossungszone; SY = Syncytiale Schicht; T = Tegument; U = Uterus; VE = Ventraler Exkretionskanal; VD = Vas deferens; VG = Vagina.

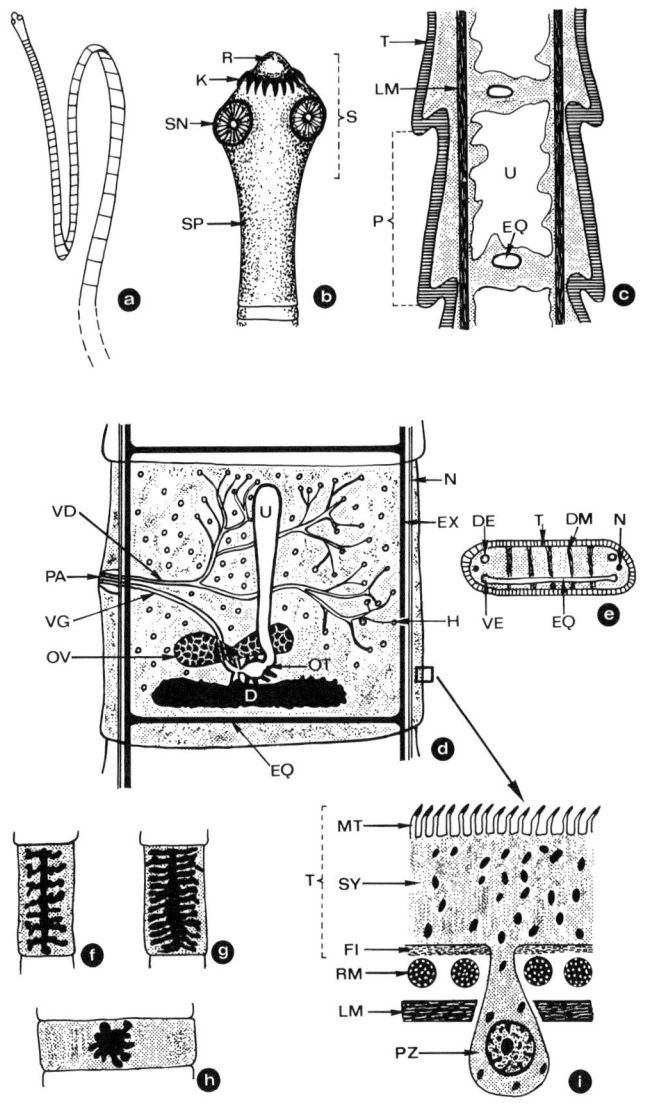

nach hinten den Wurm durchziehenden Längsmuskeln die Kontraktionsbewegungen der Strobila herbeiführen. Somit handelt es sich bei den Bandwürmern um dachziegelartig gefaltete lange «Bänder», und erst die abgeschnürten Teile verdienen die Bezeichnung Proglottide. Da der Begriff aber eingeführt ist, soll er hier – im beschriebenen Sinne relativiert – beibehalten werden, zumal in bezug auf die Geschlechtssysteme eine innere Segmentierung besteht.

Mit Ausnahme der Gattung *Dioecocestus*, in der getrenntgeschlechtliche Individuen ausgebildet werden, enthalten die Proglottiden der Eucestoda mindestens einen Satz männlicher und weiblicher Geschlechtsorgane (Abb. 87 d). Arten einiger Gattungen, wie z. B. *Moniezia* und *Dipylidium*, bilden in jeder Proglottide sogar je zwei derartige Organsysteme aus (Abb. 88 f). In den vorderen Proglottiden werden zunächst die männlichen Geschlechtsprodukte reif und erst in den distalen die weiblichen. Somit sind die Eucestoda **proterandrische** (= protandrische) **Zwitter** (Hermaphroditen).

a) **Männliches Geschlechtssystem**

Die **Hoden** können bei einigen Arten als kompakte Organe ausgebildet sein (z. B. drei bei *Rodentolepis* bzw. *Hymenolepis*-Arten; Abb. 88 d), bei anderen Arten (z. B. *Taenia*-Arten, *Diphyllobothrium latum*, *Echinococcus* sp.) sind die Hoden in viele kleine Bläschen (bis zu 800) aufgegliedert, die das Proglottideninnere diffus erfüllen. Von jedem großen Hoden wie auch von jedem Hodenbläschen zieht ein Vas efferens zu einem unpaaren Vas deferens. Dieses mündet über den Cirrusbeutel im Cirrus aus (Abb. 87 d), der vorstülpbar in die Vagina anderer Proglottiden eingeführt wird. Dabei kann es sich bei Mehrfachbefall (z. B. *Echinococcus* sp.) des gleichen Endwirts um Proglottiden anderer Individuen handeln oder wie bei den meist in Einzahl auftretenden *Taenia*- und *Diphyllobothrium*-Arten um distal gelegene, eigene Proglottiden. Bei einigen Arten wurde sogar auch Selbstbefruchtung einzelner Proglottiden beobachtet. Dies wird dadurch erleichtert, daß die Vagina des weiblichen Systems ebenfalls im Genitalporus mündet (Abb. 87 d).

Die **Spermien** der Cestoden sind meist fadenartig (mit apikaler Verdickung) und erreichen eine Länge von etwa 200 µm. Sie werden von einer einfachen Zellmembran begrenzt, der eine Schicht von 25–40 Mikrotubuli unterlagert ist (Abb. 90 c, d). Der Kern der Spermien liegt im zentralen Bereich und umschließt nierenförmig das Axonem einer einzelnen Geißel, die das Spermium vom Vorder- bis zum Hinterende durchzieht (Abb. 90 d). Die Ultrastruktur des Axonems dieser Spermien weicht von der typischen Geißel ab, da hier nur ein zentrales Element vorliegt (Abb. 90 d). Im apikalen Bereich ist das Spermium auf etwa 1,2–1,4 µm verdickt; Mitochondrien wurden bei *Hymenolepis*-Arten nicht beobachtet; desgleichen **fehlt** stets ein **Akrosom.** Diese Spermien, von denen offenbar viele auch unvollständig ausgebildet abgegeben werden, füllen in dichten Bündeln Vas deferens und Cirrusbeutel. Die Geschlechtsprodukte der Cestoden (Spermien, Eizellen) sind im Gegensatz zu den diploiden Körperzellen haploid und gehen aus einer regulären Meiose hervor, bei der es zu einer typischen Chromosomenkondensierung mit nachfolgender Separierung kommt. Die **Chromosomenanzahl** variiert nur selten bei den einzelnen Arten der gleichen Gattung. So haben echte *Hymenolepis*-Arten im **diploiden** Zustand 12 Chromosomen, während *Rodentolepis* (syn. *Hymenolepis*) *nana* nur 10 besitzt. Weitere Anzahlen: *Dipylidium caninum* – 10; *Davainea proglottina* – 8; *Taenia* (syn. *Hydatigera*) *taeniaeformis* – 16; *Taenia pisiformis* – 20; *Taenia saginata* – 20; *Diphyllobothrium latum* und andere *Diphyllobothrium*-Arten wie auch *Echinococcus granulosus* und *E. multilocularis* – jeweils 18.

Die Lage des **Genitalporus** ist artspezifisch (Abb. 87 d). Bei *Taenia-, Echinococcus-, Hymenolepis-, Raillietina-* und *Davainea*-Arten liegt diese Öffnung jeweils **lateral.** Dabei kann die Seite von Proglottide zu Proglottide regelmäßig oder unregelmäßig wechseln, während bei einigen Arten wie *Hymenolepis* die Öffnung stets nur auf einer Seite anzutreffen ist (**unilateral**). Bei einigen Arten, wie z. B *Moniezia expansa* und *Dipylidium caninum*, die je zwei Sätze von Geschlechtsorganen aufweisen, liegen die Geschlechtsöffnungen ebenfalls lateral und spiegelbildlich zueinander (Abb. 89 d). Bei anderen Arten, wie z. B. *Diphyllobothrium latum* und *Mesocestoides lineatus*, befindet sich der Genitalporus stets in der Mittellinie der Ventralseite einer jeden Proglottide (Abb. 88 a). Auch die Größe des Cirrusbeutels variiert. Er ist bei Arten mit doppelten Sätzen von Geschlechtsorganen sehr klein; bei *Hymenolepis*-Arten erreicht er fast die halbe Proglottiden-Breite (Abb. 88 d).

b) Weibliches Geschlechtssystem

Wie bei den digenen Trematoden besteht bei den Eucestoden das weibliche Geschlechtssystem aus folgenden Komponenten (Abb. 87d):
– Ovar (**Germarium**),
– Dotterstock (**Vitellarium**),
– Ootyp,
– Mehlisscher Drüsenkomplex,
– Uterus.
Hinzu kommt hier eine typische **Vagina**, die eine Aussackung als

Receptaculum seminis ausbildet (Abb. 87 d), und möglicherweise ihre Entsprechung im Laurerschen Kanal einiger Digenea findet. Das Ovar ist stets unpaar, meist aber in zwei Lappen gegliedert, so daß es in Aufsicht doppelt erscheint (Abb. 87 d; 88 a). Das Vitellarium-System ist bei den Pseudophyllidea doppelt ausgebildet (Abb. 88 a), während die meisten Cyclophyllidea einen relativ kleinen Dotterstock aufweisen (Abb. 87 d), der bei den Gattungen *Stilesia* und *Avitellina* völlig reduziert sein kann. Ein mehr oder minder zentraler Ootyp, der vom Mehlisschen Drüsenkomplex umgeben wird, ist stets vorhanden (Abb. 87 d; 88 a).

Im Ootyp entspringt der Uterus, der in jüngeren Proglottiden schlauchartig unverzweigt erscheint, sich aber bei der Füllung mit «Eiern» artspezifisch verzweigt, so daß nach diesen Mustern bei einigen Arten eine Speziesbestimmung (zu diagnostischen Zwecken) möglich ist (Abb. 89 a–b). Bei den Taeniidae ist der Uterus stets blind geschlossen, während er bei den Pseudophyllidea mit einer median gelegenen Öffnung in Nähe des Genitalporus der Proglottide nach außen mündet (Abb. 89 c). Bei den Gattungen *Moniezia* und *Dipylidium* sind zwei derartige Geschlechtssysteme unabhängig voneinander vorhanden (Abb. 88 f).

c) **Eibildung.** Wie bei den Digenea gibt das Ovar, durch einen Sphinkter reguliert, periodisch Eizellen ab. Diese werden im Ootyp von Spermien aus dem Receptaculum seminis befruchtet. Reife Dotterzellen aus dem Vitellarium werden im Ootyp mit der Zygote zum «Ei» geformt. Die 18–20 Dotterzellen des Eies der Pseudophyllidea scheiden die äußere Hülle ab, die sklerotisiert und so zur «Eikapsel» wird (Abb. 91 a). Bei den übrigen Bandwurmgruppen, die nur eine

---

Abb. 88: Scolices und Proglottidenformen bei Eucestoda.
a) Proglottide mit zentraler Geschlechtspapille und einer Öffnung des Uterus nach außen. Dotterstock und Hoden sind jeweils nur auf einer Seite eingezeichnet.
b, c) Scolex in Aufsicht (b) und Querschnitt (c).
d) Proglottide mit großen Hoden. Uterus zu diesem Zeitpunkt unscheinbar.
e) Scolex mit eingezogenem Rostrum.
f) Proglottide mit doppeltem Satz von Geschlechtsorganen; Uterus unscheinbar; Ovar fingerförmig.
g) Rostrum vorgestreckt.
B = Bothrien = Sauggruben; D = Dotterstock; EQ = Exkretionskanal (Querverbindung); EX = Exkretionskanal; H = Hoden; N = Nerv; O = Öffnung des Uterus nach außen; OV = Ovar; PA = Geschlechtspapille; R = Rostrum; VG = Vagina.

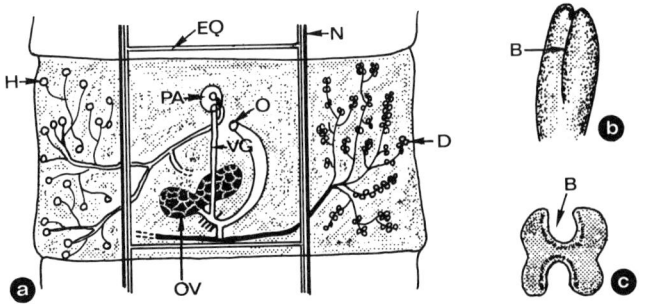

Diphyllobothrium latum

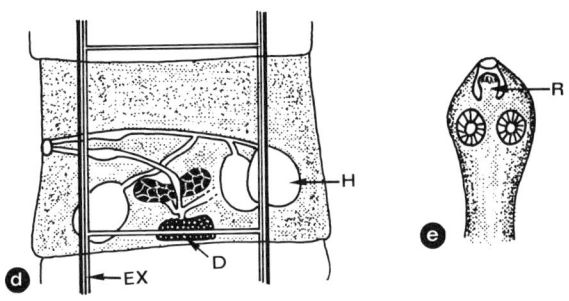

Hymenolepis fraterna

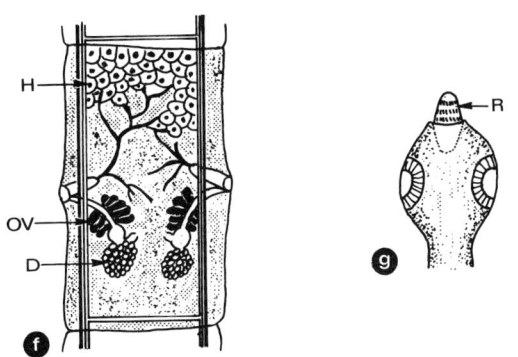

Dipylidium caninum

Dotterzelle (oder gar keine bei Thysanomidae) in das Ei aufnehmen, bleibt diese sklerotisierte Eikapsel relativ dünn oder fehlt (Abb. 91 b c; 94). Nach Verlassen des Ootyps gelangen die befruchteten «Eier» in den Uterus. Die weitere Entwicklung dieser «Eier» ist dann bei den einzelnen Cestodengruppen recht unterschiedlich. Vereinfachend lassen sich jedoch im wesentlichen zwei Gruppen unterscheiden:

1. Dickschalige, **sklerotisierte** «Eier» mit Deckel (**Operculum**). Diese operculaten Eier treten bei den Pseudophyllidea auf; sie beginnen ihre Embryonalentwicklung erst im Freien (Abb. 91 a; 92 a).

2. Nicht oder wenig sklerotisierte «Eier» ohne Deckel (**non-operculat**) des *Dipylidium*-Typs, des *Taenia*-Typs und des *Stilesia*-Typs. Bei ihnen beginnt bereits im Uterus unterhalb der dünnen äußeren Hülle die Embryonierung, d. h. die Bildung der Larve (Oncosphaera), die oft eine sie umschließende Wand (= Embryophore) abscheidet (Abb. 91). Auf Grund der Entstehung und Ausgestaltung dieser Embryophore bzw. sog. embryonaler Hüllen werden die oben genannten «Ei»-Typen unterschieden (Abb. 92).

Insgesamt können in jeder Proglottide große Mengen solcher «Eier» (bei *Echinococcus* etwa 200; bei *Taenia saginata* aber bis zu 100 000) gebildet werden, die eigentlich diesen Namen nicht verdienen, da es sich nicht nur um die Eizelle handelt (s. o.). Der Uterus der letzten (= «**graviden**») Proglottiden des Bandwurms ist prall gefüllt und zeigt die typischen Verzweigungsbilder (Abb. 89 a, b). Solche Proglottiden können sich einzeln von der Strobila lösen (**apolytisch**; z. B. täglich 3–10 bei *Taenia*) und werden mit den Fäzes frei bzw. verlassen aktiv den Anus (*T. saginata*), oder entlassen zunächst im Darm des Wirts die «Eier» via Uterusöffnung (z. B. *Diphyllobothrium*) und werden als kurze Gliederbänder gemeinsam abgeschieden (**pseudoapolytisch**). Bei anderen Arten können sich die Proglottiden schon unmittelbar nach der Befruchtung lösen (**euapolytisch** bzw. **hyperapolytisch**).

Bemerkenswert ist, daß jene Eier, die einzeln den Uterus über eine Öffnung verlassen, meist dickwandig sind und so im Freien geschützt sind. Diesen Schutz übernimmt bei den anderen offenbar weitgehend die abgesetzte Proglottide und die Embryophorenwand. In einigen Fällen, wie z. B. *Dipylidium caninum* oder *Raillietina carioca*, sind mehrere Eier jeweils noch von einer gemeinsamen Kapsel umgeben, so daß sog. «**Eipakete**» entstehen. Eine ähnliche Aufgabe dürfte das **Paruterinorgan** bei *Mesocestoides* haben, wo die Gesamtheit der Eier in dieser derbwandigen Uterus-Aussackung eingelagert wird. Die meisten Bandwurmeier sind sehr widerstandsfähig; so bleiben Eier von *Echinococcus multilocularis* im Freien fast zwei Jahre lang infek-

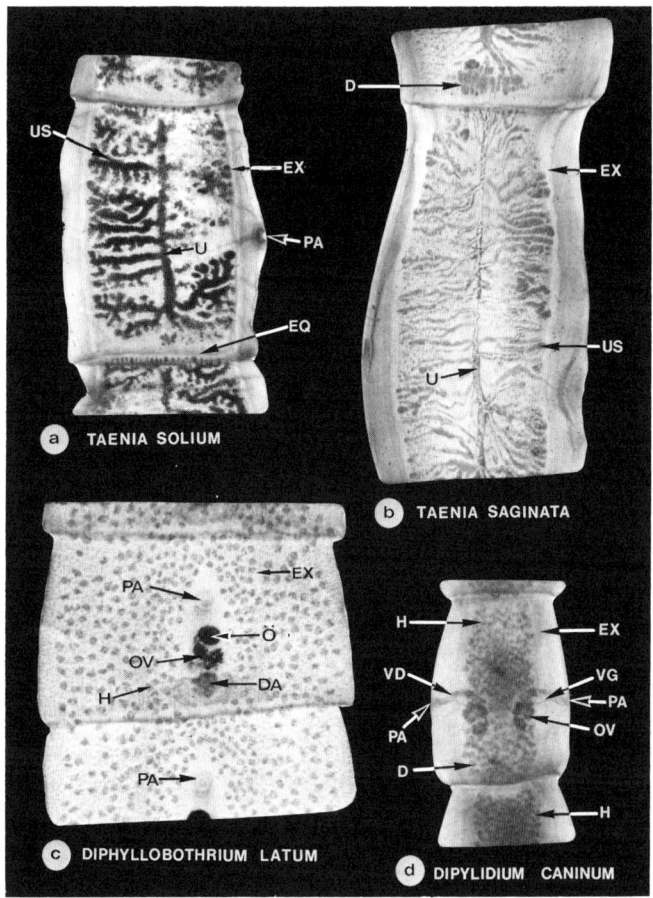

Abb. 89: Lichtmikroskopische Aufnahmen von terminalen (a, b) und in der Wurmmitte gelegenen Proglottiden verschiedener Bandwürmer.
a) × 3 b) × 4 c) × 4 d) × 6
D = Dotterstock (Vitellarium); DA = Dotterstock-Anlage; EQ = Exkretionskanal quer; EX = Exkretionskanal längs; H = Hodenbläschen; Ö = Uterusöffnung; OV = Ovar (Germarium); PA = Geschlechtspapille; U = Uterus; US = Seitenverzweigung des Uterus; VD = Vas deferens; VG = Vagina.

tionsfähig und überdauern auch eine Einlagerung in Tiefkühltruhen bei – 24 °C, wenn z. B. Füchse oder Fuchsfelle bis zur Verarbeitung so aufbewahrt werden. Eine sichere Abtötung erfolgt erst bei – 80 °C, oft erst nach Tagen oder bei Aufheizung auf 60 °C.

Proglottidenübergreifende Systeme

Die Proglottide stellt im Hinblick auf die Geschlechtsorgane eine in sich geschlossene, funktionstüchtige Einheit dar. In Bezug auf die Ernährung, die Exkretion und die Erregungsleitung ist sie jedoch auf die dem ganzen Wurm gemeinsamen Organsysteme angewiesen.

a) Tegument

Die adulten Eucestoda leben als Parasiten im Darmsystem ihrer Wirte. Sie sind dort mit dem Scolex und z. T. noch mit Hakenkränzen festgeheftet. Da sie selbst darmlos sind, werden alle Nährstoffe durch die Oberfläche aufgenommen. Dazu hat die begrenzende Schicht, das syncytiale Tegument (Abb. 87 i), typische Oberflächenvergrößerungen, die sog. **Mikrotrichen**, entwickelt. Diese Strukturen ähneln in Anzahl und Abmessungen den Mikrovilli des Darms anderer Tiergruppen, unterscheiden sich jedoch von ihnen durch ihre spitzen und elektronendichten Endstücke (s. Becker et al., 1980; Slais, 1973; Lee, 1972). Diese Mikrotrichen werden nach außen von einer Schicht aus noch nicht näher bekannten Glykanen, dem «**surface coat**», bedeckt, der offenbar die Verdauung des Parasiten durch Wirtsenzyme verhindert. **Eine Cuticula alter Vorstellung (etwa wie bei Nematoden) ist niemals vorhanden.** Das syncytiale Tegument liegt basal einer starken Basallamina auf, die lediglich von Fortsätzen darunterliegender Parenchymzellen durchbrochen wird (Abb. 87 i). Diese Verbindungen lassen im Lichtmikroskop den Eindruck eines versenkten Epithels entstehen, zumal in den Parenchymzellen die Kerne liegen, während diese in der syncytialen Schicht degeneriert sind. Diese Parenchymzellen haben offenbar die Aufgabe, die Verteilung der durch das Tegument aufgenommenen Nährstoffe zu erleichtern. Ein Charakteristi-

Abb. 90: *Rodentolepis* (syn. *Hymenolepis*) *nana*; Zwergbandwurm.
a) Lupenaufnahme einer terminalen Proglottide. × 10
b) SEM-Aufnahme einer abgesetzten Proglottide, deren Hinterende nur unvollkommen geschlossen ist (TP), so daß Eier austreten können (EI). × 400
c–d) TEM-Aufnahmen von Spermien im Längs- (c) und Querschnitt (d). Die Spermien enthalten nur ein Flagellum (AX). × 30 000
AX = Axonem des Flagellums; EI = Ei; M = Zellmembran; MT = Mikrotubulus; N = Nucleus = Kern; TP = Terminaler Porus.

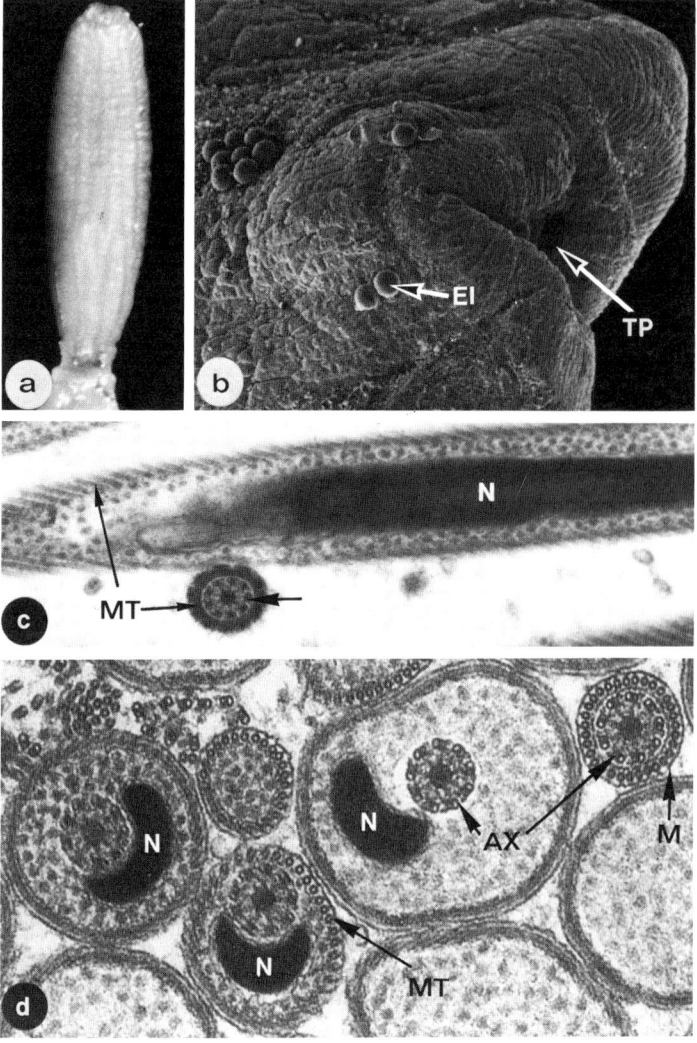

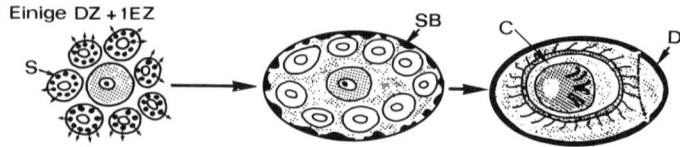

a *Diphyllobothrium*

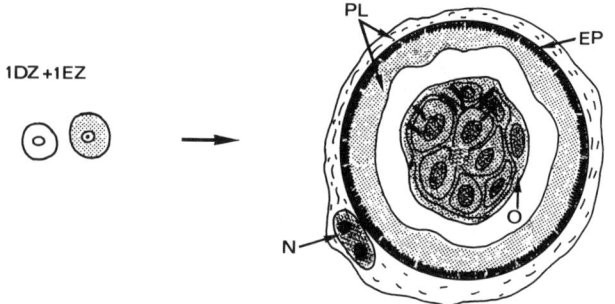

b *Echinococcus*

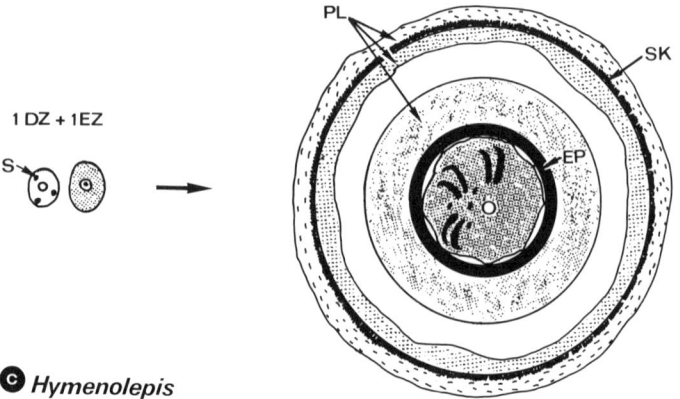

c *Hymenolepis*

kum des Teguments und Parenchyms der Cestoden (aber auch Trematoden) ist das Auftreten von sog. «**calcareous corpuscles**». Diese konzentrisch strukturierten, kugelförmigen Gebilde bestehen aus einer organischen Matrix (vor allem Proteoglykane und Proteine), in die anorganische Substanzen (Calcium, Magnesium, Phosphat etc.) eingelagert sind. Besonders gehäuft finden sich diese Strukturen in larvalen (= wachstumsintensiven) Formen. Die Funktion ist noch nicht völlig klar, doch wird angenommen, daß es sich um eine Art von Reservelager bestimmter, für das Wachstum benötigter Ionen handelt, die gleichzeitig noch als Puffer gegen anaerob produzierte Säuren eingesetzt werden können. Die unmittelbar unterhalb der Basallamina befindlichen Schichten der Ring- und Längsmuskulatur sowie die dorso-ventral verlaufenden Muskelzüge gleichen in der Anordnung denen der Digenea. Durch Kontraktion dieser Muskelzüge werden die typischen Bewegungen der Bandwürmer in toto ermöglicht. Aber auch einzelne, vom Wurm losgelöste Proglottiden führen dadurch Bewegungen aus, so daß sie bei einigen Arten (*Taenia saginata* oder *Dipylidium caninum*) einzeln aktiv den Darm verlassen können. Auch helfen diese Muskelzüge beim Absetzen der «Eier», sofern entsprechende Öffnungen in der Proglottide und/oder des Uterus vorhanden sind (Abb. 88 a; 89 c; 90 b).

b) Exkretionssystem

Das Exkretionssystem, das auch osmo-regulatorische Funktion haben soll (s. Cheng, 1986), allerdings in vitro dazu nicht in der Lage ist – die Kanäle schwellen in Wasser unförmig an –, ist bei den einzelnen Familien der Eucestoda unterschiedlich ausgebildet. Gemeinsam

---

Abb. 91: Eibildung bei Bandwürmern. Nach Löser (1965) und elektronenmikroskopischen Untersuchungen von Mehlhorn.

a) Die Eischale geht aus den Sekrettropfen (Schalenproteingranula) zahlreicher (18) Dotterzellen hervor.

b) Die als Embryophore bezeichnete Schicht scheint aus der Dotterzelle hervorzugehen, die allerdings keine Schalenproteingranula enthält. Eine Sklerotinschale tritt nicht auf.

c) Die Dotterzelle (mit wenigen Schalensekrettropfen) ist für die Sklerotinschale verantwortlich, während die Oncosphaera die Embryophore (EP) durch Exocytose bildet.

C = Coracidium mit Oncosphaera; D = Deckel; DZ = Dotterzelle; EP = Embryophore; EZ = Eizelle; N = Kern; O = Oncosphaera; PL = Cytoplasmatisches Material; S = Schalensekrettropfen; SB = Schalenbildung; SK = Sklerotinschale.

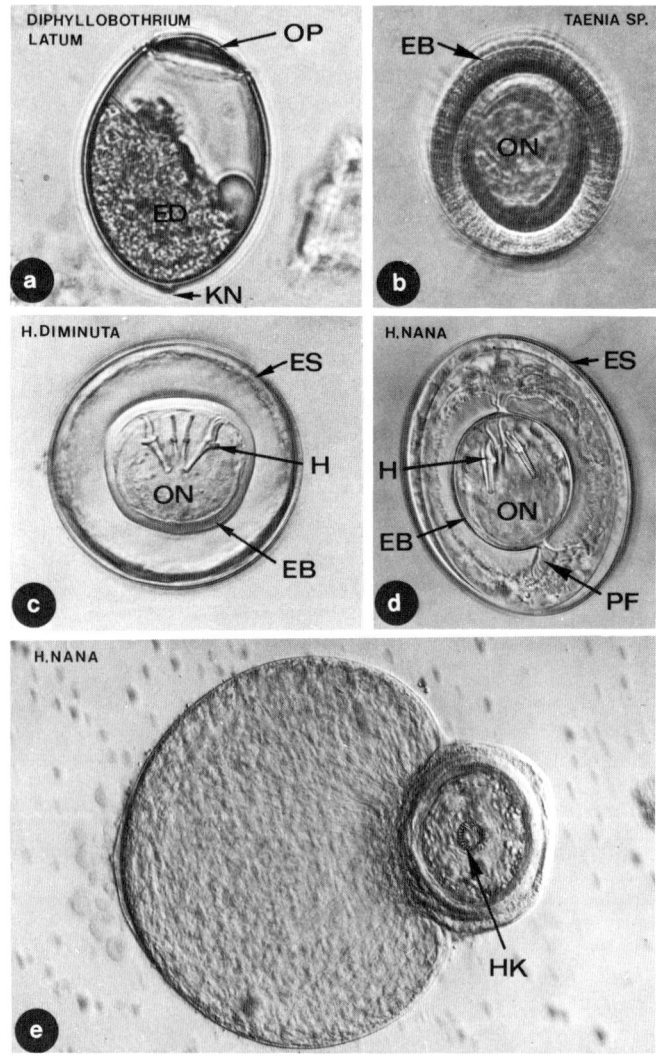

Abb. 92: Lichtmikroskopische Aufnahmen.
a–d) Bandwurmeier; a/d × 500 c/d × 600
e) Cysticercoid von *Rodentolepis* (syn. *Hymenolepis*) *nana.* × 100
EB = Embryophore; ED = Ei- und Dotterzellen; ES = Eischale; H = Haken der
ON; HK = Hakenkranz; KN = Knöpfchen; ON = Oncosphaera; OP = Operculum (= Deckel); PF = Polfäden (Reste der Dotterzelle).

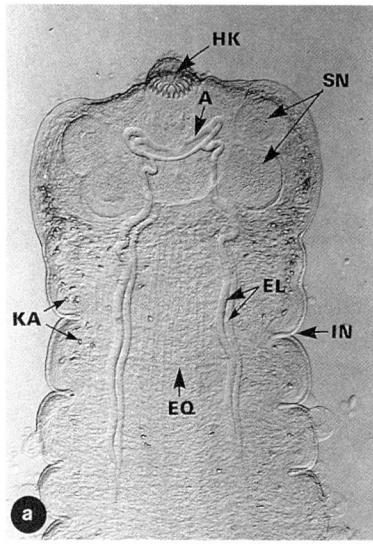
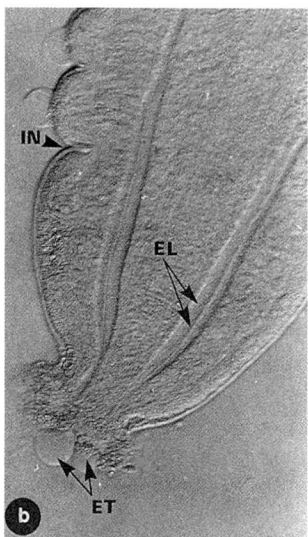

Abb. 93: *Rodentolepis nana*, Exkretionskanäle. Lichtmikroskopische Aufnahmen von ungefärbten Quetschpräparaten eines jungen Individuums.

a) Vorderende mit Scolex. Die ventralen Stränge des Exkretionssystems sind in jeder Proglottide verbunden (EQ), die Längssysteme (EL) anastomosieren (A) im Scolex. Die Fältelung der Oberfläche entspricht nicht den Proglottiden.

b) Hinterende mit Austritt von Exkret (ET); die ausführenden Längskanäle sind angeschwollen. a, b) × 800

A = Anastomosen (= Verbindungen); EL = längsverlaufende Exkretionskanäle; EQ = Exkretionskanal, querverlaufend; ET = Exkret (Tropfen); HK = Hakenkranz; IN = Invagination der Oberfläche; KA = Kalkkörperchen; SN = Saugnäpfe.

ist jedoch den verschiedenen Bauplänen, daß es sich stets um Protonephridialsysteme handelt. Dabei sind innerhalb der Proglottiden eine Reihe von **Cyrtocyten** (Terminalzellen) vorhanden, die ihr Ultrafiltrat in lateral verlaufende Exkretionskanäle hinein abgeben (Abb. 71; 72). Bei den Taeniidae sind lateral je zwei solche Kanäle vorhanden, von denen einer als dorsal, der andere als ventral definiert ist. Diese insgesamt vier Längskanäle, die in der Aufsicht wegen der Projektion lediglich als zwei erscheinen, sind im Scolex durch mehrere Anastomosen miteinander verbunden (Abb. 93).

Am distalen Ende jeder Proglottide existiert außerdem noch eine Querverbindung der als ventral definierten, großlumigen Kanäle

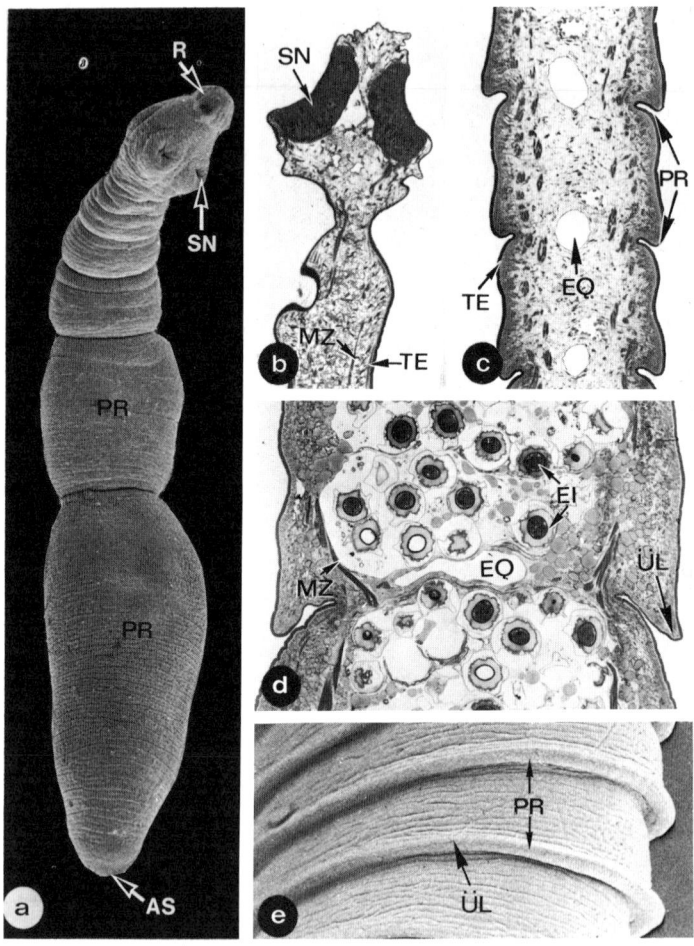

Abb. 94: Morphologie von Eucestoden.
a) *Echinococcus multilocularis*. Adulter Wurm, SEM-Aufnahme. × 40
b–d) *Rodentolepis nana*. Längsschnitte.
vorn (b), in der Mitte der Strobila (c) und bei reifen Proglottiden (d). Zwischen
den Proglottiden treten keine Trennwände auf. b–d × 350
e) SEM-Aufnahme der hinteren Proglottiden von *V. nana*. × 400
AS = Abschnürstelle von Proglottiden; EI = Eier; EQ = Exkretionskanal (Querverbindung); MZ = Muskelzüge; PR = Proglottide; R = Rostrum; SN = Saugnapf; TE = Tegument; ÜL = Überlappung.

(Abb. 87 c–e). Diese beiden großlumigen ventralen Gefäße münden jeweils am Ende der letzten Proglottide aus, während dort die dorsalen
offenbar blind enden. In den dorsalen Kanälen soll nach Untersuchungen von verschiedenen Autoren (s. Cheng, 1986) der Flüssig-
keitsstrom zum Rostrum hin verlaufen.

c) Nervensystem

Das Nervensystem besteht aus einer Ganglien- und Kommissu-
renanhäufung im Scolex und meist aus sechs längsverlaufenden
Strängen, die keine Markscheide aufweisen. Von diesen Längssträngen sind die beiden lateralen auffallend stark, so daß sie bei der Aufsicht im Lichtmikroskop neben den Exkretionskanälen relativ gut
sichtbar sind (Abb. 87 d; 88 a). Im Feinbau und in der Funktion entspricht das Nervensystem der Bandwürmer dem allgemeinen Grundprinzip bei Plathelminthen. Im Vergleich zu den Mono- und Digenea
ist eine noch stärkere Cephalisation im Scolexbereich festzustellen
(vergl. Gustafsson, 1998).

12.2.2. Entwicklung der Eucestoden

Die Entwicklung der Eucestoda vom Ei zum geschlechtsreifen,
zwittrigen Wurm erfolgt in den meisten Fällen als **Metamorphose**
ohne Generationswechsel und ist damit einfacher als bei den digenen
Trematoden (s. Voge, 1967, 1973; Slais, 1973). Allerdings erscheint
die Larve in diesem Entwicklungsgang in mindestens zwei Stadien,
die sich in einem oder mehreren Zwischenwirten entwickeln und von
denen das letzte vom Endwirt oral beim Verzehr der Gewebe des Zwischenwirts aufgenommen werden muß. Dieser **Wirtswechsel** ist in den
meisten Fällen obligat; lediglich bei einigen Arten wie z. B. *Vampirolepis nana* erfolgt der Wirtswechsel fakultativ, da hier der Zwischenwirt ausfallen kann und der gesamte Entwicklungszyklus dann im jeweiligen Endwirt abläuft (Abb. 96; Tab. 13).

Die Wirtsspezifität der meisten Cestoden ist nicht sehr hoch,
jedoch für die verschiedenen Entwicklungsstadien (Larve, adulter
Wurm) unterschiedlich. So werden sowohl als **Endwirte** (= Träger des
geschlechtsreifen Wurms) wie auch als **Zwischenwirte** (= Träger der
Larvenstadien bzw. ungeschlechtlichen Vermehrungsstadien) jeweils
mehrere Wirtsarten befallen, wenn auch einige deutlich bevorzugt,
was sich aber aus den Lebens- bzw. Freßgewohnheiten der Wirte erklären läßt.

Die Entwicklung der medizinisch und wirtschaftlich bedeutsamen
Bandwürmer ist in Abb. 96 schematisch zusammengefaßt. Dabei treten drei Gruppen auf, innerhalb deren es naturgemäß wieder eine

große Variationsbreite gibt. Gemeinsam ist allen, daß der adulte Wurm Eier aktiv oder passiv absetzt, in denen stets eine 6-Haken-Larve (**Oncosphaera**) ausgebildet wird (Abb. 97 a); dazu werden bei den Pseudophyllidea 8–12 Tage benötigt, nachdem die Eier ins Wasser gelangt sind, während sich die Oncosphaera bei den übrigen zitierten Arten schon intra-uterin im Ei differenziert. Allerdings sind nur die Larven jener Proglottiden infektiös, die innerhalb der nächsten 2–3 Tage ins Freie gelangen. Bei den Pseudophyllidea besitzt die Oberfläche der Oncosphaera Cilien, die ihr im Wasser Eigenbewegungen ermöglichen. Wegen dieses «Kranzes» erhielt dieses Stadium in Anlehnung an das Miracidium der Digenea den speziellen Namen **Coracidium** (vermutl. von *lat. corona* – Krone, Kranz).

Bei allen drei Zyklus-Variationen wird im Regelfall die Oncosphaera (Abb. 97 A) von einem Zwischenwirt oral aufgenommen. Sie entwickelt sich artspezifisch, nachdem sie in die Gewebe (Tab. 13) vorgedrungen ist, zu den älteren (= zweiten) Larven, die auch als **Metacestoden** bezeichnet werden. Je nach Differenzierung werden folgende Formen unterschieden:

1. Procercoid (Abb. 97 C).

   Das Procercoid ist zigarren- bis spindelförmig, enthält keinen Hohlraum und besitzt am Hinterende an einer Blase noch die sechs Larvalhaken. Ein Scolex fehlt dem Procercoid, das z. B. bei *Diphyllobothrium latum* auftritt.

2. Cysticercoid (Abb. 92 e; 97 G).

   Das Cysticercoid, das sich in Evertebraten als Zwischenwirt entwickelt, besteht aus einem vorderen, den Scolex enthaltenden, soliden Teil und einem Schwanzanhang mit den sechs Larvalhaken. Der Schwanzanhang kann blasig sein (**Cercocystis**, z. B. von *Hymenolepis diminuta* im Mehlkäfer) oder ist nur kurze Zeit vorhanden (**Cryptocystis**, z. B. von *Dipylidium caninum* im Hundefloh). Bei *V. nana* entwickeln sich Cysticercoide allerdings auch in der

---

Abb. 95: *Echinococcus multilocularis.* Eibildung; LM (a, b); TEM (c).
a) Längsschnitt durch die letzte und vorletzte Proglottide, die von keiner Zwischenwand getrennt werden! $\times$ 60
b) Eier in vier verschiedenen Reifungsgraden (1–4). $\times$ 500
c) Querschnitt durch ein Ei, das schon eine Oncosphaera (O) enthält. Die im LM gestreift erscheinende Eiwand entsteht zwischen einer inneren und einer äußeren cytoplasmatischen Zone. $\times$ 3000
DZ = Plasmatischer Anteil der Eiwand (Dotterzelle?); EIN = Einschnürung; HK = Haken; K = Kern; O = Oncosphaera; PG = Proglottide; W = Wand des späteren Eies.

Darmschleimhaut der Endwirte (u.a. Mensch), so daß es durch
wiederholte Eigeninfektionen zu einem Dauerbefall mit diesen relativ kurzlebigen Bandwürmern kommen kann. Der Wirtswechsel
ist hier somit nur fakultativ.

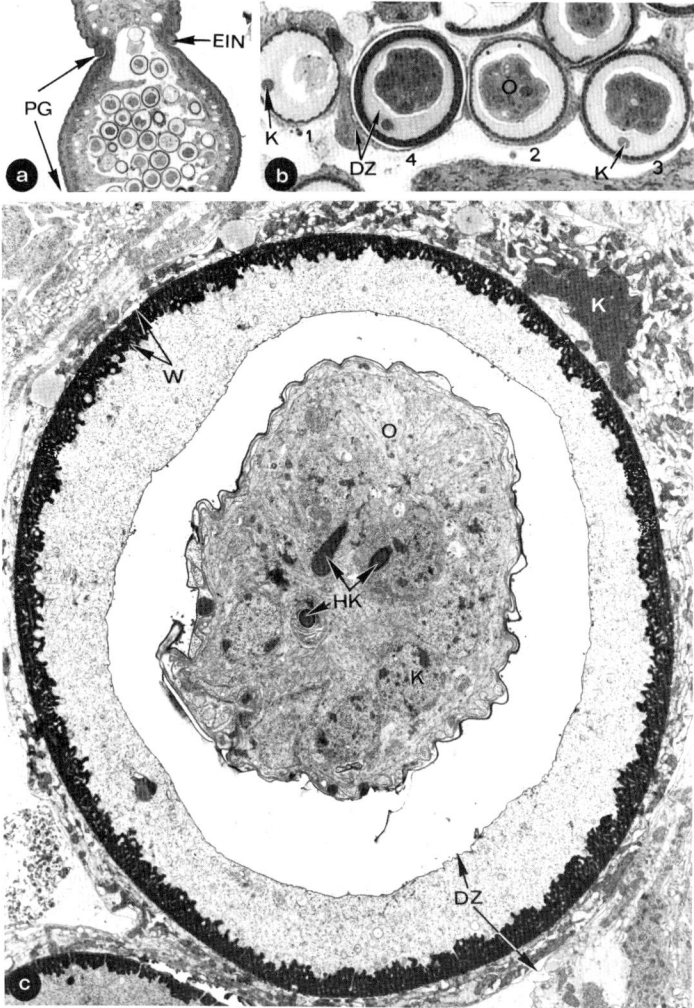

Tab. 13: Wichtige Eucestoden-Arten

Ordnung/Art	Länge des adulten Wurms (m)	Eigröße (µm)	Endwirt(e)	Präpatenz (Wochen)	Zwischenwirte/Gewebe	Stadium im Zwischenwirt/Art-Bezeichnung im Zwischenwirt
Ord. Pseudophyllidea *Diphyllobothrium latum*	bis 20	50 × 70	**Mensch,** Katze, Hund	3	1. Zw: Krebse (Copepoda); Leibeshöhle / 2. Zw: Fische; Muskulatur / (evtl.): / 3. Zw: Raubfische: Stapelwirt	1. Zw: Procercoid / 2. Zw: Plerocercoid (= Sparganum) / (evtl.): / 3. Zw: Plerocercoid (= Sparganum)
Spirometra erinacei europaei	1	35 × 60	Katze, Hund, **Mensch**	2–4	1. Zw: Krebse (Copepoda); Leibeshöhle / 2. Zw: Frösche, Schlange; Muskulatur	„
Ord. Proteocephala *Proteocephalus ambloplitis*	0,3	40	Barsche, Raubfische	4	1. Zw: Krebse (Copepoda) / 2. Zw: Fische; Muskulatur	„
Ord. Cyclophyllidea **Fam. Taeniidae** *Taenia solium*	2–7	35–40	**Mensch**	5–12	Schwein, **Mensch;** verschiedene Gewebe	Cysticercus; *C. cellulosae*

T. saginata	8–12	35–40	Mensch	Rind; verschiedene Gewebe	Cysticercus; C. bovis (C. inermis)
T. (= Hydatigera) taeniaeformis	0,6	35	Katze, Hund	Ratte, Maus; verschiedene Gewebe	Strobilocercus; Cysticercus fasciolaris
T. hydatigena	1	20	Hund	Wiederkäuer; Ommentum des Darms	Cysticercus; C. tenuicollis
T. ovis	1	30	Hund, Fuchs	Schafe; Muskulatur	Cysticercus; C. ovis
T. pisiformis	0,5–2	35	Hund, Katze	Nager; Ommentum	Cysticercus; Cysticercus pisiformis
T. (= Multiceps) multiceps	0,4–1	33	Hund, Fuchs	Schafe, **Mensch**; Gehirn	Coenurus; C. cerebralis
M. serialis	0,2–0,7	35	Hund, Fuchs	Hase, Kaninchen; Bindegewebe	Coenurus; C. serialis
Echinococcus granulosus	2,5–6 mm	35	Hund, Wolf, Fuchs	Wiederkäuer, **Mensch**; Leber, Lunge	Hydatide; Echinococcus hydatidosus = cysticus
E. multilocularis	1,4–4 mm	35	Fuchs, Katze, Hund	Mäuse, **Mensch**; Leber, u.a.	Alveoläre Cyste Echinococcus alveolaris

Fortsetzung Tab. 13: Wichtige Eucestoden-Arten

Ordnung/Art	Länge des adulten Wurms (m)	Eigröße (μm)	Endwirt(e)	Präpatenz (Wochen)	Zwischenwirte/Gewebe	Stadium im Zwischenwirt/Art-Bezeichnung im Zwischenwirt
Fam. Mesocestoididae						
Mesocestoides lineatus	0,3–2	40	Fuchs, Hund, Katze	2–3	1. Zw: Milben (vermutet); Leibeshöhle; 2. Zw: Nager, Vögel; Leibeshöhle	1. Zw: Cysticercoid; 2. Zw: Tetrathyridium
Fam. Dipylidiidae						
Dipylidium caninum	0,2–0,5	50	Hund, Fuchs, Katze	2–2,5	Hundefloh; Leibeshöhle	Cysticercoid
Fam. Hymenolepididae						
Vampirolepis[1] (syn. *Hymenolepis*) *nana*	20–40 mm	40–50	**Mensch,** Nager	4	Insekten; Leibeshöhle; aber auch direkte Entwicklung	Cysticercoid
Hymenolepis carioca	30–80 mm	60–70	Hühnervögel	2–3	Insekten; Leibeshöhle	Cysticercoid

Fam. Anoplocephalidae						
Moniezia expansa	4–10	50	Schaf, Rind, Ziege	4–6	Hornmilben (Oribatiden); Leibeshöhle	Cysticercoid
Anoplocephala perfoliata	25–80 mm	50	Pferde	4–6	"	Cysticercoid
Fam. Davaineidae						
Davainea proglottina	1–4 mm	30	Hühner	2	Nacktschnecken; verschiedene Gewebe	Cysticercoid
Raillietina tetragona	25 mm	35	Hühner	6	Insekten; Leibeshöhle	Cysticercoid

Als Endwirte können auch noch andere Tierarten dienen, die die Larvenstadien mit dem Zwischenwirt oral aufnehmen.

1 Manche Autoren halten den Gattungsnamen *Rodentolepis* für valide.

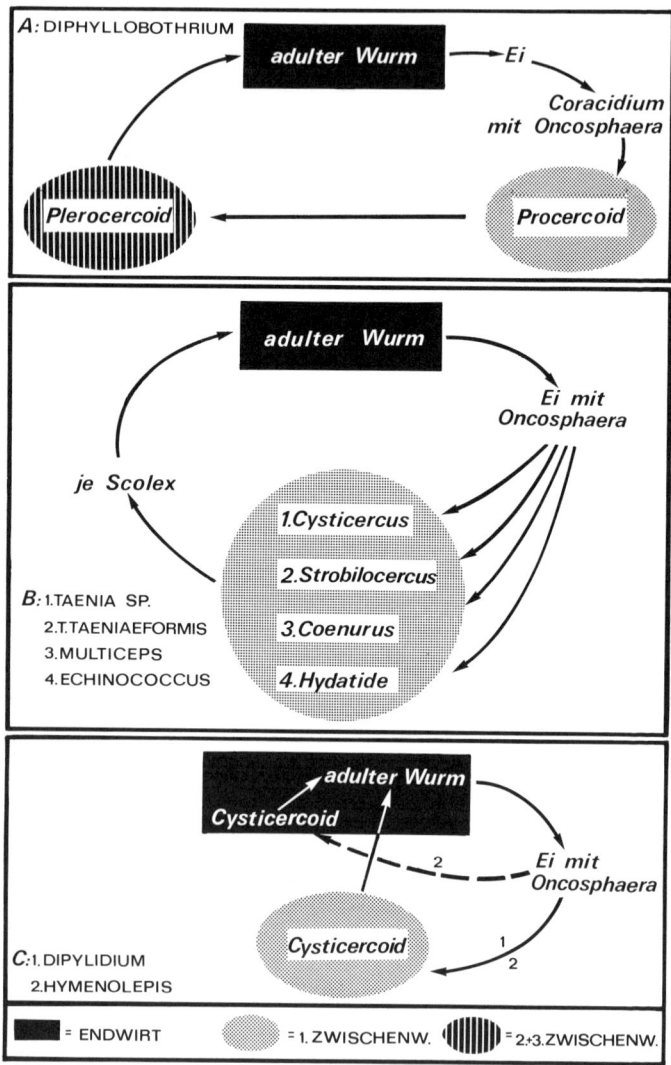

Abb. 96: Schematische Darstellung der Entwicklungszyklen von wichtigen Eucestoden.

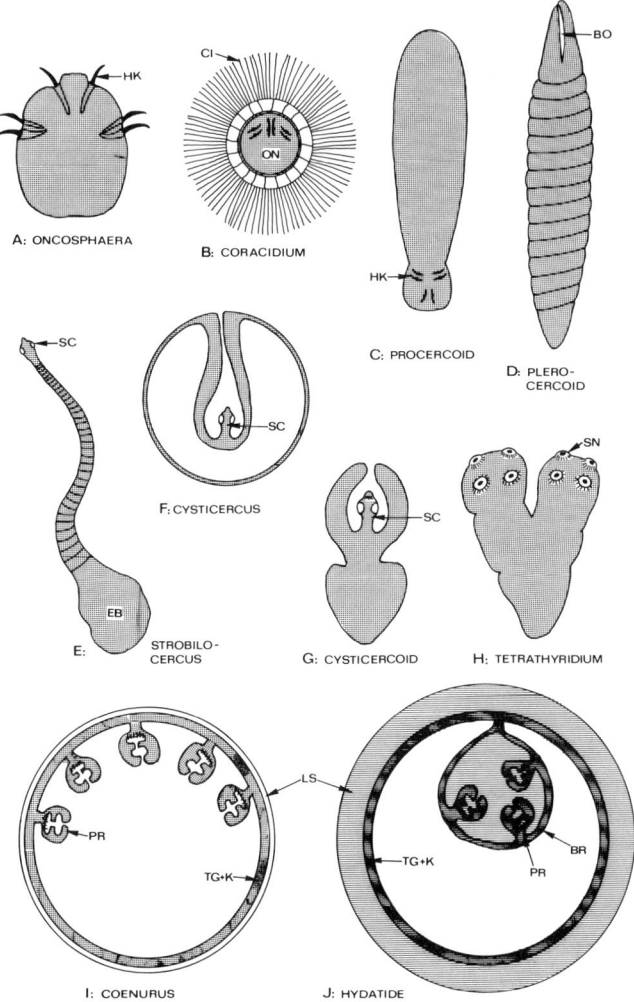

Abb. 97: Schematische Darstellung der Larvenformen von Eucestoden. Die Vergrößerung ist unterschiedlich!

BO = Bothrium (Sauggrube); BR = Brutkapsel; CI = Cilien; EB = Endblase; HK = Haken; K = Keimschicht (undifferenzierte Zellen); LS = Lamelläre Schicht (nicht zellulär); ON = Oncosphaera; PR = Protoscolex; SC = Scolex; SN = Saugnapf; TG = Tegument.

3. **Strobilocercus** (Abb. 97 E).

Der Strobilocercus ist eine kurze, segmentiert erscheinende Strobila, die mit einer Blase endet, z. B. *Taenia* (syn. *Hydatigera*) *taeniaeformis* in Nagern.

4. **Cysticercus** (Abb. 97 F).

Das als Cysticercus, **Blasenwurm** oder **Finne** bezeichnete Stadium besteht im wesentlichen aus einem einzelnen Scolex, der in einer großen, meist Flüssigkeit enthaltenden Blase eingestülpt ruht. Diese Cysticercen finden sich ausnahmslos in Wirbeltieren; sie wurden vor Erkennung der Entwicklungswege für selbständige Parasiten gehalten und mit eigenen Artnamen belegt (s. Tab. 13), z. B. der Cysticercus von *Taenia solium* im Schwein mit *Cysticercus cellulosae*. Im Regelfall tritt bei den Cysticercen keine Vermehrung auf, so daß also stets nur ein einzelner Scolex vorhanden ist. Bei *Taenia crassiceps* (Zyklus: Fuchs – Maus) kann jedoch noch eine ungeschlechtliche Vermehrung durch exogene Sprossung am scolexfernen Teil der Blase erfolgen.

Abb. 98: Schematische Darstellung der Entwicklungszyklen von *Taenia solium* (1–5) und *Taenia saginata* (1.1–5.1)

1.1.1 **Scolex** der adulten Würmer im Darm des Menschen (**Endwirt**)

2.2.1 Reife Proglottiden (ca. 1 cm Länge, weiß, motil) werden in den Fäzes abgesetzt. Das Uterusmuster ist artspezifisch!

3.3.1 Nach Lyse der Proglottidenwände treten die Eier, die die **Oncosphaera**-Larve enthalten, aus dem Uterus aus. Die **Zwischenwirte** Schwein bzw. Rind nehmen diese Eier oral mit fäkal kontaminiertem Futter auf.

4.4.1 Im Darm schlüpft die Oncosphaera-Larve aus, durchdringt die Darmwand, wandert auf dem Blutweg in zahlreiche Organe (insbesondere Muskulatur) und wandelt sich dort zur **Cysticercus**-Larve (Blasenwurm, Finne) um. Der Scolex des neuen Wurms ist bereits eingestülpt vorhanden.

5.5.1 Nach oraler Aufnahme von rohem, Cysticercus-haltigen Fleisch (auch in Mettwurst, Tatar etc. – lediglich der unmittelbare Scolex darf nicht zerstört sein) entwickelt sich der adulte, mehrere Meter lange Wurm (Präpatenzen, Patenzen etc. s. Tab. 13).

Wenn ein Mensch Eier von *T. solium* (3) oral aufnimmt, kann es bei ihm ebenfalls zu der Ausbildung von Cysticercen (4) kommen. Liegen diese im Gehirn, kommt es zum klinischen Bild der **Neurocysticercose**, die tödlich verlaufen kann.

BL = Blase; EB = Embryophore; EX = Exkretionskanäle; GP = Genitalpapille (♀, ♂); HO = Haken der Oncosphaera; ON = Oncosphaera; RH = Rostraler Hakenkranz; SC = Scolex; SU = Saugnapf; UE = Uterus, mit Eiern gefüllt.

5. **Polycercus.**

Der Polycercus ist eine besondere Form eines Cysticercus und bildet bei einigen Arten mehrere Cysticercoide aus, z. B. bei *Paricterotaenia paradoxa* im Zwischenwirt Regenwurm (Endwirte sind Vögel).

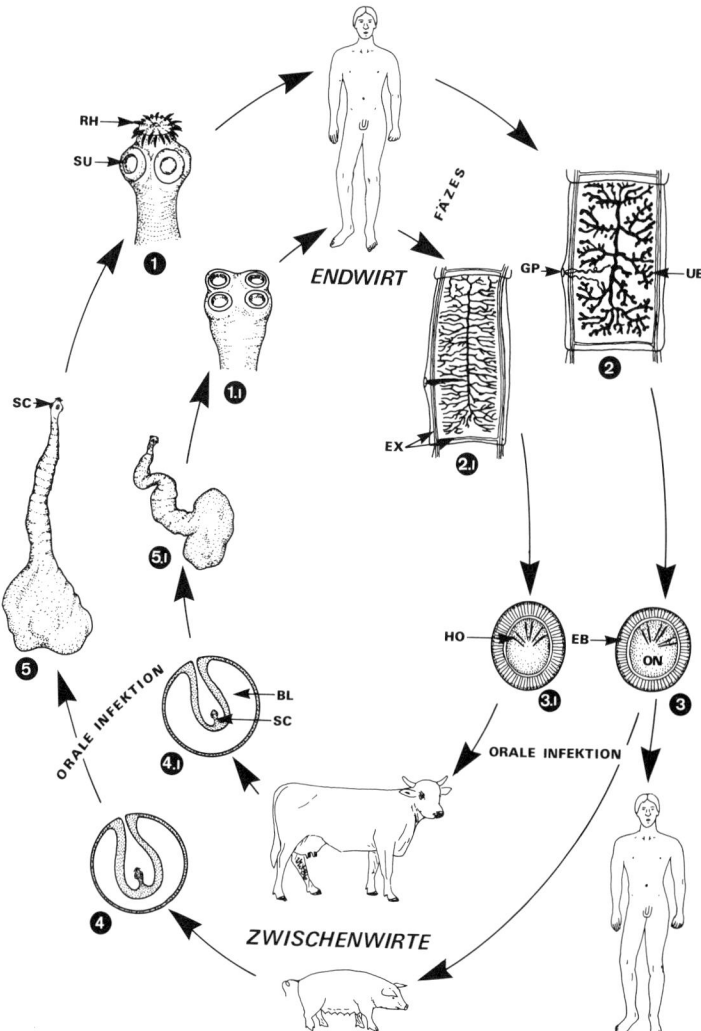

6. **Coenurus** (Abb. 97 I).

Im Coenurus entstehen aus der Blasenwand auf ungeschlechtlichem Wege mehrere Scolices (z. B. *Multiceps multiceps* im Schaf). Daher wird dieses Stadium auch als Multicephalocysticercus bezeichnet (Freeman, 1973). Ein dem Coenurus entsprechendes Stadium findet sich bei *Taenia mustelae*, wo in einer Blase einige Scolices gebildet werden.

7. **Unilokuläre und multilokuläre (= alveoläre) Cysten.**

Hierbei handelt es sich jeweils um eine zum Teil recht große Blase. Das Keimepithel der Blasenwand gliedert jedoch nicht unmittelbar Scolices ab, sondern zunächst nach innen (endogen) Tochterblasen (Abb. 102 a–d; 103 a–d). Diese können ihrerseits wiederum Enkelblasen bilden. In diesen sog. «Brutkapseln» entstehen dann Scolices, die auch als Protoscolices bezeichnet werden. Je nach Größe und Oberfläche der Tochterblasen werden die Cysten in unilokuläre (Hydatiden von *E. granulosus*; Abb. 97 J) oder multilokuläre, alveoläre (*E. multilocularis*) unterschieden (daher auch *Alveococcus*; Abb. 99; 103).

Die Procercoide und die Cysticercoide einiger Arten (z. B. *Mesocestoides*) entwickeln sich noch weiter, so daß dieses folgende Stadium mit einem eigenen Namen belegt wird:

1. **Plerocercoid.** Dieses Stadium der Pseudophyllidae geht aus einem Procercoid hervor. Es besitzt einen Scolex und eine andeutungsweise gegliederte kurze Strobila (Abb. 97 D). Dieses Plerocercoid, das in nichtgeeigneten Endwirten auch umherwandern kann und dann als **Sparganum** bezeichnet wird, wird im Unterhautgewebe des Menschen bis 10 cm lang (Erkrankung: Sparganose).

2. **Tetrathyridium** (Abb. 97 H). Mehrere dieser Scolices mit kurzem, soliden, ungegliederten Anhang gehen durch ungeschlechtliche Vermehrung aus dem Cysticercoid einiger Arten hervor (z. B. *Mesocestoides lineatus*).

Der Entwicklungszyklus der Eucestoda endet damit, daß die jeweiligen Stadien (Metacestoden) zum adulten Wurm auswachsen, sobald sie vom Endwirt oral aufgenommen worden sind. Zur Geschlechtsreife gelangen diese Metacestoden aber offenbar nur im jeweiligen Endwirt, wobei allerdings oft noch nahe verwandte Tierspezies akzeptiert werden (s. Tab. 13). Ausnahmen machen dabei die ungegliederten Caryophyllidea, die als geschlechtsreife plerocercoide Larven (= **Neotenie, Progenesis**) gelten, aber evtl. lediglich urtümlich = ungegliedert sind.

Bei einigen Eucestoden-Arten (*Taenia mustelae, T. crassiceps, Multiceps multiceps, Mesocestoides lineatus, Echinococcus* spp.) tritt

somit während der Metamorphose in der Ontogenese eine ungeschlechtliche Vermehrung auf, bei der wenige bis einige hunderttau-
send **Protoscolices** entstehen. Aus diesen Scolices wächst dann in geeigneten Endwirten je ein geschlechtsreifer Wurm heran (Abb. 96 B).
Somit haben diese Eucestoda in ihrem Entwicklungszyklus eine ungeschlechtliche Generation eingeschaltet. Da in diesen Fällen eine
ungeschlechtliche und eine geschlechtliche Vermehrung alternieren,
handelt es sich definitionsgemäß bei diesem Generationswechsel um
eine **Metagenese**.

12.2.3. Die Eucestoda als Krankheitserreger

Da die Eucestoda als Adulte im Darm ihrer Endwirte leben, sind
sie deren Nahrungskonkurrenten, was sich in geringeren Wachstumsraten bzw. zum Teil extremer Abmagerung der Wirte niederschlägt
und z. B. Viehzüchtern wirtschaftliche Verluste zufügen kann. Abgesehen von einigen Arten, wie z. B. *Diphyllobothrium latum*, die
beim Menschen durch Entzug von Vitamin B 12 zu einer **Anämie vom
Pernizosa-Typ** (**Diphyllobothriasis**) führen kann (s. von Bonsdorff,
1977), treten aber beim Befall mit adulten Würmern meist keine besonders gravierenden schädigenden Wirkungen auf (s. Mehlhorn et
al., 1994). Dies gilt selbst bei einem Massenbefall mit meist relativ
kleinen Arten wie *Echinococcus* spp. und *Davainea* spp. (wenige
Millimeter lang). Somit dürften die jeweiligen Endwirte insgesamt
gesehen kaum von den ausgeschiedenen Stoffwechselprodukten der
adulten Bandwürmer betroffen werden. Weitreichende Intoxikationen liegen offenbar nicht vor (von Band, 1979). Die Adulten wie auch
die Cysticercen können heute befriedigend mit Niclosamid oder Praziquantel **therapiert** werden.

Wirkung von Praziquantel auf Saug- und Bandwürmer

1. Die einmalige Gabe von Praziquantel führt zu sofortiger Kontraktion
   des Wurms und zur Entstehung kleiner aufplatzender Blasen im Tegument. Dadurch wird antigen wirkendes Material freigesetzt, was zum
   Eindringen von eosinophilen Granulocyten führt, die den Wurm von innen her auffressen. Dieser Prozeß führt nur zu geringen Reaktionen des
   Abwehrsystems des Wirts, weil die sonstige Tarnung der Wurmober-
   fläche mit wirtseigenen Produkten weitgehend bestehenbleibt (Mehlhorn et al., 1981).
2. Die Erklärung dieser Phänomene ist noch nicht vollständig gelungen,
   Man geht davon aus, daß Praziquantel den Einstrom von Ca^{2+}-Ionen
   durch Öffnen von mindestens vier Typen von Ca^{2+}-Einström-Ionen-

kanälen im Tegument bei gleichzeitiger Blockade von Na⁺/Ca²⁺-Austauschpumpen bewirkt, weil das Einlegen von derartig kontrahierten Würmern in Ca²⁺-freies Medium zur Reversion der Wirkung führt. Gleichzeitig initiiert Praziquantel offenbar die Leerung von intrazellulären, ER-ständigen Ca²⁺-Lagern und führt somit zur weiteren intrazellulären Freisetzung von Ca²⁺. Diese Prozesse verlaufen gleichzeitig entlang der Membranen des Teguments und der Muskelzellen. Ihre Steuerung und die Zusammenhänge mit der Entstehung der antigenfreisetzenden Tegumentbläschen bedürfen noch der weiteren Untersuchung (Redman et al. 1996).

Die Lebensdauer adulter Bandwürmer variiert erheblich. So kann *Taenia solium* bis 25 Jahre, der Fischbandwurm (*Diphyllobothrium* sp.) angeblich bis zu 20 Jahre alt werden, während *Echinococcus* sp.

Abb. 99: Entwicklungszyklus von *Echinococcus granulosus* (1–8) und *E. multilocularis* 1.1–7.1). **Endwirte:** Hund und Fuchs sowie zusätzlich die Katze bei *E. multilocularis*.

2.2.1 Die Adulten unterscheiden sich in der Länge der Endproglottiden, der Form des Uterus und in Endwirtpräferenzen.

3.3.1 **Proglottiden** in den Fäzes (vergl. Abb. 100).

4.4.1 Freigesetzte, larvenhaltige Eier werden oral von den Zwischenwirten aufgenommen.

5.5.1 **Zwischenwirte** (viele Arten, unspezifisch, mit Präferenzen); Mensch = **Fehlwirt**; in ihm entstehen die gleichen Cystentypen wie in den anderen Zwischenwirten (6). Diese **Echinococcose** verläuft meist tödlich (sofern ein inoperabler Organbereich befallen ist).

6.6.1 Die **Oncosphaera**-Larve gelangt auf dem Blutweg in verschiedene Organe (meist Leber), wo es zu Cystenbildungen kommt; bei *E. granulosus* entsteht eine Hydatide (Abb. 98 j), bei *E. multilocularis* ein weitverzweigtes Schlauchsystem mit cystenartigen Erweiterungen (Abb. 101).

7.7.1 In den **Brutkapseln** der jeweiligen Cystentypen entstehen Protoscolices (s. Abb. 103; 104).

8. Solche **Protoscolices** können bereits in der **Cyste** auswachsen. Werden protoscoliceshaltige Cysten von den Endwirten gefressen, so wachsen aus den Protoscolices adulte Würmer heran, die bereits 4–6 Wochen später eihaltige Proglottiden absetzen.

BC = Brutkapsel; EB = Embryophore; EX = Exkretionskanal; GP = Genitalpapille; H = Hydatide; HO = Haken der Oncosphaera; IR = Haken des Protoscolex in der Entwicklung; P = Proglottis (terminale, reife); RH = Rostraler Hakenkranz; SU = Saugnapf; TU = Tubulärer bzw. solider Strang; UE = Uterus, mit Eiern gefüllt.

als adulter Wurm nur etwa 7 Monate und *Rodentolepis nana* sogar nur 2–8 Wochen überlebt. Diese Patenzen deuten darauf hin, daß für den Endwirt keine ernste Bedrohung durch diese Parasitenstadien besteht; ein Befall sollte aber nicht bagatellisiert werden. Unterschied-

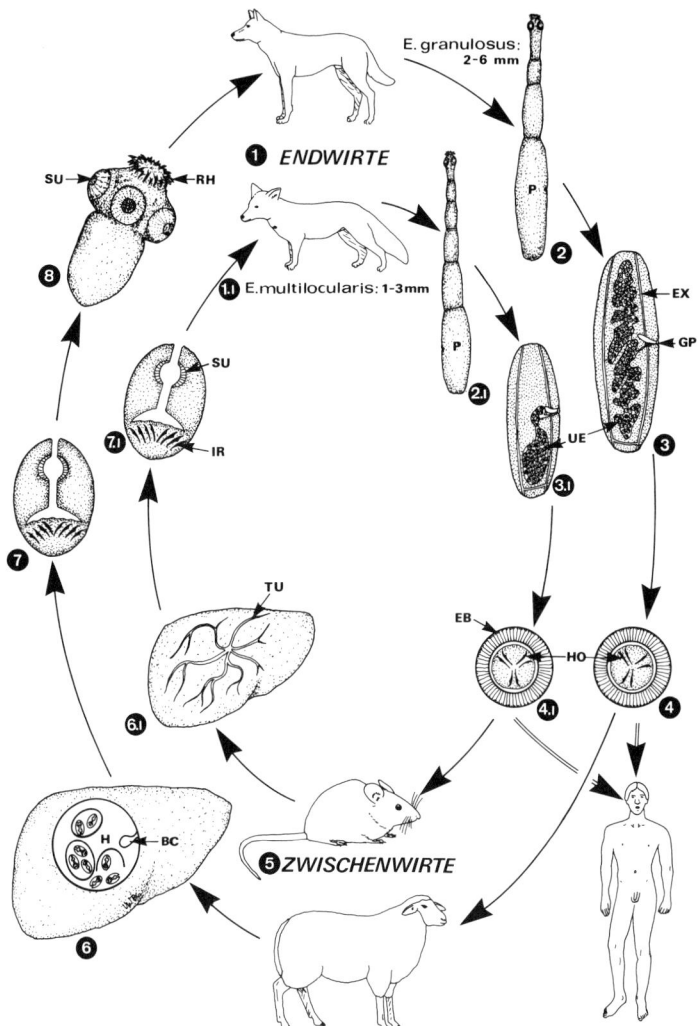

lich jedoch sind die Auswirkungen der larvalen Eucestoden (Finnen-stadien) auf ihre Zwischenwirte.

a) **Cysticercose (Cysticercosis).**

Die Cysticercose wird durch die Cysticercen einiger Arten hervor-gerufen. Kleine Cysticerci werden in den meisten Geweben offenbar selbst bei großer Anzahl von den spezifischen Zwischenwirten relativ gut oder fast symptomlos ertragen. Dagegen können allerdings man-che Cysticercen, z. B. die von *Taenia solium,* im unspezifischen Wirt (= **Fehlwirt** Mensch) zu schweren Schäden, besonders im Gehirn oder Auge, führen und die als **Cysticercose** bekannte Krankheit hervorru-fen. Dazu kommt es, wenn sich der Mensch durch Eier aus Human-fäzes (etwa 60 Tage im Freien lebensfähig) **oral infiziert** (Abb. 98). Die Oncosphaera schlüpft im Dünndarm aus der Embryophore, wenn diese – im Magen durch Pepsin angedaut – hier durch Trypsin etc. aufgelöst wird. Die freigesetzte Oncosphaera durchbohrt die Darm-wand und gelangt beim Menschen auf dem Blutwege vorwiegend in die Muskulatur, ins Bindegewebe, aber auch vereinzelt ins Gehirn, wo die Cysticercen (Ø 12 mm) dann Ursache für eine Reihe unspezifi-scher neurologischer Symptome werden können (**Neurocysticercose**).

Aus veterinärmedizinischer Sicht kommt den Cysticercen als un-mittelbaren Krankheitserregern meist keine große Bedeutung zu. Da stark finnenhaltiges Fleisch bei der Fleischbeschau verworfen werden muß, führt ein Cysticercenbefall indirekt aber zu riesigen wirtschaft-lichen Verlusten in der Viehzucht (s. Boch, Supperer, 1992). Darunter leiden besonders fleischproduzierende Entwicklungsländer und Län-der mit intensiver Viehwirtschaft wie Australien, Neuseeland, Argen-tinien, wo offenbar wegen der «Monokultur» lokal zahlreiche Tiere mit Cysticercen von *Taenia saginata* und *T. ovis* etc. angetroffen wer-den. Eine **Therapie** der Cysticercose ist mit **Praziquantel** möglich und bei Tier und Mensch erfolgreich, allerdings müssen die Gefahren einer Eiweißschockreaktion beachtet werden (s. S. 261).

b) **Sparganose (Sparganosis).**

Die Sparganose wird durch Plerocercoide einiger Arten der Pseu-dophyllidea hervorgerufen. Die auch als Sparganum bzw. plural als **Spargana** bezeichneten Larvenstadien werden im Menschen oder in anderen Tieren nicht geschlechtsreif, weil sie nicht zu dem jeweiligen spezifischen Endwirtsspektrum gehören. **Infektionen** des Menschen können auf drei Wegen erfolgen:

1. orale Aufnahme von Kleinkrebsen (**Copepoden**) beim Baden, die Procercoide enthalten;
2. Verzehr von ungekochten Fischen mit Plerocercoiden dieser Arten;

3. Auflegen von plerocercoidhaltigem Fleisch auf Wunden zu Heil-
zwecken bzw. auf Augen, wie es noch heute in manchen asiatischen
Ländern üblich ist.

Die so übertragenen Plerocercoide wachsen danach beim Menschen im Unterhautbindegewebe, in der Muskulatur oder in der
Bauchhöhle heran, werden z. T. polymorph (Sparganum proliferum)
und führen so zu lokalen Entzündungen und Schwellungen, wodurch
unspezifische Beschwerden entstehen.

c) **Echinococcose (Echinococciasis).**

Die Echinococcose ist die human- wie auch veterinärmedizinisch
bedeutsamste durch Bandwürmer hervorgerufene Krankheit, was
sowohl die Anzahl der befallenen Wirte als auch die Schäden im
infizierten Gewebe betrifft. Diese Erkrankung wird durch die **unilo-
kulären Hydatiden** (Abb. 98 j; 99) des «Hundebandwurms» *Echinococcus granulosus* und durch die **multilokulären (alveolären)
Cysten** von *E. multilocularis* hervorgerufen. Epidemiologisch spielen
dabei Schafe, Rinder, Ziegen und Nagetiere als natürliche Partner
eine besonders wichtige Rolle; der Mensch kann (hier als «**Fehlwirt**»)
auch befallen werden, wenn er Bandwurmeier mit verschmutzter
Nahrung aufnimmt (z. B. auf Blaubeeren) oder in Kontakt mit kontaminierten Fellen der Endwirte kommt. In diesen Zwischenwirten wird die Embryophorenwand verdaut, dann bohren sich die
25–30 µm großen Oncosphaeren nach ca. 12 Stunden in die Dünn-
darmwand ein und gelangen durch das Blutgefäßsystem in die Leber
(häufigste Infektion), Lunge, ins Hirn und in andere Gewebe. Zur
Zeit ist eine kurative **Chemotherapie** der Cysten unmöglich, auch
wenn es durch langzeitige, dauernde Gabe von hohen Dosen von
Al- und Mebendazol gelingt, das Wachstum zu stoppen. Je nach Art
entwickeln sich zwei Typen von Larvenstadien (Abb. 99):

1. Die **unilokuläre Cyste** von *Echinococcus granulosus* (= Hydatide).
Diese Blase, die bis kindskopfgroß werden kann, ist prall mit Flüssigkeit gefüllt und vom Wirt mit einer Bindegewebskapsel umgeben. Nach innen werden von einer Keimschicht Tochterblasen und
in diesen Protoscolices in sehr großer Anzahl abgeschnürt. Wegen
der relativ glatten Oberfläche lassen sich die Cysten dieses Typs
operativ herausschälen (5–20 Jahre lebensfähig!). Allerdings darf
dabei die Blase nicht eröffnet werden; für den Patienten besteht
durch das Austreten der Hydatidenflüssigkeit die Gefahr eines
anaphylaktischen Schocks und durch die undifferenzierten Zellen
der Keimschicht die Gefahr der Bildung neuer Cysten (**sekundäre
Echinococcose** = eine Art Metastasierung).

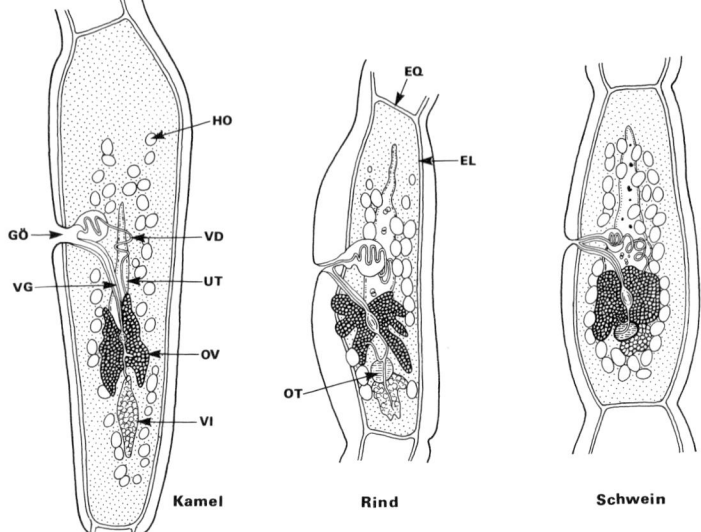

Abb. 100: *Echinococcus granulosus*; schem. Darstellung der morphologischen Unterschiede der graviden Proglottiden definierter Stämme (nach Eckert et al. 1993).
EL = längsverlaufender Exkretionskanal; EQ = querverlaufender Exkretionskanal; GÖ = Genitalöffnung; HO = Hoden = Testes; OT = Ootyp mit Mehlisschen Drüsen; OV = Ovar (= Germarium); UT = Uterus; VD = Vas deferens; VG = Vagina; VI = Vitellarium = Dotterstock.

Abb. 101: *Echinococcus multilocularis*. Bildung der schlauchartigen Cysten in der Leber und Lymphknoten von Zwischenwirten.
a, e LM-Aufnahmen, b–d SEM-Aufnahmen.
a) Querschnitt durch die soliden terminalen Schlauchbereiche (semidünn). Hier wächst der Strang durch ständige Teilung der undifferenzierten Zellen. × 800
b–c) Häufig kommt es entlang der Schläuche zu blasenartigen Erweiterungen (b) oder zu Verzweigungen (c, Pfeile). b. × 20 c. × 90
d) Die schlauchartigen Cystenbereiche können mehrere mm lang werden. × 30
e) Längsschnitt (semidünn) durch einen Cystenschlauch, dessen Spitze solide ist (SO). × 200
BE = Blasenartige Erweiterung; CA = Caverne (= Erweiterung); LS = Laminäre Schicht; N = Nucleus; NU = Nucleolus; SO = Solider Bereich; TG = Tegument; TU = Tubenartige Erweiterung; UZ = Undifferenzierte Zellen.

Wirtschaftlich hat dieser Cystentyp eine besonders große Bedeutung – in Neuseeland beobachtete man bei Schafen noch um 1974 bis zu 80% Befallshäufigkeit. Selbst in Europa sind in manchen Gebieten 1–2% der Hauswiederkäuer befallen. Da die parasitierten Organe verworfen werden müssen und oft an Hunde verfüttert werden (neue Infektion!), gehen sie verloren und führen zu wirtschaftlichen Einbußen.

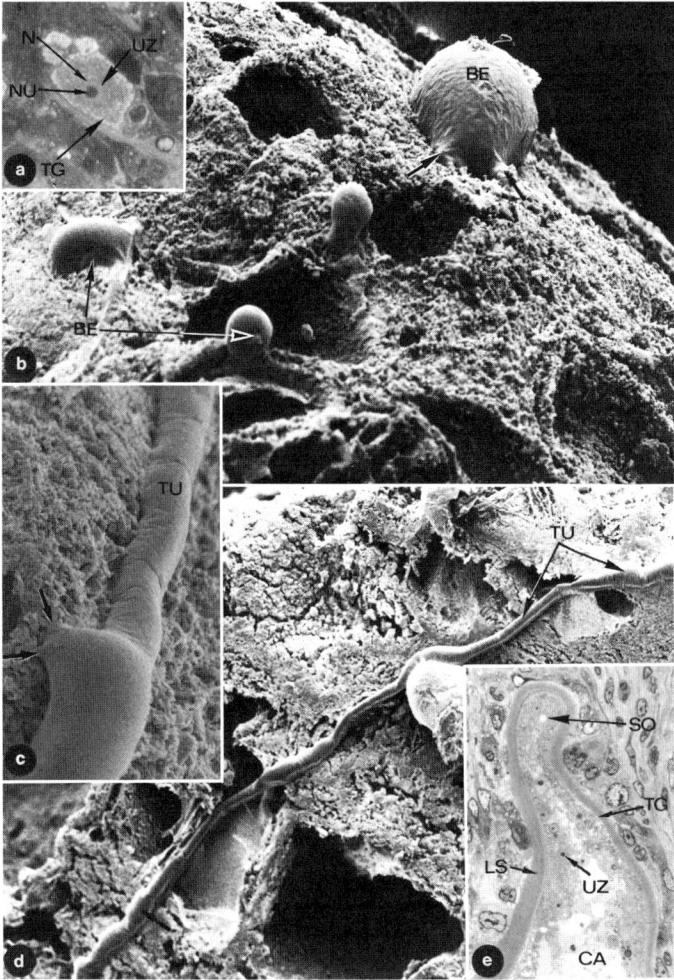

In manchen, auch touristisch interessanten Gebieten, wie z. B. in der Türkei und in Anrainerstaaten des Mittelmeeres, sind bis zu 60% der streunenden Hunde mit *Echinococcus granulosus* infiziert. Deshalb muß in Deutschland mit dem gelegentlichen Auftreten solcher eingeschleppten Hydatiden gerechnet werden, besonders bei Personen aus diesen Gebieten (Gastarbeiter etc.). Die Ausbildung dieses Cystentyps kann sich auf mehrere Jahre hin erstrecken; die Infektion bleibt oft lange Zeit beschwerdefrei und daher häufig unentdeckt. Erst relativ spät kommt es beim Menschen durch die stark gewachsenen Hydatiden z. B. zur sogenannten Druck-Atrophie der Leber. Neuere Untersuchungen (Eckert et al., 1993) zeigten, daß verschiedene *Echinococcus-granulosus*-Stämme existieren. Diese unterscheiden sich sowohl genetisch und morphologisch im Endwirt Hund als auch in ihrer Infektiosität für die jeweilige bevorzugte Zwischenwirtsart (u. a. Schwein, Rind, Schaf, Pferd, Kamel, Hirsch). So zeigten definierte Übertragungsversuche, daß die adulten Würmer dieser verschiedenen Stämme u. a. unterschiedliche Anzahlen von Hodenbläschen und Eiern, unterschiedlich gestaltete Ovarien und Dotterstöcke etc. aufweisen (Abb. 100) und sich nur schwer – wenn überhaupt – in anderen als den bevorzugten Zwischenwirten entwickeln. So konnten Schweine zwar mit dem Schafstamm infiziert werden, aber die Hydatiden bildeten meist keine Protoscolices aus (d. h. die Cysten blieben steril). Auch beim Menschen besteht offenbar eine unterschiedliche Empfänglichkeit. Glücklicherweise scheint so der in Osteuropa bei Hunden und Schweinen sehr häufige Stamm nur eine geringe Infektiosität für den Menschen zu besitzen, was nicht für den weltweit verbreiteten Schafstamm gilt.

2. Die **multilokuläre** (**alveoläre**) **Cyste** von *Echinococcus multilocularis*.

Entgegen der früheren, auf makroskopischen und histologischen

---

Abb. 102: Schematische Darstellung von Längsschnitten durch schlauchartige Cysten von *Echinococcus multilocularis* in Zwischenwirten. Pfeile in Abb. A weisen in die Wachstumsrichtung. Im Bereich C kann die Bildung von Brutkapseln aus den undifferenzierten Zellen beginnen.
AS = Amorphe Substanz = lamelläre Schicht; CA = Caverne = Höhlung; CN = Bindegewebe; DC = Entwicklung der Caverne; DG = Degenerierende Granulocyten; EO = Eosinophile Granulocyten; IT = Intaktes Wirtsgewebe; MT = Microtrichen des Teguments; N = Nucleus; NH = Nucleus der Wirtszelle; NU = Nucleolus; TG = Tegument; U = Undifferenzierte Zellen; UT = Undifferenzierte Zellen bei Verschmelzung mit dem Tegument.

Aspekten beruhenden Ansicht ist dieser Cystentyp nicht viel-
kammerig (= **multiloculär**), sondern es handelt sich um ein Netzwerk von **Schläuchen** (Abb. 101), die das befallene Organ (Leber,
Lunge, Lymphknoten) durchziehen (Mehlhorn et al., 1983). Diese

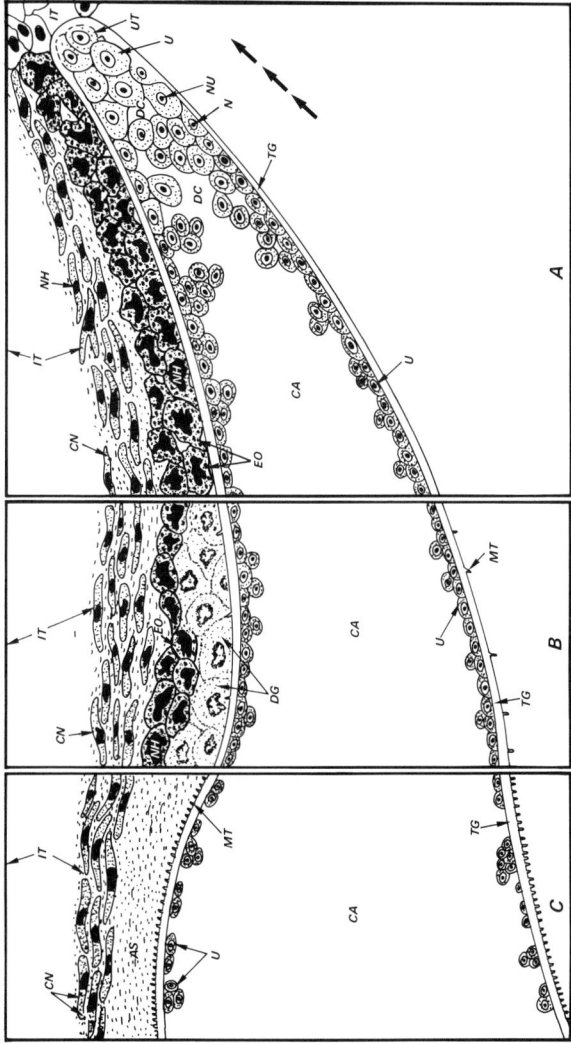

Schläuche sind stets vom typischen Bandwurmtegument bedeckt (Abb. 101; 102). Das Wachstum erfolgt an den soliden Enden dieser Schläuche (Abb. 102), die im Durchmesser oft nur 5–10 μm erreichen (und daher bei Operationen unsichtbar bleiben!!). Undifferenzierte Zellen der Keimschicht teilen sich ständig und verschmelzen mit dem abschließenden Tegument (Abb. 101 e; 102 A). Auf diese Weise wird die Oberfläche ständig vergrößert und das befallene Organ infiltrativ durchzogen (Abb. 101 a, b). Untersuchungen von Eckert et al. (1983) bewiesen, daß aus derartigen **undifferenzierten Zellen** (sie sind auch bei Hydatiden von *E. granulosus* vorhanden) **metastasen**-artig neue Cystenschläuche in anderen Organen entstehen können, wenn diese undifferenzierten Zellen etwa bei Operationen freigesetzt werden. (**Daher müssen Probeexzisionen unbedingt unterbleiben!**) In einigem Abstand zur «Wachstumsspitze» entsteht aus degenerierenden eosinophilen Granulocyten, die der Wirt anlagert, und aus den aus dem Tegument sezernierten Glykanen eine amorphe, begrenzende, laminäre Schicht, der außen noch eine Schicht aus Bindegewebe aufgelagert wird (Abb. 102 B, C). Im Innern der Schläuche entwickeln sich aus Anhäufungen der undifferenzierten Zellen zunächst Brutkapseln (Abb. 103 A–D) und später die für den Endwirt infektiösen Protoscolices (Abb. 103 E–H), die sich noch in der Cyste «umstülpen» können (Abb. 104 b–d). Dieser Entwicklungsprozeß läuft in gleicher Weise in den Hydatiden von *E. granulosus* ab.

Abb. 103: Schematische Darstellung der Entstehung von Brutkapseln und Protoscolices bei *Echinococcus*-Cysten.

A. Cystenwand vor Beginn der Entwicklung (Muskelzellen sind weggelassen).
B. Einstülpung der laminären Schicht (Teile) und des Teguments (TG).
C. Abschnürung der Einstülpung und Auflösung des Materials im Inneren (EB).
D. Wachstum der Blase und Anhäufung von sich ständig teilenden, undifferenzierten Zellen in 2–3 Bereichen der jungen Brutkapsel (AZ).
E. In diesen Bereichen treiben die undifferenzierten Zellen einen «Zapfen» vor.
F. Seitliches Auswachsen des Zapfens.
G. Terminales Wachsen (Doppelpfeile) und gleichzeitiges Abschnüren (Pfeile) der jungen Protoscolices ins Lumen der Brutkapsel.
H. Abgeschnürter Protoscolex im Lumen einer Brutkapsel. Die Richtung des Doppelpfeils zeigt die Richtung an, in der bei der «Umstülpung» das Wachstum erfolgt. Dieser Prozeß der sukzessiven Invaginationen führt schließlich wieder dazu, daß die ursprünglich außen gelegenen Mikrotrichen (Abb. A; MC) beim adulten Wurm wieder zu liegen kommen.

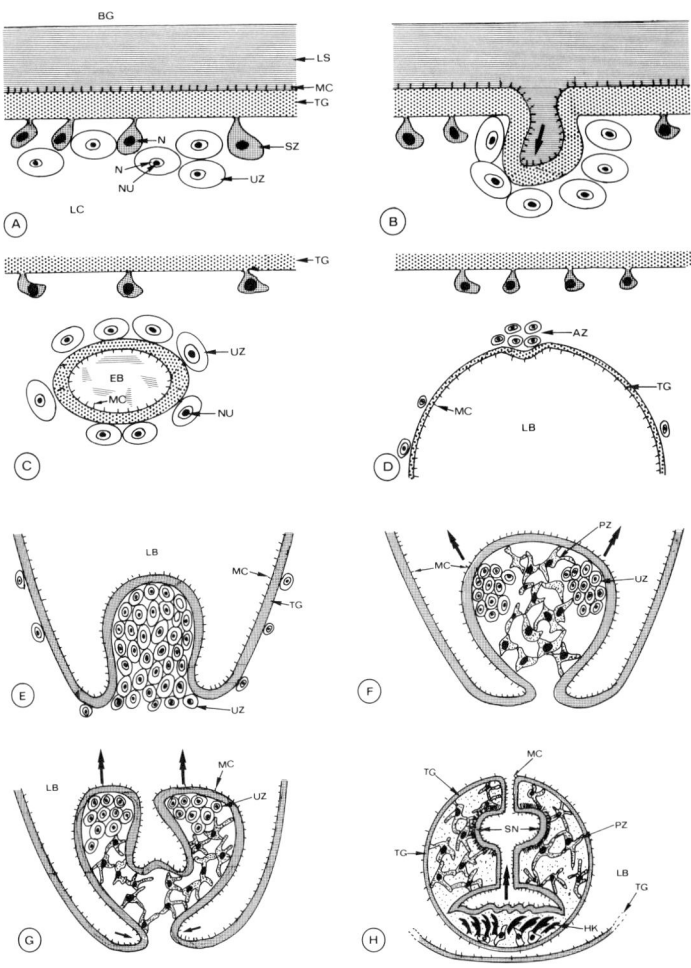

AZ = Anhäufung von undifferenzierten Zellen; BG = Bindegewebe; EB = Entstehen des Brutkapsellumens; HK = Hakenkranz; LB = Lumen der Brutkapsel; LC = Lumen der Cyste; LS = Laminäre Schicht (nichtzellig, mit Glykanen und Proteinen); MC = Mikrotrichen; N = Nucleus; PZ = Parenchymzelle; SN = Saugnapf; SZ = Subtegumentale Zellen; sie stehen über Plasmabrücken mit dem Tegument in Verbindung; TG = Tegument (syncytial); UZ = Undifferenzierte Zellen.

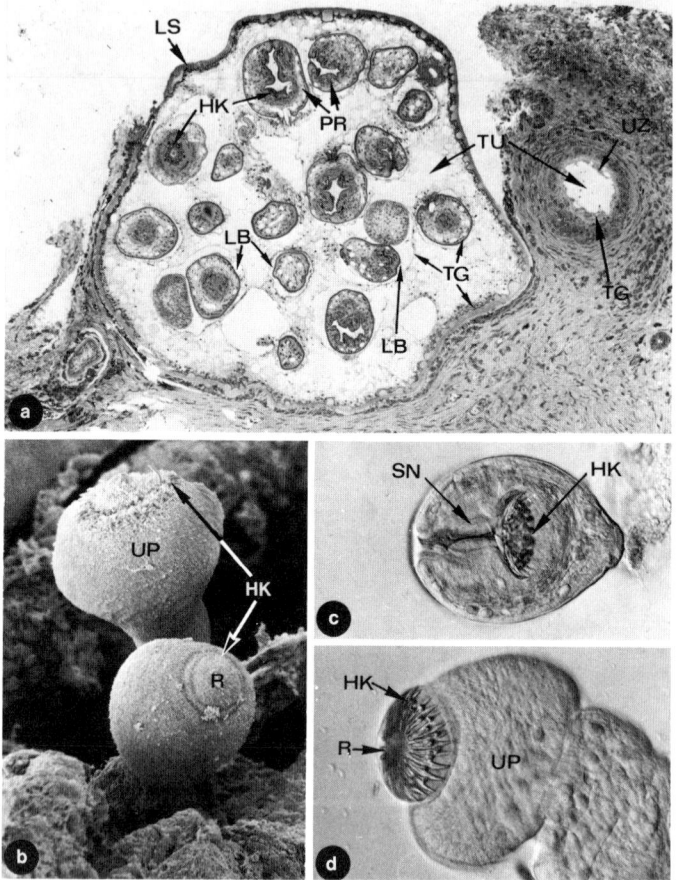

Abb. 104: *Echinococcus multilocularis.* Stadien in der schlauchartigen Cyste in Zwischenwirten.

a) Querschnitt (semidünn) durch zwei Cystenschläuche (TU). × 120

b) SEM-Aufnahme von ausgewachsenen Protoscolices. × 450

c–d) LM-Aufnahme von eingestülpten (c) und ausgewachsenen Protoscolices (d) innerhalb von Brutkapseln. c. × 400 d. × 450

HK = Hakenkranz; LB = Lumen der Brutkapseln; LS = Laminäre Schicht; PR = Protoscolex; R = Rostrum; SN = Saugnapf; TG = Tegument; TU = Cysten-schlauch; UP = «Umgestülpter» = ausgewachsener Protoscolex; UZ = Undif-ferenzierte Zelle.

Der «**multiloculäre**» **Cystentyp** ist insbesondere wegen der mehrere mm langen, unsichtbaren Endteile der Schläuche meist **inoperabel** und daher lebensbedrohend. Eine Möglichkeit der **Chemotherapie** besteht nicht, wenn auch in letzter Zeit gezeigt werden konnte, daß die ständige Gabe von hohen Dosen der Nematodenmittel Al- und Mebendazol einen gewissen Stillstand im Wachstum der Schläuche (und Hydatiden) bewirken. Da allerdings ein Befall erst bei ziemlicher Ausdehnung der Cysten bemerkt wird, ist die Organschädigung meist schon zu fortgeschritten, um zu überleben. **Veterinärmedizinisch** hat dieser Cystentyp wenig Bedeutung, da pflanzenfressende Haustiere als Zwischenwirt kaum eine Rolle spielen und in freier Wildbahn der Zyklus zwischen Fuchs und Mäusen verläuft. Gefährdet sind besonders Jäger! Allerdings kann dieser Parasit von Hauskatzen eingeschleppt und auch auf Menschen in der Stadt übertragen werden.

d) Drehkrankheit (Coenurosis)

Die Coenurosis wird vom «*Coenurus cerebralis*» (Abb. 97 i), dem Larvenstadium des adult beim Hund und Fuchs vorkommenden Bandwurms *Multiceps (Taenia) multiceps*, bei Befall des Gehirns von Wiederkäuern hervorgerufen. Die Coenurus-Blasen entwickeln sich innerhalb von drei bis acht Monaten nach Aufnahme von *M. multiceps*-Eiern aus der darin enthaltenen Oncosphaera. Schon während der ersten 14 Tage p. i. (Invasionsphase) treten Mobilitätsstörungen bis hin zu Todesfällen bei Schafen auf. Das als Drehkrankheit bezeichnete Endstadium der Krankheit wird dadurch bedingt, daß die Coenurus-Blase die Hirnsubstanz verdrängt (Hirn-Atrophie) und dadurch ataktische Bewegungen (im Kreise-Laufen) und andere Ausfallerscheinungen hervorruft. Dieses Endstadium führt dann zum Tode. Die Coenurosis, deren klinische Symptome der Prionenkrankheit **Scrapie** gleichen, hat vor allem in Schafzuchtgebieten große Bedeutung.

12.2.4. Artmerkmale wichtiger adulter Bandwürmer:

Im Dünndarm des Menschen:

1. *Diphyllobothrium latum* (Fischbandwurm).
Flacher Scolex mit zwei Sauggruben (Bothrien) ohne Haken; gravide reife Endglieder breiter als lang (10–15 x 3–5 mm); gedeckelte (operculate) Eier werden einzeln (bis 1 Million pro Tag) aus der Uterusöffnung abgegeben; daher finden sich täglich mehrere, leere Proglottiden – oft als Band zusammenhängend – in den Fäzes; **Infektion** durch Genuß von rohem Fisch mit Plerocercoiden (Abb. 88 a; 89 c; 91 a; 92 a; 96; 97 d).
2. *Taenia solium* (Schweinebandwurm).
Runder Scolex mit Rostellum und einfachem Hakenkranz; gravide

Proglottiden länger als breit (10 x 3 mm); gravider Uterus mit wenigen Seitenästen; **Infektion** durch Cysticercen in rohem Schweinefleisch (Abb. 89 a; 91 b; 97 e; 98).

3. *Taenia saginata* (Rinderbandwurm).

Runder Scolex ohne Hakenkranz; gravide Proglottiden länger als breit (12 x 4 mm); gravider Uterus mit 15–35 Seitenästen; **Infektion** durch Cysticercen in rohem Rindfleisch (Abb. 89 b; 91 b; 97 e; 98).

4. *Taenia asiatica*

Dieser asiatische Wurm des Menschen (aus Taiwan) stellt offenbar eine eigene Art dar, obwohl ihr DNA-Aufbau dem von *T. saginata* sehr ähnelt. Der Scolex enthält vier Saugnäpfe und zwei rudimentäre Hakenkränze auf einem Rostellum. Als Zwischenwirte dienen Schwein, Ziege, Rinder und Bären. Beim Menschen wird offenbar **keine** Cysticercose hervorgerufen. Die Proglottiden von *T. asiatica* sind kleiner als die des Schweinebandwurms *T. solium*. Im Menschen wird *T. asiatica* binnen 8–18 Wochen geschlechtsreif.

5. *Rodentolepis* (syn. *Hymenolepis*, *Vampirolepis*) *nana* (Zwergbandwurm).

Scolex mit einfachem Hakenkranz; 80–100 Eier (oft verklebt) im Stuhl; Proglottiden (ca. 1 mm breit) mit drei Hoden; **Infektion** durch Eier (von Mensch zu Mensch; Abb. 88 d; 91 c; 91 d) oder orale Aufnahme von Cysticercoiden in Insekten.

Bei Fleischfressern:

1. *Echinococcus granulosus* (Hundebandwurm, auch beim Fuchs).

Runder Scolex mit doppeltem Hakenkranz; meist **drei** Proglottiden; gravide Proglottiden **größer** als halbe Körperlänge; Genitalporus (bei leerem Uterus) in etwas hinter der Mitte der Proglottide; eigefüllter Uterus mit deutlichen Aussackungen, **Infektion** des Hundes durch orale Aufnahme von Hydatiden, z. B. aus Schafen oder Schweinen etc. (Abb. 99). Der Mensch, in dessen Organen die große, flüssigkeitsgefüllte Hydatide (s. o.) entsteht, infiziert sich durch orale Aufnahme von Bandwurmeiern (z. B. im Hundefell).

2. *E. multilocularis* (bei Fuchs, Hund, Katze).

Runder Scolex mit doppeltem Hakenkranz; 2–6 Proglottiden (meist fünf); letzte Proglottide **kleiner** als halbe Körperlänge; Genitalporus (bei leerem Uterus = vorletzte Proglottis) seitlich etwas vor der Proglottidenmitte; gravider Uterus (mit Eiern) sackförmig; **Infektion** der Endwirte durch orale Aufnahme von Cysten aus Nagern (Abb. 94 a; 98; 104). Der Mensch, in dessen Leber das krebsartig wuchernde Schlauchsystem (s. o.) entsteht, infiziert sich durch orale Aufnahme von Eiern auf kontaminierter Nahrung (z. B. Beeren) oder durch

Kontakt mit eihaltigen Fellen der Endwirte. Die Arten *E. vogeli* (Endwirt Buschhund) und *E. oligarthrus* (Endwirt Katzen) treten ausschließlich in Lateinamerika auf, allerdings wird der Mensch als Zwischenwirt nur relativ selten befallen.

3. *Dipylidium caninum* (Gurkenkern-Bandwurm des Hundes).

Runder Scolex mit Hakenkranz, wobei 3–4 Reihen von Haken am vorstülpbaren, konischen Rostellum ausgebildet werden. Zwei Geschlechtssysteme pro Proglottide; gravide Proglottiden gurkenkernartig, bis 20 mm lang; Eier in Eipaketen (bis zu 30); **Infektion** durch orale Aufnahme von Cysticercoiden in Flöhen (Abb. 99 d), z. B. beim «Knabbern» im Fell.

4. *Taenia* (syn. *Multiceps*) *multiceps* (Quesenbandwurm).

Runder Scolex mit doppeltem Hakenkranz aus großen und kleinen Haken; gravider Uterus mit 9–20 Seitenästen; **Infektion** durch Fressen von Coenurus-haltigem Schaffleisch (Abb. 97 i).

5. *Taenia (= Hydatigera) taeniaeformis* (Katzenbandwurm).

Runder Scolex mit doppeltem Hakenkranz; gravider Uterus mit 5–10 Seitenästen; **Infektion** durch Fressen von Nagern mit Strobilocercen (Abb. 97 e).

6. *Mesocestoides*-Arten

Weltweit wurden verschiedene, bis 2,5 m lange Arten nachgewiesen, die besonders häufig beim Fuchs, aber auch beim Hund und der Katze auftreten (selten auch beim Menschen). Besonders findet sich die Art *M. leptothylacus* des Fuchses, so sind bis 20% der Füchse in Süddeutschland befallen. Charakteristisch ist der Scolex (ohne Rostrum und ohne Haken) und das sog. Paruterinorgan = der untere Uterus wird zu einem kugeligen Gebilde verstärkt, sobald er Eier enthält. **Infektion** durch Fressen von Nagern, Amphibien, Reptilien als Zwischenwirte, die eine sog. Tetrathyridium-Larve enthalten.

Evasionsmechanismen bei Bandwürmern

Adulte Bandwürmer im Darm ihrer Endwirte müssen den Verdauungsenzymen entgehen, was ihnen auch durch Ausbildung eines sie schützenden Surface coat aus Mucopolysacchariden gelingt. Dieser wird beständig vom lebenden Wurm ergänzt, verliert aber nach dem Absterben (etwa durch Medikamenteinwirkung) schnell seine Funktion, so daß z. B. bei *T. solium*-Befall die Gefahr einer Selbstinfektion (Cysticercose) besteht. Larvale Bandwürmer sowie die Metacestoden (= infektionsfähige Stadien) sind im Zwischenwirt dem **Immunsystem** ausgesetzt. Ihre Versuche, den vernichtenden Angriffen des Wirts zu entgehen, sind vielfältig, aber häufig nur teilweise erfolgreich. So finden sich Strategien der Sequestrierung

(= Rückzug in Zonen mit geringer Immunaktivität), Maskierung der Oberfläche (durch Einbau vom Wirt bezogener Komponenten), Immunmodulation bzw. Immunsuppression (= Schwächung der Immunantwort).

Immunevasion bei Helminthen[1]

Schistosomen	Einbau von wirtseigenen Substanzen in die Oberflächenschicht; Ausscheidung von Proteasen, die Antikörper zerstören; schneller Membranumsatz/-wechsel.
Fasciola hepatica	Einbau von wirtseigenen Stoffen in die Oberfläche, Immunblockade durch Überschußproduktion von antigenem Material.
Cysticercen von Bandwürmern	Sequestrierung (durch Ansiedlung in Organen mit geringen Immunreaktionen).
Darmständige Cestoden	Ausbildung eines Surface coats; Einlagerung von wirtseigenen Stoffen in die Oberfläche.
Echinococcus-Cysten	Induktion der Bildung von Bindegewebskapseln.
Trichinella spiralis	Sequestrierung durch Eindringen in Muskelfasern und Abschottung durch Induktion von bindegewebigen Wänden.
Filarien	Produktion von Proteasen, die Antikörper zerstören; Inaktivierung von cytotoxischen Produkten der Abwehrzellen; Reduktion von Entzündungsreaktionen.

1 Die Auflistung beschränkt sich auf einige wichtige Phänomene.

13. Kratzer

Lange Zeit galten die Kratzer als Unterstamm der Nemathelminthes. In jüngster Zeit aber zeigten insbesondere elektronenmikroskopische Untersuchungen, daß so prinzipielle Unterschiede in der Morphologie der einzelnen Entwicklungsstadien bestehen, daß die Kratzer als eigener Stamm angesehen werden müssen.

System:
Stamm: ACANTHOCEPHALA
1. Klasse: Archiacanthocephala
Ordnung: Moniliformida
Gattung: *Moniliformis*
Ordnung: Oligacanthorhynchida
Gattung: *Macracanthorhynchus*
Gattung: *Prosthenorchis*
2. Klasse: Palaeacanthocephala
Ordnung: Echinorhynchida
Gattung: *Acanthocephalus*
Gattung: *Echinorhynchus*
Gattung: *Pomphorhynchus*
Ordnung: Polymorphida
Gattung: *Polymorphus*
Gattung: *Filicollis*
3. Klasse: Eoacanthocephala
Ordnung: Neoechinorhynchida
Gattung: *Neoechinorhynchus*
Gattung: *Paratenuisentis*

Diese Klassen der Acanthocephala enthalten ausschließlich parasitische Formen, die bis zu 70 cm lang werden können (Tab. 14) und äußerlich zylindrisch und unsegmentiert erscheinen (Abb. 105). Wegen ihrer vorstülpbaren, mit artspezifischen Haken bewehrten Proboscis werden sie auch als «**Kratzer**» bezeichnet (Abb. 105). Mit Hilfe dieser Haken verankern sich die **darmlosen** Würmer tiefer und fester als die ebenfalls darmlosen Bandwürmer in der Mucosa von Wirbeltieren und ernähren sich vom Darminhalt ihrer Wirte. Die Nahrungsaufnahme erfolgt dabei über das Tegument, das zwar erheblich dicker und dichter strukturiert ist als das der Cestoden und Trematoden, jedoch als syncytiale Schicht im Bauprinzip gewisse

Tab. 14: Wichtige Arten der Kratzer

Art	♀ Länge (cm)	Endwirt	Zwischenwirt
Echinorhynchus truttae	0,7–2,2	Salmoniden	*Gammarus* sp. (Amphipoda)
Neoechinorhynchus cylindratus	0,7–1,5	Barsche, Brassen *(Micropterus* sp.)	*Cypria* sp. (Ostracoda)
N. rutili	0,5–1	Forellen u. v. a.	Ostracoda
Acanthocephalus anguillae	1–3,5	Weißfische, u. v. a.	Wasserassel *(Asellus aquaticus)*
Pomphorhynchus laevis	1–3,5	Raubfische, Aale, Weißfische	*Gammarus* sp. (Amphipoda)
Paratenuisentis ambignus	0,8–1,4	Aale	*Gammarus tigrinus*
Macracanthorhynchus hirudinaceus	20–65	Schweine, Hunde, **Mensch***	Käferlarven
Filicollis anatis	1–2,5	Wasservögel	Wasserassel
Prosthenorchis elegans	3–8	Affen, **Mensch?**	Schaben *(Blattella)*
Moniliformis moniliformis	14–27	Ratten, Nager, **Mensch**	Schaben *(Periplaneta)*

* Wird im Mensch nicht geschlechtsreif, führt aber zu Abszessen oder Darmperforationen.

Ähnlichkeit zeigt und sich deutlich von den Begrenzungsschichten der Nematoden unterscheidet.

Die Acanthocephala sind getrenntgeschlechtlich, wobei die jeweiligen Gonaden in ein oder zwei Ligamentsäcken die hier als Pseudocoel ausgebildete Leibeshöhle erfüllen oder ohne Ligamentsack frei in der Leibeshöhle liegen (Abb. 106). Die **Spermien** der Acanthocephala sind fadenförmig, 20–80 µm lang, weisen weder Mitochondrien noch ein Akrosom auf, besitzen aber im Gegensatz zu den Nematoden eine

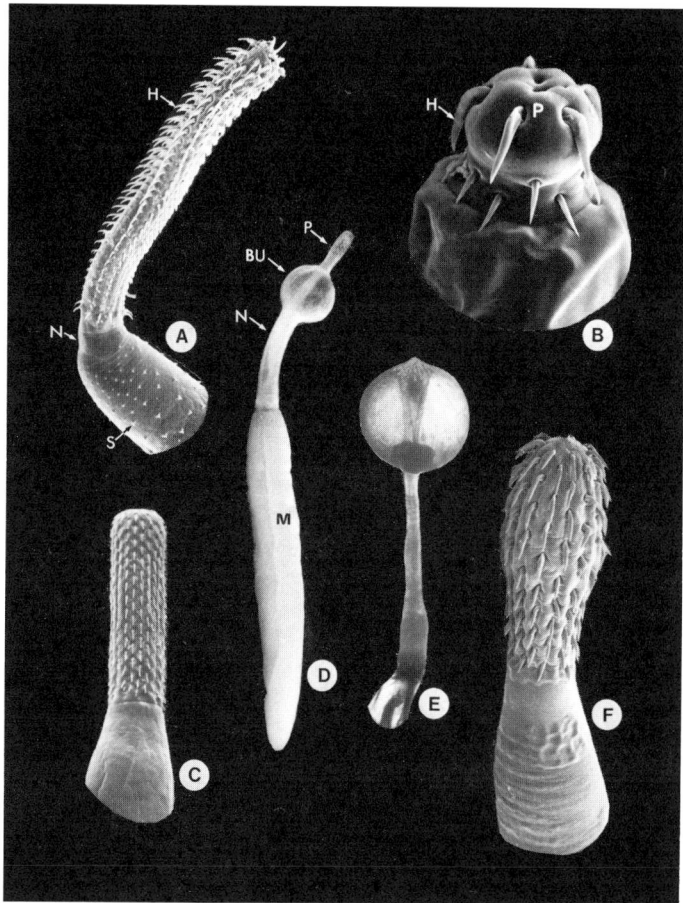

Abb. 105: Scanning-elektronenmikroskopische (A–C, F) und lichtmikroskopische Aufnahmen (D, E) von Acanthocephala in toto (D) bzw. der hakenbewehrten, artspezifischen Proboscis (Prof. Dr. Taraschewski, Karlsruhe).

A. *Rhadinorhynchus atheri* (× 40)
B. *Neoechinorhynchus rutili* (× 50)
C. *Paratenuisentis ambiguus* (× 40)
D. *Pomphorhynchus laevis* (× 14)
E. *Filicollis anatis* (× 18)
F. *Polymorphus minutus* (× 60)
BU = Bulbus; H = Proboscishaken; M = Metasoma (= trunk); N = Hals (= neck);
P = Proboscis; S = Dorn (= spine) des Körpers.

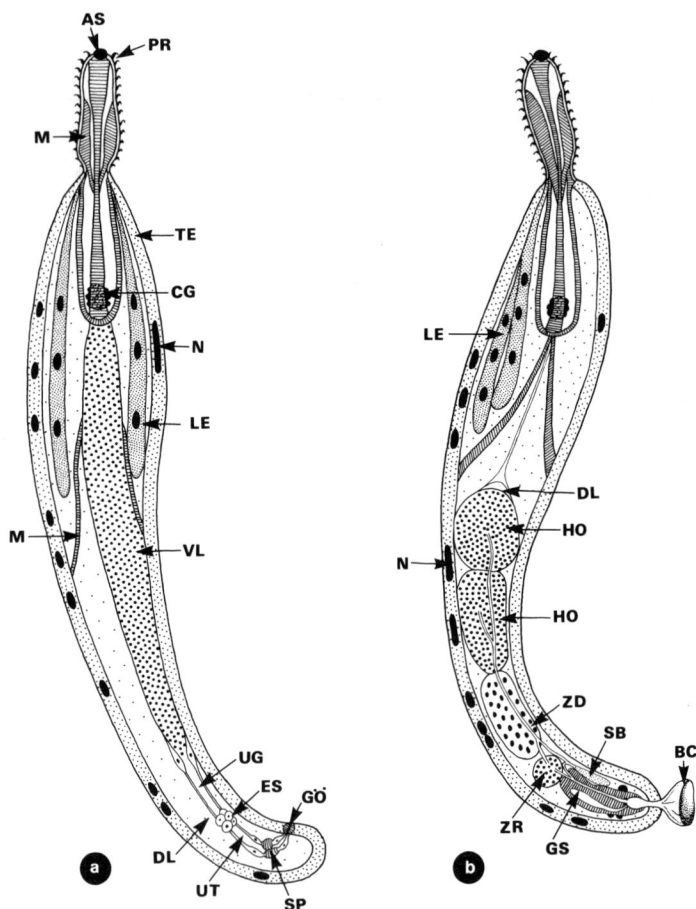

Abb. 106: Schem. Darstellung je eines Weibchens (a) und Männchens (b) des eoacanthocephalen Aalkratzers *Paratenuisentis ambiguus*. Beim Weibchen wurden die in den Ligamentsäcken schwimmenden Ovarien und Eizellen weggelassen (nach Taraschewski, 1998).

AS = Apikales Sinnesorgan; BC = Bursa copulatrix (vorgestülpt); CG = Cerebrales Ganglion; DL = Dorsaler Ligamentsack; ES = Eisortierapparat; GÖ = Genitalöffnung; GS = Saefftigens Tasche; HO = Hoden; LE = Lemnisken; M = Muskel; N = Riesennucleus; PR = Hakenbewehrte Proboscis (hier vorgestülpt); SB = Samenblase; SP = Sphinkter; TE = Tegument; UG = Uterusglocke; UT = Uterus; VL = Ventraler Ligamentsack; ZD = Zementdrüse; ZR = Zementreservoir.

typische Geißel, die aus einem Centriol am Vorderpol entspringt, parallel zum verbreiterten Vorderende verläuft und hinten frei wird (Abb. 108). Der vordere Bereich enthält neben dem amorphen, nicht membranbegrenzten DNA-Material auch noch regelmäßig angeordnete, ovoide, elektronendichte Einschlüsse unbekannter Funktion. Die **Meiose** der Oocyten, die in Ovarialballen zusammenliegen, erfolgt nach dem Eindringen der Spermien. Dabei kommt es zu einer Fusion der abgeschnürten Polkörperchen und nachfolgend zur Bildung einer Befruchtungsmembran um die Zygote. Einige Arten der getrenntgeschlechtlichen Acanthocephala weisen **Geschlechtschromosomen** vom Typ XY bei Männchen (= heterogametisch) und XX (= homogametisch) bei Weibchen (z. B. *Macracanthorhynchus hirudinaceus*) auf. Bei anderen Arten fehlt dem Männchen das Y-Chromosom. Sie erscheinen somit als XO und besitzen daher ein Chromosom weniger als Weibchen (z. B. *Moniliformis moniliformis, Echinorhynchus truttae, Neoechinorhynchus cylindratus*). *Acanthocephalus ranae* dagegen soll in beiden Geschlechtern eine XY-Kombination aufweisen. Die **Chromosomenanzahl** ist relativ gering. So besitzen z. B. die Weibchen von *M. hirudinaceus* und *N. cylindratus* im diploiden Status 6 Chromosomen (inclusive der Geschlechtschromosomen), während bei *M. moniliformis* und *E. truttae* 8 ausgebildet werden. Die Männchen enthalten evtl. eins weniger (s. o.). Die nach der Befruchtung heranwachsenden Eier werden von einem speziellen Organ, der sog. **Uterusglocke**, «sortiert», wobei angeblich die weniger weit entwickelten Eier zurückgehalten werden sollen. Das Weibchen setzt embryonierte Eier ab, die mit den Fäzes des Wirtes ins Freie gelangen. Aus jedem Ei schlüpft im Darm von Insekten oder Krebsen (= Zwischenwirte) eine als **Acanthor** bezeichnete Hakenlarve, die sich weiter zur **Acanthella** differenziert und schließlich zur infektiösen Larve (**Cystacanth** heranwächst (Abb. 107). Wird von spezifischen Vertebraten (= Endwirt) ein derartiges Stadium aufgenommen, wächst es zum adulten Tier heran. Gelegentlich können auch Vertebraten (z. B. kleine Fische) als Stapelwirt eingeschaltet sein.

Von einigen zufälligen Infektionen des Menschen abgesehen, haben die Acanthocephala in Europa lediglich als Parasiten der Haustiere eine wirtschaftliche Bedeutung. So werden z. B. auch bei Enten bis zu etwa 150 Kratzer in einem Darm angetroffen, die dann zu starken Läsionen der Schleimhaut und heftigen Diarrhöen führen. Fenbendazol erwies sich als geeignetes **Therapeutikum** von Entenkratzern. In der Fischzucht spielen Acanthocephalen eine wichtige Rolle. Jungfische, die sich über die Aufnahme von Ostracoden mit *Neoechinorhynchus rutili* infiziert haben, bleiben im Wachstum entscheidend zurück. In

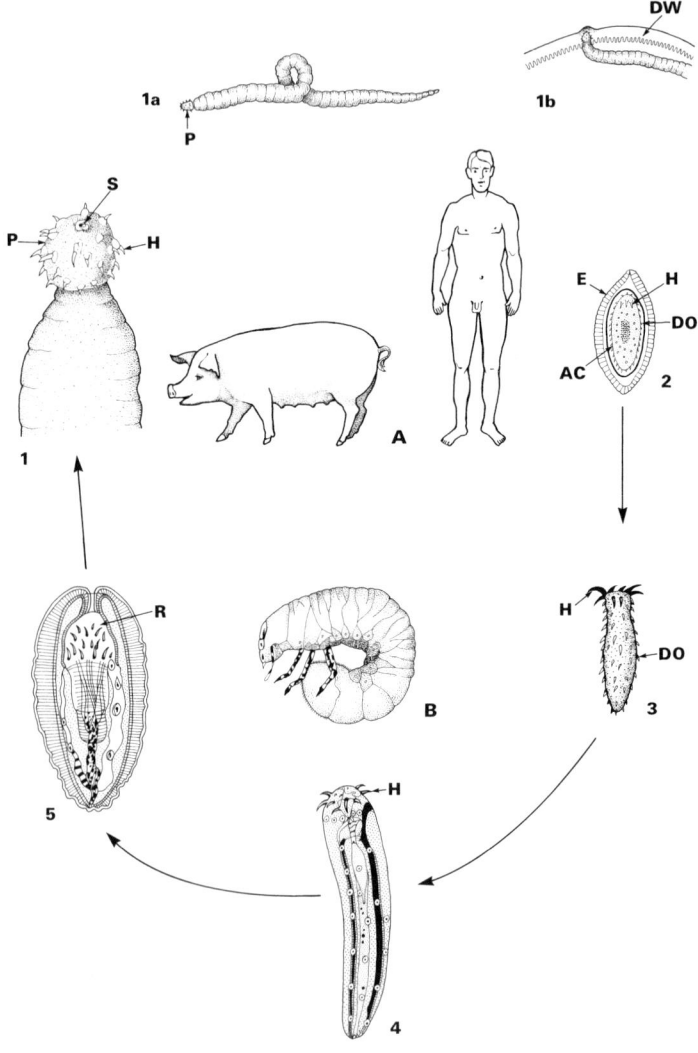

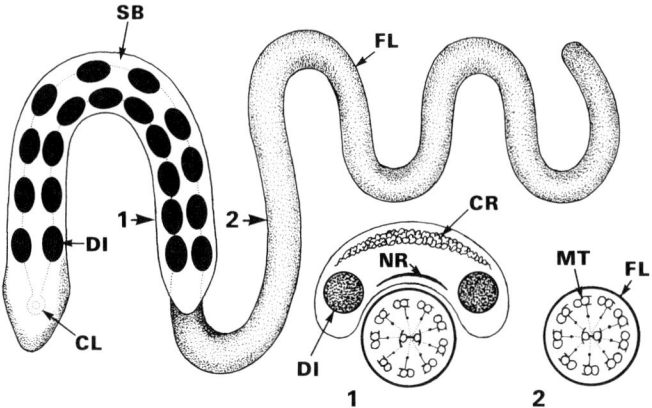

Abb. 108: Schematische Abbildung eines Spermiums der Acanthocephala (nach Ergebnissen von Prof. Dr. Taraschewski, Karlsruhe) 1,2 Schnittebenen. CL = Centriol; CR = Chromatin; DI = Dichter Einschluß; FL = Flagellum; MT = Mikrotubuli; NR = Reste der Nucleusmembran; SB = Spermatozoen-Körper.

Abb. 107: Lebenszyklus von *Macracanthorhynchus hirudinaceus*.

1. Adulte im Darm des Schweins; Präadulte beim Menschen (A). Verankerung in der Schleimhaut (1 b) mit Hilfe der hakenbewehrten, vorstülpbaren Proboscis (P). Das Weibchen legt bis zu 260 000 Eier täglich.
2. Die Eier enthalten eine **Acanthor**-Larve (AC).
3. Nach oraler Aufnahme wird die Acanthor-Larve im Darm von Käferlarven (B) freigesetzt und durchbohrt deren Darmwand.
4. In der Leibeshöhle entstehen durch Häutungen verschiedene **Acanthella**-Larven; in etwa 10 Wochen.
5. Aus der letzten Acanthella geht das sog. **Cystacanth**-Stadium hervor, das nach etwa 10–15 Wochen infektionsfähig ist. Wird dieses Stadium mit seinem Wirt vom Schwein gefressen (**daher nur seltene Infektionen des Menschen in Europa!**), erreicht der Kratzer in 2–3 Monaten Geschlechtsreife und beginnt mit dem Absetzen von Eiern (**Präpatenz**).

AC = Acanthor; DO = Dorn; DW = Darmwand; E = Eischale; H = Haken; P = Proboscis; R = Rückgezogene Proboscis; S = Sinnesorgan.

asiatischen Ländern hat der sog. Riesen- bzw. Schweinekratzer *Macracanthorhynchus hirudinaceus*, der bis 70 cm Länge erreichen kann, eine größere Bedeutung für den Menschen erlangt, weil dort Insekten verzehrt werden. Dieser Kratzer wird zwar im Menschen (Abb. 107) nicht geschlechtsreif, so daß ein Befall nicht (!) über den Nachweis von Eiern im Stuhl diagnostiziert werden kann, aber er kann zu längeren und schwereren Darmverletzungen infolge der Verankerung seiner Proboscis in die Darmwand führen. So sind in manchen Provinzen Chinas Bauchoperationen (bei Kindern) infolge von Kratzerbefall häufiger als auf Grund von Blinddarmentzündungen. Loperamid zeigte Erfolge bei der **Therapie** von Erkrankungen durch Schweine- und Fischkratzer. Kratzer hatten zwischen 1960 und 1980 in Zoologischen Gärten Europas eine größere Verbreitung erlangt – und haben diese noch heute in warmen Ländern –, wobei sich das Übertragungsmodell Kratzer – Schabe – Affe entwickelt hat. Durch eine **Peritonitis** als Folge des Durchbohrens der Darmwand verenden jährlich immer noch – in ungepflegten Tierparks – eine Reihe von Affen. Einige für Nutztiere wichtige Arten sind in Tabelle 14 zusammengestellt (vergl. auch Crompton und Nickol, 1985 sowie Taraschewski 2001).

14. Fadenwürmer

Nematoden sind zylindrisch bis fadenartig gestaltete getrenntge-schlechtliche Würmer, die freilebend in großer Anzahl im Boden, teils im Süß-, teils im Salzwasser, aber auch als Parasiten sehr artenreich bei Pflanzen und Tieren auftreten. Ihre systematische Gliederung ist im einzelnen wie auch in der Gesamtheit umstritten.

Die z. Zt. meist verwendete Einteilung in Klassen beruht auf der An- bzw. der Abwesenheit von caudalen, selbst im Mikroskop nur schwer sichtbaren Sinnesorganen, den sog. **Phasmiden**, und der Fähigkeit, sich durch Sekretion caudaler Drüsen festzuheften. Der zum Teil nur schwer nachzuvollziehenden Taxonomie (es werden z. B. Form und Ausbildung des Oesophagus herangezogen) soll hier bei der Darstellung ihrer Morphologie und Entwicklungszyklen nicht ge-folgt werden, vielmehr wird einer vergleichenden Darstellung der Vorzug gegeben.

System: Stamm: NEMATHELMINTHES (Auszug)
Unterstamm: Nematoda
Klasse: Adenophorea (Aphasmidea)
   Ordnung: Enoplida
      Familie: Trichuridae (Trichurinae, Capillariinae)
      Familie: Trichinellidae
      Familie: Dioctophymatidae
   Ordnung: Mermithida
      Familie: Mermithidae
Klasse: Secernentea (Phasmidea)
   Ordnung: Rhabditida
      Familie: Rhabditidae
      Familie: Strongyloididae
   Ordnung: Strongylida
    Überfamilie: Ancylostomatoidea
      Familie: Ancylostomatidae
      Familie: Uncinariidae
    Überfamilie: Trichostrongyloidea
      Familie: Trichostrongylidae
      Familie: Dictyocaulidae
      Familie: Heligmosomatidae
    Überfamilie: Metastrongyloidea
      Familie: Metastrongylidae

Familie: Angiostrongylidae
Familie: Protostrongylidae
Überfamilie: Strongyloidea
Familie: Strongylidae
Ordnung: Ascaridida
Überfamilie: Ascaridoidea
Familie: Ascarididae
Familie: Toxocaridae
Familie: Anisakidae
Familie: Cosmocercidae
Überfamilie: Oxyuroidea
Familie: Oxyuridae
Überfamilie: Heterakoidea
Familie: Heterakidae
Familie: Ascaridiidae
Ordnung: Spirurida
Überfamilie: Spiruroidea
Familie: Spiruridae
Familie: Spirocercidae
Überfamilie: Physalopteroidea
Familie: Gnathostomatidae
Familie: Physalopteridae
Überfamilie: Filarioidea
Familie: Filariidae
Familie: Onchocercidae
Ordnung: Camallanida
Überfamilie: Camallanoidea
Familie: Camallanidae
Überfamilie: Dracunculoidea
Familie: Dracunculidae
Familie: Philometridae
Familie: Micropleuridae
Familie: Anguillicolidae
Ordnung: Diplogasterida
Ordnung: Aphelenchida
Ordnung: Tylenchida
Überfamilie: Sphaerularioidea
Familie: Sphaerulariidae

Abb. 109: Bauplan von Nematoden.
a) Weibchen längs; b) Aufsicht apikaler Pol; c) Männchen-Hinterteil längs.
A = Anus; AM = Amphiden; B = Bulbus; D = Darm; EI = Eileiter mit Eiern;
EP = Exkretionsporus; GÖ = Geschlechtsöffnung; H = Hoden (als Schlauch);
K = Kloake; L = Lippe; M = Mund; N = Längsnerv; O = Oesophagus; OV =
Ovarbereich; P = Phasmide; PA = Sinnespapillen; R = Ringnerv; S = Schwanz;
SP = Zwei Spicula.

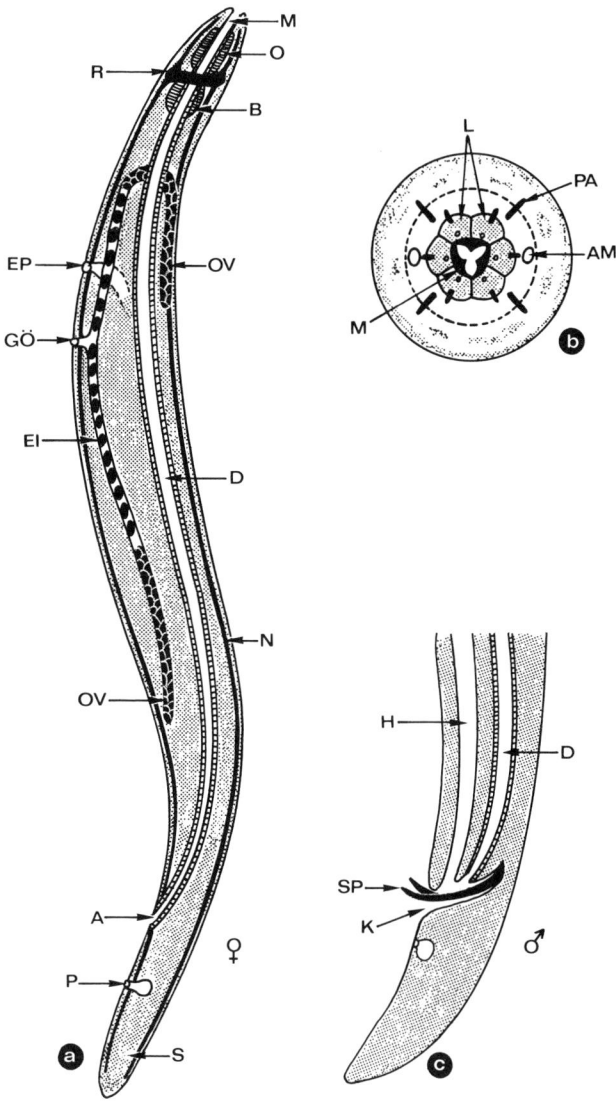

14.1. Morphologie der Nematoden

Oberfläche. Der Hautmuskelschlauch der Nematoden, die teilweise Zellkonstanz aufweisen, besteht aus der **Cuticula**, der **Hypodermis** und einer **Längsmuskulatur** (Abb. 111). Mit Ausnahme einiger Parasiten bei Insekten sind die Nematoden unmittelbar von der azellulären, Keratin, Kollagen (bis 30%, durch bis zu 150 Gene gesteuert), Carbohydrate, Lipide und sklerotisierte Proteine enthaltenden Cuticula umschlossen (Abb. 111; 114 a, b). Beim Wachstum muß diese Schicht, die auch den ektodermalen Vorder- und Enddarm sowie die Vagina und den Exkretionsporus auskleidet, gehäutet werden, was in artspezifischen Zeitabständen stets viermal erfolgt. Die elektronenmikroskopische Untersuchung zeigt, daß die Cuticula mehrschichtig ist und meist in drei Zonen zu gliedern ist, wobei von innen nach außen zunächst eine sog. fibrilläre Schicht, dann die Matrix und schließlich der Cortex folgen, die ebenfalls mehr oder minder viele Fibrillen enthalten. Dem Cortex liegt häufig, stets bei *Ascaris lumbricoides*, eine 100 nm dicke Lipidschicht auf. Diese verstärkt offenbar die Schutzwirkung der Cuticula vor mechanischen, enzymatischen wie auch immunologischen Abwehrreaktionen des Wirts. Eine weitere Aufgabe dieser durch die Fibrilleneinlagerung relativ starren Cuticula wird bei der Lokomotion der Würmer erfüllt: offenbar dient sie als Widerlager für die Längsmuskulatur und den Druck der flüssigkeitsgefüllten Leibeshöhle. Trotz ihres komplexen Aufbaus ist die Cuticula für kleinere lipophile Moleküle permeabel. Bei den adulten Filarien, die ja einen nur schwach ausgebildeten Darm aufweisen,

---

Abb. 110: Schem. Darstellung von Strukturbesonderheiten bei Nematoden (nach Maggenti).
A: Bewaffnung des Mundes (1 = unbewaffnet; 2 = mit Stilett; 3 = mit Zähnen).
B: Mundtypen (1 = 6lippig; 2 = 3lippig; 3 = ohne Lippen).
C: Pharynxtypen (1 = ungeteilt; 2 = zweigeteilt mit einem Bulbus; 3 = 4teilig mit zwei muskulösen Bulben).
D: Cuticulariffelungen (1–5). Typ 5 trägt noch Alae (= Seitenflügel).
E: Hinterende des Weibchens. Der Darm verläuft in der Zeichnung unter dem Uterus.
F: Männchen. Der Durchmesser ist in Relation zur tatsächlichen Länge zu groß. Als Schwanz wird jeweils der Abschnitt vom After nach hinten bezeichnet.
A = Amphide; B = Samenblase; CD = Caudale Drüsen; D = Darm; DA = Darmausgang; G = Geschlechtsöffnung (Vulva); H = Hoden; K = Kloake; L = Lippe; M = Mund; N = Nervenring; O = Ovar; P = Pharynx; R = Renette; S = Seta; SM = Spiculum; U = Uterus mit Eiern.

wird ein beträchtlicher Teil der Nährstoffaufnahme durch die Cuticula hindurch vollzogen. Auch gelangen zahlreiche Medikamente
(z. B. Levamisol, Pyrantel – bei Juvenilen) durch die Cuticula ins
Wurminnere (s. S. 317).

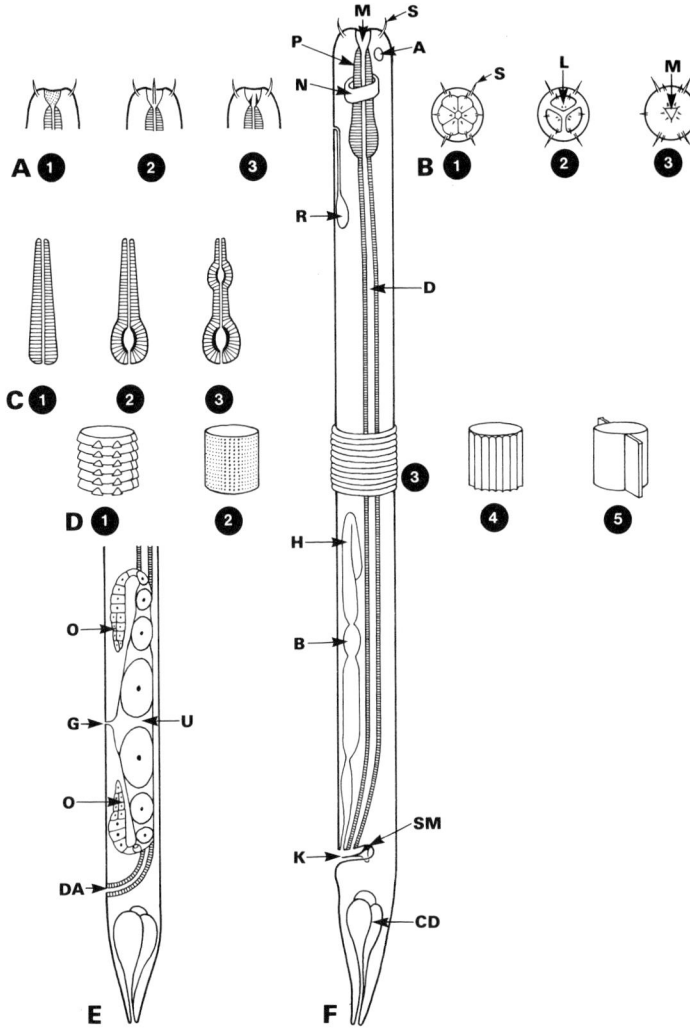

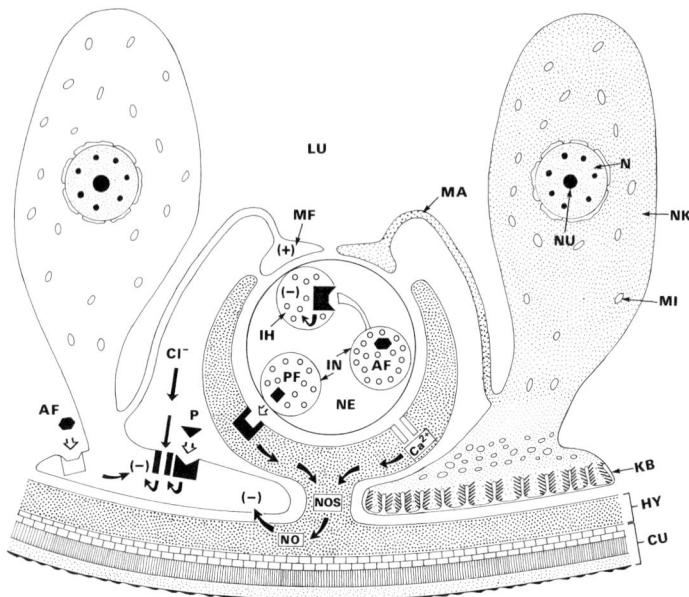

Abb. 111: Schem. Darstellung einiger Nerv/Muskelzellbeziehungen bei *Ascaris suum* (nach Maule et al. 1996). Im Innern der zum ZNS gerechneten, ventralen Nervenstränge (NE) der Nematoden liegen Interneurone und Motorneurone. Dabei wird das inhibitorisch wirkende (GABA-erge) Motoneuron (IH) durch Peptide (AF) aus dem Interneuron blockiert. Dies führt zur Erregung der Muskelzelle (+), die über den Muskelfinger (MF) und Muskelarm (MA) einen Kontakt zwischen ihrem kontraktilen Bereich und dem Nerv schafft. In der Kontaktzone fließt dann der erregend wirkende Neurotransmitter Acetylcholin. Allerdings können die AF-Peptide die Muskelzelle auch wieder direkt inhibieren (s. links außen/AF-Rezeptor). Eine weitere Hemmung der Muskelzelle kann zudem durch ein anderes neuroständiges Peptid (PF) erfolgen, dessen Aktion durch die Aktivierung einer calciumabhängigen, hypodermalen Stickoxidsynthase (NOS) unter NO-Bildung zustande kommt. Ein weiteres Peptid (P) führt zu einer Cl^--abhängigen Erschlaffung der Muskelzellen von *A. suum*.
F = FMRFamid-ähnliches Peptid, aus *Ascaris suum* isoliert; CU = Cuticulaschichten; HY = Hypodermis; IH = Inhibitormotoneuron; IN = Interneurone; KB = Kontraktiler Bereich der Muskelzelle; LU = Lumen der Leibeshöhle; MA = Muskelarm; MF = Muskelfinger; MI = Mitochondrion; N = Nukleus; NE = Nervenstrangquerschnitt; NK = Nicht-kontraktiler Bereich der Nervenzelle; NO = Stickoxid; NOS = Stickoxidsynthase; NU = Nukleolus; P/PF = FMRFamid-ähnliche Peptide (zuerst aus der freilebenden Art *Panagrellus* sp. isoliert).

Die **Cuticula** wird von der darunterliegenden **Hypodermis** ausgeschieden und bei allen Häutungsvorgängen neu gebildet. Die Hypodermis selbst erscheint syncytial und ist nur bei wenigen Arten eindeutig zellulär aufgebaut. Diese Strukturfrage ist jedoch häufig kaum zu entscheiden, da die embryonal angelegten Zellen beim Wachstum der Nematoden in ihrer Größe ganz erheblich zunehmen, so daß bei großen Adulten schließlich Zellen von einigen Millimetern bis Zentimetern Länge ausgebildet werden. Daher ist es oft schwierig, die Zellgrenzen in der Hypodermis elektronenmikroskopisch nachzuweisen, zumal diese Schicht stark osmiophiles Material enthält. Insgesamt ist die Hypodermis mit oft nur 2 µm Durchmesser weitaus dünner als die von ihr gebildete Cuticula, die z.B. bei *Strongylus equinus* 50 µm, bei *Ascaris lumbricoides* 80 µm mißt und im Durchschnitt etwa $^1/_{30}$, bei *Ancylostoma duodenale* $^1/_{10}$ des Wurmdurchmessers erreicht (s. Bird, 1971). Neuere Untersuchungen bei einer Reihe von unterschiedlichen Nematodenarten weisen darauf hin, daß die für Nematoden postulierte Zellkonstanz (**Eutelie**) offenbar doch nicht vorhanden ist, sondern nach dem Schlüpfen der Larven aus der Eihülle durchaus noch einige wenige Teilungen der Körperzellen erfolgen; somit sind Vermehrungsprozesse nicht nur auf die Keimzellen beschränkt.

Zellgrenzen und Kerne werden jedoch stets in vier symmetrisch angeordneten, nach innen vorspringenden, ebenfalls zur Hypodermis gehörenden Leisten angetroffen, die den Körperquerschnitt des Wurms in vier **Quadranten** aufteilen (Abb. 109). Die seitlichen größeren Leisten enthalten – soweit überhaupt ausgebildet – die Kanäle des Exkretionssystems (Abb. 118). In der dorsalen und ventralen Leiste verläuft dagegen stets je ein Nervenstrang. Zu diesen Nervensträngen ziehen die nichtkontraktilen Ausläufer der **längsorientierten** Muskelzellen (Abb. 111). Eine Ring- oder dorsoventrale Muskulatur fehlt. Die primäre Leibeshöhle, das sog. **Pseudocoel**, ist mit Flüssigkeit gefüllt, deren hydrostatischer Druck (bei einigen Arten 16–225 mm Hg) wie die relativ starre Cuticula als Widerlager zu den Kontraktionen der Längsmuskulatur dienen dürfte; dieses Wechselspiel ermöglicht offenbar die für Nematoden charakteristische schlängelnde Bewegung.

Längsmuskulatur. Die schräggestreiften Muskelzellen liegen in den durch die lateralen, dorsalen bzw. ventralen Seiten vorgegebenen Quadranten (Abb. 109c). Je nach Anzahl von Muskelzellen pro Quadrant im Wurmquerschnitt werden verschiedene Typen unterschieden:

a) **Meromyaria**-Typ: Max. 4 Muskelzellen liegen pro Quadrant.

b) **Polymyaria**-Typ: Etwa ab 6 Muskelzellen pro Quadrant erfolgt die Einordnung eines adulten Wurms in diese Gruppe. Larven können zunächst «meromyarian» erscheinen.

Nach Anordnung der kontraktilen Elemente in einer Muskelzelle (generell schräg gestreift) können wiederum drei Grundtypen unterschieden werden:

a) **Platymyaria**-Typ: Hier liegen die kontraktilen Elemente **ausschließlich** an der der Hypodermis zugewandten Seite (Abb. 109; 114 c).

b) **Coelomyaria**-Typ: Die kontraktilen Elemente liegen jeweils an den zur Nachbarzelle grenzenden Seiten. Auf diese Weise entsteht in jeder Muskelzelle ein zentraler cytoplasmatischer Bereich (= coelo; Abb. 114 d).

c) **Circomyaria**-Typ: Die kontraktilen Elemente liegen rings um den Kern an allen Zellwänden.

Die Oberfläche einiger Nematoden ist durch eine Reihe von artspezifischen Bildungen ausgezeichnet:

1. **Lippen (Zähne, Haken)**
   Häufig werden solche Strukturen in der Dreizahl angetroffen (Abb. 120); sie sollen aus der Verschmelzung von ursprünglich sechs hervorgegangen sein. Eine Lippe liegt dabei dorsal, die beiden anderen ventro-lateral. So sind z. B. bei *Ancylostoma duodenale* und *Necator americanus* die beiden ventralen Lippen zu Zähnen, Haken bzw. Platten umgestaltet (Abb. 112 a). Bei anderen Arten finden sich Zähnchen in oder am Boden der Mundhöhle (= Buccalhöhle), z. B. bei *Syngamus* sp. (Abb. 112 g). Hinzu kommen häufig artspezifische Rinnen und Falten, die den Mund umgeben und zur Erhöhung der Saugkraft dienen. Besondere «**Kopfplatten**» schützen bei der Familie Spiruridae den Mundbereich (taxonomisch wichtige Merkmale!). Larven besitzen ebenfalls oft Mundhaken.

2. **Stilett**
   Einige Arten enthalten in ihrer Mundhöhle (häufig nur als 1. Larve) stilettartige, meist in Einzahl auftretende Gebilde, die vorstülpbar sind und auch von der Cuticula überzogen werden. Derartige Gebilde liegen z. B. bei Larven von *Trichinella spiralis* vor, die als Adulte kein Stilett besitzen.

3. **Cordon, Alae**
   Beim Cordon handelt es sich um apikale, bulbusartige Vorwölbungen der Cuticula und bei den Alae um flügelartige Strukturen im Mundbereich oder entlang der Oberfläche (Abb. 128). Letztere werden danach als cerivcale, laterale oder caudale Alae bezeichnet. Ähnliche Funktion dürften die Cuticularhaken (Abb. 112 b) der *Haemonchus*-Arten haben.

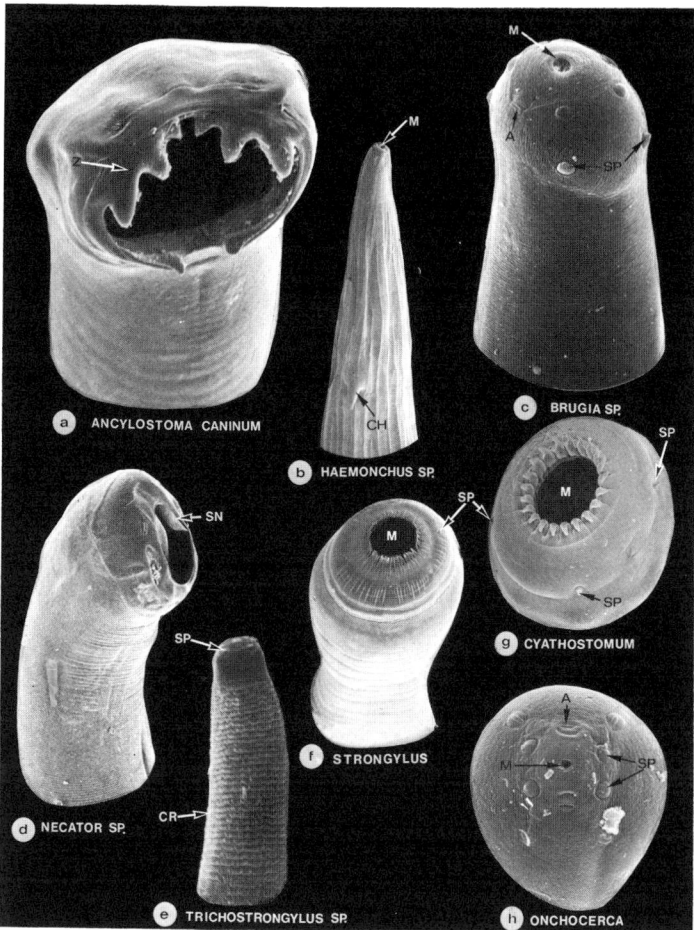

Abb. 112: SEM-Aufnahmen der Mundöffnungen von Nematoden.
a) × 60 b) × 40 c) × 20 d) × 40 e) × 50 f) × 10 g) × 50 h) × 80
A = Amphide; CH = Cuticulahaken; CR = Cuticularingelung; M = Mund; SN = Schneideplatte; SP = Sinnespapille; Z = Zahn.

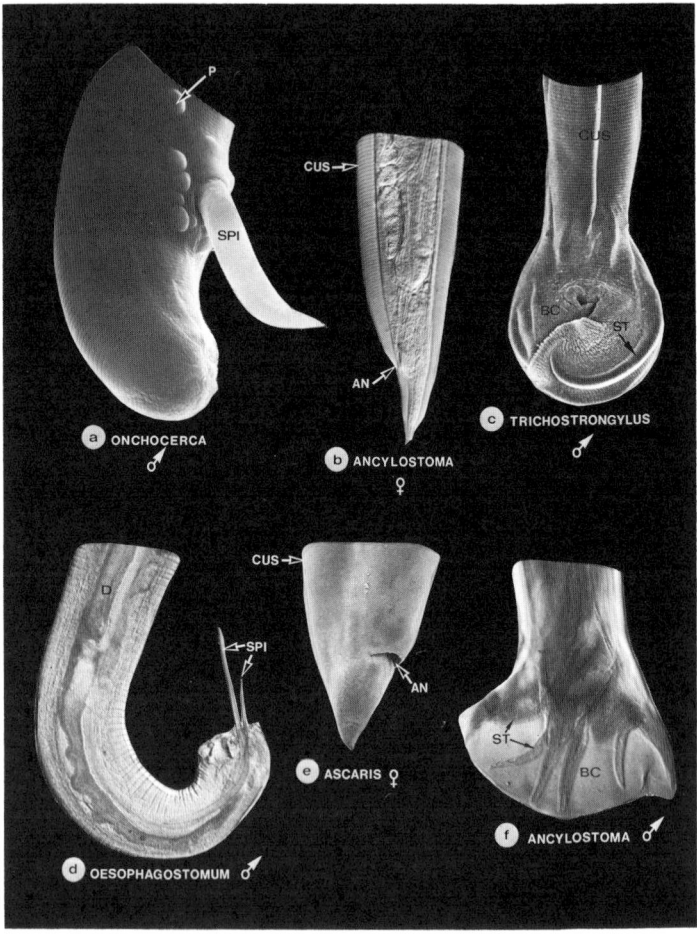

Abb. 113: Hinterenden verschiedener Nematoden-Arten
a, c, e SEM-Aufnahmen, b, d, f LM-Aufnahmen.
a) × 25 b) × 15 c) × 40 d) × 15 e) × 6 f) × 25
AN = Anus; BC = Bursa copulatrix; CUS = Cuticulastreifung; D = Darm; P =
Sinnespapille; SPI = Spiculum; ST = Strahlen der BC.

4. **Bursa copulatrix, Spicula**

Diese häufig aus hakenartigen Elementen zusammengesetzten Bildungen der Cuticula finden sich am Hinterende der Männchen einiger Arten (z. B. *Ancylostoma duodenale*) und erleichtern es dem Männchen, das Weibchen während der Begattung festzuhalten (Abb. 113 f). Bei Männchen anderer Arten (z. B. Ascaridae, Strongylidae) sind zu diesem Zweck meist 2 sog. Spicula (einzeln: Spiculum) in der Kloakenwand ausgebildet: Länge und Differenzierung dienen u. a. zur Artdiagnose (Abb. 113; 119).

5. **Nervensystem und Sinnesorgane**

Das **Nervensystem** ist bei allen Nematoden relativ einheitlich aufgebaut. Es existiert ein einfaches **ZNS**. Es besteht aus mehreren apikalen Ganglien und Nervenfasern, die den Pharynx umschließen, sowie dem ventralen Markstrang. Aus diesen geht wiederum der dorsale Nervenstrang hervor, dessen Zellen stets mit je einer Zelle des ventralen Strangs verbunden sind, wobei das Verbindungsstück in der Körperwand verläuft. Insgesamt werden nur sehr wenige Nervenzellen ausgebildet. So besitzt z.B. *Ascaris suum*, der bis 40 cm lange Schweinespulwurm, nur 298 Zellen, während der kleinere, nur 2 mm lange Nematode *Caenorhabditis elegans* immerhin 302 aufweist. Die Neuronen des ventralen Markstrangs liegen *bei A. suum* (und auch bei *Rhabditis*) jeweils in fünf Gruppen zu je elf vor. Sie wirken teils erregend und teils hemmend auf die mit ihnen in Kontakt stehenden Längsmuskelzellen (Abb. 111). Ausschließlich im ventralen Markstrang liegen auch die Ausläufer von Interneuronen, die ihren Sitz im Gehirn haben. Die typischen schlängelnden Bewegungen der Nematoden werden also von den Interneuronen des Gehirns und den Motoneuronen des ventralen Markstrangs gesteuert.

Bei den **Sinnesorganen** der Nematoden handelt es sich um einfache **Sensillen**, die als Mechano- bzw. Chemorezeptor dienen. Besondere Anhäufungen von Sinneszellen befinden sich sowohl am Vorder- wie auch Hinterende (nahe der Afteröffnung) der parasitischen Nematoden. **Phasmiden** (nur bei der Klasse Phasmidea = Secernentea) und **Amphiden** sind davon näher untersucht; ihr Bau und ihre Anordnung werden als taxonomisches Kriterium herangezogen. Phasmiden liegen paarweise caudal hinter dem Anus, wobei in ihrer Nachbarschaft stets Drüsen austreten; sie gelten als Geruchsorgane. Amphiden werden allgemein als Chemorezeptoren betrachtet; bei ihnen handelt es sich um zwei lateral liegende Vertiefungen am Vorderende des Wurms (sog. Stirnseite), in denen mit Cilien versehene Sinneszellen nachgewiesen wurden; ihnen sind sehr häufig Einzeldrüsen benachbart. In unmittelbarer Nähe der Amphiden liegen, meist in drei Ringen angeordnet, insgesamt 16 Papillen, die in Gruben cilienartige Elemente enthalten und somit auch Sinneszellfunktionen erfüllen dürften (Abb. 110 B; 112 c; 120 a; 131).

6. **Bacillary cells**
Bei den Vertretern der Familien Trichuridae und Trichinellidae sind entlang bzw. nahe den lateralen Leisten in die Hypodermis besondere Zellen, sog. Bacillary cells, eingelagert (Abb. 118 b, c). Dabei handelt es sich um Zellen, die durch starke terminale Auffaltung ausgezeichnet sind und über einen Porus mit der Außenwelt in Verbindung stehen. Sie liegen stets neben einer Drüsenzelle, die offenbar Sekrete in den Porushof abgibt. Über die Funktion dieser Zellen bestehen nur Vermutungen; sie sollen osmoregulatorisch arbeiten und/oder Stoffe für die Überschichtung der Körperoberfläche produzieren.

Darmsystem. Der Darm durchzieht den Wurm als gerades Rohr und mündet artspezifisch ventral, meist vor dem Hinterende aus (subterminal), so daß bei den jeweiligen Arten ein mehr oder minder langer, bei Weibchen spitzer als bei Männchen auslaufender Schwanzabschnitt entsteht (Abb. 109; 110). Bei Weibchen von *Dracunculus medinensis* und bei *Mermis* sp. fehlt dagegen stets ein After.

Beim Darm lassen sich folgende Abschnitte unterscheiden:

1. **Mundhöhle**
Der Mund ist bei vielen Arten mit den beschriebenen Cuticula-Bildungen bewehrt (s. S. 292), die eine Verankerung und Nahrungsaufnahme im Gewebe des Wirts ermöglichen.

2. **Oesophagus** (hier synonym für **Pharynx**)
Dieser vordere ektodermale Darmabschnitt, der oft als Saugpumpe wirkt, wird von der Cuticula ausgekleidet und hat bei den verschiedenen Familien der Nematoden die unterschiedlichste Ausgestaltung erfahren (Abb. 122). Die Anzahl und Anordnung der Zellkerne werden ebenso wie z. B. die Form des Lumens und der Pharynxdrüsen als taxonomische Kriterien herangezogen. Die Ausgestaltung dieses Pharynx entspricht der jeweiligen Form der Nahrungsaufnahme, wobei unterschiedliche Muskelpakete ansetzen, die stets drei verzweigte Pharynxdrüsen umschließen. Bei den Trichinen ziehen zusätzlich sog. **Stichosomzellen** (= Stichocyten) entlang des Pharynx, während bei *Trichuris trichiura*, dem Peitschenwurm, das Lumen des Oesophagus völlig von diesem Stichosom eingeschlossen wird (Abb. 118 b).

3. Mitteldarm

Der bei den meisten Arten schlauchförmige Mitteldarm wird von einem einschichtigen Epithel ausgekleidet, das einer Basalmembran aufsitzt. Die Größe und die Mikrovilli der Darmzellen zeigen artspezifische Besonderheiten.

4. Rectum

Der Endabschnitt des Darms ist wieder von der Cuticula ausgekleidet. Mit Ausnahme der Aphasmidea münden bei den meisten Arten einzellige Drüsen in das Rectum, und zwar drei beim Weibchen und jeweils sechs beim Männchen. Da beim Männchen sich auch der Hoden in den Endabschnitt des Darms öffnet, wird dieser definitionsgemäß zur **Kloake** (Abb. 109 c):

Exkretionssystem. Das Exkretionssystem weist innerhalb der verschiedenen Nematodengruppen die unterschiedlichsten Modifizierungen auf (Abb. 118 a). Protonephridien – wie etwa bei den Plathelminthen – treten hier nicht in Erscheinung, sondern zwei morphologisch differierende Organe:

a) das Drüsensystem oder die **Renette**

b) das Kanalsystem oder die **H-Zelle**

Bei der Renette handelt es sich um ein oder zwei große Drüsenkomplexe, die im vorderen Körperabschnitt liegen und über einen Halsteil im ventral gelegenen Exkretionsporus ausmünden. Diese Form findet sich vorwiegend bei freilebenden Nematoden, tritt aber in modifizierter Form auch bei den juvenilen parasitischen Arten auf und gilt daher als Vorstufe des H-Kanals (Abb. 118 a). Dieses System, dessen Schenkel zum Teil atrophiert sein können und daher artspezifisch asymmetrisch erscheinen, verläuft in den lateralen Hypodermisleisten. Zur Funktion der Renette wie auch des H-Systems liegen bisher nur sehr wenige Beobachtungen vor, so daß selbst die Funktion als Exkretionsorgan nicht völlig bewiesen ist. Möglicherweise ersetzen die Bacillary cells der Trichuridae und Trichinellidae diese beiden Systeme, die dort bisher nicht nachgewiesen wurden.

Geschlechtsorgane. Die parasitischen Nematoden sind getrenntgeschlechtlich, jedoch treten bei einigen freilebenden Arten auch protandrische Zwitter auf (s. Anya, 1976). Die beiden Geschlechter können meist schon nach äußeren Kriterien unterschieden werden. So sind die Männchen meist erheblich kleiner und besitzen artspezifische Kopulationshilfsorgane (Abb. 113 a; 119) wie 1–2 **Spicula** (nicht bei *Trichinella spiralis*), Genitalpapillen, eine **Bursa copulatrix**, ein **Gubernaculum** oder einen sog. **Telamon**-Apparat (nur bei Strongyloidea). Das Hinterende der Männchen ist häufig schwanzartig eingerollt – namensgebend bei *O. volvulus.*

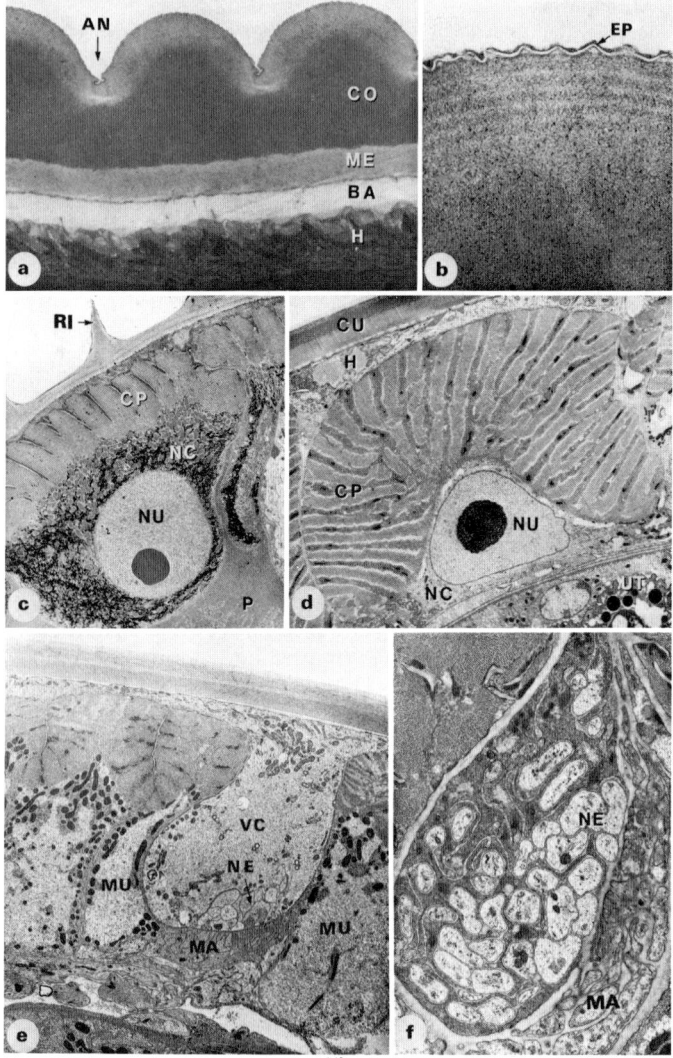

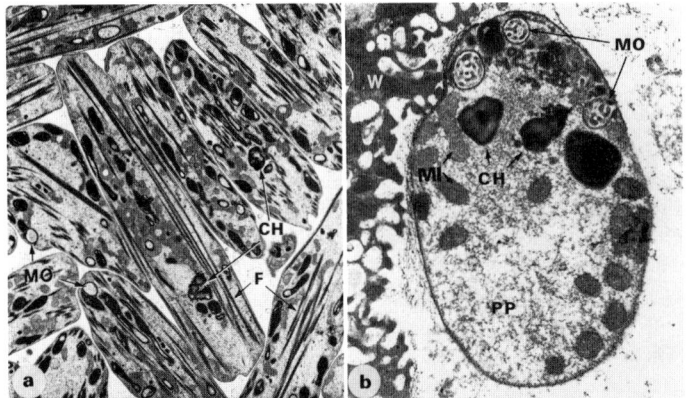

Abb. 115: TEM-Aufnahmen von Spermien des zu den Filarien gehörenden Nematoden *Onchocerca volvulus* (Originale Dr. Franz, Bochum).
a) Spermatiden im «seminal vesicle». × 6400
b) Reife Spermien, die amoeboid und geißellos sind, im Uterus des Weibchens auf dem Wege zu den Eizellen. × 18 000
F = Fibrille; CH = Chromatin; MI = Mitochondrien; MO = Membranöses Organell; PP = Pseudopodium.

Abb. 114: TEM-Aufnahmen der Cuticula (a, b), Muskulatur (c, d) und der Nervenleisten (e, f). Originale Dr. Franz (Münster).
a) *Cylicocyclus* (syn. *Cyathostomum*) *nassatus*, Parasit von Pferden. Pseudometamere Ringelung und Cuticulaschichtung. × 10 000
b) *C. nassatus*, stärkere Vergrößerung der Epicuticula. × 82 000
c) *Heligmosomoides* (syn. *Nematospiroides*) sp., Darmparasit von Nagern. Platymyaria-Typ der Muskelzellen. × 3900
d) *Heterakis spumosa*, Darmparasit von Nagern. Coelomyaria-Typ der Muskelzellen. × 3900
e) *H. spumosa*, Nerven laufen auf der Innenseite der Leisten (VC). × 4000
f) *Acanthocheilonema (Dipetalonema) viteae*, Unterhautfilarie bei Baumwoll-Ratten. Bei diesem Männchen ist die gesamte Leiste von Nerven erfüllt, zu denen Muskelausläufer (MA) hinziehen. × 17 000
AN = Annuli; BA = Basale Zone; CO = Cortikale Zone; CP = Kontraktiler Bereich; CU = Cuticula; EP = Epicuticula; H = Hypodermis; MA = Muskelzellausläufer; ME = Mediane Zone; MU = Muskelzelle; NC = Nicht-kontraktiler Bereich; NE = Nerv/Axon; NU = Nucleus; P = Pseudocoel; RI = Ridge, dornartiger Wulst; UT = Uterus; VC = Ventrale Leiste.

Männliches Organsystem. Das männliche Organsystem stellt sich als langer gewundener, sog. **Hodenschlauch** dar, der mit den verschiedenen Entwicklungsstadien der Spermien angefüllt ist und über ein Vas efferens in die Kloake mündet (Abb. 109 c). Ursprünglich dürfte dieses System paarig angelegt worden sein; bei den rezenten parasitischen Arten wurde eines davon in der Evolution reduziert. Die **Spermien** sind stets geißellos; bei vielen Arten wird die Kernmembran während ihrer Genese nicht mehr ausgebildet, so daß die Spermien scheinbar kernlos sind (Abb. 115; 117). Sie sind amoeboid durch Mikrofilamente beweglich (Axonemen fehlen!). Ihre Größe und Gestalt variiert artspezifisch beträchtlich. Sie erscheinen z. B. bei Ascari-

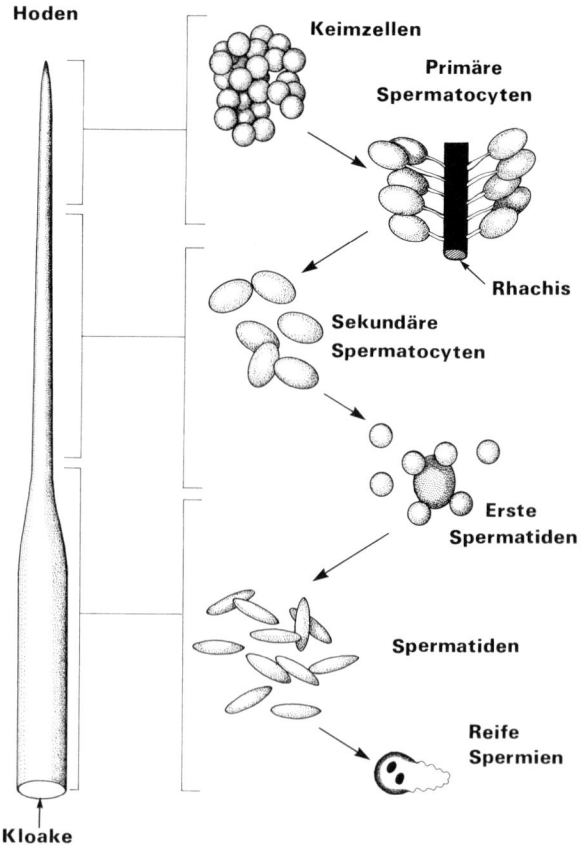

den, *Trichinella spiralis* und Filarien kugelig (Ø 10 µm) oder fadenförmig bei Strongyliden (max. 20 µm lang) bzw. Oxyurida (bis 150 µm). Die **Geschlechtsdeterminierung** erfolgt bei vielen parasitären Secernentea durch Geschlechtschromosomen, wobei das Männchen (XO) im Regelfall eins weniger hat als das Weibchen (XX). Bei einigen Nematoden ist auch das XY-XX-System ausgebildet. Die exakte **Chromosomenzahl** ist bei vielen Nematoden noch unklar. So variieren auch die für *A. lumbricoides* berichteten Zahlen. Am wahrscheinlichsten ist 2n = 48, wobei die Weibchen 2×19 **Autosomen** und 2×5 X-Chromosomen besitzen, während die Männchen bei XO-Geschlechtsdetermination 2×19 Autosomen und 1×5 monovalente X-Chromosomen aufweisen. Nur ein Satz von Geschlechtschromosomen ist dagegen (bei gleicher XO-Konstellation) bei *Dictyocaulus arnfieldi* vorhanden ($♀$ = 2n = 12, $♂$ = 2n = 11). Bei Trichuriden kann innerhalb der gleichen Gattung der **XO-Typ** (*Trichuris trichiura* ♀ = 2n = 8) und der **XY-Typ** (*T. ovis* bei 2n = 6) auftreten.

Parthenogenetische Weibchen von *Strongyloides papillosus* liegen im 3n-Status vor und weisen dann 6 Chromosomen auf, während beide Geschlechter der freilebenden Generation 4 Chromosomen (bei XY-Geschlechtsdetermination) bilden. Die nahverwandte Art *S. ratti* ist wiederum vom XO-Typ.

Die Chromosomenzahlen der Weibchen folgender Arten sollen noch als Beispiele zitiert werden:

Contracaecum spiculicerum (2n = 16; XO); *Strongylus edentatus* (2n = 12; XO); *Haemonchus contortus* (2n = 12; XO); *Ancyclostoma caninum* (2n = 12; XO); *Setaria equina* (2n = 12; XO).

Eine andere Form der Geschlechtsbestimmung scheint bei *Rhab-*

Abb. 116: Schematische Darstellung der Entwicklung der Spermien bei Nematoden (hier am Beispiel von *Brugia malayi* nach Scott (1996) – *Brugia* gleicht hierbei vielen Nematoden).
Im unpaaren, vielfach aufgewundenen Hodenschlauch (s. linke Seite) entstehen am geschlossenen Ende die Urkeimzellen. Sie gestalten sich zu den primären Spermatocyten, die an einem zentralen Nährstrang (Rhachis) verankert sind. Danach lösen sich diese vom Nährstrang und werden zu sekundären Spermatocyten. Durch Meiose gehen aus jeder Spermatocyte II vier Spermatiden hervor, die zunächst noch an einem Restkörper hängen und kugelig erscheinen, sich später aber strecken und zur etwa 10 µm langen Vorform (Speicherform) der Spermien werden – allerdings keine Biosynthese mehr betreiben können. Bei der Paarung der Nematoden wird die Umbildung der Spermatiden zu Spermien initiiert. Diese bewegen sich dann mit Hilfe eines Pseudopodiums auf die Eizellen zu.

dias bufonis, dem Lungennematoden der Kaulquappen und Adulten der Kröten, vorzuliegen. Hier sind nämlich die parasitischen Adulten protandrische Zwitter. Zunächst reifen in den paarigen Geschlechtsorganen Spermien heran und werden in einem Receptaculum gespeichert. Danach entstehen in der gleichen Gonade Eier, die von den eigenen Spermien befruchtet werden. Aus diesen Eiern entstehen im

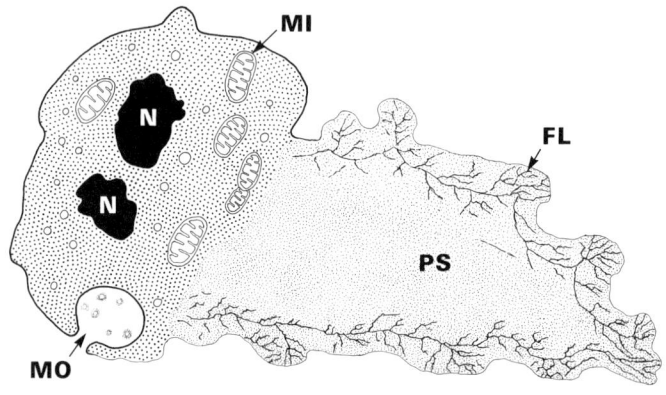

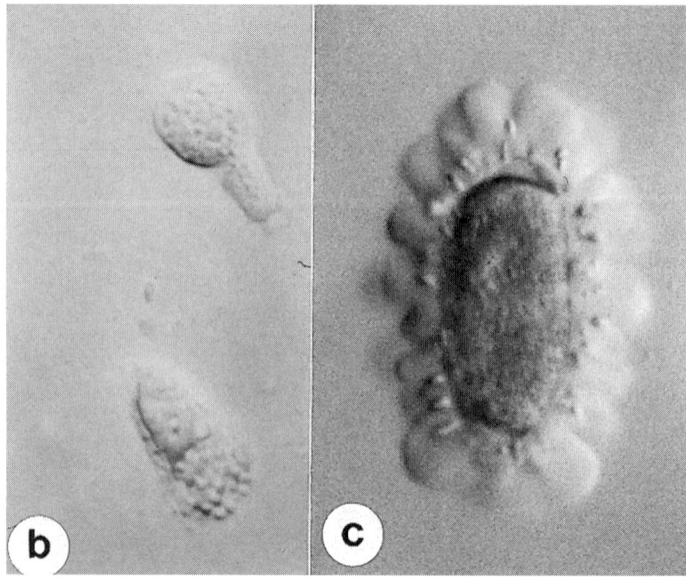

Freien neben Larven 3, die nach erneuter Penetration in die Kröte zu geschlechtsreifen, protandrischen Würmern heranwachsen, auch eine Generation freilebender Männchen und Weibchen, aus der letztlich ebenfalls penetrationsfähige L 3 hervorgehen. Diese dringen entweder direkt ein oder werden (angehäuft in Transportwirten wie Schnecken) oral aufgenommen (Madel, 1983).

Das Phänomen der **Chromosomen-(Chromatin-)diminution** bzw. **-elimination** tritt in einer Reihe von Nematodenfamilien auf. Es ist am besten bei der Spulwurmart des Pferdes *Parascaris equorum* (syn. *Ascaris megalocephala*) untersucht. Hierbei kommt es während der ersten Teilungen der Furchung zu einer endständigen Chromosomen-fragmentation und der Elimination von Heterochromatin ausschließlich in somatischen Zellen, während die Vorläufer der Keimzellen unverändert bleiben. Als Ergebnis führt dies zu der Tatsache, daß die Keim- und Somazellen eine unterschiedliche Quantität bzw. Qualität der Chromosomen aufweisen. Bei *P. equorum* und *P. univalens*, wo nur ein langes «Sammelchromosom» (bzw. 2) im haploiden Zustand vorhanden ist, zerfällt dieses während des Diminutionsprozesses der Somazellen in etwa 60 kleine Einzelteile und zwei große Endteile, die im Cytoplasma aufgehen und somit verschwinden. Die Funktion dieses Zerfallsprozesses, der aber nicht immer mit einer Chromosomenzahländerung einhergehen muß, ist noch umstritten. So bleibt trotz Ausschleusung von terminalem Heterochromatin bei *Ascaris suum* die Chromosomenzahl der somatischen Männchen (2n = 38 Autosomen plus 5 X = Geschlechtschromosomen) und Weibchen (2n = 38 A plus 10 X) offenbar gleich.

Weibliches System. Mit Ausnahme der Aphasmidea sind bei den meisten Arten zwei Ovarien vorhanden (**didelphische Formen**), die über je einen unmittelbar anschließenden Ovidukt und Uterus in die

---

Abb. 117: Spermien der Nematoden

a) Schematische Darstellung eines Nematodenspermiums. Das genetische Material liegt in 2-3 nicht-membranbegrenzten Ansammlungen (N) vor – ein distinkter Kern tritt nicht auf. Die Fortbewegung erfolgt durch ein großes Pseudopodium (PS), dessen Peripherie durch filamentöses Material (FL) stabilisiert wird. Die Zelloberfläche wird durch Fusion mit sog. membranösen Organellen (MO), die im Zellinneren (bereits der Spermatiden) bereitgestellt werden, vergrößert.

b,c Lichtmikroskopische Aufnahmen von Spermien von *Ascaris suum:*

b) freie Spermien mit je einem Pseudopodium.

c) Spermien, die vergeblich in eine offenbar bereits befruchtete Eizelle einzudringen versuchen und diese strahlenförmig umgeben. b, c × 1000.

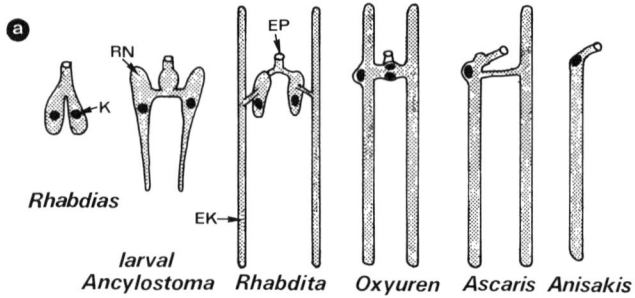

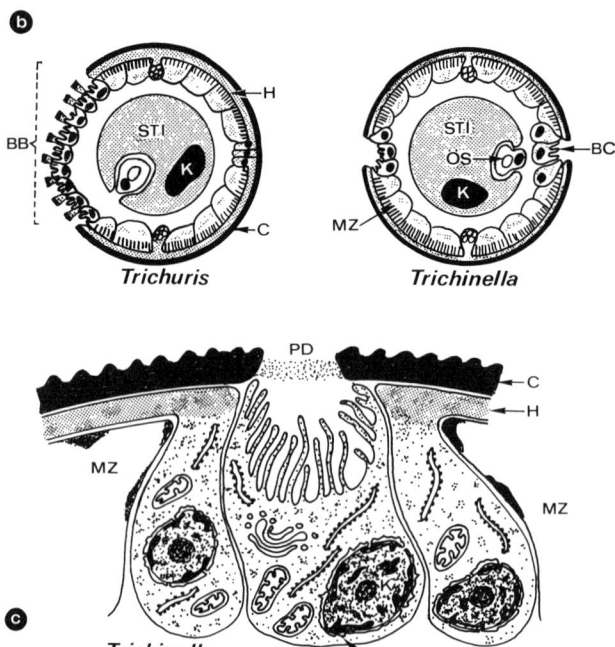

Abb. 118: Schem. Darstellung der Exkretionsorgane bei Nematoden.
a) Verschiedene Zell- und Kanaltypen;
b) Lage und Anordnung von sog. «Bacillary cells»;
c) Feinstruktur einer «Bacillary cell».
BB = Bacillary band; BC = Bacillary cell; C = Cuticula; EK = Exkretionskanal;
EP = Exkretionsporus; H = Hypodermis; K = Kern; MZ = Muskelzelle; ÖS =
Oesophagus; PD = Porus der BC; RN = Renette; STI = Stichosomzelle.

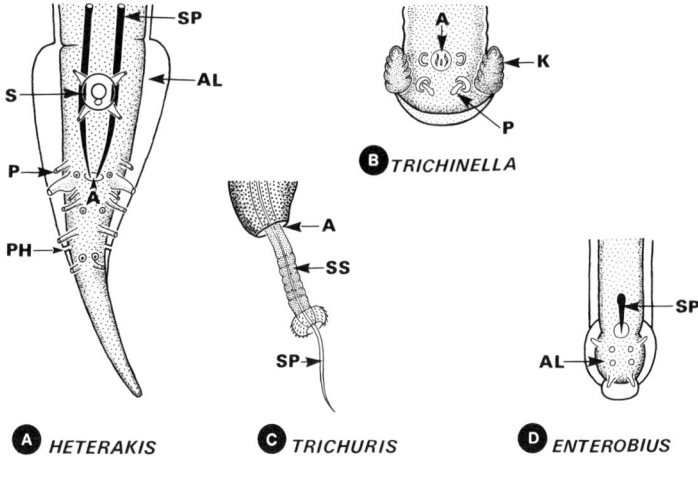

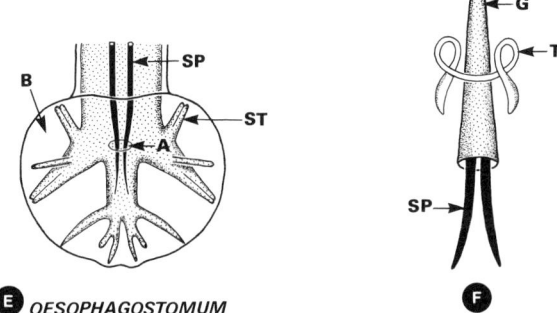

Abb. 119: Schematische Darstellung der Hinterenden von Männchen verschiedener Nematodengattungen mit ihren Kopulationshilfsorganen.
A) *Heterakis* sp. von ventral (Alae, 1 Saugnapf, 11 Paar Papillen);
B) *Trichinella spiralis* von ventral (Kopulationswülste);
C) *Trichuris ovis* (die Spiculumscheide (unpaar) kann vorgewölbt werden);
D) *Enterobius vermicularis* (nur 1 Spiculum-Haken);
E) *Oesophagostomum* sp. als Beispiel für die Strongyliden, wo Strahlen die Bursa copulatrix verstärken;
F) Kopulationsorgane bei einem Trichostrongyliden.
A = Anus; AL = Ala; B = Bursa copulatrix; G = Gubernaculum; K = Kopulationsanhang; P = Papille; PH = Phasmiden; S = Saugnapf; SP = Spiculum; SS = Spiculumscheide; ST = Strahlen.

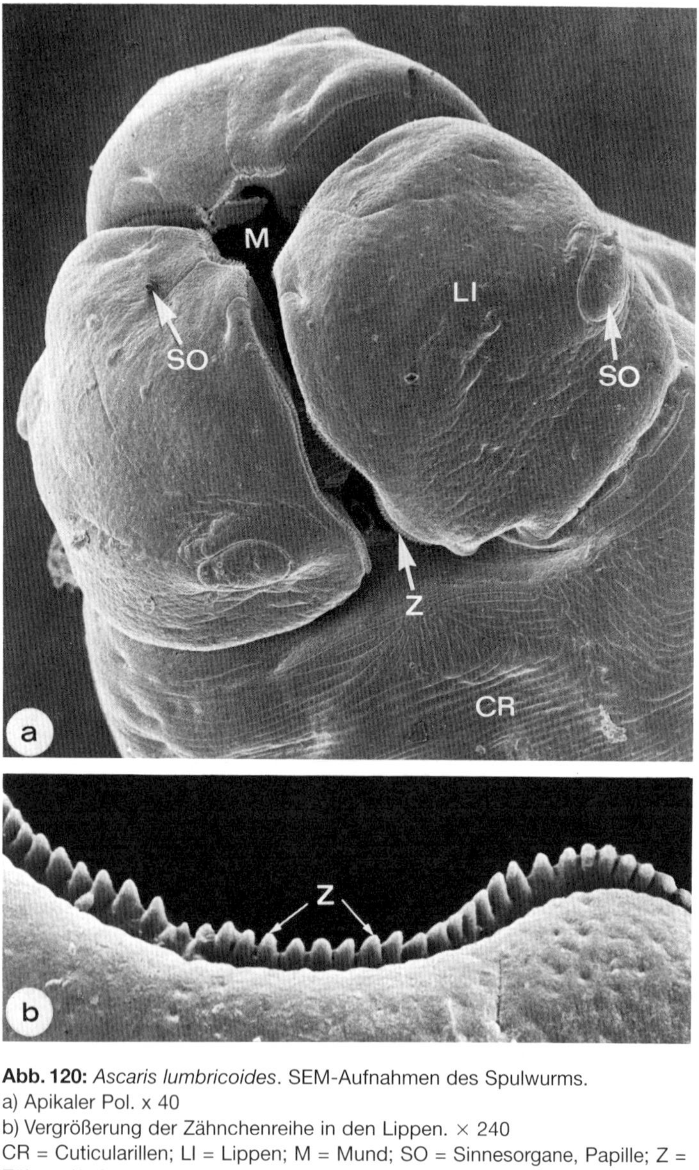

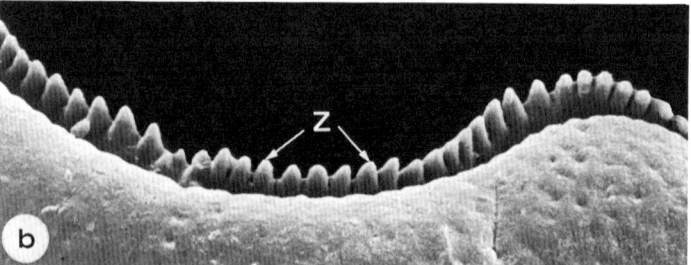

Abb. 120: *Ascaris lumbricoides*. SEM-Aufnahmen des Spulwurms.
a) Apikaler Pol. x 40
b) Vergrößerung der Zähnchenreihe in den Lippen. × 240
CR = Cuticularillen; LI = Lippen; M = Mund; SO = Sinnesorgane, Papille; Z = Zähne. (Aufnahme Prof. Dr. Peters, Düsseldorf.)

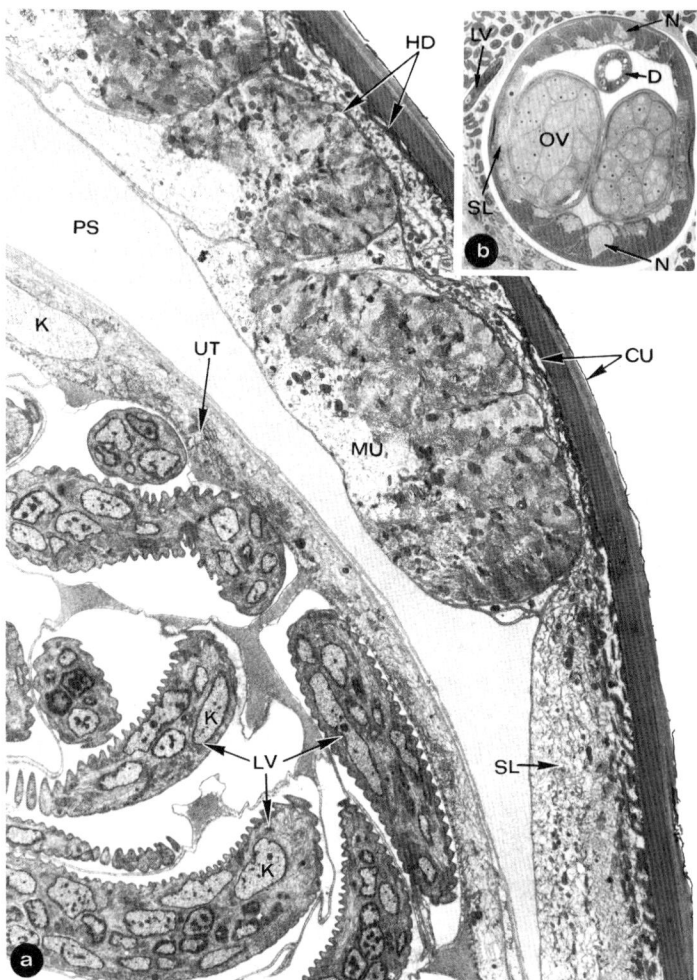

Abb. 121: Querschnitte durch ein adultes Weibchen der Filarie *Brugia malayi*.
a) Ausschnitt aus der Peripherie. Der Uterus enthält bereits Larven (Mikrofila-
    rien). TEM-Aufnahme. × 1700
b) Semidünnschnitt im Bereich des Ovidukts. × 300
CU = Cuticula; D = Darm; HD = Hypodermis; K = Kern; LV = Larve; MU = Muskelzelle; N = Nervenstrang; OV = Ovidukt; PS = Pseudocoel; SL = Seitenleiste;
UT = Uterus.

unpaare Vagina münden (Abb. 109 a). Die mit der Cuticula ausge-
kleidete Vagina steht mit dem Genitalporus in Verbindung, der bei
vielen Arten medianventral im ersten oder zweiten Körperdrittel des
Weibchens liegt. Durch diese Lage des Genitalporus bedingt, kommt
es dann zu den für diese Nematoden typischen Y-förmigen Kopulati-
onsbildern. Bei der Überfamilie Strongylidea (z. B. *Strongylus*, *Syngamus*) befinden sich sowohl die männliche als auch die ebenfalls unpaare weibliche Geschlechtsöffnung unmittelbar vor dem Hinterende
des Wurmes.

Histologisch unterscheiden sich die einzelnen Abschnitte (**Ovar,
Ovidukt, Uterus**) des oft stark gewundenen weiblichen Geschlechtssystems eindeutig aufgrund ihres Epithels (Abb. 110 E; 121). Hinzu
kommt, daß der als Ovar, d. h. als Eibildungsstätte, fungierende Endabschnitt durch einen zentralen Nährstrang, die sog. **Rhachis**, besonders charakterisiert ist. Häufig ist der unmittelbar hinter dem Ovidukt folgende Abschnitt jedes Uterus sackartig angeschwollen. Da
der untere Abschnitt nach der Kopulation mit Spermien gefüllt ist,
wird er auch als **Receptaculum seminis** bezeichnet. Hier erfolgt
zunächst die Zellverschmelzung (Plasmogamie) von Spermien mit
Vorstufen der Eizellen. Dann kommt es zur Reifeteilung (und somit
zur Ausbildung der fertilen Eizelle), und erst danach wird die eigentliche Befruchtung (Kernverschmelzung = Karyogamie) vollzogen.
Entlang der Befruchtungsmembran lagert sich die von der Zyste abgeschiedene Schalensubstanz an. Die sofort einsetzende Aushärtung
(Sklerotisierung) bedingt schließlich die endgültige, artspezifische Gestalt der Eier, die in großer Anzahl ausgebildet werden können (bei
Ascaris lumbricoides bis zu 200 000 Eier (!) täglich).

14.2. Entwicklung der Nematoden

Bei den parasitischen Nematoden werden vom Weibchen entweder
a) Eier, die sich erst in der Außenwelt weiterentwickeln (= **ovipare**
Formen; z. B. *Ascaris*, *Trichuris*, *Ancylostoma*) oder
b) Eier, aus denen bereits im Darm des Wirts die Larven* schlüpfen
(z. B. bei der parthenogenetischen Generation von *Strongyloides
stercoralis*, bei *Dictyocaulus* sp. und *Protostrongylus* sp.) oder

---

* Die Terminologie der vergl. Zoologie beschreibt die «Larven» der Nematoden als Juvenilstadien; der Begriff «Larve» hat sich aber in der parasitologischen Literatur eingebürgert.

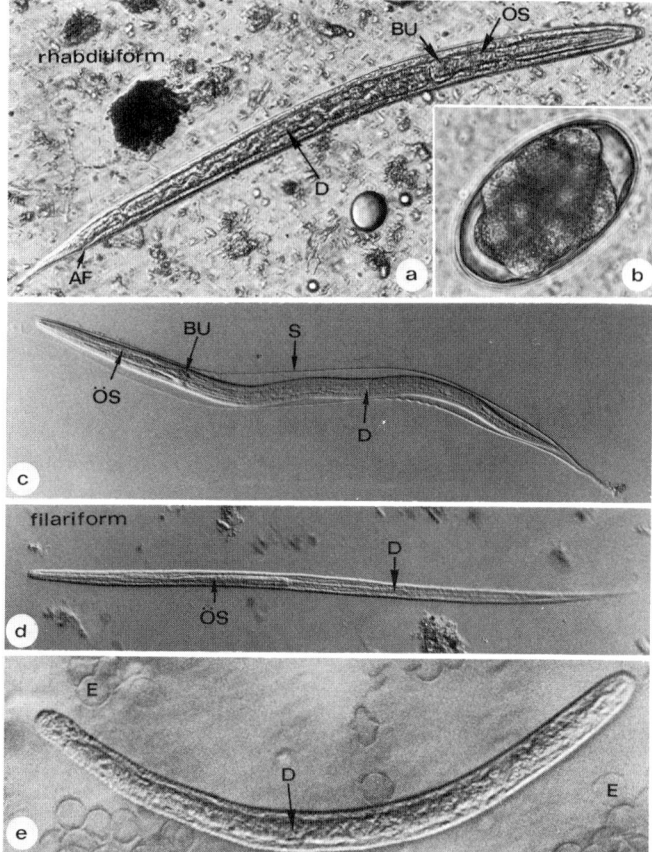

Abb. 122: LM-Aufnahmen der Entwicklungsstadien von Nematoden.
a) Rhabditiforme Larve des Hakenwurms *Ancylostoma duodenale*. × 200
b) Ei von *A. duodenale*; es wird im 2–8-Zell-Stadium abgesetzt. × 500
c) Gescheidete, rhabditiforme Larve von *Strongyloides stercoralis*. × 200
d) Filariforme Larve von *S. stercoralis*. × 150
e) Erstlarve von *Trichinella spiralis* auf dem Blutweg zu den Muskelfasern.
   × 800
BU = Bulbus; D = Darm; E = Erythrocyt; ÖS = Oesophagus; S = Scheide
(sheath).

c) Eier, aus denen während des Geburtsvorgangs die Larven schlüpfen (= ovovivipare Formen; z. B. einige Filarien bzw. Spirurida) oder

d) Larven (**vivipare** Formen; z. B. *Dracunculus*, *Trichinella*, Abb. 122 e) abgesetzt.

Einige Autoren trennen allerdings nicht zwischen den beiden letzten Erscheinungsformen. Es unterscheiden sich jedoch die sehr widerstandsfähigen Eihüllen der ins Freie gelangenden Eier eindeutig von den zarten der viviparen Arten; bei letzteren wird der Schutz der Larve schon von ihrer bereits differenzierten Cuticula übernommen. Bei einigen Filarien bleibt aber die als sog. Scheide (*engl.* sheath) bezeichnete Eihülle der frisch abgesetzten Larven erhalten; diese «**gescheideten**» Mikrofilarien haben dann meist eine dünnere Cuticula.

Die Hülle der ins Freie gelangten Eier ist sehr stabil und bietet dem sich im Innern entwickelnden Embryonen einen optimalen Schutz. Klärwerke sind wegen der Anhäufung derartiger herangereifter Eier vor große Probleme gestellt. Erst durch die Installation besonderer Geräte zur Abtötung der Larven in den Eiern, z. B. durch Ultraschall-Anlagen, kann eine Beseitigung der Infektionsgefahr infolge der Verrieselung der Abwässer erfolgen.

Die Embryonierung der ins Freie gelangten Eier erfordert je nach Art spezifische Klimabedingungen. So müssen z. B. Sauerstoff, Feuchtigkeit und eine ausreichend hohe Temperatur garantiert sein. Bezüglich des Zeitpunkts für den Schlüpfvorgang der Larven aus solchen Eiern können zwei Gruppen unterschieden werden:

1. Die Larve schlüpft im Freien (z. B. *Ancylostoma duodenale*).
2. Die Larve schlüpft erst aus dem Ei, wenn dieses vom Wirt oral aufgenommen wurde (z. B. *Ascaris*).

Bei der ersten Gruppe scheidet die Larve Enzyme ab, die in Verbindung mit heftigen eigenen Bewegungen die Eischale öffnen. Bei der zweiten Gruppe dagegen sind es die Enzyme des Wirts in Verbindung mit einer günstigen CO_2-Konzentration, die die Eischale auflösen und die Larve im Darm des Wirtes freisetzen.

Die meisten parasitischen Nematoden entwickeln sich unter **Wirtswechsel**, aber vorwiegend direkt und **ohne Generationswechsel**. Sie wachsen über vier, jeweils durch Häutung endende Larvalphasen zum adulten geschlechtsreifen Wurm heran. Diese vier Larvenstadien werden entweder neutral als erste, zweite, dritte oder vierte Larve (L_1–L_4) bezeichnet oder mit den folgenden Namen belegt:

1. Die Erst- und Zweitlarve einiger Arten wird auch als **rhabditiform** wegen ihres stabförmigen, eingeschnürten Oesophagus bezeichnet.

Sie tritt z. B. bei *Necator americanus, Ancylostoma duodenale* und *Strongyloides stercoralis* auf (Abb. 122; 129).

2. Die Dritt-Larve vieler Arten wird als **filariform** bezeichnet. Diese geht nach der Häutung aus der rhabditiformen Larve hervor, indem sich der Oesophagus in die Länge streckt, fadenförmig wird und seine Einschnürung (**Isthmus**) verschwindet (Abb. 122; 129).

3. **Mikrofilarien** sind die in Blut oder Lymphe ihrer Wirte lebenden Erst-Larven der Filarien. Diese werden vollständig entwickelt geboren (**Viviparie**) und können artspezifisch «**gescheidet**» (*Wuchereria bancrofti, Loa loa*) oder «**ungescheidet**» (*Onchocerca volvulus*) abgesetzt werden, je nachdem, ob sie noch von der dünnen Eihülle oder allein von der ersten Larvencuticula (= ungescheidet) umschlossen sind (Abb. 133; 134; 136). Die Mikrofilarienscheide enthält kein Chitin, obwohl dies noch in der Eihülle vorhanden war, sondern enthält 54% Aminosäuren (Glutamin, Prolin), 8% Zucker, 11% anorganische Substanzen (Na, K, P), nur 0,2% Fette und immerhin noch 26% unbekannte Materialien. Diese komplexe Schicht (*engl.* sheath) schützt in allen Fällen die Mikrofilarien vor den Angriffen des Immunsystems des Wirts.

Die **Dritt-Larven** vieler parasitischen Nematoden – bei einigen Arten (z. B. *Ancylostoma*) verbleiben sie in der zweiten Larvenhülle (= dann wieder gescheidet!) – sind zur Invasion in den Endwirt befähigt, wo sie dann nach der dritten und vierten Häutung zum geschlechtsreifen adulten Tier heranwachsen. Diese Entwicklung über die vier Larvalstadien zum Adulten kann vollständig in einem einzigen Wirt vollzogen werden oder einen Zwischenwirt einbeziehen (Abb. 123; 124; 136). Diese beiden Möglichkeiten bestehen unabhängig davon, ob im Ablauf des Zyklus Larven ins Freie gelangen oder nicht (Abb. 123).

Als weitere Zyklusform bei den Nematoden muß der **Generationswechsel** in der Gattung *Strongyloides* Erwähnung finden. Diese Vermehrungsweise – ein fakultativer Wechsel zwischen einer freilebenden, zweigeschlechtlichen Generation und einer sich im Darm des Wirts parthenogenetisch reproduzierenden (**Heterogonie**, Abb. 129) – ist zwar bei den Nematoden relativ selten, stellt aber möglicherweise einen der in der Evolution beschrittenen Wege von freilebenden Formen zum Parasitismus dar. Dabei werden vom parasitisch im Darm der Wirte lebenden Weibchen parthenogenetisch (= ohne Befruchtung) drei Ei-Typen abgesetzt: Aus **3n-Eiern** entstehen wieder parthenogenetische Weibchen; aus **2n-Eiern** entwickeln sich freilebende Weibchen, während freilebende Männchen aus **1n-Eiern** hervorgehen.

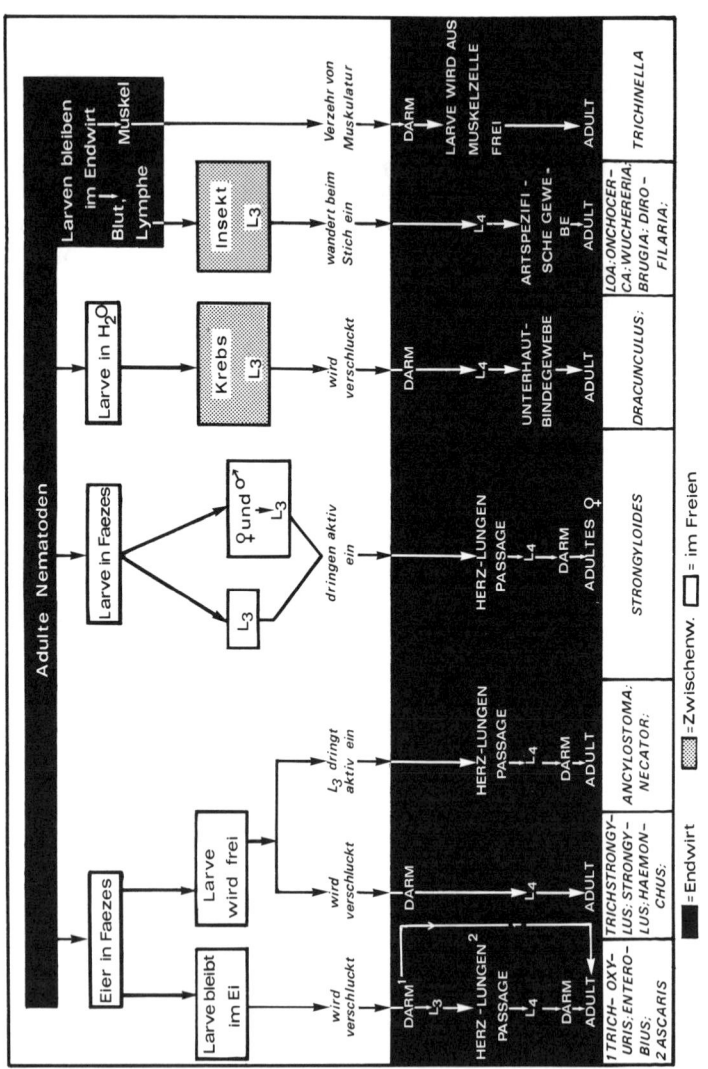

Abb. 123: Schematische Darstellung der Lebenszyklen wichtiger parasitischer Nematoden des Menschen, seiner Haus- und Nutztiere.

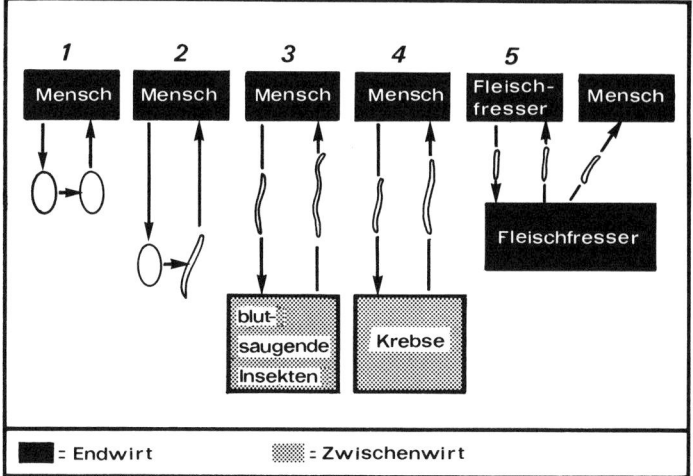

Abb. 124: Schematische Darstellung der Infektionswege wichtiger Nematoden beim Menschen.

1. ohne Zwischenwirt, aber mit Wirtswechsel; Reifung der Eier im Freien, z. B. *Ascaris, Trichuris, Enterobius.*
2. ohne Zwischenwirt, aber mit Wirtswechsel; freie Larven als infektiöses Stadium; z. B. *Ancylostoma, Trichostrongylus, Strongyloides.*
3. mit Zwischenwirt als aktivem Überträger; z. B. *Wuchereria, Loa, Brugia, Onchocerca.*
4. mit Zwischenwirt als passivem Überträger (wird verschluckt); z. B. *Dracunculus.*
5. Übertragung von Endwirt zu Endwirt, der gleichzeitig Zwischenwirt ist, durch orale Aufnahme von Larven in Muskelzellen; z. B. *Trichinella*-Arten.

In den Abbildungen 123 und 124 sind die verschiedenen Abwandlungen der Entwicklungswege bei den wichtigsten parasitischen Nematoden gegenübergestellt.

A. Beim direkten, einwirtigen (**monoxenen**) Entwicklungszyklus sind drei Erscheinungsformen zu beobachten:

1. Ein Typus ist dadurch gekennzeichnet, daß sich der Endwirt mit reifen = larvenhaltigen Eiern infiziert und die Larven in seinem Darm aus der Eihülle schlüpfen (z. B. *Enterobius vermicularis, Trichuris trichiura, Ascaris lumbricoides*). Dabei kann sich noch im Ei die Zweit- oder sogar Drittlarve entwickeln (z. B. bei *Ascaris*). Die **Herz – Lunge – Trachea – Schlund – Passage,** die die Larven von

Ascaris unternehmen, nachdem sie als Zweitlarve im Darm des Wirts geschlüpft sind, kann möglicherweise als Indiz dafür gewertet werden, daß dieser Wurm ursprünglich zum zweiten Entwicklungstyp gehörte. Die Entwicklungsgeschwindigkeit der Larve in der Eihülle steht generell in enger Beziehung zur Außentemperatur, wobei selbst relativ niedrige Temperaturen noch eine, wenn auch langsame Entwicklung ermöglichen und so eine weltweite Verbreitung nicht behindern.

2. Beim zweiten Typ werden die im Freien aus den Eiern geschlüpften Larven nach zwei Häutungen von einem Wirt oral aufgenommen **oder** dringen aktiv perkutan in diesen ein. Letztere müssen dann, um in den Darm zu gelangen, nach der **Herz – Lunge – Trachea – Passage** vom Wirt verschluckt werden (z. B. *Ancylostoma duodenale*). Die Parasiten benötigen bestimmte Mindesttemperaturen, unterhalb derer die Wurmlarven entweder sterben oder sich nicht weiterentwickeln. Daher sind diese Parasiten auf wärmere Zonen beschränkt oder die Larven treten saisonal (im Sommer) auf.

3. *Trichinella spiralis* und die verwandten Arten (s. u.) machen von alledem eine Ausnahme. Hier gelangen nämlich weder Eier noch Larven ins Freie, sondern die vivipar abgesetzten Larven wandern direkt vom Darm in die Muskulatur, so daß sich nur Fleischfresser untereinander infizieren können. Durch das Fehlen eines echten freien Entwicklungsstadiums sind diese Parasiten unabhängig von der Außentemperatur und daher weltweit verbreitet.

Abb. 125: Lichtmikroskopische Aufnahmen von *Trichinella spiralis*.
a) Schrägschnitte durch ein larvenhaltiges Weibchen in der Mucosa des Rattendarmes. × 300
b) Quetschpräparat einer Muskelfaser mit einer lebenden Muskeltrichine. × 350
c) Semidünnschnitt (längs) durch eine Muskeltrichine. Das Wirtszellcytoplasma (DI) ist im Gegensatz zu den Nachbarzellen (FN) dedifferenziert und daher amorph. × 500
d) Paraffinschnitt durch eine mehrfach getroffene Muskeltrichine. Der Spaltraum um die Trichine ist artifiziell; der innere Bereich der Wirtszelle (DI) ist dedifferenziert und die Kerne sind hier stark hypertrophiert (KH). × 500
BG = Blutgefäß; CO = Kollagenhaltige Kapselwand; CU = Cuticula des Trichinenweibchens; DI = Dedifferenzierter Bereich; FN = Filamente intakter Muskelfasern; KH = Hypertrophierte Kerne; KW = Normale Kerne der Wirtszelle; LP = Lamina propria des Wirtsdarmes; MV = Mikrovilli der Darmepithelzellen; N = Kerne der Trichinenlarve; TQ = Trichinenlarve quer; TR = Trichinenlarve; WZ = Wirtszelle, Muskelfaser.

B. Der direkte, **obligat zwei-wirtige** (dixene, heteroxene) Zyklus bezieht stets einen Evertebraten als **Zwischenwirt** ein. Die Entwicklung kann auf drei verschiedenen Wegen verlaufen:

1. Bei den Filarien dienen blutsaugende Ektoparasiten (Insekten,

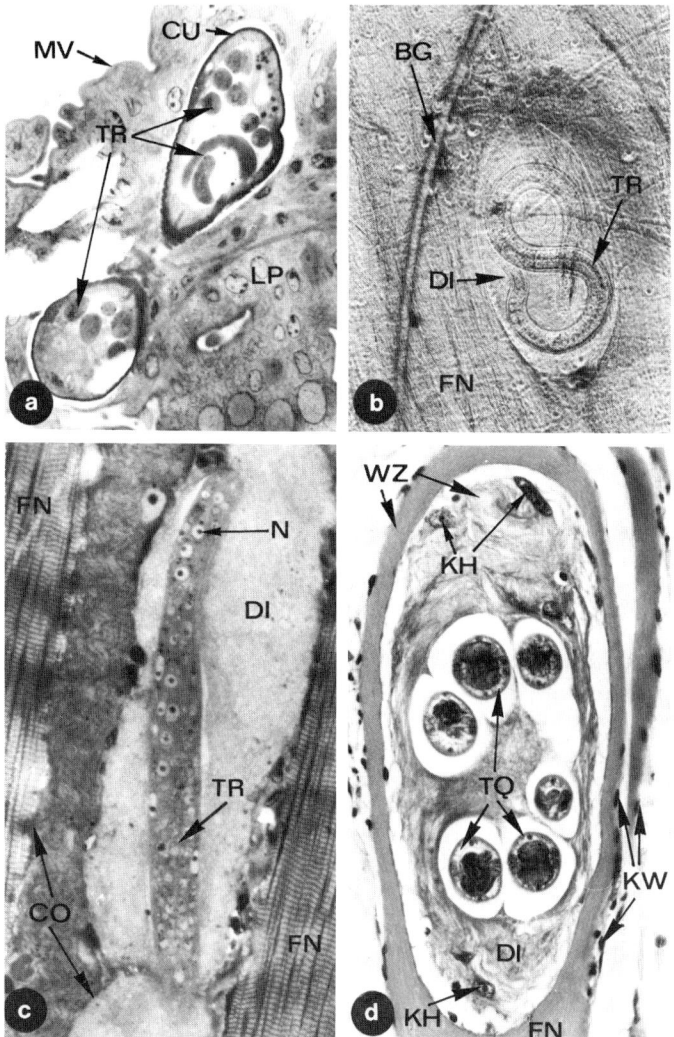

Zecken, Milben) als spezifische **Zwischenwirte**, die beim Saugakt mit dem Blut bzw. aus der Lymphe Mikrofilarien aufnehmen (Abb. 136). Diese dringen im Zwischenwirt vom Darm aus in verschiedene Zellen des Abdomens und schließlich der Thoraxmuskulatur ein, wandeln sich in wenigen Tagen zu einem gedrungenen, wurstförmigen Stadium um; letzteres wächst über zwei Häutungen zur infektionsfähigen Larve 3 heran (0,8 mm bis 1 mm lang), die in die Mundwerkzeuge einwandert. Bei einem neuerlichen Saugakt perforieren sie die häutigen Teile der Mundwerkzeuge und dringen über den Stichkanal in den Endwirt ein. **Wichtige Arten** sind: *Wuchereria bancrofti, Brugia malayi, Loa loa, Onchocerca volvulus, Mansonella*-Arten, *Litomosoides carinii*. Wegen der «wechselwarmen» Zwischenwirte ist die Entwicklung und Verbreitung dieser Parasiten temperaturabhängig und daher vorwiegend auf warme Zonen mit hoher Tagesdurchschnittstemperatur beschränkt.

2. Bei anderen Arten können Kleinkrebse (z. B. *Dracunculus medinensis*) oder Schnecken (z. B. *Parastrongylus cantonensis*) als Zwischenwirte fungieren, die hier *per os* mit der Nahrung in den Endwirt gelangen. Die geschlechtsreifen weiblichen Würmer entlassen die Larven ins Wasser (*D. medinensis*) oder in feuchte Böden (*P. cantonensis*), wo sie vom Zwischenwirt aufgenommen werden bzw. gelegentlich auch in ihn eindringen können. In diese Gruppe gehören auch der Spulwurm von Amseln (*Porrocaecum* sp.), wo Regenwürmer als obligate Zwischenwirte die L_3 enthalten, sowie die Spulwürmer der Meeressäuger (*Anisakis* sp., s. S. 340) und Fische (*Contracaecum* sp.), deren L_3 sich in Friedfischen entwickelt.

3. Die Larven der Protostrongylinae entwickeln sich in Landschnecken bis zur L_3; diese wandert aber wieder aus dem Zwischenwirt aus und gelangt schließlich mit den Futterpflanzen in den Endwirt. (Eine Infektion erfolgt aber auch, wenn die L_2 mit der Schnecke vom Endwirt gefressen wird.)

14.3. Nematoden als Krankheitserreger

Viele Nematoden haben teils human-, teils veterinärmedizinisch, teils ökonomisch überaus große Bedeutung erlangt (Tab. 15); das betrifft sowohl die Häufigkeit wie auch die Schwere der Erkrankungen, die sie hervorrufen, sowie Schäden, die sie in Pflanzenkulturen bewirken können. Bei Menschen und Säugetieren findet man adulte Nematoden in nahezu allen Organen des Körpers – wenn auch meist mit artspezifischen Präferenzen (sog. **Organotropien**). Dabei können die Organschäden sowohl durch die Adulten als auch durch die wandernden Larven entstehen (sog. **creeping eruption; Larva migrans**, s. S. 341).

Nematoden sind schon im Hinblick auf die Größe der Adulten vorwiegend extrazelluläre Parasiten. Es wurde jedoch gezeigt, daß sowohl die Adulten von *Trichinella spiralis* und von *Trichuris muris* als auch ihre Larven intrazellulär parasitieren (Lee, Wright, 1978; Wright, 1979; Niechoj, Mehlhorn, unpubliziert). Da Larven von *Ancylostoma caninum, Acanthocheilonema (Dipetalonema) viteae* und *Litomosoides carinii* ebenfalls in Wirtszellen nachgewiesen wurden (Lee et al., 1975; Mehlhorn et al., 1981), liegt es nahe, daß möglicherweise auch die etwa gleich großen Larven anderer Arten bei ihren Wanderungen – zumindest vorübergehend – intrazellulär leben. Somit dürften bedeutende Schäden auch durch unmittelbare Zerstörung wesentlicher Zellen (z. B. im Auge) entstehen. Aus der Vielzahl der von pathogenen Nematoden hervorgerufenen **Krankheiten** sind im folgenden einige wichtige ausgewählt, die in Reihenfolge der systematischen Stellung der Wurmgruppen angeordnet sind.

Chemotherapie: Die Darmnematoden lassen sich heute befriedigend durch Benzimidazol-Derivate (z. B. Mebendazol, Albendazol, Fenbendazol) oder Avermectine (Ivermectin, Doramectin) bekämpfen, während es noch keine hinreichende Chemotherapie gegen die Filarien gibt (s. S. 275, 344). Allerdings stoppt die Verabreichung von Invermectin bei *Onchocerca volvulus*, dem Erreger der sog. River blindness, die Larvenproduktion und unterbindet somit das Auftreten einer Erblindung (s. u.).

Wirkung von Nematodenmitteln

Es existiert eine Reihe von Medikamenten, die gegen bestimmte Nematoden-Arten bzw. gegen bestimmte Stadien im Entwicklungszyklus eine ausgezeichnete Wirkung haben. Allerdings treten mittlerweile auch **Resistenzen** auf, daß – zumindest auf dem Tiersektor – eine bestimmte Reihenfolge in der Anwendung empfohlen wird. Die verschiedenen Medikamente haben bei den Nematoden einen jeweils unterschiedlichen Angriffspunkt:

- **Pyrantel:** blockiert irreversibel Acetylcholinrezeptoren auf der Muskelzelle und führt so zur Depolarisierung der Membran mit nachfolgender Lähmung.
- **Bendazole:** zerstören Mikrotubuli und unterbinden deren Polymerisierung durch Blockade der β-Tubulin-Synthese, was ebenfalls zu einer Lähmung und zur Störung von Teilungs- und Transportfunktionen führt.

- **Ivermectin:** blockiert u.a. als Agonist den Neurotransmitter GABA (= gamma-amino-butyric-acid), führt aber auch zu einer anders regulierten Membranpermeabilität für Cl-Ionen.
- **Metrifonat:** inhibiert die Acetylcholin-Esterase, die zum zyklischen Abbau des Acetylcholins notwendig ist.
- **Piperazin, Diethylcarbamazin:** Beide lähmen Muskelzellen durch einen – allerdings reversiblen – curareartigen Effekt einer Synapsen-Blockade.

Trichinose (Trichinellose, Trichiniasis)

Die Trichinose wird u.a. durch Larven von *Trichinella spiralis* im Darm und in der Muskulatur der Wirte hervorgerufen. Als natürliches Reservoir von *T. spiralis* gelten in erster Linie Ratten, Füchse, Hunde, Dachse, Wildschweine, Bären und arktische Meeressäuger. Durch Aufnahme von larvenhaltigem Rattenfleisch infizieren sich Hausschweine, deren rohes Fleisch die wichtigste **Infektionsquelle** für den Menschen und seine fleischfressenden Haustiere darstellt. (Heute haben Delikateßwaren, z.B. Bärenschinken etc., die gleiche Bedeutung.) Daher wird in Schlachthöfen der Europäischen Gemeinschaft Schweinefleisch auf Trichinen hin gesetzlich kontrolliert. Nach Aufnahme trichinenhaltigen Fleisches – in Frankreich gingen mehrfach «Epidemien» auch von Pferdefleisch aus – werden die Larven im Dünndarm des Fleischfressers in 5–7 Tagen geschlechtsreif (Abb. 125 a), und das Weibchen setzt bald danach insgesamt 1000–2000 Larven ab. Diese wandern etwa vom 11. Tag p.i. an in die Muskulatur ein und lassen sich dort intrazellulär einkapseln (Abb. 125; 126; 127). In diesen Kapseln sind die Larven («Muskeltrichinen») bis zu 30 Jahren (d.h. lebenslang!) infektionsfähig. In 90% aller Fälle bleiben Trichineninfektionen allerdings unbemerkt.

Als **Symptome eines Trichinenbefalls** treten – durch die Darmtrichinen bedingt – Beschwerden im Bereich des Duodenums und Jejunums auf (dann häufig letale Infektionen!). Der Befall der Muskelfasern führt zu Muskelschmerzen. Während der jeweiligen Invasionsphase kommt es infolge von Intoxikationen zu hohem Fieber und ausgedehnten Oedemen (besonders am Lid). Bei massiver Invasion können – je nach Art (s.u.) – Todesfälle durch Myocarditis und Lungenkomplikationen eintreten; auch wurden reversible und irreversible Erblindungen beobachtet. Da die adulten Weibchen nur etwa 25–30 Tage lang leben, tritt nach dem Absetzen der Larven und dem Befall der Muskulatur (selten des ZNS) eine latente Phase ein. Neben *T. spiralis* existieren nach biochemischen und molekularbiologischen

Untersuchungen von Pozio et al. (1992) noch mindestens 4 weitere Arten im Genus *Trichinella*.

1. *Trichinella pseudospiralis*. Diese Art, die weltweit vorwiegend bei wilden Vögeln und Säugern auftritt (sich aber auch im Menschen entwickelt), bildet keine Kapsel um die befallene Muskelfaser aus und zeigt keine Widerstandsfähigkeit gegen Tieffrieren. Eine Pathogenität beim Menschen ist noch unbewiesen.

2. *T. nativa* hat eine holarktische Verbreitung bei sylvatischen Säugern und zeigt eine hohe Überlebensquote beim Tieffrieren. Die Pathogenität für den Menschen ist mittel bis hoch.

3. *T. nelsoni* ist auf Äquatorialafrika beschränkt und findet sich in wilden Säugetieren. Die Widerstandsfähigkeit gegen Tieffrieren ist gering, ebenfalls die Pathogenität für den Menschen.

4. *T. britovi*. Diese Art zeigt eine paläarktische Verbreitung bei Nagern und Schweinen, geringe Widerstandsfähigkeit gegen Tieffrieren und eine schwache Pathogenität bei Infektionen des Menschen.

Trichuriasis. Ein *Trichuris*-Befall kann eine **Erkrankung** im Bereich des Caecums und des Dickdarms beim Menschen und bei seinen Haustieren (Hund und Schwein) hervorrufen. Mit seinem fadenartigen Vorderende – daher auch Peitschenwurm (ursprünglich hielt man

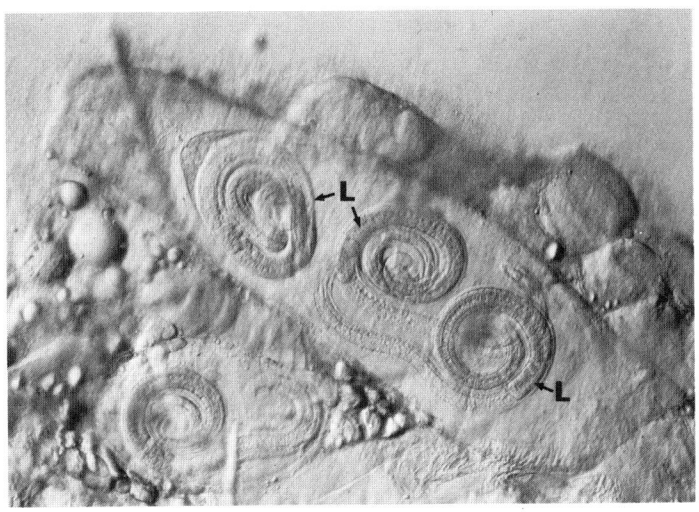

Abb. 126: *Trichinella spiralis.* Mehrfachbefall einer Muskelfaser der Hausmaus. Drei Larven (L) haben die Faser entsprechend gedehnt. × 1000

dies für das Hinterende) – steckt er in der Darmschleimhaut. Die
Larve entwickelt sich nach dem Schlüpfen aus dem Ei direkt in etwa
1–3 Monaten zum geschlechtsreifen Wurm. Nach der Kopulation
setzen die Weibchen für 4–5 Monate zahlreiche typische Eier
(Abb. 130 a) ab und sterben danach. Die Eier benötigen lange Zeit im
Freien für die Entwicklung einer infektionsfähigen Larve (bei 15 °C
etwa 4–6 Monate; bei 30 °C nur 11 Tage). Geringer Befall mit *Trichuris*-Würmern bleibt meist unbemerkt; starker Befall kann jedoch
zu ernsten katarrhalischen und hämorrhagischen Entzündungen im
Enddarmbereich bis hin zum Enddarmprolaps führen. **Die Infektion**
erfolgt durch orale Aufnahme von larvenhaltigen Eiern mit kontami-
nierter Nahrung (Mensch: z. B. Salatpflanzen, die mit menschlichen
Fäkalien gedüngt wurden). Da *Trichuris*-Infektionen in tropischen
Ländern stark verbreitet sind, wird dieser Wurm nicht selten als
«Reiseandenken» nach Deutschland eingeschleppt.

Enterobiasis, Oxyuriasis. Beim Menschen (häufig Kinder!) tritt
Enterobius vermicularis auf (Tab. 15), bei Einhufern finden sich
Arten der Gattung *Oxyuris* (Tab. 15), bei Nagern Arten der Gattung
Passalurus.

Ihnen ist gemeinsam:

a) Die Adulten leben auf der Mucosa des Dickdarms.

b) Die Männchen sind erheblich kleiner als die Weibchen und sterben
nach der Kopulation.

Abb. 127: Schem. Darstellung der Entstehung einer Gewebecyste von *Trichinella spiralis* (die Trichinen-Larve ist aus zeichentechn. Gründen unverhältnis-
mäßig stark verkleinert und steht daher nicht in Relation zur Größe der Wirt-
zellorganellen).

a) Kurz nach dem Eindringen werden die Sarkomere der Muskelfaser lysiert.

b) Je eine Zone von Mitochondrien und Lakunen des Endoplasmatischen
Reticulums werden um die Larve gebildet. Die Kerne hypertrophieren; die
Sarkomere sind völlig verschwunden.

c) Durch Abscheidung des peripheren ER der Wirtszelle entsteht noch intrazellulär eine Zone aus fibrillärem Material, das im Lichtmikroskop als
Cystenwand erscheint (KA).

d) Die Cystenwand wird innerhalb von 60 Tagen sehr dick. Außen können noch
Bindegewebszellen aufgelagert werden.

CE = Konfluierendes ER; ER = Endoplasm. Reticulum; KA = Kapselwand =
Cystenwand im LM; KH = Hypertrophierender Kern der WZ; KW = Kern der
Wirtszelle; MI = Mitochondrion; SD = Sarkomer in Deformation; TR = Trichi-
nenlarve; WZ = Wirtszelle; ZM = Zellmembran der Muskelfaser.

c) Die Weibchen haben ein extrem zugespitztes Hinterende (= «Pfrie-menschwänze») und wandern zur Eiablage aus dem Anus aus. Ins-gesamt werden während des nur 4–5 Wochen während Lebens vom ♀ etwa 11 000 Eier abgesetzt.

d) Frisch abgelegte Eier (mit klebriger Oberfläche) entwickeln schnell (bei *Enterobius* in wenigen Stunden) eine Larve, die im Ei ver-bleibt, bei *Oxyuris* zudem zwei Häutungen vollzieht.

e) **Die Infektion** erfolgt oral durch Aufnahme larvenhaltiger Eier.

f) **Die klinischen Symptome** sind relativ unbedeutend. Ein Befall äußert sich in Juckreiz (beim Auswandern der Weibchen) und in Schleimhautreizungen. Wegen der relativ kurzen Lebenszeit der

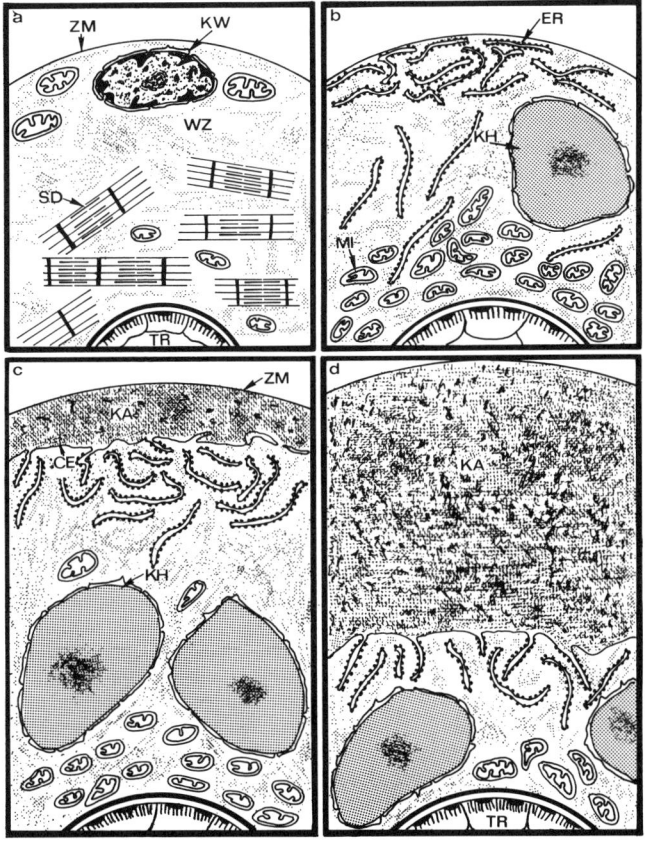

Würmer muß meist mehrfach im Abstand von drei Wochen **therapiert** werden, um die Infektion zu unterdrücken.

Ascariasis, Askariose. Spulwürmer (Fam. Ascaridae) gehören zu den größten und häufigsten Parasiten des Menschen und nahezu aller Haustiere (Tab. 15). Die im Darm ihrer Wirte lebenden Weibchen (etwa $1^1/_2$ Jahre) setzen bei den größeren Arten täglich etwa 200 000 Eier ab (im Extremfall sogar bis etwa 1,6 Millionen). Die larvale Entwicklung im Ei dauert im Freien (bei 20 °C) etwa 30–40 Tage, eine Häutung eingeschlossen. Diese Larve 2 schlüpft nach **oraler Aufnahme** des Eies im Darm des Wirts und dringt in die Mesenterialvenen ein. So gelangt sie schließlich in die Leber, wo nach einer weiteren Häutung die Larve 3 angetroffen wird. Einige Autoren erhielten Hinweise, daß sich im Ei bereits die Häutungen bis zur Larve 3 vollziehen, wobei die Cuticula der L_1 schnell verschwindet, so daß der Eindruck von nur einer Häutung vermittelt wird. Vom 4.–7. Tag p. i. an jedoch werden eindeutige L_3 in größerer Anzahl in der Lunge beobachtet. Nach Verlassen der Gefäße wandern diese aus den Alveolen über die Bronchien zur Trachea, werden aufgehustet und gelangen über die Epiglottis erneut in den Oesophagus und Magen-Darm-Kanal, wo sie vom 8. Tag p. i. an angetroffen werden. Nach weiteren 25–30 Tagen und zwei vollzogenen Häutungen wächst die Larve zum

---

Abb. 128: Schem. Darstellung des Lebenszyklus des Hundespulwurms *Toxocara canis*.
A, B: Wirtstypen
A = Endwirt, **A_1** = Fehlwirt Mensch; **B_1** = paratänische Wirte.
1–3 Entwicklung
1 Frisch abgesetztes, dickwandiges Ei.
2 Ei mit Larve eins (im Freien)
3 Ei mit Larve zwei (im Freien)
4 Wird ein derartiges, larvenhaltiges Ei vom Menschen (**Fehlwirt, B**), von Zwischenwirten (**B_1**) oder sogar von immunen Hunden aufgenommen, schlüpft im Darm die Larve 2 und wandert im Körper umher (s. Larva migrans, S. 341).
5–7 Fressen nichtimmune Hunde larvenhaltige Mäuse (**5**) oder L2-haltige Eier (**4, 6**), so gelangt die Larve über eine Herz-Lungen-Trachea-Schlund-Passage in den Darm. Dort erreichen die Würmer die Geschlechtsreife. Schon bei einer geringen Immunität von Weibchen entwickeln sich die Larven im Hund nicht weiter, sondern bleiben inaktiv. Während der Trächtigkeit werden die Larven durch die Hormone des Wirts aktiviert und dringen in die Foeten vor, die somit bei Geburt bereits infiziert sind (**7**). Infektionen der Welpen über die Muttermilch sind ebenfalls häufig.

geschlechtsreifen Wurm heran (Abb. 113 e; 120). Etwa 1$\frac{1}{2}$–2 Monate nach der Infektion (= **Präpatenz**) erscheinen die ersten Eier im Stuhl. Die Infektion erfolgt vorwiegend durch orale Aufnahme von larvenhaltigen Eiern in kontaminierter Nahrung. Neuere Befunde zeigten aber auch, daß von Larven, die in rohem Schweinefleisch enthalten sein können, eine recht beträchtliche Infektionsgefahr ausgeht. Schweine ihrerseits können sich durch Fressen von larvenhaltigen Regenwürmern massiv infizieren. Somit weist der ursprünglich als monoxen eingestufte *Ascaris*-Zyklus ebenfalls Zwischenwirte bzw. paratänische Wirte auf. Wegen ihrer Herz-Lungen-Trachea-Schlund-Passage treten beim Spulwurmbefall zweierlei **Schädigungen** auf:

1. Es kommt während der Wanderung zu flüchtigen Lungenveränderungen mit eosinophilen Infiltraten unter Husten und Fieber.

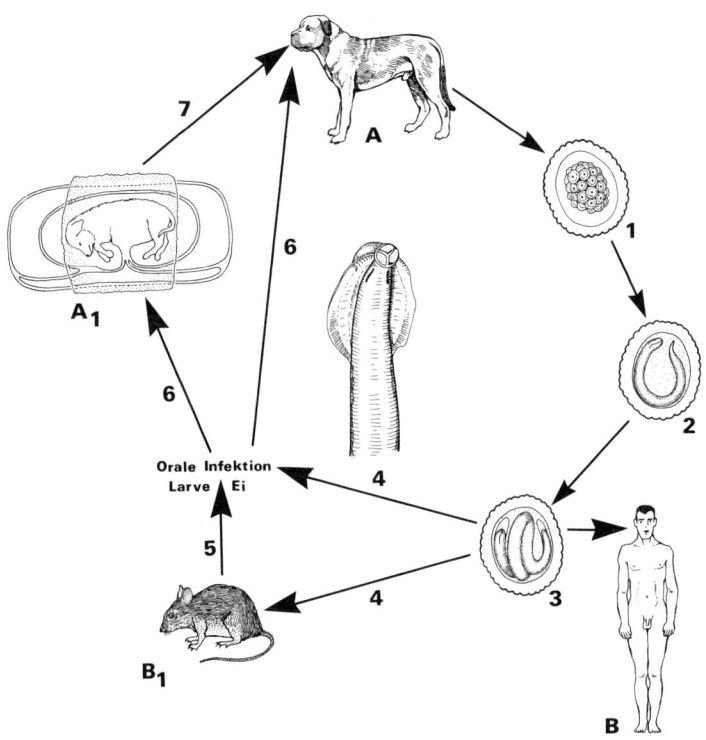

2. Es treten meist Darmbeschwerden auf bis hin zum Darmverschluß bei entsprechend hoher Befallsquote oder spastischen Reaktionen. Geringer Befall bleibt meist unauffällig. Die Adulten ♀ leben 1–1$\frac{1}{2}$ Jahre und können gelegentlich auch erbrochen werden.

Toxokarose, Toxaskariose. Bei Hund und Katze treten je zwei Spulwurmarten auf, die je nach Art 8–18 cm lang werden können: **1. Hund** (*Toxascaris leonina, Toxocara canis*); **2. Katze** (*Toxascaris leonina, Toxocara mystax*). Diese Würmer (vgl. Tab. 15) sind alle durch sog. Alae und drei Lippen im Mundbereich gekennzeichnet (Abb. 128). Die typischen dickwandigen, etwa 75 µm großen Eier der Spulwürmer werden unembryoniert abgesetzt und bedürfen einer (temperaturabhängigen) Entwicklung im Freien von 3–5 Tagen (*Toxascaris*) bzw. 10–15 Tagen (*Toxocara*). Während bei *Toxascaris* die Entwicklung zum geschlechtsreifen Adulten im Darm direkt erfolgt, kommt es bei den Arten der Gattung *Toxocara* zu einer komplizierten Körperwanderung mit einer Herz-Lungen-Trachea-Schlund-Passage (Abb. 128). Dieser Entwicklungszyklus bedingt, daß die pränatale Infektion die bei weitem häufigste ist. Hunde und Katzen können als Jungtiere bei massivem Spulwurmbefall schwer erkranken und unbehandelt sogar sterben. Reinfektionen verlaufen dagegen schwächer und bleiben evtl. gänzlich symptomlos. Allerdings ist das erneute Auftreten von Erkrankungserscheinungen unter Streß möglich. Ein Spulwurmbefall kann für Monate unbemerkt bestehen bleiben und stellt dann eine Gefährdung für den Menschen dar. Beim Menschen werden die Spulwürmer nicht geschlechtsreif, und einmal aufgenommene Larven wandern für Monate im Körper umher (vgl. **Larva migrans**, S. 341). Da die **Chemotherapie** der Hunde- und Katzenspulwürmer mit Bendazolen und Avermectinen leicht möglich ist, stellt die Toxokarose lediglich ein diagnostisches Problem dar (s. S. 317).

Ancylostomiasis, Ancylostomatidose. Die Ancylostomiasis, auch als **Hakenwurm**- oder beim Menschen als **Tunnel-Krankheit** bezeichnet, ist auf warme Gebiete beschränkt, tritt aber auch z. B. in Bergwerken auf, wenn die entsprechenden Klimabedingungen herrschen. Ihr Hauptverbreitungsgebiet liegt daher zwischen 30° südlicher und 40° nördlicher Breite. Dort leben nach Schätzungen der WHO etwa 900 Millionen Hakenwurmträger. Beim Menschen werden zwei Arten geschlechtsreif: *Ancylostoma duodenale* und *Necator americanus* (Tab. 15). Bei Haustieren kommen auch in Mitteleuropa Hakenwürmer vor (z. B. Gatt. *Bunostomum* bei Wiederkäuern, *A. caninum* bei Hunden), von denen einige auch die Haut des Menschen befallen.

Im Freien (mindestens 17 °C; optimal sind 23–30 °C) häuten sich die Larven aller Hakenwürmer innerhalb von 5–7 Tagen zweimal bis zur Larve 3. Diese wird wegen der sich nicht ablösenden 2. Larvenhaut auch als «**gescheidet**» (*engl.* sheathed) bezeichnet. Sie ist befähigt, **percutan** und gelegentlich auch **peroral** in den Wirt, so auch in den Menschen, einzudringen. Dort wandern die Larven (wie *Ascaris*-Arten) über Herz, Lunge, Schlund schließlich in den Dünndarm ein, wo sie nach 4–6 Wochen geschlechtsreif werden und die Weibchen mit der Eiablage beginnen (Präpatenz). Die Hakenwürmer überleben angeblich bis zu 20 Jahre, dürften aber im Durchschnitt wohl kaum älter als 2 Jahre werden (Abb. 112 a, d; 113 b; 122 a, b). Da die ♀ täglich 9000 (*Necator*) oder sogar 20 000 (*Ancylostoma*) Eier absetzen, können auch relativ wenige Würmer schnell viele Menschen bzw. Tiere gefährden.

Die adulten Würmer sind durch eine Kopfkapsel mit 4 Zähnen (*Ancylostoma duodenale*), 6 Zähnen* (*A. caninum*) oder zwei halbmondförmigen Schneideplatten (*Necator americanus*) ausgezeichnet. Mit Hilfe dieser Organe halten sich die Würmer in der Darmschleimhaut fest, fressen Teile der Mucosa ab und saugen bis 0,3 ml Blut/Tag, das sie obligat zur Atmung benötigen und sie rötlich erscheinen läßt. Der ständige **Blutverlust** – durch Nachblutungen beim Ortswechsel begünstigt – führt bei Massenbefall (oft 1000) neben Darmbeschwerden zu schwerer Eisenmangel-Anämie, langdauerndem Siechtum und häufig auch zu Todesfällen (Kinder!!).

Larvenstadien des Hundehakenwurms *A. brasiliensis* werden im Menschen nicht geschlechtsreif, sondern wandern längere Zeit (evtl. Monate) – wie manchmal auch die Larven von *A. duodenale* – in der Haut (3–5 cm täglich) umher. Diese «**Larva migrans cutanea**», auch als Hautmaulwurf (*engl.* creeping eruption) bezeichnet (s. S. 341), ruft Hautschäden hervor, die besonders der **Hautmyiasis** durch einige Fliegenlarven (s. S. 437 ff.) ähnlich sind.

Strongyloidiasis, Strongyloidose. Verschiedene *Strongyloides*-Arten (Zwergfadenwürmer) rufen ernste Krankheitserscheinungen beim Menschen und seinen Haustieren hervor. Alle Arten weisen einen als **Heterogonie** (s. S. 4) bezeichneten Generationswechsel auf. Die getrenntgeschlechtliche Generation (♀ 2n, ♂ 1n) lebt im Freien, und das Weibchen setzt befruchtete Eier ab, aus denen rhabditiforme Larven schlüpfen. Nach zwei Häutungen werden sie zur filariformen Larve 3,

---

* Es sind jeweils zwei Zähne vorhanden, die allerdings je zwei bzw. drei Zacken aufweisen, die wie Einzelzähne wirken (Abb. 112 a).

die percutan einzudringen vermag. Nach einer Herz-Lungen-Schlund-Passage wachsen die Larven im Darm zu parthenogenetischen Weibchen heran. Diese setzen nach etwa 17 Tagen p. i. Eier mit unterschiedlichen Chromosomensätzen ab, aus denen noch im Darmlumen rhabditiforme Larven schlüpfen (Abb. 129–2, 3). Diese auch bei gemäßigten Temperaturen lebhaft beweglichen rhabditiformen Larven können – je nach Chromosomensatz –

a) sich noch im Darm über rhabditiforme zu filariformen Larven 3 häuten und wieder in die Schleimhaut eindringen (**Endo-Autoinvasion**, Abb. 122 d) **oder**

b) die Umwandlung außerhalb des Darms in Afternähe vollziehen und dann eindringen (**Exo-Autoinvasion**) **oder**

c) diese Umwandlung erst nach längerem Aufenthalt im Freien (in Abhängigkeit von Wärme, Feuchtigkeit) vollziehen (**direkte Entwicklung**) **oder**

– zum weiblichen, befruchtungsfähigen, freilebenden Adulten heranwachsen (**indirekte Entwicklung**),

– oder es entstehen freilebende Männchen. Entgegen früheren Annahmen einer Sex-Determination des jeweiligen Wurms auf Grund der Chromosomenanzahl bzw. dessen Ploidie ist dieser Prozeß

Abb. 129: Schematische Interpretation der Lebenszyklen von *Strongyloides*-Arten: *S. stercoralis* – Mensch, *S. papillosus* – Wiederkäuer (s. Tab. 15).

A **Parthenogenetische**, homogonische Generation im Darm des Wirts.

B Freilebende **heterogonische** Generation

1, 2 Parthenogenetische Weibchen produzieren Eier mit verschiedenen Chromosomensätzen (n). Larven können bereits im Darm schlüpfen (= **Autoinvasion**, s. AIDS, S. 71).

3–5.1 3n-Eier entwickeln sich via L_1–L_3 zur homogonischen Weibchengeneration (im Darm oder im Freien).

3–6.1 2n-Eier werden zu freilebenden Weibchen

3–6.2 1n-Eier werden zu freilebenden Männchen

7–12 Die Abkömmlinge der freilebenden Generation entwickeln sich über die nicht fressende L_3 und nach deren Penetration zu parthenogenetischen Weibchen. Einige L_3 bilden sich zu einer weiteren freilebenden Generation um (offenbar liegt hier ein anderer Chromosomensatz vor). Nach der Penetration der L_3 in den Wirt kommt es zu einer **Herz-Lungen-Trachea-Schlund-Passage** (Häutungen in der Lunge zur L_4 und im Darm zur präadulten Form). Einige Autoren nehmen eine **protandrische** Entwicklung und Selbstbefruchtung an (d. h. zunächst erfolgt die Ausbildung der männlichen Gonade, nach deren Verschwinden die weibliche (wie das etwa beim Krötenparasiten *Rhabdias bufonis* der Fall ist)); daher tauchen bei *Strongyloides* echte Männchen im Darm **nicht** auf.

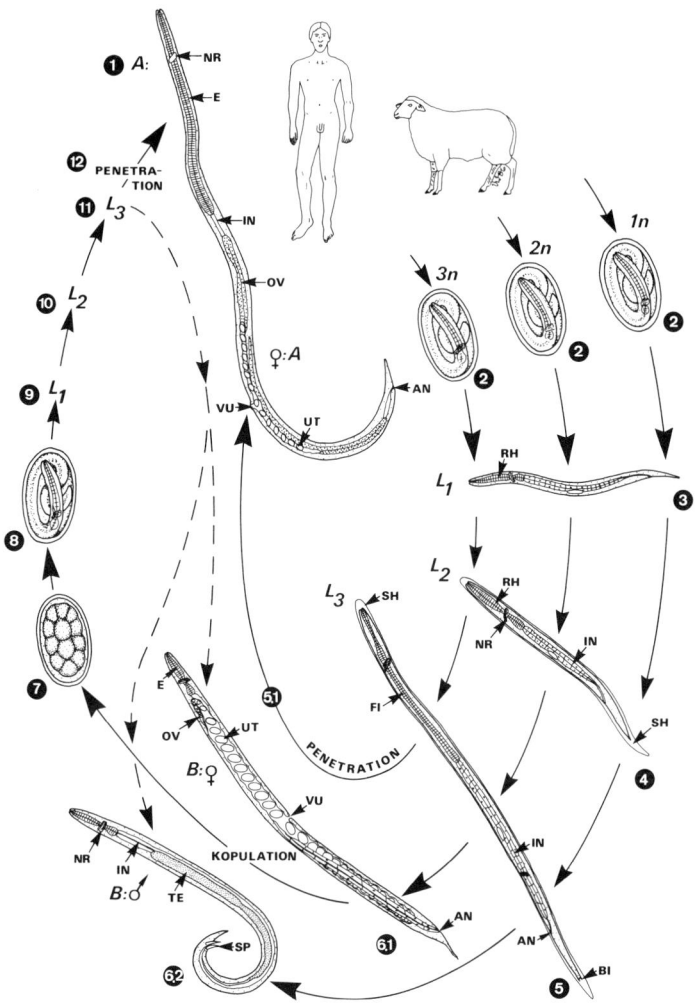

AN = Anus; BI = Zweigabliger Hinterpol; E = Oesophagus; FI = Filariformer
Oesophagus; IN = Darm; L = Larven 1–4; n = Anzahl der Chromosomensätze;
NR = Nervenring; OV = Ovar; RH = Rhabditiformer Oesophagus; SH = Sheath
(Scheide, Cuticula des vorhergehenden Stadiums); SP = Spicula; TE = Testis
(Hoden); UT = Uterus mit Eiern; VU = Vulva.

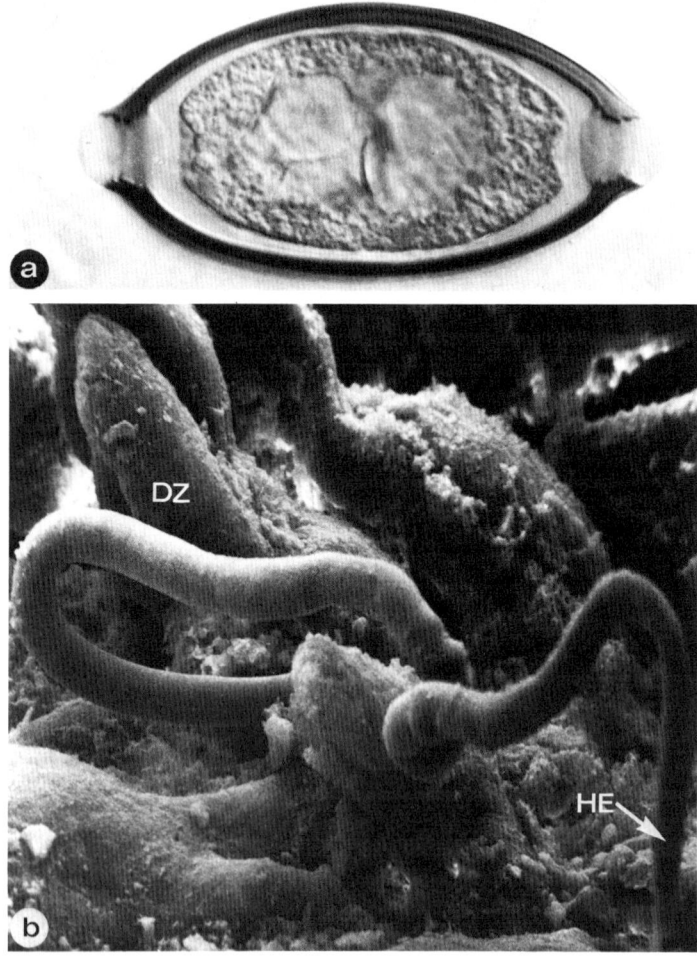

Abb. 130: Fadenwurmstadien.

a) *Trichuris trichiura.* LM-Aufnahme (Nomarski) eines Eies des Peitschen-wurms aus den Fäzes des Menschen. × 60

b) *Strongyloides stercoralis.* SEM-Aufnahme eines parthenogenetischen Weibchens beim Einbohren in die Darmzotten (DZ), während das Hin-terende noch frei ist (HE). Obduktionsbefund von Prof. Dr. Huth, Düsseldorf, bei einer mit Cortison behandelten Patientin und dadurch bedingtem Mas-senbefall. × 200

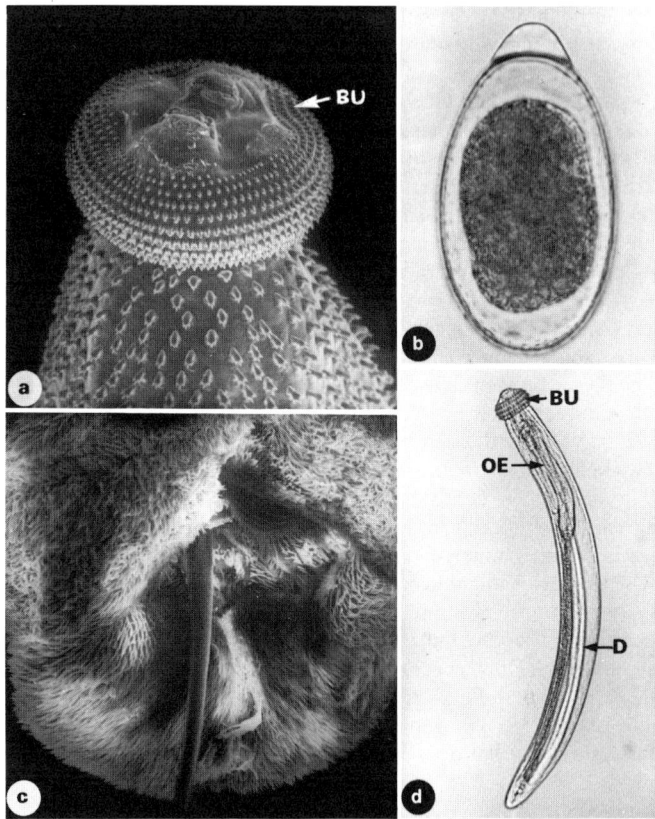

Abb. 131: *Gnathostoma hispidum* (by courtesy of Dr. Ishii, Fukuoka) a, c REM-Aufnahmen, b, c Lichtmikroskopische Aufnahmen

a. Bulböses, dornenbesetztes Vorderende des Männchens aus einem natürlich infizierten Schwein × 160

b. Heranreifendes Ei (mit einer Polkappe) × 2000

c. Hinterende des Männchens mit einem Spiculum × 1200

d. L_3-Larve (Infektionslarve) aus einer Schmerle (Fisch). Auch dieses Stadium besitzt schon den charakteristischen apikalen Bulbus. × 20

BU = Bulbus; D = Darm; OE = Oesophagus.

heute noch nicht definitiv geklärt. So weisen nämlich die parthenogenetischen parasitären Weibchen von *S. stercoralis* sechs Chromosomen auf (= 2n), während die freilebenden angeblich nur fünf besitzen. Bei *S. papillosus* und *S. ransomi* besitzen dagegen alle Stadien vier Chromosomen.

Die Abgabe der verschiedenen Eier bedingen (nach *in-vitro*-Versuchen) äußere Faktoren (Substrat, pH; O_2/CO_2-Spannung), die offenbar entweder die Genaktivität oder das Gleichgewicht der Geschlechtshormone verändern (s. Moncol und Triantaphyllou, 1978). Nur 1–4% der vom parthenogenetischen Weibchen abgesetzten Larven vollziehen die Entwicklung im Freien zur getrenntgeschlechtlichen Generation. Dieser Prozeß ist wiederum abhängig vom Substrat. Gleichzeitig scheint ebenfalls die jeweilige Immunlage des Wirts die Höhe dieses Prozentsatzes zu beeinflussen. So wurde nämlich festgestellt, daß von hoch immunisierten Wirten weit mehr Larven ausgeschieden werden, die sich zur geschlechtsreifen Generation im Freien entwickeln. Die parthenogenetischen ♀ setzen während ihrer etwa 1 Jahr dauernden Lebenszeit täglich etwa 50 Eier bzw. Larven ab, während die freilebenden Weibchen nur wenige hundert Eier in der kurzen Lebensspanne von etwa 2 Wochen ablegen.

Die **Hauptschädigungen** durch einen Zwergfadenwurmbefall sind im Respirationstrakt mit pneumonischen Erscheinungen und im Darmkanal (Diarrhöe) anzutreffen. In manchen Gebieten der Tropen liegt eine hohe Durchseuchung der Bevölkerung vor (Kolumbien z. B. 30–60%). Todesfälle durch *Strongyloides*-Befall sind nicht selten (Abb. 131 b; 135a). Wegen der verschiedenen Möglichkeiten der **Autoinvasion** (s. o.) hat *S. stercoralis* große Bedeutung bei immunkom-

---

Abb. 132: Schem. Darstellung des Lebenszyklus von *Gnathostoma spinigerum* (♀ bis 5 cm, ♂ bis 3 cm).

A–D: Wirtstypen

A = Endwirt. Hier sind die hakenbewehrten Würmer in der Magenwand verankert.

B = 1. Zwischenwirt (Copepode).

C = 2. Zwischenwirt (Fische).

D = Fehlwirt Mensch, aber auch viele Stapelwirte wie andere Fische, Amphibien, Vögel, Reptilien, Schweine.

1–5 Stadien im Lebenszyklus

1 Eier werden unembryoniert in den Fäzes abgesetzt (müssen ins Wasser gelangen).

2, 3 Nach einer Woche der Entwicklung schlüpft die Larve 1, die frei umherschwimmt und von einem Copepoden gefressen wird.

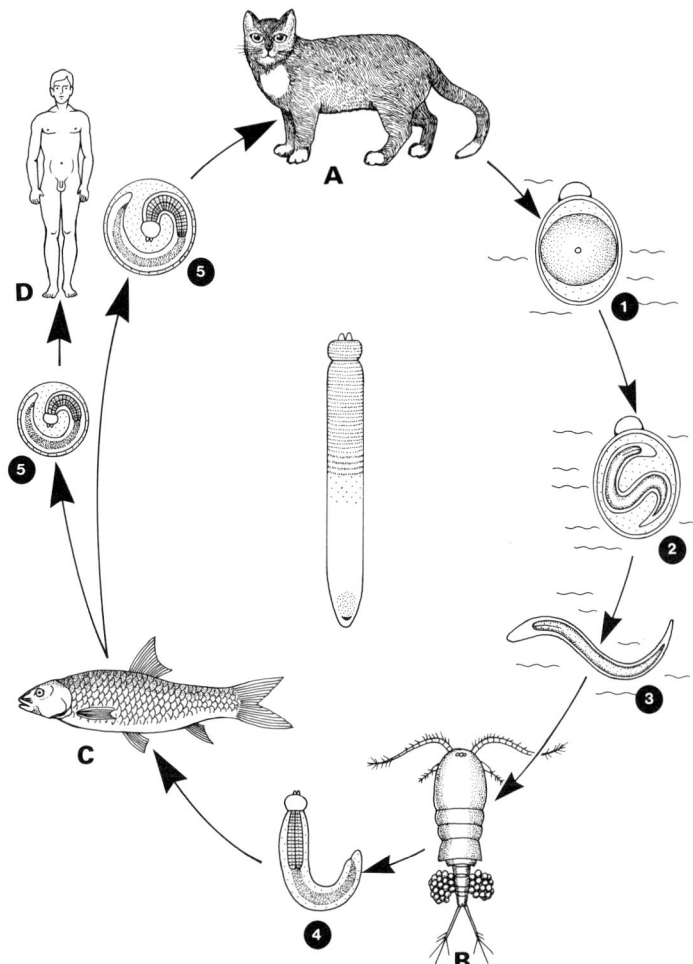

4   Im Copepoden entsteht binnen 7–10 Tagen die Larve 2. Sie wird von Fischen (**C**) mit dem Copepoden aufgenommen.

5   In dessen Muskulatur entwickelt sich die etwa 4 mm lange Larve 3, die vom Wirt oft eingekapselt wird. Diese L 3 ist sowohl für den Endwirt Katze (**A**) als auch für andere Stapelwirte (**D**) infektiös. Im Endwirt wird die Geschlechtsreife erreicht, im **Fehlwirt Mensch** dagegen nicht, sondern es werden Körperwanderungen eingeleitet, was zum Krankheitsbild der Gnathostomiasis führt.

Tab. 15: Übersicht über wichtige parasitische Nematoden, nach dem System geordnet

Familie und Art	Länge (mm) des adulten Wurms ♀	♂	Ei- bzw. Larvengröße (µm)	Endwirt/Sitz der adulten Würmer	Zwischenwirt	Präpatenz im Endwirt (Wochen)
Fam. Strongyloididae						
Strongyloides papillosus	a) 4–6	–	40–60 × 32–40	a) Wiederkäuer; Dünndarm	–	1,5
	b) 0,7–1,1	0,6	30	b) im Freien	–	
S. stercoralis	a) 2	–	40 × 30	a) Hund, **Mensch**; Dünndarm	–	2,5–4
	b) 0,8–1,0	0,7	30	b) im Freien	–	
Fam. Ancylostomatidae						
Ancylostoma caninum	14–18	11–14	53–69 × 36–53	Hund; Dünndarm	–	2,5
A. duodenale	11–13	8–11	60	**Mensch**; Dünndarm	–	5–6
Necator americanus	9–11	7–9	55	**Mensch**; Dünndarm	–	5–6
Fam. Strongylidae						
Strongylus vulgaris	20–24	10–17	80–93 × 47–54	Pferde; Colon	–	24
S. equinus	36–48	25–35	72–92 × 41–54	Pferde; Colon, Caecum	–	32–36
S. edendatus	28–40	20–28	72–88 × 90–92	Pferde; Colon	–	40–44
Syngamus trachea	5–20	6	78–110 × 43–46	Hühnervögel; Trachea	Regenwurm	2,5–3

Fam. Trichostrongylidae						
Trichostrongylus sp. (= *T. axei*, *T. colubriformis*)	4–6	3–5	75–90 × 40–43	Wiederkäuer, Pferde, evtl. **Mensch**; Magen	—	3
Ostertagia circumcincta	9–12	7–9	80–100 × 40–50	Schafe; Abomasum	—	2
O. ostertagi	8–9	6–8	65–80 × 30–40	Rinder; Abomasum	—	3[c]
Haemonchus contortus	18–30	18–21	70–85 × 41–44	Wiederkäuer; Abomasum	—	3
Fam. Metastrongylidae						
Dictyocaulus viviparus	60–80	35–55	L_1 (420 µm) in Fäzes	Rind; Bronchien, Trachea	—	3–4
D. filaria	30–100	30–80	L_1 (550 µm) in Fäzes	Schafe, Ziegen; Lunge	—	4–5
Parastrongylus cantonensis	21–25	18	L_1 (300 µm) in Fäzes	Nager, **Mensch**; Lunge, Gehirn	Schnecken, Krabben	6–7
Fam. Oxyuridae						
Enterobius vermicularis	8–13	3	50–60 × 20–30	**Mensch**; Colon, Caecum	—	4–5
Oxyuris equi	40–180	10–20	80–95 × 40–45	Pferde; Colon, Caecum	—	16–20

Fortsetzung Tab. 15: Übersicht über wichtige parasitische Nematoden, nach dem System geordnet

Familie und Art	Länge (mm) des adulten Wurms ♀	♂	Ei- bzw. Larvengröße (µm)	Endwirt/Sitz der adulten Würmer	Zwischenwirt	Präpatenz im Endwirt (Wochen)
Fam. Heterakidae						
Heterakis gallinarum	10–15	7–13	65–80 × 35–46	Hühnervögel; Caecum	–	3–4
Fam. Ascaridae						
Ascaris lumbricoides	200–410	150–250	50–75 × 40–50	**Mensch, Schweine;** Dünndarm	–	6–11
A. suum	200–300	150–250	65–85 × 40–60	**Mensch, Schweine;** Dünndarm	–	6–11
Parascaris equorum	60–380	60–280	90–120 × 60	Pferde; Dünndarm	–	6–12
Toxocara canis	120–180	100–120	90 × 75	Hunde; Dünndarm	–	4
Toxocara vitulorum	210–270	150–250	69–93 × 62–77	Kalb; Dünndarm	–	3
Fam. Dracunculidae						
Dracunculus medinensis	500–1200	29	Larven (600 × 20)	**Mensch, Hund;** Unterhaut-bindegewebe	Cyclops (Krebs)	40–56

Fam. Onchocercidae						
Onchocerca volvulus	350–700	20–40	Larven (ungescheidet) (300 × 7)	**Mensch; Unterhaut-bindegewebe**	*Simulium* sp.; Kriebelmücken	32–52
O. gutturosa	40–60	40	Larven (ungescheidet) (260 × 7)	Wiederkäuer; Unterhautbindegewebe	*Odagmia* sp.; Kriebelmücken	28
Fam. Filariidae						
Wuchereria bancrofti	100	40	Larven (gescheidet) (275 × 8)	**Mensch; Lymph-gefäße**	*Aedes* sp.; *Culex* sp.; Mücken	52
Brugia malayi	80–90	30	Larven (gescheidet) (300 × 8)	**Mensch; Lymph-gefäße, Bindegewebe**	*Mansonia* sp.; *Anopheles* sp.; Mücken	12
Loa loa	70	35	Larven (gescheidet) (290 × 8)	**Mensch; Unterhaut-bindegewebe**	*Chrysops* sp.; Fliegen (Bremse)	52
Litomosoides carinii	60–120	20–25	Larven (gescheidet) (94 × 7)	Ratten; Pleurahöhle	*Bdellonyssus* sp.; Milben	10–11
Dirofilaria immitis	250–300	120–180	Larven (ungescheidet) (200–300 × 8)	Hunde, Katze; Herz, Pulmonararterie	*Culex* sp.; *Anopheles* sp.; Mücken	25

Fortsetzung Tab. 15: Übersicht über wichtige parasitische Nematoden, nach dem System geordnet

Familie und Art	Länge (mm) des adulten Wurms ♀	♂	Ei- bzw. Larvengröße (µm)	Endwirt/Sitz der adulten Würmer	Zwischenwirt	Präpatenz im Endwirt (Wochen)
Mansonella perstans	70–80	45	Larven (ungescheidet) (200 × 4)	**Mensch**; Hund; Leibeshöhle	*Culicoides* sp.; Gnitzen	36
Fam. Trichuridae						
Trichuris trichiura	50–60	50	50	**Mensch**; Colon	–	4–12
T. ovis	35–70	50	70–80 × 30–42	Wiederkäuer; Caecum	–	12
Capillaria annulata	10–50	10–25	60–62 × 24–27	Hühnervögel; Schlund	Regenwurm	3
Fam. Trichinellidae						
Trichinella spiralis	3–4	1,5	Larven (100 × 10)	«Fleischfresser», **Mensch**; Darm	–	1

a) parthenogenetische Generation (die Larven verlassen bei vielen Arten schon im Darm das Ei, so daß Larven im Kot auftreten)
b) getrennt-geschlechtliche freibleibende Generation
c) Bei der Sommerostertagiose beträgt die Präpatenz ca. 3 Wochen. Da die Larven im Herbst und Winter im Darm des Wirts ein Ruhestadium einlegen, kann sich die Präpatenz auf 4–5 Monate verlängern.

promittierten Personen (z. B. AIDS-Patienten, Patienten mit Dauer-
medikation von Immunsuppressiva) erlangt. Ohne Chemotherapie
überschwemmt dieser opportunistische Parasit (vgl. S. 71) seine Wirte
und führt unweigerlich zum Tod. Das Auftreten von invasionsfähigen
Larven in den Fäzes gefährdet außerdem in starkem Maße das Perso-
nal von Diagnoselaboratorien. *Strongyloides*-Larven anderer Arten
(*S. ransomi* besonders wichtig bei Schweinen!) können sich beim
Menschen nicht zu geschlechtsreifen, parthenogenetischen Weibchen
entwickeln, sondern wandern dann über längere Zeit in der Haut
umher (als sog. Hautmaulwurf); die Erkrankung wird auch als
«**creeping eruption**» bezeichnet (vgl. S. 341).

Strongyliasis, Strongylidose. Zu den sog. Strongyliasen wird im
weiteren Sinne die oben (s. S. 324) besprochene, besonders für den
Menschen bedeutsame Ancylostomiasis gerechnet. Andere Strongyliasen treten häufig bei Wiederkäuern, Einhufern, Schweinen, aber
seltener bei Fleischfressern auf. Die wichtigsten Arten gehören zu folgenden Familien (s. Tab. 15; Abb. 123):
a) Familie Metastrongylidae (z. B. Lungenwürmer der Schweine und
   Rinder),
b) Familie Trichostrongylidae (Magen- und Dünndarmwürmer, z. B.
   der Pferde, Wiederkäuer, Geflügel),
c) Familie Strongylidae (meist Dickdarmwürmer, z. B. der Pferde, Esel
   u. a.),
d) Familie Angiostrongylidae (in Lungen von Ratten).
Diesen Familien ist mit den Ancylostomen gemeinsam, daß die
Männchen stets eine **Bursa copulatrix, zwei Spicula**, ein spindelför-
miges **Gubernaculum** (dient als Gleitschiene für die Spicula) sowie
häufig einen sog. **Telamon**-Apparat aufweisen (Abb. 119 f). Die Lage
der weiblichen Geschlechtsöffnung (Vulva) kann artspezifisch variieren (vom 1. bis zum 3. Körperdrittel). Je nach artspezifischem Sitz
im Organ bedingen diese Nematoden hier primär zum Teil ganz erhebliche Schädigungen. Beim Nutzvieh können massive Infektionen
Todesfolge haben; selbst bei geringem Befall werden ganz erhebliche
Gewichtsverluste verzeichnet. Die externe Entwicklung von Trichostrongyliden führt vom Ei zur infektiösen Larve 3, die – was für die
Ausbreitung dieser Parasiten von enormer Bedeutung ist – auch im
Freien überwintern kann. Im Verlauf der inneren Entwicklung werfen
die vom Wirt oral mit dem Futter aufgenommenen Larven 3 ihre
Scheide (= Kutikula der Larve 2) ab und wachsen über 2 Häutungen
in 2–3 Wochen zu geschlechtsreifen Adulten heran, die unmittelbar
Krankheitssymptome wie Abmagerung etc. herbeiführen (**Sommer-**

ostertagiose). Die Entwicklung zum Adulten (Abb. 123) kann bei einigen Trichostrongyliden jedoch im frühen 4. Larvenstadium unterbrochen werden. Dieses als **Hypobiose** bezeichnete Phänomen hat eine wesentliche epizootologische, pathogenetische und chemotherapeutische Bedeutung (s. Mehlhorn et al., 1993; Boch, Supperer, 1992) und führt zur sog. **Winterostertagiose**. Hierbei treten Krankheitssymptome nicht vor März auf, nachdem von den Rindern zwar im Herbst zahlreiche Larven aufgenommen worden waren, diese aber in der Schleimhaut die erwähnte Ruhephase einlegten.

Als Parasiten des Menschen haben diese Würmer relativ geringe Bedeutung. Einige *Trichostrongylus*-Arten der Nutztiere (*T. orientalis, T. colubriformis*) können jedoch beim Menschen gelegentlich zu heftigen Entzündungen des Darms führen oder als Larven (u. a. ins Auge) wandern.

Besondere Bedeutung für den Menschen kommt der Ratten-Nematoden-Art ***Parastrongylus (Angiostrongylus) cantonensis*** zu. Die adulten Würmer (♂ 18 mm, ♀ bis 25 mm lang) leben primär in den Lungenarterien von Ratten. Die Larven schlüpfen noch in der Lunge aus abgelegten Eiern und werden nach 36–48 Tagen p. i. in den Fäzes angetroffen. Im Freien müssen die Larven von einem Zwischenwirt (z. B. terrestrische Schnecke) aufgenommen werden und sich zweimal häuten. Fressen Ratten solche Schnecken, wandern die dritten Larven über Darmvenen und Herz ins Gehirn, wo die Würmer nach zwei weiteren Häutungen geschlechtsreif werden und von da aus wieder in die Lungenarterie einwandern. Gelangen diese Larven jedoch nicht in eine Ratte (Endwirt), sondern in einen unspezifischen Wirt (Rinder, Schweine, Krebse, Planarien, auch Mensch), so wandern sie umher und dringen beim Menschen nicht selten ins Gehirn vor. Dort führen sie dann häufig zu einer Meningo-Encephalitis. **Die Infektion des**

Abb. 133: *Onchocerca volvulus*. SEM- (a, b), TEM- (c) und LM-Aufnahmen (d, e).
a) Vorderende der ungescheideten Mikrofilarie. × 4000
b) Vorderende des Weibchens. Im Regelfall treten die Mikrofilarien einzeln aus der Geburtsöffnung (Vulva) aus. × 300
c) Querschnitt durch das Vorderende einer Mikrofilarie. × 7000
d) Totalansicht einer Mikrofilarie. × 250
e) Uteruseier mit differenzierten Mikrofilarien. × 250
A = Amphide (Sinnesorgan); CU = Cuticula; EI = Eihülle; HY = Hypodermis; K = Kopf; LZ = Larvenzahn; M = Mund; MF = Mikrofilarie; MI = Mitochondrion; MT = Mikrotubulus; MZ = Muskelzelle; S = Schwanz; SP = Sinnespapille.

Menschen kann durch Verzehr infizierter Zwischen- und Transport-
wirte oder auch durch aktives Eindringen der Larven (z. B. bei Kontakt mit Wunden) erfolgen. Auch eine «echte» *Angiostrongylus*-Art
kann den Menschen befallen: *A. costaricensis*. Dieser Parasit, der in
den südl. Teilen Nordamerikas, in Mittelamerika sowie im nördl.

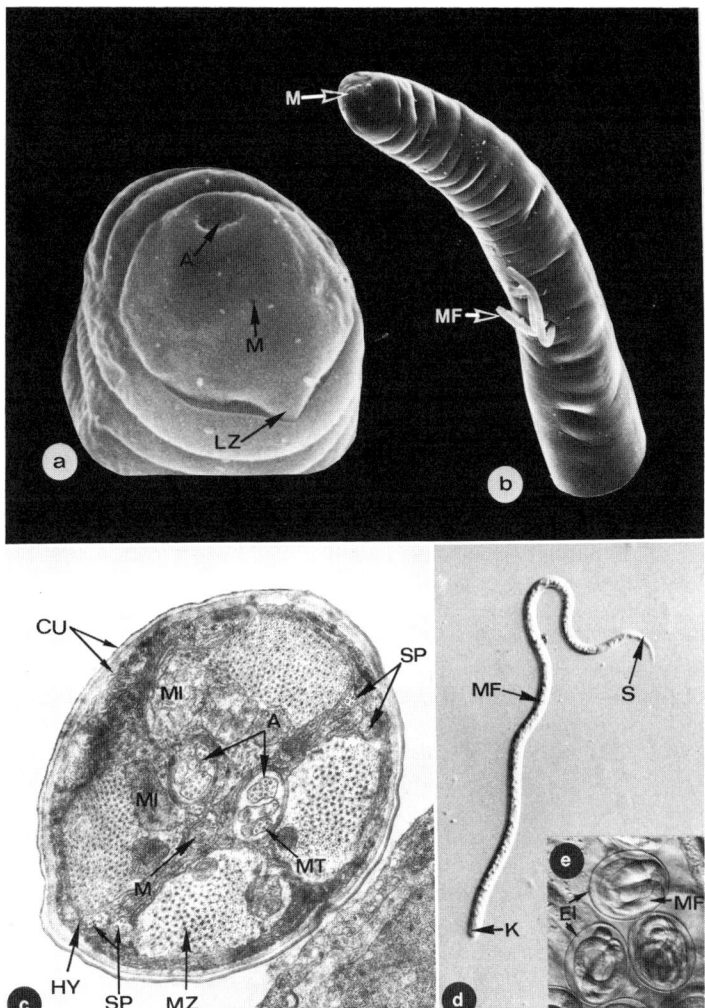

Südamerika auftritt, ist ein Parasit der Haus- und Baumwollratten (= **Hauptendwirt**). Bei ihnen wie beim gelegentlichen Wirt Mensch (vorwiegend Kinder!) leben die adulten Würmer (♀ 33 mm lang, ♂ 20 mm) in den Mesenterialgefäßen des Darmes (Ileum, Caecum). Die nach der Kopulation vom Weibchen abgesetzten Eier gelangen mit dem Blutstrom in die Gefäße der Mucosa und Submucosa des Darmes, wo die Embryonierung und (nur bei Ratten!) auch das Schlüpfen der 260 µm langen Larven erfolgt. Diese wandern in das Darmlumen ein und werden bei der Ratte mit den Fäzes frei, während beim Menschen weder Eier noch Larven ausgeschieden werden. Nacktschnecken dienen nach Verzehr der Larven als **Zwischenwirte**, in denen binnen 18 Tagen die infektionsfähige L_3 entsteht. Die **Infektion** des **Menschen** wie auch des Hauptendwirts Ratte erfolgt durch orale Aufnahme von Schnecken bzw. von deren Hämolymphe beim Spielen. Die Larve 3 dringt dann in die Darmwand ein und wächst in etwa 24 Tagen zur Geschlechtsreife heran. Beim Menschen finden sich als Symptome abdominale Schmerzen, Erbrechen, Fieber, Leucocytose und Eosinophilie (bis 81%!).

Anisakiasis. Hierbei handelt es sich um eine schmerzhafte Erkrankung des Magens und/oder des oberen Dünndarms, die leicht mit einem Magengeschwür oder symptomatisch mit einer Blinddarmentzündung verwechselt werden kann. Dieses Krankheitsbild ist die Folge des Eindringens von Larven 3 dreier Spulwurmgruppen (*Anisakis, Pseudoterranova, Contracaecum*), die in roh bzw. ungenügend gegarter Seefischmuskulatur enthalten sind, im Menschen (= **Fehlwirt**) aber nicht geschlechtsreif werden.

Endwirte für beide Wurmgruppen sind marine Säugetiere (Delphine, Wale, Seehunde etc.), die die nicht embryonierten Eier mit den Fäzes absetzen. Im Freien erfolgt oft die Bildung der L_1 und L_2 im Ei. **Erste Zwischenwirte** sind kleine Crustaceen, in denen sich die L_3 entwickelt. Werden solche Crustaceen von **2. Zwischenwirten** (breites Fischspektrum) aufgenommen, so wächst die L_3 heran; manche Autoren fanden Hinweise auf eine Entwicklung zur L_4. Andere räuberisch lebende Fische können als Stapelwirt dienen (vgl. S. 3). Werden dann solche Zwischenwirte des 2. Typs von Endwirten gefressen, ist der Zyklus geschlossen. Im wesentlichen treten auf:

a) *Pseudoterranova decipiens* (syn. *Phocanema, Porrocaecum, Terranova*) findet sich in nordpazifischen Fischen (**Endwirt** vorwiegend Robben), wird im Fisch bis ca. 5 cm lang und ist wegen seiner gelbbraunen Färbung bei gegartem Fisch vorwiegend ein ästhetisches Problem. Beim Kabeljau als «Kabeljauwurm» bekannt.

b) *Anisakis simplex* (syn. *Anacanthocheilus, Eustoma*) ist weltweit verbreitet; **Endwirte** sind vorwiegend verschiedene Walarten. Als zweite Zwischenwirte dienen viele Fischarten, aber auch Tintenfische! Die meisten schweren Humaninfektionen (auch in Deutschland) gehen auf diese Wurmart zurück. So errechneten Möller und Schröder (1987) folgende Wurmlarvenmenge pro kg in Deutschland angelandeten Seefisch: Rotbarsch – 1, Kabeljau – 2, Seelachs (Köhler) – 6 und Leng – 40, was schon auf ein Gefährdungspotential hinweist. Befallsraten von 50% und 80% beim «Matjes» bzw. «Bückling» (insbesondere bei großen Formen, da die Infektionsrate mit der Fischgröße steigt) sind keine Seltenheit. Daher besteht bei diesen beliebten Speisefischen eine erhebliche Infektionsgefahr.

c) Neben diesen beiden Arten existiert noch eine Vielzahl weiterer Würmer mit ähnlichen Lebenszyklen, wobei die adulten Würmer im Darm von Delphinen, Seehunden oder fischfressenden Vögeln anzutreffen sind. Nur bei wenigen Arten (z.B. *Contracaecum osculatum*) liegen Untersuchungen zum Lebenszyklus vor, so daß die Infektionsgefahren für den Menschen größer sein könnten, als bisher angenommen. Diese Würmer sollten aber nicht mit solchen Nematoden verwechselt werden, die bei Fischen in Geweben geschlechtsreif werden (z.B. *Anguillicola crassus* in der Schwimmblase des Aals), aber nicht den Menschen befallen.

Die **Infektion** des Menschen erfolgt durch die orale Aufnahme derartiger Larven mit ungenügend gekochter Fischmuskulatur. Im Menschen gelangen die aufgenommenen Larven nicht zur Geschlechtsreife, sondern bohren sich in die Magen- bzw. Darmwand ein und führen zu Wucherungen. Gelegentlich kommt es auch zur Perforation des Darmes. **Als Symptome** einer **Anisakiasis** werden Fieber, Koliken, Abszesse, eosinophile Magengranulome und evtl. Darmverschluß beschrieben. Chirurgische Resektion ist in schweren Fällen erforderlich. In leichten Fällen verschwinden die Beschwerden spontan in 1–2 Wochen. Als **Chemotherapeutikum** kann Tiabendazol dienen.

Creeping eruption (Hautmaulwurf). Dieses Krankheitsbild wird hervorgerufen von wandernden Nematodenlarven, die im Menschen (oder im jeweiligen Tierwirt) nicht geschlechtsreif werden können oder aber ihr Zielorgan verfehlt haben. Häufig werden folgende Nematoden beobachtet und z.T. als **Larva migrans cutanea** bezeichnet:

1. *Strongyloides stercoralis*-Larven (Abb. 122 d; s. S. 325), die ihr Ziel «Lunge» verfehlten, oder Larven von *Strongyloides*-Arten der Tiere.

2. *Ascaris lumbricoides*-Larven (s. S. 322), die ebenfalls die Lunge verfehlen.
3. Hunde-Hakenwurm-Larven (wie Abb. 122 a; s. S. 325), die im Menschen nicht geschlechtsreif werden.
4. Larven von *Gnathostoma*-Arten. Die Adulten dieser Würmer leben in Asien in Knoten der Magenschleimhaut von Hunden, Katzen und Schweinen (= Endwirte). **Erste Zwischenwirte** sind Kleinkrebse (Copepoden), in denen die Entwicklung bis zur L_2 verläuft. In **zweiten Zwischenwirten** (Fische) entsteht die L_3, die in die Muskulatur eindringt und für die Endwirte infektiös ist (Abb. 131; 132). Bei **Infektion** des Menschen mit L_3-Larven durch Genuß roher Muskulatur bzw. Organe der Zwischenwirte 2 werden diese Würmer nicht geschlechtsreif, sondern die aufgenommenen L_3 wachsen auf 2–9 cm Länge heran und wandern in der Unterhaut (**Gnathostomiasis externa**, aber auch in inneren Organen (**Gnathostomiasis interna**).
5. Larven der Spulwürmer (*Toxocara*-Arten) der Hunde und Katzen. Die **Infektion** erfolgt hier durch orale Aufnahme von Eiern (etwa im Sandkasten!). Bei Spulwürmern der Waschbären (*Baylisascaris procyonis*) kommt es bevorzugt zu einer Wanderung ins Auge (oculäre Larva migrans; s. Abb. 128).
6. Larven von *Dirofilaria*-Arten des Hundes. Die **Infektion** erfolgt durch den Stich der übertragenden Stechmücken (Gattung *Anopheles*, *Culex*, *Aedes*; s. S. 420).

Als **Symptome** eines derartigen Befalls treten meist lokale Schwellungen, Juckreiz, unspezifische Fieber, eine hohe Eosinophilie wie auch hohe IgE-Werte auf. Bei Befall innerer Organe werden häufig auch pneumonische Erscheinungen beschrieben. Als **Chemotherapie** haben sich Tiabendazol und Albendazol bewährt (bei zusätzlichen Gaben von Antihistaminika; s. S. 317).

Larva migrans visceralis. Einige der oben erwähnten Nematodenlarven dringen häufig auch in innere Körperbereiche ein und rufen dort organspezifische Schäden hervor (z. B. *Toxocara*). **Chemotherapie** s. o.

Dracunculiasis (Dracunculose, Dracontiasis). Der Medina-, Drachen- oder Guineawurm *Dracunculus medinensis* ist als Unterhautparasit – besonders der Extremitäten – seit alters her bekannt. Auf vielen alten Abbildungen von Patienten aus dem Nahen Osten wird dargestellt, wie das fadenartige, bis 1 Meter lange Weibchen aus Wunden der Extremitäten von Menschen mittels eines gespaltenen

Hölzchens vorsichtig herausgezogen und aufgerollt wird, was vermutlich die Urform des heutigen Aeskulapstabs der Ärzteschaft darstellt. Hauptverbreitungsgebiete sind der Mittlere Osten, Afrika und Indien.

Bis auf einige wenige erfolgreiche experimentelle Übertragungen auf Primaten, Hunde und Katzen handelt es sich bei der Dracunculiasis um eine spezifische Erkrankung des Menschen (**Anthroponose**). Zwar existieren bei Säugern mit *Dracunculus insignis* und *D. fuelleborni* noch weitere Vertreter der Gattung *Dracunculus*, ihre veterinärmedizinische Bedeutung ist aber ebenso gering wie die einiger bei Reptilien parasitierenden Arten (Muller, 1971).

Dracunculus medinensis lebt geschlechtsreif im Unterhautbindegewebe des Menschen (Tab. 15). Nach der Kopulation entwickelt sich im Uterus in den Eiern je eine Larve, die vom Weibchen direkt ins Süßwasser abgesetzt wird. Dies geschieht, indem das Weibchen mit dem Vorderende die Epidermis des Wirtes durchbricht, offenbar durch einen Abkühlungsreiz dazu stimuliert. An der etwa 1 cm vom Vorderende des Weibchens gelegenen Geschlechtsöffnung platzt es dann meist auf und entläßt in einem milchigen Strom Tausende der etwa 550–760 µm × 15–30 µm großen Larven 1, die schon einen ausgebildeten Darm mit Mund, Pharynx und After aufweisen und durch einen spitzen Schwanz charakterisiert sind. Bei der ersten Ablage entläßt das Weibchen durchschnittlich etwa 500 000 Larven, danach etwa 100 000 Larven täglich. Insgesamt soll jedes Weibchen etwa 1,8 Millionen Larven produzieren, bevor es abstirbt. Die Larven bleiben im Süßwasser 4–7 Tage aktiv (mindestens 19 °C), müssen dann aber von einem Krebs der Gattung *Cyclops* (Flohkrebse) gefressen werden, wo sie nach zwei Häutungen in der Leibeshöhle zur infektiösen Larve 3 heranreifen. Nach **oraler Aufnahme** des Krebses durch den Endwirt Mensch (Trinkwasser!) wandern die bei der Verdauung der Krebse freigesetzen Larven durch die Darmwand in den Bereich der axillaren und inguinalen Lymphknoten und durchlaufen zwei weitere Häutungen. Schließlich wachsen sie in etwa 10–14 Monaten (Präpatenz!) zu geschlechtsreifen Tieren heran. (Der exakte Wanderweg der Larven ist noch nicht geklärt.)

Meist sind nur 1–4 Würmer in einem Wirt anzutreffen, in seltenen Fällen wurden auch bis zu 40 beobachtet, wobei die Weibchen meist fast gleichzeitig die Haut des Menschen durchbrechen. Weibliche Würmer, die nicht die Oberfläche erreichen oder die ihre Larven schon abgesetzt haben, sterben ab und verkalken (wie die Männchen), so daß sie sich röntgenologisch darstellen lassen. Charakteristische **Krankheitserscheinungen** vor dem Austreten des weiblichen

Wurms an der Körperoberfläche fehlen oft oder beschränken sich auf
allergische Reaktionen, die nur unsicher auf eine *Dracunculus*-Infek-
tion hindeuten. Nach dem Durchbrechen der Haut kann es in diesem
Bereich leicht zu bakteriellen Sekundärinfektionen und zu einer evtl.
lebensbedrohlichen Sepsis kommen.

Filariasis, Filariose. Die Filariasis ist eine Sammelbezeichnung für
verschiedene Krankheiten, die von einer Wurmgruppe (Filarien) hervorgerufen werden. Die Filarien sind
a) **obligat an eine Übertragung durch blutsaugende Arthropoden
(Fliege, Mücke, Milbe, Zecke) gebunden;**
b) **ihre Weibchen setzen ovovivipar oder vivipar im Körper des Endwirts Larven, sog. Mikrofilarien (s. S. 345, 349), ab.**
Diese besitzen im Gegensatz zu den «lebendgeborenen» Larven
von *Trichinella spiralis* und *Dracunculus medinensis* noch keinen
Darm, können dabei «gescheidet» oder «ungescheidet» sein, je nachdem, ob die dünne Eihülle noch die junge Larve umgibt oder nicht
(Abb. 133; 134). Die Filarien werden oft nach dem Sitz der Adulten
(s. Tab. 15) in
1) **Hautfilarien** (A),
2) **Lymphgefäßfilarien** (B, C),
3) **Körperhöhlenfilarien** (D, nur bei Tieren) und
4) **Blutgefäßfilarien** (E)
untergliedert und hier in dieser Reihenfolge vorgestellt.

A. Onchocerciasis, Onchocercose

Onchocerca volvulus führt zu einer auch als Flußblindheit be-
zeichneten Krankheit (eine reine *Anthroponose*, ca. 40 Millionen
Befallene, von denen etwa 25% erblindet sind). Die Übertragung
erfolgt durch den Stich weiblicher Kriebelmücken (Abb. 170 d) der
Gattung *Simulium* (*S. damnosum, S. neavei* in Afrika; *S. callidum,
S. metallicum* in Mittelamerika). Im Menschen liegen die adulten
Würmer in Knäueln (oft in Knoten der Unterhaut) zu mehreren
Weibchen und Männchen zusammen, die vom Wirtsgewebe in

Abb. 134: Schematische Darstellung verschiedener Mikrofilarien.
a) Rekonstruktion nach TEM-Ergebnissen bei *Brugia, Litomosoides* und
Acanthocheilonema (Dipetalonema).
b–e) Art-Differenzierung anhand der Kerne am Hinterende; bei *B. malayi* ist der
Kernabstand am Ende z. T. erheblich größer; bei *D. perstans* kann eine dop-
pelte Kernreihe bis zum Hinterende vorliegen, dann bildet jedoch der letzte
(einzelne) Kern eine Art Endknopf.

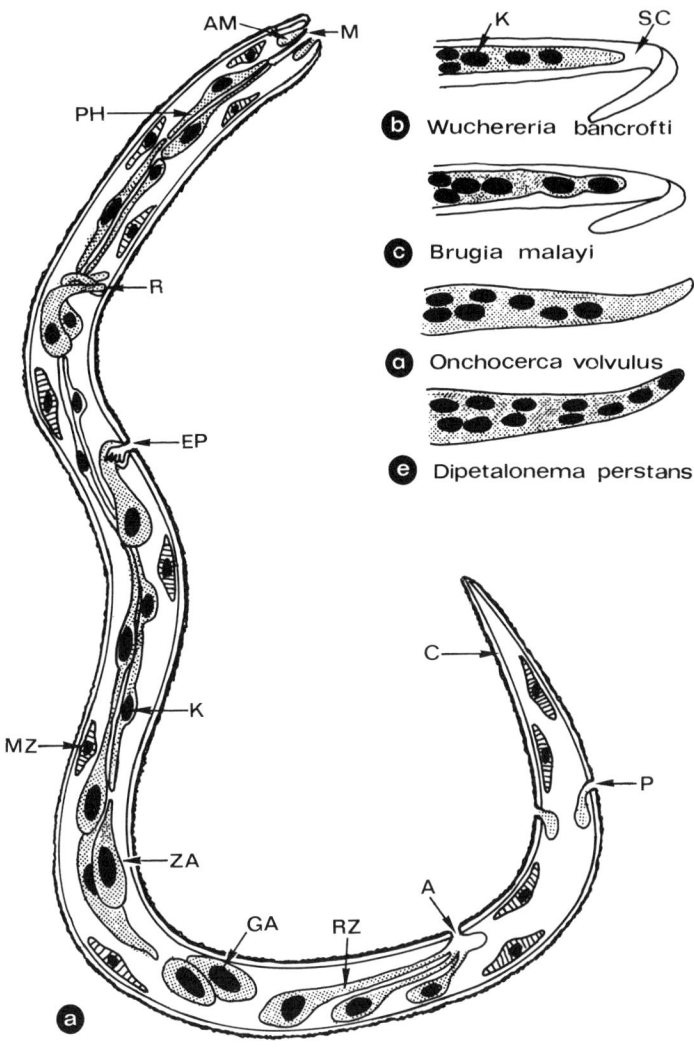

b Wuchereria bancrofti

c Brugia malayi

a Onchocerca volvulus

e Dipetalonema perstans

A = Anus; AM = Amphide; C = Cuticula + Hypodermis; EP = Exkretionsporus; GA = Geschlechtsanlage; K = Kern; M = Mund; MZ = Muskelzelle (liegen viel dichter!); P = Phasmide; PH = Pharynxanlage; R = Ringnerv; RZ = Rectalzelle; SC = Scheide = *engl.* sheath; ZA = Zentrale Zellanhäufung.

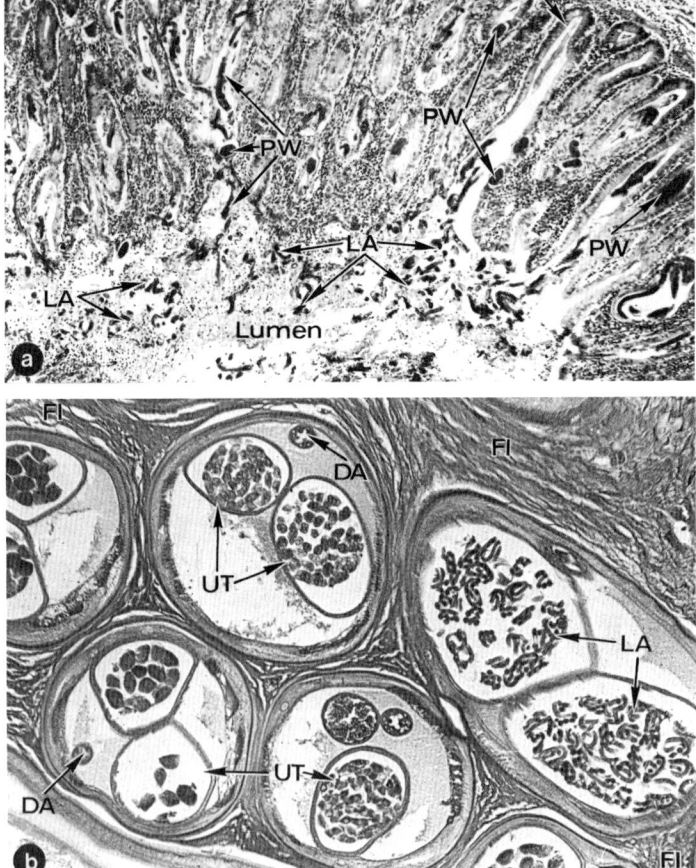

Abb. 135: Gewebeständige Fadenwürmer.

a) *Strongyloides stercoralis.* Histopathologie des menschl. Dünndarms mit zahlreichen Wurmstadien, LM. × 50

b) *Onchocerca volvulus.* Ausschnitt aus einem Knoten in der menschl. Unterhaut, wobei mehrere Weibchen quer getroffen wurden, LM. × 100

DA = Darm; DZ = Darmzotte; FI = Fibröses Material, LA = Larve; PW = Parthenogenetisches Weibchen; UT = Uterus mit unterschiedlichen Entwicklungsstadien der Larven.

fibröse Cysten eingeschlossen werden (Abb. 135 b; 136). Beim farbigen Menschen treten neben den **Knoten** noch z. T. extreme **Hautveränderungen** wie Depigmentierung und Papierhaut auf. Die Weibchen setzen (bis zu 15 Jahren) ungescheidete Mikrofilarien ab, die in die peripheren Lymphgefäße wandern, aber auch ins Auge, wo sie absterben und durch Auslösung von Immunreaktionen zur **Erblindung** führen können (s. Nelson, 1970; Burchardt et al., 1979). Die ständig (also nicht periodisch wie *Wuchereria*, *Loa loa* im Blut) anzutreffenden Mikrofilarien (etwa 30 Monate lebensfähig) von *O. volvulus* werden von blutsaugenden Kriebelmücken-Weibchen aufgenommen, durchbrechen die Darmwand und wandern in die Thoraxmuskulatur ein, wo nach zwei Häutungen die invasionsfähige Larve 3 heranreift; diese weist einen ausdifferenzierten Darm auf. **Übertragung:** Beim Saugakt durchbricht sie die äußeren Mundwerkzeuge des Insekts und wandert **aktiv** in den Stichkanal ein. Meist entwickeln sich nur 1–3 invasionsfähige Larven in einer Simuliide. Im Endwirt angekommen, häuten sich die Larven während des Wachstums noch zweimal und werden in 9–14 Monaten geschlechtsreif (= Präpatenz). Ein Befall mit *O. volvulus* wird durch sog. «skin-snips» nachgewiesen. Dabei wandern Mikrofilarien aus den entnommenen, nur wenige mm großen Hautstückchen in eine physiologische Lösung aus (häufig finden sich mehrere hundert der etwa 300 × 7 μm großen Larven!). Im Ausstrich lassen sich die ungescheideten Mikrofilarien von *O. volvulus* von den entsprechenden Larven von *Dipetalonema streptocerca* unterscheiden, die von Gnitzen (Gattung *Culicoides*, s. S. 427) übertragen werden. Die Adulten von *D. streptocerca* treten in den gleichen Hautbereichen auf wie *O. volvulus*, sind aber auf Westafrika beschränkt und wohl auch weniger pathogen.

Onchocerca gutturosa findet sich in Europa in Rindern; die infektionsfähige Larve wird von *Odagmia* (syn. *Simulium*) *ornata*, einer einheimischen Kriebelmücke, übertragen. *Onchocerca*-Arten anderer Haus- oder Wildtiere haben Gnitzen (Ceratopogonidae) als Zwischenwirte (s. S. 427).

B. **Loiasis**

Die Loiasis wird ausschließlich bei Primaten von der sog. Wanderfilarie *Loa loa* hervorgerufen, die ihr Verbreitungsgebiet im westlichen Afrika hat (etwa 15 Millionen Menschen sind befallen). Die **Übertragung** erfolgt durch Bremsen der Gattung *Chrysops*. Diese Insekten fliegen tagsüber und können beim Saugakt die gescheideten, periodisch am Tage – besonders gehäuft von 13–15 Uhr – in die peripheren Blutgefäße einwandernden Mikrofilarien (**Mikrofilaria diurna**) aufnehmen. In der Bremse häutet sich die junge Filarie in 8–10 Tagen schließlich zur Larve 3, die beim nächsten Saugakt in ähnlicher Weise wie *O. volvulus* in den Stichkanal einwandert und beim Menschen in 1–4 Jahren zum adulten Wurm heranwächst. Während dieser Zeit und auch während der Geschlechtsreife wandern die adulten Stadien im Unterhautbindegewebe umher (bis zu 15 Jahren), was zu lokalen, aber vorübergehenden, hühnereigroßen, allergischen «wandernden» Schwellungen (sog. **Kalabar-Schwellung**) führt. Bei Passage der vorderen Augenkammer wird der Wurm von außen sichtbar (daher *engl.* auch als «eyeworm» bezeichnet) und kann operativ extrahiert werden (Abb. 136). Zum Überträger (Vektor) s. Abb. 136, und S. 427.

C. Bancroftian Filariasis (Elephantiasis tropica, lymphat. Filariasis)

Diese Form der Elephantiasis wird durch Lymphstauungen hervorgerufen, die auf die Adulten der Filarienart *Wuchereria bancrofti* zurückgehen (Tab. 15) und als **Spätfolge** z. T. zu enormen

---

Abb. 136: Schematische Darstellung der Lebenszyklen von Humanfilarien.
A. *Loa loa;* adulte Würmer (= Makrofilarien) wandern in der Unterhaut und können dabei die Augenkammern (1) passieren.
B. *Wuchereria bancrofti* und *Brugia malayi* leben in Lymphgefäßen und führen zu Spätschäden als «Elephantiasis»-Schwellungen (1).
C. *Onchocerca volvulus* liegt (oft) zu mehreren Weibchen und Männchen in tastbaren Knoten (1, 1.1) in der Unterhaut.
1. Sichtbare Krankheitszeichen
2. Mikrofilarien, mit Scheide (2.1, 2.2) und ohne (2) befinden sich im Blut (2.1, 2.2) bzw. in der Unterhaut (2). Die Mikrofilarien können periodisch im peripheren Blut erscheinen (2.1) oder sich ständig in der Unterhaut befinden (2).
3.–4. Zwischenwirte (Vektoren) saugen Blut und nehmen dabei die Mikrofilarien auf:
O. volvulus: Simulium spp.
Loa loa: Chrysops spp.
W. bancrofti und *B. malayi*: Culiciden
In der Leibeshöhle und schließlich in der Brustmuskulatur erfolgt die Entwicklung zur Larve 3, die beim nächsten Saugakt aus der Proboscis austritt und in die Stichwunde eindringt.
5. In der Haut wandern die Infektionslarven zu ihrem Erfolgsorgan und erreichen über zwei weitere Häutungen (oft erst nach Jahren) die Geschlechtsreife.

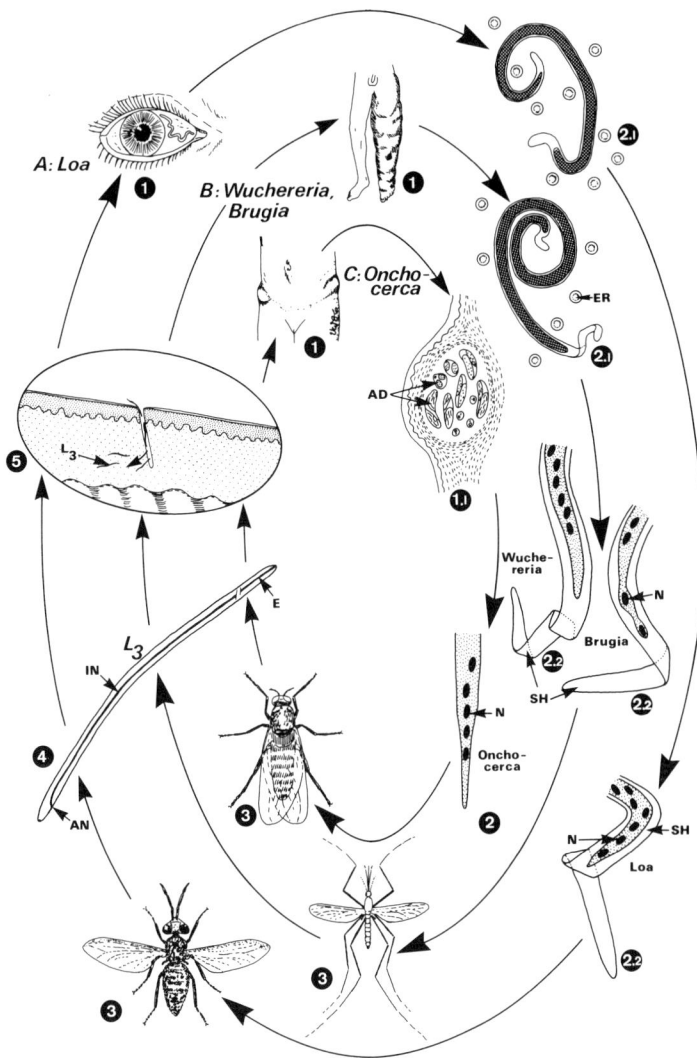

AD = Adulte Würmer im Schnitt; AN = Anus; E = Oesophagus; ER = Erythrocyt; IN = Darm; L₃ = Larve 3; N = Nuclei (ihre Anordnung ist bei Mikrofilarien artspezifisch); SH = Scheide (sheath, hier gedehnte Eischale).

Schwellungen besonders der Extremitäten führen. Die Weibchen setzen (für 6–7 Jahre) gescheidete Larven ab, die periodisch nachts – besonders gehäuft um 22 Uhr – als **Mikrofilaria nocturna** im peripheren Blut auftauchen (abhängig vom CO_2-Partialdruck im Blut!) und so von nächtlich aktiven Mücken der Gattung *Culex, Aedes* und *Anopheles* (*engl.* mosquitos) aufgenommen werden können. In diesen Zwischenwirten erfolgt nach Häutungen die Ausbildung der Larve 3, die beim Stich wieder in den Endwirt gelangt, sich schließlich in 9–12 Monaten zum geschlechtsreifen Adulten differenziert und nach der Begattung mit dem Absetzen von Larven beginnt (= lange Präpatenz). *W. bancrofti* tritt nur beim Menschen auf; es besteht **kein Reservoir** (Abb. 136).

Filarienarten der Gattung *Brugia* weisen einen ähnlichen Zyklus auf; ihre Mikrofilarien sind ebenfalls nachts im peripheren Blut zu finden. Die Adulten von *Wuchereria* und *Brugia* sind durch unterschiedliche Zahl und Anordnung der Analpapillen eindeutig voneinander zu unterscheiden. *Brugia malayi* (Abb. 112 c; 121; 136) und *B. timori*, die neben Haustieren und Primaten auch den Menschen befallen können und von nachts fliegenden Mücken (z. B. *Anopheles*) übertragen werden, rufen ähnliche Symptome hervor wie *Wuchereria bancrofti*. Beim pazifischen Stamm von *W. bancrofti*, der von tagsüber saugenden *Aedes*-Arten übertragen wird, treten die Mikrofilarien tagsüber im peripheren Blut auf (= Mikrofilaria diurna).

D. *Litomosoides carinii*

Diese Nagerfilarie lebt für etwa 1 Jahr als Adultus in der Pleurahöhle von Nagern. Die gescheideten Mikrofilarien (s. Tab. 15) treten nach etwa 70 Tagen p. i. ständig in etwa gleichen Mengen im Blut auf (**nicht-periodisch!**) und sind für etwa 9 Monate insgesamt nachzuweisen. **Überträger** (= Zwischenwirte) sind blutsaugende Milben. Diese Filarie ist von besonderer Bedeutung, weil sie das Modell zur Entwicklung von Medikamenten gegen die humanpathogenen Filarien dient.

E. Dirofilariasis, Dirofilariose

Die Adulten von *Dirofilaria immitis* (Tab. 15) besiedeln meist die rechte Herzkammer und die Lungenarterien von Hunden, Füchsen, Wölfen und Katzen (häufig in Nordamerika, in Europa eingeschleppt). Die Weibchen setzen zahlreiche ungescheidete Mikrofilarien (Tab. 15) ab, die mit einer **wechselnden Periodizität** (18 bzw. 6 h) im peripheren Blut erscheinen, wo sie von Mücken der Gat-

tung *Anopheles, Aedes* wie auch *Culex* (s. S. 420) aufgenommen
werden. In der Mücke erfolgen 2 Häutungen zur Larve 3. Beim
nächsten Saugakt gelangt diese in die Stichwunde, wandert über
das venöse System zu ihrem endgültigen Sitz. Über zwei Häutungen wird sie in etwa 190–270 Tagen geschlechtsreif, so daß dann
Mikrofilarien im Blut nachgewiesen werden können (= Präpatenz).
Die **Patenz** (= Lebensdauer) erreicht etwa 5 Jahre. Als pathologi-
sche Effekte lassen sich bei den Endwirten schwere Schäden der
Lunge wie auch massive Störungen des Herz- und Kreislaufsystems
beobachten, die bei Massenbefall zum Tode führen. Auch **Menschen** können mit *Dirofilaria*-Arten durch kontaminierte Mücken
infiziert werden. Allerdings erreichen die Würmer hier meist nicht
die Geschlechtsreife, sondern wandern als «Larva migrans cutanea» (*engl.* = creeping eruption, s. S. 341) im Körper umher und
führen zu organspezifischen Schäden. Bei Tieren dienen Avermectine zur erfolgreichen **Chemotherapie.**

F. *Mansonella*-**Arten**
Einige Arten der Gattung *Dipetalonema* wurden aus verschiede-
nen Gründen in die Gattung *Mansonella* überführt. Dazu gehören
M. perstans (Afrika, Süd-, Mittelamerika) und *M. streptocerca*
(Afrika). Beide sind vorwiegend Parasiten des Menschen (Affen =
Reservoir). Überträger sind Gnitzen (*Culicoides* spp., s. S. 427).
Die adulten Würmer leben in der Leibeshöhle (*M. perstans*) bzw. in
der Unterhaut (*M. streptocerca*). Die etwa 200 μm langen Mikrofilarien sind ungescheidet und finden sich im Blut (*M. perstans*)
bzw. in der Haut (*M. streptocerca*). Eine Tagesperiodizität ist nicht
anzutreffen. Diese Arten führen wie eine weitere Art: *M. ozzardi*
(nördl. Südamerika) nicht zu großen Schäden.

G. *Dipetalonema*- **und** *Acanthocheilonema*-**Arten**
Eine der etwa 40 *Dipetalonema*-Arten, die nach neuesten Gat-
tungsbeschreibungen auf Südamerika beschränkt sind, und deren
Mikrofilarien gescheidet sind, wurde in die Gattung *Acanthocheilonema* überführt, die ungescheidete Mikrofilarien besitzt
(Abb. 134). Die jetzt als *A. viteae* bezeichnete Art tritt bei Nagern
auf und wird von Lederzecken (*Ornithodoros moubata*) übertragen. Die Adulten liegen in der Unterhaut, ihre ungescheideten Mikrofilarien finden sich im Blut. Dieser Wurm dient als Labor-
modell bei der Suche nach neuen Filariziden.

Schadwirkungen von Filarien

Die oben aufgelisteten, z.T. recht unterschiedlichen und schwer verlaufenden Erkrankungen bei Filarienbefall werden im allgemeinen nur zu einem geringen Teil von den Würmern selbst verursacht, sondern sind meist Folge der Immunantwort des betroffenen Menschen, der somit den Grad der **immunpathologischen Effekte** selbst bestimmt. Es lassen sich drei Grundtypen unterscheiden:

1. Einige (allerdings relativ wenige) Personen in endemischen Zonen werden nicht infiziert. Sie sind offenbar in der Lage, mit Hilfe starker **zellulärer Immunantworten** (u.a. entzündlicher Prozesse) bei nur geringer Antikörperbildung die **eindringenden Erreger** abzutöten.

2. Andere (viele) Personen entwickeln sowohl Entzündungsreaktionen als auch starke Antikörperbildungen, die aber die eindringenden Infektionsstadien nicht abtöten, was letztlich zur Bildung von Adulten und zur Ausschüttung von Mikrofilarien führt. Die Mikrofilarien werden später durch die Immunantworten abgetötet, so daß dann schwerste Krankheitserscheinungen auftreten (z.B. Hautentzündungen, Erblindung bei *Onchocerca*, Lymphstau durch *Wuchereria*).

3. Wieder andere Patienten zeigen nur schwache (herabmodulierte) zelluläre Immunantworten bei gleichzeitiger starker Entwicklung von IgE- und IgG-Antikörpern. Diese Patienten zeigen im Falle von *O. volvulus*, selbst bei hoher Mikrofilariendichte, kaum Hautsymptome, können aber wegen des massiven Mikrofilarienbefalls des Auges leichter erblinden als andere Personen mit anderen Immunantworten.

Therapie der Filariosen: Die Chemotherapie der Filariasis-Formen, die bei mindestens 300 Millionen (1,5 Milliarden sind bedroht!) Menschen in den Tropen auftreten, ist nach wie vor unbefriedigend. Zwar wirkt Diethylcarbamazin auf die Mikrofilarien, hat aber meist nur geringe Effekte auf die Adulten, so daß – ohne weitere Behandlung – durch neugebildete Larven der alte Zustand wieder hergestellt wird. Durch den Zerfall der Mikrofilarien treten zudem erhebliche fieberhaft-allergische Nebenwirkungen (Eiweißschock) auf, denen mit Antihistaminika begegnet werden muß. Suramin hat zwar insbesondere bei der Onchocercose einige Effekte auf die adulten Würmer, ist aber wegen der hohen Toxizität zu gefährlich für den Routineeinsatz. In jüngster Zeit erwies sich das Nematodenmittel Ivermectin als erfolgversprechend und wurde bei der Onchocercose des Menschen bereits breitflächig eingesetzt. Zwar tötet es nicht die Adulten ab, aber verhindert langfristig die Neuproduktion der Mikrofilarien. In Verbindung mit Albendazol hat es eine deutlich höhere Wirkung und verbessert die Lebensqualität der betroffenen Patienten beträchtlich. Einige weitere Substanzen stehen zudem vor der Anmeldung. Allen fehlt jedoch eine schnelle, direkte Wirkung, so daß die Suche nach **befriedigenden Chemotherapeutika** hier weitergehen muß. So bleiben heute vorwiegend die chirurgische Entfernung von Adulten (falls sie irgendwo sichtbar werden) und die Prophylaxe (= chemische und biologische Mückenbekämpfung, Schutz vor Mücken durch Repellents) als letztlich wirksame Maßnahmen (s. S. 420).

Tiernematoden

Bei den oben dargestellten Nematoden handelt es sich im wesentlichen um rein humanpathogene Arten oder zumindest um zoonotische, d. h. vom Tier auf den Menschen übertragbare Formen. Daneben treten bei jeder Tierart eine große Anzahl von für sie spezifischen Arten auf, die z. T. riesige wirtschaftliche Schäden hervorrufen oder aber das Leben der für den Menschen sehr wichtigen «Pet-Animals» (wie Hund und Katze) bedrohen. Zwar wurden einige dieser Arten in der Tabelle 15 (Seiten 332–336) erfaßt und mit den humanpathogenen Arten verglichen, dies konnte aber in diesem Rahmen nur bei Andeutungen bleiben. Die tierpathogenen Würmer sind aber artspezifisch und zudem sehr vielgestaltig. Auch reagieren sie auf die zur Zeit verfügbaren Chemotherapeutika so unterschiedlich, daß zu ihrer Bekämpfung Spezialliteratur herangezogen werden muß (z. B. Rommel et al. 2000, Mehlhorn et al. 1993). Eine Gesamtdarstellung der aktuell verfügbaren **Chemotherapeutika** und der in Entwicklung befindlichen wird im Vol. 2 der «Encyclopedic References of Parasitology» (Mehlhorn 2001) geboten.

15. Zungenwürmer

Bei den **Pentastomida** oder **Linguatulida** (Zungenwürmer) handelt es sich offenbar um eine eigenständige Gruppe, die gewisse morphologische Konvergenzen mit einer Reihe anderer Tierstämme aufweist. Es hat daher nicht an Versuchen gefehlt, sie den Cestoden, Nematoden, Acanthocephalen, Hirudinea, Myriopoda, Crustacea oder Arachnida zuzuordnen. Neuerdings wird der Körper in einen vorderen Cephalothorax und ein Abdomen untergliedert und somit eine Nähe zu den Crustaceen postuliert, was aber auch nicht von allen Autoren akzeptiert wird.

Der Feinbau ihrer **Cuticula** (Abb. 140) stellt sie jedoch in unmittelbare Nähe der Arthropoda; sie ist wegen des Einbaus größerer Mengen Chitins deutlich von der der Nematoden unterschieden (Abb. 114).

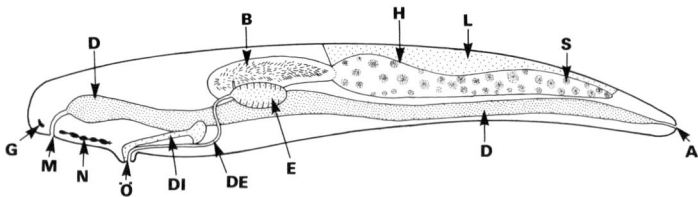

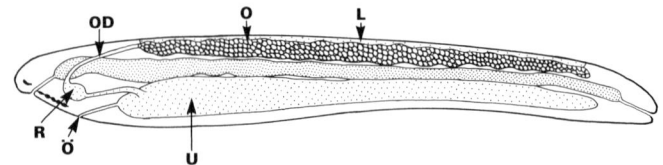

Abb. 137: Schem. Darstellung der Adulten (oben Männchen) von cephalobaeniden Pentastomiden (nach Riley, 1983).

A = Anus; B = Samenblase mit den fadenförmigen Spermien; D = Darm; DE = Vas deferens; DI = Dilator (Erweiterungssystem); E = Ejakulationsbulbus; G = Gehirn (Unterschlundganglien); H = Hoden (Testes); L = Ligament; M = Mund; N = Nervenstrang; O = Ovar; OD = Ovidukt; Ö = Geschlechtsöffnung; R = Receptaculum seminis; S = Spermatocyten; U = Uterus.

Pentastomiden sind getrenntgeschlechtlich und leben adult endoparasitisch im Nasen-, Rachen- bzw. Atmungssystem von Säugern, Vögeln oder Reptilien (70% der Endwirte valider Arten sind Schlangen!). Die Adulten erscheinen äußerlich geringelt, verankern sich mit zwei Paar chitinösen Mundhaken im Gewebe ihrer Wirte (Abb. 139) und ernähren sich von deren Endothelien, Lymphe und/oder Blut (artspezifisch). Ihr Darm mündet terminal bzw. subterminal; ein Exkretionssystem, ein Blutgefäßsystem sowie Atmungsorgane fehlen ihnen in allen Entwicklungsstadien. Bei allen Arten liegen die Genitalöffnungen median und ventral, beim Männchen meist vorn, während beim Weibchen die Lage artspezifisch (sowohl vorn wie hinten) variieren kann (Abb. 137). Nach der Kopulation legt das Weibchen Eier ab, die mit dem Nasensekret der Wirte ins Freie gelangen (bzw. abgeschluckt und via Darm mit den Fäzes ausgeschieden werden) und dann oral von **Zwischenwirten** aufgenommen werden müssen (Ausnahme: *Reighardia* mit direkter Entwicklung). Bei diesen Zwischenwirten handelt es sich bisher fast ausschließlich ebenfalls um Wirbeltiere (bei *Raillietiella* um Insekten). Im Darm des Zwischenwirts schlüpft die Primärlarve. Sie durchbohrt die Darmwand und kann je nach Art verschiedene Organe befallen, wo sie encystiert wird und nach mehreren Häutungen zur infektionsfähigen Larve heranwächst. Der **Endwirt** («Fleischfresser») infiziert sich dann durch orale Aufnahme dieser Infektionslarven, wobei die Infektion des Rachenraumes schon vom Mundraum aus erfolgt.

System: Stamm: PENTASTOMIDA (Auszug)
    Ordnung: Cephalobaenida
        Familie: Cephalobaenidae
            Gattung: *Cephalobaena*
            Gattung: *Raillietiella*
        Familie: Reighardiidae
            Gattung: *Reighardia*
    Ordnung: Porocephalida
        Familie: Sebekidae
            Gattung: *Sebekia*
        Familie: Subtriquetridae
            Gattung: *Subtriquetra*
        Familie: Sambonidae
            Gattung: *Sambonia*
            Gattung: *Waddycephalus*
        Familie: Diesingidae
            Gattung: *Diesingia*
        Familie: Porocephalidae
            Gattung: *Porocephalus*

Gattung: *Kiricephalus*
Familie: Armilliferidae
Gattung: *Armillifer*
Gattung: *Cubirea*
Familie: Linguatulidae
Gattung: *Linguatula*

1. *Linguatula serrata.* Die weltweit verbreiteten, äußerlich scheinbar segmentierten (bis 80 Ringe) zungenförmig abgeplatteten, adulten Tiere sind im männlichen Geschlecht etwa 2 × 0,4 cm, im weiblichen dagegen 8–13 × 1 cm groß (Abb. 120). Sie leben etwa 15 Monate in den Nasenhöhlen von Hunden, Füchsen, Wölfen und auch gelegentlich des Menschen. Die etwa 90 × 70 µm großen Eier – die äußere dünne Hülle verschwindet beim Trocknen – werden mit dem Nasenschleim abgesetzt und enthalten eine **1. Larve**, die durch einen Penetrationsapparat (= **Bohrlarve**) ausgezeichnet ist (Abb. 138 C). Werden solche Eier von Pflanzenfressern (auch vom Menschen!) aufgenommen, durchbohren die Larven die Darmwand und wandern in die verschiedensten Organe (Leber, Lunge) ein, wo sie unter mehreren Häutungen auf 4–5 mm in 6–7 Monaten heranwachsen. Das letzte Larvenstadium (**Nymphe**) ähnelt mit seinen Haken schon sehr den späteren Adulten. Es verbleibt in seiner bindegewebigen Cyste, bis der Zwischenwirt von einem Fleischfresser verzehrt wird. In dessen Nasenhöhlen werden dann die Nymphen nach erneuter Häutung geschlechtsreif und erreichen ihre endgültige Größe. Nur selten wandern die encystierten Larven bereits im Pflanzenfresser aus, werden dann aber auch in dessen Nase geschlechtsreif. Die Vermehrungsrate ist außerordentlich groß, setzt doch das Weibchen bis zu 500 000 Eier täglich ab.

2. *Armillifer armillatus.* Die adulten Formen haben einen zylindrischen Körper, dessen cuticulare Ringelung schräg verläuft und so dem Körper das Aussehen einer Schraube verleiht (Abb. 139 a); sie messen im männlichen Geschlecht etwa 3–4,5 × 0,4 cm (16–17 Ringe), im weiblichen etwa 9–16 × 0,7 cm (18–22 Ringe) und leben (in warmen Ländern) im Respirationssystem von Schlangen. Die von den Weibchen abgesetzten Eier (108 × 80 µm) enthalten ebenfalls die Primärlarve. Werden diese von geeigneten Zwi-

Abb. 138: Lebenszyklus von *Linguatula serrata*.
A. Adulte in der Nase vom Hund (selten auch beim Menschen!).
B. Embryoniertes Ei gelangt mit Nasensekret ins Freie.
C. Nach oraler Aufnahme von Eiern schlüpft die Larve 1 in den Zwischenwir-

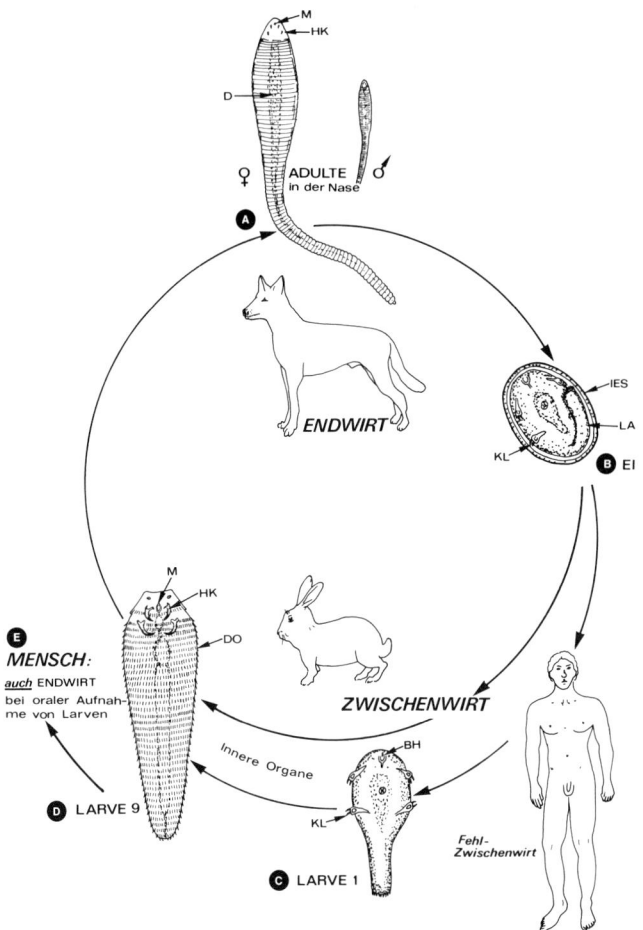

ten und wandert auf dem Blutweg in innere Organe ein (auch beim Menschen!).

D. Häutungen bis zur Larve 9, die in einer bindegewebigen Kapsel eingeschlossen wird. Sobald die Larve 9 vom regulären Endwirt (A) oder aber auch von anderen Fleischfressern (u. a. **Mensch**; E) mit rohem Fleisch der Zwischenwirte verzehrt wird, entwickelt sich wieder die Adultform (A).

BH = Bohrhaken; D = Darm; DO = Dorn; HK = Haken; IES = Innere Eischale (äußere verschwindet im Freien); KL = Klaue; LA = Larve; M = Mund.

schenwirten (das können Beutetiere der Schlangen wie Nager, Affen etc., aber auch Antilopen u. ä. sein, die wegen ihrer Körpergröße nicht von Schlangen gefressen werden und so zu Fehlwirten werden) aufgenommen, so kommt es zur Ausbildung von mehreren Larvenstadien, deren letztes in der Leber eingekapselt wird. Beim Verzehr durch eine Schlange (häufig: *Python-*, *Bitis-*Arten) erfolgt nach einer Häutung die Geschlechtsreife. Auch dienen häufig Menschen als Zwischenwirte (= **Fehlwirte**); ihre **Infektion** erfolgt stets

a) durch Aufnahme von Eiern im Trinkwasser,

b) durch Eier im Salat oder

c) durch Eiaufnahme beim Präparieren von Schlangen (z. B. bei der Kochvorbereitung im asiatischen Raum).

3. *Armillifer annulatus.* Diese Art (♀ 8–12 cm, 25–31 Ringe; ♂ 1,5–3 cm, 28–30 Ringe) hat einen ähnlichen Entwicklungszyklus wie *A. armillatus*, bevorzugt jedoch Kobras (*Naja-*Arten) als Wirte. Auffällig ist ein relativ enger Hals beim Weibchen.

4. *Porocephalus crotali.* Der Zyklus dieser Art (♀ 4–7 cm; ♂ 2–3 cm) verläuft hier ähnlich wie bei *Armillifer-*Arten, jedoch dient eine Reihe von *Crotalus-*Arten als Endwirte. Zwischenwirte sind zahlreiche Nager. In seltenen Fällen tritt auch ein Befall des Menschen und (häufiger) von Affen auf.

5. *Reighardia sternae.* Diese einzige bei Vögeln (in den Luftsäcken von Möwen) auftretende Art (♀ 3–4,5 cm, ♂ 0,7 cm) entwickelt sich direkt ohne Zwischenwirt (wie einige *Raillietiella-*Arten von Eidechsen.

Die **Symptome eines Befalls** des Menschen mit Pentastomiden hängen davon ab, ob er **Zwischen-** oder **Endwirt** ist:

a) Bei Befall des nasalen Bereichs durch Adulte von *L. serrata* kommt es u. U. zum sog. Halzoun-Syndrom. Hierbei werden die Luftwege des Nasenraums z. T. völlig blockiert. Zudem treten Taubheit und Oedeme im Gesicht auf. Bei Niesreiz können Adulte spontan abgehen.

b) Beim Befall der abdominalen Organe durch die Larven von *Armillifer-* oder *Porocephalus-*Arten treten unspezifische Beschwerden infolge des Eindringens und der Wanderungen von Larvenstadien auf. Bei großer Anzahl von Larven tritt häufig der Tod ein. Ein Befall wird allerdings oft erst bei Obduktionen oder zufällig auf Röntgenaufnahmen (verkalkte, abgestorbene Stadien) erkannt. Eine Möglichkeit zur **Chemotherapie** besteht nicht.

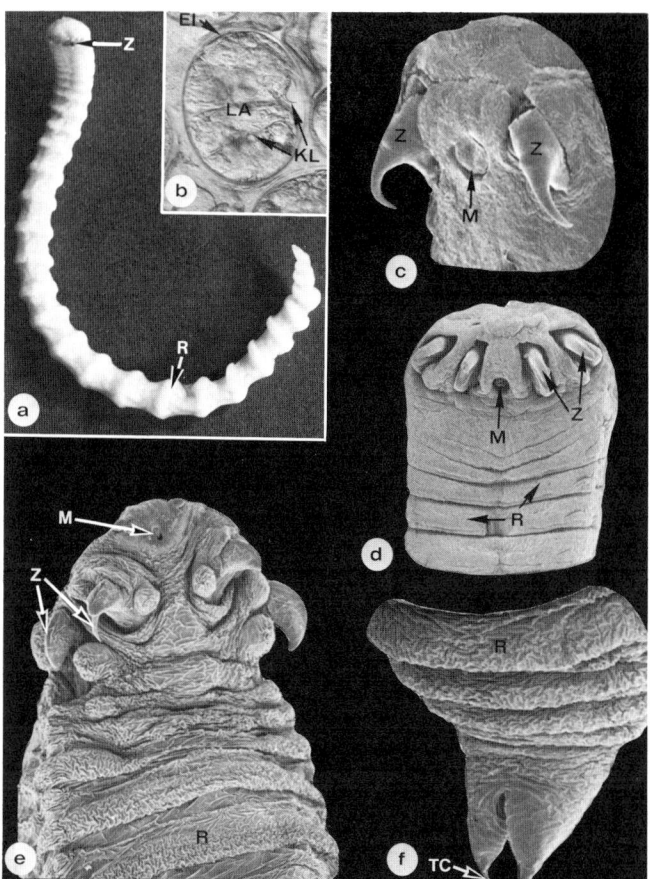

Abb. 139: Pentastomiden, a, b LM-Aufnahmen, c–f SEM-Aufnahmen.
a) *Armillifer armillatus;* Adultus aus einer Schlange. × 1
b) *Raillietiella* sp., Ei mit Primärlarve. × 200.
c) Pentastomiden-Larve aus der Leber eines Affen, Seitenansicht; nur 2 der vier Zähne sind getroffen. × 20
d) Vorderende eines Präadulten von *A. armillatus*. × 6
e) *Raillietiella* sp.; Vorderende eines Adulten aus dem Berberskink *Eumeces schneideri*. × 10
f) *Raillietiella* sp.; Hinterende eines Adulten. × 10
EI = Eihülle; KL = Klaue; LA = Larve; M = Mund; R = Körperringelung; TC = Terminalcilium; Z = Zahn.

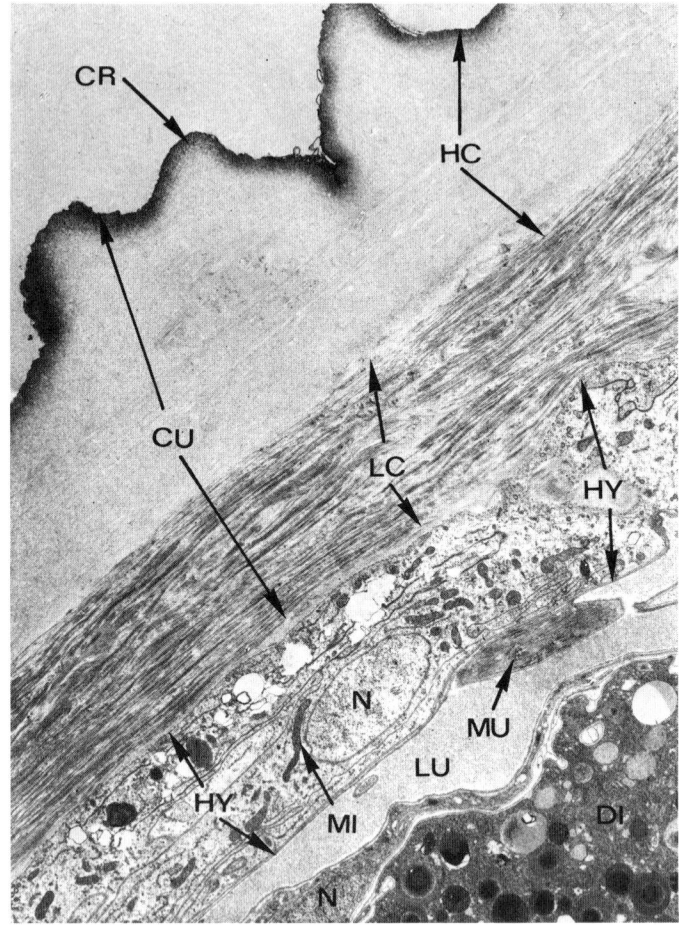

Abb. 140: TEM-Aufnahme eines Querschnitts durch die Peripherie eines adulten Pentastomiden. × 5000

CR = Cuticula-«Rippen» (längsverlaufend, sehr fein); CU = Cuticula; DI = Elektronendichte Drüse (Parietaldrüse); HC = Hyaline Zone der CU; HY = Hypodermis; LC = Lamelläre Schicht der CU; LU = Lumen der Leibeshöhle; MI = Mitochondrion; MU = Muskelzelle; N = Nucleus.

Insgesamt ist jedoch das Wissen um die Biologie und Entwicklung der Pentastomiden lückenhaft. Weitere morphologische Untersuchungen sollten der Frage nachgehen, ob es sich hier nicht um **neotene** (als Larven geschlechtsreife) Vertreter schon bekannter Tierstämme handelt. Eine Übersicht über den Feinbau der Organe und zur Genese der Geschlechtsprodukte bei den wichtigsten Arten bietet ein aktuelles Buchkapitel (Storch, 1993).

16. Annelida

Die Anneliden (= **Ringelwürmer**) erhielten ihren Namen wegen ihrer zahlreichen homonomen Segmente, die je zwei Coelomsäckchen (= sek. Leibeshöhle) aufweisen. Ihr Bauplan und ihr Entwicklungszyklus unterscheiden sie deutlich von den **Platt-** wie auch **Fadenwürmern**. Insbesondere mit letzteren treten wegen des drehrunden Querschnitts vieler Arten Verwechslungen auf. So erwiesen sich die im Stuhl von Kindern aufgefundenen angeblichen Regenwürmer als rötlich-braune Spulwürmer der Gattung *Ascaris* (s. S. 322), deren Cuticularingelung allerdings der homonomen Segmentierung der Regenwürmer ähnelt. Die meisten Arten der vorwiegend zwittrigen Anneliden sind freilebend und besiedeln den Erdboden, aber auch die Böden von Binnengewässern und der Meere. Nur wenige Arten – insbesondere der **Hirudineen** – sind zum Parasitismus übergegangen.

System: Stamm: ANNELIDA (Auszug)
  Klasse: Polychaeta (Vielborster, meist freilebend)
  Klasse: Myzostomida (Parasiten von Haarsternen)
  Klasse: Clitellata (Gürtelwürmer)
    Ordnung: Oligochaeta (Wenigborster, u. a. Regenwurm; meist freilebende Formen)
    Ordnung: Hirudinea (Egel, viele parasitische Formen)
      Familie: Rhynchobdellidae (Rüsselegel)
      Familie: Pharyngobdellidae (Schlundegel)   } borstenlos
      Familie: Gnathobdellidae (Kieferegel)
      Familie: Acanthobdellidae (Borstenegel)

Die **Hirudineen** leben vorzugsweise im Süßwasser (aber auch in feuchten Landbiotopen) und ernähren sich räuberisch. Nur wenige Arten sind zu Blutsaugern geworden und verdienen daher den Namen **Blutegel**. Sie haben aufgrund ihrer Lebensweise einige Besonderheiten entwickelt, die sie von den übrigen Anneliden unterscheidet:
1. Ihre Körperform ist schlank bis blattförmig. Sie wirken fast wie Plathelminthen und sind wie diese ebenso in der Lage, ihre Form (Länge) stark zu verändern.
2. Die 32 (29 bei *Acanthobdella* sp.) inneren Segmente werden äußerlich nicht mehr sichtbar (jedem Segment entsprechen 2–14 äußere Ringel).

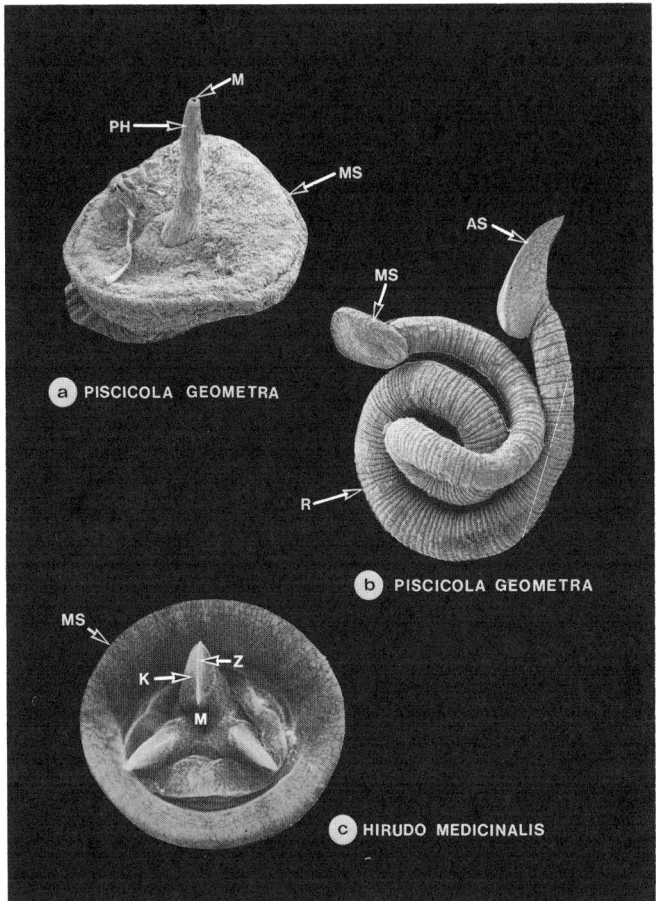

Abb. 141: REM-Aufnahmen von blutsaugenden Egeln.
a, b) Rhynchobdellidae (Rüsselegel). × 12, × 2
c) Gnathobdellidae (Kieferegel). × 7
AS = Abdominaler Saugnapf; K = Kiefer; M = Mundöffnung; MS = Mundsaugnapf; PH = Pharynx; R = Äußere Ringelung; Z = Zähne.

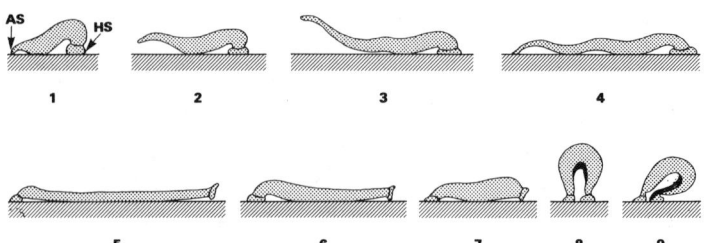

Abb. 142: *Hirudo medicinalis.* Schem. Darstellung des Ablaufs (**1–9**) der spannerraupenartigen Bewegungen des Egels auf Substrat bzw. auf dem Wirt mit Hilfe des apikalen (AS) und des hinteren (HS) Saugnapfs.

3. Das Coelom ging sekundär verloren und wurde durch starke Muskelzüge und Füllgewebe ersetzt.

4. Am Vorder- und Hinterende der Hirudineen hat sich je ein kräftiger muskulöser Saugnapf entwickelt (Abb. 141 b, bei *Acanthobdella* nur hinten). Diese beiden Saugnäpfe werden zum Festheften, aber auch zur spannerraupenartigen Bewegung verwendet.

Die Systematik der Hirudinea ist noch umstritten. Allerdings ist weitgehend akzeptiert, daß es sich um vier monophyletische Gruppen handelt, von denen eine beborstet ist. Die beborsteten Acanthobdellidae gleichen im inneren Aufbau noch am ehesten den Oligochaeten, weisen sie doch z. B. noch ein weitgehend differenziertes Blutgefäßsystem auf. Die Art *Acanthobdella pelledina* wird bis 3,5 cm lang und parasitiert bei Salmoniden im Süßwasser. Bei den unbeborsteten Hirudineen unterscheidet man nach Bau des Mundes und der dadurch bedingten Nahrungsaufnahme drei Familien:

1. **Rhynchobdellidae.** Diese Egel können ihren Pharynx (ohne Zähne und Kiefer!) vorstülpen (Abb. 141 a) und durch großen Druck Blut und Epidermis saugen. Sie erhielten daher den Namen **Rüsselegel**; ihr eigenes Blut ist – für sie typisch – farblos. Da sie keine Augen besitzen, befallen sie ihre Wirte, wenn diese den auf dem Substrat festsitzenden Egel berühren. Zu dieser Gruppe gehören bedeutsame Fischparasiten (u. a. die bis 7 cm großen *Piscicola*-Arten, Abb. 141 a, b), die in dicht besetzten Fischteichen zu enormen Verlusten führen können. Diese Verluste werden noch vergrößert, wenn parasitische Einzeller der Gattungen *Haemogregarina*, *Cryptobia* oder *Trypanoplasma* (s. S. 33) übertragen werden. Zu dieser Familie, zu der auch die mit 50 cm Länge größten Egel (Gattung *Haementaria*, Südamerika) gehören, werden auch die berüchtigten,

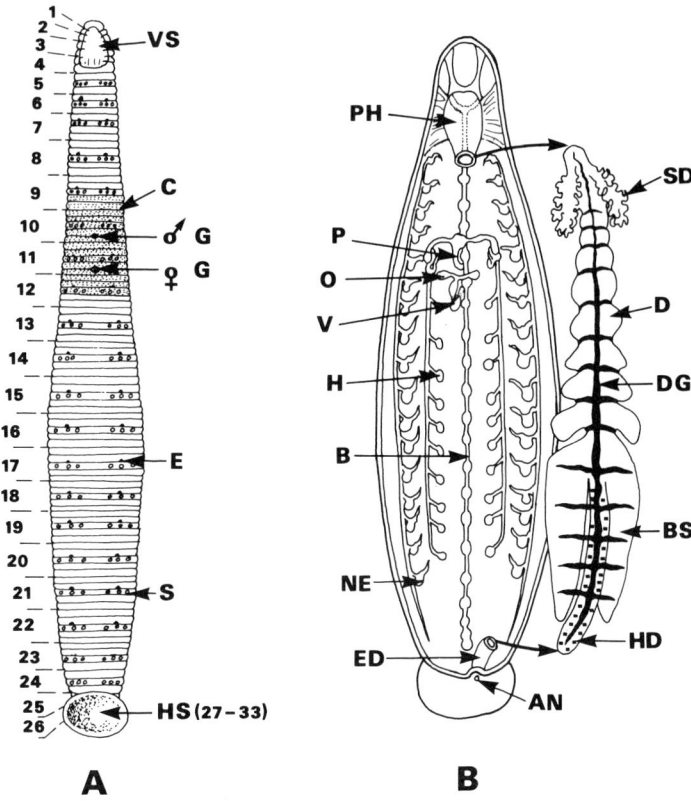

A **B**

Abb. 143: *Hirudo medicinalis.* Schem. Darstellungen des Egels von ventral **(A)** und Lage der herauspräparierten Organe von dorsal **(B)**. Nach Mann (1962) und Barnes (1982). In Abb. **A** sind nur die Segmente numeriert und nicht auch die Annuli – man geht aber heute von nur noch 32 Segmenten aus.
AN = Anus; B = Bauchmark; BS = hinterster Magen/Darmblindsack; C = Clitellumbereich; D = Magen/Darmdivertikel; DG = Dorsalgefäß; E = Exkretionsöffnung (= 17 Paar Nephroporen in den Segmenten 6–22); ED = Enddarm; G = Geschlechtsöffnung; H = Hoden; HD = Hinterdarm; HS = Hinterer Saugnapf; NE = Nephridium; O = Ovar (paarig); P = Penis (lang vorstülpbar); PH = Pharynx; S = Sinnespapillen; SD = Speicheldrüsensystem; V = Vagina; VS = Vorderer Saugnapf.

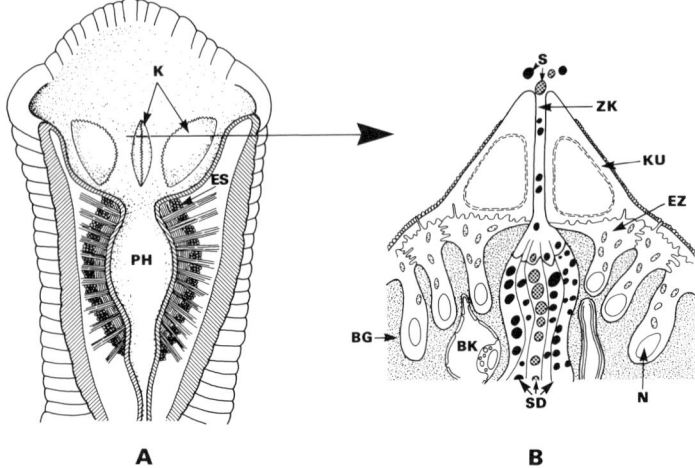

A   **B**

Abb. 144: *Hirudo medicinalis.* Schem. Darstellung des Vorderendes. **A.** Der aufgeschnittene Vorderdarm zeigt den stark muskulösen Pharynx (PH) und die Endteile der Speicheldrüsen (ES). **B.** Kieferquerschnitt in Höhe des Pfeils in Abb. A (nach Westheide in Siewing).
BG = Bindegewebe; BK = Blutkapillare; ES = Endteile der einzelligen Speicheldrüsen; EZ = Epithelzellen; K = Kiefer; KU = Cuticula; N = Nucleus, Kern; PH = Pharynx; S = Speicheltropfen; SD = Speicheldrüse (einzellig, mit unterschiedlichen Sekretanteilen); ZK = Zahnkanal (Ausmündung der Speicheldrüsen).

stationären Nasenegel gerechnet. Während des Trinkens kriechen sie in die Nasenhöhlen und wachsen unter ständiger Blutaufnahme dort heran. Mehrere derartige Egel können bei Rindern oder Hunden etc. den Tod (durch Sekundärinfektionen und Schwächung) herbeiführen. Bei Enten tritt in Nase, Mund oder Rachen die etwa 5 cm lange Art *Theromyzon tessulatum* auf, die diesen Bereich aber nach der Blutmahlzeit wieder verläßt. Die Blutgerinnung bei *Haementaria*-Befall wird durch dessen Protease **Hementin** behindert, die zudem sowohl Fibrin als auch Fibrinogen abbaut.

2. **Pharyngobdellidae:** Diese Schlundegel besitzen weder Kiefer, Zähne noch einen vorstülpbaren Rüssel, sondern saugen allein mit dem sehr muskulösen Pharynx (= Schlundegel). Ihr Blut erscheint rötlich; sie besitzen 3–4 Paar Augen, mit deren Hilfe sie ihre Wirte aktiv aufsuchen. Auch in dieser Gruppe treten bedeutsame Fischparasiten auf, die neben der Schädigung durch Blutentzug auch noch einzellige Parasiten übertragen. *Erpobdella octuculata,* der

bis 6 cm lange sog. Hundsegel, ist in Deutschland besonders häufig. Er saugt im Gegensatz zu seinem Namen kein Blut, sondern lebt räuberisch von Insektenlarven etc.

3. **Gnathobdellidae:** Im Regelfall besitzen diese zum Teil sehr großen Arten (bis 25 cm lang!) Kiefer mit Zähnen (Abb. 141 c; 144). Eine Ausnahme bildet u. a. der sog. Unechte Pferdeegel *Haemopis sanguisuga*, der sich zwar oft auf feuchten Böden in der Nähe von Tränken findet, aber kein Blut saugt, sondern Regenwürmer verschlingt. Diese Kieferegel besitzen 5 Paar Augen und rötliches Blut. Bei der **Wirtsfindung** nehmen die Blutegel zunächst die Wellenbewegungen des Wassers wahr, die von einem potentiellen Wirt (bevorzugt werden Warmblüter) ausgehen. Durch wellenförmige Schwimmbewegungen gelangen sie in die Nähe des Opfers, das sie dann mit Hilfe ihres Geruchssinns (Chemorezeptoren) endgültig ansteuern. Auf dem Wirt bewegen sie sich mit spannerartigen Bewegungen (Abb. 142) zum endgültigen Saugort fort. Der bekannteste Vertreter ist der Medizinische Blutegel *Hirudo medicinalis* (Abb. 141 c; 143), der seit altersher als «Allheilmittel = Schröpfen» in der Medizin eingesetzt wurde (angeblich saugte er die unguten Säfte ab!). So wurden 1826 in Deutschland und Frankreich jeweils mehr als 30 Millionen Blutegel verbraucht! – Wie bei den anderen Egelgruppen enthält der in die Wunde injizierte Speichel der Kieferegel neben einem **Anästhesin** (ein Biß wird nicht bemerkt!) auch ein **Antikoagulans** (= Hirudin, das das Blut während der Zeit der Aufnahme und auch nachher (Nachbluten!) flüssig hält. Neben dieser Wirkung als Antithrombokinase hat der Speichel, der von einzelligen Drüsen (Abb. 144) sezerniert und über feine Kanälchen in den Schneiden der drei Kiefer abgegeben wird, blutdrucksenkende Wirkung.

Zwar können von den verschiedenen Arten der Gnathobdellidae Erreger (s. u.) übertragen werden, jedoch dürfte die eigentliche Bedeutung der Gnathobdellidae im Blutverlust (insbesondere durch das Nachbluten) zu suchen sein. So kann ein großer Blutegel etwa 15 g Blut bei einem einzigen Saugakt aufnehmen, was seinem 10fachen Eigengewicht entspricht. Etwa die 2–3fache Menge geht noch durch das Nachbluten verloren. Diese einmal aufgenommene Blutmenge erlaubt ihm aber auch lange Wartezeiten bis zur nächsten Nahrungsaufnahme. Da die Blutegel bis zu 1$\frac{1}{2}$ Jahren hungern können und jegliche Vertebraten als Wirte akzeptiert werden, bleiben einmal befallene Gewässer oder feuchte Gebiete dauernd kontaminiert. Die Begattung mit Hilfe eines relativ langen, ausstülpbaren Penis erfolgt bei den Hirudineen stets zwischen zwei zwittrigen

Tieren. Die befruchteten Eier werden zu mehreren (1–200) in besonderen **Kokons** (= schaumige Hülle) am Substrat befestigt (nur wenige Arten tragen diese mit sich herum). Die Entwicklung verläuft meist direkt (**ohne** die für Anneliden typische **Trochophora**-Larve). Die hohe Reproduktionsrate ist im weiteren ein Garant für die häufig beobachtete »Überschwemmung« von Gewässern mit Hirudineen. In diese Gruppe der Kieferegel gehört auch der bis 10 cm lange, asiatisch-ozeanische Landegel *Haemadipsa ceylanica*, der häufig in Massen Mensch und Tiere überfällt, dann dort zu massiven bakteriellen Sekundärinfektionen führen kann und zudem bestimmte *Trypanosoma*-Arten überträgt.

Die **Übertragung** von Erregern durch Kieferegel ist seit langem bekannt, obwohl dieser Frage in nur sehr wenigen Untersuchungen experimentell nachgegangen wurde. So wird in vielen Berichten aus den Tropen darauf hingewiesen, daß Landegel der Gattung *Haemadipsa* häufig in Massen Mensch, Haustiere, aber auch Vögel befallen und infolge von bakteriellen und viralen Sekundärinfektionen Verkrüppelungen oder gar den Tod herbeiführen. Bei *Hirudo medicinalis* wurde ebenfalls der Nachweis geführt, daß eine Vielzahl von Bakterien und auch Viren übertragen werden können. Experimente von Nehili et al. (1994) zeigten, daß Bakteriophagen (= Viren von Bakterien), Bakterien und Wirtslymphocyten für mindestens ein halbes Jahr im Egeldarm überleben. Einzelne Parasiten wie *Toxoplasma gondii*, *Trypanosoma brucei* und *Plasmodium*-Arten bleiben nach einer Erreger-haltigen Blutmahlzeit für mindestens einen Monat im Egeldarm infektiös. Die Malaria-Erreger vermehrten sich dabei noch, so daß sie faktisch alle Erythrocyten der Blutmahlzeit lysierten. Das Phänomen, daß Erreger und auch viele Blutzellen bis zu 18 Monaten unverändert im Egeldarm erhalten bleiben, ist darin begründet, daß diese Egel in den lateralen Darmsäckchen (Divertikel) keine Verdauungsenzyme besitzen und die Lyse der Erythrocyten dort lediglich von einer einzigen, auf die Nachkommen übertragenen, symbiontischen Bakterienart *(Pseudomonas hirudinis)* in kleinen Mengen vollzogen wird. Proteasehemmer des Egels blockieren sogar noch die lytischen Prozesse, die von aufgenommenen Leukocyten ausgehen könnten. Im eigentlichen Darm besitzen die Egel sehr wohl Enzyme, die allerdings nur schwer nachzuweisen sind, aber stets nach dem Saugakt zu einem dramatischen Anstieg der Verdauungstätigkeit führen. Im Experiment verblieben die oben zitierten Erregergruppen im Darm, und in keinem Fall waren sie elektronenoptisch in den einzelligen Speicheldrüsen (Abb. 144) nachweisbar. Daher scheint ihre aktive Übertragung nur bei echtem Blut-Blutkontakt zu erfolgen, was aber beim Drücken des auf der Haut angesogenen Egels oder auch im Falle des Erbrechens von Darminhalt in die Wunde gegeben ist. Diese sog. **Regurgitation** kann z. B. dadurch bewirkt werden, daß Salzlösung auf den angesogenen Egel geträufelt wird.

Aus alledem ergibt sich, daß Egel wegen der aufgenommenen großen Blutmenge heute besondere Beachtung als potentielle **Vektoren** von human- und tierpathogenen Erregern verdienen. Die Gefahr wird noch dadurch erhöht, daß in endemischen (meist tropischen) Gebieten die Bevölkerungszahl und auch die Durchseuchungsraten der Bevölkerung mit Erregern stark zugenommen haben. So ist es nicht verwunderlich, daß das Blut im Darm von wildgefangenen Flußegeln in Kamerun serologisch positiv auf Erreger reagierte, und zwar sowohl auf HIV 1, HIV 2 als auch Hepatitis-Viren der Typen A und B (Nehili und Mehlhorn 1995).

C. ARTHROPODA

Als Arthropoda (= **Gliederfüßer**) werden Tiere mit heteronomer Segmentierung zusammengefaßt. Ihnen ist gemeinsam, daß sie ein mehr oder minder starres **Exoskelett** aus Chitin (u. anderen Elementen) besitzen, das bei Wachstumsprozessen regelmäßig gehäutet werden muß. Die **heteronomen** Körper- und Beinsegmente sind durch häutige Elemente verbunden und dadurch beweglich. Nach dem Bau der Mundwerkzeuge werden die Arthropoda in **Amandibulata** und **Mandibulata** untergliedert. Die **Amandibulata** enthalten im wesentlichen die Chelicerata, während zu den **Mandibulata** die Crustacea (= Krebse) und die Insecta (= Hexapoda) gezählt werden. Manche Autoren fügen in den Kreis der Amandibulata auch noch die Pentastomida ein, die aber hier als eigener Stamm behandelt wurden. Die Arthropoden enthalten – aus parasitologischer Sicht – im wesentlichen Ektoparasiten, denen aber wegen ihrer riesigen Individuenzahl und ihrer häufigen Funktion als Überträger (von Wirt zu Wirt) von Viren, Rickettsien (= obligat intrazelluläre Bakterien), anderen Bakterien wie auch sehr vieler Stadien von Endoparasiten eine enorme Bedeutung zukommt. Neben dieser unmittelbaren Funktion bei den Infektionen von Wirten haben geflügelte Arthropoden (z. B. Mücken, Fliegen) oder zumindest schnell bewegliche Arten (z. B. Wanzen, Schaben) eine wichtige Funktion bei der geographischen Ausbreitung von Erregern. Sie werden hierbei zu **Vektoren** bei Epidemien, ohne selbst nennenswerte Schädigungen zu erleiden. Zusätzlich zu solchen lebenden Vektoren aus der Verwandtschaft der Arthropoden benutzen allerdings viele Parasitenstadien (z. B. Cysten von Amoeben, Wurmeier, Wurmlarven) zusätzlich bzw. hauptsächlich unbelebte Vektorensysteme wie Staub, Tröpfchen, Wasser, Wind etc.

17. Spinnentiere, Chelicerata

Alle adulten Stadien der Arten des Unterstamms Chelicerata (Spinnentiere *sensu lato*) sind durch den Besitz von 4 (Larven bei Zecken
und Milben nur 3) Beinpaaren (mit 7 Gliedern) und durch zwei Paare
typischer «Mundwerkzeuge» ausgezeichnet: die mehr oder minder
scherenförmigen **Cheliceren** und die gegliederten Taster (**Pedipalpen**).
Während die meisten Gruppen der echten Spinnen (Araneae) und
Skorpione räuberisch leben, haben sich viele Acarina zu Ekto- und in
Ausnahmefällen auch zu minierenden Endoparasiten entwickelt. Die
Acarina unterscheidet von den übrigen Spinnentieren, daß ihre Kör-
persegmente zu einem einheitlichen Gebilde verschmolzen sind und
sie nicht in Pro- und Opisthosoma gegliedert erscheinen. Lediglich
der die Mundwerkzeuge tragende Bereich hebt sich besonders ab und
wird daher auch mit besonderen Begriffen wie **Gnathosoma** bzw. **Capitulum** belegt (Abb. 145; 146; 147). An der **Basis capituli** sind dann
die Cheliceren wie auch die Pedipalpen inseriert, die je nach Art die
unterschiedlichsten Modifizierungen erfahren können. Die Taxonomie der Acarina, die grob in Zecken und Milben untergliedert werden können, verwendet als Gruppenkriterien die Lage und Anordnung der als Stigmen bezeichneten paarigen Öffnungen der Tracheen
(= Atmungssystem) (s. folg. System). So liegen diese Öffnungen bei
den Zecken als **Metastigmata** stets **hinter** den Coxen («Hüfte») des 3.
bzw. 4. Beinpaares, während dies bei Milben variiert. Auch besitzen
Zecken an den Vordertarsen das sog. **Hallersche Organ** (Abb. 148 b),
das Milben fehlt. Die zoologisch-systematische Gliederung der
Zecken und Milben ist in der Literatur umstritten.

Viele der moderneren Autoren gliedern nach Lage der Stigmata
(Atemöffnungen) auf der Ventralseite:

System: Stamm: Arthropoda (Auszug)
   Unterstamm: Chelicerata
     Klasse: Arachnida
      Unterklasse: Acarina (**Zecken und Milben**)
        Überordnung: Anactinotrichida
        Ordnung: Metastigmata (**Zecken**)
          Familie: Argasidae (**Lederzecken**)
          Familie: Ixodidae (**Schildzecken**)

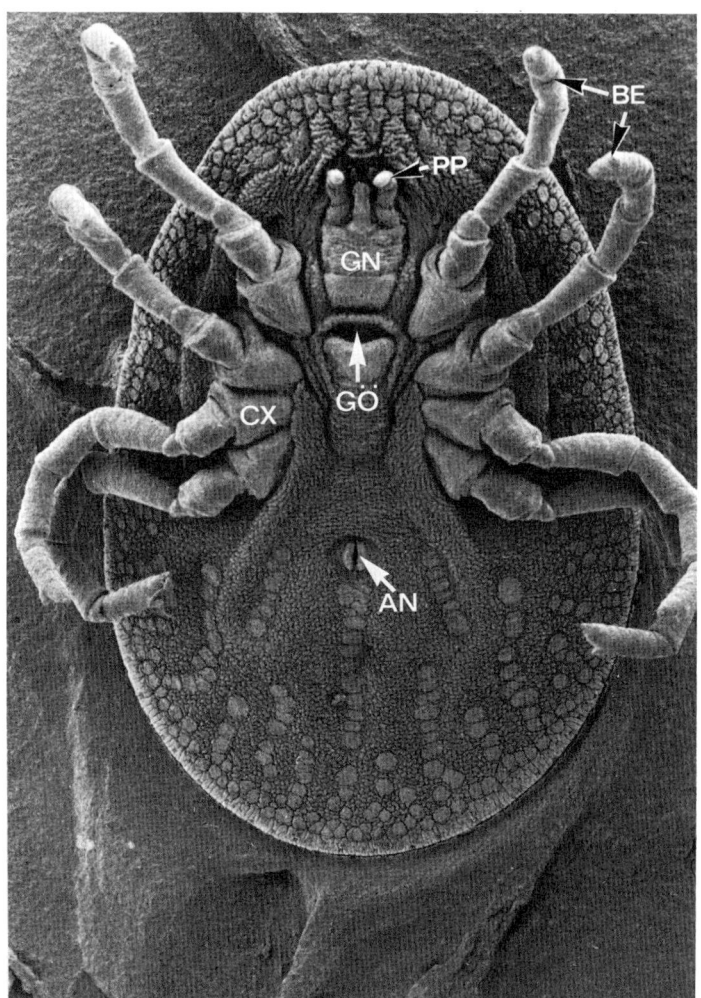

Abb. 145: *Argas* sp. SEM-Aufnahme der Ventralseite der Taubenzecke. Charakteristisch ist, daß bei Adulten die Mundwerkzeuge den vorderen Körperrand nicht überragen (= unterständig liegen).
AN = Anus; BE = Beine; CX = Coxa; GN = Gnathosoma, Capitulum; GÖ = Geschlechtsöffnung; PP = Pedipalpus.

Ordnung: Mesostigmata
  Familie: Dermanyssidae (**Vogelmilben**)
  Familie: Liponyssidae (**Nagermilben**)
  Familie: Varroidae (**Bienenmilben**)
Überordnung: Actinotrichida
Ordnung: Prostigmata
  Familie: Demodicidae (**Haarbalgmilben**)
  Familie: Trombiculidae (**Erntemilben**)
Ordnung: Astigmata (= Cryptostigmata)
  Familie: Acaridae   }
  Familie: Glycyphagidae } **Staubmilben**
  Familie: Sarcoptidae (**Krätzmilben**)
  Familie: Psoroptidae (**Räudemilben**)

Aus diesem Grund wird in diesem Buch nur grob in Zecken und Milben unterschieden und eine Untergliederung in Familien vorgenommen, weil hier die wenigsten Unterschiede auftreten.

17.1. Zecken

Die Zecken *(engl.* ticks*)* werden gesogen bis 3 cm groß und haben als Überträger von Erregern wichtiger Krankheiten der Haustiere und auch des Menschen veterinär- wie auch humanmedizinisch auch in gemäßigten Zonen dieser Erde eine große Bedeutung. Die Übertragung der Erreger, die zu den Viren, extrazellulären Bakterien, Rickettsien, Anaplasmen, Protozoen wie auch Nematoden gehören, erfolgt bei der Blutmahlzeit. Dabei stechen sie jedoch nicht wie andere Blutsauger kleine Adern an, sondern graben mit ihrem durch Haken bewehrten Hypostom (Abb. 148 a; 149) eine Grube, die dann während des meist länger dauernden Saugvorgangs (einige Minuten bis Tage) mehrfach mit Blut volläuft und von den Zecken ausgesogen wird *(engl.* pool feeder*)*. Die Cuticula der Zecken ist dabei so elastisch, daß das Tier wegen seines extrem gefüllten Darms auf ein Mehrfaches seiner Größe anschwellen kann. Auf diese Weise können zahlreiche Zecken, bei denen mit wenigen Ausnahmen alle Stadien beider Geschlechter saugen, auch großen Tieren bedeutende Blutverluste zufügen (Anämie), die diese dann besonders anfällig für Infektionskrankheiten machen. Mit Hilfe der Cheliceren und der Haken des Hypostoms sind einige Zeckenarten während des Saugakts so fest in der Haut verankert, daß sie nur schwer herausgezogen werden können. Sie sollten dabei weder betäubt noch gedrückt werden, da sie sonst alle enthaltenen Erreger in die Stichwunde entlassen. Mit ihrem

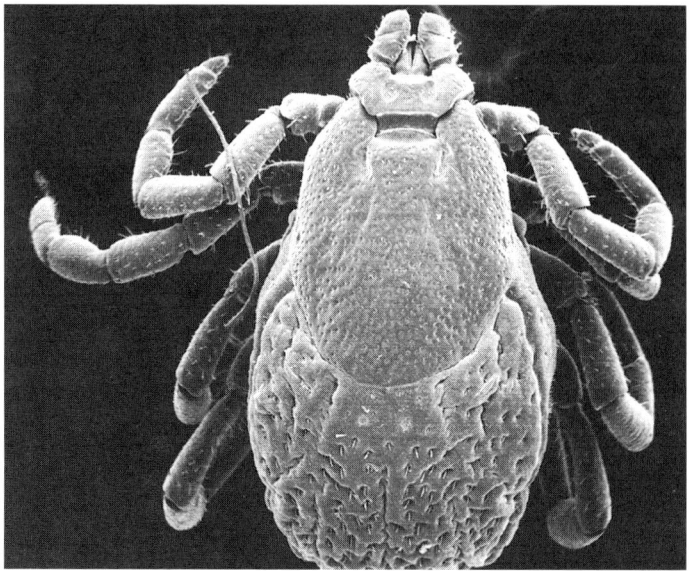

Abb. 146: Rasterelektronenmikroskopische Aufnahme eines Weibchens der Braunen Hundezecke *Rhipicephalus sanguineus* von oben. Charakteristisch sind die derben Pedipalpen und das mit feinen Härchen besetzte Schild. × 12

Speichel, der neben gefäßerweiternden, betäubenden auch gerinnungshemmende Substanzen enthält, injizieren die Zecken auch neurotoxisch wirkende Stoffe, die bei einigen Arten zur sog. **aufsteigenden Zeckenlähme** führen. Dabei werden zunächst die Muskulaturen der hinteren Extremitäten gelähmt und danach die vorderen, was bei Erreichen der Atemmuskulatur zum Tode führen kann. Diese Lähmungen sind jedoch meist in 12–24 Stunden reversibel, sofern die Zecken rechtzeitig abgelöst werden. Mit einer Blutmahlzeit, die regelmäßig vor einer Häutung bzw. vor der Eiablage eingenommen werden muß, können die Zecken erstaunlich lange überleben (meist mehrere Monate, viele Schildzecken bis zu 10 Jahren).

Bei den Zecken werden nach ihrer Morphologie wie auch Biologie zwei Familien unterschieden:

1. **Lederzecken** (Argasidae, Abb. 145) und
2. **Schildzecken** (Ixodidae, Abb. 146; 147).

Beiden Familien ist gemeinsam, daß sie sich aus den abgelegten Eiern über sechsbeinige Larven und achtbeinige Nymphen zum geschlechtsreifen Adulten entwickeln, wobei jedes Stadium jeweils mit der für weiteres Wachstum notwendigen Häutung abgeschlossen wird. Zur Wirtsfindung dienen beiden Zeckengruppen eine Reihe von Chemorezeptoren, die entlang der Vorderbeine und besonders in einer als **Hallersches Organ** bezeichneten Grube angeordnet sind (Abb. 148 b). Die Familien unterscheiden sich jedoch besonders in folgenden Merkmalen:

Schildzecken (Ixodidae)	**Lederzecken** (Argasidae)
1. Die Cuticula ist relativ hart.	1. Die Cuticula wirkt lederartig.
2. Ein Schild (**Scutum**) aus besonders starrer Cuticula bedeckt den ganzen Rücken der Männchen, aber nur einen Teil des Rückens der Weibchen, Nymphen und Larven. Das Scutum wird beim Saugakt nicht gedehnt.	2. Ein Schild (**Scutum**) ist **nicht** vorhanden, daher auch kein diesbezüglicher sexueller Dimorphismus.
3. Das Capitulum mit den Mundwerkzeugen ragt über den vorderen Rand der Zecke hervor.	3. Das Capitulum ist im Regelfall nur bei Larven von dorsal sichtbar und liegt somit unterständig bei den übrigen Stadien.
4. Die Stigmen liegen hinter den Coxen der vierten Beinpaare.	4. Die Stigmen liegen zwischen den Coxen der dritten Beinpaare.
5. Oft ist je ein Auge an den beiden Rändern des Scutum ausgebildet, das aus einer cuticularen Linse und Sinneszellen	5. Die meisten Arten besitzen keine Augen.

Abb. 147: Schem. Darstellung von Schildzecken.
a, b) «Nüchterne» Männchen und Weibchen;
c) Ventralseite von *Dermacentor* sp.;
d) Mundwerkzeuge von *Dermacentor* sp. (längs);
e) Tarsus von *Dermacentor* sp.
AN = Anus; CH = Cheliceren; CHS = Chelicerenscheide; CX = Coxa; EM = Empodium; GN = Capitulum; GÖ = Geschlechtsöffnung; H = Hypostom; KL = Klaue; Ö = Oesophagus; PP = Pedipalpus; SC = Scutum; SP = Speichelgang; STI = Stigma; TA = Tarsus.

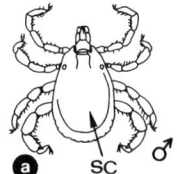

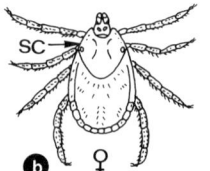

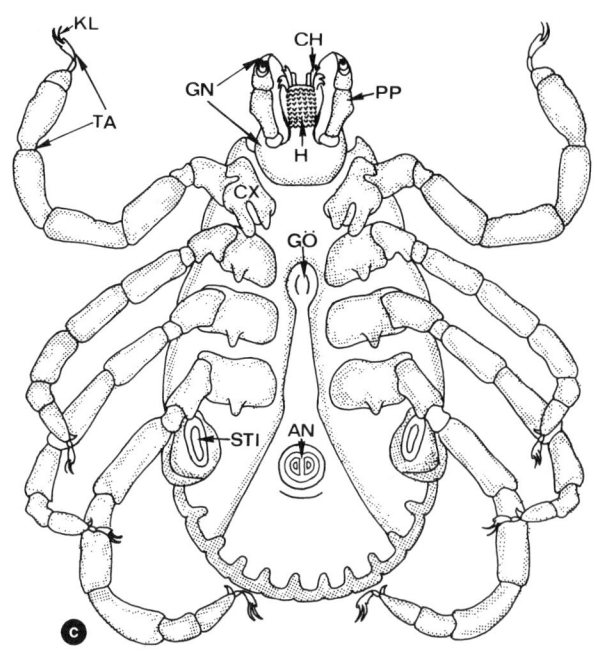

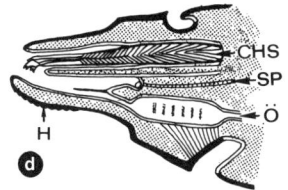

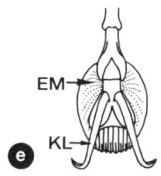

Tab. 16: Wichtige Zeckenarten

Familie/Art	Länge der ungesogenen Adulten (mm) (♀ gesogen)	Wirte in der Entwicklung	bevorzugte Wirte der Adulten[1]	Krankheit und Erreger[2]	Erreger-typ
Argasidae *Ornithodoros*[3] *moubata*	♀ 8 ♂ 10	viele	**Mensch**	Zeckenrückfallfieber *(Borrelia duttonii)*	B
Argas persicus *A. reflexus*	♀ 5,5–11 ♂ 5,5–8	viele	Vögel	Vogelspirochaetose *(Borrelia anserina)*	B
Ixodidae *Ixodes ricinus*	♀ 2,8–3,4 (7–8) ♂ 2,8–4	3	Hund, Katze, Rinder, **Mensch**	Zeckenencephalitis (FSME) TBE-Virus; Babesiose *Babesia bovis, B. divergens;*	V P B
I. ricinus, I. dammini	♀ 2,8–3,4 (7–8) ♂ 2,8–4	3	Hund, Katze, Rinder, **Mensch**	Lyme-Disease *(Borrelia burgdorferi)*	B
Dermacentor spp. *D. marginatus*	♀ 5 (16) ♂ 5	3	Hund, Rind, Schaf, **Mensch**	Tularaemie *(Francisella tularensis)* Rocky-Mountains-Fleck-Fieber *(Rickettsia rickettsii);*	B R
D. reticulatus	♀ 5 (10) ♂ 5		Hund, Rind, Schaf, **Mensch**	Rinderanaplasmose; Hundebabesiose *(Babesia canis)*	A P
Boophilus annulatus	♀ 2–2,5 (6–8) ♂ 2	1	Rinder	Texasfieber *(Babesia bigemina)*	P

Amblyomma sp.	♀ 6–7 (–20)	3	**Mensch**, Rinder	Tularaemie (*Francisella tularensis*)	B
A. variegatum	♂ 5–6			Rocky Mountains-Fleck-Fieber (*Rickettsia rickettsii*);	R
A. hebraeum				Theileriose (*Theileria*-Arten)	P
Hyalomma sp.	♀ 4–6 (10–14)	2–3	Rinder	Mittelmeerküstenfieber (*Theileria annulata*)	P
H. anatolicum	♂ 4–6				
H. marginatum					
Rhipicephalus	♀ 3–4 (8–10)	3	Rinder	Ost-Küsten-Fieber (*Theileria parva*)	P
appendiculatus	♂ 4				
Rhipicephalus bursa	♀ 4 (9–11)	2	Schafe	Piroplasmosen (*Babesia ovis*, *Theileria ovis*)	P
	♂ 4				
Rhipicephalus	♀ 2–3 (6–7)	3	Hund, **Mensch**	Boutonneuse Fieber (*Rickettsia conori*);	R
sanguineus	♂ 2			Piroplasmosen	P
Haemaphysalis sp.	♀ 2,8–3,5 (8–9)	3	Rinder, Schafe, **Mensch**	Meningo-Encephalitis;	V
H. punctata	♂ 2,5–3,1			Piroplasmosen	P

[1] Z.T. erfolgte die Auswahl wegen bedeutender Erkrankungen.

[2] Diese Krankheitserreger treten nicht bei allen der jeweils aufgelisteten Wirte auf und können außerdem z. T. noch durch andere Zeckenarten übertragen werden.

[3] Manche Autoren verwenden auch *Ornithodorus*.

V = Viren; R = Rickettsien (= intrazelluläre Bakterien); A = Anaplasmen; B = Bakterien; P = Protozoen.

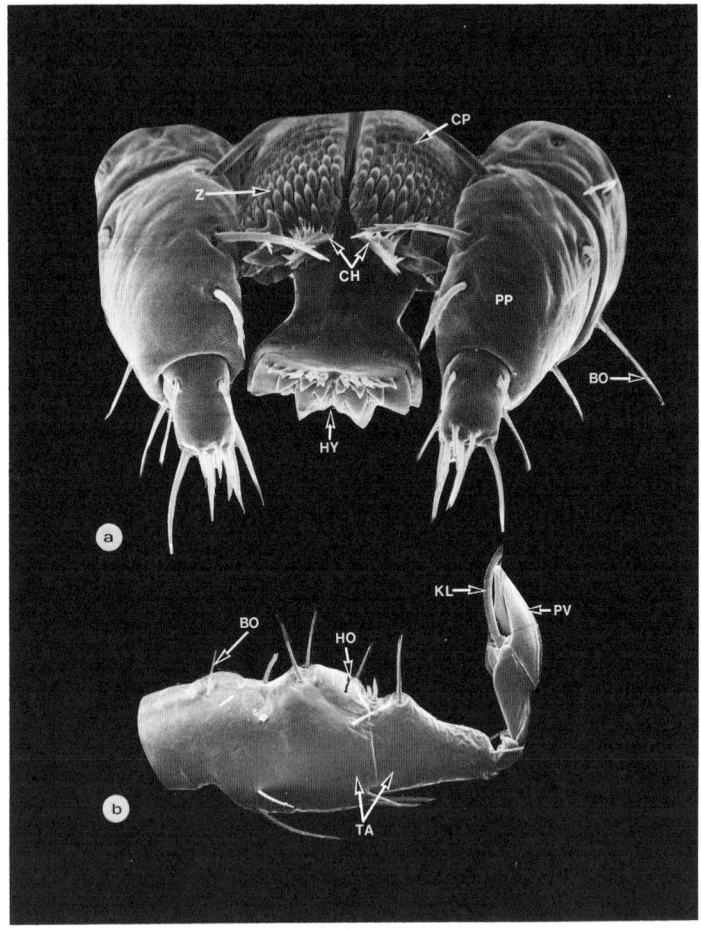

Abb. 148: SEM-Aufnahmen der Schildzecke *Amblyomma variegatum.*
a) Capitulum von vorn. × 50
b) Vorderbein, Seitenansicht. × 100
BO = Borsten; CH = Cheliceren; CP = Tergum des Capitulums; HO = Hallersches Organ; HY = Hypostom; KL = Klaue; PP = Pedipalpen; PV = Pulvillen;
TA = Tarsus; Z = Zahnartige Schuppen auf der Chelicerenscheide.

besteht (Ausnahmen z. B. *Ixodes, Haemaphysalis*).

6. Larven, Nymphen und Adulte saugen jeweils nur einmal (mehrere Tage).

6. Die Nymphen und Adulten saugen mehrfach (etwa alle 4–6 Wochen für 30–60 Minuten); Larven saugen jedoch mehrere Tage.

7. Im Entwicklungszyklus ist nur ein Nymphenstadium vorhanden.

7. Meist treten zwei, bei einigen Arten bis zu 8 Nymphenstadien auf (*Argas*: oft 4).

8. Die Männchen sterben nach der (während der Blutmahlzeit des ♀ erfolgenden) Begattung, Weibchen sterben stets nach der einmaligen Eiablage (Eizahlen: 3000 bei *Ixodes*; 6000 bei *Dermacentor*; 15 000 bei *Amblyomma*).

8. Mehrfache Paarung; Eiablage: einige Hundert nach jeder auf die diversen Blutmahlzeiten folgenden Begattung. (*Argas*: 4–6 mal je 100–300 Eier).

9. Die Arten leben meist im Freien; sie befallen während ihrer Entwicklung ein bis drei Wirte.

9. Die Arten leben verstärkt in Ritzen, Spalten etc. von Stallungen, Nestern etc. und überfallen die Wirte im Schlaf.

Cuticula. Die Körper der verschiedenen Stadien der Zecken sind durch einen Cuticula-Panzer bedeckt. Dieser besteht vorwiegend aus gegerbten Proteinen und Chitin, wird regelmäßig gehäutet und dann von der unterliegenden Epidermis neu gebildet. Außen auf der Cuticula finden sich Lipide und Sinnesborsten.

Darmsystem. Es besteht (in vielen Varianten) aus drei Großabschnitten: **Vorder-, Mittel-** und **Enddarm**, wobei der **Mitteldarm** (besonders bei Weibchen) stark dehnungsfähig ist und ein Mehrfaches des Körpergewichts an Blut aufnehmen kann (Abb. 149; 150). In den Vorderdarm münden die paarigen Gänge der traubenartig strukturierten **Speicheldrüsen**, die sich aus einer Vielzahl von sog. Acini zusammensetzen, die ihrerseits wiederum aus verschiedenen drüsigen Zelltypen bestehen (Abb. 151). Der **Enddarm** ist nur durch einen schmalen Schlauch mit dem Mitteldarm verbunden. Das Rectum ist mit zahlreichen Guaninkristallen angefüllt, die zusammen mit dem stickstoffhaltigen Inhalt der Malpighischen Schläuche (= Exkretionssystem, Abb. 149) periodisch über den Anus abgegeben werden. Argaside Zecken besitzen zudem noch **Coxaldrüsen** als weitere Exkretionsorgane.

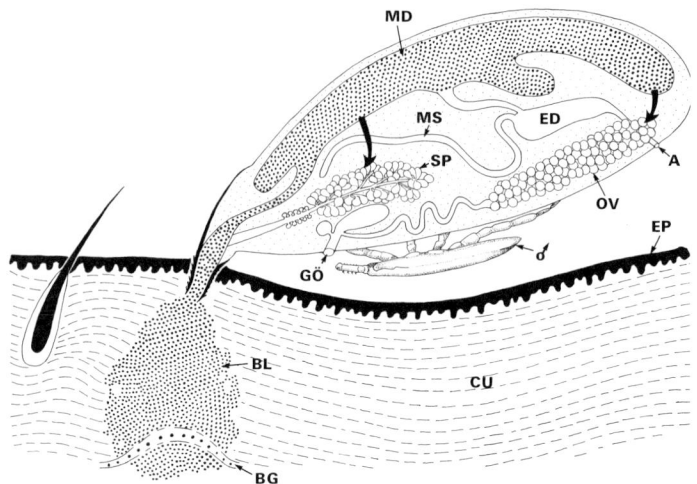

Abb. 149: Schem. Darstellung eines Weibchens von *Ixodes ricinus*, das während des Saugaktes von einem Männchen begattet werden wird. Die Pfeile deuten auf Wanderwege von Erregern!
A = After; BL = Blutlakune; BG = Blutgefäß; CU = Cutis; ED = Enddarm; EP = Epidermis; GÖ = Geschlechtsöffnung; MD = Mitteldarm, blutgefüllt; MS = Malpighische Schläuche; OV = Ovarialschlauch mit Oocyten; SP = Speicheldrüsen.

Kreislaufsystem. Zecken weisen ein offenes Zirkulationssystem auf, in das ein kleines röhrenförmiges, dorsal gelegenes Herz eingeschaltet ist. Die transportierte Flüssigkeit ist die sog. Haemolymphe, die alle inneren Organe umströmt und so idealer Transporter für Erreger ist. Sie besteht aus Plasma plus mindestens fünf Typen von Zellen.

Atmungssystem. Nymphen und Adulte weisen ein Tracheensystem auf, das jedoch den meisten Larven fehlt. Zwei sog. Stigmen, die an den Hinterbeinen liegen (Name = Metastigmata), stellen die Verbindung zur Außenwelt her.

Nervensystem. Es besteht aus einem sog. **ZNS**, das etwa 0,5 mm Größe erreicht, aus der Verschmelzung der vorn gelegenen Unter- und Oberschlundganglien hervorgegangen ist und daher vielfach auch als **Synganglion** bezeichnet wird. Ein definitiver ventraler Nervenstrang fehlt den Zecken, wohl sind aber einzelne retrograd verlaufende Nervenfasern vorhanden.

Sinnesorgane. Zecken haben eine Reihe von Sinnesorganen ausgebildet. Am häufigsten sind porenlose Thermo- bzw. Mechanorezeptoren = Härchen als sog. **Setae** am ganzen Körper anzutreffen. Eine besondere Anhäufung von porenhaltigen Setae findet sich im Hallerschen Organ (Abb. 148); diese dienen dann als Chemorezeptoren und werden zur Wahrnehmung von Ausdünstungen der Wirte eingesetzt. Diese Systeme sind besonders wichtig, wenn gar keine Augen vorhanden sind, wie das z. B. bei den Gatt. *Ixodes*, *Argas* der Fall ist. Werden Augen ausgebildet, liegen sie bei Ixodiden seitlich am Körperrand und ventral bei Argasiden. Wenn überhaupt vorhanden, treten die Augen dann bei allen drei Entwicklungsstadien auf. Sie bestehen aus einer cuticulären, durchsichtigen Linse, unter der mehrere Bündel unipolarer Photorezeptorzellen dicht aneinander liegen. Allerdings dürften mit dem System kaum scharfe Bilder zu erhalten sein.

Geschlechtssystem. Das **weibliche Geschlechtssystem** besteht aus einer Vagina, die sich ventral nach außen öffnet (Abb. 149), und einem Paar von Ovarialschläuchen, die aber an ihrem Hinterende oft miteinander verschmelzen (so daß ein U entsteht) oder manchmal zu einem einzigen Schlauch reduziert sind. Außen am Schlauch sitzen die Oocyten, die heranreifen und nach innen abgegeben werden (Abb. 152). Bald nach der Befruchtung entwickelt sich eine relativ dicke Eischale, die bei der Ablage der Eier vom sog. Genéschen Organ noch mit Wachs bedeckt wird. Die Eier wachsen bei Ixodiden erst nach vollzogenem Ansaugen der Zecke auf dem Wirt heran. Sie lassen zwar eine verdünnte Stelle frei (die sog. Mikropyle), durch die das Spermium eindringen könnte. Da aber das Ovarium bereits mit Spermien überfüllt ist, geht man davon aus, daß die Spermien schon vor der Ausbildung der dicken Eischale über die sog. Funiculi = Stielchen (Abb. 152) in die Eizellen eindringen. Diese Grundstruktur des Ovars erklärt, warum vorwiegend die jungen, dünnwandigen Eizellen von Erregern aus der Haemolymphe befallen werden. Neben akzessorischen Drüsen weisen die höher entwickelten Arten, die sog. metastriaten Ixodiden (z. B. *Dermacentor, Rhipicephalus, Amblyomma),* noch einen Samenspeicher (Receptaculum seminis) auf, in dem die sog. Endospermatophoren aufbewahrt werden. Dieser fehlt den prostriaten Gattungen (z. B. *Ixodes*).

Das **männliche Geschlechtssystem** umfaßt paarige Hodenschläuche, die ebenfalls U-förmig verbunden sein können, sowie akzessorische Drüsen. Die Spermienentwicklung führt zunächst zur Bildung von **Prospermien**, die jeweils zu mehreren in eine Spermatophore gepackt werden. Der jeweilige Ablauf der Reifung ist aber gattungsabhängig. Bei *Ixodes*-Männchen kann z. B. die Spermienbildung schon im Nymphstadium abgeschlossen sein, so daß unmittelbar nach der Häutung die Begattung (noch auf dem Boden) erfolgen kann – im allgemeinen wird aber bei *Ixodes* mehrfach begattet. Die bis 0,5 mm langen Prospermien, die in den Spermatophoren eingeschlossen sind, entwickeln sich erst weiter, wenn die Spermatophoren vom Männchen dem Weibchen übergeben wurden. Dieser letzte, etwa 24 h dauernde Reifungsprozeß wird *engl.* als **capacitation** bzw. **spermateleosis** bezeichnet. Das befruchtungsfähige Spermium ist dann etwa 1 mm (!) lang und wird (durch Myofibrillen, die unter der Peripherie liegen) motil. Beim Befruchtungsvorgang dringt aber nur der Kern des Spermiums in die Eizelle ein (Karyogamie).

Die **Geschlechtsdetermination** bei Zecken erfolgt durch Geschlechtschromosomen, wobei bei Schildzecken meist der **XX-XO-Typ** (evtl. mit verschiedenen X-Chromosomen) und bei Lederzecken der **XX-XY-Typ** auftritt. Die meisten Zecken sind diploid, einige parthenogenetische Rassen (z. B. von *Haemaphysalis longicornis*) sind triploid, andere gar polyploid. Die diploiden Chromosomenzahlen der Weibchen bewegen sich artspezifisch zwischen 12 und 36, wobei innerhalb einzelner Gattungen große Schwankungen auftreten können (z. B. *Ornithodoros guerneyi* – 12 und *O. alactiagalis* – 34). Die Männchen dieser Zecken besitzen dann stets ein Chromosom weniger, weil sie nur ein Geschlechtschromosom aufweisen (z. B. *Haemophysalis sulcata* 21 statt 22). Die Arten der Gattung *Argas* besitzen im diploiden Satz 24 Autosomen und die beiden Geschlechtschromosomen, wobei das X-Chromosom bei allen Zeckenarten deutlich größer (3–4mal) ist als die Autosomen.

Der **Wirtswechsel** der verschiedenen Schildzecken (Ixodidae) verläuft meist artspezifisch. Man unterscheidet drei-, zwei- und einwirtige Ixodiden (s. Tab. 16); Argasiden sind durch ihr Abfallen vom Wirt nach jeder der vielfachen, nur recht kurz dauernden Blutmahlzeiten (**Repletion**) charakterisiert. Bei einwirtigen Ixodidae (z. B. alle *Boophilus*-Arten) befallen die am Boden ausgeschlüpften Larven einen Wirt und verbleiben als Nymphen und Adulte auf diesem Wirt; lediglich die Weibchen verlassen ihn, um auf dem Boden die Eier abzulegen. Die Entwicklung dauert hier etwa 8–12 Wochen. Bei zweiwirtigen Zecken (z. B. *Rhipicephalus bursa, R. evertsi*) befallen die Larven einen Wirt und verlassen ihn erst als vollgesogene Nymphen; nach der am Boden erfolgten Häutung zum Adulten suchen sie den zweiten Wirt auf, wo dann der nächste Saugakt und die Begattung stattfinden. Das Weibchen fällt danach zu Boden, um die Eier abzulegen. Bei dreiwirtigen Zecken (z. B. *Dermacentor marginatus; Haemaphysalis* sp.) findet jede der auf eine Blutmahlzeit folgenden Häutungen auf dem Boden statt, und jedes Stadium sucht danach einen neuen Wirt auf, der zudem oft auch noch größer ist als der vorhergehende ist (z. B. Maus > Hase > Rind). Die gesamte Entwicklung kann sich klimaabhängig über drei Monate bis zu drei Jahren hinziehen. Nach einer Blutmahlzeit können ixodide Zecken evtl. mehrere Jahre überleben (im Labor angeblich bis zu 10!), ohne an einem neuen Wirt zu saugen. Diese Tatsache erklärt, daß scheinbar erloschene (von Zecken übertragene) Infektionen nach Jahren in einem Gebiet wieder auftreten können.

Ernährung. Die Wirtssuche und der Ablauf der artspezifischen Blutmahlzeiten der Zecken führen zur Ausbildung spezifischer Verhaltensmuster. Zunächst ist es notwendig für die Zecke, einen Wirt zu finden. Dies erfolgt bei allen Zecken über die Wahrnehmung von Körperdüften. Letztere bewegen z. B. Argasiden durchaus zu Wanderungen über mehrere Meter (etwa vom Dachboden in die Wohnung). Die **Wirtsspezifität** ist im allgemeinen gering – ist ein Warmblüter vorhanden, so wird er akzeptiert. Daher werden häufig Zecken von kleinen Nagern in Gärten eingeschleppt und gelangen dort auf den Menschen und die Haustiere. Die Blutmahlzeiten der Zecken (Argasiden: max. 1h; Ixodiden 5-7 d) dauern relativ lange im Vergleich zu den kurzen Saugperioden der Mücken. Daher ist die Injektion von lokal betäubenden und gerinnungshemmenden Stoffen unumgänglich (Abb. 149). Nach neueren Untersuchungen steht fest, daß der Zeckenspeichel zusätzlich **Prostaglandine** (= ungesättigte Hydroxysäure) enthält. Häufig findet Arachnidonsäure Verwendung, die zudem zur Modulation der Immunantwort und somit zu einer Abschwächung von Entzündungsprozessen führt. Letzteres ist besonders wichtig im Hinblick auf die tagelangen Saugakte der Schildzecken. Die Sekretstoffe stammen aus den traubenförmig angeordneten Acini der Speicheldrüsen (Abb. 149; 151), die sowohl granuläre als auch agranuläre Zelltypen enthalten. Bei Schildzecken gibt es hierbei eine große Varietät an Zellen, während Lederzecken nur jeweils einen granulären und einen agranulären Typ von Acini besitzen. Der Saugakt selbst hat bei den Schildzecken folgende Phasen:

1. Vorbereitung des Saugkanals (ohne Saugen, max. bis etwa 24 h),
2. langsames Saugen (2-4 Tage),
3. schnelles Saugen (12-36 Stunden),
4. schnelles Loslassen und eventuell Abfallen vom Wirt.

Die einmal in den **Darm** aufgenommenen Blutmassen werden von den Darmepithelzellen phagozytiert. Dadurch schwellen diese stark an (Abb. 150) und können das gesamte Darmlumen verdrängen. Platzen resorbierende Darmzellen, so werden sie durch heranwachsende Reservezellen ersetzt. Mit dem Blut werden auch Erreger ins Zellinnere aufgenommen und gelangen ebenfalls in die das Blut verdauenden Phagolysosomen. Nur wenn sich die Erreger an die entsprechenden Enzyme angepaßt haben, können sie überleben und ggf. in die Haemolymphe bzw. andere Organe der Zecke vordringen. Dies haben im Verlaufe der Evolution eine Reihe von Erregern (s.u.) auch geschafft, dabei aber eine relativ starke Wirtsspezifität erreicht. So lassen sich bestimmte Erreger nur von einer Art, manchmal sogar nur von einer Rasse dieser Art übertragen.

Als **Überträger** haben die Zecken große Bedeutung, wie einige ausgewählte (von über 50 verschiedenen) Krankheitserreger in Tab. 16 zeigen. Da sie Blut potentiell infizierter Tiere aufsaugen, kann in ihnen eine Vielzahl von Erregern nachgewiesen werden. Dies bedeutet nicht, daß sie diese auch zwingend weiterübertragen. Folgende **Erregertypen** wurden in Zecken festgestellt:

- **Viren**: intra- und extrazellulär
- **Bakterien**: Borrelien: extra- und intrazellulär
  Rickettsien: intrazellulär und intranukleär
  Anaplasmen: intrazellulär
- **Protozoen**: Piroplasmen: – intrazellulär im Cytoplasma
  – frei in der Haemolymphe (Kineten)
  – im Speichel (Sporozoiten)
- **Fadenwürmer**: extra- und intrazellulär

Dieses Auftreten der verschiedenen Erreger im Inneren von Zecken macht vier prinzipielle **Übertragungswege** möglich:

Abb. 150: Schematische Darstellung von verschiedenen Funktionsphasen (*A–D*) von Darmepithelzellen bei Schildzecken während der Nahrungsaufnahme (nach verschiedenen Autoren). Der Weg von Erregern ist durch die dicken Pfeile gekennzeichnet. **(A) Sekretionsphase.** Sekrete (S) werden durch Exozytose (EX) ins Darmlumen (LU) zur Vorbereitung der Blutnahrung abgegeben. **(B)** Durch **Endozytose** (EN) werden Erythrocyten (lysiert oder nicht), Plasmabestandteile, aber auch Erreger aufgenommen und in Nahrungsvakuolen (NV) Verdauungsenzymen ausgesetzt. **(C)** Unverdautes Hämoglobin (UV) wird in kompakter Form gespeichert (in Vakuolen oder direkt im Plasma). Erreger entkommen den Nahrungsvakuolen, entwickeln sich im Zellinneren und wandern zum basalen Labyrinth. **(D)** Erreger verlassen die stark gedehnte Darmzelle und durchdringen nach dem basalen Labyrinth auch noch die Basallamina, die hier nicht gezeichnet wurde, um in die Leibeshöhle zu gelangen.

BL = Basales Labyrinth; EN = Endozytose (in coated pits); ER = Endoplasmatisches Reticulum; EX = Exozytose; GO = Golgi-Apparat; LU = Darmlumen; MI = Mitochondrion; N = Nukleus, Kern; NV = Nahrungsvakuole; S = Sekret; UV = Unverdaute Nahrungsreste.

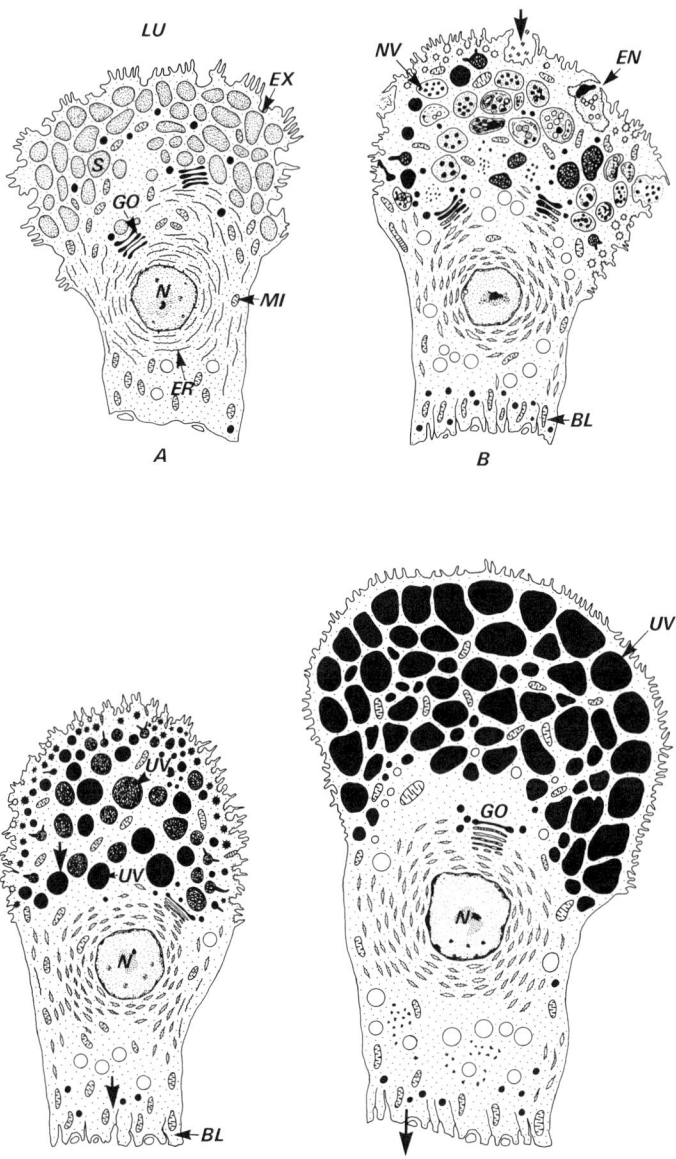

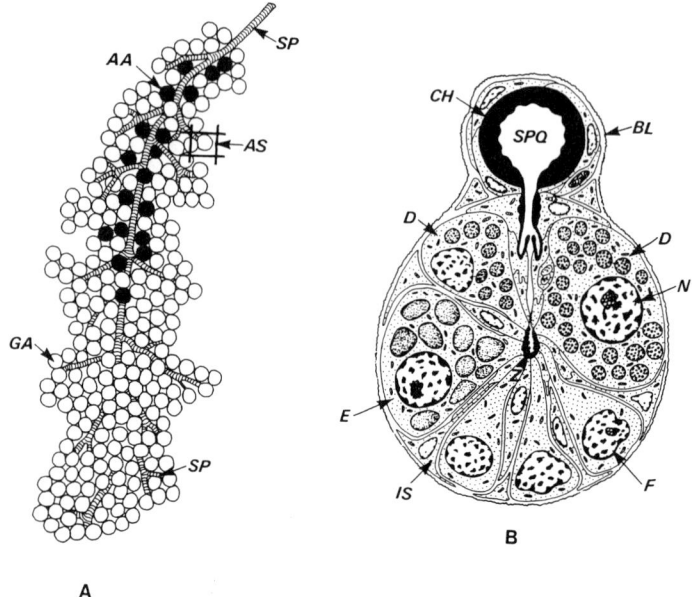

Abb. 151: Schematische Darstellung der Speicheldrüsen von Schildzecken. **(A)** Übersicht: Agranuläre (AA, schwarz) und granuläre (GA) Acini gruppieren sich traubenartig um den sich verzweigenden Speichelgang (SP). Der mit AS gekennzeichnete Bereich stellt den Ausschnitt in Abb. B dar. **(B)** Acinustyp III mit D, E, F = Sekret-Granazellen mit unterschiedlichen Inhaltsstoffen. Nach Abgabe ihrer Sekrete werden diese Zellen durch interstitielle Zellen ersetzt. AA = Agranulärer Acinus; BL = Basallamina; CH = Chitin; D, E, F = Speicheldrüsenzelltypen; GA = Granuläre Acini; IS = Interstitielle Zelle; N = Nucleus; SP = Speichelgang; SPQ = Speichelgang quer; Z = Zentrales Acinuslumen für Sekret.

1. **Transstadiale Übertragung:** Hierbei gelangen Erreger in die Speicheldrüsenzellen (Abb. 151) und werden mit dem Speichel abgegeben. Dieser Modus wurde bewiesen für Viren, Bakterien, Piroplasmen und Fadenwürmer.

2. **Transovarielle Übertragung:** Hier gelangen Erreger über die Haemolymphe der Zecke in die noch undifferenzierten Oocyten der Weibchen (Abb. 152) und infizieren so die spätere Generation, die aus derartigen Eizellen (nach Heranwachsen und Befruchtung) hervorgeht. Diese Form der Ausbreitung tritt zusätzlich zum transsta-

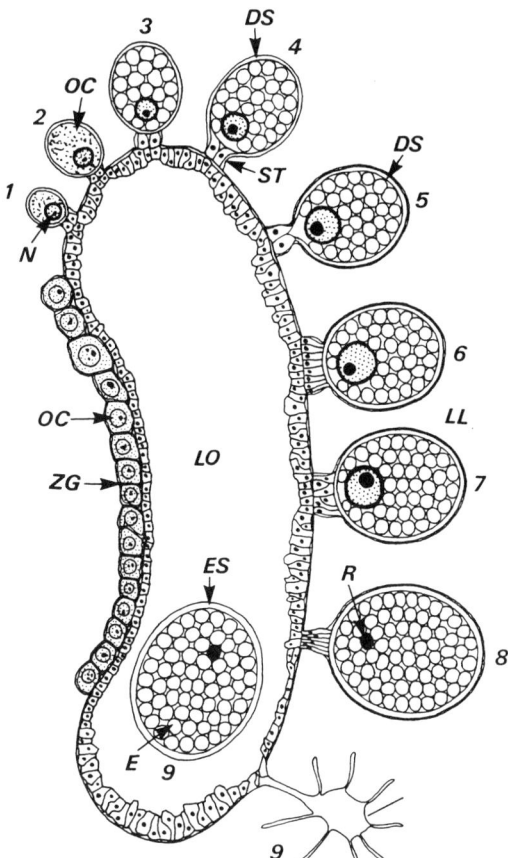

Abb. 152: Schematische Darstellung eines Schnittes durch einen Ovarial-schlauch einer Schildzecke mit Eiern in neun Reifungsstadien (1-9). An Position 9 wurde das fertige, befruchtete Ei (E) in das Ovariallumen zum Absetzen entlassen. Da sich die Eischale (ES) relativ früh entwickelt (DS in Position 3,4), können sowohl die Befruchtung der Eizelle (vom Lumen des Ovars über das Stielchen) als auch die Penetration von Erregern (vom Leibeshöhlenlumen her) nur bei sehr frühen Stadien (1-3) erfolgen.
DS = sich entwickelnde Eischale; E = Ei; ES = Eischale; LL = Lumen der Leibeshöhle; LO = Lumen des Ovars; N = Kern; OC = Oocyte, Eizelle; R = Kern (nach Befruchtung) = sog. Karyosphäre; ST = Stielchen, Funiculus; ZG = zentrale Grube des Ovars (kleine, sich entwickelnde Zellen).

dialen Modus bei TBE-Viren, Borrelien, Babesien und evtl. bei Rickettsien auf.

3. **Übertragung durch Regurgitation:** Hierbei werden während der laufenden Mahlzeit von der Zecke Teile des alten Darminhalts in den Wirt gepumpt. Auf diesem Weg sollen u. a. Borrelien und Trypanosomen übertragen werden können.

4. **Übertragung durch Fraß von Zecken:** Diese Form der Übertragung findet zum Beispiel bei bestimmten *Hepatozoon*-Arten bzw. Fadenwürmern statt, wenn sich der Reptilienwirt die eigenen oder fremde Zecken von der Haut «knabbert». Bakterien sollen ebenfalls auf diesem Wege übertragen werden.

Bemerkenswert ist, daß manche Krankheitskeime von mehreren Zeckenarten meist aus verschiedenen Gattungen übertragen werden können. Dies dürfte mit der unspezifischen Wirtswahl und der unterschiedlichen geographischen Verbreitung der Zecken zusammenhängen. Da Zeckenlarven und -nymphen auch häufig an Vögeln saugen, erfolgt auch eine schnelle Ausbreitung von Erregern entlang der Flugrouten von Strich- bzw. Zugvögeln. Die Erreger selbst können sich allerdings nur bei einem Teil der Wirbeltiere entwickeln, da sie die bestehenden immunologischen Barrieren offenbar nicht so leicht überwinden können. Für den Menschen in Europa haben zwei von *Ixodes ricinus* übertragene Erreger große Bedeutung und offenbar eine sich noch ausweitende Verbreitung erlangt: Der TBE-Virus und die Spirochaete *Borrelia burgdorferi*.

1. TBE-Virus

Dieser **Arbo**-Virus (von *engl.* arthropod-borne), der zur Gruppe der Toga- bzw. Flaviviren gehört, bei Nagern auftritt, bei Zecken nach der erstmaligen Aufnahme zeitlebens erhalten bleibt sowie transovariell auf die Nachkommenschaft übertragen wird, führt beim Menschen zur sog. **Frühsommermeningoencephalitis** (FSME, einer Hirnhautentzündung). In endemischen Gebieten (z. B. Kärnten, Bayr. Wald, Harz, Ostschweden, etc.) sind hohe Befallsraten (5%) der Zecken festgestellt worden. Eine Erkrankung des Menschen, die glücklicherweise nur bei etwa $1/1000$ aller Stiche eintritt, kann u. U. einen lebensbedrohlichen Verlauf nehmen. Eine passive **Impfung** mit einem Immunglobulin ist möglich (bis 3 Tage nach dem Zeckenstich). Prophylaktisch wird ein Impfstoff in drei Teilimpfungen verabreicht und so durch aktive Immunisierung ein Schutz für 3 Jahre (dann Auffrischung) erzielt. Unmittelbar verwandt sind die Erreger der Russischen Zecken-(Frühsommer)encephalitis und das «Louping-ill-Virus».

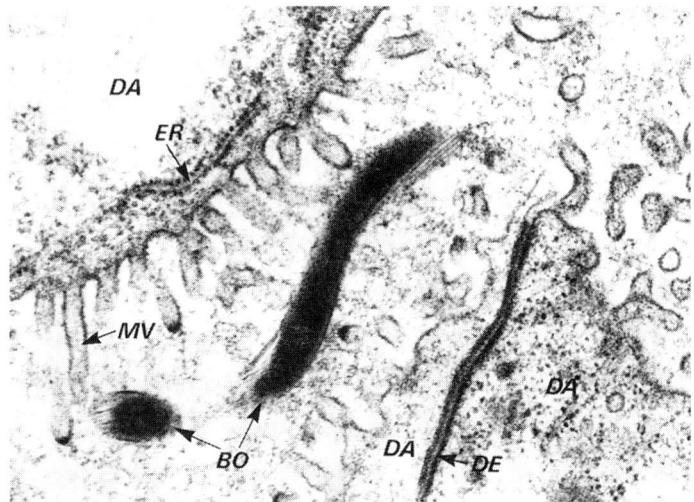

Abb. 153: TEM-Aufnahme eines Längsschnitts durch ein Stadium von *Borrelia burgdorferi* im Zeckendarm. × 30 000.
BO = Borrelie; DA= Darmepithelzelle; DE= Desmosomen; ER= Endoplasmatisches Reticulum; MV= Mikrovillus.

Zum weiteren Kreis der Flaviviren gehören das Gelbfieber-Virus (Überträger: *Aedes*), die Dengue-Viren (Stechmücken) und das Virus der Japanischen B-Encephalitis (*Culex*-Arten); vgl. Tab. 16, 18).

2. *Borrelia burgdorferi*

Diese Spirochaete (Abb. 153), die erst 1982 von Burgdorfer entdeckt wurde, ruft das nach dem USA-Ort Lyme bezeichnete Krankheitsbild beim Menschen hervor. **Überträger** sind in Europa *Ixodes ricinus*, in USA *I. dammini* = *I. scapularis*. Bis zu 50% der besonders im Mai-Juni aktiven Nymphen sind befallen, sie haben sich als Larven im Vorjahr an Mäusen (= natürliches **Reservoir**) infiziert. Die Erkrankung beginnt beim Menschen mit einer Rötung um die Stichstelle (in 70% aller Fälle!), die zudem wandert (**Rosacea migrans**). Diese Phase 1 der Erkrankung wird von grippeartigen Symptomen begleitet und entwickelt sich nach etwa zwei Monaten zu einem Syndrom, das Meningoneuritis, Myocarditis, Oligoarthritis, Lähmungen (Phase 2) einschließt; Herzrhythmusstörungen können unmittelbar zum Tode führen. Als Spätzustand (Phase 3) entstehen Syphilis-ähnliche, Multiple-Sklerose-ähnliche Hirnveränderungen. Bei schneller und richtiger Diagnose kann mit Tetrazyklinen und Penicillin eine erfolgreiche **Chemotherapie** erfolgen. Nutz- bzw. Haustiere, wie z. B. Hund, Katze, Pferd, können in gleicher Weise an Borreliose erkranken wie der Mensch und zeigen dann die gleichen Symptome. Die starke Durchseuchung der Zecken in Deutschland und das Auftreten von **Reservoirwirten** bedeuten für den Menschen eine relativ hohe Infektionsgefahr.

Für die Übertragung beider Erregertypen ist damit entscheidend, daß die Vektorzecken der Gattung *Ixodes* den Winter überleben, für ihren Generationswechsel zwei, drei und mehr Jahre benötigen, daß die Erreger auch lange Zeit in den Zecken überleben und diese auch auf die Nachkommenschaft der Zecken übertragen werden (= transovarielle Übertragung).

17.2. Milben

Die Milben (*engl.* mites) sind mit etwa 0,2 bis 1 mm Länge recht kleine Tiere und mit bloßem Auge, auch zum Teil wegen einer Schutzfärbung, nur schwer zu erkennen. Entsprechend ihrer Lebensweise haben ihre Körpergestalt und Ausprägung der Extremitäten die unterschiedlichsten Variationen erfahren. Systematisch werden sie nach Lage der Stigmenöffnung in **Meso-, Pro-** und **Astigmata (Cyptostigmata)** unterteilt. Besonders auffallend ist die bei Milben in Relation zum Körper oft recht lange «**Behaarung**» (Abb. 154), unter die auch die Mechano- und Chemosinnesorgane (Trichobothrien, Solenidien) fallen. Milben müssen wie Zecken während des Wachstums ihr chitinöses Exoskelett mehrfach häuten und dabei meist drei Stadien: **Larve** (mit nur drei Beinpaaren), **Nymphe** und **Adulte** (je 4 Beinpaare) durchlaufen. Ursprünglich waren neben dem Ei sogar 6 Stadien vorhanden: Praelarve, Proto-, Deuto-, Tritonymphe, männlicher und weiblicher Adultus, allerdings fehlt bei vielen Milben heute mindestens eins. Die Deutonymphe ist daher meist ein Warte-/Dauerstadium, das bei günstigen Bedingungen wegfallen kann. Die meisten Milben (Abb. 155 b) ernähren sich von organischen Materialien im Boden, von Pflanzen bzw. im Haus von Vorratsresten und dergl., erlangen aber auch dabei häufig als Nahrungsschädlinge bei der Vorratshaltung, insbesondere bei massenhaftem Auftreten, wirtschaftliche Bedeutung. Einige von diesen Arten, so z. B. die sog. **Staubmilben,**

Tyrophagus putrescentiae, Glycyphagus domesticus und *Acarus siro**
leben im Mehl und können bei manchen Personen aufgrund ständiger
Reizung mit den charakteristischen langen Borsten und ihren abge-
streiften Häuten zu allergischen Reaktionen führen. Diese Erscheinungen sind in verschiedenen Abwandlungen als sog. **Trugkrätze** als
Berufskrankheit anerkannt (z. B. Bäckerkrätze, s. Tab. 17). Andere
Milben mit ähnlich massivem Auftreten im Staub (z. B. *Dermatophagoides pteronyssinus*, Abb. 156) können heftige allergische Reaktionen in Rachen und Atmungssystem besonders des Menschen hervorrufen. Dies führt zu asthmatischen Symptomen bei den befallenen
Personen. Die Entstehung des **Allergens** soll in folgenden Stufen
verlaufen: Der schlafende Mensch verliert im Bett Schuppen (=
0,5 g/Tag), auf denen nach einiger Zeit Millionen Pilze wachsen.
Diese werden dann von Milben gefressen, deren natürlicher Lebens-
raum in erster Linie das Bett (Matratzen, Wolldecken, Unterlagen)
darstellt. Im Darmtrakt der Milben entsteht ein starkes Allergen, das
mit den Kotklümpchen frei wird und beim Bettenmachen oder
Matratzenausklopfen schwebend in die Luft gelangt. Diese Partikel
werden dann vom Menschen inhaliert und führen bei sensibilisierten
Personen zu den erwähnten Erscheinungen – mehr als 20 % der Bevölkerung Deutschlands sind als sog. **Atopiker** (Allergiker) hierfür
genetisch vorbelastet, wofür ein dominant vererbtes Gen auf dem
11. Chromosom verantwortlich sein soll. Als wichtigste Vorausset-
zung für ein Milbenwachstum erwies sich eine gleichbleibende Feuchtigkeit im Bett (der Mensch verdunstet ca. 1 l Wasser pro Nacht!). Es
empfiehlt sich daher, in den Betten und ihrer Umgebung regelmäßig
Staub zu saugen, Bettlaken und Kissen häufig zu wechseln und durch
Auslegen der Matratzen in der Sonne die Milben «auszutrocknen»
bzw. im Winter «auszufrieren», da Milben Minustemperaturen nicht
vertragen. Stark kontaminierte Betten und Teppichböden müssen in
extremen Fällen vernichtet werden. Eine **Hausstauballergie** kann mit
einem Hauttest festgestellt werden; eine Desensibilisierung kann mit
der Injektion von steigenden Mengen eines Extraktes aus Hausstaub
versucht werden. Bei Temperaturen unter 17 °C stoppt die Entwicklung der Hausstaubmilben, so daß kühlere Temperaturen im Schlaf-
zimmer einen guten Schutz vor Hausmilbenausbreitung darstellen.
Auch eine Absenkung der Luftfeuchte unterdrückt das Milbenwachs-

---

* Als *Acarus siro* wurde früher die Krätzmilbe des Menschen bezeichnet
(heute *Sarcoptes*!). Heute umfaßt die Gattung *Acarus* solche Arten, die früher
als Mehlmilben der Gattung *Tyroglyphus* beschrieben wurden.

Tab. 17: Wichtige Milben

Art	Größe (mm)	Wirte	Krankheit/evtl. Erreger
Glycyphagus domesticus	♀ 0,4–0,75 ♂ 0,3–0,5	Mensch[2]	allergische Trugkrätze sog. *Grocer's itch*
Tyrophagus putrescentiae	♀ 0,4 ♂ 0,4	Mensch[2]	allergische Trugkrätze sog. *Copra itch*
Acarus siro (= Tyroglyphus)	♀ 0,4–0,6 ♂ 0,4	Mensch[2]	allergische Trugkrätze sog. *Bäckerkrätze*
Dermatophagoides pteronyssinus	♀ 0,4 ♂ 0,4	Mensch[2]	Dermatose, Allerg. Asthma
Dermanyssus gallinae	♀ 0,7 ♂ 0,6	Geflügel, **Mensch**	St. Louis-Encephalitis V; Hühneranämie
Trombicula akamushi	*Larve* 0,25–0,5	Larve: **Mensch**	Tsutsugamushi-Fieber R
Neotrombicula autumnalis	*Larve* 0,25–0,5	Larve: Rinder, Schweine Mensch, Hunde, Katzen	Dermatose sog. *Scrub-itch*
Sarcoptes scabiei	♀ 0,3–0,45 ♂ 0,2–0,3	**Mensch**	Krätze
S. bovis	♀ 0,3–0,5 ♂ 0,2–0,3	Rind	Räude[1]
S. suis	♀ 0,4–0,5 ♂ 0,25	Schwein	Räude[1]

Notoëdres cati	♀ 0,2–0,3 ♂ 0,15–0,18	Katzen	Räude[1]
Otodectes cynotis	♀ 0,4–0,5 ♂ 0,3–0,4	Hunde	Räude[1]
Knemidocoptes mutans	♀ 0,4–0,5 ♂ 0,2–0,25	Geflügel	Kalkbeinräude
Demodex folliculorum	♀ 0,4 ♂ 0,3	**Mensch**	evtl. Akne, Rosacea
Demodex canis	♀ 0,3 ♂ 0,25	Hunde	Ekzem, Pusteln
Psoroptes sp.	♀ 0,6–0,8 ♂ 0,5–0,65	Wiederkäuer	Räude[1]
Chorioptes sp.	♀ 0,4–0,6 ♂ 0,3–0,45	Wiederkäuer	Räude[1]
Varroa jacobsoni	♀ 1,2–1,7 ♂ 0,8	Bienen	Bienenruhr, Larventod

1 = Die als Räude bezeichnete Erkrankung dieser Tiere wird auch noch durch weitere Arten hervorgerufen.
2 = Diese Staubmilben ernähren sich von Nahrungsresten.
V = Viren; R = Rickettsien (= intrazelluläre Bakterien)

MILBEN

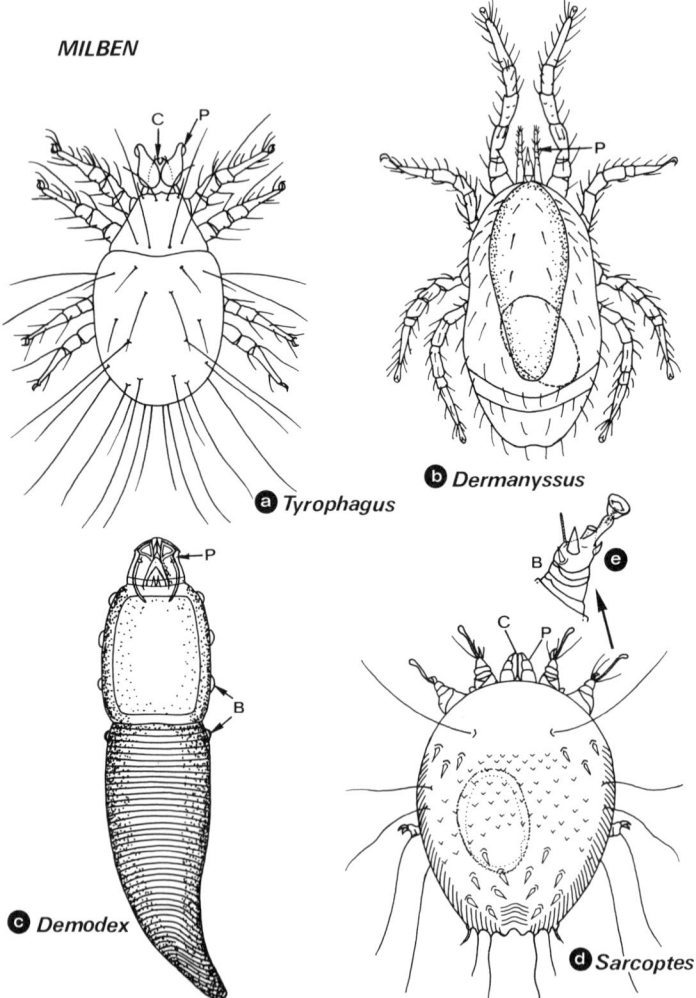

a *Tyrophagus*

b *Dermanyssus*

c *Demodex*

d *Sarcoptes*

Abb. 154: Schem. Darstellung von Milben aus dorsaler Sicht.
a) *Tyrophagus putrescentiae,* Männchen;
b) *Dermanyssus gallinae,* Weibchen; Ei durchscheinend, gestrichelt;
c) *Demodex phylloides*;
d) *Sarcoptes scabiei,* Weibchen mit Ei;
e) *Notoëdres cati*, Bein mit Saugscheibe, Stiel kurz!
B = Stummelbein; C = Cheliceren; P = Pedipalpen.

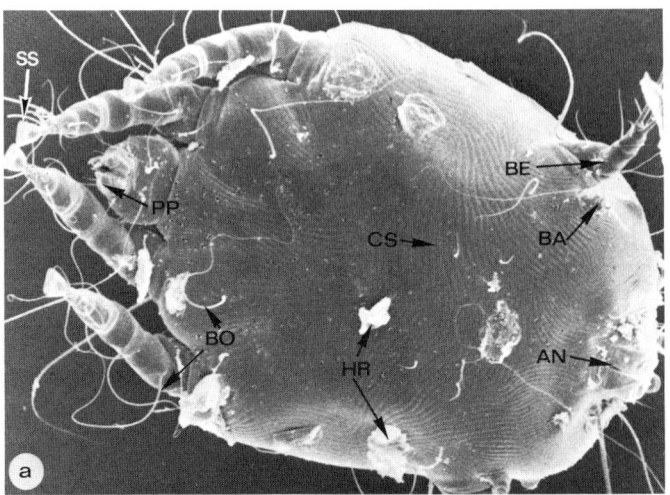

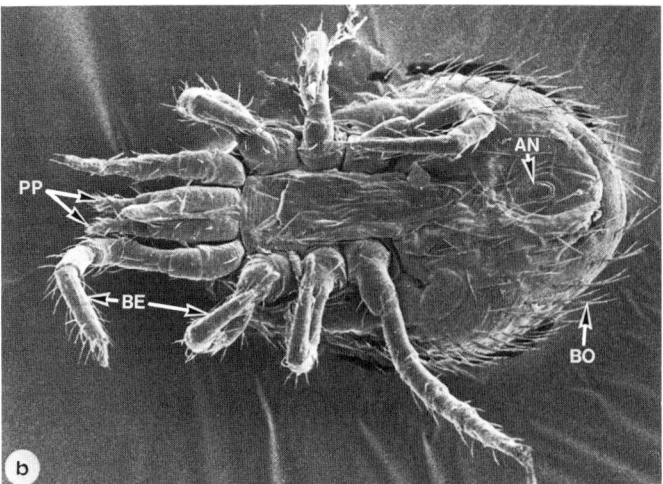

Abb. 155: SEM-Aufnahmen von Milben.
a) Krätzmilbenlarve des Igels. × 400
b) Staubmilbe. × 350
AN = Anus; BA = Beinanlage; BE = Bein; BO = Borsten; CS = Cuticulastreifung; HR = Hautreste, PP = Pedipalpen; SS = Saugscheibe.

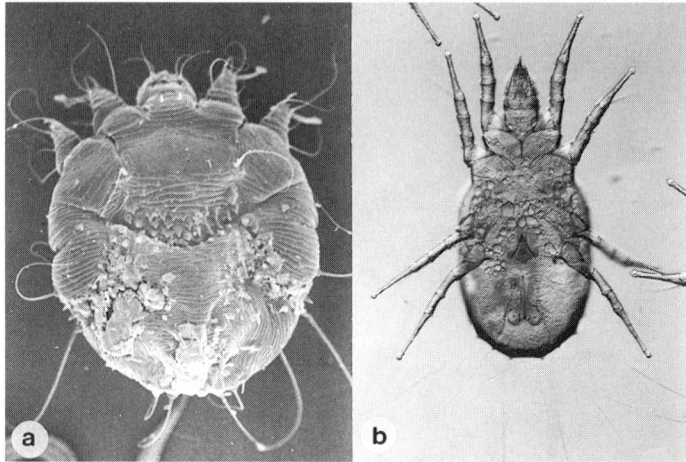

Abb. 156: Milbentypen; REM- (a) und LM-Aufnahmen
a) *Sarcoptes scabiei* – Weibchen von dorsal mit Hautpartikeln behaftet. × 250
b) *Dermatophagoides pteronyssinus* – Männchen von ventral. × 170.

tum; etwa 75% rel. Luftfeuchte ist nämlich sowohl für die Milben als auch ihre «Futterpilze» (z. B. *Aspergillus*) optimal.

Als **Überträger von Krankheitserregern** des Menschen und der Haustiere kommt den meist nicht sehr wirtsspezifischen Milben nur **geringe Bedeutung** zu (Tab. 17). Meist erfolgt die Schädigung des Wirts unmittelbar durch den Milbenbefall; nach ihrem Freßverhalten, wobei die «Mundwerkzeuge» (= Cheliceren und auch Pedipalpen) spezifische Anpassungen erfahren haben, wird zwischen **Nage-, Saug-** und **Grabmilben** unterschieden.

Die **Nagemilben** ernähren sich von Hautschuppen ihrer Wirte und können so eine Dermatitis herbeiführen. Häufig sind Arten der Gattung *Chorioptes* bei Rindern, Pferden und Schafen und *Otodectes cynotis* im äußeren Gehörgang von Hund und Katze. Letztere Art ist durch ein extrem verkürztes viertes Beinpaar ausgezeichnet.

Bei **Saugmilben** bilden die Mundwerkzeuge einen Rüssel, mit dessen Hilfe beide Geschlechter Blut oder Lymphe ihrer Wirte saugend aufnehmen. Besonders wichtig sind hier *Dermanyssus gallinae* (Abb. 154 b), die Rote Vogelmilbe, und einige Arten der Gattung *Ornithonyssus* (tropische Hühner- bzw. Rattenmilben). *D. gallinae* verläßt nach der Blutmahlzeit (nachts!) den Wirt, während viele andere Arten ihre gesamte Entwicklung auf dem Wirt absolvieren. Beim

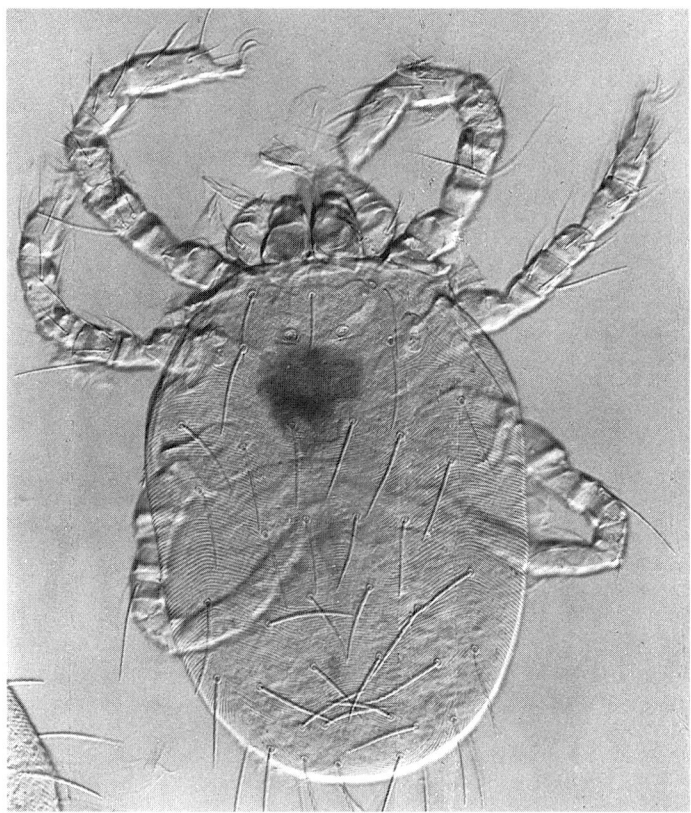

Abb. 157: LM-Aufnahme der lymphesaugenden Larve der Herbstmilbe *Neotrombicula autumnalis* von dorsal. Die Insertionsstellen der Beine scheinen durch. × 300

Saugen können Viren (z.B. Erreger der St. Louis-Encephalitis) und Rickettsien übertragen werden. Die Stiche führen beim Menschen zu recht schmerzhaften, je nach individueller Reaktion bis zu 2 cm großen Quaddeln. Unter den Saugmilben nehmen die Arten der Familie Trombiculidae eine besondere Stellung ein, da sie als Adulte freilebend sind, jedoch als Larve und eventuell auch als Nymphe mit Hilfe ihres Saugapparats bei Vertebraten Lymphe saugen. Beim Menschen kann ein starker Befall mit der sog. Herbstmilbe (*Neotrombi-*

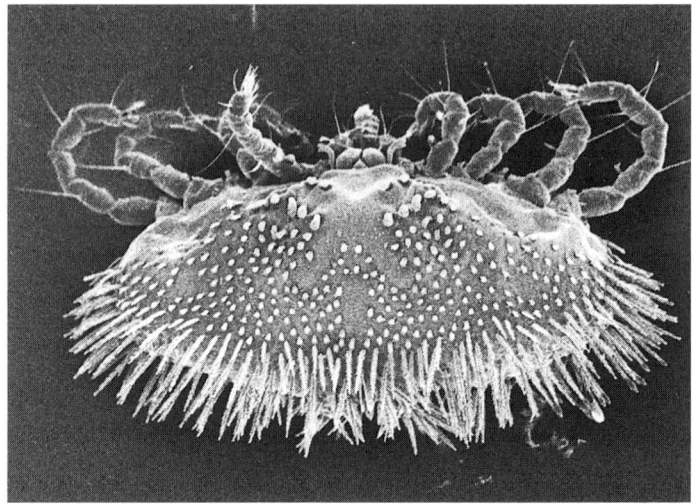

Abb. 158: REM-Aufnahme der Bienenmilbe *Varroa jacobsoni*, die am Hinterende ihres Cuticulapanzers lange Borsten trägt. × 20

cula autumnalis, Abb. 157) zu allergischen Reaktionen (Speichel der Milbe wirkt als Allergen) und so zur sog. Gebüschkrätze (*engl.* scrub-itch) führen. Die Larven (!) von *Trombicula akamushi** können den Erreger des sog. Tsutsugamushi-Fiebers, *Rickettsia tsutsugamushi,* von Nagern auf den Menschen übertragen.

Von besonderer Bedeutung als Parasiten des Menschen sind die **Grabmilben** (*engl.* mange mites), die Bohrgänge bis ins *Stratum germinativum* der Epidermis anlegen und infolge von entzündlichen Reaktionen die sog. **Räude** bei Tieren bzw. **Krätze** (Skabies) beim Menschen induzieren (weltweit sind 300 Millionen befallen). Diese runden, meist nur 0,3–0,5 mm großen Milben besitzen nur noch Stummelbeine, von denen die beiden vorderen den Körper überragen. Die Beine sind ferner durch ungegliederte, gestielte Haftscheiben ausgezeichnet (Abb. 154 d; 156 a), die, ähnlich wie dorsale Chitinhaken und die langen, meist an den Hinterbeinen ansetzenden Borsten beim Fraß eine sichere Verankerung in den Gängen gewährleisten. Lediglich die weiblichen Nymphen und die Männchen gelangen an die

---

* akamushi = *jap.* rote Insekten.

Hautoberfläche, wo sie sich spätestens nach 3–4 Tagen begatten. Nach der Häutung legt das nun adulte Weibchen die Eier (2–4 täglich für etwa 2 Monate) in den Bohrgängen ab, wo dann die Larven schlüpfen. Die Männchen benötigen etwa 12 Tage, die Weibchen etwa 15 Tage bis zur Geschlechtsreife. Die wichtigsten Arten sind *Sarcoptes scabiei* beim Menschen (Abb. 154 d), *S. bovis* beim Rind, *S. canis* beim Hund, *S. suis* beim Schwein, *S. equi* beim Pferd, *S. sp.* beim Igel (Abb. 155 a), die alle meist in kurzhaarige Körperpartien eindringen, aber Tendenz zur Ausbreitung zeigen. *Notoëdres cati* (Abb. 154 e), der Erreger der Kopfräude bei Feliden, unterscheidet sich von den oben erwähnten Arten nur durch die dorsale Ausmündung des Afters, führt aber wie alle anderen zu den typischen Symptomen: hochgradiger Juckreiz (**Pruritus**), Haarausfall (**Alopezie**), epidermale massive Verhornung besonders an den Ohren sowie blutigeitrige Exsudation durch bakterielle Sekundärinfektionen (**Pyodermie**). Bei Hühnervögeln führt die ähnlich lebende Art *Knemidocoptes mutans* zu charakteristischen Hautveränderungen, dem sog. **Kalkbein**. Diese Krankheit beeinträchtigt u. U. ganz erheblich die Legetätigkeit bei Hühnern.

Eine Übergangsform zwischen den Nage- und Grabmilben stellen Vertreter der Gattung *Demodex* dar, die, wie z. B. *D. folliculorum* und *D. canis*, in Haarbälgen ihrer Wirte leben (Abb. 154 c) und sich dort von Talg ernähren. Bei extrem großen Milbenzahlen kommt es zu Haarausfall und bakteriellen Sekundärinfektionen in den betroffenen Hautabschnitten.

Die Milbenart *Varroa jacobsoni* (Abb. 158) wurde in jüngster Zeit aus Asien nach Europa eingeschleppt und breitet sich zur Zeit stark bei einheimischen Honigbienen (*Apis mellifica*, syn. *A. mellifera*) aus. Die querovalen weiblichen Milben (1,2 × 1,7 mm) schädigen in erster Linie die Bienenbrut, so daß ein Befall zunächst nicht bemerkt wird und im Herbst Bienenvölker wegen mangelnden Nachwuchses zusammenbrechen. Todesursache ist dabei die sog. **Bienenruhr**, die durch die Mikrosporen-Art *Nosema apis* (s. S. 149) ausgelöst wird und sich infolge der Schwächung durch die *Varroa*-Milben stark ausbreiten kann. Die *Varroa*-Männchen sind kreisrund, deutlich kleiner (0,8 mm) als die Weibchen und sterben unmittelbar nach der Kopulation. Eine befriedigende **Therapie** der mikrosporidienbedingten Bienenruhr (Nosemose) besteht noch nicht. Durch *Varroa* befallene Völker wurden früher vernichtet. Neuerdings wird ein Räucherstäbchen mit dem Wirkstoff Isopropyl-4,4-dibrombenzilat (= Folbex®) empfohlen oder eine Beträufelung mit Perizin® als systemische Behandlung. Daneben existiert eine Reihe in Deutschland noch nicht zugelassener Präparate, die Pyrethroide bzw. Amitraz enthalten. Die Varroatose (Varrose) ist eine meldepflichtige Tierseuche, da eine Ausbreitung innerhalb von drei Monaten in 6–11 km Umkreis beobachtet wurde.

18. Insekten

Die Klasse Insecta (Kerbtiere) ist die umfangreichste Gruppe des Tierreichs, was die Artenzahl und die Individuendichte betrifft. Das System der Insecta enthält primär ungeflügelte, niedere Formen, die sog. **Apterygota**, und primär geflügelte, höhere Insekten, die **Pterygota**. Zu letzteren gehören alle parasitischen Formen, die vorwiegend ektoparasitisch (temporär oder stationär) auf ihren Wirten leben.

System: Stamm: ARTHROPODA (Auszug)
Unterstamm: Tracheata
  Klasse: Insecta (Hexapoda)
  Unterklasse: Apterygota (ungeflügelte Formen)
  Unterklasse: Pterygota (primär geflügelt)
    Ord.: Phthiraptera (Tierläuse)
      Uord.: Anoplura – Saugläuse
      Uord.: Mallophaga – Beißläuse
    Ord.: Rhynchota (Wanzen)
      Fam.: Reduviidae – Raubwanzen
      Fam.: Cimicidae – Bettwanzen
    Ord.: Diptera (Zweiflügler)
      Uord.: Nematocera (Mücken)
      Fam.: Phlebotomidae (Sandmücken)
      Fam.: Culicidae (Stechmücken)
      Fam.: Ceratopogonidae (Gnitzen)
      Fam.: Simuliidae (Kriebelmücken)
      Uord.: Brachycera (Fliegen)
      Fam.: Tabanidae (Bremsen)
      Uord.: Cyclorrhapha
      Fam.: Muscidae (Fliegen)
      Fam.: Glossinidae (Tsetsefliegen)
      Fam.: Calliphoridae (Schmeißfliegen)
      Fam.: Sarcophagidae (Fleischfliegen)
      Fam.: Gasterophilidae (Magenfliegen)
      Fam.: Oestridae (Dasselfliegen)
      Fam.: Hippoboscidae (Lausfliegen)
    Ord.: Siphonaptera – Flöhe

Insekten können

a) als **Zwischenwirte** wichtiger Parasiten des Menschen und seiner Nutztiere (Protozoen, Cestoden, Nematoden; u. a. S. 17 ff., 230 ff., 285 ff.) dienen,

b) als Überträger (**Vektoren**) Rickettsien, Bakterien und Viren verbreiten **und**

c) bei der mechanischen **Verschleppung** von Protozoen und Bakterien mitwirken (z. B. Amoebencysten durch Fliegen; s. S. 60; Salmonellen und Shigellen).

Insektizidklassen und ihre Toxizität			
Stoffklasse	Beispiele für Wirkstoffe[1]	Toxizität für Mensch und Tier	Resistenzen bei Flöhen[3]
Chlorierte bzw. halogenierte Kohlenwasserstoffe	Lindan Bromocyclen	++++	2
Organophosphate	Fenthion Dichlorvos	+++	4
Carbamate	Carbaril Propoxur	++	3
Synthetische Pyrethroide[2]	Permethrin Cypermethrin Deltamethrin	+	2
Natürliche Pyrethrumextrakte	Pyrethrine	+	1
Neonicotinoide	Imidacloprid	+	1
Phenylpyrazole	Fipronil	+	1
Avermectine	Selamectin	+	1

1 Jede dieser hier mit dem sog. generischen Namen gekennzeichneten Substanzen ist unter verschiedenen Handelsnamen auf dem Markt.

2 Die lat. als *Pyrethrum* bezeichnete Chrysantheme enthält Substanzen, die als Insektizide wirken. Diese können – wie ähnliche Substanzen bei anderen Pflanzen – auf natürlichem Weg isoliert oder chemisch nachgebaut (synthetisiert) werden.

3 Hier am Beispiel des Flohs; andere Insekten können durchaus anders reagieren.

++++ = stark; + = schwach; 4 = häufig; 3 = weniger häufig; 2 = selten; 1 = sehr selten, wenn überhaupt vorhanden.

Wirkung von Insektiziden

● **Pyrethrum, Pyrethroide**
  Sie bewirken eine Verlängerung des physiologischen Na^+-Einstroms durch Offenhaltung (= verzögerte Inaktivierung) des spannungsabhängigen Natriumkanals an erregten Nervenmembranen. Ihre Toxizität ist deutlich höher bei Insekten als bei Wirbeltieren; z. B. Cyfluthrin: LD_{50} bei der Ratte = 500 mg/kg Körpergewicht, nur 0,4 mg/kg bei der Schabe *Periplaneta* oder gar nur 0,05 mg/kg bei der Stubenfliege *Musca domestica*.
● **Organophosphate**
  Sie blockieren **dauerhaft** die Acetylcholinesterase, stören dadurch den Acetylcholinabbau und führen so zu einer Anreicherung von Acetylcholin im synaptischen Spaltraum, was eine letztlich tödliche Dauererregung bewirkt.
● **Carbamate**
  Sie hemmen **reversibel** die Acetylcholinesterase und andere Esterasen und führen letztlich zu den gleichen Symptomen wie die Organophosphate.
● **Wachstumsregulatoren, -hemmer**
  Sie greifen in den Hormonhaushalt (z. B. als Ecdysteroid-Agonisten) ein und bewirken eine Chitinsynthesehemmung bzw. unterbinden eine reguläre Häutung des Chitinpanzers der Insekten. Daher kommt es – insbesondere bei larvalen Stadien – zu Wachstumsstörungen, nachfolgend tritt der Tod ein.

Endoparasitische Formen treten bei einigen höheren Insekten (= Pterygota) ebenfalls, allerdings weit seltener auf (s. Myiasis, S. 437; Sandfloh, s. S. 445).

Der Bauplan der adulten Pterygota kann gerade bei den parasitischen Formen sehr modifiziert sein, weist jedoch stets folgende Grundzüge auf (Abb. 159):

1. Der segmentierte Körper besteht aus Kopf (**Caput**), Brust (**Thorax**) und Rumpf (**Abdomen**).
2. Das chitinöse Exoskelett der getrenntgeschlechtlichen Insekten wird während des Wachstums in charakteristischer Weise gehäutet; Männchen und Weibchen weisen meist einen sexuellen **Dimorphismus** auf.
3. Der Kopf, dessen einzelne Segmente zu einer Kopfkapsel verschmolzen sind, trägt dorsal ein Paar gegliederte Antennen (Abb. 160) und ventral drei paar Mundwerkzeuge: **Mandibeln, Maxillen 1** und **2**. Außerdem sind am Kopf im Regelfall ein Paar große Facettenaugen sowie bei einigen Arten mehrere Punktaugen vorhanden (Abb. 166), die bei den parasitisch lebenden Arten in unterschiedlicher Weise reduziert sein können.

4. Die drei Thoraxsegmente (**Pro-, Meso-, Metathorax**) tragen ventral je ein Paar (= Hexapoda) fünfgliedrige Extremitäten. Diese bestehen aus **Coxa, Trochanter, Femur, Tibia** und **Tarsus,** der mit charakteristischen Halteapparaten, Klauen etc. endet (daher der Name: Arthropoda = Gliederfüßer).

5. Meso- und Metathorax bilden durch Hautfalten primär 2 Paar Flügel aus, die mit Hilfe kräftiger Muskelzüge bewegt werden können, allerdings oft ganz oder teilweise rückgebildet sind (z. B. Diptera, Flöhe, Bettwanze). Die Flügelstruktur ist artkonstant und wird daher zur Taxonomie verwendet.

6. Die Segmente des Abdomens weisen keine Extremitäten auf, sondern l**ediglich funktionell verschiede**ne **Fortsät**ze, die u. a. zur Kopulation bzw. Brutpflege dienen. Im Abdomen befinden sich die Geschlechtsorgane und die zum Teil sehr komplizierten Hilfsorgane (akzessorische Drüsen etc.) sowie als Exkretionssysteme, die Malpighischen Schläuche.

7. Die Atmung der Insekten erfolgt durch ein z. T. bis zur Einzelzelle ziehendes Röhren(= **Tracheen-**)system, das sich mit charakteristischen **Stigmen** nach außen öffnet (Abb. 132).

8. Das röhrenförmige Herz liegt dorsal, das langgestreckte Nervensystem ventral, je in einem eigenen durch Diaphragmen getrennten Sinus, während der Darm im zentralen Bereich häufig ein mehr oder minder gerades Rohr bildet (Abb. 132).

9. Der Mitteldarm wird bei den meisten Arten von einer oder mehreren sog. **peritrophischen Membranen** ausgekleidet. Diese enthalten als Grundgerüst Chitinfilamente und stellen sowohl für die grob lysierte Nahrung als auch für manche Parasiten auf dem Weg zu den Darmepithelzellen eine Barriere dar (Abb. 11 b; 159).

Die pterygoten Insekten lassen sich nach ihrer ontogenetischen Entwicklung in zwei große Gruppen untergliedern: **hemi-** und **holometabole** Formen. Bei Hemimetabolen verläuft die Entwicklung

---

Abb. 159: Morphologie der Insekten.
AB = Abdomem; AT = Antenne; CA = Caeca; FK = Fettkörper; GE = Gelenke; HD = Enddarm; HF = Hinterflügel; HZ = Herz; K = Kopf; KR = Kropf; M = Mund; MG = Malpighische Gefäße; MU = Flugmuskulatur; NE = Nerv; Ö = Ösophagus; PC = Pericardialsinus; PM = Peritrophische Membran; PN = Perineuralsinus; PR = Proventriculus; PV = Periviszeralsinus; RE = Rectum; STI = Stigma; TR = Trachee; VC = Valvula cardiaca; VF = Vorderflügel; VP = Valvula pylorica.

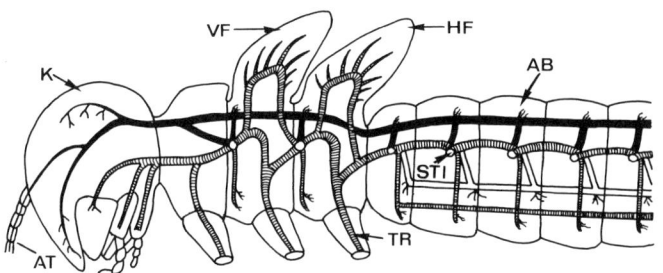

TRACHEENSYSTEM

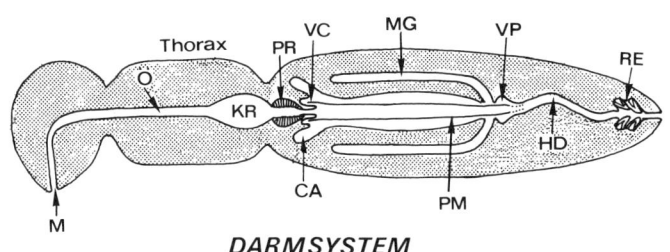

DARMSYSTEM

QUERSCHNITT

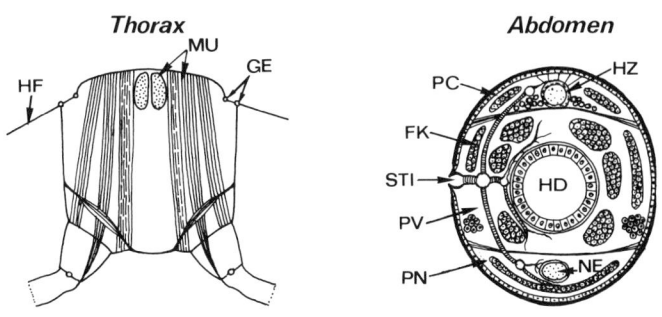

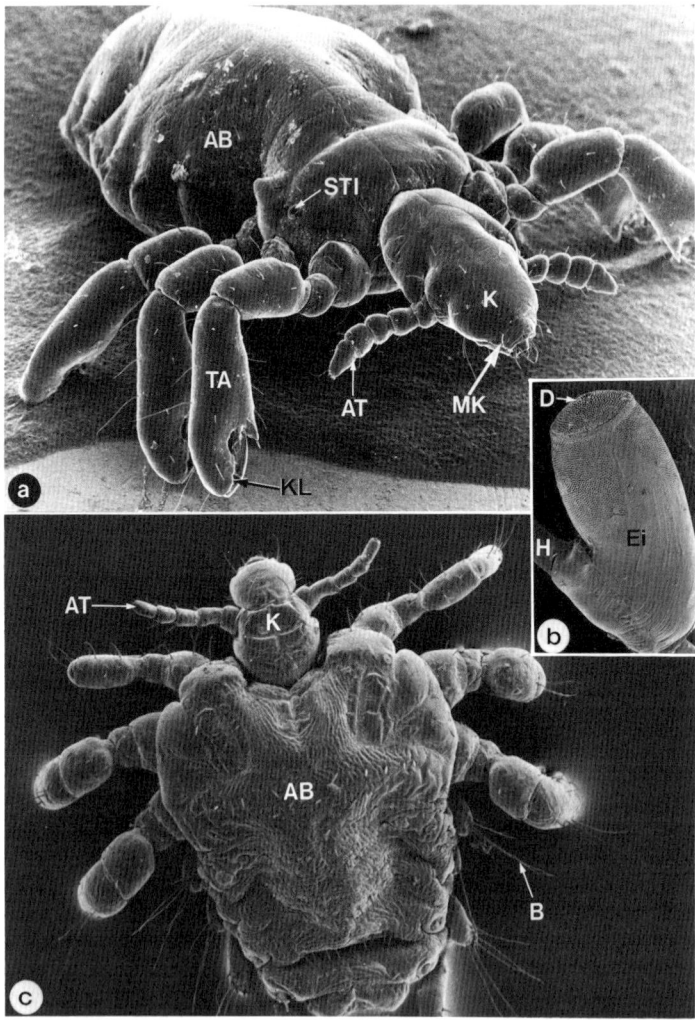

Abb. 160: a, b) *Haematopinus suis.* a) Larvale Schweinelaus; b) Ei = Nisse an
einem Haar. a) × 15 b) × 40 c) *Phthirus pubis.* Filzlaus des
Menschen × 50.

AB = Abdomen; AT = Antenne; B = Borste; D = Deckel; Ei = Nisse; H = Haar;
K = Kopf; KL = Klaue; MK = Mundkegel; STI = Stigma; TA = Tarsus. (SEM-Aufnahmen von Prof. Peters, Düsseldorf).

schrittweise über Häutungen, wobei die **Larven** morphologisch den Adulten schon frühzeitig ähnlich sind (z. B. Wanzen, Läuse). Daher werden sie auch als **Nymphen** angesprochen, denn ihre äußere Gestalt gleicht (im Gegensatz zu «holometabolen» Larven) schon weitgehend den Adulten. Erst die letzte Häutung führt schließlich zum geschlechtsreifen Stadium (**Imago**). Bei den Holometabolen (z. B. Fliegen, Mücken, Flöhe) folgt der Larvenentwicklung das sog. **Puppenstadium**. In diesem findet meist eine völlige Umstrukturierung (= Metamorphose) der Larvengestalt bis hin zum adulten männlichen oder weiblichen Insekt statt. Die Puppe ist entweder ein unbewegliches Ruhestadium oder sie bleibt wie bei Mücken beweglich, nimmt dann allerdings keine Nahrung auf.

18.1. Läuse (Ordnung: Phthiraptera)

Zwei Gruppen der Läuse sind als Ektoparasiten von Wirbeltieren besonders wichtig: **die blutsaugenden Anoplura** (Säugetierläuse) und die **Beißläuse** (Mallophagen, Haarlinge, Federlinge). Beim Menschen treten die folgenden Arten der Anopluren auf:
1. *Pediculus humanus capitis* (Kopflaus, Länge 2–3,5 mm),
2. *Pediculus humanus corporis* (Kleiderlaus, 3–4,5 mm),
3. *Phthirus pubis* (Filzlaus, Länge 1–1,2 mm).
Kleider- und Kopflaus werden dabei als räumlich und mikroklimatisch getrennte Unterarten betrachtet, die sich experimentell miteinander kreuzen lassen. Neben diesen spezifischen Läusen können den Menschen auch noch folgende blutsaugende Tierlausarten temporär befallen:
1. *Haematopinus suis* (Schweinelaus, Länge 4–6 mm),
2. *H. eurysternus* (Rinderlaus, 2,5–3 mm Länge).
Den Anoplura-Läusen ist gemeinsam, daß sie larval wie adult ungeflügelt sind, daß ihr Kopf schmaler ist als die drei verschmolzenen Thoraxsegmente und daß sie sich mit typischen Klammerbeinen im Haar/Fell ihrer Wirte verankern (Abb. 161). Allen Läusen fehlen Komplexaugen; sie besitzen lediglich Punktaugen (z. B. Ocellen der Menschenläuse) oder sie sind sogar blind (Tierläuse; Abb. 160). Alle Stadien besitzen stechend-saugende Mundwerkzeuge, die zurückgezogen im äußerlich stumpf erscheinenden Mundkegel sitzen. Diese Blutsauger können meist keine längeren Fastenzeiten überdauern, sondern müssen z. T. häufig (2–3 × innerhalb 24 Stunden) Blut ihrer Wirte saugen (Abb. 161). So überdauert die Kleiderlaus nur etwa 30 Stunden ohne Blutmahlzeit, während dies die Kopflaus (vor allem bei

niedrigeren Temperaturen) wenige Tage lang überlebt (Quarantäne zur Entlausung!). Die Stoffwechselvorgänge dieser Läuse sind von Symbionten abhängig. Diese Bakterien und Pilze befinden sich in Anhangsorganen des Darms (sog. **Mycetome**) und der Gonaden und werden regelmäßig auf die Nachkommen übertragen.

Die Laus-Weibchen legen nach der Kopulation täglich etwa 3–4 Eier und kitten sie als sog. **Nissen** mit einer wasserunlöslichen Substanz an die Haare. Die Saugtätigkeit dieser Läuse führt zu nässenden Ekzemen, so daß in Verbindung mit den Nissen ganze Haar- bzw. Fellbereiche verkleben können. Die Kleiderlaus dagegen befestigt ihre Eier an Fasern der Kleidung des Menschen. Weibchen der Menschenläuse legen insgesamt etwa 90 Eier. Aus diesen etwa 0,8–1 mm langen und etwa 0,3 mm breiten, mit einem charakteristischen Deckel versehenen Eiern schlüpft nach 4–14 Tagen (temperaturabhängig) ein ebenfalls blutsaugendes juveniles Stadium (**Nymphe**; vgl. S. 374), das sich bis zum adulten Tier dreimal häutet (hemimetabole Insekten!). Da die gesamte Entwicklung sehr temperaturabhängig ist, kann die Ontogenese einer Laus (von der Eiablage bis zum Adulten) zwei bis vier Wochen erfordern. Die Lebensdauer einer adulten Laus beträgt dann noch etwa 30–50 Tage; bei den Tierläusen variieren diese Daten etwas.

Die Kopfläuse parasitieren im Bereich des behaarten Kopfes, die Kleiderläuse sitzen in der dem Körper zugewandten Seite der Kleidung. Die Filzläuse bevorzugen die Schambehaarung, können sich allerdings auch auf andere Behaarungen ausbreiten. Die Übertragung der behenden Kopf-, Kleider- und Tierläuse erfolgt aktiv (schnelles Übertreten) bei Berührung, Austausch der Kleidung im Falle der Kleiderlaus oder passiv durch Übertragung von Nissen mit Kämmen etc. Filzläuse sind dagegen relativ unbeweglich und ihre Übertragung vollzieht sich fast stets passiv, meist beim Geschlechtsverkehr.

Die medizinische Bedeutung der Läuse ist vielfältig. Primär führen sie als blutsaugende Lästlinge zu Hypersensibilität der Haut, Lymph-

---

Abb. 161: Schem. Darstellung der Läusearten des Menschen.
a) Kopf längs; b) Mundkegel quer; c) *Pediculus* sp. von ventral; d) *Phthirus pubis* von dorsal, an ein Haar geklammert.
AB = Abdomen; AN = Anus; AT = Antenne; AU = Auge; CU = Cuticula; CX = Coxa; EI = Ei (durchscheinend); FE = Femur; HY = Hypopharynx (Stilett); KL = Klaue am Tarsus; GÖ = Geschlechtsöffnung; LA = Labrum (Oberlippe); LB = Labium; MH = Mundhöhle; MK = Mundkegel; MX = Maxille; MY = Mycetom; Ö = Oesophagus; PL = Pleurae; RM = Retraktormuskel; SG = Speichelgang; STI = Stigma; STL = Stilette (Labium, Maxille); TI = Tibia; TR = Trochanter.

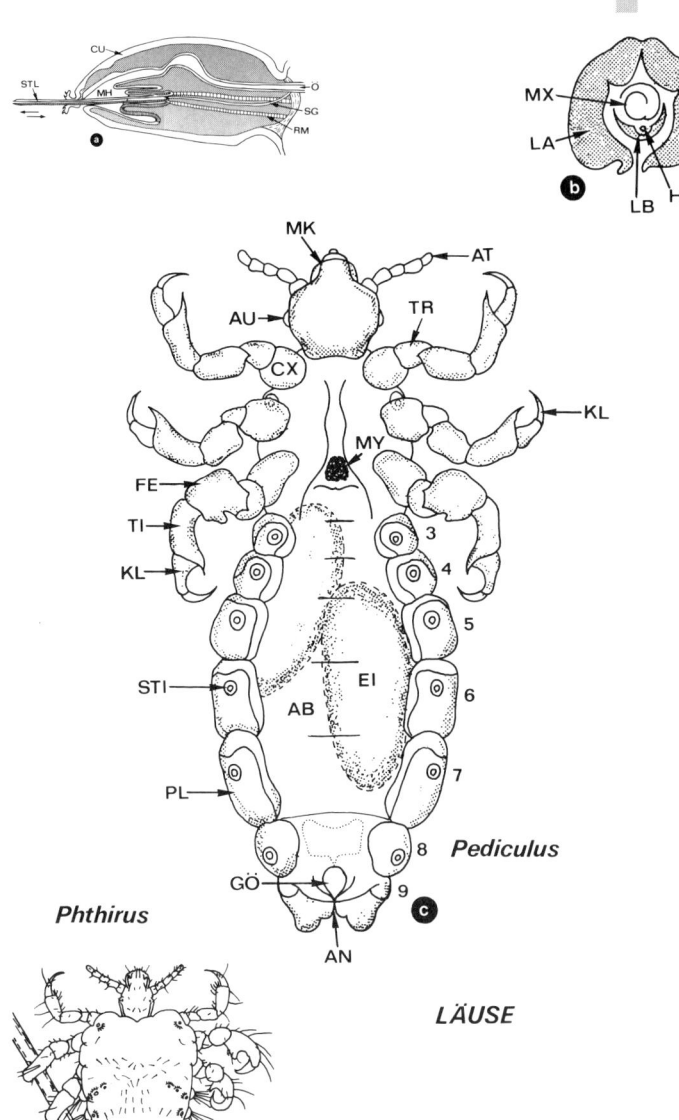

Phthirus

Pediculus

LÄUSE

knotenschwellungen und Sekundärinfektionen bis hin zu heftigen Dermatosen, u. a. als «**Weichselzopf**» infolge des Kratzens. Gefährlicher werden sie als Überträger der Erreger des Flecktyphus, des Rückfallfiebers und des Wolhynischen Fiebers des Menschen. Beim Fleckfieber bzw. Flecktyphus (*engl.* louseborne typhus fever) gelangen die Erreger *(Rickettsia prowazekii)* mit dem staubförmigen, schwarzen Läusekot ins Freie und schließlich in das Darm- und Atmungssystem des Menschen. Beim sog. Läuse-Rückfallfieber *(Borrelia = Spirochaeta recurrentis)* erfolgt die Infektion durch Einkratzen (Juckreiz!) der Keime, die erst nach dem Zerdrücken der Läuse auf der Haut freigesetzt werden (s. Weyer, 1981 und Kayser et al., 1989). Der Erreger des im allgemeinen gutartig verlaufenden Wolhynischen Fiebers (syn. Fünftagefieber, *engl.* trench fever) ist die Art *Rochalimaea quintana,* die als einzige der Gruppe der Rickettsien extrazellulär verbleibt.

Die kleineren *Mallophagen* (= **Beißläuse**) sind äußerlich daran zu erkennen, daß ihr Kopf breiter als der Thorax ist und daß sie kauendbeißende Mundwerkzeuge besitzen. Sie treten nur bei Tieren, zum Teil in großer Anzahl auf: *Bovicola bovis* (1,2–1,6 mm) beim Rind, *Trichodectes canis* (1,5 mm) bei Caniden und verschiedene Arten bei Hühnervögeln (z. B. *Menopon gallinae*). Mit Hilfe der Mundwerkzeuge ernähren sie sich von der Epidermis. Massenhaftes Auftreten führt zu erheblichen wirtschaftlichen Einbußen bei der Viehzucht. Die **Haarlinge** (beim Säuger) bzw. **Federlinge** (beim Geflügel) bewirken starken Juckreiz, teils auch Anämie und mauserartige Hauterscheinungen (Abb. 163 a). Sowohl Haar- als auch Federlinge können gelegentlich auch auf Menschen übertreten.

Abb. 162: Schematische Darstellung der Bettwanze, *Cimex lectularius*.
a) Querschnitt durch die Proboscis, die in einem Hohlraum die Mundwerkzeuge einschließt. Die beiden Maxillen formen zwei Kanäle, von denen einer als Nahrungsgang (N) dient, während über den darunterliegenden, kleinen Kanal Speichel in den Einstich fließt. Die beiden Mandibeln liegen unter dem Doppelkanalsystem.
b) Phasen des Einstichs. Nachdem der Saugrüssel aufgerichtet wurde, werden lediglich die Maxillen und die Mandibeln eingeführt.
c) Ventralseite eines Weibchens. Die Beborstung wurde zur besseren Übersicht weggelassen. Das Rudiment der Flügel scheint von dorsal durch (RU).
AN = Anus; AT = Antenne; AU = Auge; B = Berlese Organ; C = Coxen der Mittel- und Hinterbeine; CX = Coxa des Vorderbeins; GÖ = Geschlechtsöffnung; KL = Klaue; LB = Labium = aufrichtbarer Saugrüssel (s. Abb. b); M = Mesosternum, Mittelbrust; MS = Metasternum; N = Nahrungsgang; P = Proboscis; PS = Prosternum; RU = Rudiment der Flügel (durchscheinend); STI = Stigma; TA = Tarsus; T, TI = Tibia.

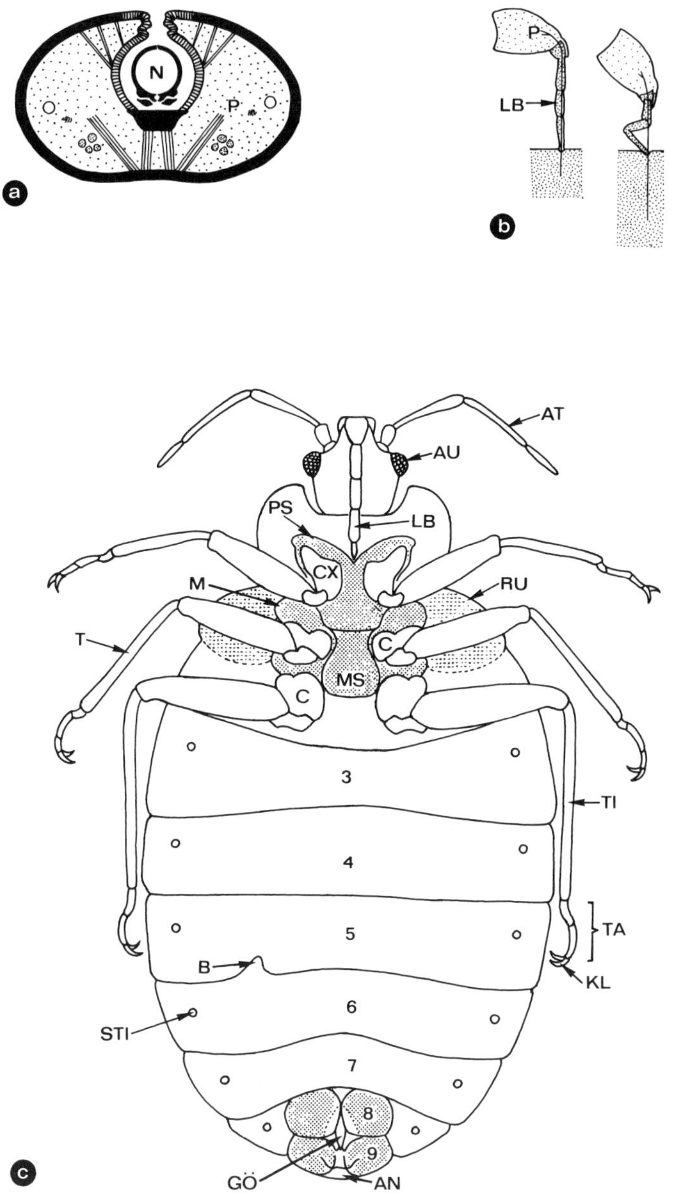

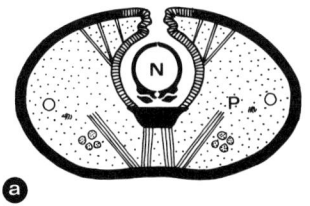

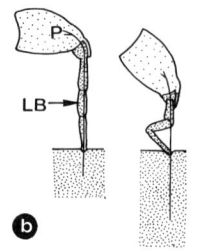

a

b

c

18.2. Wanzen (Ordnung: Rhynchota, Hemiptera)

Von den zahlreichen Wanzenarten haben zwei Gruppen von blut-saugenden Formen medizinische bzw. hygienische Bedeutung erlangt:
1. **Raubwanzen** (Reduviidae),
2. **Bettwanzen** (Cimicidae).
Andere Wanzen ernähren sich von Pflanzensäften und sind da-durch z. T. erhebliche Pflanzenschädlinge.
Alle Wanzen besitzen stechend-saugende Mundwerkzeuge. Diese liegen in einer vom Labium (umgeformte zweite Maxillen) gebildeten Scheide. Diese stilettartige Scheide (**Stechrüssel**) wird zur Unterseite des Kopfes und der Thorax-(= Brust-)Segmente eingeschlagen und erst beim Stich aufgerichtet. In die Haut des Wirts werden jedoch nur die stilettartigen Mandibeln und ersten Maxillen injiziert. Letztere bilden innen zwei Hohlräume, den Speichel- und Nahrungsgang (Abb. 162 a).
Von den für viele Wanzen typischen zwei Flügelpaaren bestehen bei den Reduviidae die beiden vorderen aus einem derben und einem häutigen Anteil (= Merkmal der **Heteroptera**); bei den Bettwanzen fehlen sie jedoch ganz. Nur noch kleine, chitinöse Flügelrudimente am Mesothorax zeugen bei ihnen von der Verwandtschaft mit den ge-flügelten Formen (Abb. 162 c; 163 c)
Die Entwicklung der Wanzen verläuft hemimetabol vom Ei über fünf Nymphenstadien zum Adulten. Die **Raubwanzen** (Reduviidae) der Gattungen *Triatoma, Rhodnius, Dipetalogaster* und *Panstrongylus* werden etwa 3 cm lang und können lebenslang (d. h. etwa 400 Tage) die Erreger der Chagas-Krankheit (*Trypanosoma cruzi*, s. S. 35) übertragen; dies erfolgt nicht durch den Stich, sondern mit den Kot-tropfen, die die metazyklischen Trypanosomen enthalten (Abb. 163 b)

Abb. 163:
a) SEM-Aufnahme eines Federlings, dessen Kopf in charakteristischer Weise breiter ist als der Thorax. × 25
b) Makro-Aufnahme einer Raubwanze *(Triatoma infestans)*. × 1,5
c) SEM-Aufnahme des Kopfes einer Bettwanze *(Cimex lectularius)* mit dem aufrichtbaren Saugrohr (LB) = Stechrüssel. × 30
d–e) LM-Aufnahmen von Fliegenlarven, die eine Myiasis hervorrufen können. d = *Dermatobia hominis*, e = *Oestrus ovis*. d) × 1,5 e) × 20
f) SEM-Aufnahme des Vorderendes der Larve von *Oestrus ovis*. × 40
AB = Abdomen; AS = Schildrand des AB; AT = Antenne; AU = Auge; CA = Caput (Kopf); BE = Beine; BO = Borsten; DO = Dorne; FE = Feder; H = Haken; LB = Labium; T = Thorax; VF = Vorderflügel.

und die nach dem an sich schmerzlosen Stich in die Wunde beim Kratzen eingerieben werden. In vielen Labors werden «saubere uninfizierte» Raubwanzen gezüchtet und für die **Xenodiagnose** verwendet. Hierbei werden derartige Wanzen bei Personen mit Verdacht auf eine «Chagas-Infektion» angesetzt und nach etwa 3 Wochen auf Parasiten im Darm hin untersucht.

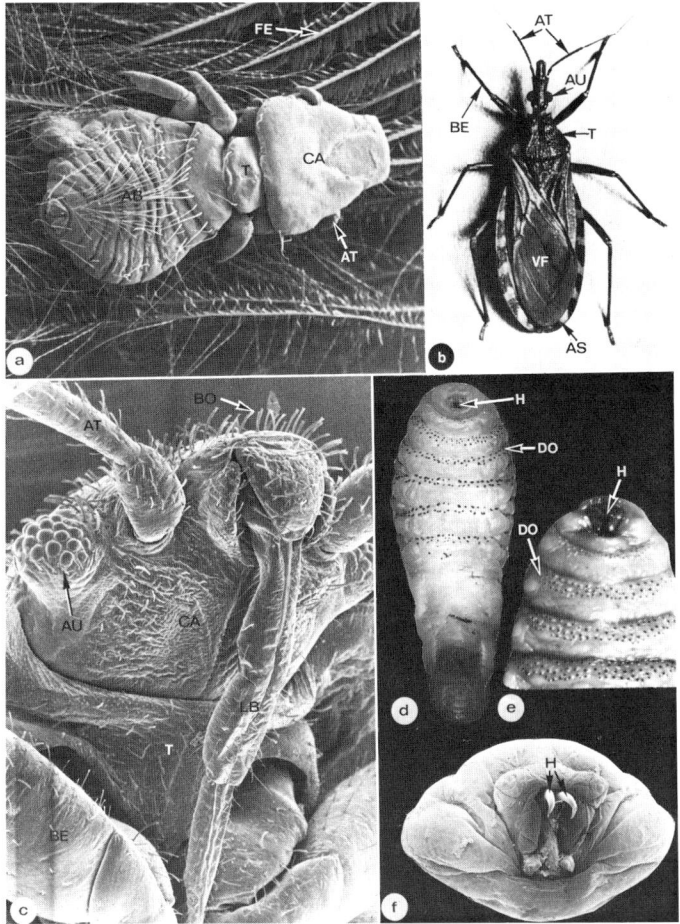

Die Arten der **Bettwanzen** *Cimex lectularius, C. hemipterus* und *Leptocimex boueti* kommen fast ausschließlich in menschlichen Behausungen und Stallungen vor. Nüchtern erscheinen sie dorsoventral abgeflacht, sind etwa 4–5 mm lang und leben tagsüber im Verborgenen, um nachts bei Menschen und Haustieren Blut zu saugen. Die Stiche führen oft zu großen, stark juckenden Quaddeln und evtl. zu allergischen Hautreaktionen. Adulte Wanzen leben etwa ein Jahr und können bis zu einem halben Jahr ohne Nahrung auskommen, was ihre Bekämpfung erschwert. Jedes Weibchen legt etwa 200–500 etwa 1 mm große, weiße Eier ab. Da die Bettwanzen vorwiegend als «**Lästlinge**» auftreten und nur ganz selten mechanisch mit den Mundwerkzeugen Krankheitserreger (z. B. Bakterien) übertragen, kommt ihnen geringe medizinische Bedeutung zu. Ihre **Stinkdrüsen** (bei Adulten ventral im Metathorax; bei Nymphen dorsal im Abdomen) sowie Kotspuren verbreiten jedoch einen unangenehmen charakteristischen Geruch in verwanzten Räumen. Diese Geruchsstoffe halten eine Wanzenpopulation zusammen und sichern durch entsprechende Kopulationsmöglichkeiten den Bestand.

18.3. Zweiflügler (Ordnung: Diptera)

Die Adulten der **holometabolen** Diptera sind im Regelfall durch den Besitz von zwei großen membranösen Vorderflügeln und die beiden, zu sog. **Halteren** (Schwingkölbchen) reduzierten Hinterflügel charakterisiert (Abb. 164; 165); Ausnahmen machen die sekundär flügellosen sog. Lausfliegen (Abb. 149), die Hippoboscidae. Die Vorderflügel werden von Tracheen («Adern») durchzogen, deren Anordnung gattungs- und artspezifisch ist, so daß sie zur Taxonomie herangezogen werden können. Die Gestaltung und Ausprägung der Fühler sowie die Art des Schlüpfvorgangs der Adulten aus der Puppenhülle hilft bei der systematischen Gliederung.

Abb. 164: Schem. Darstellung der Formen der Diptera.
a) Nematocera; b) Brachycera; c) Cyclorrhapha.
Deutliche Unterschiede liegen in der Anzahl der Abdominalsegmente und der Fühlerformen vor. Die Hinterflügel sind stets zu Halteren reduziert. (Nach Weber, Weidner, modifiziert.)
AB = Abdomen; AR = Arista; AT = Antenne; AU = Facettenauge; HA = Haltere; VF = Vorderflügel.

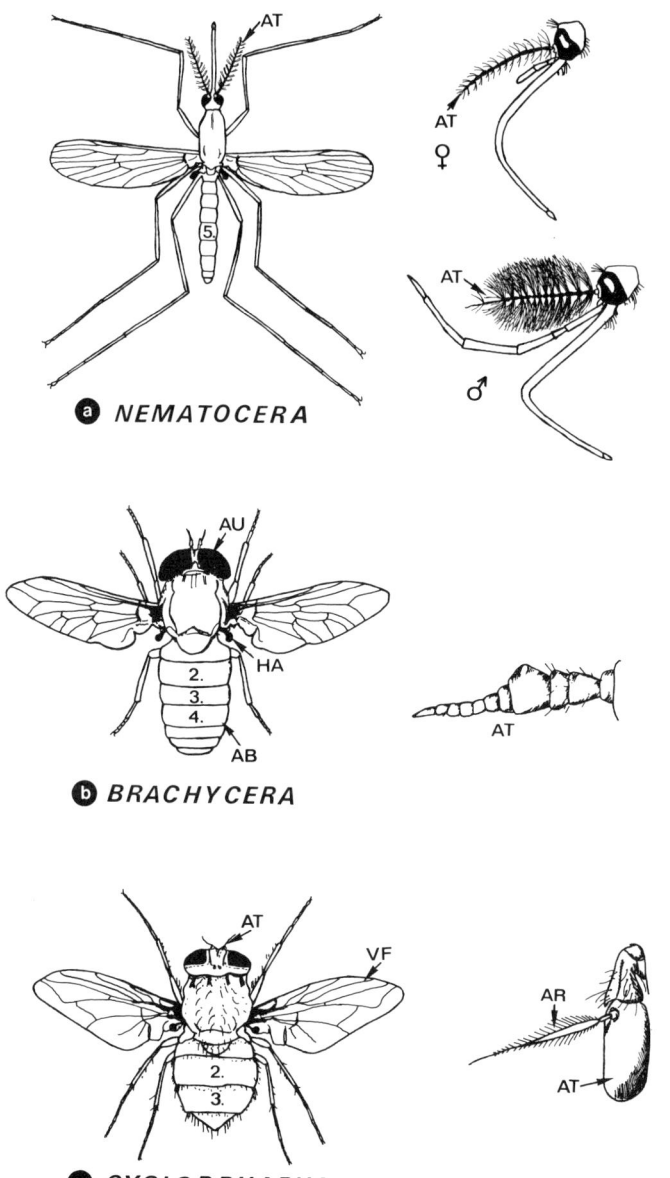

a *NEMATOCERA*

♀

♂

b *BRACHYCERA*

c *CYCLORRHAPHA*

Daraus ergeben sich drei Unterordnungen (Abb. 164; 165):
1. **Nematocera** (sechs und mehr Antennenglieder),
2. **Brachycera** (mit drei Antennengliedern),
3. **Cyclorrhapha** (dreigliedrige Antenne mit typischer Arista und kreisförmigem Schnitt in der Puppenhülle = Deckel).

Die beiden ersten Unterordnungen werden z. T. auch als **Orthorrhapha** (gerader Schlitz in der Puppenhülle!) zusammengefaßt (dieses Merkmal weisen aber nicht alle Brachycera auf). In allen drei Unterordnungen der Dipteren treten Blutsauger und nicht-blutsaugende Arten auf.

18.3.1. Mücken (Nematocera)

Die Nematocera, **Mücken** im engeren Sinn, haben fadenförmige, mindestens sechs Glieder umfassende Antennen, die bei den Männchen buschig behaart sind. Ihre Larven besitzen eine feste Kopfkapsel mit starken Mandibeln; Puppen sind vom sog. freien Typ, d. h. die Extremitäten scheinen deutlich durch die Puppenhülle hindurch; die Adulten schlüpfen aus der Puppencuticula durch einen dorsalen, längsverlaufenden Schlitz im Brustbereich (**orthorrhaph**). Vier Familien sind als Überträger bzw. Zwischenwirte von großer human- wie auch veterinärmedizinischen Bedeutung (s. Tab. 18): die Culiciden, die Simuliiden, die Phlebotomiden und die Ceratopogoniden.

Abb. 165: Schem. Darstellung der Mundwerkzeuge (MW) von Dipteren.
a) Leckend-saugende MW einer Fliege (vgl. Abb. 167)
   1. Seitenansicht des Kopfes
   2. Labellum
   3. Kopf frontal mit den beiden großen Facettenaugen (Stirn oben mit Ocellen)
   4. Querschnitt durch die Mundwerkzeuge
b) Stechend-saugende MW einer Fliege
   1. Kopf, Seitenansicht
   2. Kopf frontal
   3. Saugapparat quer
c) Stechend-saugende MW von Mücken
   1. Kopf einer weibl. Mücke, Seitenansicht
   2. Stechapparat quer
   3. Anstechen einer Kapillare in der Haut. Das Labium wird nicht eingeführt.
AR = Arista; AT = Antenne; CL = Clypeus; HA = Haustellum; HY = Hypopharynx mit Speichelgang; LA = Labrum; LB = Labium; LL = Labellum (mit Rillen zum Verteilen des Speichels); MD = Mandibel; MT = Maxillar-Taster; MX = Maxille; N = Nahrungsgang.

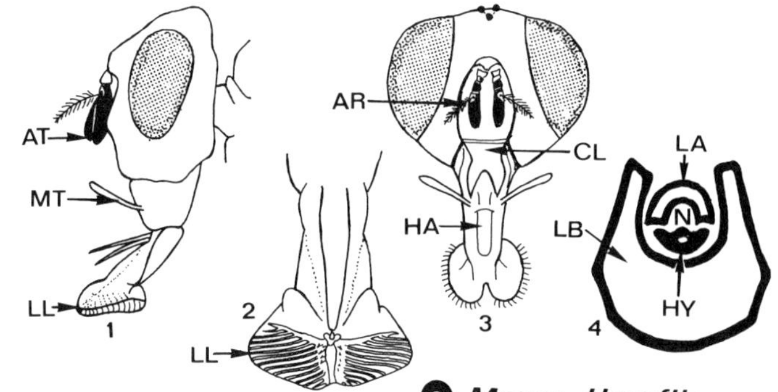

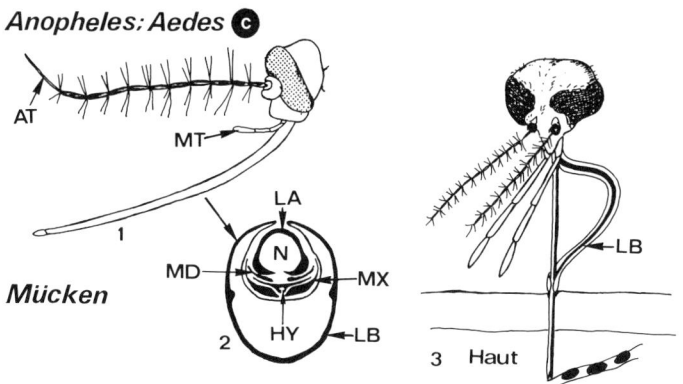

AT, MT, LL — 1
LL — 2
AR, CL, HA, LA, LB, N, HY — 3, 4

ⓐ Musca - Hausfliege

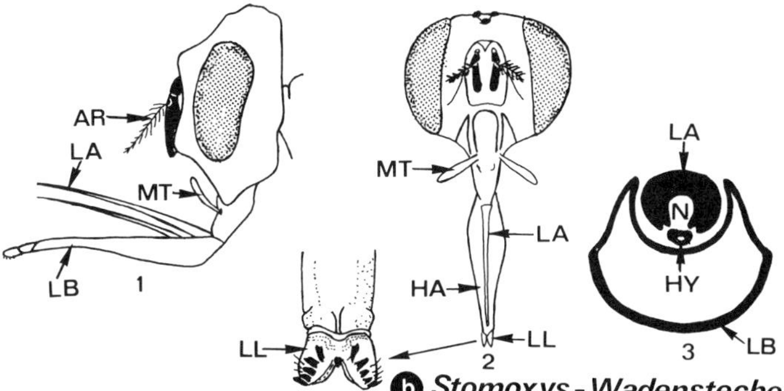

AR, LA, MT, LB — 1
MT, LA, HA, LL, LA — 2
LA, N, HY, LB — 3

ⓑ Stomoxys - Wadenstecher

Anopheles; Aedes ⓒ

AT, MT — 1

Mücken

LA, MD, N, MX, HY, LB — 2

LB — 3 Haut

a) Familie Culicidae

Die **Weibchen** (Antenne stets mit 15 Gliedern) der Gattungen *Anopheles, Aedes, Culex, Mansonia, Culisetta* (*engl.* mosquitos) saugen mit Hilfe ihres Stechrüssels (Abb. 165 c) etwa alle 3–4 Tage, meist nachts (zu artspezifischen Zeiten) **Blut** bei ihren Wirten; sie benötigen diese Blutmahlzeit zur Entwicklung der Eier und können oft nur 8–10 Tage hungern. Die Männchen (14 Antennenglieder) ernähren sich dagegen von Pflanzensäften (Abb. 164 a). Die Weibchen setzen je nach Art 40–400 Eier einzeln (*Aedes* spp., *Anopheles* spp.) oder zu kleinen Schiffchen (*Culex* spp.) verklebt meist in feuchte Biotope oder direkt in Gewässer ab (Abb. 169 a). Dort schlüpfen nach etwa 12 h bis 2 Tagen (temperaturabhängig) die augenlosen Larven (Abb. 169 b, c). Mit Hilfe einer Atemöffnung am Hinterende (oft mit Sipho) wird Luft von der Oberfläche der Gewässer in das Tracheensystem eingesogen. Dabei nehmen die Arten der Gattung *Culex* und *Aedes* eine typische Schrägstellung zur Wasseroberfläche ein, während die *Anopheles*-Larve (ohne Sipho!) parallel zu ihr liegt (Abb. 169 d). Die Stechmückenlarven ernähren sich meist von pflanzlicher Kost in Partikelgröße. Vier Larvenstadien werden in insgesamt etwa 10–14 Tagen mit je einer Häutung abgeschlossen. Aus der vierten Larve geht dann die freie Puppe hervor, die zwar beweglich und so zur Aufnahme von atmosphärischem Sauerstoff an der Wasseroberfläche befähigt ist, aber nicht mehr frißt (Abb. 169 e). Nach etwa drei Tagen schlüpft die Imago aus der Puppenhülle, so daß sich der gesamte temperaturabhängige Entwicklungszyklus über zwei bis drei Wochen erstreckt; unter günstigen Klimabedingungen kann sich diese Zeit auch noch verkürzen.

Innerhalb der Gattungen *Aedes* und *Culex*, die in bestimmten Regionen der Erde die Erreger des Gelbfiebers, der tropischen Elephantiasis *(Aedes)*, verschiedener Filariasis-, Encephalitis-Formen sowie des Dengue-Fiebers verbreiten, sind allerdings nur wenige Arten zur Übertragung befähigt (z. B. *Aedes aegypti; Culex quinquefasciata; C. fatigans* u. a.). Demgegenüber können die Malaria-Erreger von über 60 *Anopheles*-Arten übertragen werden. Bei Übertragungszyklen von Parasiten (= Einzellern, Würmern) bleibt der Erreger auf das Mückenweibchen beschränkt und geht nicht auf die Nachkommenschaft über (Tab. 18); bei Viren wurde jedoch in den letzten 10 Jahren mehrfach der Nachweis einer zusätzlichen **transovariellen** Verbreitung erbracht (vgl. S. 388).

Beim **Saugakt** stechen die Weibchen gezielt kleine Gefäße an (**vessel-feeder**); als Reaktion auf den Stich kommt es oft zu **allergischen Reaktionen.**

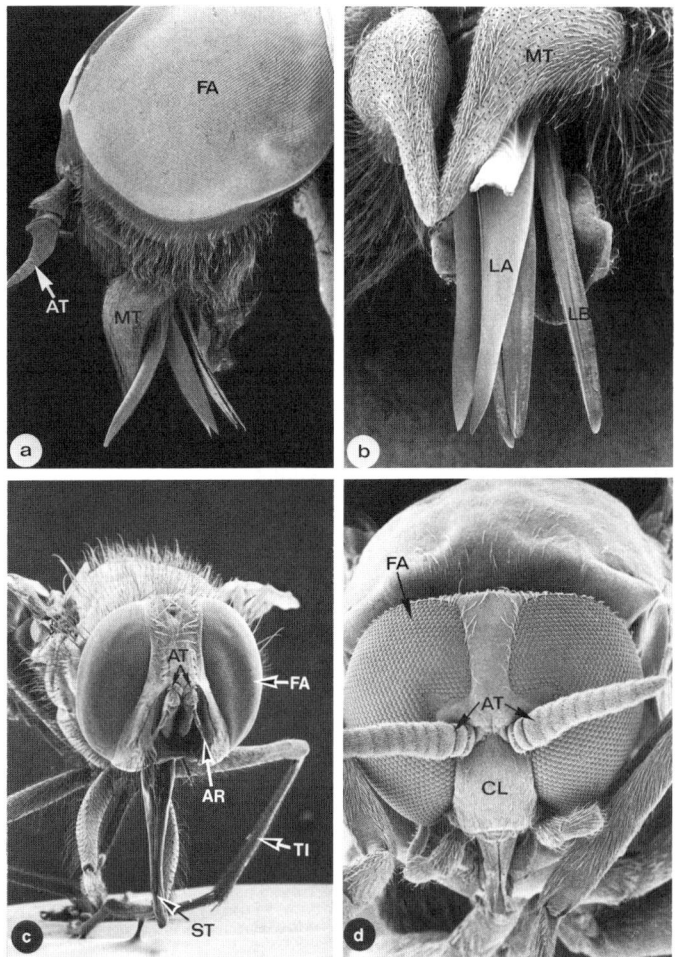

Abb. 166: SEM-Aufnahmen von Dipteren-Köpfen.

a, b) *Tabanus* sp.; Kopf oder sog. Bremse, seitlich (a × 20) und Mundwerkzeuge (b). × 40

c) *Stomoxys calcitrans.* Wadenstecher; Vorderansicht; ST = Stechapparat. × 20

d) *Simulium damnosum;* Kopf eines Weibchens dieser Kriebelmücke von frontal. × 40

FA = Facettenauge. Übrige Abk. wie Abb. 165.

Spezifisch auf Mückenlarven wirkt ein **biologisches «Präparat»** aus *Bacilllus thuringiensis*, Serotyp H 14. Es besteht aus **Sporen** und **parasporalen Kristallen**. Nach oraler Aufnahme werden die Kristalle im Darm der Mückenlarve aufgelöst. Die dabei freigesetzten toxischen Abbauprodukte bewirken einen Fraßstopp, wobei u. a. auch die Darmwand zerstört wird. Die aus den Sporen keimenden Bakterien dringen in die Leibeshöhle der Larve vor und verursachen eine tödliche Sepsis. Bemerkenswert ist, daß für dieses Bakterium keine epidemische Ausbreitung besteht und keine schädlichen Wirkungen für den Menschen oder andere Wirbeltiere auftreten. Somit ist hier die erfolgreiche Anwendung einer biologischen Bekämpfungsmaßnahme gegeben, die für die Eindämmung der **Malaria** (s. S. 115), der **Onchocercose** (s. S. 344) und der **Filariasis tropica** (s. S. 348) von großer Bedeutung ist (s. Franz und Krieg, 1982).

b) Familie Simuliidae

Die meist schwarz gefärbten Adulten der Gattung *Simulium* (Kriebelmücken; *engl.* black flies) sind mit etwa 2–5 Millimeter Länge deutlich kleiner als die Culiciden (Tab. 18). Es saugen ebenfalls **nur die Weibchen Blut,** aber stets tagsüber (Abb. 168 d; 170; 171; 174). Die Männchen, deren Komplexaugen sich von denen der Weibchen durch eine Zweiteilung in untere kleine und obere große Facetten unterscheiden, ernähren sich von Nektar (Abb. 171 b). Der Stich der Weibchen (Abb. 166 d) ist wegen der relativ groben, sägeartigen Mandibeln und ersten Maxillen (Abb. 170 c) sehr schmerzhaft; sie sind im Gegensatz zu den Culiciden, die kleine Blutgefäße anstechen, sog. **«pool-feeder»**, d. h. mit ihren sägeartigen Mundwerkzeugen ritzen sie die Haut an und saugen die so entstandene kleine «Blutlache» auf. Massenbefall einzelner Wirte (bis 20 000), was nach wetterabhängigen Massenschlüpfungen keine Seltenheit ist, führte schon häufiger zum Tod von Nutzvieh (u. a. Rinder) infolge eines anaphylaktischen Schocks.

Unmittelbar nach dem Schlüpfen aus der Puppenhülle kommt es zur Kopulation; die Weibchen benötigen dann zur Eireifung eine Blut-

Abb. 167: *Calliphora erythrocephala.* SEM-Aufnahme des Labellums dieser sog. Blauen Schmeißfliege (Brummer).
a) Seitenansicht. × 160
b) ventral; die feinen Rillen der Labellen dienen zur Verteilung des Speichels auf dem Substrat und erleichtern so das Aufsaugen der Nahrung (Aufnahme Prof. Dr. Peters, Düsseldorf). × 220

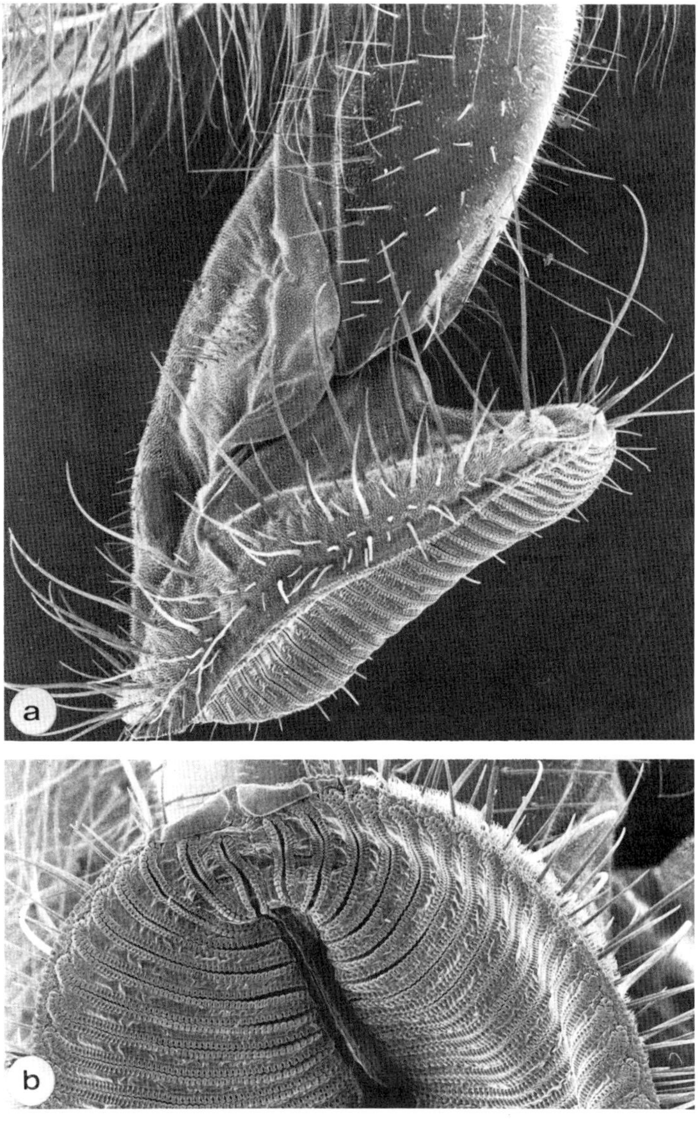

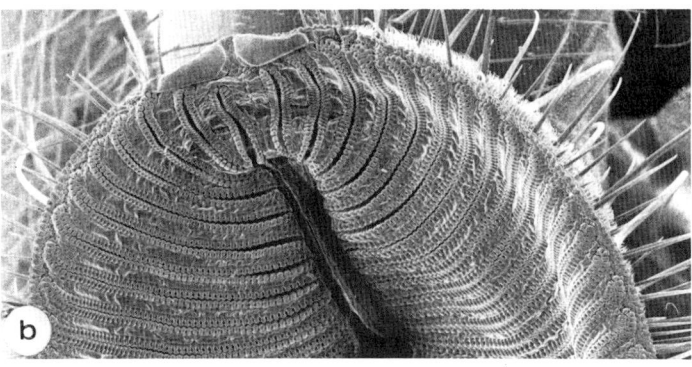

mahlzeit. Vier bis fünf Tage danach werden etwa 250 Eier an Pflanzen oder Steinen schnellfließender Gewässer abgelegt. Schon nach 4 Stunden schlüpfen die Larven (Abb. 170 c, d), die sich (an Pflanzen angeheftet) als «Filtrierer» ernähren und nach 5 Häutungen (temperaturabhängig, insgesamt in etwa 5 Tagen) zu Puppen mit einem typischen Gehäuse umwandeln (Abb. 170 e). Nach etwa 4 weiteren Tagen der Ruhe verlassen diese dann das Gehäuse und steigen, durch eine Luftblase getragen, zur Wasseroberfläche, wo die Imago (Adulte) die Puppenhülle verläßt. Als Gesamtdauer dieser Entwicklung, die in den Tropen ganzjährig verläuft, werden ca. 9 Tage benötigt. In unseren Breiten kann sich diese Entwicklungszeit erheblich verlängern. Insgesamt leben die Weibchen etwa 3 Wochen. Einige *Simulium*-Arten können beim Saugakt (4–6 min) den Nematoden *Onchocerca volvulus*, den Erreger der menschlichen Flußblindheit, übertragen (s. S. 330). Hierzu sind aber aus bisher ungeklärten Gründen nur wenige Arten (*S. damnosum*, *S. neavii* in Afrika; *S. ochraceum*, *S. metallicum*, *S. callidum* in Mittelamerika) befähigt.

c) Familie Phlebotomidae

Die Arten der Gattung *Phlebotomus* (Sandmücken) sind meist nur etwa 2,5 mm groß und durch eine **dichte** Körper- und **Flügelbehaarung** ausgezeichnet. Beide Geschlechter ernähren sich von Pflanzensäften; **Weibchen** saugen zusätzlich nachts bei unterschiedlichen Wirten noch **Blut**. Nach der Kopulation und ein bis zwei Tage nach einer Blutmahlzeit legen die Weibchen der meisten Arten mehrfach 30–50 Eier in die geschützte, etwas feuchte, aber lockere Erde ab. Etwa 6–12 Tage später schlüpft die Larve; diese häutet sich im Verlauf von 4–6 Wochen viermal, ernährt sich in dieser Zeit von Detritus und differenziert sich bis zur «freien Puppe». Nach 6–14 Tagen der Puppenruhe schlüpfen in feuchten Nächten die Adulten, die in Anbetracht der Gesamtentwicklung von etwa 7 Wochen nur kurze Zeit (etwa 14 Tage) leben. Eine Reihe von Arten übertragen die in Tab. 18 zusammengestellten Krankheitserreger. Besonders wichtige Vektoren sind dabei *Phlebotomus perniciosus* (Südeuropa, Nordfrankreich), *P. papatacii* (Asien) und *Lutzomyia* spp. (in Amerika) (Abb. 174).

Abb. 168: SEM-Aufnahmen.
a–c) *Anopheles* sp., Malaria-Mücke. a) Frontalansicht eines Weibchens × 50.
b) Das Facettenauge besteht aus zahlreichen Ommatidien. × 400 c) Kopf des Männchens, dessen Antennen viel stärker beborstet sind als die der Weibchen. × 80

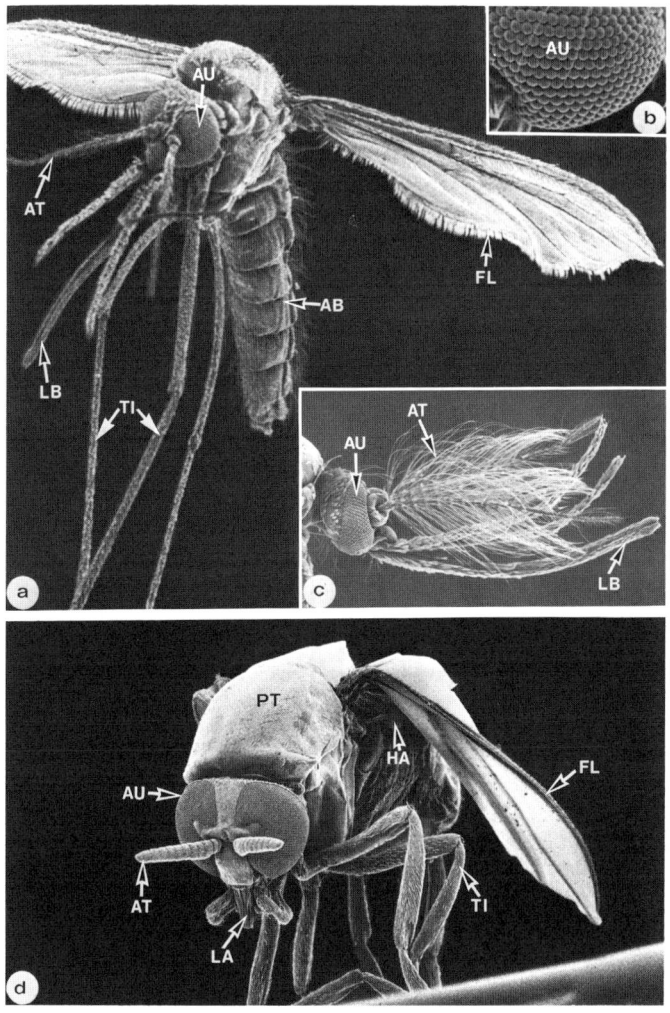

d) Frontalansicht eines Weibchens der Kriebelmücke *Simulium damnosum*, dem Überträger der *Onchocerca*-Filarien. × 12

AB = Abdomen; AT = Antenne; AU = Auge; FL = Flügel; HA = Haltere; LA = Labrum; LB = Labium; PT = Prothorax; TI = Tibia.

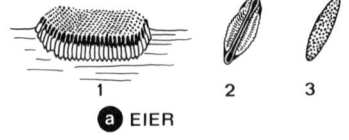

a EIER

b Larve: *Culex*

c Larve: *Anopheles*

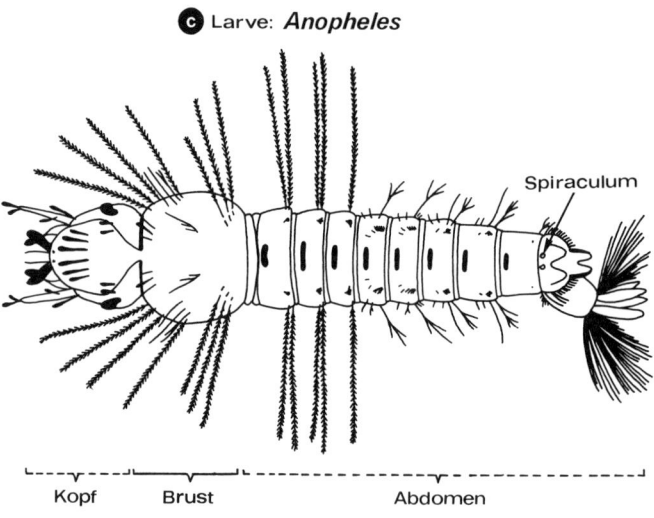

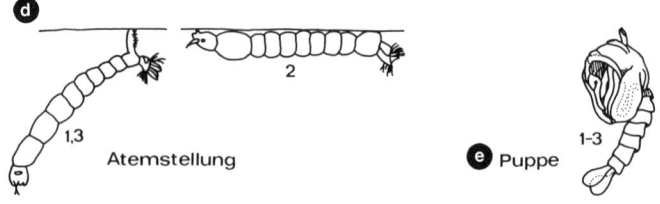

Abb. 169: Schematische Darstellung der Eier (a), Larven (b, c, d) und Puppe (e) dreier Mückenarten.
1. *Culex*
2. *Anopheles*
3. *Aedes*

d) Familie Ceratopogonidae (Gnitzen)

Diese sehr kleinen Mücken von 1–4 mm Länge sind in letzter Zeit (verstärkt) als Überträger von Viren (**ARBO**, *engl.* arthropod borne) beim Menschen und Haustieren ermittelt worden (z. B. die Erreger der African horse sickness, Blue tongue der Schafe etc.). Die von der Gattung *Culicoides* auf den Menschen übertragenen **Filarien**-Arten (s. S. 344) sind allerdings medizinisch nicht sehr bedeutent. Die Adulten der Gnitzen treten weltweit (besonders in Sumpfgebieten der Tundra) in großer Zahl auf und können eine unerträgliche Plage darstellen. Lediglich die **Weibchen** saugen **Blut** (*Culicoides*-Arten in den Abend- und Nachtstunden), wobei sie beim Menschen die Ränder der Kleidung bevorzugen, bei Tieren die Augenränder und Bauchdecken. Die Stiche verursachen ein unangenehmes Brennen. Die Larven leben in feuchtem Boden, am Rande von Gewässern (auch Brack- und Salzwasser!) oder in Blattachseln von tropischen Pflanzen. Zur Entwicklung benötigen die Gnitzen in gemäßigten Breiten mehrere Wochen, während in den Tropen eine Woche ausreicht (Abb. 174).

18.3.2. Bremsen (Brachycera)

Familie Tabanidae

Bei den Tabaniden handelt es sich um kräftig gebaute Insekten mit einer Länge bis zu 30 mm, bei denen lediglich die **Weibchen Blut** saugen. Nach der Kopulation legen diese etwa 100–1000 zusammenhaftende Eier an Stengeln von Uferpflanzen ab. Nach 5–7 Tagen schlüpfen die Larven, die sich in Schlamm zurückziehen und dort von Detritus *(Chrysops)* oder räuberisch *(Tabanus)* leben. Meist nach neun Häutungen (in temperaturabhängigem Zeitverlauf mit eventueller Winterruhe) wandert die letzte Larve in trockenere Bereiche ihres Biotops und verpuppt sich für etwa 2–3 Wochen, bevor die Imago schlüpft (Abb. 172 b).

Neben ihrer Bedeutung als **Lästlinge**, die zum Teil große Mengen Blut saugen und deren Stiche zu beträchtlichen Hautirritationen führen können, sind Tabaniden (besonders der Gattung *Chrysops*) als Überträger von Bedeutung (Abb. 166 a, b). Zwar können Tabaniden mechanisch bei unterbrochenen Blutmahlzeiten eine Reihe von Erregern übertragen, aber als Zwischenwirte des beim Menschen parasitierenden Nematoden *Loa loa* (s. S. 347) dienen jedoch nur vier Arten *(Chrysops dimidiatus, C. centurionis, C. langi, C. silaceus)*. Daher ist die als Loiasis bezeichnete Krankheit aus noch unbekannten Gründen auf die Verbreitungsgebiete dieser *Chrysops*-Arten in West- und Mittelafrika beschränkt und nicht in anderen, ähnlichen Klimazonen anzutreffen. *Haematopota*-Arten, sog. «**Menschenbremsen**», haben in Europa eine z. Zt. große Verbreitung und werden vor allem in Nähe von Gewässern sehr lästig (z. B. die Regenbremse *H. pluvialis*).

18.3.3. Fliegen (Cyclorrhapha)

a) Familie: Muscidae

Die Familie der Muscidae schließt Arten ein, deren Adulte leckende (typische **Labellen**; Abb. 167) **oder** stechende Mundwerkezeuge ausgebildet haben, mit deren Hilfe sie sich von Detritus bzw. Blut ernähren. Beide Gruppen haben eine erhebliche Bedeutung als mechanische Überträger von Viren, Bakterien und Protozoen erlangt (Tab. 18, Abb. 174).

Die Stubenfliege *Musca domestica* legt etwa 1000 Eier z. B. in Fäzes von Haustieren (Pferd, Kuh), aber auch des Menschen ab. Aus den Eiern schlüpfen die typischen madenartigen Larven, die sich von Dung ernähren, aber auch gastro-intestinal vorübergehend in verschiedenen Wirten leben können und dort zu einer als **Myiasis** bezeichneten Krankheit führen. Aus einer tönnchenförmigen Puppe schlüpft die Imago durch einen kreisförmigen Spalt in der Puppenhülle (**cyclorraph**). Die Gesamtdauer der Entwicklung liegt (temperaturabhängig) zwischen 8 und 50 Tagen.

Bei *Stomoxys calcitrans*, dem Wadenstecher, beträgt die gesamte Entwicklungszeit etwa 27–37 Tage, nachdem etwa 60–100 Eier von den etwa 70 Tage lang lebensfähigen Weibchen in strohhaltigem Dung abgesetzt wurden. **Sowohl Männchen als auch Weibchen saugen Blut** (Abb. 165 c). Wegen des häufigen Wechsels der Wirte bei der Blutmahlzeit haben die Adulten der *Stomoxys*-Arten neben ihrer

---

Abb. 170: Schematische Darstellung von Entwicklungsstadien der Kriebelmücken.
a) Adultes Weibchen von *Simulium damnosum*; seitlich;
b) dito, in Ruhestellung von dorsal;
c) Seitenansicht einer Larve;
d) Vergrößerung der apikalen Fangreuse der Larve;
e) Puppe im pantoffelartigen Kokon;
f) Keime der Puppe von *S. damnosum*;
g) Keime der Puppe von *S. neavei*
(nach Wenk, 1962 und Crosskey, 1973).
AF = Augenfleck; AT = Antenne; CC = Kokon; HA = Haltere; HK = Hakenkranz; KI = Kiemen; PR = Vorderfüßchen (Proleg); PT = Prothorax; RE = Reusenartiger Fortsatz; TA = Tarsus (bei *S. damnosum* teilweise weiß); VF = Vorderflügel.

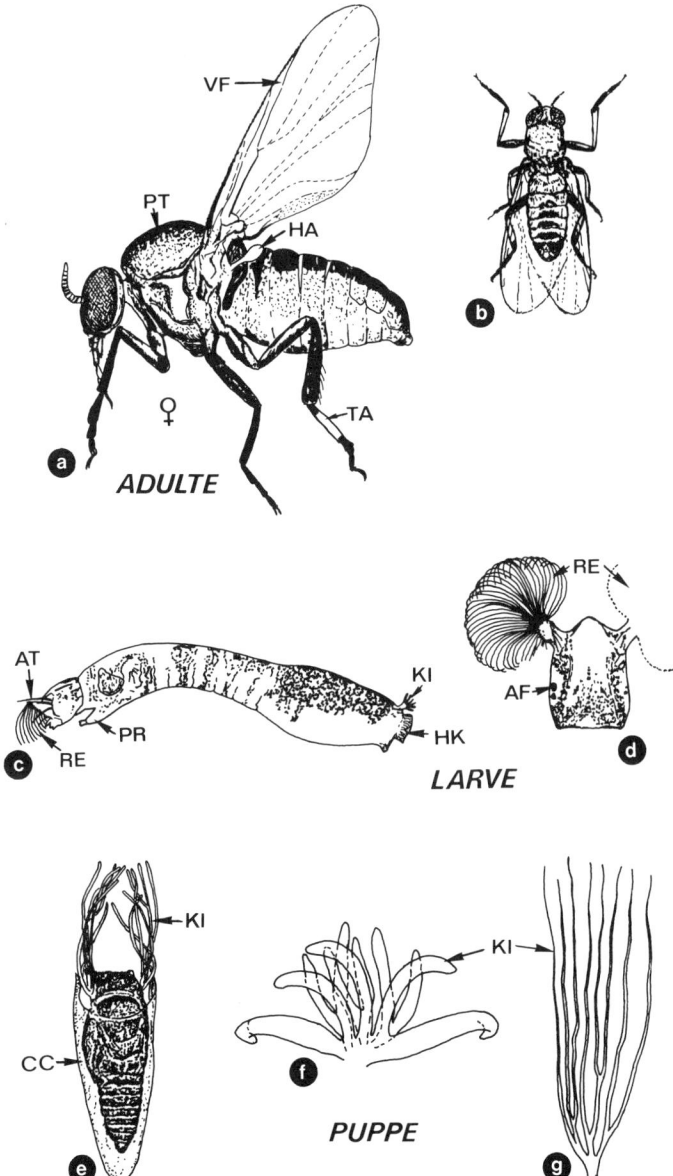

ADULTE

LARVE

PUPPE

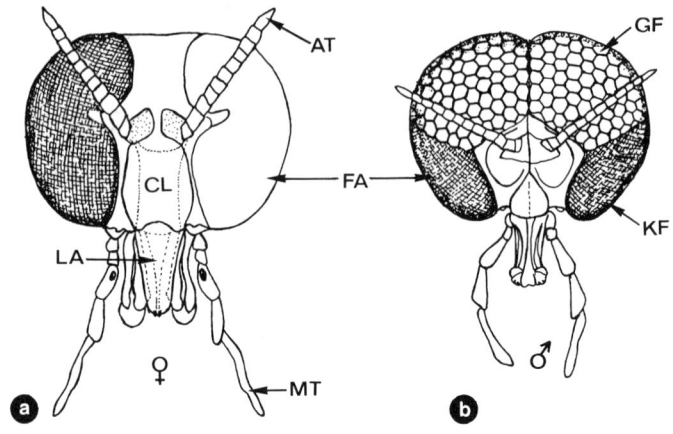

SIMULIUM — KRIEBELMÜCKEN

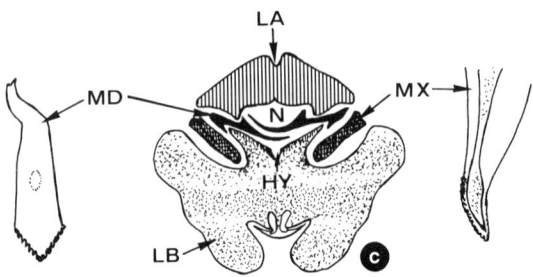

Abb. 171: Kopf und Mundwerkzeuge von Kriebelmücken (Gattung *Simulium*).
a) Weibchen;
b) Männchen; die Facettenaugen enthalten unterschiedlich große Ommatidien;
c) Mundwerkzeuge, quer.
AT = Antenne; CL = Clypeus; FA = Facettenauge; GF = Große Facetten; HY = Hypopharynx mit Speichelkanal; KF = Kleine Facetten; LA = Labrum; LB = Labium; MD = Mandibel; MT = Maxillartaster; MX = Maxille; N = Nahrungsgang. (Stark schematisiert nach Wenk, 1962 und Crosskey, 1973.)

Lästigkeit als mechanische Überträger (Tab. 18) von Erregern besondere Bedeutung.

b) Familie: Glossinidae (Tsetse-Fliegen)

Die Glossiniden (= **Zungenfliegen**) besitzen einen typischen Stechrüssel, der waagerecht wie eine Zunge vom Kopf nach vorn ragt (Abb. 172 a; 173). Die kleineren Arten *(G. tachinoides)* erreichen etwa 6–8 mm, die größeren Arten *(G. palpalis, G. morsitans, G. fusca)* etwa 9–14 mm Länge. In der Ruhestellung erkennt man die Glossinen daran, daß ihre Flügel einander vollständig überdecken (somit **zungenförmig!**) und nicht wie bei anderen Fliegen (z. B. *Chrysops*) parallel zum Körper liegen. **Beide Geschlechter saugen** mit Hilfe ihrer zum Teil raspelartig gezahnten Mundwerkzeuge **Blut.** Sie sind wie die Simuliiden und Zecken «**pool-feeder**», da sie durch Zerschneiden der Kapillaren in der Haut kleinere Hämatome herbeiführen, die sie mit Hilfe ihres im Speichel enthaltenen Anti-Koagulans flüssig halten. Als biologische Besonderheit weisen die Tsetse-Fliegen eine extreme Brutpflege auf. Durch «Milchdrüsen» (von Symbionten erfüllt) im Uterus wird jeweils **eine einzige Larve** ernährt und bis zur Drittlarve ausgebildet. Diese wird nach 8–25 (Mittel 10–12) Tagen an einem geschützten Ort abgesetzt (artspezifisches Biotop!). Diese Larve wandelt sich in 5–15 h zur Puppe um, aus der in 20–35 Tagen die Imago schlüpft. Somit beträgt die gesamte holometabole Entwicklung und damit die Generationenfolge etwa 40–60 Tage. Während ihres etwa 90 Tage währenden adulten Lebens setzen die Weibchen somit anstelle von Hunderten ungeschützter Eier (wie andere Fliegen) nur etwa 8–9 weit differenzierte Larven ab, die relativ gute Überlebenschancen haben (Abb. 174).

Insgesamt etwa 19 *Glossina*-Arten können Trypanosomen auf Mensch und Tier übertragen. In 9 Arten (u. a. *G. morsitans, G. palpalis, G. pallidipes*) vermehren sich die Erreger der Schlafkrankheit des Menschen (*T. brucei rhodesiense, T. b. gambiense*; s. S. 48) und entwickeln sich zu infektionsfähigen (metazyklischen) trypomastigoten Formen. Wegen der humanmedizinisch bedeutsamen und z. T. heute wieder zunehmenden Schlafkrankheit wurden verschiedene Versuche zur Glossinenbekämpfung unternommen, die aber letztlich alle (u. a. wegen der besonderen Brutpflege dieses Insekts) nur temporäre Erfolge hatten.

c) Familie: Hippoboscidae (Lausfliegen)

Die **Lausfliegen** erhielten ihren Namen, weil sie wie Läuse im Haarkleid ihrer Wirte leben. Sie sind von gedrungener Gestalt und haben stämmige Beine mit großen Krallen zum Festklammern

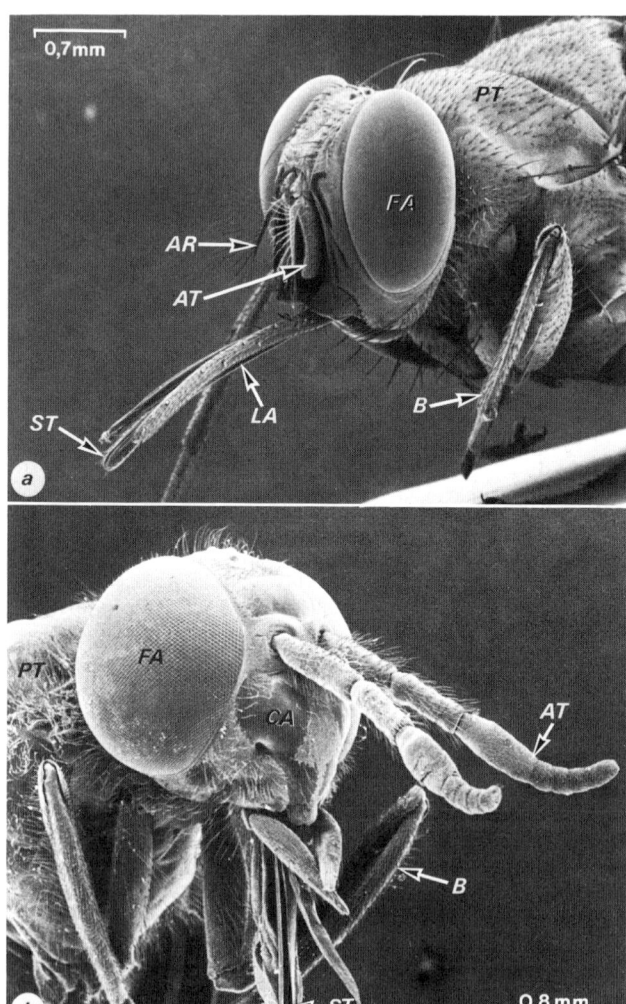

Abb. 172: SEM-Aufnahmen. a) *Glossina morsitans;* Kopf der Tsetse-Fliege, eines Überträgers der Schlafkrankheit. b) *Chrysops* sp. (aus Kamerun); diese Bremsengattung überträgt in Westafrika die Filarie *Loa loa.*
AR = Arista; AT = Antenne; B = Bein; CA = Caput (Kopf); FA = Facettenauge; LA = Labrum (mit Stechborsten); PT = Prothorax; ST = Stechborsten.

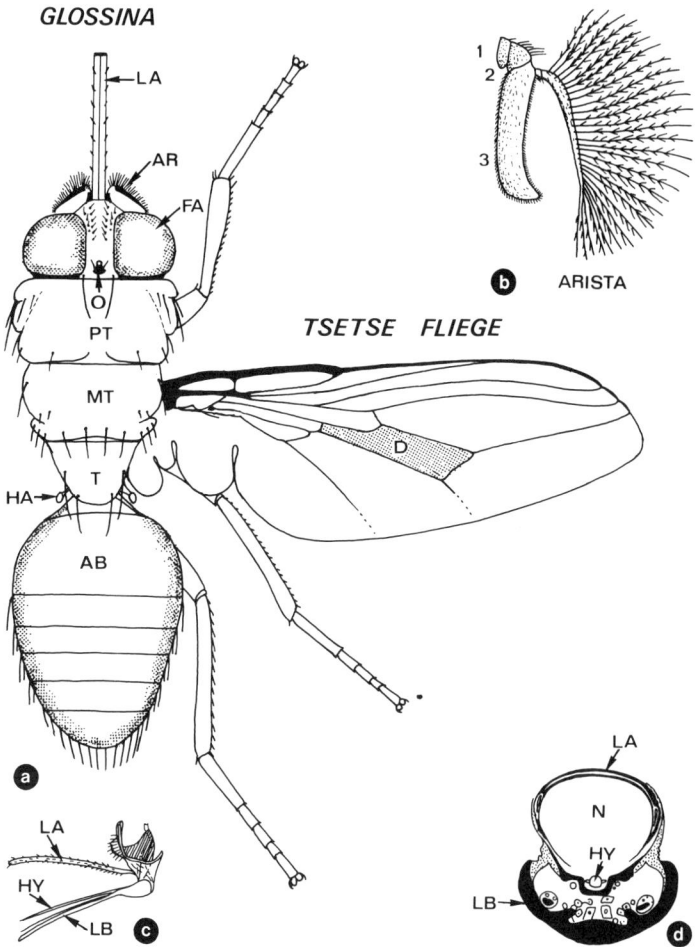

GLOSSINA

TSETSE FLIEGE

ARISTA

Abb. 173: Schematische Darstellung der Tsetse-Fliege (Gattung *Glossina*).
a) Dorsalansicht;
b) dreigliedrige Antenne (1–3) mit Arista (nach *G. pallidipes*);
c) Mundwerkzeuge, nat. Haltung; Seitenansicht;
d) Mundwerkzeuge quer.
AB = Abdomen; AR = Arista; D = Diskoidalfeld; FA = Facettenauge; HA = Haltere; HY = Hypopharynx mit Speichelgang; LA = Labrum; LB = Labium; MT = Mesothorax; N = Nahrungsgang; O = Ocellus; PT = Prothorax; T = Metathorax.

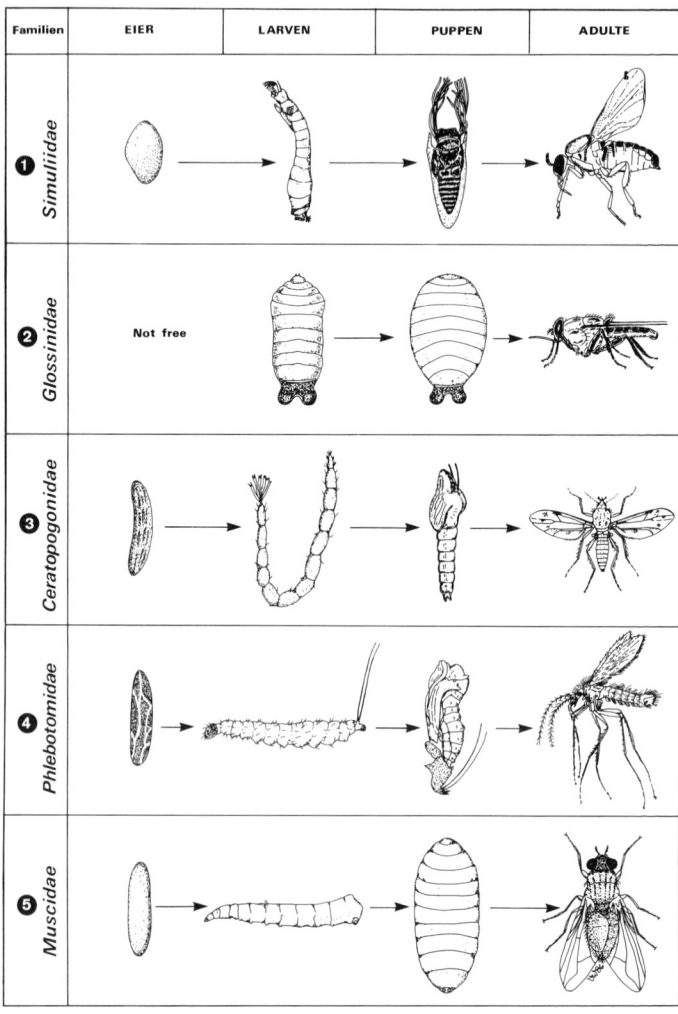

Familien	EIER	LARVEN	PUPPEN	ADULTE
❶ *Simuliidae*				
❷ *Glossinidae*	Not free			
❸ *Ceratopogonidae*				
❹ *Phlebotomidae*				
❺ *Muscidae*				

Abb. 174: Schematische Darstellung der Stadien im Entwicklungsgang verschiedener Dipteren-Familien.

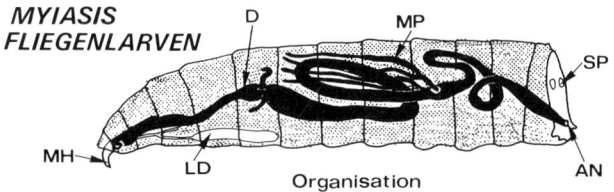

MYIASIS FLIEGENLARVEN

Organisation

MH · LD · D · MP · SP · AN

HABITUS

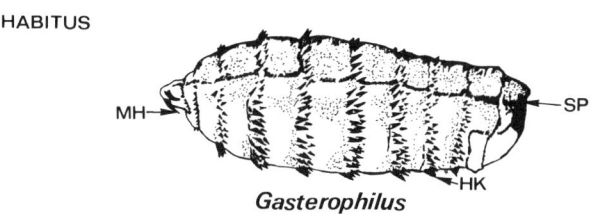

MH · SP · HK

Gasterophilus

STIGMENPLATTEN

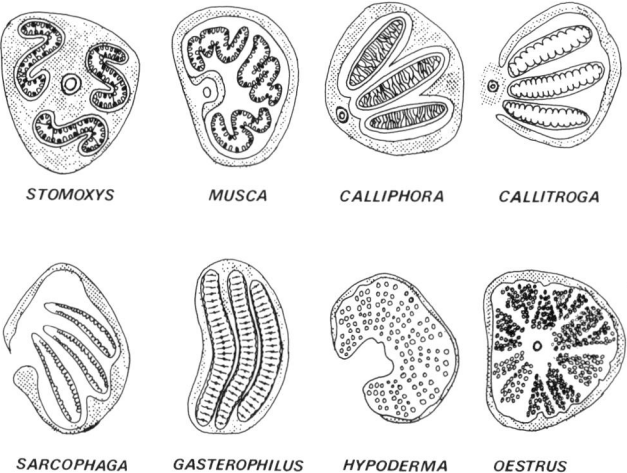

STOMOXYS   MUSCA   CALLIPHORA   CALLITROGA

SARCOPHAGA   GASTEROPHILUS   HYPODERMA   OESTRUS

Abb. 175: Schematische Darstellung von Fliegenlarven; von den paarigen, am Hinterende gelegenen Stigmenplatten wurde jeweils nur eine dargestellt. AN = Anus; D = Darm und Anhänge; HK = Häkchen; LD = Labialdrüsen; MH = Mundhaken; MP = Malpighische Schläuche; SP = Stigmenplatte.

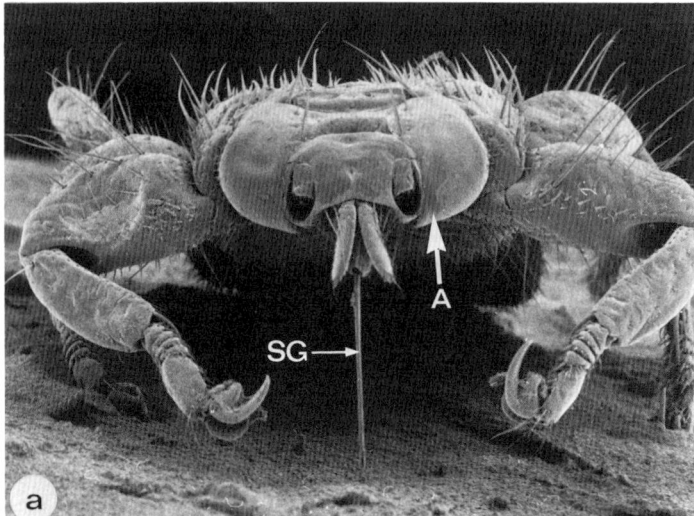

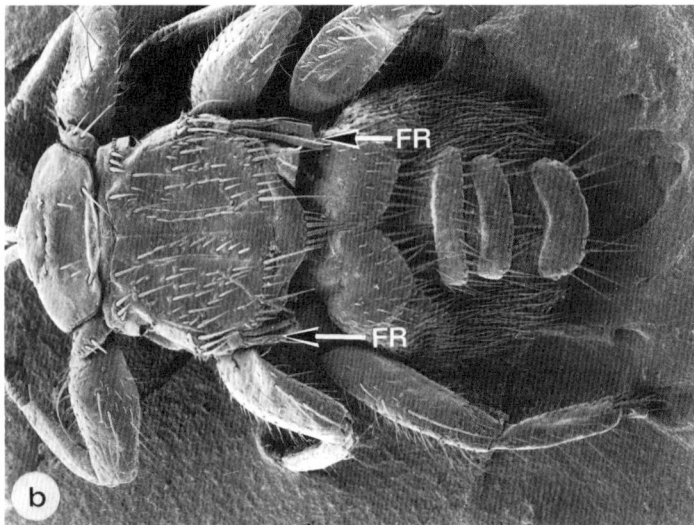

Abb. 176: *Lipoptena cervi.* SEM-Aufnahmen der Hirschlausfliege. Das Weibchen wirft nach dem Festsetzen auf dem Wirt die Flügel ab.
a) Frontalansicht; auffällig sind die beiden gedrungen-bananenförmigen Maxillartaster, darunter entspringt das Saugrohr (SG). × 40 b) dorsal × 60
A = Auge; FR = Flügelrest; SG = Saugrohr (aus Ober- und Unterlippe, umfaßt Hypopharynx).

(Abb. 176). Die Flügel sind bei den Arten unterschiedlich stark reduziert. Die Pferdelausfliege *Hippobosca equina* (8 mm lang) ist geflügelt; *Lipoptena cervi* (Hirschlausfliege, 3–5 mm lang) bleibt im männlichen Geschlecht geflügelt, während die Weibchen nach Erreichen des Wirts die Flügel abwerfen; die Schaflausfliege (*Melophagus ovinus*, 5 mm lang), fälschlicherweise auch *engl.* als sheep tick oder sheep louse bezeichnet, hat zu keinem Zeitpunkt Flügel und bleibt auf dem Wirt (Übergang von Wirt zu Wirt durch Körperkontakt!). Alle Arten können auch den Menschen befallen. Der Stich der Lausfliegen (**männliche und weibliche saugen!**) ist schmerzhaft und führt zu starkem Juckreiz, Kratzen und zu bakteriellen Sekundärinfektionen (deutliche Gewichts- und Wollverluste bei befallenen Tieren!). Die Weibchen setzen während ihrer 4–7monatigen Lebensdauer einzeln 10–15 Larven III ab, die sich (wie bei der Tsetse-Fliege; s. S. 431) binnen 10 Stunden verpuppen. Die Puppen sind braunrot, tönnchenförmig, 3 mm lang und werden mit Hilfe eines Oberflächensekrets an den Haaren der Wirte oder in der Umgebung festgeklebt. Nach einer Puppenruhe von etwa 20–23 Tagen schlüpfen die Adulten, die 3–4 Tage danach kopulieren, sofern sie vorher die Gelegenheit zur Blutaufnahme hatten.

d) Myiasis

Die Larven einiger cyclorrhapher Fliegen parasitieren stationär beim Mensch und bei Wirbeltieren. Ein derartiger Befall wird allgemein als **Myiasis** bezeichnet; man beobachtet ihn in der **Haut,** in **Wunden,** in den **Augen** oder auf **inneren Schleimhäuten** des Wirtskörpers (Nasen-, Rachenraum, Magen-, Darmkanal, Urogenitalsystem). Dabei setzt das Weibchen gezielt die Eier oder schon die Larve (bei **larviparen** Arten) auf die Körperoberfläche (Haut/Fell) ihres Wirtes. Von dort aus wandern (bohren sich) die Larven in die von ihnen bevorzugten Gewebe/Höhlungen ein, die sie erst nach zwei Häutungen (dritte Larve) kurz vor der Verpuppung wieder verlassen (Abb. 174).

Diese **stationär parasitischen** Larven sind typische fußlose «**Maden**» (**apod**); sie erscheinen walzenförmig mit verjüngtem Vorder- und abgestutztem Hinterende (Abb. 175). Der kleine, einziehbare Kopf trägt zwei Rudimente der Antennen und zwei hakenartige Mundwerkzeuge, die miteinander verbunden sind und mit Hilfe derer sich die Larven in den Geweben temporär auch verankern. Die 11–12 Segmente dieser Larven sind zum Teil mit Dornen besetzt und können ventral Kriechleisten ausgebildet haben. Das abgestutzte Hinterende trägt als Abschluß der Tracheen typische paarige **Stigmenplatten,**

Tab. 18: Wichtige Dipteren und die von ihnen übertragenen Krankheitserreger

Familie	Genus	Krankheiten des Menschen	Erreger	Krankheiten der Haustiere	Erreger
Culicidae	*Aedes*	Gelbfieber	V	Kaninchen-Myxomatose	V
		Dengue-Fieber	V		
	Culex u. a.	St. Louis-Encephalitis	V	Pferde-Encephalitis	V
				Geflügel-Malaria	P
	Anopheles	Malaria	P	Vogelmalaria	
	Aedes *Culex* *Anopheles* *Mansonia*	Filariasis, Elephantiasis	N	Hunde-Filariasis	N
Simuliidae	*Simulium*	Onchocerciasis	N	*Leucocytozoon*-Malaria bei Vögeln	P
Phlebotomidae	*Phlebotomus*	Bartonellosis	R/B		
		Papatacifieber	V		
		Leishmaniasen	P	Hunde-Leishmaniasis	P
Tabanidae	*Chrysops*	Tularämie	B	Surra	P
		Loiasis	N		
	Tabanus; Haematopota			Anaplasmose	R

Nematocera

Brachycera

	Familie	Gattung	Krankheit		Krankheit	
Cyclorrhapha	Muscidae	*Musca*	Poliomyelitis	V	Virosen	V
			Bakteriosen (Salmonellen, Cholera)	B	Bakteriosen	B
			Trachom	V		
			Amöbiasis	P		
			Myiasis durch Larven			
		Stomoxys	Poliomyelitis	V	Geflügel-Spirochätose	B
			Bakteriosen	B		
			Schlafkrankheit	P		
	Glossinidae	*Glossina*	Schlafkrankheit	P	Naganaseuche	P
					Surra	P
	Sarcophagidae	*Sarcophaga, Wohl-fahrtia*	Myiasis durch Larven		Myiasis durch Larven	
	Calliphoridae	*Callitroga*	Myiasis durch Larven		Myiasis durch Larven	
	Gasterophilidae	*Gasterophilus*	Myiasis durch Larven		Myiasis durch Larven	
	Oestridae	*Oestrus, Hypoderma, Dermatobia*	Myiasis durch Larven		Myiasis durch Larven	
	Hippoboscidae	*Melophagus, Lipoptena*	Hautreizung		Abmagerung	

V = Viren; R = Rickettsien (= intrazelluläre Bakterien); B = Bakterien; P = Protozoen; N = Nematoden

deren Struktur als wichtigste taxonomische Elemente Verwendung finden (Abb. 175). Diese Larven lassen sich meist relativ leicht aus der Haut entfernen, da sie in Nähe der Oberfläche bleiben müssen, um Sauerstoff aus der Luft aufzunehmen (Abb. 163 e, f). *Dermatobia hominis* (human botfly; Mittel- und Südamerika) sucht nicht selbst den späteren Wirt für ihre Larven (Abb. 163 d) aus, sondern heftet ihre Eier (etwa 100!) an das Abdomen blutsaugender Insekten. Dieser als **Phoresie** bezeichnete Transport führt zur Ausbreitung der Brut, die als Larve in die Haut der Wirte (Mensch, Rinder) eindringt und im «**Bohrloch**» bis zu einer Größe von 2,5 cm heranwächst, aber nicht wie die Dasselfliegenlarven (*Hypoderma*-Arten) in der Haut bzw. Körper wandert. Da bei der wichtigsten Rasse der Wollschafe, den Merino-Schafen, im Gegensatz zu den Wild-Rassen auch der Analbereich stark behaart ist, findet dort *Lucilia cuprina* ideale Entwicklungsmöglichkeiten und stellt in Australien ein großes Problem der Schafhaltung dar. Eine erfolgreiche **biologische Bekämpfung** wird im Süden der USA zum Schutz der Rinder praktiziert (sterile male technique). In Fabriken wird *Callitroga hominivorax* gezüchtet. Die Männchen werden dann sterilisiert und in sehr großer Zahl freigelassen. Die von diesen Männchen begatteten Weibchen legen sterile Eier, aus denen keine Made schlüpft. Unterbleibt eine Bekämpfung, befallen die Larven als sog. «Schraubenwurm» den Menschen (s. Name) und viele Tiere in Süd- und Nordamerika.

Die Schäden, die derartige endoparasitische Fliegenlarven bei Mensch und Tieren hervorrufen, sind vielfältig und können besonders bei massiertem Auftreten der Parasiten – meist infolge von Sekundärinfektionen – auch zum Tode der Wirte führen (s. Zumpt, 1965, Wetzel, 1971, Boch, Supperer, 1992). Eine **Fliegenentwicklung** ist frühzeitig zu verhindern durch Insekten-Wachstumsregulatoren, die auf Dung aufgesprüht oder bereits via Futter verabreicht werden. Für die verschiedenen Fliegen [Haus- und Gesichtsfliege *(Musca domestica, M. autumnalis)*, Stallfliege *(Stomoxys calcitrans)*, Hornfliege *(Haematobis irritans)*] bei den unterschiedlichen Tierarten bieten sich mehrere Wachstumsregulatoren an, die die Chitinbildung der Insekten stören oder die Häutungen von deren Larven verhindern. Zu diesen Substanzen gehören z. B. Cyromazin (Larvadex®, Neporex®, Vetrazin®, Ciba Geigy), Diflubenzuron (Madex®, Schaumann), Methopren (Precor/Sandoz, Zoecon/Janssen). Kombinationen vorstehender Substanzen mit anderen Wirkstoffen zur Indikationserweiterung existieren ebenfalls.

Eine **biologische Bekämpfung** von *Musca domestica* in Schweineställen ist auch mit der Güllefliege *Ophyra aenescens* möglich.

18.4. Flöhe (Ordnung: Aphaniptera – Siphonaptera)

Flöhe sind lateral abgeflachte, sekundär flügellose, meist bräunlich gefärbte Insekten, deren Adulte wegen ihrer besonders kräftig ausgebildeten 3. Beinpaare zu enormen Sprungleistungen befähigt sind (Abb. 177). Männchen wie Weibchen ernähren sich vom Blut ihrer Wirte, und zwar saugen 94% der bekannten Arten bei Säugetieren und nur 6% bei Vögeln. Die meisten Flöhe sind nicht wirtsspezifisch, sondern können – besonders nach längerem Fasten (bei *Pulex irritans* mehr als $1/2$ Jahr) – auch Blut anderer Wirte akzeptieren, was allerdings die individuelle Fertilität reduzieren kann. Die Mundwerkzeuge der adulten Flöhe sind zu Zwei-Kanal-Stechapparaten ausgebildet (Abb. 178 g). Durch den größeren Kanal wird Blut eingesogen, während gleichzeitig durch den viel feineren zweiten Speichel in den Stichkanal gepumpt wird. Dieser Speichel verhindert die Blutkoagulation und ist gleichzeitig für die zum Teil erheblichen Hautreaktionen (pustelartige Schwellungen, Juckreiz) verantwortlich. Auf Flohstiche hin wird außerdem die Haut sensibilisiert, so daß ältere Stiche wieder zu jucken beginnen (**repetieren**). Dies wird um so unangenehmer, als die Flöhe sich leicht während der Mahlzeit stören lassen, danach neu einstechen, so daß ganze Serien von Stichen nebeneinander auftreten können. Die Blutmahlzeiten erfolgen meist täglich und können 20–150 Minuten andauern, wobei noch während der Mahlzeit große Mengen des aufgesogenen Blutes (vor allem Serum!) sofort wieder anal ausgeschieden werden.

Außer durch die auffälligen Sprungbeine sind Flöhe durch ihre sehr deutliche Segmentierung mit typischer schuppenartiger Plattenbildung, kurze, in eine Rinne am Kopf einlegbare Fühler sowie eine dorsal vom 10. Abdominalsegment ausgebildete Platte (= **Pygidialplatte** oder Sensilium) mit artspezifischer Anzahl von Sinneshaaren ausgezeichnet (Abb. 177 a). Die in diesem Bereich besonders gehäuften Rezeptoren (Trichobothrien) dienen der Wahrnehmung bestimmter Luftbewegungen und Erschütterungen, die dem Floh die Wirtsfindung ermöglichen. Da die Flöhe mit ihren Ocellen lediglich hell-dunkel sehen können (Komplexaugen sind nicht vorhanden), stellt diese Sinnesplatte eine der wichtigsten Orientierungsmöglichkeiten dar.

Flöhe leben maximal etwa $1^1/_2$ Jahre; die Kopulation findet häufig auf einem Wirt statt, worauf das Weibchen dann etwa 10–25 Eier täglich für etwa 3–6 Wochen auf dem Boden ablegt. Beim Katzenfloh werden so etwa 800–1000 Eier, beim Menschenfloh etwa 450 Eier insgesamt abgesetzt. Nach etwa 5 Tagen (temperaturabhängig)

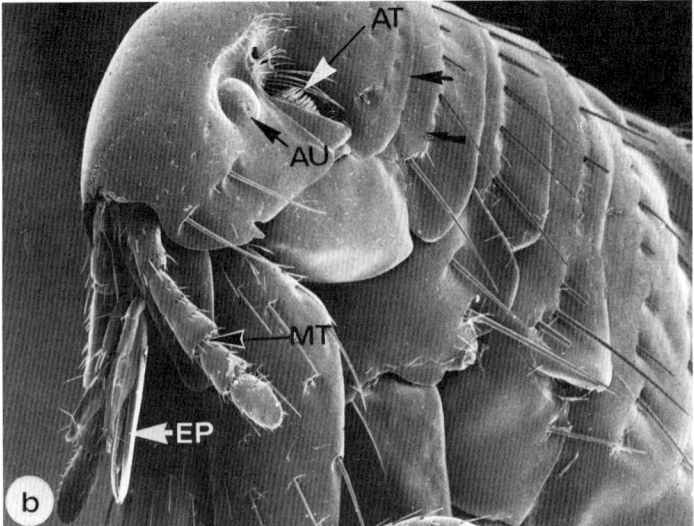

Abb. 177: *Pulex irritans.* SEM-Aufnahmen des Menschenflohs. a) Seitenansicht b) frontal. Der Vorderrand des Kopfs (Pfeil) trägt keine Genalctenidien (vgl. Abb. 151 d), das Pronotum hat ebenfalls keine Kämme (Doppelpfeil). AT = Antenne; AU = Auge; EP = Epipharynx; MT = Maxillartaster; P = Pygidialplatte. a) × 50 b) × 100.

schlüpft je eine augenlose Larve aus dem Ei, die wegen ihrer borstigen Gestalt auch als «**Drahtwurm**» bezeichnet wird und sich vorwiegend von Detritus ernährt. Allerdings benötigt sie auch Proteine zur Entwicklung; diese erlangt sie beim Verzehr von toten Adulten oder durch Aufnahme von Kottropfen, die regelmäßig von Adulten während des Freßvorgangs abgesetzt werden. Nach etwa 2–3 Wochen und zwei vollzogenen Häutungen spinnen sich die Larven mit Hilfe ihrer Speicheldrüse einen seidigen Kokon. Innerhalb von etwa 3 weiteren Tagen differenziert sich die Larve zur Puppe und bleibt – abhängig vom Mikroklima – etwa 1–2 Wochen in diesem unbeweglichen Zustand. Das Schlüpfen aus dem Puppenkokon wird dann meist durch einen äußeren Stimulus, z. B. durch eine Vibration, ausgelöst. Unterbleibt dieser Stimulus – weil kein Wirt dieses von Flöhen befallene Lager aufsucht – kann der adulte Floh längere Zeit, offenbar mit stark reduziertem Stoffwechsel, im Puppenkokon verharren. Der erste Wirt löst dann bei vielen gleichzeitig vorhandenen Puppen einen Massen-Exodus aus, z. B. bei der Neubesiedlung eines alten Vogelnestes, einer Hundehütte oder einer Wohnung. Da sich 99% einer Flohpopulation auf dem Boden befinden, müssen Bekämpfungsmaßnahmen auch gegen diese Stadien gerichtet werden (s. Fliegen, S. 440). Hier helfen sog. Umgebungssprays, die chemische Komponenten enthalten, die die Häutungen der larvalen Stadien unterbinden und so ein Auftreten neuer vermehrungsfähiger Adulter verhindern. Bekämpft man zusätzlich die vorhandenen Adulten mit Insektiziden (heute: Pyrethrum bzw. Pyrethroide = originäre bzw. synthetisierte Wirkstoffe aus der Chrysantheme), so kann man auch massivem Flohbefall schnell Herr werden (s. S. 404).

Die beim Menschen und seinen Haustieren parasitierenden wichtigsten Floharten sind in Tab. 19 zusammengestellt. Sie haben nicht nur als blutsaugende Lästlinge ihre Bedeutung, sondern einige von ihnen sind auch Überträger von Krankheitserregern bzw. Zwischenwirte von Parasiten:

1. Der Erreger der **Pest**, das Bakterium *Yersinia pestis*, tritt endemisch bei Nagern (Ratten) auf und wird von deren Flöhen *(Xenopsylla cheopis)* übertragen. Dies geschieht entweder unmittelbar durch kontaminierte Mundwerkzeuge oder durch Erbrechen von bakterienhaltigem Darminhalt in eine Stichwunde, da der Vorderdarm häufig durch eine übergroße Anzahl von Bakterien verstopft wird. Zum Befall des Menschen und zu den bekannten mittelalterlichen Epidemien kam es immer dann, wenn die Rattenpopulationen der Infektion erlegen waren und ihre hungrigen, infizierten Flöhe neue Wirte befielen. Ist dies geschehen, dann können sich auch Men-

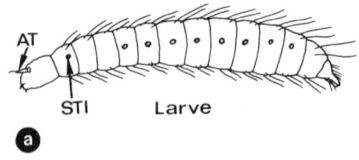

AT
STI
Larve

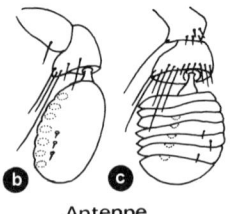

Antenne

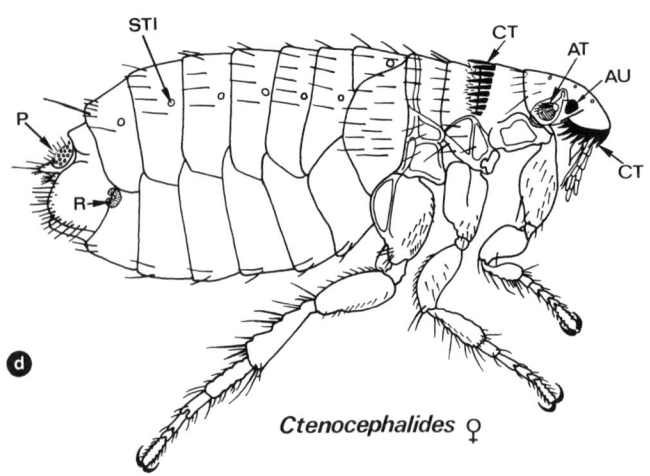

STI
CT
AT
AU
P
R
CT

Ctenocephalides ♀

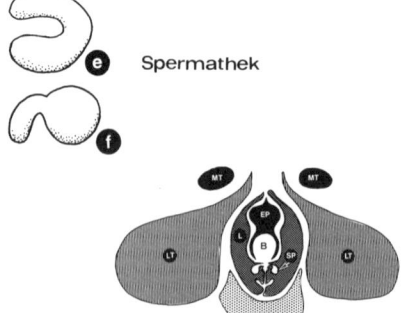

Spermathek

Mundwerkzeuge

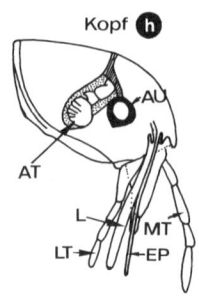

Kopf

AU
AT
L
MT
LT
EP

schen-, Hunde- und Katzenflöhe als mechanische Vektoren betätigen.

2. Menschen-, Hunde- und Katzenflöhe verschiedener Gattungen sind als Larven, Puppen und Adulte auch **Zwischenwirte** des Gurkenkernbandwurms *Dipylidium caninum*, des Rattenbandwurms (selten beim Menschen) *Hymenolepis diminuta* und des Zwergbandwurms *(Vampirolepis nana)*; letzterer tritt gelegentlich auch beim Menschen auf (s. S. 274).

Außer bei diesen eindeutig erwiesenen Übertragungsmöglichkeiten wird bei Flöhen auch noch eine mögliche Beteiligung an der Übertragung einer Reihe bakterieller Erreger (u. a. der Tularämie, Pseudotuberkulose, Erysipeloid, Listeriose, Brucellose, Salmonellose), rickettsieller (muriner Flecktyphus, Boutonneuse-Fieber) und viröser Infektionen (u. a. lymphozytische Choriomeningitis) des Menschen diskutiert und ist in vielen Fällen mittlerweile auch eindeutig nachgewiesen (s. Lit. Azad et al. 1997). So konnten in den USA die Infektionswege der Rickettsien *(R. typhi, R. felis)* der Flecktyphusgruppe von Ratten und Opossums über Hund und Katze zum Menschen eindeutig während Epidemien belegt werden.

Gefährliche Hautulzerationen in größerem Ausmaß verursachen in tropischen Gebieten die sog. **Sandflöhe**, insbesondere *Tunga penetrans*. Diese Flöhe parasitieren nicht mehr ausschließlich temporär als Ektoparasiten, sondern die Weibchen bohren sich in die Haut von Mensch und Haustieren (vorwiegend unter Fußnägel) ein und wachsen in 8–10 Tagen zu einer Kugel von etwa 2–3 mm Durchmesser heran, wobei das Hinterende mit Ovidukt und Stigmen aus der Haut herausragt. Nach der Begattung durch die auf der Haut herum-

Abb. 178: Morphologie der Flöhe.
a) Larve «Drahtwurm»;
b) Antenne von *Tunga penetrans*;
c) Antenne von *Pulex irritans*;
d) Weibchen von *Ctenocephalides felis*;
e–f) Receptacula seminis von *Xenopsylla cheopis* (e) und *Pulex irritans*.
g) Querschnitt durch den Stechapparat; EP und L werden beim Stich eingeführt (nach Wenk, 1953);
h) Seitenansicht des Flohkopfs (vereinfacht).
AT = Antenne; AU = Auge (Ocellus); B = Blut = Nahrungsgang; CT = Ctenidien; EP = Epipharynx (bildet ventral den Nahrungsgang); L = Lacinien = max. Stechborsten bilden je einen engen Speichelgang (SP); LB = Labium; LT = Labialtaster; MT = Maxillartaster; P = Pygidialplatte = Sensilium; R = Receptaculum seminis; SP = Speichelgang; STI = Stigma.

Tab. 19: Wichtige Floharten

Art	Größe (mm)	Merkmale	Bevorzugte Wirte
Pulex irritans	♂ 2–2,5 ♀ –4	ohne jegliche kammartige Fortsätze; Ocellarborste verläuft unter dem Augenrand	**Mensch,** Haustiere
Xenopsylla cheopsis	♂ 1,5 ♀ 2,5	ohne jegliche Kämme; Mesopleuron mit Versteifung; Ocellarborste verläuft über das Auge	Ratten, Mäuse/evtl. **Mensch**
Ctenocephalides canis *C. felis*	♂ 2 ♀ 3	je 1 Kamm unten am Kopf und hinten am Pronotum	Hund, Katze, **Mensch**
Ceratophyllus gallinae	♂ 3 ♀ 3,5	1 Kamm hinten am Pronotum	Geflügel, **Mensch**
Echidnophaga gallinacea	♂ 1,5–2 ♀ 2–2,5	ohne Kämme; Thorax dorsal schmäler als Tergum 1 des Abdomens; ♀ verankert sich mit Mundwerkzeugen fest in der Haut	Hühnervögel, Hunde, **Mensch** (Tropen)
Tunga penetrans	♂ 0,5–0,7 ♀ 0,5–6,0	Pronotum ohne Kamm; Sensilium mit je 8 seitlichen Sinneszellen; bohrt sich in die Haut	**Mensch,** große Haustiere

wandernden Männchen legt das Weibchen einige tausend Eier ab, die auf den Boden fallen und aus denen unter günstigen Bedingungen in etwa 3 Wochen über Larven und Puppen wiederum Adulte entstehen, die einen neuen Wirt aufsuchen.

19. Krebse (Crustacea)

Die Krebse (**Crustacea = Schalentiere**) erhielten ihren Namen aufgrund ihrer als *Exoskelett* dienenden Cuticula, in die aber – im Gegensatz zu Insekten (s. S. 403) – außer Chitin und Pigmenten auch Kalk in größeren Anteilen eingelagert ist. Ein Wachstum kann daher stets, wie bei den Insekten, nur unmittelbar nach einer der zahlreichen, hormonell (Ecdyson) gesteuerten Häutungen erfolgen, solange die neue, von der Epidermis abgeschiedene Cuticula noch weich und somit dehnbar ist. Die verschiedenen Gruppen der heteronom segmentierten Krebse (s. u.) sind morphologisch sehr unterschiedlich, auch wenn sich niedere (**Entomostraca**) und höhere Krebse (**Malacostraca**) äußerlich und an ihren Larven (**Nauplius** bzw. **Zoëa**) unterscheiden lassen (s. Siewing, 1984). Gemeinsam ist ihnen jedoch, daß die meisten Arten im Wasser (Süß-, Salzwasser) leben, daß sie daher mit **Kiemen** atmen (= Name Branchiata) und daß sie im Gegensatz zu den Insekten (s. S. 403) **zwei Paar Antennen** aufweisen. Als Mundwerkzeuge finden sich wie bei den Insekten je ein Paar Mandibeln und zwei Paar Maxillen. Bei den meisten Crustaceen weist jedes der heteronomen Segmente ein Paar Extremitäten auf, die am Kopf als Mundfüßchen (**Maxillipeden**), am Thorax als Schreitfüße (**Pereiopoden**; bei den Decapoden 5 Paar, oft mit Scheren) und am Abdomen als Schwimmfüße oder Kopulationsorgane (**Pleopoden**) ausgebildet sein können. Bei den gegliederten Hebelextremitäten kann meist noch der Aufbau als typisches Spaltbein, mit einem **Endo-** und **Exopodit**, unterschieden werden, wobei sich in der Evolution der Exopodit zum Schreitbein, der Endopodit zum Schwimmbein entwickelte. Die Ontogenese der Crustacea beginnt wie bei den Insekten mit einer befruchteten, centrolecithalen Eizelle und führt über eine daher superfizielle Furchung zu Larven (Nauplius, Zoëa), die im Verlauf mehrerer Häutungen immer mehr die Form der späteren getrenntgeschlechtlichen Adulten annehmen. Bei nahezu allen Gruppen der Crustacea treten Parasiten auf, deren z. T. erhebliche morphologische Spezialisierung zoologisches Interesse weckt. Andere Formen dienen wiederum als Zwischenwirte für Endoparasiten des Menschen; so beherbergen z. B. Copepoden die Larven vom Fischbandwurm *Diphyllobothrium latum* (s. S. 273) oder Medinawurm *Dracunculus medinensis* (s. S. 342). Entsprechend ihrer Lebensweise im Wasser parasitieren Krebse vorwiegend bei Fischen oder anderen Krebsen (aber auch bei Säugetieren!) und können dadurch insbesondere Fischzuchten erheblichen Schaden zufügen. Im folgenden sind einige wenige Formen ausgewählt, die eine besondere Bedeutung für den Menschen erlangt haben.

System: Stamm: ARTHROPODA (Auszug)
Unterstamm: Branchiata
Klasse: Crustacea
Unterklasse: Ostracoda (Krebse mit zweiklappiger Schale, z. T. Kiemenparasiten von Fischen)
Unterklasse: Copepoda (Zwischenwirte für Endoparasiten; einige parasitische Formen als Ektoparasiten von Fischen, s. u.)
Unterklasse: Branchiura
   Ordnung: Argulidae (Karpfenläuse, Abb. 182)
Unterklasse: Cirripedia (viele Endoparasiten von marinen Krebsen, s. u.)
Unterklasse: Malacostraca (sog. Höhere Krebse)
   Ordnung: Amphipoda (freilebend)
   Ordnung: Isopoda (Asseln; einige Ektoparasiten von Fischen)
   Ordnung: Decapoda (typ. Krebse; Räuber)

Salmincola-Arten. Diese zu den Copepoda gehörenden Parasiten verankern sich schon als frischgeschlüpfte **Nauplius**-Larven mit ihren zu starken Haken und Klauen umgebildeten Mundwerkzeugen und Antennen auf der Oberfläche lachsartiger Fische (Salmoniden, u. a. Forelle). Sie bleiben zeitlebens auf demselben Fisch, verlieren während der Häutungen jegliche Segmentierung und erscheinen nach der endgültigen Verankerung als unförmige Säcke. Die max. 3–4 mm großen Weibchen bleiben festverankert und ernähren sich von der Epidermis (Abb. 179), während die nur etwa 1 mm großen Männchen auf der Oberfläche der Fische bei der Suche nach den Weibchen umherwandern. Bei Massenbefall tritt häufig der Tod des Fisches ein.

Lernaea-Arten gehören ebenfalls zu den Copepoden, sie wandeln infolge ihres Parasitismus ihre äußere Gestalt noch weiter um und erscheinen wie tumorartige Wucherungen in den befallenen Tieren (Abb. 180). Sie benötigen meist einen Fisch als Zwischenwirt und befallen im Endwirt dann über das Atmungssystem größere Blutgefäße. So erreicht *Penella balaenopterae* beim Wal bis zu 30 cm Länge. Verwandte *Lernaeocera*- oder *Phrixocephalus*-Arten führen bei vielen Zuchtfischen zu enormen Verlusten (bis 30% der Nachzucht!). *Lernaea cyprinacea*, der sog. Ankerwurm, wird als Weibchen, das sich aus freischwimmenden Copepodenformen nach der Anheftung völlig dedifferenziert, danach sackartig erscheint und sich schließlich tief in

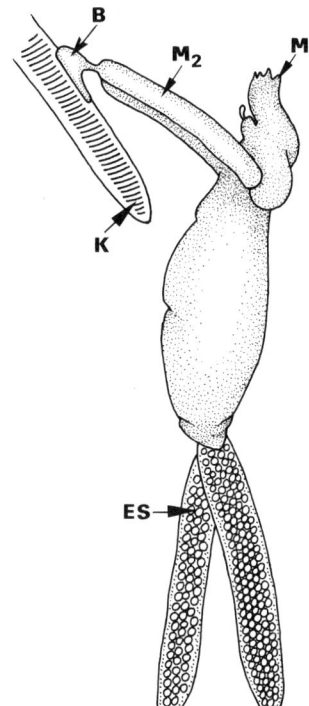

Abb. 179: Schem. Darstellung der sog. Kiemenmade *(Salmincola salmonea)* (= lernaeider Krebs), die an den Kiemen eines Fisches verankert ist.
B = Bulla (Haftorgan); ES = Eisäckchen; K = Kiemen, M1, M2 = Maxillen 1 und 2.

der Muskulatur oder in den Kiemen verschiedener Fische verankert, maximal etwa 25 mm lang (Abb. 180). Lediglich die beiden Eisäckchen weisen noch auf die Zugehörigkeit zu den Copepoden hin. Infolge des tiefen Eindringens in die Haut kommt es häufig zu schweren Sekundärinfektionen – auch innerer Organe –, so daß diese Art (besonders in den Tropen) häufig der Grund für Fischsterben ist.

Ergasilus-Arten. Diese max. 3 mm großen Parasiten von Süß- und Salzwasserfischen haben ihre typische Copepodengestalt bewahrt (Abb. 181), lediglich die zweiten Antennen sind zu großen Halteklammern umgebildet. Hiermit halten sie sich auf den Kiemen ihrer

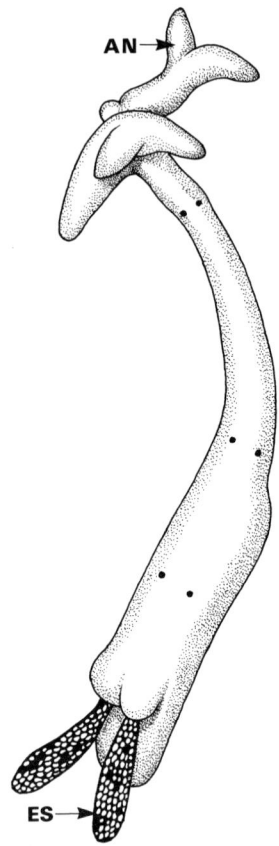

Abb. 180: *Lernaea* sp., schem. Darstellung eines weiblichen Ankerwurms. Nur noch die Eisäckchen (ES) erinnern an die ursprüngliche Copepodenge-stalt.
AN = Ankerorgan; ES = Eisäckchen.

Wirte zeitlebens verankert und ernähren sich durch Fressen von Epithelien. Die Männchen leben frei im Wasser, wo auch die Kopula-tion erfolgt. Danach sterben die Männchen ab und die Weibchen gehen zur parasitischen Lebensweise über. Aus den abgelegten Eiern schlüpfen nach 10–12 Tagen Nauplius-Larven, die über 4 weitere Larvenstadien (sog. Copepodit) und entsprechende Häutungen in

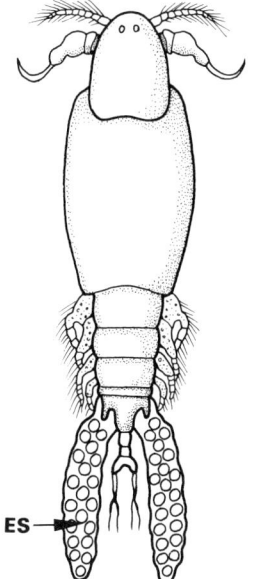

Abb. 181: Schem. Darstellung eines *Ergasilus*-Weibchens von dorsal. Mit Hilfe der klauenartigen Fortsätze befestigt sich dieser Copepode an den Kiemen von zahlreichen Fischarten.
ES = Eisäckchen.

10–12 Tagen geschlechtsreif werden. Bei massiertem Auftreten in den Kiemen kommt es zu Schleimbildung, Abmagerung und häufig zum Tod der befallenen Fische.

Karpfenläuse. Diese zu den **Branchiura** (= Kiemenschwänze) eingeordneten Parasiten sind relativ artenarm, aber von enormer Bedeutung bei der Fischzucht.

Weltweit verbreitet (im Süß- wie auch Salzwasser) sind die Arten der Gattung *Argulus*, die maximal etwa eine Länge von 6–22 mm erreichen (Abb. 182) und als temporäre Ektoparasiten leben (*A. coregoni* an Lachsen; *A. japonicus* an Karpfen; *A. foliaceus* an Karpfen, Hecht, Barsch etc.). Die Weibchen sind schwimmfähig und legen ihre Eier auf dem Boden ab. Aus ihnen schlüpft kein Nauplius, sondern ein bereits dem Adulten gleichendes **Jungtier**. Als Besonderheit haben die Karpfenläuse die Antennen zu ventralen Haken und die Maxillen

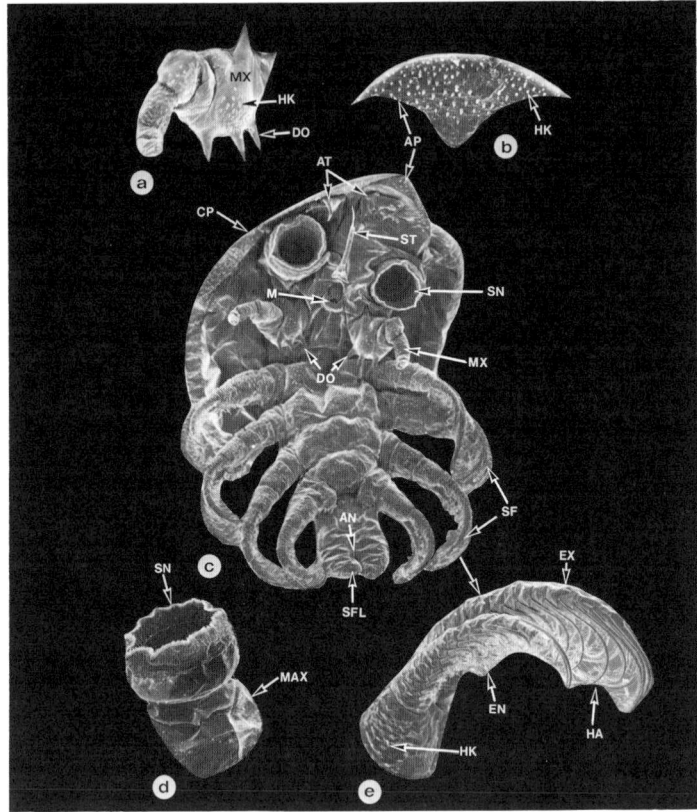

Abb. 182: SEM-Aufnahmen der Karpfenlaus *Argulus* sp.
a) Maxille II; × 25
b) Vorderrand des Carapax; × 30
c) Ventralansicht; × 10
d) Maxille I (ist zu einem Saugnapf umgeformt); × 30
e) Thorakalbein als Schwimmbein. × 30
Das Abdomen ist weitgehend reduziert.
AN = Anus; AP = Apex; AT = Antennen; CP = Carapax; DO = Dorn; EN =
Endopodit; EX = Exopodit; HA = Härchen; HK = Haken; M = Mund; MAX =
Maxille I; MX = Maxille II; SF = Schwimmfüße (Thorakalbeine); SFL =
Schwanzflosse (Abdomen reduziert); SN = Saugnapf der Maxille I; ST = Stachel, Stilett.

zu enormen Saugnäpfen umgebildet (Abb. 182 d), mit deren Hilfe sie sich am (schwimmend bzw. freilebend aufgesuchten) Wirt festhalten. Die extreme Abflachung des Carapax ermöglicht zudem einen sehr geringen Strömungswiderstand während des Saugens am schwimmenden Fisch. Der **Nahrungsaufnahme** dürfte ein dem Mund vorgelagertes Stilett dienen (Abb. 182 c). Vorzugsweise wird extraintestinal vorverdaute Epidermis aufgenommen, häufig aber auch Blut. Viele Fischarten können befallen werden, so daß Fischzuchten sehr darunter leiden. So wurden bis zu 4000 *A. foliaceus* auf 28 cm langen Schleien gezählt. Die Schadwirkung liegt weniger im Entzug von Blut, sondern in der Einnistung von Bakterien bzw. Pilzen in den Stichwunden. Im weiteren übertragen *Argulus*-Arten die Erreger der gefährlichen Bauchwassersucht der Fische *(Pseudomonas punctata)*. Außerdem überträgt *Argulus* auch das *Rhabdovirus carpio*, den Erreger der Frühlingsvirämie der Karpfen, sowie bei Kontamination des Mundstiletts, insbesondere als Folge von häufigem Wirtswechsel, das Bakterium *Aeromonas salmonicida,* das u. a. die Erythrodermatitis von Karpfenartigen hervorruft.

See- bzw. **Lachsläuse** *(Lepeophtheirus salmonis)* gehören im Gegensatz zur Gattung *Argulus* nicht zur Unterklasse Branchiura,

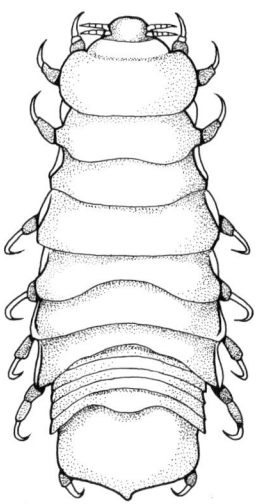

Abb. 183: Schem. Darstellung eines parasitischen Isopoden (sog. Assel) der Gattung *Livoneca*.

sondern sind wiederum Copepoden (s. o.), wie die unmittelbar verwandten *Caligus*-Arten. Beiden Gattungen ist gemeinsam, daß auch
die Männchen parasitisch leben und sich kaum in Größe und Gestalt
von den Weibchen unterscheiden. Aus den abgelegten Eiern schlüpft
eine Nauplius-Larve, die sich einmal häutet (Abb. 184). Das zweite
Nauplius-Stadium häutet sich zum ersten Copepodit, das einen Wirt
finden muß oder stirbt. Nach der Festheftung wächst es zum sog.
Chalimus-Stadium heran. Drei weitere Chalimus- und zwei Präadult-
Stadien folgen. Während alle **Chalimus**-Stadien noch mit dem sog.
vorderen Filament festgeheftet sind, sind die Präadulten und später

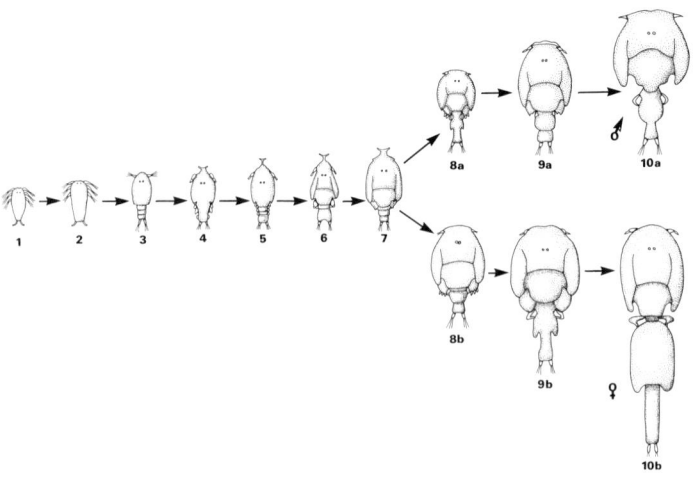

Abb. 184: Schem. Darstellung der Entwicklungsstadien der sog. Lachslaus
Lepeophtheirus salmonis (Ordn. Copepoda).
1, 2) Naupliusstadien I, II (Länge 0,54–0,58 mm); freischwimmend.
3) Copepodit-Stadium (0,7 mm); Invasionsstadium.
4–7) Chalimus-Stadien I–IV (1,2–2,8 mm lang), festsitzende Stadien.
8 a, 9 a) Auf der Haut freibewegliche präadulte Männchen (2,9 mm bzw.
4,2 mm).
8 b, 9 b) Freibewegliche, präadulte Weibchen (3,7 mm bzw. 5,4 mm).
10 a, 10 b) Adulte Männchen (10 a; 5 mm) und adulte Weibchen (10 b; 10 mm).
Die Entwicklungsdauer der Eier und der einzelnen Stadien ist temperatur- und
salinitätsabhängig. Eine Generationsfolge dauert etwa sechs Wochen bei
9–12 °C Wassertemperatur. Meist sind die Lachse ganzjährig nur mit geringen
Mengen dieser Parasiten befallen, dennoch sind die Schäden beträchtlich.

auch die Adulten zur freien Bewegung auf der Fischoberfläche befähigt. Zum Teil verlassen sie auch den Fisch (häufig bei dessen Behandlung mit Medikamenten) und suchen ihn später wieder auf.
Dieses Verhalten macht eine Bekämpfung der Lachsläuse in den
Fjorden Norwegens oder der Faröer Inseln schwierig.

Sacculina-Arten. Diese den Cirripediern eingeordneten Formen
wandeln ihren Körper zu einer rhizoiden Masse um, die befallene
Krabben völlig durchwuchert. Schäden treten somit in Krebsauf-
zuchten auf.

Isopoden. Viele Arten der Isopoden saugen als Larven und/oder
Adulte an den Kiemen von Fischen Blut. Der Blutverlust und die Ver-
letzungen führen z. T. zu großen Schäden bei der Fischzucht. Die
wenig wirtsspezifischen **Fischasseln** (Abb. 183) können in Relation
zum Wirtsfisch eine beträchtliche Größe erreichen. Ein Befall der
Mundhöhle ist bei einigen Asselarten zudem häufig. Diese Unterbin-
dung der Ernährung des Fisches (**Maulsperre**) und der einhergehende
Blutverlust durch den Parasiten führt zum sicheren Tod der betroffe-
nen Fische. Die Isopoden sind höhere Krebse (Malacostraca) und
somit wird eine Zoëa-Larve bei allen drei parasitischen Unterordnungen (Gnathiidea, Flabellifera, Epicarida) ausgebildet. Die meisten
Arten dieser Ordnung sind marine Parasiten von Fischen und/oder
Crustaceen, wobei die Gnathiidae als Larven, die Flabellifera als
Adulte und die Epicaridae als Larven und Adulte parasitieren. Die
Epicaridae benötigen sogar zwei Wirte zur Entwicklung. Die sog.
Epicaridium-Larve (Typ Zoëa) schlüpft aus dem Ei und heftet sich
mit ihren Saugklauen an einen Copepoden-Krebs an. Nach 6 Häu-
tungen entsteht die **Microniscus**-Larve, die sich zum **Cryptoniscus**
umgestaltet und sich schließlich an den zweiten Wirt heftet.

Insgesamt ist die Formenvielfalt des Parasitismus bei Krebsen so
enorm, daß auf Speziallliteratur verwiesen werden muß (s. u. a. Reichenbach-Klinke, 1981; Möller und Anders, 1983; Körting, 1992;
Mehlhorn et al., 1992). Auch sind vermutlich die meisten parasitischen Arten noch gar nicht beschrieben oder in ihrem Lebenszyklus
bekannt. Die **Bekämpfung** von äußeren Fischparasiten ist schwierig,
nur wenig Substanzen sind zugelassen. Masoten® hat sich in der
Teichwirtschaft bewährt (etwa 3 kg/ha Wasserfläche). Ivomec® und
andere Avermectine zeigten eine gute Wirkung auf Nematoden und
Ektoparasiten und dürften demnächst auch für Speisefische registriert
werden.

Bildnachweis

a) Halbtonabbildungen

Sofern in den Legenden nicht besonders erwähnt, handelt es sich um Originale von Prof. Dr. Mehlhorn. Wir danken folgenden Personen für die Überlassung von Bildern:

1. Dr. Becker: Abb. 73, 80 (aus Publikationen mit Prof. Dr. Thomas, Dr. Andrews, Prof. Mehlhorn)
2. Prof. Dr. Brugerolle: Abb. 3, 4 a–c
3. Prof. Dr. De Jonckheere: 22 g
4. Dr. Fehrenbacher: Abb. 76 a
5. Dr. Franz: Abb. 113 c, 114 e, 115
6. Prof. Dr. Haberkorn: Abb. 33 e
7. Prof. Dr. Hausmann: Abb. 63 c
8. Prof. Dr. Huth: Abb. 130 b
9. Prof. Dr. Køie: Abb. 72
10. Prof. Dr. Matuschka: Abb. 50 a
11. Dr. Michel: Abb. 22 e
12. Prof. Dr. Peters: Abb. 120, 148, 160
13. Priv. Doz. Dr. Schmahl: Abb. 58 a, b
14. Prof. Dr. Sundermann: Abb. 50 b
15. Prof. Dr. Taraschewski: Abb. 105
16. Prof. Dr. Warton: Abb. 4 d
17. Dr. Wolf: Abb. 153

b) Strichzeichnungen

Falls nicht anders vermerkt, wurden diese Tafeln nach
a) eigenen Demonstrationspräparaten
b) eigenen elektronenmikroskopischen Untersuchungen im Vergleich mit zahlreichen anderen Autoren zusammengestellt.
Die Zeichnungen wurden von Dr. Walldorf (25), Frau Dipl. Biol. Pfeffer (10),
Herrn Fried Theisen (32) und Prof. Dr. Mehlhorn angefertigt.

Die folgenden Abkürzungen wurden einheitlich in den Bildlegenden verwen-
det:
LM = Lichtmikroskop
SEM = Scanning-Elektronenmikroskop
TEM = Transmissions-Elektronenmikroskop

Literatur

A. Übersichtslehrbücher

I. Morphologie/Physiologie

Alexander, J. O.: Arthropods and human skin. Springer-Verlag, Berlin 1984.

Beckage, N. E., Thompson, S. N., Federici, B. A. (1993): Parasites and pathogens of insects. Academic Press, London.

Brand, T. v.: Biochemistry and physiology of endoparasites. Elsevier, Biomedical Press, Amsterdam 1979.

Brandis, H., Pulverer, G.: Lehrbuch der medizin. Mikrobiologie, 7. Auflage. G. Fischer, Stuttgart 1990.

Cheng, T. C.: General Parasitology. Academic Press, London 1986.

Cohen, S., Warren, K. S.: Immunology of parasitic infections, Blackwell, Oxford 1982.

Cox, F. E. B.: Modern Parasitology Blackwell, Oxford, 2. Aufl. 1993.

Cox, F. E. G., Kreier, J. P., Wakelin, D. (eds.) (1999): Topley and Wilson's Microbiology and microbial infections (9th ed.) Vol. 5: Parasitology Arnold, London.

Despommier, D. D., Gwadz, R., Hotez, P. J.: Parasitic Diseases. Springer, New York 4th ed., 1995.

Frank, W. (Ed.): Immune reactions to parasites. Fortschritte der Zoologie, Bd. 127. G. Fischer, Stuttgart 1982.

Garcia, L. S., Bruckner, D. A.: Diagnostic medical parasitology. Elsevier, New York 1988.

Hiepe, T. (Ed.): Lehrbuch der Parasitologie (Bd. 1–4). G. Fischer, Stuttgart 1983.

Jackson, G. J.: Parasitic Protozoa and worms relevant to the U. S. Annual Meet. of the Inst. of Food Techn., Chicago 1990

Kaufmann, S. H. E. (ed.) (1996): Concepts in vaccine development. De Gruyter, Berlin.

Kayser, F. H., Bienz, K. A., Eckert, J., Lindenmann, J., 1997: Medizinische Mikrobiologie. Thieme Verlag, Stuttgart.

Kettle, D. S.: Medical and veterinary entomology. John Wiley/Sons, New York 1984.

Köhler, P., Voigt, W. P.: Nutrition and metabolism. In: Mehlhorn, H. (Ed.) Parasitology in Focus. Springer, Heidelberg 1998, 412–453.

Körting, W., 1992: Parasitosen der Fische. In: Boch, J., Supperer, R.: Veterinärmedizinische Parasitologie, Parey Verlag, Hamburg, p. 777–833.

Kuby, J.: Immunology. Freeman Co, New York 1994.

Lane, P. R., Crosskey, R. E. (eds.) (1993): Medical insects and arachnids. Chapman and Hall, London.

Lee, D. L., Atkinson, H. J.: Physiology of nematodes, McMillan Press, London 1976.

Lehane, M. J., 1991: Biology of blood sucking insects. Harper Collins Academic, pp. 288.

Lom, J., Dykova, I., 1992: Protozoan parasites of fishes. Elsevier, Amsterdam, pp. 328.

Markell, E. K., Voge, M., John, D. T.: Medical parasitology, ed. 6. Philadelphia, W. B. Saunders Co., 1986.

Mehlhorn, H., Eichenlaub, D., Löscher, T., Peters, W.: Diagnostik und Therapie der Parasitosen des Menschen. G. Fischer, Stuttgart 1995.

Mehlhorn, H., Raether, W., Düwel, D.: Diagnose und Therapie der Parasitosen der Haus- und Nutztiere. G. Fischer, Stuttgart 1993.

Mehlhorn, H. (Ed.): Encyclopedic Reference of Parasitology. Springer, Heidelberg, 2nd ed. 2001.

Möller, H., Anders, K.: Krankheiten und Parasiten der Meeresfische. Möller, Kiel 1983.

Moll, H. (1997) (ed.): Molecular and immunological aspects of host parasite interactions. Behring Inst Mitt 99, 1–116.

Olsen, O. W.: Animal parasites. University Park Press, Baltimore 1974.

Pearson, T. W. (ed.): Parasite antigens. Dekker, New York 1986.

Peters, W., Gilles, H. M.: A colour atlas of tropical medicine and parasitology. Wolfe Medical Publications Ltd., London 1989.

Piekarski, G.: Lehrbuch der Parasitologie. Springer, Heidelberg 1954.

Reichenbach-Klinke, H. H.: Krankheiten und Schädigungen der Fische. G. Fischer, Stuttgart 1980.

Röllinghoff, M., Rommel, M. (1994): Immunologische und molekulare Parasitologie. G. Fischer, Stuttgart.

Rhode, K. (1993): Ecology of marine parasites. CAB International, Wallingford (UK).

Rogan, M. T., 1997: Analytical parasitology. Springer, Heidelberg.

Schmidt, G. D., Roberts, L. S.: Foundations of parasitology. Mosby Comp., St. Louis 1985.

Schmidt, G. H., Radunz, A., Gröschel-Stewart, U., 1993: Immunologie und ihre Anwendung in der Biologie. G. Thieme Verlag, Stuttgart.

Sindermann, C. J., 1990: Principal diseases of marine fish and shellfish. Academic Press, London.

Smyth, J. D.: Introduction to animal parasitology. Hodder and Stoughton, Ltd., London 1994.

Soulsby, E. J. L.: Helminths, arthropods and protozoa of domesticated animals. Baillière Tindall, London 1982.

Westheide, R., Rieger, H. (Hrsg.), 1997: Spezielle Zoologie. G. Fischer, Stuttgart.

Zaman, V.: Atlas of medical parasitology, 4th ed. Singapore University Press, Singapore 1996.

II. Epidemiologie/Chemotherapie

Boch, J., Supperer, R.: Veterinärmedizinische Parasitologie. Parey, Berlin 5. Auflage, 2000.

Combes, C. (1995): Interactions durable: écologie et évolution du parasitisme. Masson, Paris.

Franz, J. M., Krieg, A.: Biologische Schädlingsbekämpfung. Parey, Berlin 1982.

Hinz, E.: Geomedizin – Westafrika, Afrikakartenwerk. Gebrüder Borntraeger, Berlin, Stuttgart 1984.

James, D. M., Gilles, H. M.: Human antiparasitic drugs. John Wiley, Chichester 1985.

Lang, W. (ed.) (1993): Tropenmedizin in Klinik und Praxis. G. Thieme, Stuttgart.

Mehlhorn, H., Eichenlaub, D., Löscher, T., Peters, W.: Diagnostik und Therapie der Parasitosen des Menschen. G. Fischer, Stuttgart 1995.

Mehlhorn, W., Düwel, H., Raether, D.: Diagnose und Therapie der Parasitosen der Haus- und Nutztiere. G. Fischer, Stuttgart 1993.

Möller, H., Anders, K.: Krankheiten und Parasiten der Meeresfische. Möller, Kiel 1983.

Mumcuoglu, Y., Rufli, T.: Dermatologische Entomologie. Perimed, Erlangen 1982.

Peters, W., Richards, W. M. G.: Antimalaria drugs. I u. II. Springer, Heidelberg, 1984.

Piekarski, G.: Medizinische Parasitologie in Tafeln. Springer, Heidelberg 1987.

Raether, W.: Chemotherapie. In: Mehlhorn, H. (Ed.) Parasitology in focus. Springer 1988, 739–866.

III. Systematik

Ax, P., 1987: The phylogenetic system: the systematization of organisms on the basis of their phylogenies. J. Wiley Sons, Chichester, 340 pp.

Ax, P. (1995): Das System der Metazoa. G. Fischer, Stuttgart.

Bardele, C. F., 1997: On the symbiotic origin of protists, their diversity, and their pivotal role in teaching systematic biology. Ital. J. Zool. 64, 107–113.

Cavalier-Smith, T., 1993: Kingdom Protozoa and its 18 phyla. Microbiol. Rev. 57, 953–994.

Corliss, J. O., 1994: An interim utilitarian («user friendly») hierarchical classification and characterization of the protists. Acta Protozool. 33, 1–51.

Ehlers, U., 1985: Das phylogenetische System der Plathelminthes. G. Fischer, Stuttgart, 317 pp.

Ehlers, U., Ahlrichs, W., Lemburg, C., Schmidt-Rhaesa, A. (1996): Phylogenetic systematization of the Nemathelminthes (Aschelminthes). Verh. Dtsch. Zool. Ges. 89: 8.

Hausmann, K., Hülsmann, N., 1996: Protozoology. Thieme, Stuttgart, New York, 338 p.

Hoberg, E. P., Mariaux, J., Justine, J.-L., Brooks, D. R., Weekes, P. J. (1997): Phylogeny of the orders of the Eucestoda (Cercomeromorphae) based on comparative morphology: historical perspectives and a new working hypothesis. J. Parasitol. 83, 1128–1147.

Levine, N. D., Corliss, J. O., Cox, F. E. G., Deroux, G., Grain, J., Honigberg, B. M., Leedale, G. F., Loeblich III, A. R., Lom, J., Lynn, D., Merinfeld, E. G., Page, F. C., Poljanski, G., Sprague, V., Vavra, J., Wallace, F. G., 1980: A newly revised classification of the Protozoa. J. Protozool. 27, 37–58.

Margulis, L., Fester, R. (eds.), 1991: Symbiosis as a source of evolutionary innovation. MIT Press, Cambridge, Mass.

Mariaux, J., 1998: A molecular phylogeny of the Eucestoda. J. Parasitol. 84, 114–124.

Sidall, M. E., Martin, D. S., Bridge, D., Desser, S. S., Cone, D. K., 1995: The demise of a phylum of protists: phylogeny of Myxozoa and other parasitic Cnidaria. J. Parasitol. 81, 487–499.

Sogin, M. L., 1994: The origin of eukaryotes and evolution into major kingdoms. In: Bengtson, S. (ed.): Early life on earth. Nobel Symp. No. 84. Columbia University Press, New York, pp. 181–192.

Stringer, J. R., Wakefield, A. E., Cushion, M. T., Dei-Cas, E., 1997: *Pneumocystis* taxonomy and nomenclature: an update. J. Euk. Microbiol. 44: 5 S.

B. Übersichtsliteratur zu einzelnen Gruppen

I. Protozoa

1. Diplomonadina, Trichomonadina

Brugerolle, G., 1976: Contribution à l'étude cytologique des protozoaires zooflagellés parasites: Proteromonadida, Retortamonadida, Diplomonadida, Oxymonadida, Trichomonadida. Thèse Nr. 227, Université de Clermont-Fd, France.

Brugerolle, G., Gobert, J. G., Savel, J., 1974: Etude ultrastructurale des lésions viscérales provoquées par l'injection intra-péritonéale de *Trichomonas vaginalis* chez la souris. Ann. Parasitol. 49, 301–318.

Drmota, T., Kral, J. (1997): Karyotype of *Trichomonas vaginalis*. Europ. J. Protistol. 33, 131–135.

Erlandsen, S. L., Macechko, P. T., Van Keulen, H., Jarrol, E. L. (1996): Formation of the *Giardia* cyst wall. J. Euk. Microbiol. 43, 416–429.

Faubert, G. M., 1988: Is Giardiasis a true zoonosis? Parasitology Today 3, 66–70.

Hemphill, A., Stäger, S., Gottstein, B., Müller, N. (1996): Electron microscopical investigation of surface alterations on *Giardia lamblia* trophozoites after exposure to a cytotoxic monoclonal antibody. Parasitol. Res. 82, 206–210.

Johnson, P. J., Lahti, C. J., Bradley, P. J., 1993: Biogenesis of dehydrogenosomes in the anaerobic protist *Trichomonas vaginalis*. J. Parasitol. 79, 664–670.

Mattos, A., Solé-Cava, A. M., DeCarli, G., Benchimol, M. (1997): Fine structure and isozymic characterization of trichomonad protozoa. Parasitol. Res. 83, 290–295.

Meyer, E. A., Radulescu, S., 1979: *Giardia* and Giardiasis. Adv. Parasitol. 17, 1–49.

Mirhaghani, A., Warton, A. (1996): An electron microscope study of the interaction between *Trichomonas vaginalis* and epithelial cells of the human amnion membrane. Parasitol. Res. 82, 43–47.

Müller, M., 1975: Biochemistry of protozoan microbodies. Ann. Rev. Microbiol. 29, 467–483.

Müller, M. (1997): Evolutionary origins of trichomonad hydrogenosomes. Parasitol. Today 13, 166–167.

Nash, T., 1992: Surface antigen variability and variation in *Giardia lamblia*. Parasitology Today 8, 229–234.

Thompson, R. C. A., Reynoldson, J. A. (Eds.) 1993: *Giardia:* From molecules to disease. CAB Intern. London.

Upcroft, J. A., Upcroft, P., 1993: Drug resistance and *Giardia*. Parasitol. Today 9, 187–190.

Warton, A., Honigberg, B. M., 1979: Structure of trichomonads as revealed by scanning electron microscopy. J. Protozool. 26, 56–62.

Yuh, Y. S., Liu, J. Y., Shaio, M. F. (1997): Chromosome number of *Trichomonas vaginalis*. J. Parasitol. 83, 551–553.

2. Kinetoplastida

Bastien, P., Blaineau, C., Pagès, M., 1992: *Leishmania:* Sex, lies and karyotype. Parasitol. Today 8, 174–177.

Bastin, P., Matthews, K. R., Gull, K. (1996): The paraflagellar rod of Kinetoplastida: solved and unsolved questions. Parasitol. Today 12, 302–307.

Brugerolle, G., Lom, J., Nohynkova, E., Joyon, L., 1979: Comparaison et évolution des structures cellulaires chez plusieurs espèces de Bodonidés et Cryptobiidés. Protistologica 15, 197–221.

Clayton, C. E., Michels, P. (1996): Metabolic compartmentation in African trypanosomes. Parasitol. Today 12, 465–471.

Evans, D. A., Ellis, D. S., 1983: Recent observations on the behaviour of certain trypanosomes within their insect hosts. Adv. Parasitol. 22, 2–42.

Handman, E. (1997): *Leishmania* vaccines: old and new. Parasitol. Today 13, 236–238.

Hecker, H., Betschard, B., Burri, M., Schlimme, W. (1995): Functional morphology of trypanosome chromatin. Parasitol. Today 11, 79–82.

Hehl, A., Roditi, I. (1994): The regulation of procyclin expression in *Trypanosoma brucei*: making of braking the rules? Parasitol. Today 11, 442–443.

Hide, G., Mottram, J. C., Coombs, G. H., Holmes, P. H. (1997): Trypanosomiasis and leishmaniasis: biology and control. CAB International, London, 366 pp.

Hoare, C. A., Wallace, F. G., 1966: Developmental stages of trypanosomids: a new terminology. Nature 212, 1385–1386.

Jenni, L., Marti, S., Schweizer, J., Betschart, B., Le Page, R. W. F., Wells, J. M., Tait, A., Pandavoine, P., Pays, E., Steinert, M., 1986: Hybrid formation between african trypanosomes during cyclical transmission. Nature 322, 173–175.

Kreutzer, R. D., Yemma, J. J., Grogl, M., Tesh, R. B., Martin, T. I., 1993: Sexual reproduction in the protozoan parasite *Leishmania*. Am. J. Trop. Med. Hyg. 49, Suppl. S. 375.

Le Blancq, S. M., Schnur, L. F., Peters, W.: *Leishmania* in the Old World: The geographical and hostal distribution of *L. major* zymodemes. Trans. R. Soc. Trop. Med. Hyg. 80, 99–112 (1986).

Lighthall, G. K., Giannini, S. H., 1992: The chromosomes of *Leishmania*. Parasitol. Today 8, 192–199.

Mattern, P., Mayer, G., Felici, M., 1972: Existence de formes amastigotes de *Trypanosoma gambiense*. C. R. Acad. Sci. (Paris) 274, 1513–1519.

Mehlhorn, H., Haberkorn, A., Peters, W., 1977: Electron microscopic studies on developmental stages of *Trypanosoma cruzi*. Protistologica 13, 287–298.

Michels, P. A. M., Hannaert, V., Bringaud, F. (2000): Metabolic aspects of glycosomes in Trypanosomatidae – new data and views. Parasitol. Today 10, 482–485.

Ormerod, W. E., Venkatesan, S., 1971: An amastigote phase of the sleeping sickness trypanosome. Trans. Roy. Trop. Med. Hyg. 65, 736–741.

Overath, P., Ruoff, J., Stierhof, J. D., Haag, J., Tichy, H., Dykova, I., Lom, J., 1998: Cultivation of bloodstream forms of *Trypanosoma carassii*, a common parasite of fish. Parasitol. Res. 84: 343–347.

Rachamim, N., Jaffe, C. L. (1993): Pure protein from *Leishmania donovani* protects mice against both cutaneous and visceral *Leishmaniasis*. Journal of Immunology 150, 2322–2331.

Schaub, G. (1994): Pathogenicity of *Trypanosoma* on ticks and insects. Parasitol. Today 10, 463–468.

Schlein, Y., Jacobson, R. L. (1996): Why is man an unsuitable reservoir for the transmission of *Leishmania major*? Experimental Parasitology 82, 298–305.

Soltys, M. A., Woo, P., 1969: Multiplication of *T. brucei* and *T. congolense* in vertebrate hosts. Trans. Roy. Soc. Trop. Med. Hyg. 63, 490–495.

Sousa, M. A., 1994: Cell to cell interactions suggesting a sexual process in *Herpetomonas megaseliae* (Kinetoplastida: Trypanosomatidae). Parasitol. Res. 80: 112–116.

Sztein, M. B., Kierszenbaum, F., 1993: Mechanisms of development of immunosuppression during *Trypanosoma* infections. Parasitol. Today 9, 424–428.

Tait, A., Turner, C. M. R., 1990: Genetic exchange in *Trypanosoma brucei*. Parasitol. Today 6, 70–75.

Tapia, F. J., Cacares-Dittmar, G., Sanchez, M. A. (1996): Molecular and immune mechnisms in the pathogenesis of cutaneous leishmanisasis. Springer, Heidelberg.

Vanhamme, L., Pays, E., McCulloch, R., Barry J. D. (2001): An update on antigenie variation in African trypanosomes. Trends in Parasitol. 17, 338–342.

Vickerman, K., 1986: Clandestine sex in trypanosomes. Nature 322, 113–114.

Williams, P., Coelho, M. D. V., 1978: Taxonomy and transmission of *Leishmania*. Adv. Parasitol. 1, 1–42.

Woo, P. T. K., 1987: *Cryptobia* and cryptobiosis in fishes. Adv. Parasitol. 26, 199–237.

3. Amoebida

Cerva, L., Kassprazak, W., Mazur, T.: *Naegleria fowleri* in cooling waters of power plants. J. Hyg. Epi. Microbiol. Immunol. 26, 152–161 (1982).

Clark, C. G., Diamond, L. S. (1997): Intraspecific variation and phylogenetic relationships in the genus *Entamoeba* as revealed by riboprinting. J. Euk. Microbiol. 44, 142–154.

De Jonckheere, J. F., Michel, R. (1988): Species identification and virulence of *Acanthamoeba* strains from human nasal mucosa. Parasitol. Res. 74, 314–316.

Dodson, J. M., Clark, C. G., Lockhart, L. A., Leo, B. M., Schroeder, J. W., Mann, B. (1997): Comparison of adherence, cytotoxity, and Gal/GalNAc lectin gene structure in *Entamoeba histolytica* and *E. dispar*. Parasitol. Internat. 46, 225–235.

Elsdon-Dew, R., 1968: The epidemiology of amoebiasis. Adv. Parasitol. 6, 1–62.

Fulton, C., 1993: *Naegleria*: A research partner for cell and developmental biology. J. Euk. Microbiol. 40, 520–527.

Gast, R. F., Ledee, D. R., Fuerst, P. A., Byers, T. J. (1996): Subgenus systematics of *Acanthamoeba*: four muclear 18S rDNA sequence types. J. Euk. Microbiol. 43, 498–504.

Griffin, J. L., 1972: Human amebic dysentery. Am. J. Trop. Med. Hyg. 21, 895–906.

Horstmann, R. D., Leippe, M., Tannich, E., 1992: Recent progress in the molecular biology of *Entamoeba histolytica*. Trop. Med. Parasitol. 43, 213–218.

Jadin, J. B., 1973: De la meningo-encéphalite amibienne et du pouvoir pathogène des amibes *Limax*. Ann. Biol. 12, 20–342.

Komnick, H., Stockem, W., Wohlfahrt-Bottermann, K. E., 1973: Cell motility: mechanisms in protoplasmic streaming and amoeboid movement. Int. Rev. Cytol. 34, 169–249.

Leippe, M. (1997): Amoebapores. Parasitol. Today 13, 178–183.

Mackenstedt, U., Mehlhorn, H., 1993: *Entamoeba* und pathogenicity. Abstracts of 14th Int. Congr. Protozool. Berlin, p. 79.

Mackenstedt, U., Johnson, A. M. (1995): Genetic differentiation of pathogenic and nonpathogenic strains of *Entamoeba histolytica* by random amplified polymorphic DNA polymerase chain reaction. Parasitol. Res. 81, 217–221.

Mazur, H. E. (1997): Biosynthesis of prostaglandins in pathogenic and non-pathogenic strains of *Acanthamoeba*. Parasitol. Res. 83, 296–299.

Nozaki, T., Asai, T., Takeuchi, T. (1997): Codon usage in *Entamoeba histolytica*, *E. dispar* and *E. invadens*. Parasitol. Internat. 46, 105–110.

Page, F. C., 1976: An illustrated key to freshwater and soil amoebae. Freshwater Biolog. Ass. Scientific Publications Nr. 34. Ferry House.

Sargeaunt, P. G.: Zymodemes expressing possible genetic exchange in *Entamoeba histolytica*. Trans. R. Soc. Trop. Med. Hyg. 79, 86–89 (1985).

Spice, W. M., Ackers, J. P., 1992: The *Amoeba* enigma. Parasitol. Today 8, 402–406.

Stanley JR, S. L. (2001): Pathophysiology of amoebiasis. Trends in Parasitol. 17, 280–285.

Tannich, E., Leippe, M., Horstmann, R. D., 1992: Aktuelle Befunde zur Pathogenität von *Entamoeba histolytica*. Immun. Infekt. 20, 146–250.

Yagita, K., Matias, R. R., Yasuda, T., Natividad, F. F., Enriquez, G. L., Endo, T. (1995): *Acanthamoeba* sp. from the Philippines: electron microscopy studies on naturally occurring bacterial symbionts. Parasitol. Res. 81, 98–102.

Zaman, V., Howe, J., Ng, M., 1998: Ultrastructure of the *Jodamoeba bütschlii* cyst, Parasitol. Res. 84, 421–423.

3 a. Opalozoa

Cavalier-Smith, T., 1993: The protozoan phylum Opalozoa. J. Euk. Microbiol. 40, 609–618.

4. Sporozoa

Aikawa, M., Sterling, C. R., 1974: Intracellular parasites. Academic Press, New York.

Allred, D. R. (1995): Immune evasion by *Babesia bovis* and *P. falciparum*: cliff-dwellers of the parasite world. Parasitol. Today 11, 100–104.

Aspöck, H., 1982: Toxoplasmose, Roche, Wien, 1, 1–43.

Aspöck, H., 1986: Aids und parasitäre Erkrankungen. Hygiene Aktuell 3, 1–15.

Aspöck, H. (1996): Österreichs Beitrag zur Toxoplasmose-Forschung und 20 Jahre Toxoplasmose-Überwachung der Schwangeren in Österreich. Mitt. Österr. Ges. Tropenmed. Parasitol. 18, 1–18.

Cooper, D. A., Wodak, A., Marriott, D. J. E., Harkness, J. L., Ralston, M., Hill, A., Penny, R.: Cryptosporidiosis in the acquired immune deficiency syndrome. Pathology 16, 455–457 (1984).

Cornelissen, A. W. C. A. (1988): Sex determination and sex differentiation in malaria parasites. Biological Rev. 63, 379–394.

Current, W. C., Reese, N. C., Ernst, J. V., Bailey, W. S., 1982: Cryptosporidiosis in calves and humans. Proc. 5th Int. Congress of Parasitology, Toronto, p. 227.

Current, W. L., Loup, P. L., 1983: Development of human and calf *Cryptosporidium* in chicken embryos. J. Infect. Dis. 148, 1108–1113.

Current, W. L., Haynes, T. B.: Complete development of *Cryptosporidium* in cell culture. Science 224, 603–604 (1984).

Deluol, A. M., Teilhac, M. F., Poirot, J. L., Heyer, F., Beaugerie, L., Chatelet, F. P. (1996): *Cyclospora* sp. life cycle studies in patients by TEM. J. Euk. Microbiol. 43, 128S–129S.

Dobrowolski, J., Sibley, L. D. (1997): The role of the cytoskeleton in host cell invasion by *Toxoplasma gondii*. Behring Inst. Mitt. 99, 90–96.

Dubey, J. P. (1996): Infectivity and pathogenicity of *Toxoplasma gondii*. J. Parasitol. 82, 957–961.

Dubey, P., Rigoulet, J., Lagourette, P., George, C., Longeart, L., LeNett, J.-L. (1996): Fatal Transplacental Neosporosis in a deer (*Cervus eldi siamensis*). J. Parasitol. 82, 338–339.

Eichenlaub, D., 1979: Malaria in Deutschland. Bundesgesundheitsblatt. 22, 8–13.

Fawcett, D., Mosoke, A., Voigt, W. (1984): Interaction of sporozoites of *Theileria parva* with bovine lymphocytes in vitro. I. Early events after invasion. Tissue Cell 16, 873–884.

Foley, M., Tilley, L. (1995): Home Improvements: Malaria and the red blood cell. Parasitol. Today 11, 436–439.

Frenkel, J. K., 1977: *Besnoitia wallacei* of cats and rodents with a reclassification of other cystforming isosporoid coccidia. J. Parasitol. 63, 611–628.

Frenkel, J. K., 1984: Toxoplasmosis. Microbiology 1, 212–217.

Gauer, M., Mackenstedt, U., Mehlhorn, H., Schein, E., Zapf, F., Njenga, E., Young, A., Morzaria, S. (1995): DNA measurements and ploidy determination of developmental stages in the life cycle of *Theileria annulata* and *T. parva*. Parasitol. Res. 81, 565–574.

Godson, G. N., 1985: Molekularbiologische Suche nach Malaria-Impfstoffen. Spektrum der Wissenschaften 7, 66–74 (1985).

Göbel, E.: Kryptosporidiose. In: Wiesner, E. (Hrsg.): Handlexikon der tierärztlichen Praxis, 189. Gustav-Fischer-Verlag, Stuttgart, Jena, New York, 1992.

Gorenflot, A., Brasseur, P., 1991: Babésioses. Encyc. Méd-Chirurg. 8086 A 10, 1–7.

Graczyk, T. K., Fayer, R., Cranfield, M. R. (1997): Zoonotic transmission of *Cryptosporidium parvum*: implicants for water-borne cryptosporidiosis. Parasitol. Today 13, 348–351.

Gross, U. (ed.), 1996: *Toxoplasma gondii*, Springer, Heidelberg.

Hackstein, J. H. P., Mackenstedt, U., Mehlhorn, H., Meijerink, J. P. P., Schubert, H., Leunissen, J. A. M. (1995): Parasitic apicomplexans harbor a chlorophyll a-D1 complex, the potential target for therapeutic triazines. Parasitol. Res. 81, 207–216.

Hammond, D. M., Long, P., 1973: The Coccidia. University Park Press, Baltimore.

Heine, J., Boch, J., 1981: Kryptosporidien-Infektionen beim Kalb. Nachweis, Vorkommen und experimentelle Übertragung. Berlin. Münch. Tierärztl. Wochenschr. 94, 289–292.

Hemphill, A., Gottstein, B. (1996): Identification of a major surface protein on *Neospora caninum* tachyzoites. Parasitol. Res. 82, 497–504.

Hemphil, A., Gottstein, B., Kaufmann, H. (1996): Adhesion and invasion of bovine endothelial cells by *Neospora caninum*. Parasitology 112, 183–197.

Herrington, D. A., Clyde, D. F., Losonsky, G., Cortesia, M., Hurphy, J. R., Davis, J., Baqar, S., Felix, A. M., Heimer, E. P., Gillessen, D., Nardin, E., Nussenzweig, R. S., Nussenzweig, V., Hollingdale, M. R., Levine, M. M.: Safety and immunogenicity in man of a synthetic peptide malaria vaccine against *Plasmodium falciparum* sporozoites. Nature 328, 257–259 (1987).

Irvin, A. D., 1987: Characterization of species and strains of *Theileria*. Adv. Parasitol. 26, 145–197.

Janse, C. J., 1993: Chromosome size polymorphism and DNA rearrangements in *Plasmodium*. Parasitol. Today 9, 19–23.

Jensen, J. B., Trager, W., Doherty, J.: *Plasmodium falciparum*: Continuous cultivation in a semiautomated apparatus. Exp. Parasitol. 48, 36–41 (1979).

Kakoma, J., Mehlhorn, H., 1994: *Babesia* of domestic animals. In: Kreier, J. P. (ed.) Parasitic Protozoa. Vol. 7, Academic Press, San Diego, 140–216.

Kawai, S., Kano, S., Suzuki, M. (1995): Rosette formation by *Plasmodium coatneyi*-infeted erythrocytes of the japanese macaque (*Macaca fuscata*). Am. J. Trop. Med. Hyg. 53, 295–299.

Kimmig, P. (1987): Darmerkrankungen durch Kokzidien: *Isospora, Sarcocystis, Cryptosporidium*. Verdauungskrankh. 5, 129–137.

Klein, H., Mehlhorn, H., Rüger, W. (1996): Characterization of genomic clones encoding two microneme antigens of *Sarcocystis muris* (Apicomplexa). Parasitol. Res. 82, 230–237.

Klein, H., Mehlhorn, H., Rüger, W. (1996): In vitro biosynthesis and in vivo processing of the major microneme antigen of *Sarcocystis muris* cyst merozoites. Parasitol. Res. 82, 468–474.

Lanzer, M., DeBruin, D., Wertheimer, S. P., Revetch, J. V. (1994): Organization of chromosomes in *Plasmodium falciparum*: a model for generating karyotypic diversity. Parasitol. Today 10, 114–117.

Levine, N. D., 1984: Taxonomy and review of the coccidian genus *Cryptosporidium*. J. Protozool. 31, 94–97.

Maegraith, B., Fletscher, A., 1972: The pathogenesis of mammalian Malaria. Adv. Parasitol. 10, 49–77.

Mead, J. R. (1996): *Cryptosporidium* workshop overview. J. Euk. Microbiol. 43, 90S–91S.

Mehlhorn, H., Heydorn, A. O., 1978: The Sarcosporidia (Protozoa, Sporozoa): Life cycle and fine structure. Adv. Parasitol. 16, 43–92.

Mehlhorn, H., Heydorn, A. O., Sénaud, J., Schein, E., 1979: Les modalités de la transmission des genres *Sarcocystis* et *Theileria*, agents de graves maladies. Ann. Biol. 18, 97–120.

Mehlhorn, H., Schein, E., 1984: The Piroplasms: life cycle and sexual stages. Adv. Parasitol. 23, 37–103.

Mehlhorn, H., Schein, E., Ahmed, J. S., 1994: *Theileria*. In: Kreier, J. P. (Ed.) Parasitic Protozoa, Vol. 7, Academic Press, San Diego, 217–304.

Miller, L. H., Mason, S. J., Dvorak, J. A., McGinniss, M. H., 1976: Resistance

Miller, L. H., Mason, S. J., Dvorak, J. A., McGinniss, M. H., 1976: Resistance factor to *Plasmodium vivax*: Duffy genotype FyFy. New Engl. J. Med. 295, 302–304.

Mondragon, R., Trixione, E. (1996): Ca²⁺ dependence of conoid extrusion in *Toxoplasma gondii* tachyozoites. J. Euk. Microbiol. 43, 120–127.

Morzaria, S. P., Young, J. R., 1993: Genome analysis of *Theileria parva*. Parasitol. Today 9, 388–392.

Musoke, A., Nene, V., Morzaria, S. P., 1993: A sporozoite-based vaccine for *Theileria parva*. Parasitol. Today 9, 385–388.

Perkins, M. E., 1992: Rhoptry organelles of apicomplexan parasites. Parasitol. Today 8, 28–32.

Petersen, C., 1993: Cellular biology of *Cryptosporidium parvum*. Parasit. Today 9, 87–91.

Pieniazek, N. J., Herwaldt, B. L. (1997): Reevaluating the molecular taxonomy: Is human-associated *Cyclospora* a mammalian *Eimeria*-species? Emerging Infectious Diseases 3, 381–383.

Pinder, J. C., Fowler, R. E., Bannister, L. H., Dluzewski, A. R., Mitchell, G. H. (2000): Motile systems in malaria merozoites. Parasitol. Today 16, 240–245.

Porchet-Henneré, E., Nicholas, G., 1983: Are rhoptries really extrusomes? J. Ultrastruct. Res. 84, 194–203.

Pouvelle, B., Gysin, J. (1997): Presence of the parasitophorous duct in *Plasmodium falciparum* and *P. vivax* parasitized saimiri monkey red blood cells. Parasitol. Today 13, 357–361.

Quílez, J., Ares-Mazás, E., Sánchez-Acedo, C., del Cacho, E., Clavel, A., Causapé, A. C. (1996): Comparison of oocyst shedding and the serum immune response to *Cryptosporidium parvum* in cattle and pigs. Parasitol. Res. 82, 539–534.

Ranford-Cartwright, L. C. (1995): Fit for fertilization: mating in malaria parasites. Parasitol. Today 11, 154–157.

Rick, B., Dubremetz, J. F., Entzeroth, R.: A merozoite specific 22-kDa rhoptry protein of the coccidium – *Eimeria Mieschulzi*. Parasitol. Res. 84, 291–296.

Sam-Yellowe, T. Y. (1996): Rhoptry organelles of the Apicomplexa, their role in host cell invasion and intracellular survival. Parasitol. Today 12, 308–316.

Schapira, A., Beales, P. F., Halloran, M. E., 1993: Malaria: Living with drug resistance. Parasitol. Today 9, 168–174.

Schlichterle, I. M., Treutiger, C. J., Fernandez, V., Carlson, J., Wahlgren, M. (1996): Molecular aspects of severe malaria. Parasitol. Today 12, 329–332.

Schrével, J., 1971: Observations biologiques et ultrastructurales sur les Sélenidiidae et leurs conséquences sur la systématique des Grégarinomorphes. J. Protozool. 18, 448–470.

Shirley, M. W. (1994): The genome of *Eimeria tenella*. Parasitol. Res. 80, 366–373.

Shirley, M. W., Bedrnik, P. (1997): Live attenuated vaccines against avian coccidiosis: success with precocious and egg-adapted lines of *Eimeria*. Parasitol. Today 13, 481–485.

Sinden, R. E., 1983: Sexual development of malarial parasites. Adv. Parasitol. 22, 153–216.

Smith, T. D. (1996): The genus *Hepatozoon* (Apicomplexa: Adelina). J. Parasitol. 82, 565–585.

Soldati, D. (1999): The apicoplast as a potential therapeutic target in *Toxoplasma* and other apicomplexan parasites. Parasitol. Today 15, 5–7.

Taraschi, T. F., Nicolas, E. (1994): The parasitophorous duct pathway: new opportunities for antimalarial drug and vaccine development. Parasitol. Today 10, 399–401.

Target, G. A. T., 1992: SPf66, a candidate synthetic Malaria vaccine: immunogenicity versus protection. Parasitol. Today 8, 354–355.

Tomavo, S., Fortier, B., Soete, M., Ansel, C., Camus, D., Dubremetz, J.-F. (1991): Characterization of bradyzoite-specific antigens of *Toxoplasma gondii*. Infect. Immun. 59, 3750–3753.

Walliker, D.: Contribution of genetics to the study of parasitic Protozoa, Res. Studies Press, Letchworth, 1984.

Walliker, D.: The genetic basis of diversity in malaria parasites. Adv. Parasitol. 22, 217–259 (1983).

Widmer, G., Carraway, M., Tzipori, T. (1996): Waterborne *Cryptosporidium*: a perspective from the USA. Parasitol. Today 12, 286–290.

Wilson, R. J. M., Gardner, M. J., Feagin, J. E., Williamson, D. H., 1991: Have malaria parasites three genomes? Parasitol. Today 7, 134–137.

Wiser, M. F., Lanners, H. N., Bafford, R. A. (1999): Export of *Plasmodium* proteins via a novel secretory pathway. Parasitol. Today 15, 194–198.

5. Microsporidia

Baker, M. D., Vossbrinck, C. R., Becnel, J. J., Maddox, J. V. (1997): Phylogenetic position of *Amblyspora* based on small subunit rRNA data. J. Euk. Microbiol. 44, 220–225.

Bundesgesundheitsamt (1996): Empfehlungen zur Laboratoriumsdiagnostik von Infektionen mit Mikrosporidien. Bundesgesundhbl. 9, 363–366.

Cali, A., Kotler, D. P., Orenstein, J. M., 1993: *Septata intestinalis* (n.g., n.sp.), an intestinal microsporidian associated with chronic diarrhea and dissemination in AIDS patients. J. Euk. Microbiol. 40, 101–112.

Canning, E. U., Lom, J.: The Microsporidia of vertebrates. Academic Press, London, 1986.

Canning, E. U., Curry, A., Lacey, C. J. N., Fenwick, J., 1992: Ultrastructure of *Encephalitozoon* sp. infecting the conjunctival, corneal and nasal epithelia of a patient with AIDS. Europ. J. Protistol. 28, 226–232.

Canning, E. U. (1993): Microsporidia. – In: Kreier, J. P. (ed.) Parasitic Protozoa, Academic Press, London, p. 399–470.

Canning, E. U., Hollister, W. A., Weidner, E., Anderson, C. L. (1997): Microsporidia associated with AIDS. J. Euk. Microbiol. 44, 23A–24A.

Desportes, I., Le Carpentier, Y., Galian, A., Bernard, F., Cochand-Priollet, B., Lavergne, A., Ravisse, P., Modigliani, R.: Occurrence of a new microsporidian: *Enterocytozoon bieneusi* n.g.n.sp., in the enterocytes of a human patient with AIDS. J. Protozool. 32, 250–254 (1985).

Desportes-Livage, I., Chimonczyk, S., Hedrick, R., Ombrouck, C., Monge, D., Maiga, I., Gentilini, M. (1996): Comparative development of two microsporidian species: *Enterocytozoon bieneusi* and *E. salmonis* reported in AIDS patients and salmonid fish, respectively. J. Euk. Microbiol. 43, 49–60.

Didier, E. S., Didier, P. J., Fredberg, D. N., Stenson, S. M., Orenstein, J. M., Yee, R. W., Tio, F. O., Davis, R. M., Vossbrinck, C. R., Millichamp, N., Shadduck, J. A., 1991: Isolation and characterization of a new human microsporidian *Encephalitozoon hellem* n.sp. from three AIDS patients with keratoconjunctivitis. J. Infect. Dis. 163, 617–621.

Didier, E. S., Rogers, L. B., Orenstein, J. M., Baker, M. D., Vossbrinck, C. R., VanGool, T., Hartskeerl, R., Soave, R., Baudet, L. M. (1996): Characteristics of *Encephalitozoon* (= *Septata*) *intestinalis* isolates of two AIDS-patients. J. Euk. Microbiol. 43, 34–43.

Hilmarsdottir, I., Desportes-Livage, J., Datry, A., Gentilini, M., 1993: Morphogenesis of the polaroplast in *Enterocytozoon bieneusi*. A microsporidian parasite of HIV infected patients. Europ. J. Protistol. 29, 88–97.

Hollister, W. S., Canning, E. U., Anderson, C. L. (1996): Identification of microsporidia causing human disease. J. Euk. Microbiol. 43, 104S–105S.

Lukes, J., Vávra, J., 1990: Life cycle of *Amblyospora weiseri* n.sp. (Microsporidia) in *Aedes cantans*. Europ. J. Protistol. 25, 200–208.

Moura, H., Da Silva, J. L. N., Sodre, F. C., Brasil, P., Wallmo, K., Wahlquist, S., Wallace, S., Groppo, G. P., Vivesvaria, G. S. (1996): Gram-chromotrope: a new technique that enhances detection of microsporidial spores. J. Euk. Microbiol. 43, 94S–95S.

Raina, S. K., Das, S., Rai, M. M., Khurad, A. M. (1995): Transovarial transmission of *Nosema locustae* (Microsporida, Nosematida) in the migratory locust *Locusta migratoria migratorioides*. Parasitol. Res. 81, 38–44.

Rinder, H., Katzwinkel-Wladarsch, S., Löscher, T. (1997): Evidence for the existence of genetically distinct strains of *Enterocytozoon bienneusi*. Parasitol. Res. 83, 670–672.

Sprague, W., 1977: Systematics of the Microsporidia. Plenum Press, New York.

Trammer, T., Dombrowski, F., Doehring, M., Meier, W. A., Seitz, H. M. (1997): Opportunistic properties of *Nosema algerae* (Microspora) in immunocompromized mice. J. Euk. Microbiol. 43, 258–262.

6. Myxosporidia

Desser, S. S., Paterson, W. B., 1978: Ultrastructural and cytochemical observations on sporogenesis of *Myxobolus* sp. J. Protozool. 25, 314–325.

Ghaffar, F. A., El-Shahawi, G., Naas, S. (1995): Myxosporidia infecting some Nile fishes in Egypt. Parasitol. Res. 81, 163–166.

Kreier, J. P., 1977: Parasitic Protozoa, Vol. 4. *Babesia, Theileria,* Myxosporida, Microsporida …, Academic Press, London.

Lom, J., Dyková, I., 1986: Comments on Myxosporean life cycles. Symposia Biologica Hung. 33, 309–318.

Lom, J., 1987: Myxosporea: a new look at long-known parasites of fish. Parasitology Today 11, 327–332.

Lom, J., Dyková, J., 1993: Scanning electron microscopic revision of the genus *Chloromyxum* (Myxozoa) infecting European freshwater fishes. Folia Parasitol. 40, 161–174.

Lom, J., Yokoyama, H., Dyková, I., 1997: Comparative ultrastructure of *Aurantiactinomyxon* and *Raabeia,* actinosporean stages of myxozoan life cycles. Arch. Protistenkd. 148, 173–189.

Molnar, K., 1993: The occurrence of *Sphaerospora renicola* K-stages in the choroideal rete mirabile of the common carp. Folia Parasitol. 40, 175–180.

Wolf, K., Markiw, M. E., 1984: Biology contravenes taxonomy in the Myxozoa. Science 225, 1449–1452.

6 a. Haplosporidia

Anderson, T. J., Newman, L. J., Lester, R. J. G., 1993: Light and electron microscope study of *Urosporidium cannoni,* n.sp., a haplosporidian parasite of the polychaet turbellarian *Stylochus.* J. Euk. Microbiol. 40, 162–172.

Ashton-Alcox, K. A., Kanaley, S. A., 1993: In vitro interactions between bivalve hemocytes and the oyster pathogen *Haplosporidium nelsoni.* J. Parasitol. 79, 255–265.

7. Ciliata

Grell, K. G., 1973: Protozoology. Springer, Heidelberg.

Hausmann, H., Hülsmann, N., 1996: Protozoology. Thieme, Stuttgart.

Mehlhorn, H., Ruthmann, A., 1992: Allgemeine Protozoologie, G. Fischer, Stuttgart.

Mehlhorn, B., Mehlhorn, H., Schmahl, G., 1993: Gesundheit für Zierfische. Springer Verlag, Heidelberg.

Reichenbach-Klinke, H. H., 1975: Bestimmungsschlüssel zur Diagnose von Fischkrankheiten. G. Fischer, Stuttgart.

8. *Pneumocystis carinii*

Cushion, M. T., Walzer, P. D. (1996): A retrospective perspective on the 4th International Workshop on *Pneumocystis.* J. Euk. Microbiol. 43, 60S–61S.

Frenkel, J. K., Good, J. T., Shultz, J. A. (1996): Latent *Pneumocystis* infection of rats relapse, and chemotherapy. Lab. Invest. 15, 1558–1577.

Frenkel, J. K., 1976: *Pneumocystis jiroveci,* n.sp. from man: morphology physiology, and immunology in relation to pathology. Nat. Cancer Inst. Monograph 43, 13–30.

Itatany, C. A. (1996): Ultrastructural morphology of intermediate forms and forms suggestive of conjugating in the life cycle of *Pneumocystis carinii*. J. Parasitol. 82, 163–171.

Mackenstedt, U., Ungar, U., Sahm, M., Seitz, H. M., Mehlhorn, H., 1995: New aspects in the life cycle of *Pneumocystis carinii* revealed by DNA-measurement Europ. J. Protistol. 31, 127–136.

Matsumoto, Y., Yoshida, Y. (1984): Sporogony in *Pneumocystis carinii*. J. Protozool. 31, 420–428.

Mehlhorn, H., Dankert, W., Hartmann, P. G., Then, R. L. (1995): A pilot study on the efficiacy of epiroprim against developmental stages of *Toxoplasma gondii* and *Pneumocystis carinii* in animal models. Parasitol. Res. 81, 296–301.

Stringer, J. R., Stringer, S. L., Zhang, J., Baughman, R., Smulian, A. G., Cushion, M. T., 1993: Molecular genetic distinction of *Pneumocystis carinii* from rats and humans. J. Euk. Microbiol. 40, 733–741.

Yoshikawa, H., Morioka, M., Yoshida, J. (1987): Freeze fracture studies on *Pneumocystis carinii*. Parasitol. Res. 73, 132–138.

9. *Blastocystis hominis*

Brumpt, E.: *Blastocystis hominis* n.sp. et formes voisines. Bull. Soc. Pathol. Exot. 5, 725–730 (1912).

Jiang, J. B., He, H. G., 1993: Taxonomic status of *Blastocystis hominis*. Parasitol. Today 9, 2–3.

Mehlhorn, H. (1988): *Blastocystis hominis*: Are there different stages or species? Parasitol. Res. 74, 393–395.

Singh, M., Suresh, K., Ho, L. C., Ng, C. G., Yap, E. H. (1995): Elucidation of the life cycle of the intestinal protozoan *Blastocystis hominis*. Parasitol. Res. 81, 446–450.

Suresh, K., Mak, J. W., Chuong, L. S., Ragunathan, T. (1997): Sac-like pouches in *Blastocystis* from the house lizard *Cosumbotus platyurus*. Parasitol. Res. 83, 523–525.

Yamada, M., Yoshikawa, H., Tegoshi, T., Matsumoto, Y., Yoshikawa, T., Shiota, T., Yoshida, Y. (1987): Light microscopical study of *Blastocystis* spp. in monkeys and fowls. Parasitol. Res. 73, 527–531.

Zaman, V., Howe, J., Ng', M. (1997): Variation in the cyst morphology of *Blastocystis hominis*. Parasitol. Res. 83, 306–308.

II. Mesozoa

Lapan, E. A., Morowitz, H., 1972: The Mesozoa. Sci. Amer. 227, 94–101.

Stunkard, H. W., 1972: Clarification of taxonomy in the Mesozoa. Syst. Zool. 21, 210–214.

III. Plathelminthes

1. Aspidobothrea

Rohde, K., 1972: The Aspidogastrea, especially *Multicotyle purvisi*, Dawes, 1941. Adv. Parasitol. 10, 77–151.

2. Monogenea

Bychowsky, B. E., 1957: Monogenetic trematodes. Akad. Nauk SSSR, Leningrad.

Ehlers, U., 1985: Das phylogenetische System der Plathelminthes. G. Fischer, Stuttgart.

Harris, P. D., 1984: Asexual and sexual reproduction in the viviparous monogenean *Gyrodactylus*. Parasitology 89, XVII.

Lyons, K. M., 1973: The epidermis and sense organs of the Monogenea and some related groups. Adv. Parasitol. 11, 193–232.

Mehlhorn, H., Mehlhorn, B., Schmahl, G., 1993: Gesundheit für Zierfische. Springer, Heidelberg. pp. 175.

Rohde, K., 1975: Fine structure of the Monogenea, especially *Polystomoides* Ward. Adv. Parasit. 13, 1–33.

Schmahl, G., Taraschewski, H., Mehlhorn, H., 1989: Chemotherapy of fish parasites. Parasitol. Res. 75, 503–511.

Watson, N. A., Rohde, K. (1995): Ultrastructure of spermiogenesis and spermatozoa of *Neopolystoma spratti* (Monogenea). Parasitol. Res. 81, 343–348.

3. Digenea

Asch, H. L., Saoud, M. F. A., Hassan, A. A., Bruce, J. I., 1983: Proteolytic activity of *Schistosoma haematobium* eggs from human urines. J. Parasitol. 69, 779–780.

Auer, H., Aspöck, H. (1995): Helminthozoonosen in Österreich: Häufigkeit, Verbreitung und medizinische Bedeutung. Erdkl. Wissen 115, 81–118.

Becker, B., Mehlhorn, H., Andrews, P., Thomas, H., Eckert, J., 1980: Light and electron microscopic studies on the effect of praziquantel on *Schistosoma mansoni*, *Dicrocoelium dendriticum* and *Fasciola hepatica* in vitro. Z. Parasitenk. 63, 113–128.

Benazzi, M., Benazzi-Lentati, M.: Animal Cytogenetics. Vol. 1, Plathelminthes. Geb. Bornträger, Berlin 1976.

DeBont, J., Vercruysse, J. (1997): The epidemiology and control of cattle schistosomiasis Parasitol. Today 13, 225–262.

Cioli, D., Pica-Mattoccia, L., Archer, S., 1993: Drug resistance in schistosomes. Parasitol. Today 9, 162–167.

Clough, K. A., Drew, A. C., Brindley, P. J. (1996): Host-like sequences in the schistosome genome. Parasitol. Today 12, 283–286.

Erasmus, D. A., 1977: The host-parasite interface of trematodes. Adv. Parasit. 15, 201–242.

Faust, E. C., 1919: The excretory system in Digenea. Biol. Bull. 36, 315–344.

Gönnert, R., 1955: Schistosomiasis-Studien. I, II. Z. Tropenmed. Parasitol. 6, 18–52.

Gönnert, R., 1962: Histologische Untersuchungen über den Feinbau der Eibildungsstätte (Oogenotyp) von *Fasciola hepatica*. Z. Parasitenk. 21, 475–492.

Hirai, H., Sakaguchi, Y., Habe, S., Imai, H. T. (1985): C-banding analysis of six species of lung flukes, *Paragonimus* spp. Trematoda: Plathelminthes from Japan and Korea. Z. Parasitenkd. 71, 617–628.

Hockley, D. J., 1973: Ultrastructure of the tegument of *Schistosoma*. Adv. Parasit. 11, 233–305.

Horak, P., Van der Knaap, W. P. W. (1997): Lectins in snail-trematode immune interactions: a review. Folia Parasitol. 44, 161–172.

Idris, N., Fried, B. (1996): Development, hatching and infectivity of *Echinostoma caproni* (Trematoda) eggs, and histologic and histochemical observations on the miracidia. Parasitol. Res. 82, 136–142.

Jourdane, J., Imbert-Establet, D., Tchuem-Tchounté, L. A. (1995): Parthenogenesis in Schistosomatidae. Parasitol. Today 11, 427–430.

Khalil, G. M., Cable, R. M., 1968: Germinal development in *Philophthalmus megalurus*. Z. Parasitenkd. 31, 211–231.

Koie, M., Christensen, N. O., Nansen, P., 1976: Stereoscan studies on eggs, freeswimming and penetrating miracidia and early sporocysts of *Fasciola hepatica*. Z. Parasitenk. 51, 79–90.

Komiya, Y., 1966: *Clonorchis* and Clonorchiasis. Adv. Parasit. 4, 53–106.

Krampitz, H. E., Piekarski, G., Saathoff, M., Weber, A., 1974: Zerkarien-Dermatitis. Münch. med. Wschr. 116, 1491–1496.

Maule, A. G., Geary, T. G., Bowman, J. W., Shaw, C., Halton, D. W., Thompson, D. P. (1996): The pharmacology of trematode FMRF amide related peptides. Parasitol. Today 12, 351–357.

Nevhutalu, P. A., Salafsky, B., Haas, W., Conway, T., 1993: *Schistosoma mansoni* and *Trichobilharzia ocellata*: Comparison of secreted cercarial eicosanoids. J. Parasitol. 79 (1), 130–133.

Pearson, J. C., 1972: A phylogeny of life-cycle patterns of the Digenea. Adv. Parasit. 10, 153–189.

Platt, T. R., Brooks, D. R. (1997): Evolution of the schistosomes (Digenea: Schistosomatoidea): The origin of dioecy and colonization of the venous system. J. Parasitol. 83, 1035–1044.

Redman, C. A., Robertson, A., Fallon, P. G., Modha, J., Kusel, J. R., Doenhoff, M. J., Martin, R. J., 1996: Praziquantel: an urgent and exciting challenge. Parasitology Today 12, 14–20.

Simpson, A. J. G. (1983): Evidence that schistosome MHC antigens are synthesized by the parasite but are acquired from the host as intact glycoproteins. J. Immunol. 131, 962–965.

Smyth, J. D., Halton, D. W., 1983[2]: The physiology of trematodes. Cambridge University Press, Cambridge.

Southgate, V. R., Wijk, H. B., Wright, C. A., 1976: Schistosomiasis at Loum; *S. haematobium, S. intercalatum* and their natural hybrid. Z. Parasitenkd. 49, 145–159.

Voge, M., Bruckner, D., Bruce, J. I.: *Schistosoma mekongi* sp. n. from man and animals, compared with four geographic strains of *Schistosoma japonicum*. J. Parasitol. 64, 577–584 (1978).

Webbe, G., Sturrock, R. F., Jordan, P. (Ed.), 1993: Human schistosomiasis. CAB Intern. London.

Wirth, U., 1984: Die Struktur der Metazoen-Spermien und ihre Bedeutung für die Phylogenetik. Verh. naturwiss. Ver. Hamburg 27, 295–362.

Wright, C. A., 1971: Flukes and snails. Allen and Unwin Ltd., London.

Wright, C. A., Southgate, V. R., Knowles, R. J., 1972: What is *Schistosoma intercalatum*? Trans. Roy. Soc. Trop. Med. Hyg. 66, 28–64.

Yamaguti, S.: Systema Helminthum. Vol. I The digenetic trematodes of vertebrates. Part I and II. Interscience Publishers Inc., New York, 1958.

Yamaguti, S.: A Synoptical review of life histories of digenetic trematodes of vertebrates. Keigaku Publishing Co., Tokyo, 1975.

Yokogawa, M., 1969: *Paragonimus* and paragonimiasis. Adv. Parasit. 7, 375–387.

4. Cestodes

Auer, H., Aspöck, H. (1994): Helminthozoonosen in Mitteleuropa – Eine Übersicht der Epidemiologie, Diagnostik und Therapie am Beispiel der Situation in Österreich. Tropenmed. Parasitol. 16, 17–42.

Ax, P., 1984: Das phylogenetische System der lebenden Natur aufgrund ihrer Phylogenese. G. Fischer, Stuttgart, pp. 349.

Becker, B., Mehlhorn, H., Andrews, P., Thomas, H., 1980: Scanning and transmission electron microscope studies on the efficacy of praziquantel on *Hymenolepis nana* in vitro. Z. Parasitenk. 61, 121–133.

Bonsdorff, B. von, 1977: Diphyllobothriasis in man. Academic Press, London.

Conn, D. B. (1985): Fine structure of the embryonic envelopes of *Oochoristica anolis*. Z. Parasitenkd. 71, 639–648.

Eckert, J., Thompson, R. C. A., Lymberg, A. J., Pawlowski, Z. S., Gottstein, B., Morgan, U. M., 1993: Further evidence for the occurrence of a distinct strain of *Echinococcus granulosus* in European pigs. Parasitol. Res. 79, 42–48.

Eckert, J., Thompson, R. C. A., Mehlhorn, H., 1983: Proliferation and metastases formation of larval *Echinococcus multilocularis*. I. Animal model, macroscopical and histological findings. Z. Parasitenkd. 69, 737–748.

Ehlers, U., 1985: Das phylogenetische System der Plathelminthes. G. Fischer, Stuttgart, pp. 316.

Frayha, G. J., Smyth, J. D., 1983: Lipid metabolism in parasitic helminths. Adv. Parasitol. 22, 309–387.

Freeman, R. S., Cheng, T. C., 1973: Ontogeny of cestodes and its bearing on their phylogeny and systematics. Adv. Parasit. 11, 481–557.

Gemmell, M. A., Johnstone, P. D., 1977: Experimental epidemiology of hydatidosis and cysticercosis. Adv. Parasit. 15, 311–369.

Gönnert, R., 1974: Die Bandwurm-Infektionen des Menschen und ihre Behandlung. Münch. med. Wschr. 116, 1531–1538.

Gottstein, B., Deplazes, P., Tanner, I., Skaggs, J. S., 1991: Diagnostic identification of *Taenia saginata* with the polymerase chain reaction. Trans. Roy. Soc. Trop. Med. 85, 248–249.

Hennig, W., 1950: Grundzüge einer Theorie der phylogenetischen Systematik. Deutscher Zentralverlag, Berlin, pp. 370.

Hoberg, E. P., Gardner, S. L., Campbell, R. A. (1997): Paradigm shifts and tapeworm systematics. Parasitol. Today 13, 161–162.

Khalil, L. F., Jones, A., Bray, R. A. (1994): Keys to the cestode parasites of vertebrates. CAB International, Wallingford (UK).

Kumaratilake, L. M., Thompson, R. C. A., Eckert, J., D'Alessandro, A. (1986): Spermtransfer in *Echinococcus*. Z. Parasitenkd. 72, 265–268.

Lawson, J. R., Gemmell, M. A., 1983: Hydatidosis and Cysticercosis: The dynamics of transmission. Adv. Parasitol. 22, 261–308.

Lee, D. L., 1972: The structure of the helminth cuticle. Adv. Parasit. 10, 347–379.

Löser, E., 1965: Der Feinbau des Oogenotyps bei Cestoden: Z. Parasitenkd. 25, 413–458.

Loos-Frank, B., Lucius, R., Kimmig, P., 1992: Merkblatt zur Biologie, Verbreitung und Diagnose des kleinen Fuchsbandwurms *Echinococcus multilocularis* in Mitteleuropa. Schriftenr. Ökol., Jagd, Natursch., 1–14.

Lymbery, A. J., Thompson, R. C. A. (1996): Species of *Echinococcus*. Parasitol. Today 12, 486–491.

Mehlhorn, H., Becker, B., Andrews, P., Thomas, H., 1981: On the nature of proglottids in cestodes. Z. Parasitenkd. 65, 243–259.

Mehlhorn, H., Eckert, J., Thompson, R. C. A., 1983: Proliferation and metastases formation of larval *Echinococcus multilocularis*. II. Ultrastructural investigations. Z. Parasitenk. 69, 749–763.

Pawlowski, Z., Schultz, M. G., 1972: Taeniasis and Cysticercosis (*Taenia saginata*). Adv. Parasit. 10, 269–343.

Rybicka, K., 1966: Embryogenesis in Cestodes. Adv. Parasit. 4, 107–186.

Schmidt, G. D.: Handbook of Tapeworm Identification. CRC Press, Boca Raton, Florida, 1986.

Šlais, I., 1973: Functional morphology of cestode larvae. Adv. Parasit. 11, 395–480.

Smyth, J. D., Heath, D. D., 1970: Pathogenesis of larval cestodes in mammals. Helminth. Abstr., Ser. A, 39, 1–23.

Thompson, R. C. A., Lymbery, A. J. (eds.) (1995): *Echinococcus* and hydatid disease. CAB International, Wallingford (UK).

Voge, M., 1967/1973: The post embryonic developmental stages of cestodes. Adv. Parasit. 5, 247–297; 11, 707–730.

Yamaguti, S.: Systema Helminthum. Vol. II. The Cestodes of Vertebrates. Interscience Publish., New York, 1959.

IV. Acanthocephala

Crompton, D. W. T., 1970: An ecological approach to acanthocephalan physiology. Cambridge Univ. Press, London.

Crompton, D. W. T., Nickol, B. B. (1985): Biology of the Acanthocephala. University Press, Cambridge.

Mehlhorn, H., Taraschewski, H., Zhao, B., Raether, W., Dunagan, T. T.: Loperamid, an efficacious drug against the acanthocephalan *Macracanthorhynchus hirudinaceus* in pigs. Parasitol. Res. 76, 624–626 (1990).

Nicholas, W. L., 1973: The Biology of the Acanthocephala. Adv. Parasitol. 11, 671–706.

Schmidt, G. D.: Acanthocephalan infections of man with two new records. J. Parasitol. 57, 582–584 (1971).

Taraschewski, H., 1998: Acanthocephala. In: Mehlhorn, H. (Ed.) Parasitology in Focus. Springer Verlag, Heidelberg.

Taraschewski, H., Mehlhorn, H., Raether, W., 1990: Loperamid, an efficacious drug against fish-pathogenic acanthocephalans. Parasitol. Res. 76, 619–623.

V. Nematodes

Anderson, R. C., 1992: Nematode parasites of vertebrates. Their development and transmission. Commonwealth Agricultural Bureau Int., London, 578 p.

Anderson, R. C., Chabaud, A. G., Willmott, S., 1978: CIH keys to the nematode parasites of vertebrates. Commonwealth Agricultural Bureaux, Farnham Royal.

Anya, A. O., 1976: Physiological aspects of reproduction in nematodes. Adv. Parasitol. 14, 267–351.

Aspöck, H., 1989: Toxokarose. Hygiene Aktuell 1/89, 1–4.

Bird, A. F., 1971: The structure of nematodes. Academic Press, London.

Bork, K., Herzog, P., Weis, H. J., 1977: Loiasis, Klinik und Therapie. Dt. Ärzteblatt 12, 787–791.

Burchard, G. D., Büttner, D. W., Bierther, M., 1979: Electron miscroscopical studies on onchocerciasis. Tropenmed. Parasit. 30, 103–112.

Caroll, S. M., Robertson, T. A., Papadimitriou, J. M., Grove, D. I.: Scanning electron microscopy of *Ancylostoma ceylanicum* and its site of attachment to the small intestinal mucosa of the dog. Z. Parasitenkd. 71, 79–85 (1985).

Chodakewitz, J. (1995): Ivermectin and lymphatic filariasis: a clinical update. Parasitol. Today 11, 233–235.

Daengsvang, S.: Infectivity of *Gnathostoma spinigerum* larvae in primates. J. Parasitol. 57, 476–578 (1971).

Dorris, M., Deley, P., Blaxter, M. L. (1999): Molecular analysis of nematode diversity and the evolution of parasitism. Parasitol. Today 15, 188–194.

Eckert, J., Bürger, H. J., 1979: Die parasitäre Gastroenteritis des Rindes. Berl. Münch. Tierärztl. Wschr. 93, 449–457.

Eckert, J. (1985): Pathogenese bei Infektionen mit Helminthen. Berl. Münch. Tierärztl. Wschr. 98, 269–274.

Fagerholm, H. P., Nansen, P., Roepstorff, A., Frandsen, F., Eriksen, L., 1998: Growth and structural features of the adult stage of *Ascaris suum*. J. Parasitol. 84, 269–277.

Fuhrmann, J. A. (1995): Filarid chitinases. Parasitol. Today 11, 259–261.

Goday, C., Pimpinelli, S., 1993: The occurrence, role and evolution of chromatin diminuation in nematodes. Parasitol. Today 9, 319–323.

Groenvold, J., Wolstrup, J., Nansen, P., Henricksen, J. A., 1993: Nematodetrapping fungi against parasitic cattle nematodes. Parasitol. Today 9, 137–143.

Hammond, M. P., Bianco, A. E., 1992: Genes and genomes of parasitic nematodes. Parasitol. Today 8, 299–305.

Hartwich, G., 1975: Die Tierwelt Deutschlands I. Rhabditida und Ascaridida. Fischer, Jena.

Hörchner, F., Bürger, H. J., 1980: Kampf den Rinderparasiten. Auswertungs- und Informationsdienst für Ernährung, Landwirtschaft und Forsten (AID) 53, 1–20.

Kazacos, K. R., Raymond, L. A., Kazacos, E. A., Vestre, W. A. (1985): The raccoon ascarid a probable cause of human ocular larva migrans. Ophthalmology 92, 1735–1744.

Køie, M., Ragerholm, H.-P. (1995): The life cycle of *Contracaecum osculatum* (Rudolphi, 1802) sensu stricto (Nematoda) in view of experimental infections. Parasitol. Res. 81, 481–489.

Lee, D. L., 1972: The structure of the helminth cuticle. Adv. Parasitol. 10, 347–379.

Lee, K. T., Little, M. D., Beaver, P. C., 1975: Intracellular habitat of *Ancylostoma caninum* in some mammalian hosts. J. Parasitol. 61, 589–598.

Lee, T. D. G., Wright, K. A., 1978: The morphology of the attachment and probable feeding site of the nematode *Trichuris muris*. Can. J. Zool. 56, 1889–1905.

Lustigman, S., 1993: Molting, enzymes and new targets for chemotherapy of *Onchocerca volvulus*. Parasitol. Today 9, 292–294.

Macko, J. K., Dubinsky, P. (1997): Taxonomic deliberations on human and pig ascarids. Helminthologica 34, 167–171.

Maggenti, A., 1981: General nematology. Springer, Heidelberg.

Maruyoma, H., Noda S., Choi, W. Y., Ohta, N., Nawa, Y. (1997): Fine binding specifities to *Ascaris suum* and *A. lumbricoides* antigens of the sera from patients of probable visceral larva migrans due to *Ascaris suum*. Parasitol. Internat. 46, 181–188.

McLaren, D. J., 1976: Nematode sense organs. Adv. Parasitol. 14, 195–265.

Michael, E., Bundy, D. A. P. (1997): Global mapping of lymphatic filariasis. Parasitol. Today 13, 472–476.

Miller, T. A., 1979: Hookworm infection in man. Adv. Parasitol. 17, 315–384.

Möller, H., Schröder, S. (1987): Neue Aspekte der Anisakiasis in Deutschland. Arch. Lebensmittelhyg. 38, 121–148.

Moncol, D. J., Triantaphyllun, A. C., 1978: *Strongyloides ransomi*: Factors influencing the in vitro development of the free-living generation. J. Parasitol. 64, 220–225.

Muller, R., 1971: Dracunculus and Dracunculiasis. Adv. Parasitol. 9, 73–151.

Munn, E. A., 1993: Development of a vaccine against *Haemonchus contortus*. Parasitol. Today 9, 338–339.

Nelson, G. S., 1970: Onchocerciasis, Adv. Parasitol. 8, 173–224.

Niechoj, H., Mehlhorn, H., 1985: Electron microscopic studies on life cycle of *Trichinella spiralis*. Diploma thesis, University of Düsseldorf.

Pozio, E., La Rosa, G., Murrell, K. D., Lichtenfels, J. R., 1992: Taxonomic revision of the genus *Trichinella*. J. Parasitol. 78, 654–659.

Pozio, E., Serrano, F. J., La Rosa, G., Reina, D., Perez-Martin, E., Navarrete, I. (1997): Evidence of potential gene flow in *Trichinella spiralis* and *E. britovi*. J. Parasitol. 83, 163–166.

Pritchard, D. I. (1995): The survival strategies of hookworms. Parasitol. Today 11, 255–259.

Scott, A. L. (1996): Nematode sperm. Parasitol. Today 12, 425–430.

Stoye, M., 1979: Spul- und Hakenwürmer des Hundes. Berl. Münch. Tierärztl. Wschr. 92, 464–472.

Stoye, M., 1983: Askariden- und Ankylostomeninfektionen des Hundes. Tierärztl. Prax. 11, 229–243.

Strote, G., Bonow, I., Attah, S. (1997): The anterior central nervous system of male *Onchocerca volvulus*. Parasitol. Res. 83, 549–557.

Ubelaker, J. E., Stewart, G. L., Martin, J. H., 1993: Modification of the ultrastructure of the muscle larva of *Trichinella pseudospiralis* following exposure to acidified pepsin solution. J. Parasitol. 79 (1), 133–137.

Wakelin, D., 1993: *Trichinella spiralis*: Immunity, ecology and evolution. J. Parasitol. 79, 488–494.

Wildenburg, G., Krömer, M., Büttner, D. W. (1996): Dependence of eosinophil granulocyte infiltration into nodules on the presence of microfilariae producing *Onchocerca volvulus*. Parasitol. Res. 82, 117–124.

Wright, K. A., 1979: *Trichinella spiralis*: An intracellular parasite in the intestinal phase. J. Parasitol. 65, 441–445.

Yamaguti, S.: Systema Helminthum. Vol. 3. The Nematodes of vertebrates, Part I and II. Interscience Publishers Inc., New York, 1961.

Zarlenga, D. S., Murrell, K. D., 1993: Biochemical characterization within the genus *Trichinella*. Parasitol. Today 9, 250–251.

VI. Pentastomida

Böckeler, W., 1984: Entwicklung und Ultrastruktur des weiblichen Genitaltraktes von *Reighardia sternae* (Pentastomida). Zool. Jb. Anat. 111, 409–432.

Cannon, D. A.: Linguatulid infestation of man. Ann. Trop. Med. 36, 160–166 (1942).

De Weese, M. W., Murrah, W. F., Caruthers, S. B.: Case report of a tongue worm (*Linguatula serrata*) in the anterior chamber. Arch. Ophthalmol. 68, 587 (1962).

Osche, G., 1963: Die syst. Stellung und Phylogenie der Pentastomiden. Z. Morph. Ökol. Tiere 52, 487–596.

Riley, J. (1986): The biology of Pentastomida. Adv. Parasitol. 25, 45–128.

Self, J. T., 1969: Biological relationships of the Pentastomida. Exp. Parasit. 24, 63–119.

Storch, V., 1984: Pentastomida. In: Bereiter-Hahn, Matoltsy, Richards (Eds.) Biology of the Integument, Vol. 1, Invertebrates. Springer Veralg, Heidelberg, 709–713.

Storch, V., 1993: Pentastomida. In: Microscopic Anatomy of Invertebrates. Vol. 12, Onychophora, Chilopoda and lesser groups. Wiley-Liss, London, 115–142.

Walldorf, V., Riehl, R., 1985: Oogenesis in the pentastomid *Raillietiella aegypti*. Z. Parasitenkd. 71, 113–125.

Walldorf, V. (1998): Pentastomida: In: Mehlhorn, H. (Ed.): Parasitology in focus. Springer, Heidelberg, 119–124.

Wingstrand, K. G., 1972: Comparative spermatology of a pentastomid and branchiuran crustacean with discussion of pentastomid relationships. Koningl. Dansk. V. S. Biol. Skrift. 19, 1–72.

VII. Annelida

Autrum, H., 1938: Hirudinea. In: Brohmer, Ehrmann, Ulmer (Eds.) Die Tierwelt Mitteleuropas. Band I, Heft 7 b, Verlag Beck, Leipzig.

Mann, K. H., 1962: Leeches. Their structure, physiology, ecology and embryology. Pergamon Press, New York.

Nehili, M., Ilk, C., Mehlhorn, H., Ruhnau, K., Dick, W., Njayou, M. (1994): The medical blood leech *Hirudo medicinalis* and other leeches as potential vectors of pathogens. Parasitol. Res. 80, 360–369.

Roters, F. J., Zebe, E., 1992: Proteinases of the medicinal leech *Hirudo medicinalis*: Purification and partial characterization of three enzymes from the digestive tract. Comp. Biochem. Physiol. 102B, 627–634.

Sawyer, R. T., 1986: Leech biology and behaviour. Vol. 2, Feeding, Biology, Ecology and Systematics. Clarendon Press, Oxford.

Shope, R. E., 1957: The leech as a potential virus reservoir. J. Exp. Med. 105, 373–383.

Storch, V., Welsch, U., 1993: Kükenthals Leitfaden für das zoologische Praktikum. G. Fischer, Stuttgart.

Westheide, U., Rieger, U., 1996: Spezielle Zoologie. G. Fischer, Stuttgart.

VIII. Arthropoda

1. Zecken

Aeschlimann, A. (1958): Développement embryonnaire d'*Ornithodoros moubata* (Murray) et transmission transovarienne de *Borrelia duttoni*: Acta trop. 15, 15–64.

Allgöwer, R., Matuschka, F. R., 1993: Zur Epidemiologie der Zeckendermatitis. Bundesgesundheitsbl. 36, 399–404.

Arthur, D. R., 1970: Tick-feeding and its implications. Adv. Parasit. 8, 275–292.

Babos, S., 1964: Die Zeckenfauna Mitteleuropas. Akademiai Kiado, Budapest.

Balashov, Y. S., 1967: Bloodsucking ticks. Vectors of diseases of man and animals. Miscellaneous Publ. Entomol. Soc. Am. 8, 161–376.

Bowman, A. S., Dillwith, J. W., Sauer, J. R. (1996): Tick salivary prostaglandines: Presence, origin and significance. Parasitol. Today 12, 388–396.

Burgdorfer, W., Hayes, S., 1989: Vector-spirochete relationships in louse-borne and tick-borne borrelioses with emphasis on lyme disease. Adv. Dis. Vect. Res. 6, 127–149.

Friedhoff, K. T., 1990: Interaction between parasite and tick vector. Intern. J. Parasitol., Vol. 20, 4, 525–535.

Gothe, R., Beelitz, P., Schöl, H., 1991: Morphology and structural organization during postembryonic development of *Argas walkerae*. Exp. Appl. Acarol. 11, 99–109.

Hoogstraal, H., 1978: Bibliography of ticks and tickborne diseases. US Naval Med. Res. 3, Cairo.

Jäger, G., Roggendorf, M.: Die Frühsommer-Meningo-Enzephalitis in Deutschland. Die gelben Hefte 31/1, 8–13 (1991).

Kiszewski, A. E., Matuschka, F. R., Spielman, A., 1997: Reproductive behavior of *Ixodes* ticks. Parasitol. Res. 83, 183–194.

Klompen, J. H. S., Oliver Jr., J. H., 1993: Haller's organ in the tick family Argasidae. J. Parasitol. 79, 591–603.

Matuschka, R.-R., Fischer, P., Heiler, M., Richter, D., Spielman, A.: Capacity of European animals as reservoir hosts for the Lyme disease spirochete. J. Infect. Dis. 165, 479–483 (1992).

Matuschka, F. R., Richter, D., Fischer, P., Spielman, A., 1990: Time of repletion of subadult *Ixodes ricinus* ticks feeding. Parasitol. Res. 76, 540–544.

Matuschka, F. R., Spielman, A. (1987): Zur Biologie der Lyme-Erkrankung in Nordamerika und Mitteleuropa. Biologie in unserer Zeit 17, 168–179.

Mehlhorn, H., 1996: Zur Übertragung von Erregern durch Schildzecken: TEM-Untersuchungen. Nova Acta Leopoldina 292, 91–105.

Obenchain, F. D., Galun, R., 1982: Physiology of ticks. Pergamon Press, Oxford.

Oliver, J. H. (1996): Lyme borreliosis in the Southern United States. J. Parasitol. 82, 926–935.

Rushton-Mellor, S. K. (1994): The genus *Argulus* in Afrika: indentification keys. Systematic Parasitol. 28, 51–63.

Sonenshine, D. E., 1991: Biology of ticks, Vol. 1. Oxford University Press, New York, 447 p.

Stanek, G. (1986): Lyme-Borreliose, Hygiene Aktuell 4, 18–26.

Valero, A., Hueli, L. E., Diaz-Saez, V. (1997): Spermatogenesis in the ixodid tick *Haemaphysalis sulcata*. J. Parasitol. 83, 212–214.

Voigt, W. P. (1988): Ticks. In: Mehlhorn, H. (Ed.): Parasitology in focus. Springer, Heidelberg, 228–234.

2. Milben

Bischoff, E., Fischer, A., Wetter, G. (1986): Untersuchungen zur Ökologie der Hausstaubmilben. Allergologie 9, 45–54.

Bollow, H., 1975: Vorrats- und Gesundheitsschädlinge. Franckh'sche Verlagshandl., Stuttgart.

Desch, C. E., 1987: Redescription of *Demodex nanus* (Acari) from *Rattus norvegicus* and *R. rattus* (Rodentia). J. Med. Entomol. 24, 19–23.

Desch, C. E., Nutting, W. B., 1972: *Demodex folliculorum* (Simon) and *D. brevis* (Abulatova) of man: redescription and reevaluation. J. Parasitol. 58, 169–177.

Huber, M., Eichenlaub, D., Sperber, K. (1984): Tsutsugamushi-Fieber. M. H. Öst. Ges. Tropenmed. Parasitol. 6, 211–217.

Loos-Frank, B., 1997: Milben: In Lucius R., Loos-Frank, B. (ed.) Parasitologie, Spektrum, Stuttgart.

Mumcuoglu, Y., 1979: Hausstaub- und Milbenallergie. Naturwiss. Rundschau 32, 54–57.

Nutting, W. B., 1985: Prostigmata-Mammalia. Validation of coevolutionary phylogenies. In: K. C. Kim (Ed.), Coevolution of parasitic arthropods and mammals. John Wiley and Sons, Inc. New York, pp. 569–640.

Orkin, M., Maiback, H. I., Paarish, L. C., Schwartzman, R. M.: Scabies and Pediculosis. Philadelphia, J. B. Lippincott Co., 1977.

Shaels, J. G., 1973: Arachnida. In: K. G. V. Smith Ed., Insects and other arthropods of medical importance. Trustees of British Museum, London, 417–472.

Walldorf, V. (1988): Mites. In: Mehlhorn, H. (Ed.). Parasitology in focus. Springer, Heidelberg, 130–133, 234–238.

3. Insekten-Morphologie/Zucht/Übertragung

Brandner, G., Kloft, W. J., Schlager-Vollmer, C., Platten, E., Neumann-Opitz, P., 1992: Preservation of HIV infectivity during uptake and regurgitation by the stable fly *Stomoxys calcitrans*. Aifo 7, 253–256.

Dettner, K., Liepert, C. (1994): Chemical mimicry and camouflage. Ann. Rev. Entomol. 39, 129–154.

Geigy, R., Herbig, A., 1955: Erreger und Überträger tropischer Krankheiten. Verlag Recht und Gesellschaft, Basel.

Harwood, R. F., James, M. T.: Entomology in human and animal health, ed. 7. Macmillian Publishing Co., New York, 1979.

Hoffmann, G. (1992): Schadwirkung durch tierische Gesundheitsschädlinge, Insektizide und Akarizide. Bundesgesundhbl. 12, 603–612.

Hoffmann, G. (1993): Fliegentest zur Feststellung von Mittelresten aus der Schädlingsbekämpfung. Bundesgesundhbl. 3, 94–97.

Krampitz, H. E., 1983: Haltung, Züchtung und Nutzung von Arthropoden-wirten unter Laborbedingungen. Bundesgesundhbl. 26, 162–168.

Martini, E., 1952: Lehrbuch der medizinischen Entomologie. Fischer, Jena.

Pospischil, R. (1991): Hygieneschädlinge – Chemische und alternative Bekämpfungsmethoden. Z. Umweltchem. Ökotox. 3 (5), 310–316.

Roush, R. T., 1993: Occurrence, genetics and management of insecticide resistance. Parasitol. Today 9, 174–179.

Stark, K. R., James, A. A. (1996): Anticoagulans in vector arthropods. Parasitol. Today 12, 430–437.

Weber, H., Weidner, H., 1974: Grundriß der Insektenkunde. Fischer, Stuttgart.

4. Wanzen

Ghauri, M. S. K., 1973: Hemiptera. In: K. G. V. Smith Ed., Insects and other arthropods of medical importance. The Trustees of British Museum, London, 373–393.

5. Läuse

Anon, A., 1969: Lice. Econ. Ser. British Museum ZA, London.

Weyer, F., 1960: Biological relationships between lice and microbial agents. A. Rev. Ent. 5, 405–420.

Weyer, F., 1978: Zur Frage der zunehmenden Verlausung und der Rolle von Läusen als Krankheitsüberträger. Z. Angew. Zool. 65, 87–111.

Weyer, F., 1981: Zur Geschichte der Kopflausforschung. Bundesgesundheitsblatt 24, 189–195.

6. Diptera

6 a. **Culicidae:** Aspöck, H. (1979): Biogeographie der Arboviren Europas. Geograph. Zeitschr. 51, 11–28.

Aspöck, H. (1996): Stechmücken als Virusüberträger in Mitteleuropa. Nova Acta Leopoldina 292, 37–55.

Clements, A. N., 1963: The physiology of mosquitoes. Academic Press, London.

Clements, A. N., 1992: The biology of mosquitoes. Chapman and Hall, London.

Freeman, P., 1973: Diptera. In: K. G. V. Smith Ed.: Insects and other arthropods of medical importance. The Trustees of British Museum, London, 21–36.

Jacobson, R. L. (1995): *Leishmania*, LPG and the sandfly connection. Parasitol. Today 11, 203–204.

Mohrig, W., 1969: Die Culiciden Deutschlands. Parasit. Schriftenr. 18, G. Fischer, Jena.

Moore, J., 1993: Parasites and the behaviour of biting flies. J. Parasitol. 79, 1–16.

Rémy-Kristensen, A., Perrotey, S., Besson, B., Garcia-Stoeckel, M., Ferté, H., Morillas-Marquez, F., Léger, N. (1996): *Phlebotomus sergenti* Parrot, 1917: morphological and isoenzymatic comparisons of two natural populations from Tenerife (Canary Islands, Spain) and Crete (Greece). Parasitol. Res. 82, 48–51.

Schlein, Y., Jacobson, R. L. (1994): Mortality of *Leishmania* major in *Phlebotomus papatasi* caused by plant feeding of the sand flies. Tropical Medicine and Hygiene 1, 20–27.

Schlein, Y., Jacobson, R. L. (1994): Some sandfly food is a *Leishmania* poison. Society for Vector Ecology 1, 82–86.

6 b. Simuliidae: Crosskey, R. W., 1973: Simuliidae. In: Smith, K. G. V. Ed.: Insects and other arthropods of medical importance. The Trustes of British Museum, London, 109–153.

Wenk, P., 1962: Anatomie des Kopfes von *Wilhelmia equina* L. (Simuliidae syn. Melusinidae, Diptera). Zool. Jb. Anat. 80, 81–134.

6 c. Phlebotomidae: Lewis, D. J., 1973: Phlebotomidae and Psychodidae. In: K. G. V. Smith Ed.: Insects and other arthropods of medical importance. The Trustees of British Museum, London, 155–179.

6 d. Tabanidae: Anthonyn, D. W., 1962: Tabanidae as disease vectors. In: Maramorosch, K. (Ed.): Biological transmission of disease agents. Academic Press, London, 93–107.

Chvala, M., Lyneborg, L., Moucha, J., 1972: The horse flies of Europe. Entomological Society Copenhagen.

6 e. Glossinidae: Moore, J., 1993: Parasites and the behaviour of biting flies. J. Parasitol. 79, 1–16.

Mulligan, H. W. (Ed.), 1970: African trypanosomiasis. Academic Press, London.

Potts, W. H., 1973: Glossinidae. In: K. G. V. Smith Ed.: Insects and other arthropods of medical importance, The Trustees of British Museum, London, 209–249.

Zumpt, F., 1936: Die Tsetse-Fliege. G. Fischer, Jena.

6 f. Myiasis: Anegg, B., Auer, H., Diem, E., Aspöck, H.: Wundmyiasis – Fakultative Myiasis. Hausarzt 41, 461–463 (1990).

Wetzel, H., 1971: Die entomologischen Grundlagen der Myiasis beim Menschen. Medizinische Parasitologie, G. Fischer, Jena.

Zumpt, F., 1965: Myiasis in man and animals in the old world. Butterworths, London.

7. Siphonaptera

Azad, A. F., Radulovic, S., Higgins, J. A., Noden, B. H., Troyer, J. M. (1997): Flea-borne rickettsioses: ecologic considerations. Emerging Infect Dis. 3, 319–327.

Hoffmann, G. (1995): Wirkung, Einsatzgebiete und Erfordernis der Anwendung von Pyrethroiden im nicht-agrarischen Bereich. Bundesgesundhbl. 8, 294–304.

Hopkings, G. H. E., Rothschild, M., 1953: An illustrated cataloque of the Rothschild collection of fleas in the British Museum. The Trustees of the British Museum, London.

Peus, F., 1938: Die Flöhe. Monographien zur Hygienischen Zoologie, Bd. 5. G. Fischer, Jena.

Peus, F., 1952: Flöhe. In: Martini, Lehrbuch der med. Entomologie. G. Fischer, Jena.

Schein, E., Hauschild, S. (1995): Bekämpfung des FLohbefalls bei Hunden und Katzen mit dem Insekten-Entwicklungshemmer Lufenuron (Program®). Ergebnisse einer Feldstudie. Kleintierpraxis 4, 277–284.

Smit, F. G. A. M., 1973: Siphonaptera. In: K. G. V. Smith Ed.: Insects and other arthropods of medical importance. The Trustees of British Museum, London, 325–371.

Wenk, P., 1980: How bloodsucking insects perforate the skin of their hosts, in R. Traub and H. Starcke (Eds.): Fleas; Proc. of the Int. Conference on Fleas. Ashton Wold. Balkema Rotterdam, p. 329–335.

Wenk, P., 1953: Der Kopf von *Ctenocephalus canis* (Curt.) (Aphaniptera) Zool. Jahr. (Anat.) 73, 1–186.

8. Crustacea

Ho, J. S., 1971: Parasitic copepods of the family Chondracanthidae from fishes of Eastern North America. Smithsonian Contrib. Zool. 87, 1–38.

Mehlhorn, H., Düwel, D., Raether, W., 1993[2]: Diagnose und Therapie der Parasitosen von Haus-, Nutz- und Heimtieren. G. Fischer Verlag, Stuttgart, 530 pp.

Nagasawa, K., Takami, T., 1993: Host utilization by the salmon louse *Lepeophtheirus salmonis* (Copepoda: Caligidae) in the sea of Japan. J. Parasitol. 79 (1), 127–130.

Sindermann, C. J., 1970: Principal diseases of marine fish and shellfish. Academic Press, London, New York.

Westheide, U., Rieger, U., 1997: Spezielle Zoologie. G. Fischer, Stuttgart.

Yamaguti, S., 1963: Parasitic Copepoda and Branchiura of fishes. Wiley, New York.

Anhang: Übungsfragen

(nur eine Antwort ist richtig!)

1. Welche der folgenden Aussagen ist richtig?
Der Mensch kann sich mit *Trichomonas vaginalis* infizieren
   a) diaplazentar;
   b) durch engen Kontakt mit Katzen;
   c) durch orale Aufnahme von Cysten;
   d) beim Geschlechtsverkehr;
   e) durch Wasserschlucken beim Baden.

2. Wie infiziert man sich mit dem Erreger der Chagaskrankheit, *Trypanosoma cruzi*?
   a) durch infiziertes Fleisch;
   b) direkt durch den Stich einer infizierten Mücke;
   c) direkt durch Stiche einer infizierten Bettwanze;
   d) durch infektiösen Kot einer Raubwanze;
   e) durch Aufnahme von Cysten.

3. Wie infiziert sich der Mensch mit *Sarcocystis*-Arten?
   a) durch Mückenstich;
   b) diaplazentar;
   c) beim Geschlechtsverkehr;
   d) durch engen Kontakt mit Hunden;
   e) durch cystenhaltiges Fleisch.

4. Die Vermehrungsvorgänge in den im Gewebe vorhandenen Cysten von *Toxoplasma* und *Sarcocystis* sind:
   a) eine besondere Form der Sporogonie;
   b) eine Sonderform der Schizogonie, bei der innerhalb der Cyste zahlreiche Schizogonien stattfinden;
   c) eine Sonderform der Schizogonie, bei der innerhalb der Cyste zahlreiche Endodyogonien ablaufen;
   d) eine sofort nach der Gamogonie beginnende Vermehrung an Stelle der Sporogonie;
   e) Teil der Gamogonie.

5. Welche der folgenden Aussagen ist falsch?
Der Mensch kann sich mit *Toxoplasma* infizieren
   a) konnatal = diaplazentar;
   b) durch cystenhaltiges Fleisch;

    c) durch engen Kontakt mit Hunden;
    d) durch engen Kontakt mit Katzen;
    e) durch orale Aufnahme von Sporocysten in Oocysten.

6. Die sog. Badedermatitis wird verursacht durch
    a) das «Herauseitern» von Schistosomeneiern;
    b) *Trichomonas*;
    c) *Ancylostoma*;
    d) das Eindringen von unspezifischen Schistosomencercarien;
    e) das Einbohren von Miracidien.

7. Welche Reihenfolge gilt für die Pärchenegel?
    a) Adult – Coracidium – Redie – Cercarie;
    b) Adult – Miracidium – Sporocysten – Cercarie;
    c) Adult – Miracidium – Sporocysten – Redie – Cercarie – Plerocercoid;
    d) Adult – Miracidium – Sporocyste – Redie – Cercarie;
    e) Adult – Miracidium – Sporocyste – Cercarie – Metacercarie.

8. Welche der folgenden Aussagen über *Schistosoma* ist richtig?
    a) Das Weibchen von Schistosoma umgibt das kleinere Männchen mit seinen verbreiterten Seitenteilen;
    b) Die Schistosomula müssen in das Blut des Menschen gelangen;
    c) Die Eier der Schistosomen müssen von Schnecken gefressen werden;
    d) In Schnecken bilden die Redien von *Schistosoma* Cercarien;
    e) Die Schistosomen vereinigen sich in der Harnblase des Wirts zu Paaren und legen Eier.

9. Ein Patient hat Bilharziose; wie wurde er infiziert?
    a) Durch orale Aufnahme von Wurmeiern mit dem Trinkwasser;
    b) Durch orale Aufnahme von Metacercarien;
    c) Durch Aufnahme von Cysticercen aus rohem Schweinefleisch;
    d) Beim Baden durch aktives Eindringen von Cercarien in die Haut;
    e) Beim Baden durch aktives Eindringen von Miracidien in die Haut.

10. Wie gelangt *Opisthorchis (= Clonorchis) sinensis* in den Körper des Menschen?
    a) Durch den Genuß von rohem Schweinefleisch (Mett);
    b) Durch Mückenstiche;
    c) Die Cercarien dringen durch die menschliche Haut aktiv ein;
    d) Eier mit verunreinigtem Trinkwasser;
    e) Durch den Genuß von rohem Flußfisch (Fischsalat).

11. Wie gelangen die Eier von *Schistosoma haematobium* in die Harnblase?
    a) Durch den Urether;
    b) Sie durchbohren die Blasenwand mit den Eistacheln;
    c) Durch den Darm;

d) Sie werden in der Harnblase abgelegt;
e) Sie «eitern» durch die Blasenwand.

12. Welche Kombination ist richtig?
    a) *Diphyllobothrium* – Fisch – Mensch?
    b) *Taenia saginata* – Schwein – Mensch?
    c) *Hymenolepsis* – Mensch – Wanze?
    d) *Dicrocoelium* – Cyclops – Ameise – Schaf?
    e) *Ascaris* – Schwein – Mensch?

13. Welche der folgenden Aussagen über Bandwürmer, die beim Menschen parasitieren, ist falsch?
    a) *Echinococcus granulosus* bildet Cysten in gut durchbluteten Organen;
    b) Der Fischbandwurm kann perniziöse Anämie hervorrufen;
    c) Eine Proglottide kann über 50 000 Eier enthalten;
    d) Der Fischbandwurm muß immer paarweise auftreten, da er lebendgebärend ist;
    e) Abgelöste Proglottiden des Rinderbandwurms können aktiv den menschlichen Darm verlassen.

14. Welche der folgenden Feststellungen ist falsch?
    Echinococcus granulosus
    a) kommt in Europa nicht mehr vor;
    b) Eier gelangen durch sog. Schmutz- und Schmierinfektion in den Menschen;
    c) kann sich im Menschen nur bis zur Finne, nicht aber zum geschlechtsreifen Wurm entwickeln;
    d) kommt als Finne in zahlreichen Pflanzenfressern vor;
    e) gibt als ausgewachsener Wurm bewegliche Proglottiden ab, obwohl er nur 3–4 Glieder zur Verfügung hat.

15. Welche der folgenden Aussagen über *Taenia saginata* ist falsch?
    a) *Taenia* hat keinen Darm;
    b) Proglottiden von *Taenia* können aktiv den Darm des Menschen verlassen;
    c) *Taenia* kommt im allgemeinen einzeln im Darm eines Wirtes vor;
    d) Die Larven gelangen auf dem Blutwege in die Muskulatur;
    e) In der Sprossungszone nimmt der Bandwurm in besonderem Maße Vitamin B 12 auf und verursacht beim Wirt Vitamin B 12-Mangel.

16. Welche der folgenden Aussagen über *Echinococcus* ist falsch?
    a) Der Hundebandwurm *Echinococcus* hat nur 3–5 Proglottiden;
    b) Der Hund infiziert sich durch Aufnahme von Eiern, die mindestens 10 Tage im Freien gewesen sein müssen, damit die Larven sich entwickeln können;

c) Der Wurm tritt fast nie solitär auf;
d) In gut durchbluteten Organen des Menschen können sich Cysten dieses Wurmes entwickeln;
e) Der Mensch infiziert sich durch Eier aus dem Hundekot.

17. Welche der folgenden Angaben zur Biologie des Rinderbandwurms ist falsch?
   a) Die Finne durchbohrt den menschlichen Darm;
   b) Die mit Eiern gefüllten Proglottiden können aktiv den Darm verlassen;
   c) Die älteren Proglottiden werden von den jüngeren begattet;
   d) Der Rinderbandwurm hat keinen Hakenkranz am Scolex.
   e) Die Finne des Rinderbandwurms ist kleiner als 10 mm.

18. Welche der folgenden Aussagen ist richtig?
   Die Cestoden nehmen die Nahrung auf
   a) mit dem Rüssel;
   b) mit Hilfe des die Mundöffnung umgebenden Saugnapfes;
   c) durch das Tegument;
   d) durch Phagocytose;
   e) durch die ventral gelegene Mundöffnung.

19. Welche der folgenden Aussagen über die Trichine ist richtig?
   a) Die Würmer werden von Fleischfressern zu Fleischfresser durch Aufnahme von Muskeltrichinen übertragen;
   b) Die Würmer werden von Pflanzenfressern auf Fleischfresser durch Aufnahme von Muskeltrichinen übertragen;
   c) Die Eier werden von Pflanzenfressern mit dem Kot ausgeschieden;
   d) Die Eier werden von Fleischfressern mit dem Kot ausgeschieden;
   e) Die Übertragung erfolgt durch orale Aufnahme von im Darm geschlüpften Weibchen.

20. Welche der folgenden Aussagen über den Spulwurm ist falsch?
   a) Nachdem die Eier in den Mesenterien des Darms oder der Blase abgelegt sind, gelangen sie durch entzündliche Prozesse in das Lumen des Darms oder der Blase;
   b) Die Eier bedürfen eines Aufenthalts im Freien;
   c) Larven können sich noch im Ei häuten;
   d) Die Larven passieren die Pfortader;
   e) Die adulten Tiere besitzen Muskelzellen mit Ausläufern zu den Nerven.

21. Welche der folgenden Feststellungen ist richtig?
   a) *Ascaris*-Larven dringen über die Haut in den Menschen ein;
   b) Ein Befall mit *Enterobius (Oxyuris) vermicularis* kann sowohl durch orale Aufnahme von Eiern als auch durch Einwandern von Larven in den Enddarm zustande kommen;

    c) Alle Filarienweibchen versuchen die Haut eines Patienten zu verlassen, um die Eier ins Wasser abzulegen;

    d) Man infiziert sich mit *Ancylostoma* durch orale Aufnahme von Eiern;

    e) Nematodeninfektionen kommen stets nur dadurch zustande, daß mit Wurmeiern verunreinigte Nahrung aufgenommen wird.

22. Die Infektion mit Hakenwürmern erfolgt:
    a) durch Eindringen von Cercarien beim Baden;
    b) durch den Stich von Kriebelmücken;
    c) durch Aufnahme von fertilen Eiern mit der Nahrung;
    d) durch Genuß rohen Fleisches;
    e) durch aktives Eindringen filariformer Larven.

23. Welche der folgenden Aussagen über *Trichinella spiralis* ist richtig?
    a) Geschlechtsreife Stadien von *T. spiralis* findet man nur im Menschen;
    b) Die jungen Trichinen gelangen in der Regel über die Lymphgefäße des Darmes in das Blut des Menschen;
    c) *T. spiralis* legt ihre Eier in die Darmschleimhaut des Menschen;
    d) Der Mensch infiziert sich mit *T. spiralis* durch den Genuß rohen Rindfleisches;
    e) Haustiere infizieren sich mit *T. spiralis* durch verunreinigte pflanzliche Nahrung.

24. Die Infektion von Rindern mit *Trichinella spiralis* erfolgt
    a) gar nicht;
    b) durch Wurmeier mit verunreinigter Nahrung;
    c) durch Mückenstich;
    d) Aufnahme von Metacercarien am Grashalm;
    e) «lebend geborene» Larven bohren sich ein.

25. Kratzer sind
    a) darmlose Würmer;
    b) Ektoparasiten von Amphibien;
    c) zu den Monogeneen gehörige Trematoden;
    d) zu den Caryophyllidea gehörige Cestoden;
    e) keine dieser Möglichkeiten.

26. Elephantiasis wird hervorgerufen durch
    a) *Wuchereria bancrofti*;
    b) *Loa loa*;
    c) *Dracunculus medinensis*;
    d) *Leishmania*;
    e) *Furunculosa vitiosa*.

27. Die Pesterreger werden übertragen durch
    a) Stich von Zecken;

b) Läusekot;
c) Stich des Rattenflohs;
d) Wanzenstiche;
e) Kot von Sandflöhen.

28. Welche der folgenden Aussagen ist richtig:
a) Läuse können nur mit Hilfe von Symbionten leben, die daher vom Weibchen auf die Eier übertragen werden müssen;
b) die Trichobothrien der Pygidialplatte von Flöhen dienen der Wahrnehmung von Lockstoffen, die vom Wirt abgegeben werden;
c) bei den Mücken bilden die 1. Maxillen ein Rohr für den Speichel und die 2. Maxillen ein Rohr für die Blutnahrung;
d) Mückenweibchen haben keine Flügel;
e) Kleiderläuse übertragen Fleckfieber beim Blutsaugen.

29. Welche der folgenden Angaben ist falsch?
Beim Blutsaugen werden übertragen
a) Erreger der Chagas-Krankheit von Bettwanzen;
b) Mikrofilarien von Bremsen oder Mücken;
c) Encephalitis von Zecken;
d) Rickettsien von Zecken;
e) Pest von Flöhen.

30. Welche der folgenden Feststellungen ist richtig?
a) Die Kleiderlaus verdaut den beim Blutsaugen aufgenommenen Blutvorrat hinter losen Tapeten, Bilderrahmen usw. (Tapetenflunder);
b) Die Bettwanze überträgt das Fleckfieber;
c) Die zur Übertragung der Malaria-Erreger erforderlichen Mückenarten kommen in Deutschland nicht vor;
d) Flöhe können Erreger des Gelbfiebers, der infektiösen Wassersucht, der Encephalitis sowie Filarien übertragen;
e) Die Bettwanze überträgt normalerweise keine Krankheiten.

31. Die Erreger der menschlichen Malaria werden übertragen durch:
a) Weibchen der Kriebelmücken;
b) etwa 3 Culex-Arten;
c) etwa 60 Anopheles-Arten;
d) ausschließlich Weibchen der Aedes-Arten;
e) Männchen und Weibchen der Tsetsefliege.

32. Welche Kombinationen von Überträgern und Krankheiten sind richtig?
a) Floh: Pest, Krätze, Fleckfieber;
b) Zecke: Texasfieber, Tularämie, Trichomoniasis;
c) Bettwanze: Typhus, Pest, Trichomoniasis;
d) Mücke: Filariose, Gelbfieber, Malaria;
e) Filzlaus: Typhus, Lues, Maroditis.

33. Die Verbreitung der Kleiderläuse nimmt wieder zu.
    An welcher Merkmalskombination erkennen Sie die Kleiderlaus?
    a) Maximal 3 Beinpaare und Hallersches Organ;
    b) Maximal 3 Paar Klammerbeine und Flügellosigkeit;
    c) Stechende Mundwerkzeuge und Halteren;
    d) Verpuppung in Tönnchen und Flügellosigkeit;
    e) Mycetome mit Symbionten und Parthenogenese.

34. Myiasen sind
    a) Viruserkrankungen, durch Mücken übertragen?
    b) Bakterienerkrankungen, durch Stechfliegen übertragen?
    c) eine Rickettsiose?
    d) Erkrankungen durch «wandernde» Fliegenlarven?
    e) Erkrankungen durch «wandernde» Wurmlarven?

35. Welche der angegebenen Merkmalskombinationen kommen bei adulten
    Zecken vor?
    a) Maximal 3 Beinpaare und Flügellosigkeit;
    b) Flügel vorhanden und stechende Mundwerkzeuge;
    c) Stechende Mundwerkzeuge und 4 Beinpaare;
    d) maximal 4 Beinpaare und 2 Paar Maxillen;
    e) Tracheen und Halteren.

36. Welche der folgenden Kombinationen von Überträger und Krankheiten ist
    richtig?
    a) Wanze – Pest – Krätze;
    b) Mücke – Malaria – Filariose;
    c) Floh – Trichinellose – Bilharziose;
    d) Laus – Rickettsiose – Gelbfieber;
    e) Keine der genannten Möglichkeiten.

37. Wie werden die Erreger des Flecktyphus übertragen?
    a) Von Flöhen beim Blutsaugen;
    b) Durch Läusekot;
    c) Durch Kot von Wanzen;
    d) Durch in der Haut minierende Milben.
    e) Von Zecken beim Blutsaugen.

38. Welche der folgenden Feststellungen ist falsch?
    a) Männliche Stechmücken übertragen beim Blutsaugen Malariaerreger;
    b) Die Weibchen der Kopflaus kleben ihre Eier an die Kopfhaare des Menschen;
    c) Weibliche und männliche Zecken von *Ixodes ricinus* können Encephalitiserreger übertragen;
    d) Männliche Flöhe saugen ebenfalls Blut;

e) Weibliche Kleiderläuse übertragen symbiontische Bakterien auf die Nachkommen.

39. Die Krätzmilbe ist in den letzten Jahren wieder häufiger in Erscheinung getreten.
   a) Sie lebt auf der Haut von Hautresten usw.;
   b) Sie hat stechende Mundwerkzeuge und saugt damit Blut;
   c) Sie bohrt in der Haut Gänge;
   d) Sie wird ausschließlich bei der Saugtätigkeit von der Haut umwallt und verursacht Eiterbildung;
   e) Sie lebt von Polstermaterial, Hausstaub und dergl.

40. Welche der folgenden Feststellungen ist richtig?
   a) Die Bettwanze überträgt das Fleckfieber;
   b) Die Bettwanze überträgt keine Krankheitserreger;
   c) Kriebelmücken übertragen Leishmaniosen;
   d) Die zur Übertragung der Malaria-Erreger erforderlichen Mücken kommen in Deutschland nicht vor;
   e) Flöhe können Gelbfieber, infektiöse Wassersucht, Encephalitis und Filarien übertragen.

41. Welche der folgenden Aussagen ist richtig?
   Die Mehlmilbe überträgt:
   a) *Toxoplasma*;
   b) Typhus;
   c) Krätze;
   d) Amöbenruhr;
   e) keine Krankheit.

42. Wie werden die Malaria-Erreger auf den Menschen übertragen?
   a) Weibchen der Gattung *Anopheles* übertragen Sporocysten;
   b) Männchen der Gattung *Anopheles* übertragen Sporozoiten;
   c) Weibchen der Gattung *Glossina* übertragen Merozoiten;
   d) Weibchen der Gattung *Anopheles* übertragen Gamonten;
   e) Keine dieser Möglichkeiten.

43. Welche Aussage ist falsch?
   a) Eine Hydatide ist die Larve des Schweinebandwurms *Taenia solium*;
   b) Die Sporocyste ist ein Vermehrungsstadium von Trematoden in Schnecken;
   c) Die Meta-Cercarie einiger Trematoden befindet sich in der Muskulatur von Fischen;
   d) Die Larve 3 von *Necator americanus* lebt im Freien;
   e) *Echinococcus multilocularis* – Würmer treten in Vielzahl im Darm von Fuchs, Hund und Katze auf.

44. Welche Kombination von Parasitenstadien und befallenem Organ ist falsch?
    a) Leber: Malariaschizonten und Schistosomeneier;
    b) Leber: Entamoebacysten und Ascaris-Larven;
    c) Leber: *Clonorchis sinensis* und *Enterobius vermicularis*;
    d) Auge: Adulte von *Loa loa* und Larven von *Onchocerca volvulus*;
    e) Haut: *Sarcoptes scabiei* und Larven von *Onchocerca volvulus*.

45. Der Mensch infiziert sich mit dem Rinderbandwurm *Taenia saginata*
    a) gar nicht;
    b) durch Cysticercen in rohem Rindfleisch;
    c) durch orale Aufnahme von Eiern;
    d) durch orale Aufnahme von Cysticercen in Kleinkrebsen;
    e) durch Hydatiden in rohem Rindfleisch.

46. Welche Aussage ist falsch?
    a) Cestoden ernähren sich mit Hilfe eines Mundsaugnapfes;
    b) Trematoden haben einen blindgeschlossenen, gegabelten Darm;
    c) Pärchenegel leben im Venensystem ihrer Wirte;
    d) Nematoden können von Mücken übertragen werden;
    e) *Ancylostoma*-Larven dringen aktiv in die Haut ihrer Wirte ein.

47. Der Cysticercus cellulosae ist
    a) die Larve des Hundebandwurms *Echinococcus granulosus* und kann bei Schafen in der Muskulatur sitzen;
    b) die Larve des Hundebandwurms *Taenia pisiformis* und kann bei Schafen in der Leber sitzen;
    c) die Larve des Schweinebandwurms *Taenia solium*, sie kann sich in vielen Organen des Menschen befinden;
    d) die Larve des Pärchenegels und kann in der Leber des Menschen sitzen;
    e) die Larve des chinesischen Leberegels und sitzt ausschließlich in der Muskulatur von Fischen.

48. Die Infektion mit Spulwürmern der Gattung *Ascaris* erfolgt durch
    a) orale Aufnahme von frisch abgesetzten Eiern mit Salat etc.;
    b) orale Aufnahme von Eiern, die längere Zeit im Freien gelagert haben müssen;
    c) orale Aufnahme von Larven, die sich in ungenügend gekochtem Fleisch befinden;
    d) percutanes Eindringen von rhabditiformen Larven;
    e) percutanes Eindringen von filariformen Larven.

49. Welche Kombination ist falsch?
    a) Rattenfloh – *Yersinia pestis*;
    b) Kleiderlaus – *Rickettsia prowazeki*;
    c) Bettwanze – *Trypanosoma cruzi*;

d) Tsetsefliege – *Trypanosoma brucei rhodesiense*;
e) Sandmücke – *Leishmania donovani*.

50. Welche Aussage ist richtig?
   a) Die Cercarien von *Clonorchis sinensis* dringen direkt in den Menschen ein;
   b) Die Cercarien von *Schistosoma japonicum* dringen zunächst in Fische ein und werden dort zu Metacercarien;
   c) Die Cercarien von *Echinococcus granulosus* dringen auf dem Blutweg in die Leber ein;
   d) Die Cercarien von *Schistosoma* dringen in die Haut des Menschen ein und die Schistosomula wandern dann in die Pfortader;
   e) Die Infektion mit *Schistosoma* erfolgt durch orale Aufnahme von Metacercarien in roher Fischmuskulatur.

51. Wie erkennen Sie in der Regel eine *Schistosoma haematobium* Infektion?
   a) Durch Nachweis von Eiern mit einem Seitenstachel im Stuhl;
   b) Durch Nachweis von Eiern mit einem Endstachel im Urin;
   c) Durch Nachweis von Eiern mit einem Endstachel im Sputum;
   d) Durch Nachweis von Eiern mit einem Endstachel im Stuhl;
   e) Durch Nachweis von Eiern mit einem Seitenstachel im Urin.

52. Die Infektion mit *Ascaris lumbricoides* erfolgt:
   a) durch Verzehr von larvenhaltigem Schweinefleisch;
   b) durch aktives Einbohren von freien Larven in die Haut;
   c) durch orale Aufnahme von larvenhaltigen Eiern;
   d) durch orale Aufnahme von freien Larven mit ungewaschenem Salat;
   e) durch Trinkwasser, das larvenhaltige Kleinkrebse enthält.

53. Welche Kombination von Organ und Sitz der adulten Würmer ist falsch?
   a) *Dracunculus medinensis* – Unterehautbindegewebe;
   b) *Schistosoma mansoni* – Venen der Darmmesenterien;
   c) *Clonorchis sinensis* – Dünndarm;
   d) *Ancylostoma duodenale* – Dünndarm;
   e) Trichinella spiralis – Dünndarm.

54. Welche Aussage ist falsch?
   a) Bettwanzen übertragen keine Krankheitserreger;
   b) Raubwanzen übertragen Trypanosomen;
   c) *Sarcoptes scabiei* – Milben übertragen keine Krankheitserreger;
   d) Die Bäckerkrätze ist eine allergische Reaktion auf Kontakt mit der Küchenschabe der Gattung *Blatta*;
   e) Zecken übertragen die Erreger der Piroplasmosen der Haustiere.

55. Welche Aussage ist richtig?
   a) Fliegen saugen niemals Blut – dies tun jedoch alle Mücken;

b) Nur weibliche Flöhe saugen Blut, übertragen aber die Erreger der Pest mit dem Kot;

c) Männchen und Weibchen der Kleiderläuse saugen, aber die Infektion des Menschen mit den Erregern des Flecktyphus erfolgt durch Einatmung von Läusekot;

d) Beide Geschlechter von *Anopheles* – Mücken übertragen die Erreger der Malaria;

e) Männchen und Weibchen der Kleiderläuse übertragen beim Saugakt Rickettsien.

56. Welche Kombination ist richtig?

a) Leishmaniose – Schmetterlingsmücke – Ile de France

b) Maroditis perniziosa – Laus – Südostbayern

c) Cysticercose – Mücke – Venezuela

d) Leishmaniose – Sandmücke – Balearen

e) Filariose – Zecke – Deutschland.

57. Was ist das Leitsymptom bei der Lyme-Borreliose?

a) Rosacea migrans

b) Perpendula periodica

c) Erythema irritans

d) Tunga penetrans

e) Urticaria molestans.

58. Wer überträgt die Erreger der Lyme – Borreliose?

a) Alle Schildzecken

b) Die Taubenzecke

c) Der Holzbock

d) Die Bettwanze

e) Die Braune Hundszecke.

59. Die Erreger der FSME sind

a) Rickettsien, die mit dem Kot von Läusen übertragen werden,

b) Tbe-Viren, die von der Schildzecke *Ixodes* verbreitet werden,

c) Mycoplasmen, die von Flöhen übertragen werden,

e) Protozoen, die von der Schildzecke *Ixodes* übertragen werden,

f) Anaplasmen, die vom Holzbock übertragen werden.

60. Zerebrale Malaria entsteht

a) infolge von Verstopfung von Blutkapillaren durch Adhäsion von *Plasmodium*-befallenen roten Blutkörperchen,

b) infolge Verstopfung von Blutkapillaren durch ZNS-Stadien von *Toxoplasma gondii*,

c) infolge Blockade der Gefäße durch *Cysticercus neuronalis*,

d) Lyse von Roten Blutkörperchen, die mit *P. falciparum* oder *P. vivax* befallen waren,

e) Komplexbildung von Makrophagen und T-Helfer-Zellen nach Hirnbe-
fall durch *Trypanosoma brucei rhodesiense* bzw. *T. b. gambiense*.

Lösung
1d; 2d; 3e; 4c; 5c; 6d; 7b; 8b; 9d; 10e; 11e; 12a; 13d; 14a; 15e; 16b; 17a; 18c;
19a; 20a; 21b; 22e; 23b; 24a; 25a; 26a; 27c; 28a; 29a; 30e; 31c; 32d; 33b;
34d; 35c; 36b; 37b; 38a; 39c; 40b; 41e; 42e; 43a; 44c; 45b; 46a; 47c; 48b;
49c; 50d; 51b; 52c; 53c; 54d; 55c; 56d; 57a; 58c; 59b; 60a

Register